カラー写真で見る製作アイテム

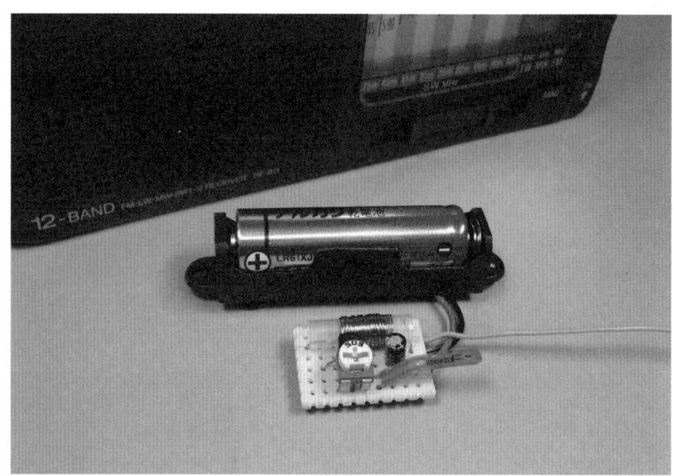

〈写真1〉トランジスタ1石だけで作れる簡易温度テレメータ（第1章）

〈写真2〉トランジスタ1石で作れるリモコン・ファインダ（第2章）

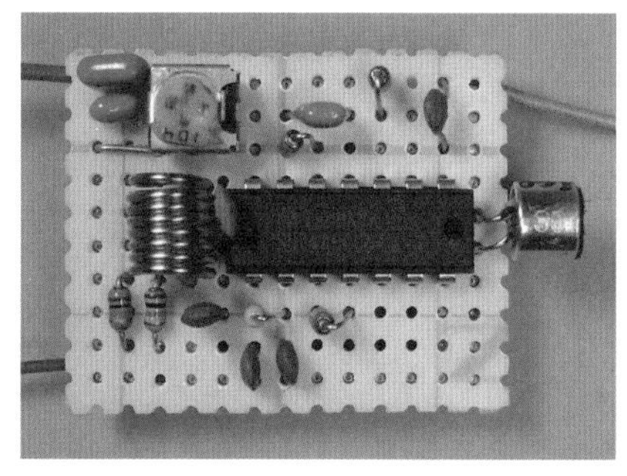

〈写真4〉CMOSロジックIC1個で作れるFMワイヤレス・マイク（第4章）

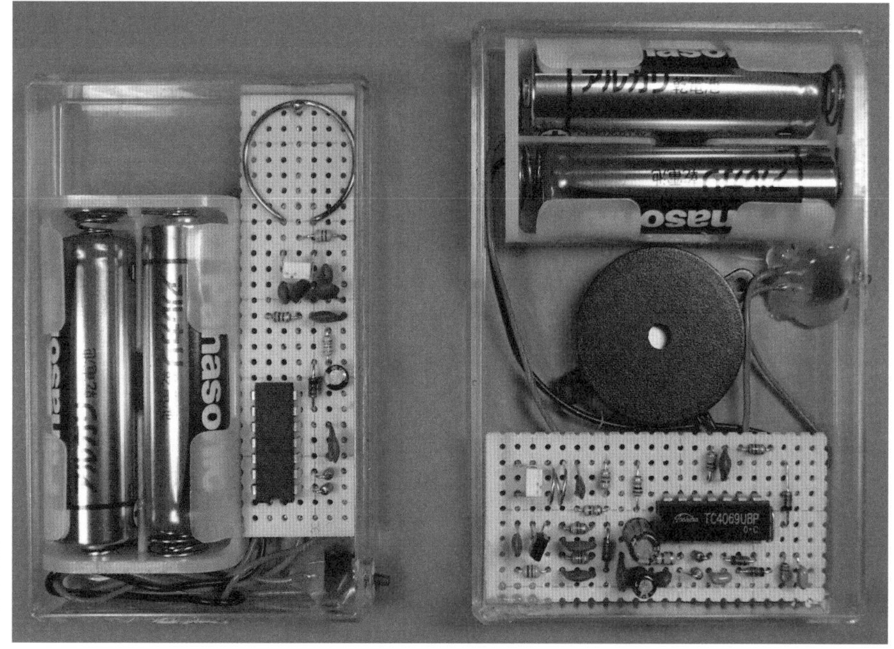

〈写真3〉UHF微弱電波を利用した置き忘れ防止アラームの製作（第3章）

〈写真5〉ワイヤレス雨降りアラームの製作(第5章)

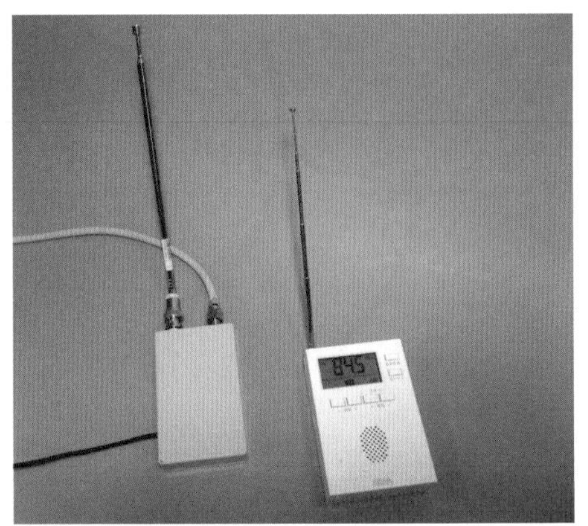

〈写真8〉微弱電力型FM補完放送コンバータの製作(第8章)

〈写真6〉ベクトル合成AMワイヤレス・マイクの製作(第6章)

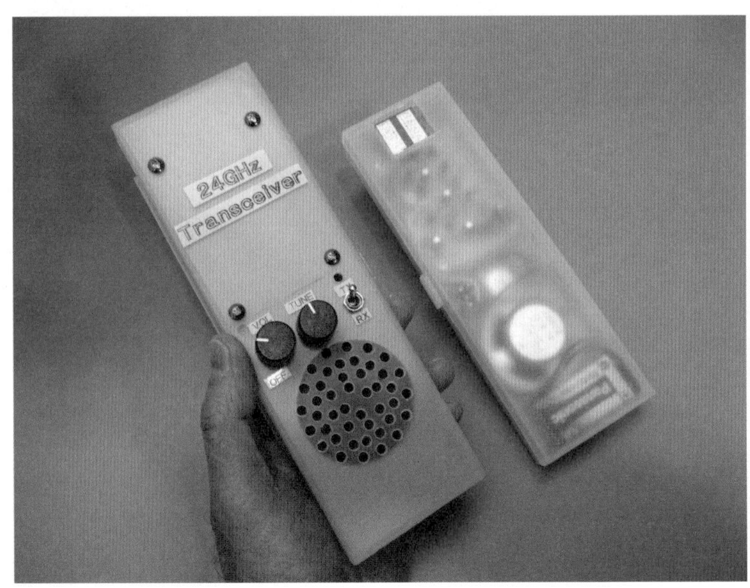

〈写真7〉なんちゃって5G！FMトランシーバの製作(第7章)

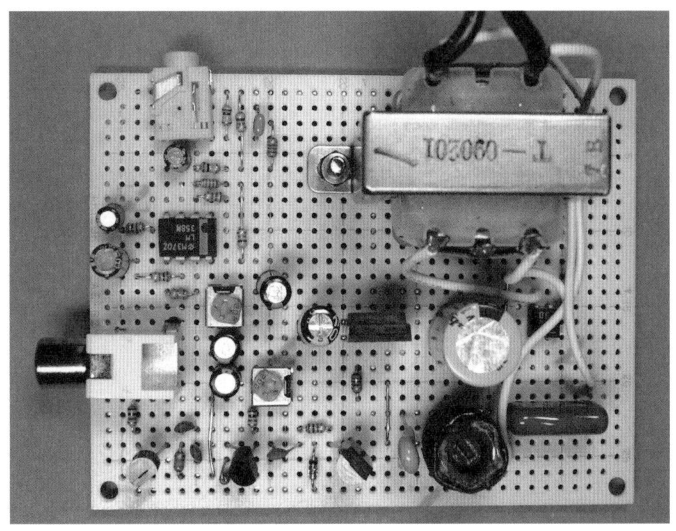

〈写真9〉 電灯線で音楽を送るキャリアホンの製作(第9章)

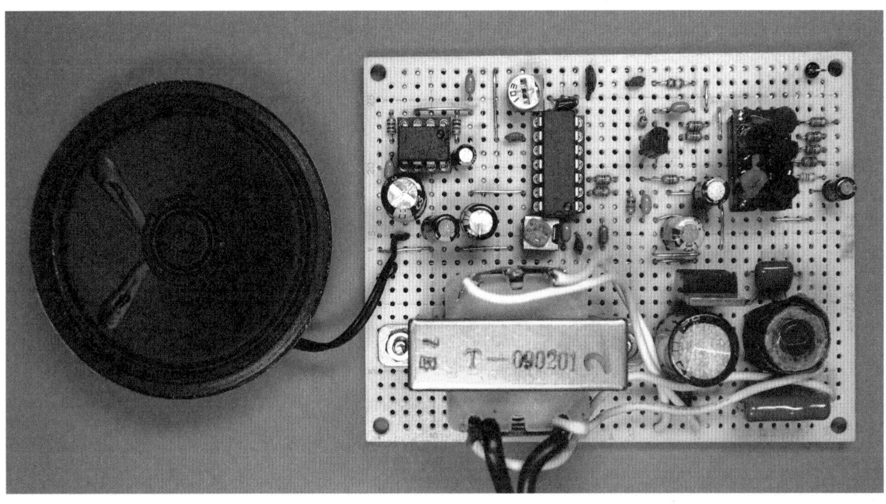

〈写真10〉 電灯線で音楽を送るキャリアホンの製作(第9章)

〈写真11〉 マイクロ波FMワイヤレス・マイクの製作(第10章)

〈写真12〉ヘルツの実験を史実に近い装置で再現する（第11章）

〈写真14〉TYK火花放電式無線電話機の実験（第13章）

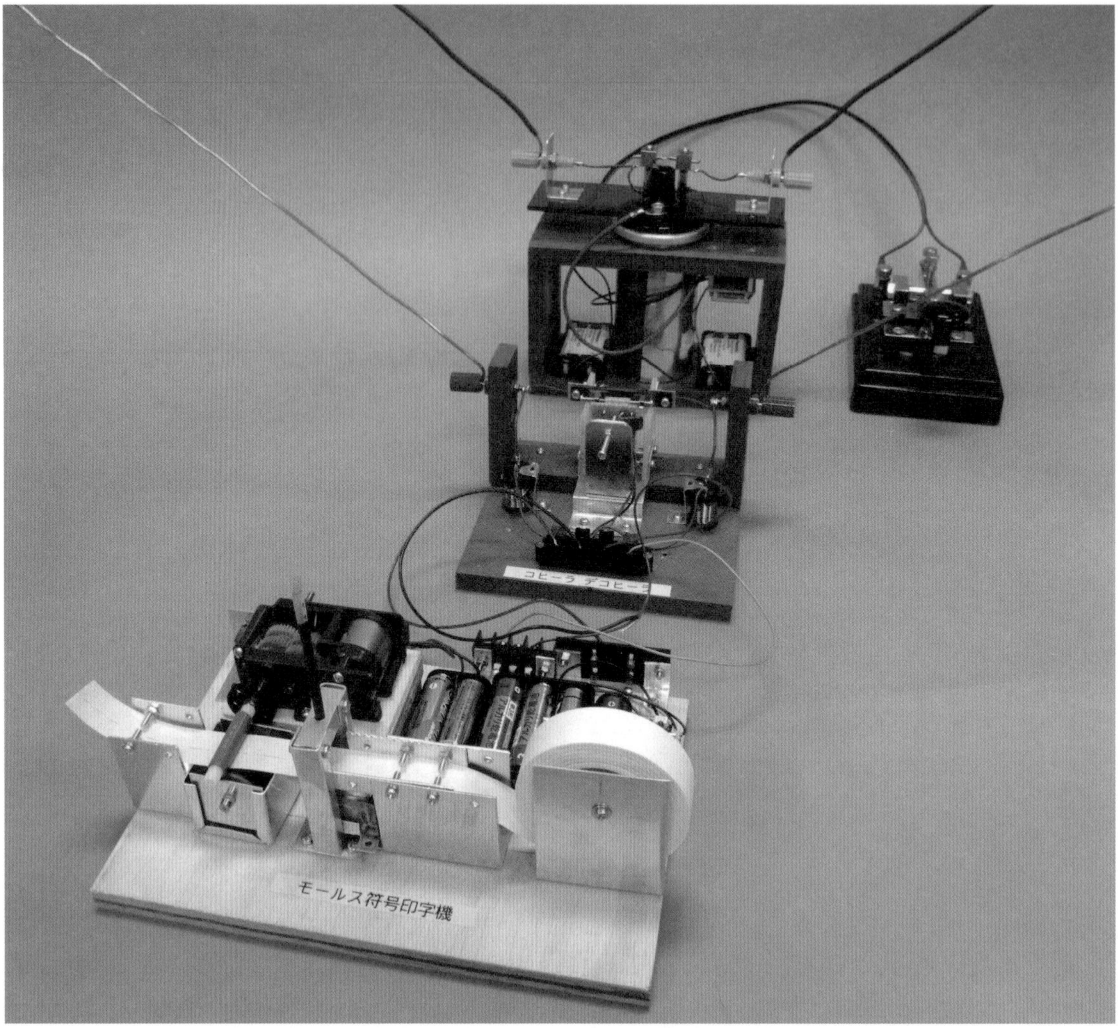

〈**写真13**〉**火花放電式無線電信機の実験**（第12章）

〈**写真15**〉**USBワンセグ・チューナ用HFコンバータの製作**（第14章）

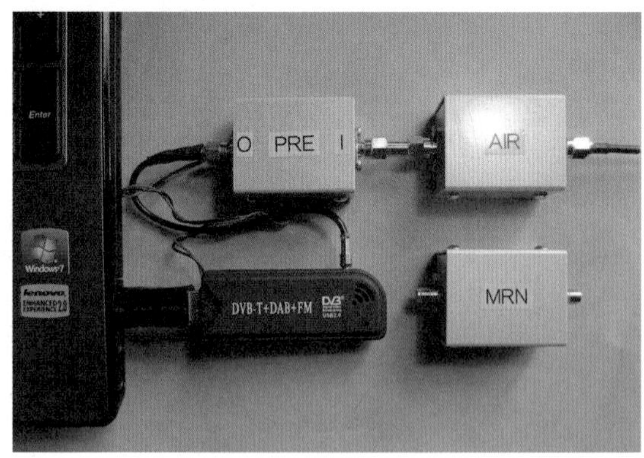

〈**写真16**〉**SDR受信機用プリアンプとBPFの製作**（第15章）

〈写真18〉 誘導無線トレース・カーの製作(第17章)

〈写真17〉 ノート・パソコンを使った長波標準電波JJYの受信実験(第16章)

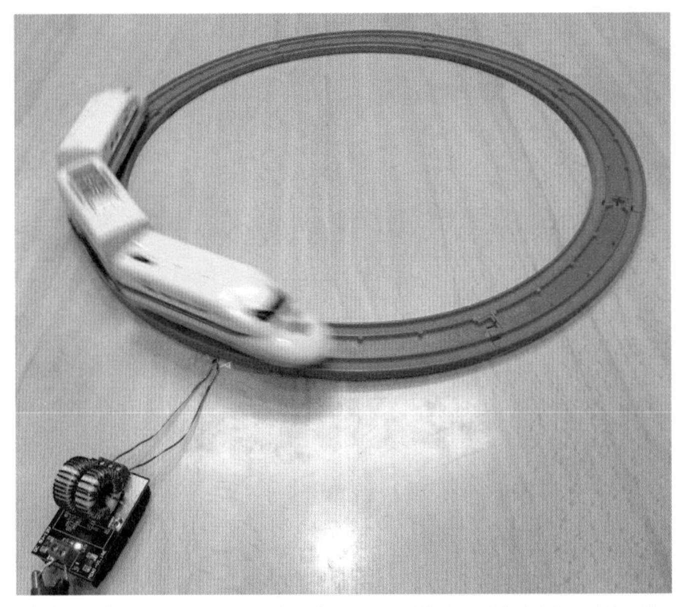

〈写真19〉 IHモジュールを転用したWPTプラレール走行実験(第18章)

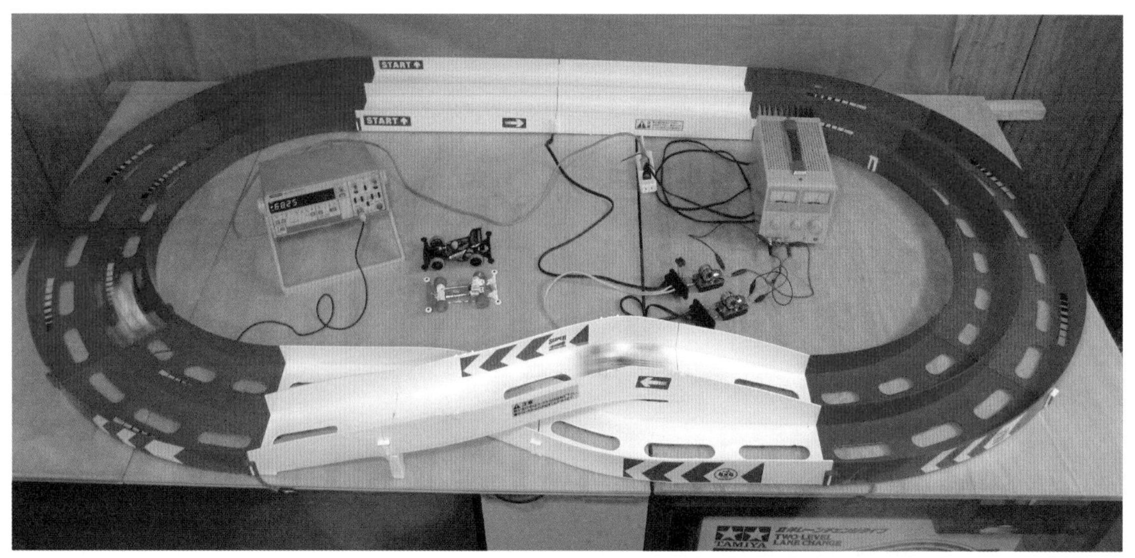

〈写真20〉IH電源モジュールを使ったWPTミニ四駆同時走行の実験(第19章)

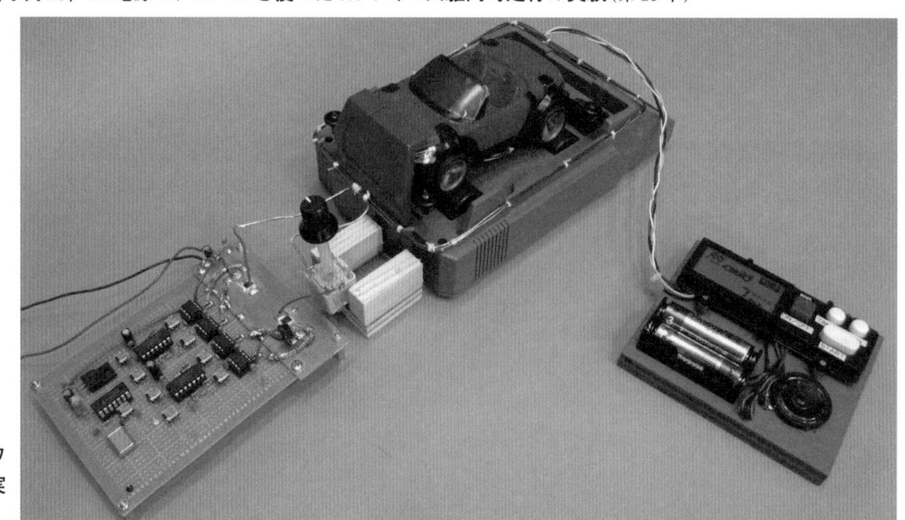

〈写真21〉ATAC方式ワイヤレス電力伝送の実験 前編(第20章)

〈写真22〉ATAC方式ワイヤレス電力伝送の実験 後編(第21章)

〈写真23〉水中ワイヤレス電力伝送で泳ぐWPTロボフィッシュの実験(第22章)

〈写真24〉ドップラー・センサを使ったスピード・ガンの製作(第23章)

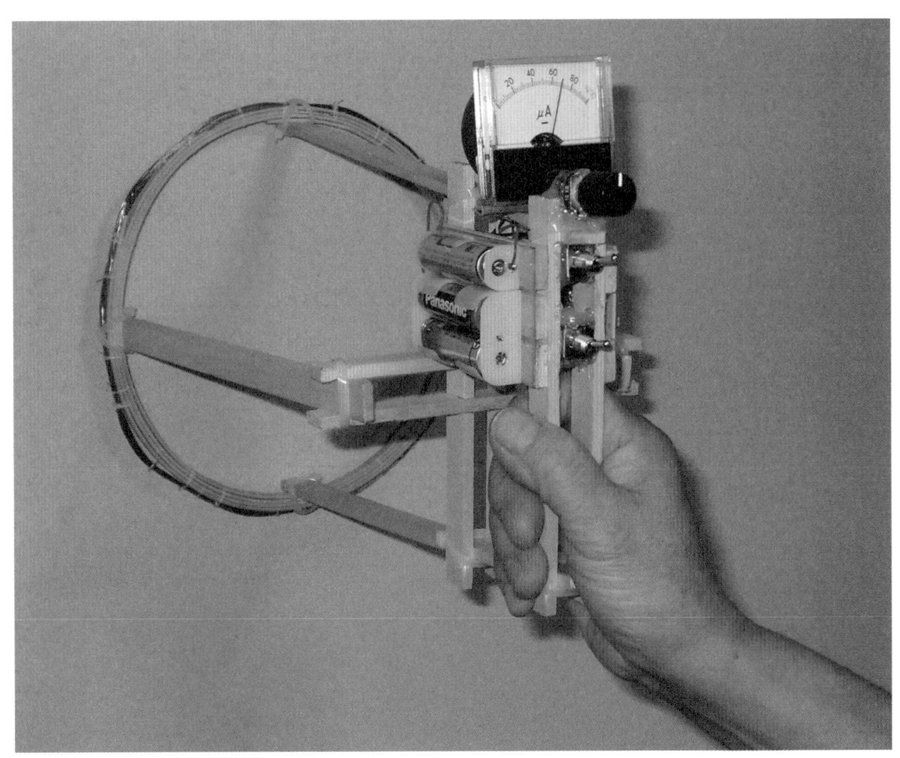

〈写真25〉金属探知器の製作(第24章)

〈写真26〉 UHF帯ドップラー動体センサの製作(第25章)

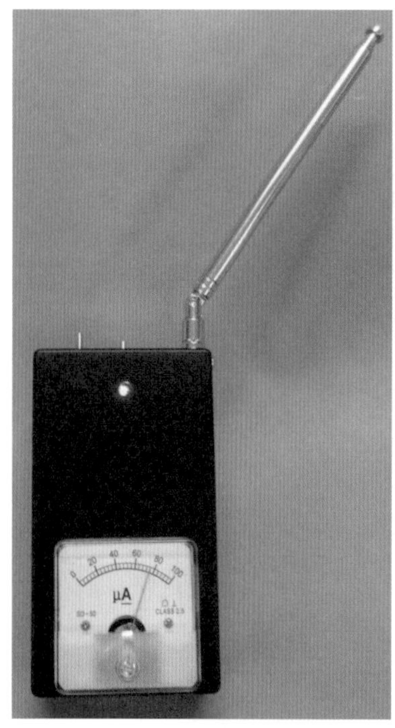

〈写真27〉 雷ディテクタの製作(第26章)

〈写真29〉 携帯電話の電波ディテクタの実験(第28章)

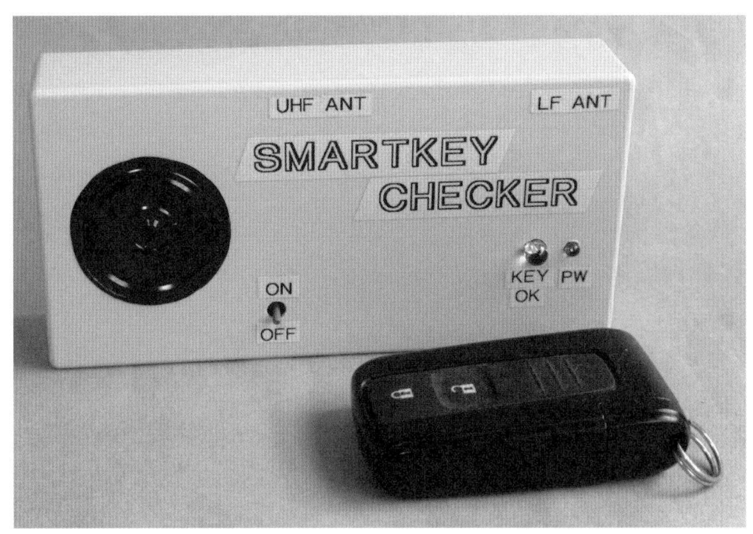

〈写真28〉 簡易スマート・キー・チェッカの製作(第27章)

〈写真30〉 光る立体型電磁界モニタの製作と実験(第29章)

〈写真31〉 電波方向探知器の実験（第30章）

〈写真32〉 電波方向探知器の実験（第30章）

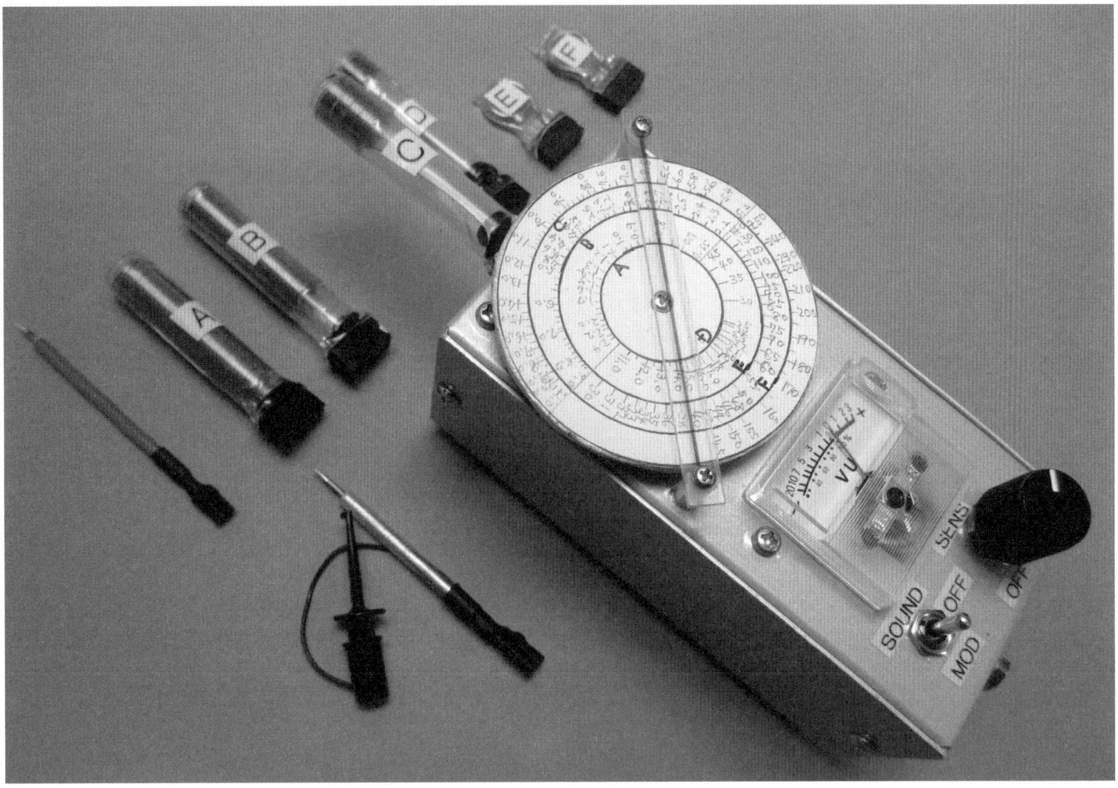

〈写真33〉 多機能ディップ・メータの製作(第31章)

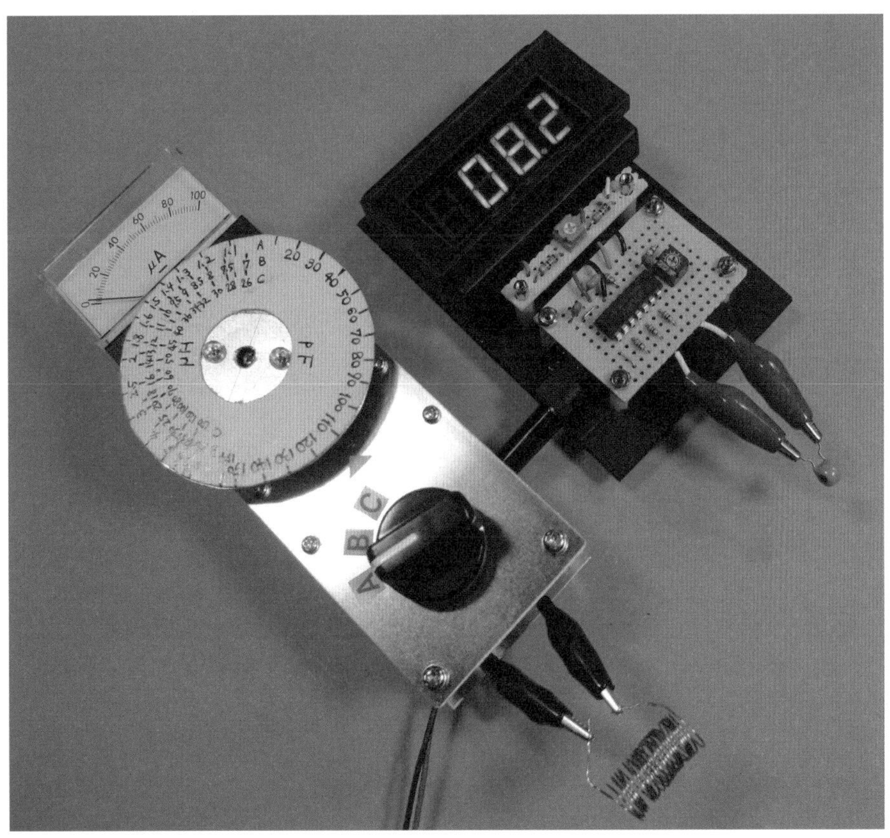

〈写真34〉 インダクタンスを測る測定器の製作(第33章)

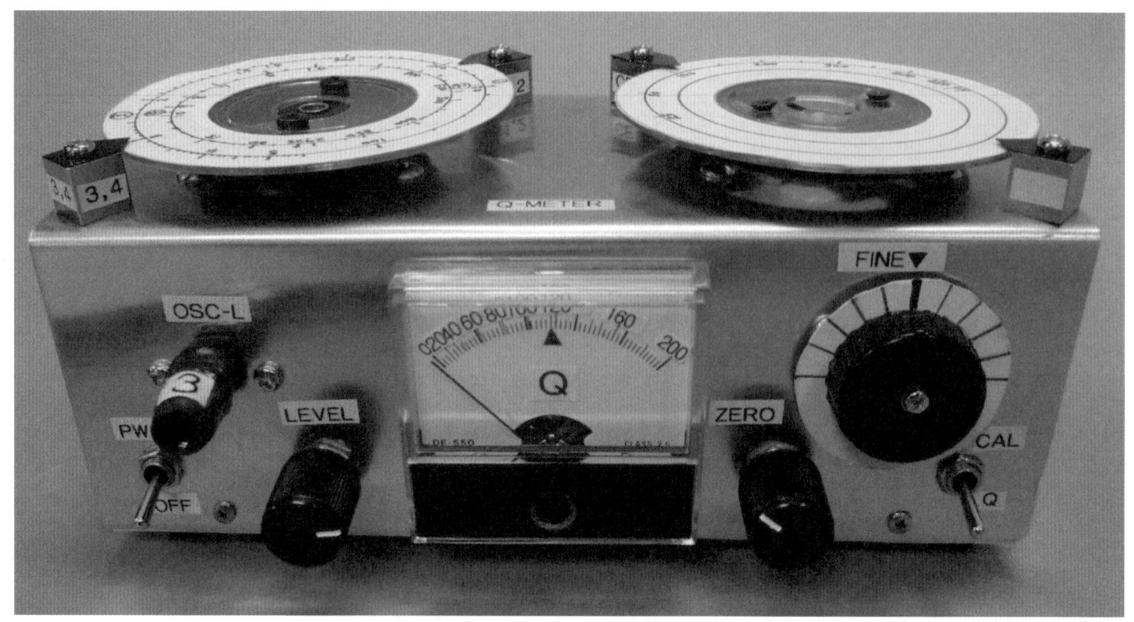

〈写真35〉 簡易*Q*メータの製作(第34章)

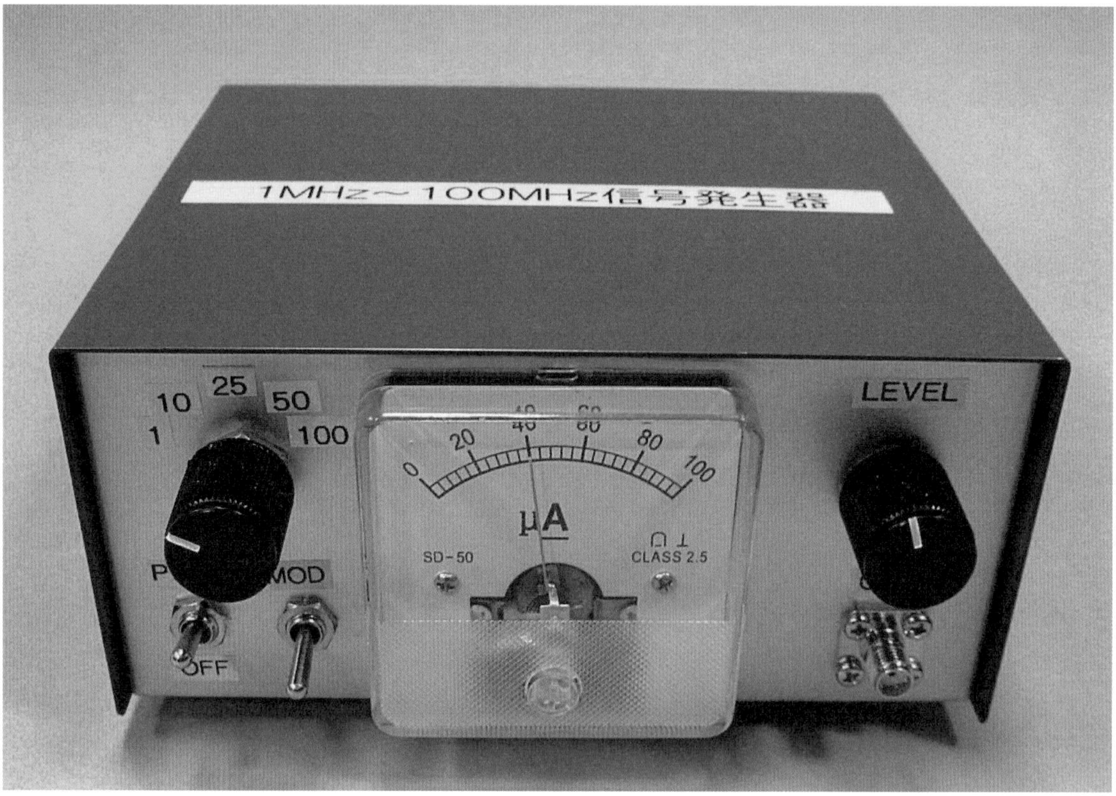

〈写真38〉 1M～100 MHz簡易RF信号源の製作(第37章)

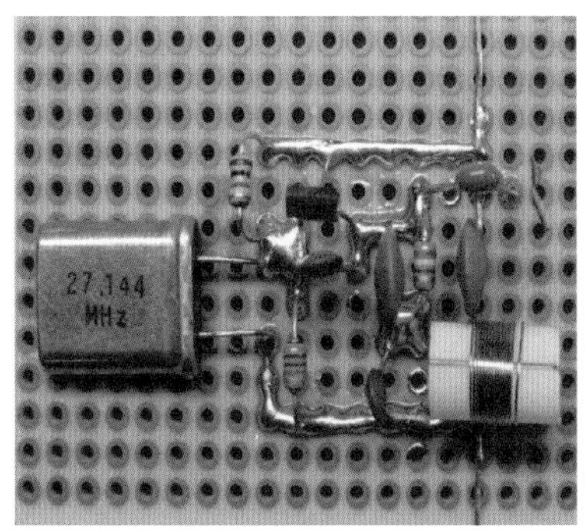

〈写真36〉 各種水晶発振回路の実験(第35章)

〈写真37〉 簡易ステップ・アッテネータの製作(第36章)

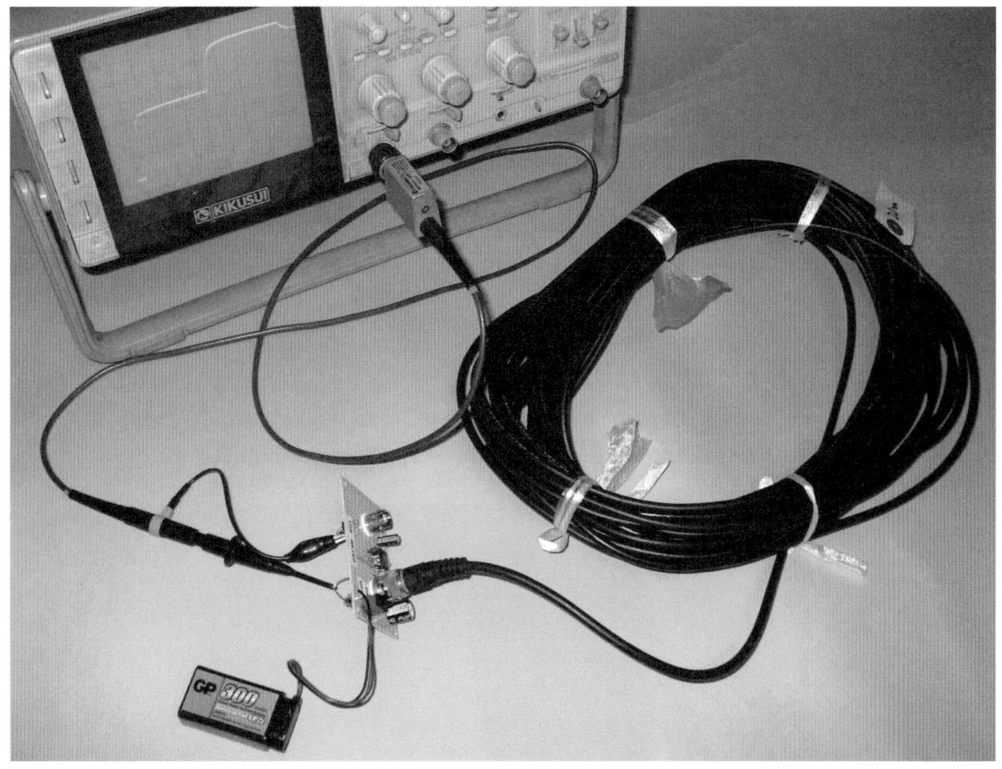

〈写真39〉 シンプルなTDR測定アダプタの製作(第38章)

〈写真41〉 擬似音声発生器の製作(第40章)

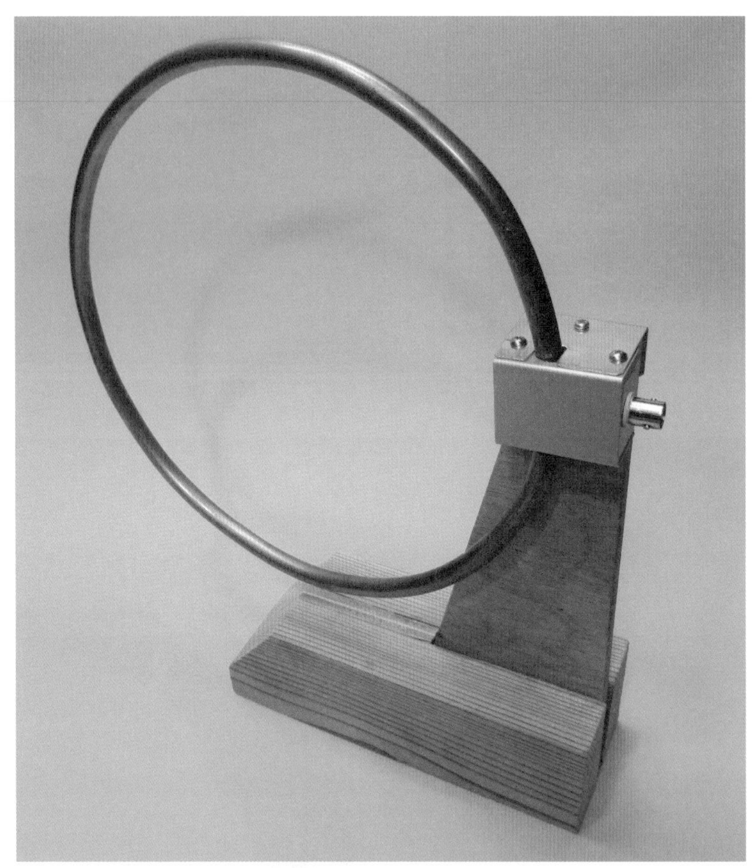

〈写真40〉受信機試験用標準ループ・アンテナの製作(第39章)

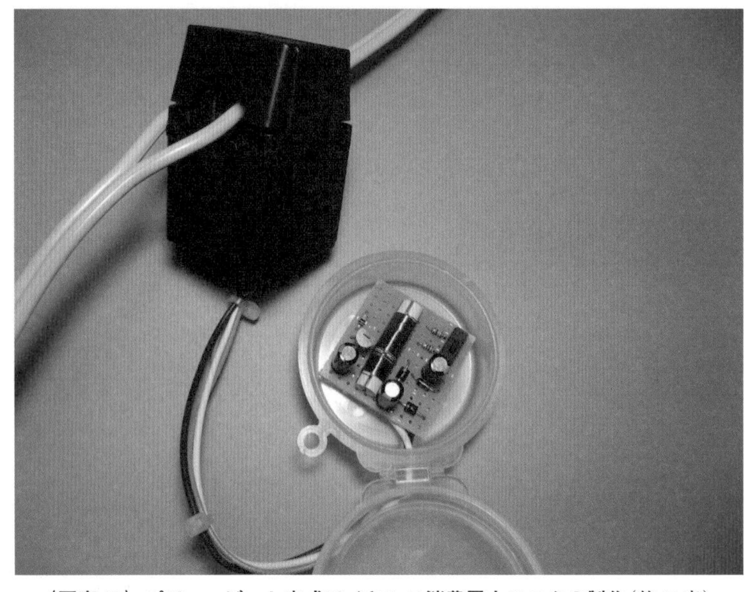

〈写真42〉パワー・ビート方式ワイヤレス消費電力モニタの製作(第41章)

ハードウェア・セレクション

送信・発振・受信・測定・給電…理解の早道!

できる無線回路の製作全集

漆谷 正義 著

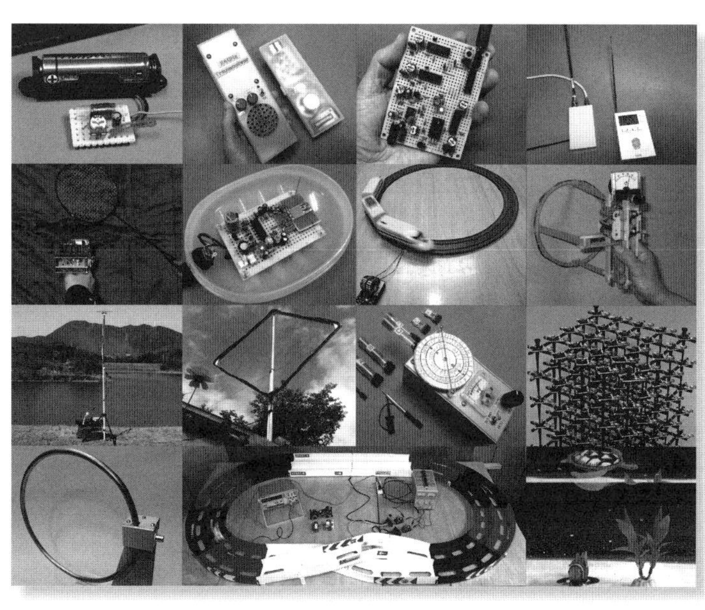

CQ出版社

目次

第３部　受信回路の製作

第４部　走行／運動の製作

まえがき

電波が発見されたのは，ほんの150年前のことです．電波とは電磁波の略称であり，一般にその周波数が高いことから，無線周波数(RF)とも呼ばれます．放送，通信，測位測距(レーダやカーナビ)などのほか，工業的にも応用分野が広く，半導体やコンピュータなどのインフラの成長と相俟って多くの製品を生み出してきました．

世の中には，ラジオ，テレビ，スマホ，気象観測衛星，カーナビ，レーダ，病院のMRIなど，数えきれないほどのRF応用製品があります．電波として空中に放射されなくても，デバイス内部でRF周波数で動作する機器も含めると，電子機器のほとんどはRF機器であるといっても過言ではありません．

一方，RF機器を設計/製作する立場で考えると，電波は目に見えないものだけに，理論だけで設計することが難しく，とっつきにくい分野です．RF機器の製作には，事前準備というべき基礎実験や試作が不可欠です．コイルやコンデンサ，半導体を使った発振/増幅回路，アンテナなどを組み合わせて目的の動作を実現するために，学校で習った知識に加えて，教科書には載っていない「技」が必要なのです．

測定器があれば鬼に金棒といわれますが，スペクトラム・アナライザやネットワーク・アナライザといった高周波の本格的な測定器は高価なものが多く，個人では手に追えず，会社でも稟議が通りにくいと思います．これを補う「技術」が，いわゆる「勘」と「技」です．勘はアナログ的な響きがありますが，そのとおりです．RF回路の勘を養うのは，地味な実験の繰り返しです．しかし，ただ闇雲に実験といっても，何をやったらいいのか迷うことでしょう．実験にはテーマが要ります．

本書は，実験と製作を伴う代表的なRF分野のテーマを網羅しています．本書のテーマは，私個人の思いつきではありません．CQ出版という，RF分野にルーツを持つ老舗のベテラン編集者が考え抜いた選り抜きのテーマです．私は与えられたテーマを夏休みの宿題工作さながら，締め切りに追われながら実験と試作を繰り返し，たまには大失敗もしながら，十数年にわたりなんとかこなしてきたものです．ですから，各テーマの記事内容も大事ですが，テーマ自体の持つ意味も奥深いものがあると自認しています．

読者の皆さまは，記事の追試だけでなく，余力があれば，同じテーマで，自分の考え方で新規設計してみていただきたいと思います．また，教育現場では，学生実験のテーマ例などとして活用いただけたら幸いです．

漆谷 正義

イントロダクション　無線/高周波を理解する早道は振る舞いを体験すること

RF回路の製作へようこそ!

編集部

はじめに

本書は無線と高周波の技術解説マガジン「RFワールド」に連載した製作記事の集大成です.

“RF”とはRadio Frequency，つまりラジオに使われるような無線周波すなわち高周波を意味します．今日のRFは放送，通信，測位/測距，気象レーダーや医療機器などのほか，電力伝送などの無線エネルギー利用へと用途が広がっています.

■ラジオ工作の歴史

インターネットが今日のように普及する前の時代には，科学大好き青少年の趣味として電子工作があり，定番的な入門テーマの一つとしてラジオや無線機の自作があって，関連する雑誌や書籍がたくさん愛読されました．彼らはラジオ少年と呼ばれ，十分な資金も測定器もないなか，作った物がうまく動作することを夢見て胸をときめかせ，雑誌記事などを参考にしてとにかく製作に挑戦するのです．しかし，一発で動作することは稀で，たいていは動作しない原因をあれこれ悩みながら配線違いをチェックしたり，調整不良を直して完成させたのです．近所に詳しい仲間がいると情報交換したり教えあったりして，切磋琢磨したものです．そして期待通りに動作させることができると，それまでの苦労が吹き飛び，達成感と喜びに浸るのでした．この成功体験がさらに高度な回路の製作に挑戦する原動力となりました.

こうして高周波(RF)の面白さを知った青少年が日本のエレクトロニクス分野に興味関心を持つ層の裾野を広げ，長じてはエンジニアや研究者となってエレクトロニクス産業の隆盛につながりました.

■回路の振る舞いを体験することが理解につながる

RF回路は，手を近づけると周波数がふらついたり，

〈図1〉無線/高周波を理解する早道は実回路の振る舞いを体験することにある

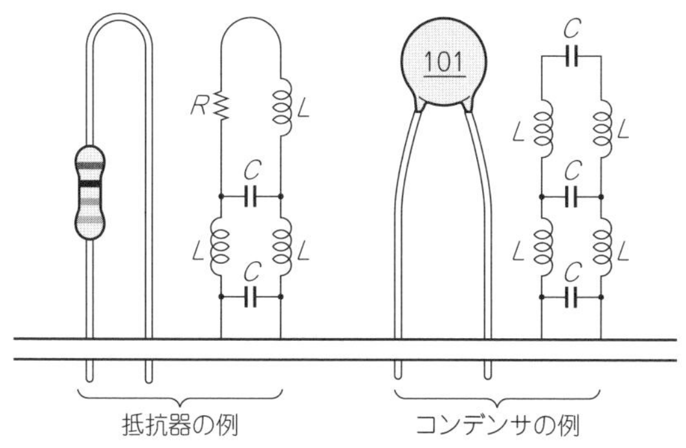

〈図2〉もやし配線と等価的な回路

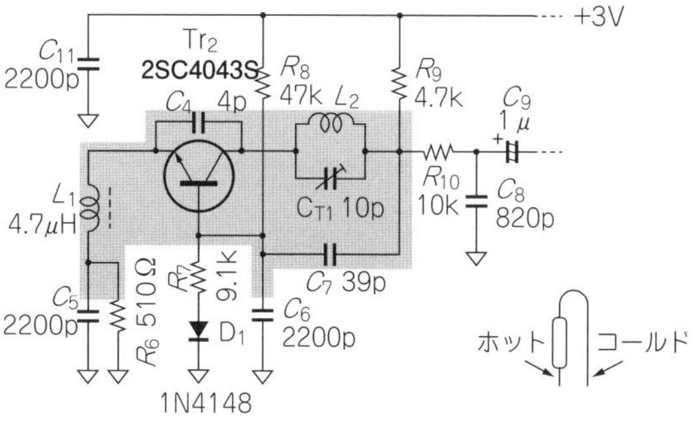

〈図3〉RFホットとRFコールド
（墨網で囲んだのがホット部分）

異常発振したりします．アンテナに指で触れたとたんに感度が良くなったり，悪くなったりします．いわゆるボディ・エフェクト（人体効果）です．ボディ・エフェクトを防ぐために使われるシールド（遮蔽）には静電シールドや磁気シールドに加えて，RFでは電磁シールドが使われます．また，トリマやコアの調整によって，特性がなだらかに変化したり，急激に変化したりします．これらはディジタル回路では経験することがないでしょう．RF回路は，ディジタル無線と呼ばれるようなものでも基本的にはアナログ回路です．なぜなら現実の物理量はアナログだからです．

今日ではラジオや無線機の自作を楽しむ若年層，いわゆるラジオ少年は絶滅危惧種のような存在になりました．また，教育現場ではRF回路に関してシミュレーションで教えることはあっても，実回路を作ったり触ったりする機会はほとんどないようです．しかし，上述したようにRF（無線や高周波）回路は，その振る舞いを体験することが理解につながります．うまく動作しない原因を見つけて期待どおりに動かすことができたという成功体験（**図1**）がRFを学ぶ上で重要であり，理解への近道であろうと考えます．

■ RFを体験できる千載一遇のチャンス到来

回路技術を学ぶのに「ディジタル1年，アナログ3年，高周波10年」といわれます．高周波が難しいのは低周波と違って可視化したり数値化しにくい部分があることや，回路図に現れない要素を読み取らねばならないからです．本格的なRF計測器は数百万円などと高価なので誰もが使えるわけではありません．

一方，ネットの普及で部品購入も情報入手も便利になりました．かつてなら高嶺の花だったRF計測器も簡易ベクトル・ネットワーク・アナライザ "NanoVNA" や簡易スペアナ "tinySA" に代表される廉価なものが手に入る時代です．このチャンスを活かしてRFを体験するかどうかは，あなたの行動次第でしょう．

本書によって読者諸兄がRFのもつ魅力と面白さに気づき，また微力ながらも向学に役立てば幸いとするところです．

RF回路を製作するコツ

■ 配線は「太く・短く」

不必要に長い，いわゆる「もやし配線」（**図2**）はRF回路がうまく動作しない原因の一つです．長いリード線や配線は寄生インダクタンスや浮遊容量の原因となります．

特に基準電位となるグラウンド配線は，太くしっかり作るのがコツです．具体例は本書の製作例を参考にしてください．グラウンド配線が太ければ寄生インダクタンスが少なく済みますし，機械的にしっかりしていれば浮遊容量が漂動する不具合も減ります．

■ ホット側とコールド側を意識する

電位が高い側をホット側，電位が低い側をコールド側と呼びます．RF回路の製作で意識すべきはRF振幅が大きいか小さいかです．部品のリード線のうちホット側を短く配線すれば，コールド側は少し長くても影響が少ないという性質があります．たとえば**図3**は置き忘れ防止アラームの受信回路の抜粋です．図のスミ網をかけた部分が「高周波的にホットな部分」であり，ここは短く配線するのがコツです．バイパス・コンデンサのC_5とC_6や抵抗器R_6，R_8，R_9は片側がホットで，グラウンド側がコールドであり，コールド側は少しリード線が長くてもかまいません．

一般にホット側に指を触れると回路動作に影響がありますが，コールド側は影響がほとんどありません．

同様に高インピーダンス側はノイズの影響を受けやすく，指を触れると影響があるのに対し，低インピーダンス側は影響を受けにくい性質があります．

製作に使う道具や材料について

■ ユニバーサル基板がオススメ

本書ではブレッドボード(**写真1**)ではなく，ユニバーサル基板(**写真2**)を使って組み立てています．ブレッドボードを使って回路を組み立てると部品のリード線が長くなりがちなほか，接触不良で動作が不安定になる懸念があります．マイコン回路やディジタル回路なら電気的につながっていれば，なんとか機能しますが，RF回路はそうはいきません．リード線のインダクタンスやグラウンド配線のインピーダンス，部品配置による迷結合の防止などにも配慮が必要だからです．部品再使用を考慮してか，抵抗やコンデンサの足を切らずにブレッドボードに挿してあるのをよくみかけますが，前述の理由で避けるべきです．

ユニバーサル基板なら，リード線を短く切って組み立てられますし，接触不良の懸念も少ないでしょう．

なお，ユニバーサル基板の一種である通称「十字基板」(十字配線ユニバーサル基板)が2015年ごろから売られていますが要注意です．これはあらかじめ全てのランドが格子状に電気的に接続されており，不要な配線パターンをカッターナイフなどで切断して使います．パターンを切断する前は全配線がショートしているので，電源短絡による焼損などが起こります．

■ 製作に使う道具

● 半田ごて

15～30 W程度のセラミック・ヒーター品(**写真3(a)**)がオススメです．電気工作用のニクロム線半田ごて(**写真3(b)**)は漏れ電流の懸念があったり，こて先が大きすぎたりして，電子工作には不向きです．

● 半田

錫60 %で直径1.0 mm程度のフラックス(やに)入り糸半田がオススメです．電子工作用としては，錫(すず)50 %品より60 %品，鉛フリー品より鉛入りのほうが半田付け作業性が良好です．

● 精密ニッパや精密ラジオペンチ

普通のニッパやラジオペンチより先端が小さめの工具(**写真4**)です．製作に少し慣れてきたら，これらを使ってみてください．細かい工作に便利です．

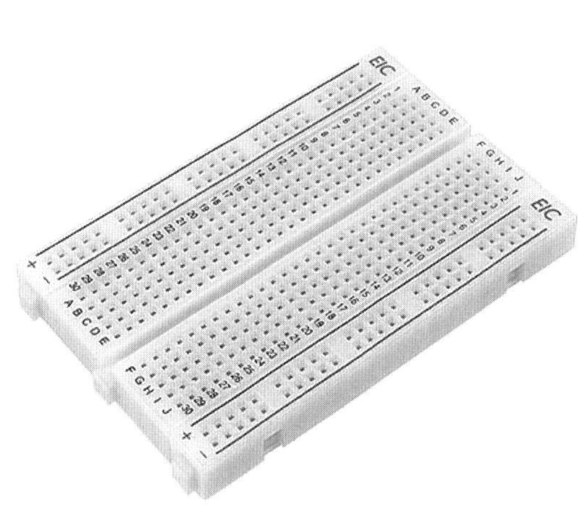

〈写真1〉ブレッドボードの例

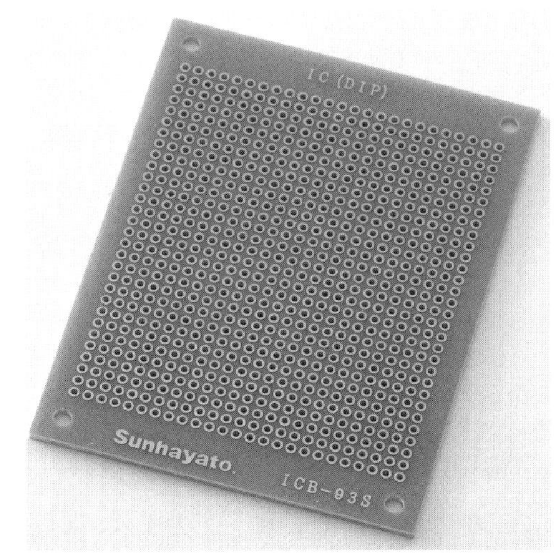

〈写真2〉ユニバーサル基板の例

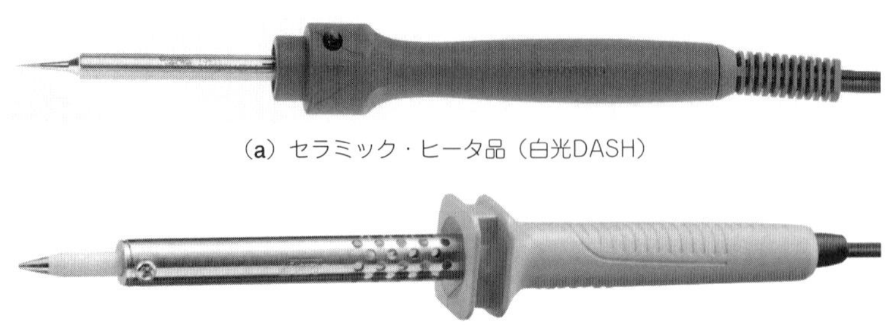

(a) セラミック・ヒータ品（白光DASH）

(b) ニクロム・ヒータ品

〈写真3〉電子工作に適しているのはセラミック・ヒーターの半田ごて

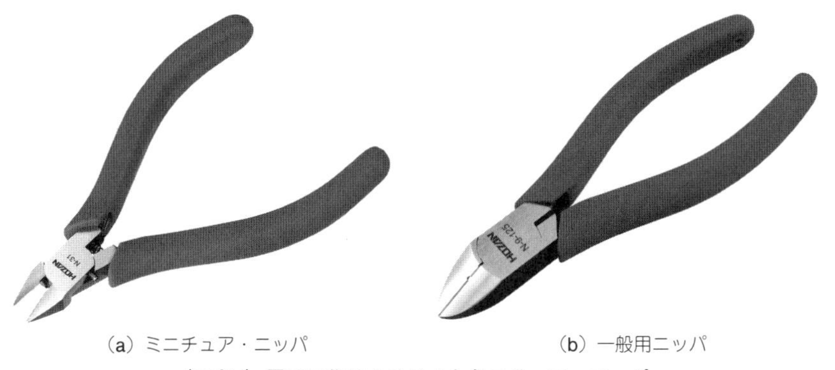

(a) ミニチュア・ニッパ　　(b) 一般用ニッパ

〈写真4〉 電子工作にオススメなミニチュア・ニッパ

〈写真5〉 一般的なDMM(ディジタル・マルチメータ)の例

■ 測定器について

基本的には(アナログ)テスターやディジタルマルチメータ(DMM，**写真5**)があれば完成できるように配慮してあります．説明の都合上，オシロスコープ画面やスペアナ(スペクトラム・アナライザ)の観測画面を示してありますが，製作に必須ではありません．

とはいえオシロスコープがあれば波形を見ることができるので，各部の動作を確認したり，不具合の原因を探し出すのに役立ちます．また，簡易型とはいえスペクトラム・アナライザ "tinySA Ultra" (**写真6**)があればスペクトルを見ることができて重宝するでしょう．

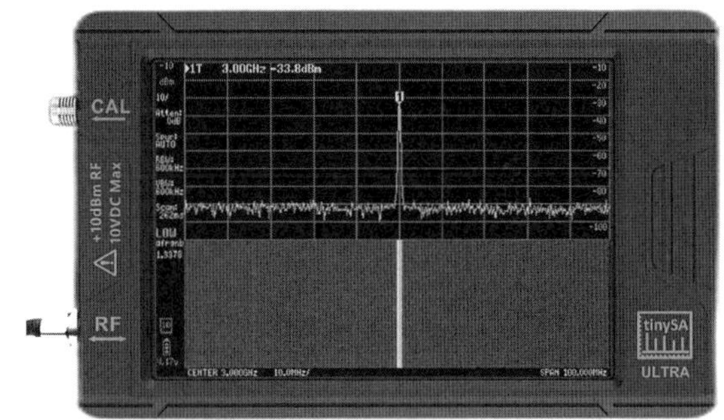

〈写真6〉 手のひらサイズで100 kHz～6 GHzまで観測できる簡易スペアナ "tinySA Ultra"

本書製作例の狙い

■ マイコンや専用 IC を使わない

本書の製作例は基本的にマイコンや専用システムIC(SoC《System On a Chip》)を使っていません．これらを使ってしまうとRF回路のほかにハードルが増えてしまいますし，専用ICが製造中止などで入手できないと製作できないからです．RF回路を理解してから，マイコンやSoCを組み合わせるとよいでしょう．

■ 無線の免許がなくても実験できる

製作したアイテムは，いずれもアマチュア無線などの免許をもっていなくとも実験できるよう配慮してあります．本文中にも注意書きがありますが，むやみに長いアンテナなどを付けないようにしましょう．

■ 新しい RF 応用を体験できる製作テーマ

ラジオ放送が始まったのは約100年前(1925年3月)のことです．かつてのラジオ工作の定番に鉱石ラジオやゲルマニウム・ラジオの製作がありました．しかし中波ラジオ放送は，数年後には民放を中心に停波が予定されています．この数十年でRF応用は，通信/放送以外へ大きく広がりました．特に近年は無線電力電送が注目されています．本書の製作テーマは，これらの新しい応用を体験できるように厳選しました．

それでは製作を始めましょう！

入門者の皆さんは，できるだけシンプルで，動作を理解できそうなものから始めることをおすすめします．でも，作った直後はうまく動作しないかもしれません．そんなときは，お茶でも飲んで一服してから，回路図と配線を見比べたり，電圧を測ったりして，間違っているところを見つけて手直しすれば，きっと動作します．自分自身でわからなければ，誰かに相談してアドバイスをもらってもよいでしょう．

そうやってうまく動作させた成功経験は，きっと次のステップへつながることでしょう．知識が経験によって，知恵に昇華することを願ってやみません．

それでは製作を始めましょう！

■ コラム　RFとタンス

低周波回路では抵抗器の抵抗値(レジスタンス)，コンデンサの静電容量(キャパシタンス)，コイルの誘導量(インダクタンス)をだいたい理解していれば回路をうまく動作させることができます．高周波(RF)回路では，そこにインピーダンスとリアクタンスが加わります．これら「～タンス」には**図A**の関係があります．

● **インピーダンス**(impedance)

これは高周波電流の流れにくさを表す度合いで，低周波や直流回路の抵抗値に相当し，単位はΩ(オーム)です．インピーダンスは，身近な測定器であるテスター(DMM，ディジタル・マルチメータ)では測ることができません．インピーダンスには素子に固有の特性インピーダンスや，入力インピーダンス，出力インピーダンスといったものがあります．たとえば特性インピーダンス50Ωの同軸ケーブルの中央導体と網線間をテスター(DMM)の抵抗レンジで測ると無限大Ωですし，同軸ケーブルの中央導体の両端を測ると，ほとんど0Ωです．

特性インピーダンスを測る方法は種々ありますが，近年では“NanoVNA”(**写真A**)に代表される安価な簡易ベクトル・ネットワーク・アナライザを使えば直読できて便利です．余談ですが，インピーダンスの語源は障害物(impede)にあります．pedeは歩行とか進行を意味し，imは無効/不可を意味する接頭辞です．いわば電流の進行を無効化する度合いです．

● **リアクタンス**(reactance)

これも高周波(RF)では頻繁に登場します．リアクタンスとは文字通り「リアクションする度合い」です．お笑い芸人のリアクションと意味は同じです．リアクタンスには誘導性(インダクティブ)リアクタンスと容量性(キャパシティブ)リアクタンスがあります．誘導性リアクタンスはコイル(インダクタ)のように振る舞う度合い，容量性リアクタンスはコンデンサ(キャパシタ)のように振る舞う度合いです．

〈編集部〉

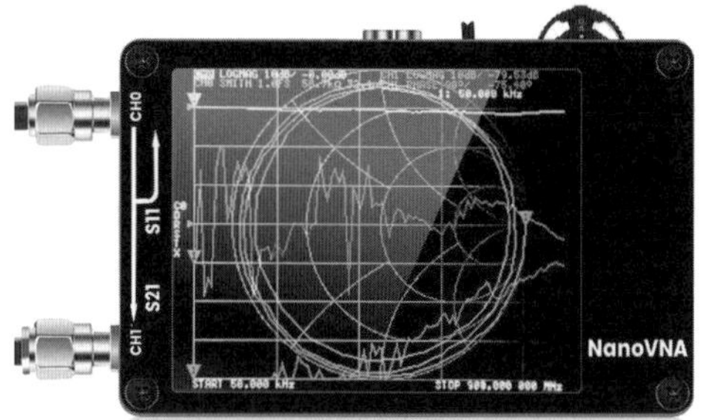

〈写真A〉手のひらサイズの簡易ベクトル・ネットワーク・アナライザ“NanoVNA”

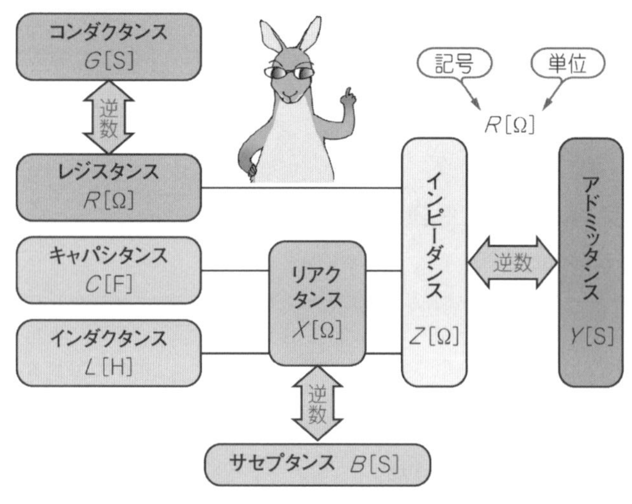

〈図A〉RFに登場するタンス

第 1 部
送信 / 発振回路の製作

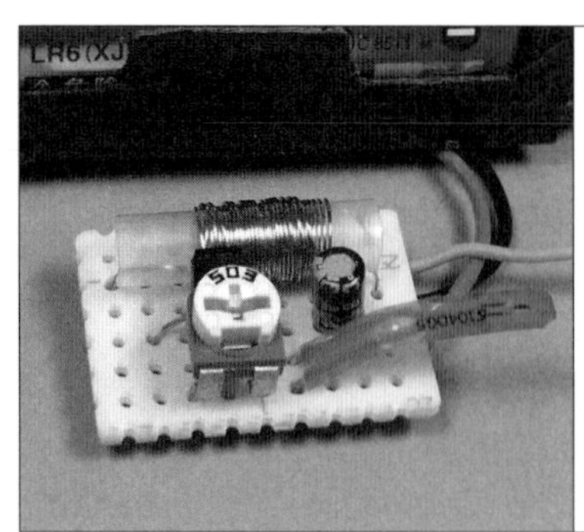

第1章　短波ラジオで受信する！広帯域インパルス方式

トランジスタ1石だけで作れる簡易温度テレメータ

■ たった1石の簡易温度テレメータ

離れたところや，容器の中などのように，電線を出し入れできないところの温度を測定するには，無線を使ったテレメータが使われます．テレメータは小型，低電力であることが求められますが，ここで紹介するのは，**写真1**のように，トランジスタ1石を使ったとても簡易なもので，短波ラジオを使って「コツ，コツ，…」というテレメトリ音を数十cm～数m離れて受信できます．

■ AMには厳しい電波環境

長波，中波，短波をAMでワッチすると，昔(半世紀前)に比べて，ハイテク機器からのノイズがずいぶんと増えています．微弱電波を利用する場合，もはやAMでは駄目かと思われますが，バンド(周波数帯)を選べばノイズの少ない領域があります．

本機のようにコイル電流をトランジスタでON/OFFしてインパルス波を発生するだけの送信機であれば，送信スペクトルが広範囲(3M～30MHz)に拡がるので，受信側でノイズの少ないバンドを選ぶことができます．

〈写真1〉たった1石で作れる温度テレメータ(ラジオから「コツ，コツ」とクリック音が聞こえる)

■ サーミスタでクリック周期を変える

図1が回路，**写真2**が組み立て例です．コイルの仕様は，第2章で紹介する「リモコン・ファインダ」とほぼ同じですが，コイルの巻き芯に使うストローの直径は5mm程度のものを使います．R_1はサーミスタのばらつきを補正するためのものですが，精度を気にしなければ，27kΩの固定抵抗でかまいません．

サーミスタの仕様を**表1**に示します．よく使われるNTCタイプ(温度上昇で抵抗値減少)を選びました．

■ 回路の動作

最初にコンデンサC_1が充電されて，トランジスタTr_1のベース電位が下降していきます．充電電圧が

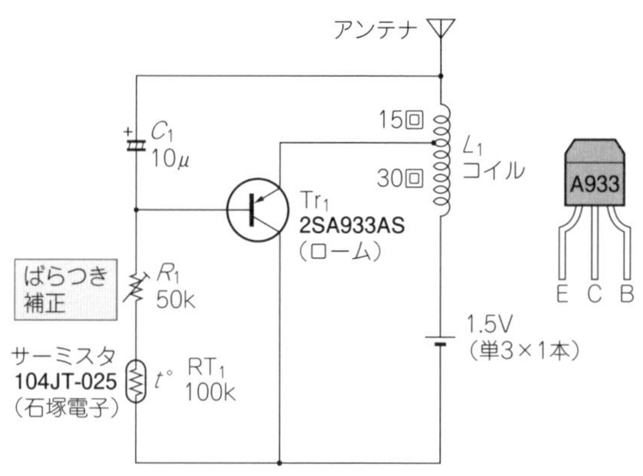

〈図1〉1石で作る温度テレメータの回路

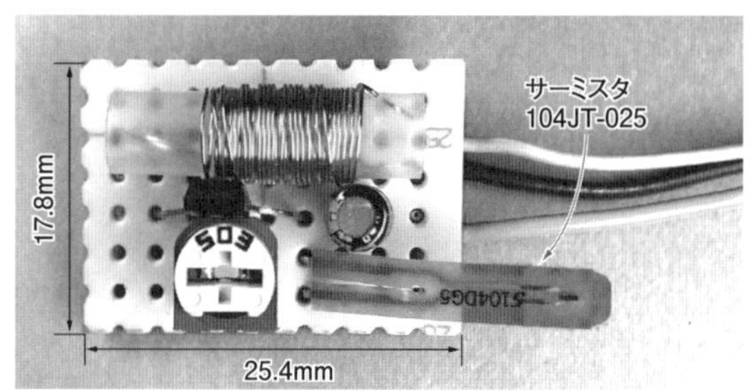

〈写真2〉温度テレメータの組み立て例

〈表1〉使用したサーミスタの仕様
[石塚電子(株)]

項　目	仕　様
型名	104JT－025
抵抗値	100 kΩ@25 ℃
許容差	± 1%
B 定数	4390 K
熱放散定数	約 0.7 mW/℃
熱時定数	約 5 秒(空気中)
最大許容電力	3.5 mW@25 ℃
使用温度範囲	－ 50 ～＋ 125 ℃

0.6 V くらいになると，Tr_1 が ON して，コイル L_1 に電流を流します．C_1 を通って L_1 の帰還電流がベースに流れ，L_1 に振動電流が発生します．なお，C_1 の放電により，Tr_1 が OFF になるので，この振動はすぐ停止します．

図2は，アンテナ端子とトランジスタ Tr_1 のベースの波形です．

図3は，温度とクリック音カウント数の実測値です．NTC サーミスタは温度上昇に伴い，抵抗値が下がりますから，クリック音の周期は温度上昇に伴って短くなります．

使い方

電池を接続し AM ラジオを放送のない周波数に合わせて近づけると「コツ，コツ，…」というクリック音が聞こえます．外気温が 15℃ ぐらいだと毎秒 1 回，30℃ ぐらいだと毎秒 2 回のペースです．ポケット・ラジオなら 1600 kHz あたり，短波ラジオなら 29 MHz 付近が放送がなく，他の雑音も少なめでクリック音が聞き取りやすい状況でした．周囲の電波環境に左右されると思われるので，受信しやすい周波数を探してみてください．

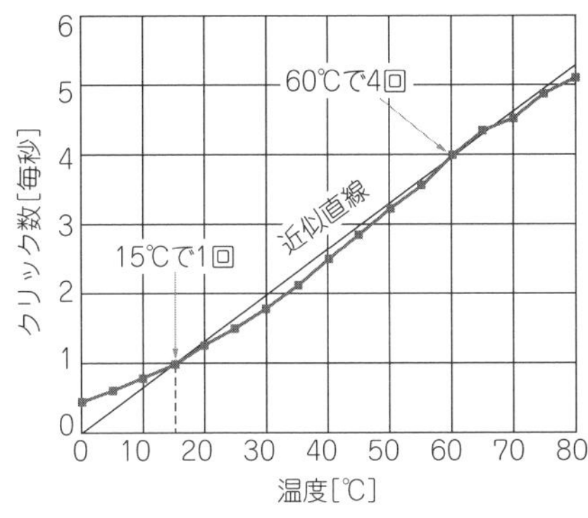

〈図3〉温度とクリック数の関係

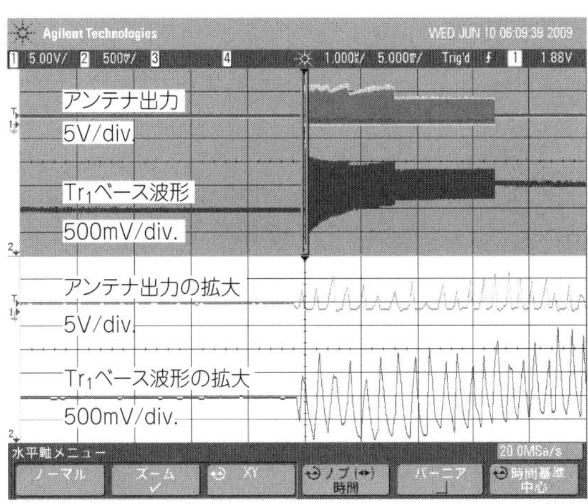

〈図2〉温度テレメータの動作波形(上二つ：5 ms/div.，下二つ：1 μs/div.)

1600 kHz あたりだと数十 cm，短波だと受信アンテナを充実させれば数 m ぐらい離れても受信できます．

図3のグラフからクリック音が 11 回聞こえる所要時間をストップウォッチなどで測ります．最初にクリック音が聞こえると同時にストップウォッチをスタートし，11 回目が聞こえると同時にストップすれば，クリック音 10 周期分をカウントしたことになります．10 周期分の時間を T_{10} で表すと，現在の温度 t は下記の近似式から知ることができます．

$$t = 150/T_{10} \quad \cdots\cdots (1)$$

ここに，t：温度［℃］，T_{10}：10 周期の時間［秒］

図3のように 10℃ 未満は近似直線から離れてくるので誤差が増えます．

試しに冷蔵庫のドア内側付近に本機と小型のアルコール温度計を置き，ドアを閉めて数分してから AM ポケット・ラジオでクリック音を数えてみました．外気温は約 28℃ です．クリック音 11 回の所要時間は 13.7 秒でした．式(1)から t ≒ 11℃ と求まり，このときのアルコール温度計の指示も約 11℃ でした．

簡易型とはいえ，それなりに温度を知ることができます．クリック間隔をマイコンで計測すれば，より精度の良い測定ができると思います．

◆参考文献◆

(1) Forrest M. Mims Ⅲ；“RF Telemetry Transmitter”, Engineer's Mini－Notebook－Science Projects, pp.42－43, Radio Shack, cat. No. 276－5018, 1990.

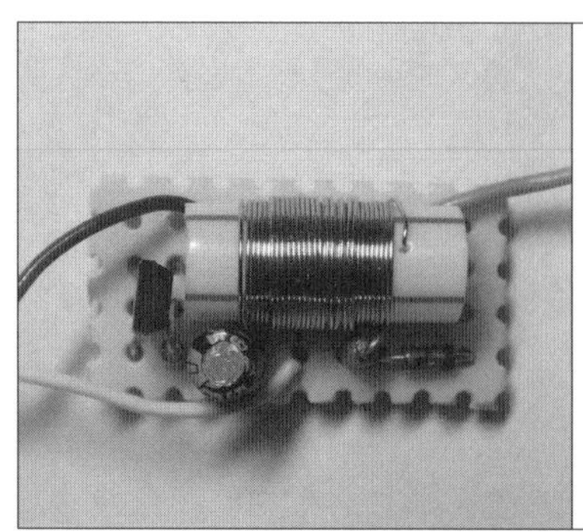

第2章　ラジオからのクリック音で探せる！広帯域インパルス方式
トランジスタ1石で作れるリモコン・ファインダ

■ 部屋の中で行方不明になったリモコンを簡単に探し出したい！

テレビ/ビデオをはじめ，エアコン，扇風機，ファン・ヒータなど，今どきの家電製品には赤外線リモコンが付属していて，とても便利です．しかし，部屋の中で新聞や雑誌の下に埋もれてしまったリモコンを探しまわったことはありませんか？　どこかに置き忘れた小さなリモコンを探し出すのは至難の業です．結局，部屋の大掃除をしてしまった…ということにもなりかねません．

そんなときに，リモコンが自分の居所を知らせてくれたら簡単に見つけ出すことができるでしょう．

赤外線リモコンの多くは単3乾電池を使っています．電池の容量に十分余裕があるので，これを電源として常時動作する，**写真1**のような小さな回路を組み込むことができます．

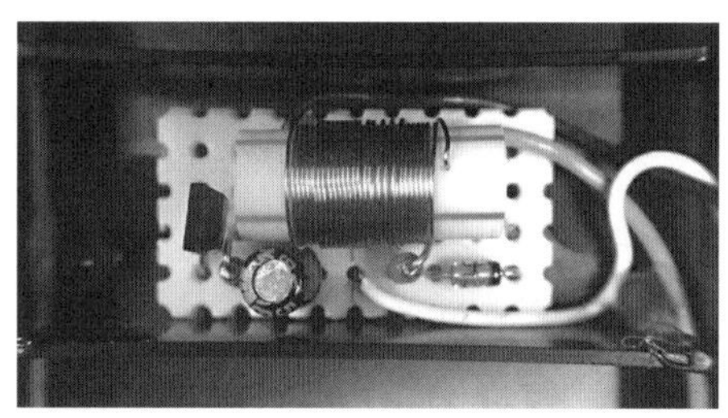

〈写真1〉**トランジスタ1石の送信機**(出力スペクトルは中波から短波以上にも及ぶ)

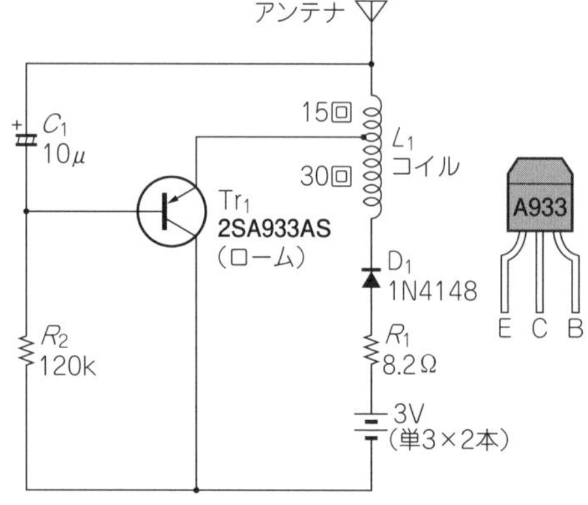

〈図1〉**リモコン・ファインダの回路**

■ 火花送信機の原理で電波を出す

雷が近づいてくると，AMラジオからは空電雑音がバリバリと聞こえます．この原理で，高圧電源を使った火花発生器にアンテナを付けて，モールス符号を送れば，立派な送信機となります．さらに同調回路があれば，もう少し帯域を狭くして電力効率を上げることができます．

図1がリモコン・ファインダの回路です．これはインパルス波を発生する送信機で，モールス符号の代わりに，C_1とR_2による時定数回路により，トランジスタTr_1を間欠的にONします．**図2**は，ON時のコレクタ電流(R_1両端の電圧)波形です．瞬時に250 mA程度の電流が流れますが，その持続時間はわずか約9.6 msです．この瞬間に幅広い周波数の電波が発生します．

トランジスタTr_1は，低周波用でも使えますが，スイッチング速度が遅いものや，遮断周波数f_Tが低すぎるものだと間欠発振が不安定になります．

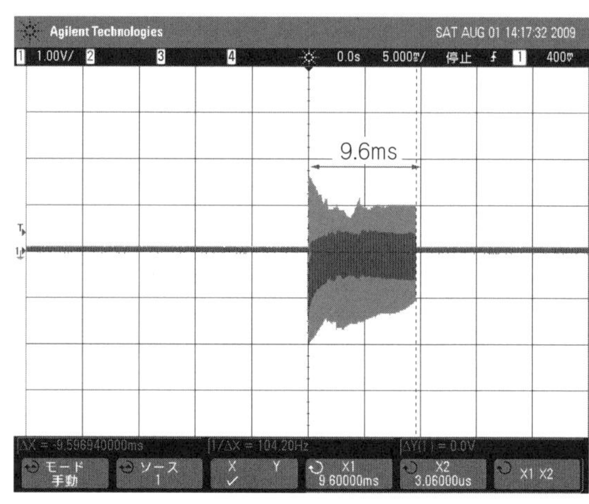

〈図2〉**導通時のコレクタ電流波形**(幅の狭いパルスなので広帯域にわたるスペクトルが発生する；5 ms/div.)

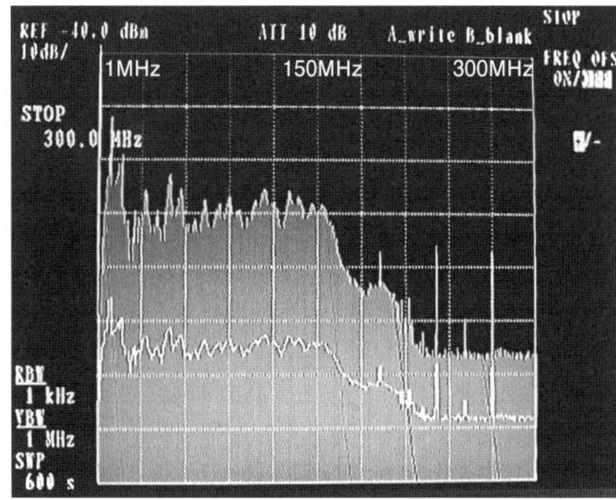

〈写真2〉 リモコン・ファインダの輻射スペクトル(1 M〜150 MHzに広がっている；1 M〜300 MHz，10 dB/div.)

写真2は，リモコン・ファインダの輻射スペクトルです．およそ1 M〜150 MHzの広い範囲に電波を出していることがわかります．

■ ストローをボビンにしてコイルを巻く

コイルL_1はRF信号を発生させるコイルです．ストローを軸にして，簡単に巻くことができます．

図3を見てください．太めのストロー(直径約6 mm)を切らずに手に持ち，針を使って，巻き始めの穴を右側に空けます．以下，下記の手順で巻きます．

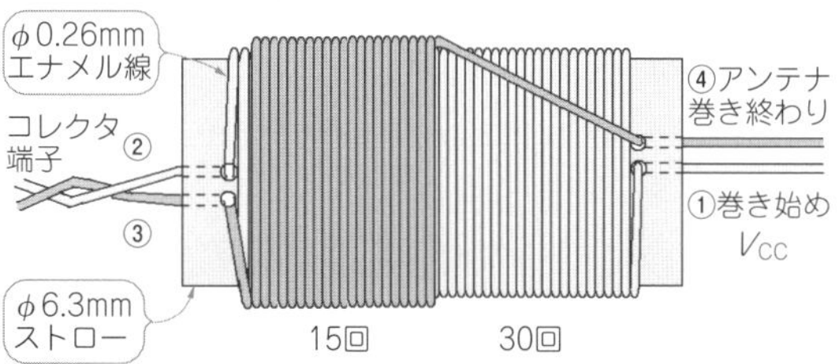

〈図3〉 コイルの巻き方(直径6 mmのストローに巻く)

①φ 0.26 mmのエナメル線を通して，ストローを回しながら30回巻く．

②穴を空けてエナメル線を通す．

③2層目を同じ方向に15回巻く．

④穴を空けてエナメル線を通し，ストローをカッターナイフで切断する．

以上で終わりです．エナメル線を手で固定して，ストローの方を回すとうまく巻けます．

■ リモコンに組み込む

リモコンの空きスペースを探して，**写真3**のように組み込んでみました．固定にはホット・ボンドを使いました．アンテナは長さ20 cmくらいは欲しいところですが，限界があります．小さいリモコンの場合は，外部にアンテナ線を出す必要があると思います．

消費電力はわずかなので電源スイッチはありません．

■ 手がきのロング・セラー “Engineer's Mini-Notebook” シリーズ

本章の参考文献に掲示している “Engineer's Mini-Notebook” は，フォレスト・M・ミムス三世(Forrest M. Mims Ⅲ)による一連のシリーズの1冊です．

同シリーズは**写真A**のように，本文もイラストも丁寧な自筆であることが特徴です．1979年7月，彼はマイラー・フィルムに手書きした原稿をRadio Shack社の出版部門へ持ち込み，それが最初の1冊 “Engineer's Notebook” となりました．彼の60冊に及ぶ著書は全世界で750万冊のセールスを記録しています．

彼はアマチュア・サイエンティストとして，また科学ジャーナリストとして，約40年にわたり，科学雑誌や学会誌などに数多くの記事を発表しているほか，編集者としても活躍しています．

大学卒業後，米空軍に入隊して士官としてベトナム駐留後，ニュー・メキシコ州のカートランド空軍基地の兵器研究所に勤務します．そして1969年にMITS社をエド・ロバーツらと共に設立し，1975年にはエドが設計した世界初のパソコン “Altair 8800” の操作説明書を執筆しました．下記で彼のプロフィールを知ることができます．〈編集部〉

http://forrestmims.org/

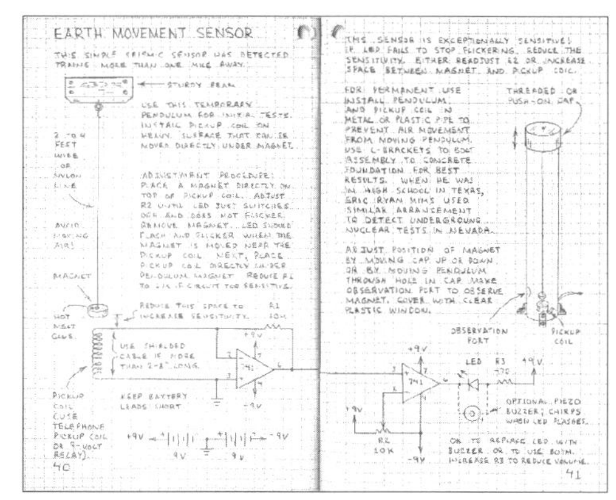

〈写真A〉 イラストも自筆のEngineer's Mini-Notebookシリーズ

■ 使い方

AMラジオなら上限の1.6 MHz付近の放送局のないところにダイヤルを合わせます．FMラジオなら放送が聞こえない周波数にダイヤルを合わせます．

リモコンに電池をセットし，ラジオを近づけると毎秒2回ぐらいのペースで「コツコツ…」という音が聞こえるはずです．もしラジオをすぐ近くまで近づけても何も聞こえないときは，回路や配線をチェックしてみてください．

AMラジオならリモコンから30 cmぐらい，FMラジオなら50 cmぐらいまで，コツコツ音が聞こえます．スペクトルは広帯域にわたっているので，正確にダイヤルを合わせる必要はありません．

リモコンを探すには，ポケット・ラジオを手にもって，リモコンを置き忘れそうな場所に近づけます．するとコツコツという音が聞こえてくるので，そのあたりで見つかるはずです．

◆参考文献◆

(1) Forrest M. Mims Ⅲ ; “RF Telemetry Transmitter”, Engineer's Mini - Notebook - Science Projects, pp.42 - 43, Radio Shack, cat. No. 276 - 5018, 1990.

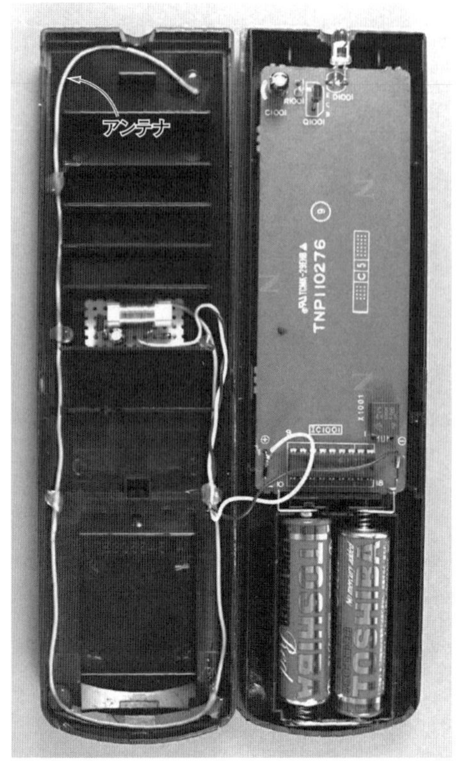

〈写真3〉 リモコンに送信機とアンテナを組み込んだようす（電源はリモコンの電池端子に接続する）

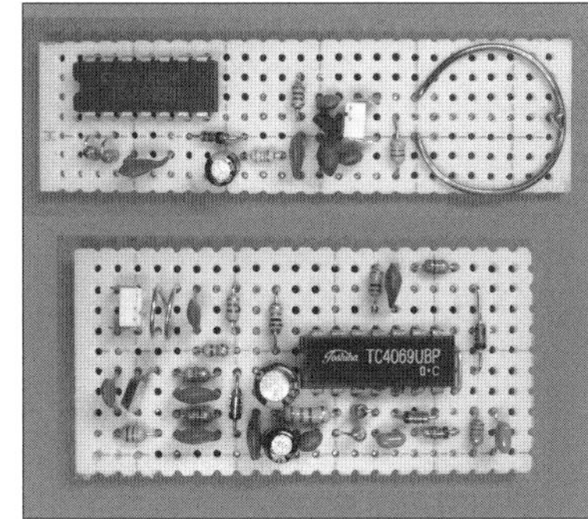

第3章　送信も受信も シンプルな構成で作りやすい

UHF微弱電波を利用した 置き忘れ防止アラームの製作

置き忘れ防止アラームとは？

荷物の中にアラームを入れておき，置き忘れや盗難によって，荷物と人間，または荷物どうしが一定距離以上離れるとアラーム音を発する装置，いわゆる「置き忘れ警報器」を製作してみましょう．

このような装置は，小型軽量で，アンテナが露出していないこと，消費電力が小さいことが求められます．そこで回路をできるだけ簡単化し，UHF帯を利用することで，送信側のアンテナを小さくし，受信側はアンテナなしとしました．**写真1**に外観を示します．

方式の検討

■ 310 MHzバンドの機器は製作が容易

UHF帯の310 MHzバンドは，マイカーのキーレス・エントリ，玄関のチャイム(呼び鈴)などに広く使われるようになりました．その多くは特定のコードで変調することで，お互いの干渉を防止しています．

UHF帯ではアンテナを小さくできるだけでなく，受信機に超再生検波回路を使えば，送信機のみならず受信機もそれぞれトランジスタ1石で実現できて簡易化できます．ただし，スペクトラム・アナライザなどの高価な測定器がないと，送受信周波数の確認ができないという難点があります．

測定器がない場合は，比較的廉価(数万円～)な，周波数シンセサイザ型の広帯域受信機を使います．AM，NFM(ナロー)，WFM(ワイド)などに対応しているので，本機のようにAM変調がかかっていれば容易に周波数を測定できます．この場合，スプリアスを区別するために，受信アンテナ利得を下げるか，送信機との距離を離す必要があります．

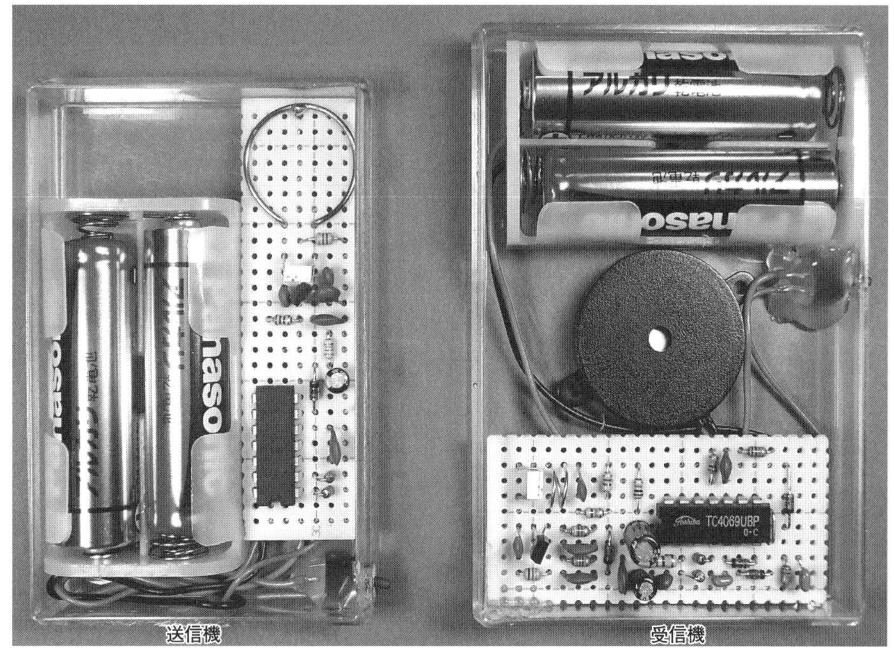

〈写真1〉
製作した置き忘れ防止アラームの外観

■ 無変調よりも変調方式に軍配があがる理由

特定のコードを作るには，コード発生用のICかマイコンを使います．しかし，前者は入手が困難であり，後者はプログラミングが面倒です．また，本書のようなRF専門誌にマイコンのコードを載せるのも気が引けます．そこで，思い切り簡単な矩形波で変調し，これをピーク検波する方式としました．

もちろん，もっと簡単な構成も考えられます．それは変調をかけず，キャリアの有無だけを検出する方法です．このためには，キャリアの有無に対応した数百mVのレベル差をDC増幅しなければなりません．検波電圧にはオフセットがあるので，この回路自体難物です．しかし，もっと問題なのは，このレベルは同調カーブそのものですから，周波数変動の影響をもろに受けることです．

これに対して，前述の変調方式は，同調ずれによる検波レベルの差があっても，検波した信号を飽和するまで十分増幅すれば同調カーブの広い範囲で信号を検出でき，周波数ずれの影響を大きく緩和できます．**図1**にこのようすを模式的に示します．

無変調方式が図の同調カーブ自体を検出するのに対し，変調方式は狭帯域の変調信号だけを検出すれば良いので，同調カーブの全域で平たんな特性が得られ，ノイズにも強いシステムになることが期待できます．

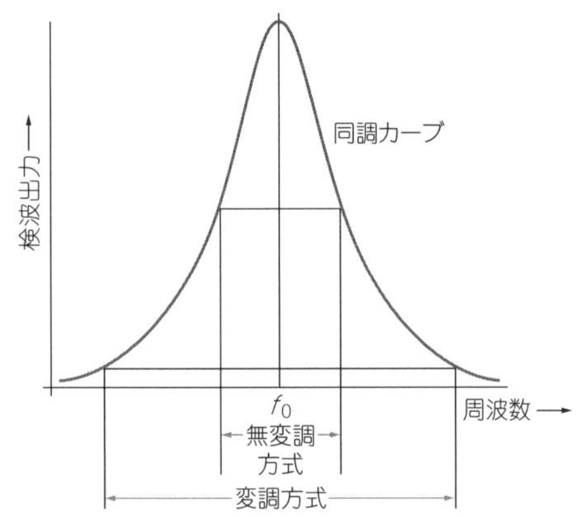

〈図1〉同調ずれに対する許容範囲(変調をかけると同調ずれに強くなる)

送信機と受信機の回路

■ 置き忘れ防止アラーム送信機の回路

図2に送信機の回路を示します．Tr_1周辺が発振回路で，LCによる変形コルピッツ回路です．L_1はアンテナも兼ねており，量産品ならプリント・パターンとしますが，今回はユニバーサル基板でも組めるように，銅線を使ったループ・アンテナとしました．仕様を**図3**に示します．

C_{T1}は，発振周波数調整用のセラミック・トリマ・コンデンサです．調整には，セラミック調整棒が必須です．先に金属の付いたドライバでは調整後の周波数ずれが大きくて使えません．C_1の値はスプリアス防止のため，発振する範囲のできるだけ小さい値とします．**図2**のC_1の値は，パターンのストレー容量を考慮に入れた値で，合計5pF程度になっていると考えられます．

Tr_1はf_T = 600MHz以上のUHF増幅用トランジスタを選びます．最近，UHF帯のトランジスタは軒並み面実装品になり，リード付きは希少ですが，現在でも入手可能な2SC4043S(SPTタイプ，ローム製)を選択しました．(RSコンポーネンツ扱い)

IC_1はCMOSロジックICによるRC発振回路です．発振周波数は約2kHzです．この出力でTr_1のベース・

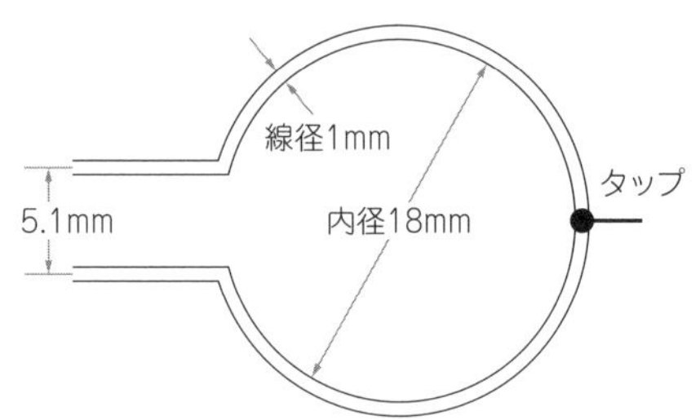

〈図3〉送信用ループ・コイル・アンテナL_1の仕様

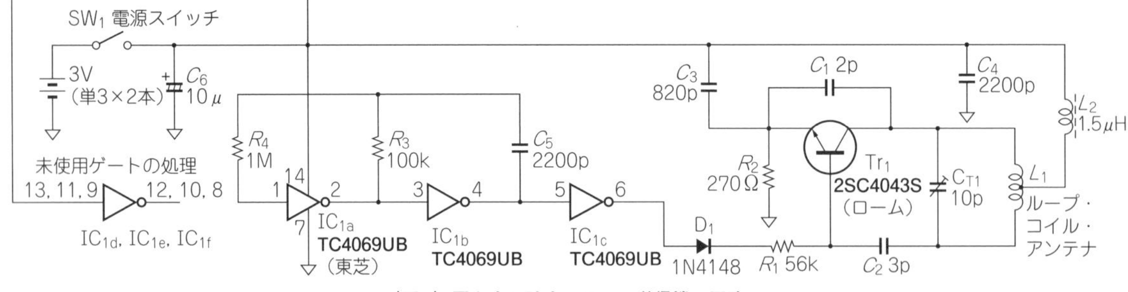

〈図2〉置き忘れ防止アラーム送信機の回路

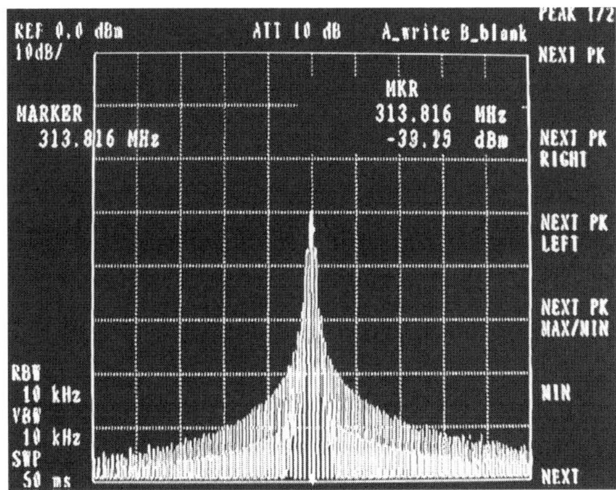

〈写真2〉 **送信機の輻射スペクトル**(中心周波数313 MHz，スパン1 MHz；サイドバンドは約100 kHz@－30 dBmである)

バイアス電圧を与えているので，**図4**下のように，発振波形はバースト状になります．

変調波形が“H”になってから発振開始までの遅延時間は268 nsで，これがこの回路の変調周波数の上限(約3.7 MHz)となります．

写真2が輻射スペクトルです．中心周波数は約314 MHzで，サイドバンドがバースト変調に伴って幅広く分布しています．－30 dBm減衰のサイドバンドの幅は約100 kHzとなっています．

写真3は回路基板の外観です．発振回路はパターンが最短距離になるように部品を配置します．

■ 受信機は超再生回路を使う

図5に受信機の回路を示します．Tr_2周辺は，超再生復調回路です．超再生方式は，クエンチング(断続)発振させ，その振幅の包絡線で囲まれた波形を検波するものです．クエンチング発振周期でRF入力振幅をサンプリングしているともいえます．発振させるので，復調振幅が非常に大きくなります．L_1とC_5はクエンチング発振回路です．

L_2とC_{T1}は同調回路です．コイルL_2の仕様を**図6**に示します．

図7は，復調波形(C_8両端)とクエンチング発振波形(Tr_2エミッタ)です．クエンチング発振周波数が約1.7 MHzであることがわかります．

IC_{2a}とIC_{2b}は検波出力(100 mV以下)をロジック・レベル(3 V)まで増幅するためのアンプです．復調波形はロジック・レベルの“H”か“L”ですから，十分飽和して波形の立ち上がりが急峻になるまで増幅します．

D_3とD_4周辺は，ピーク検波回路です．復調した矩形波のピークを保持し，IC_{2c}の閾(しきい)値を利用して信号の有無を判別します．IC_{2e}とIC_{2f}はCMOSロジックICによるRC発振回路です．発振周波数は，圧電サウンダの共振周波数に合わせて，R_2とC_1を決定します．

IC_{2c}の出力が“L”のとき，D_2によりIC_{2f}の入力を“L”にすることで，アラームをOFFにしています．

写真4に受信回路基板の外観を示します．

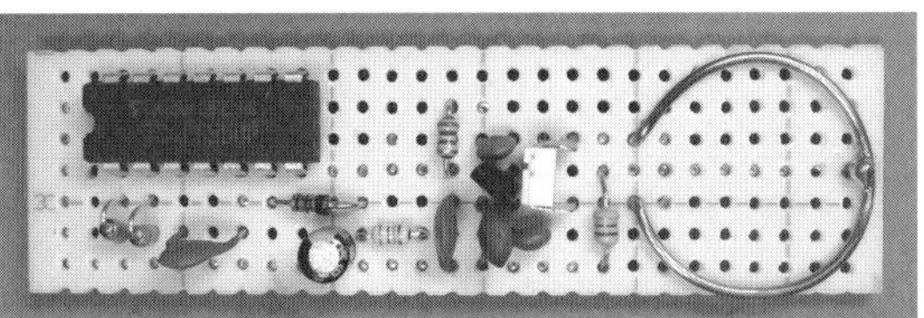

(a) 部品面

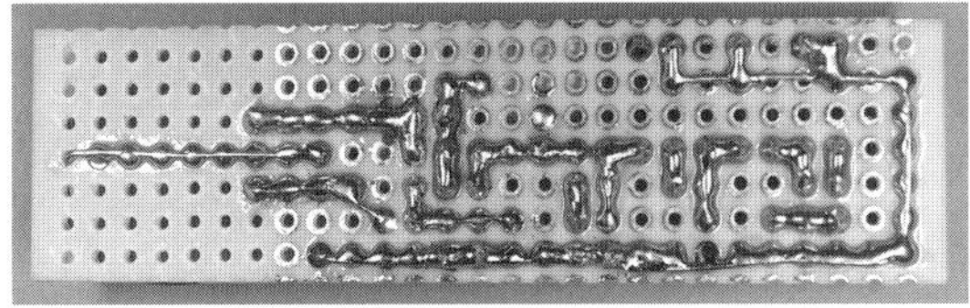

(b) 配線面

〈写真3〉 **置き忘れ防止アラームの送信機**

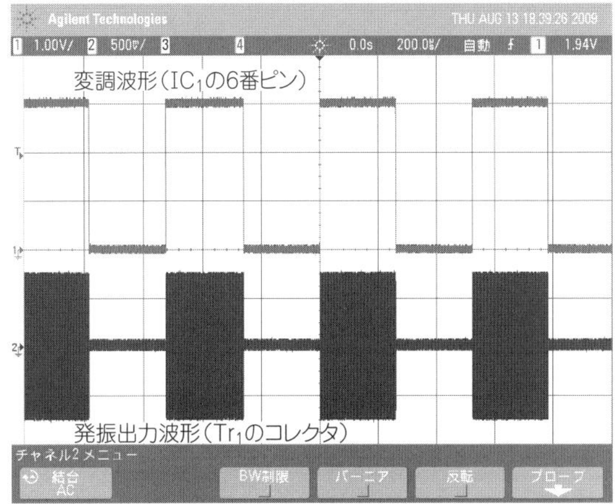

〈図4〉 **変調波形**(IC_1の6番ピン)**と発振出力波形**(Tr_1のコレクタ)(200 μs/div.，上：1 V/div.，下：500 mV/div.)

使ってみよう！

■ 到達距離の調整

そのまま使うと，到達距離は最大15 mにもなるので，用途に応じて送信アンテナをシールドします．銅箔テープをGNDに接続して，プラスチック・ケースの送信アンテナ近辺を覆います．机の上や金属物の近くでは周波数ずれを起こすので，送受信回路とも，基板(RF部分)にはクッションをはさんでプラスチック・ケースの中央に固定します．

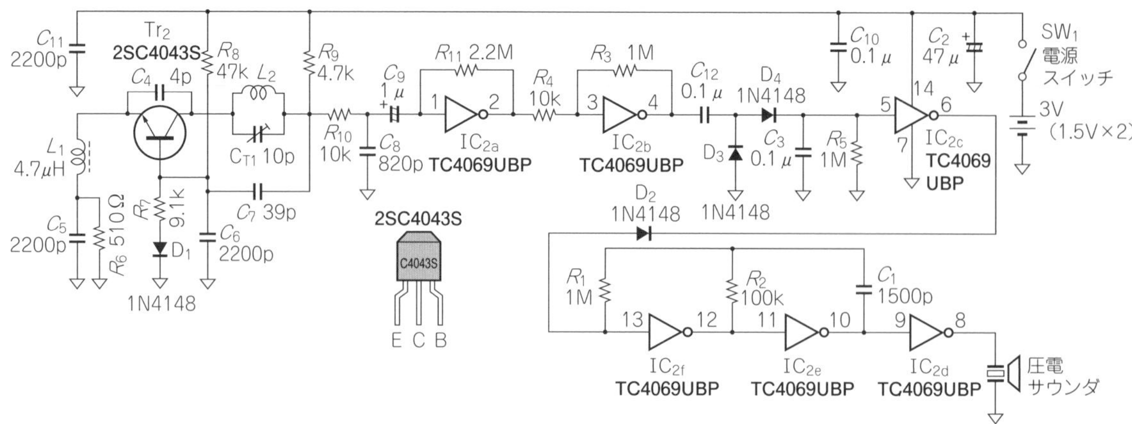

〈図5〉置き忘れ防止アラーム受信機の回路

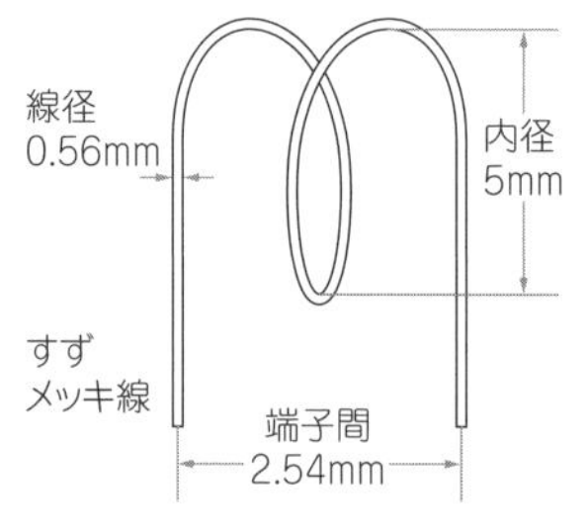

〈図6〉コイルL_2の仕様

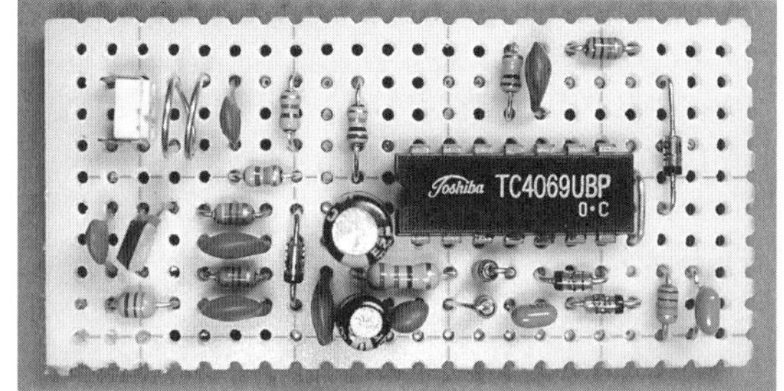

(a) 部品面

(b) 配線面

〈写真4〉置き忘れ防止アラームの受信機

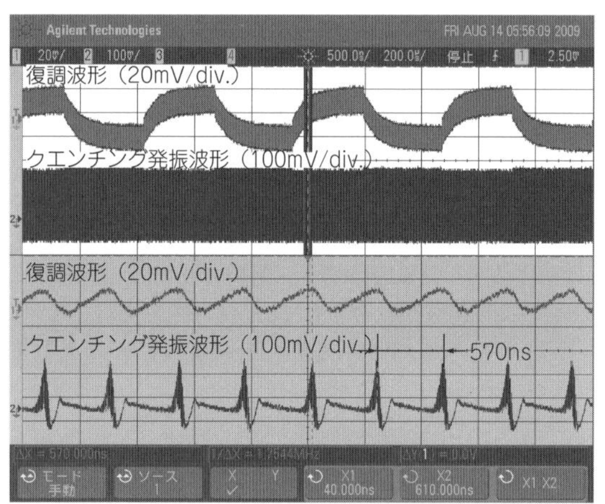

〈図7〉復調波形とクエンチング発振波形(上二つ：200 μs/div., 下二つ：500 ns/div.)

■ 使用方法

荷物(たとえばバッグ)の置き忘れ防止用に使うときは，荷物に送信機を入れてスイッチをONにしておきます．受信機は自分が携帯しておきます．荷物を置き忘れて離れると，受信機側では電波を受信できなくなってアラーム音が鳴ります．

また，どこかに置いた荷物のありかを知りたいときは，荷物に受信機を入れておき，送信機は自分が持っておきます．送信機をOFFにすれば，受信機のアラームが鳴ります．

◆参考文献◆

(1) 岡田 穆彦；UHF帯電波リモコンの製作，トランジスタ技術 1990年1月号，pp.438～453，CQ出版㈱.

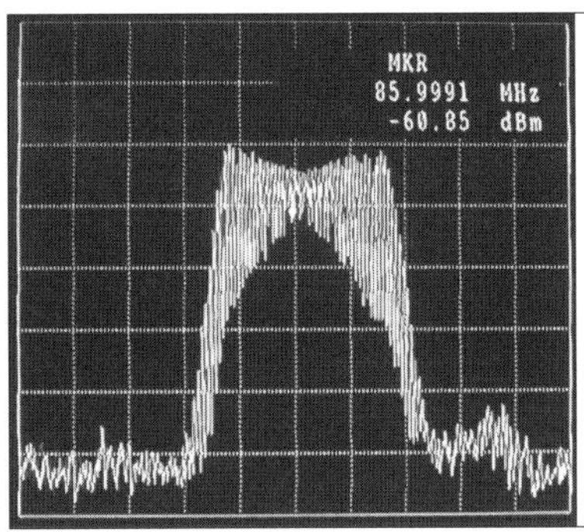

第4章　74AHCU04で低周波からFM放送帯までを扱う

CMOSロジックIC 1個で作れるFMワイヤレス・マイク

■ CMOSロジックICをアナログRF回路で使う

ワイヤレス・マイクの製作記事は，雑誌やネットで広く見受けます．そのほとんどがトランジスタ1～2石のもので，FM放送の周波数帯を使っています．定番回路がいくつかあるので，あえて紹介するまでもないアイテムです．そこで趣向を変えて，ディジタル回路用の標準ロジックICを使ってFMワイヤレス・マイクを作ってみました．**写真1**がその外観です．この中に，発振回路，緩衝増幅器，出力アンプ，そしてマイク・アンプすべてが入っています．

標準ロジックICは，当然ながらアナログ信号を扱うようには設計されていません．ところが，中に一つ例外があります．インバータの74HCU04です．“U”はアンバッファード(un - buffered)の意味で，**図1(b)**のように，バッファが入っていません．**図(a)**は通常のバッファ・タイプの構成で，ゲインが**図(b)**の400倍もあってアナログ用途には使いづらいです．

図2はアンバッファード・タイプの入出力特性です．入出力が反転する閾値(しきい)付近のカーブがゆるやかであることが特徴です．この部分を使ってリニアな増幅作用を得ることができます．

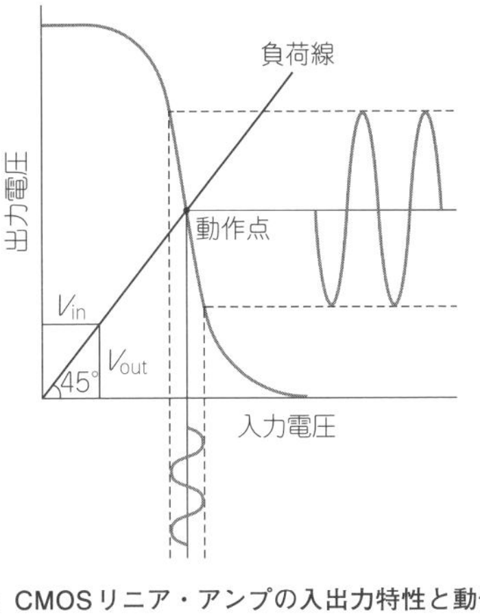

負荷線
出力電圧
動作点
V_{in}
V_{out}
45°
入力電圧

〈図2〉CMOSリニア・アンプの入出力特性と動作点
(動作点は45°の負荷線とカーブの交点)

■ 回路設計

● CMOSで*LC*発振を実現する

図3が本ワイヤレス・マイクの回路です．IC_{1a}は76～90 MHz帯の発振回路です．コイルL_1は，イン

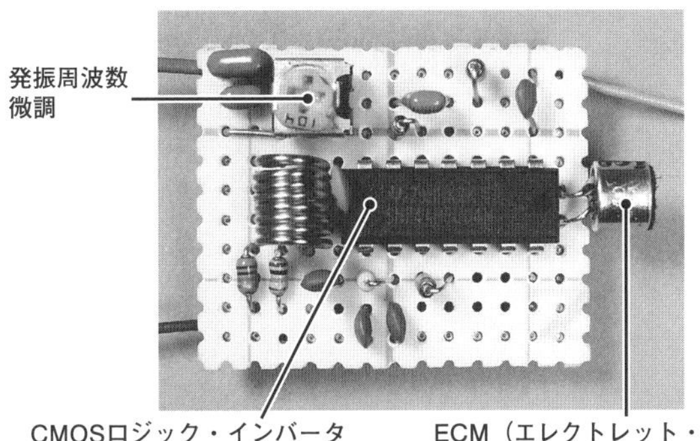

(a) 部品面

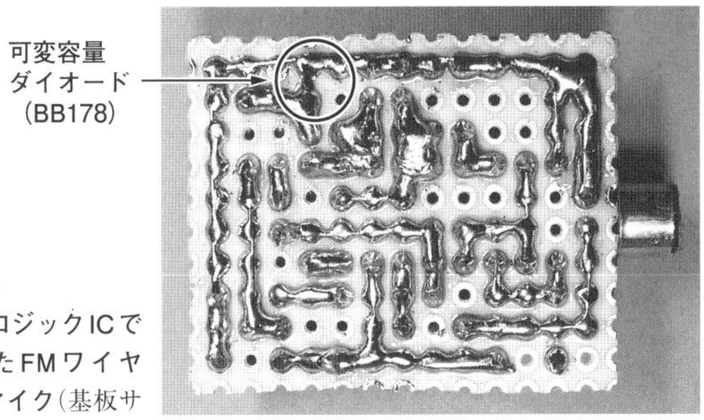

可変容量
ダイオード
(BB178)

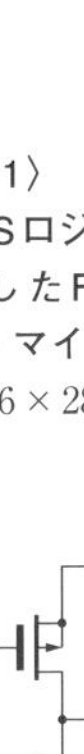

(b) はんだ面

〈写真1〉CMOSロジックICで製作したFMワイヤレス・マイク(基板サイズ36×28 mm)

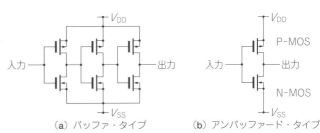

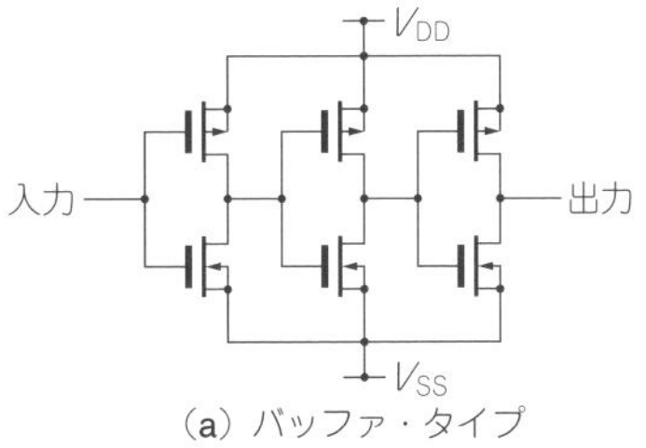

V_{DD}
入力
出力
V_{SS}

(a) バッファ・タイプ

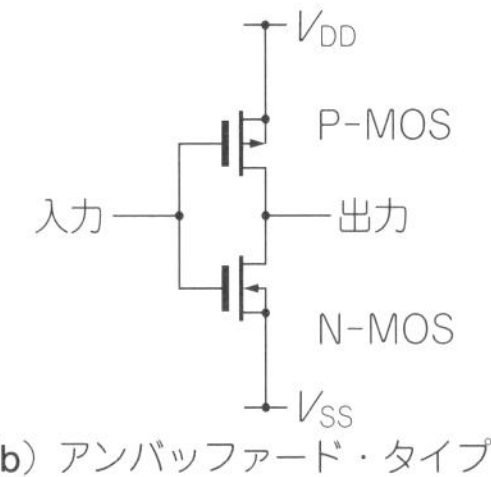

(b) アンバッファード・タイプ

〈図1〉74HCシリーズICのロジック・インバータの内部回路

バータIC_{1a}の負帰還素子となっています．この回路の原理は**図4**のようなコルピッツ回路にほかなりません．**図(a)**は通常のトランジスタの場合，**図(b)**はインバータに置き換えた場合です．

発振は入出力が同相となったときに起こるので，アンプによる反転(180°) + C_1とC_2両端の位相差(180°) = 360°(の整数倍)およびループ・ゲイン$G \geqq 1$が発振条件です．また，素子の伝搬遅延時間が最高発振周波数を決定します．

この回路はCMOS水晶発振回路によく使われるタイプです．水晶の場合でも，出力側コンデンサC_2は，発振を安定させるために必要です．水晶がL性(インダクティブ)の範囲で動作するので，やはりコルピッツ発振回路です．

● 発振周波数の計算と周波数偏移の見積もり

発振周波数は，Lと，C_1およびC_2の直列合成値から計算できます．

L_1の仕様を**図5**に示します．インダクタンスは0.24 μH程度です．**図6**に使用した可変容量ダイオードの電圧-容量特性を示します．動作点での容量は約36 pFです．

図4におけるC_1とC_2の値は，**図3**の回路定数から，

$$C_1 = 22 + \frac{10 \times 36}{10 + 36} + 2 \fallingdotseq 22 + 7.8 + 2 = 31.8\ \text{pF} \quad \cdots\cdots (1)$$

$$C_2 = 22 + 2 = 24\ \text{pF} \quad \cdots\cdots (2)$$

となります．なお，2 pFはICの入力容量を加えています．したがって，C_1とC_2の直列容量Cは，

$$C = \frac{C_1 C_2}{C_1 + C_2} = \frac{31.8 \times 24}{31.8 + 24} \fallingdotseq 14\ \text{pF} \quad \cdots\cdots (3)$$

です．

したがって，発振周波数fは次のようになります．

$$f = \frac{1}{2\pi\sqrt{LC}} = \frac{1}{2\pi\sqrt{0.24 \times 10^{-6} \times 14 \times 10^{-12}}} \fallingdotseq 86.8\ \text{MHz} \quad \cdots\cdots (4)$$

容量変化に対する周波数変化は上式をCについて微分すれば，

$$\frac{df}{dC} = -\frac{1}{4\pi\sqrt{LC_{1.4}}} \quad \cdots\cdots (5)$$

ただし，$C_{1.4}$：逆電圧1.4 VのときのD_1の容量値となるので，L = 0.24 μH，C = 14 pFを代入すると，1 pFあたり約3 MHzの周波数偏移となることがわかります．可変容量ダイオードを直接，共振回路に接続すると感度が高すぎるので，C_4で分割します．

実測ではマイク・アンプIC_{1f}の出力が0.8 V_{p-p}のとき，± 20 kHzの周波数偏移となりました．

IC_1は，74HCU04だと低電圧(3 V)動作では，30 MHz位が限界です．したがって，より高速の74AHCU04を使っています．

● リニア動作から反転動作へ

リニア動作の動作点は**図2**のとおり電源電圧の半分，閾値のところにあります．つまり**図1(b)**のP-MOSとN-MOSはどちらもONになって，貫通電流が流れます．これにより消費電流が非常に大きくなります．そこで，IC_{1b}でロジック・レベルまで増幅した後，IC_{1c}で通常の反転動作(飽和動作)に移行させま

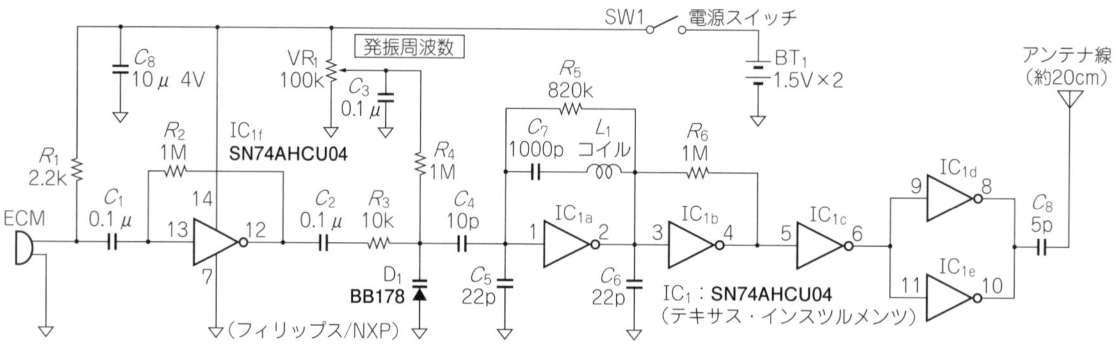

〈図3〉CMOSロジックICで製作したFMワイヤレス・マイクの全回路

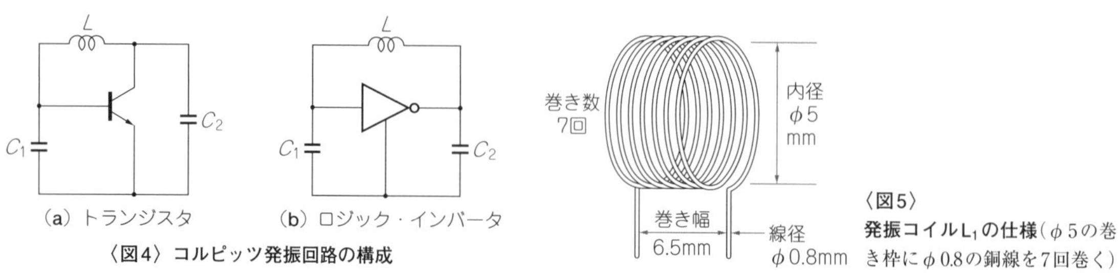

〈図4〉コルピッツ発振回路の構成

〈図5〉
発振コイルL1の仕様(φ5の巻き枠にφ0.8の銅線を7回巻く)

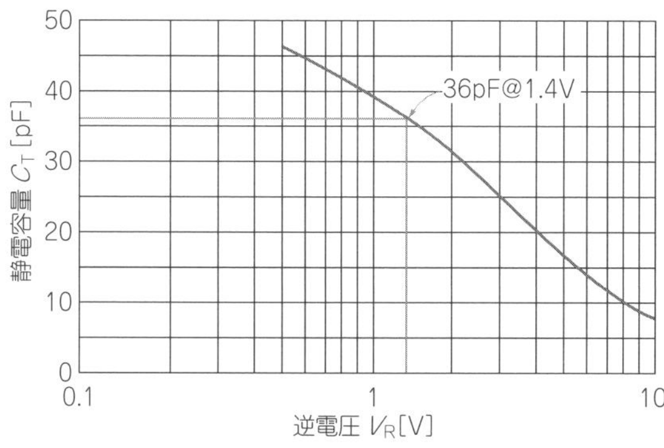

〈図6〉可変容量ダイオードBB178の電圧-容量特性

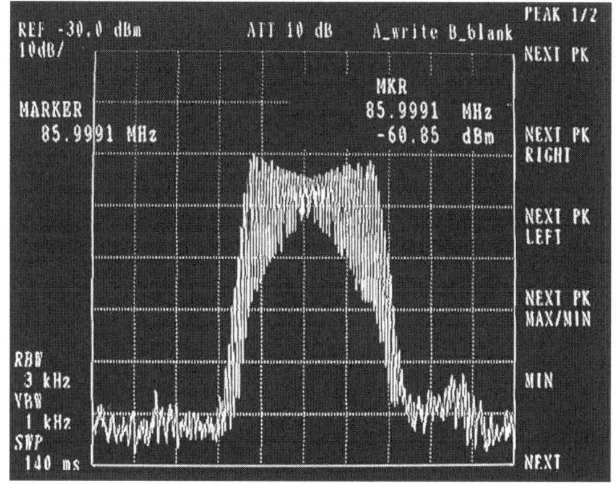

〈写真2〉1 kHzで変調したときの搬送波スペクトル(中心周波数86.0 MHz, スパン200 kHz, 10 dB/div., 周波数偏移は約±30 kHz)

す．これによりIC_{1d}とIC_{1e}の電力増幅回路に貫通電流が流れるのを防止しています．**図7**に各部の波形を掲げます．

なお，リニア動作での貫通電流は，74HCU04に比べて74AHCU04の方が格段に少なく，1/3程度になります．これは，高速品では伝搬時間だけでなく，貫通時間も短くなるからだと思われます．全体の消費電流は14 mA程度です．

アンテナは，20 cmくらいのビニール線を接続します．

● マイク・アンプもCMOSインバータで構成

マイク・アンプ(IC_{1f})は，コンデンサ・マイクの微小振幅を可変容量ダイオードD_1の駆動に十分な電圧まで増幅するためのものです．CMOSインバータをリニア動作させるため，入出力間にR_2を挿入しています．ゲインは約20倍です．この出力電圧をC_2で直流カットして，可変容量ダイオードD_1に加えます．VR_1は，可変容量ダイオードに加える電圧を変えることで，発振周波数を微調整するものです．既存の放送局と重なったときに，わずかに周波数を変えるために使います．

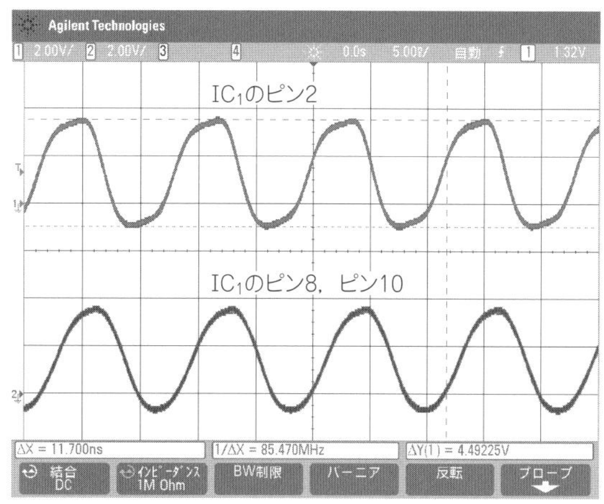

〈図7〉送信回路各部の波形(5 ns/div., 2 V/div.)

基板は**写真1**のようにコンパクトにまとめることができました．**写真1(b)**は裏面のはんだパターンです．

■ 調整と考察

● 調整

発振周波数はVR_1により800 kHz程度調整が可能です．大きく変更したい場合は，コイルL_1の巻き幅を広げるか，C_5の値を変更します．

マイク・ゲインを下げたい場合は，R_3を大きくします．逆にゲインを上げたい場合は，C_4の値を大きくします．R_2でゲインを増加させることはできません．

基板を手で持ったり手を近づけると周波数が変わる「ボディ・エフェクト」と呼ばれる現象を体験するかもしれません．人体の影響を防ぐには，回路全体を金属ケースに入れ，ケースと回路のグラウンドを接続してシールドします．この場合，アンテナ線は金属ケースの外へ出してください．

市販マイクのケース内部に組み込むときは，基板をクッションで宙に浮かします．さもないと振動がコイルなどに直接伝わってFM変調がかかる「マイクロホニック雑音」に悩まされかねません．

● 電源電圧で発振周波数はあまり変わらない

CMOSの場合，トランジスタで組んだ場合にくらべて，電源電圧の変化や，周囲物との位置関係にあまり影響を受けないようです．したがって，**図3**の回路では，電池電圧を直かに発振回路に接続しました．

到達距離は，最大15 m程度です．**写真2**は，1 kHzでスピーカを鳴らし，コンデンサ・マイクで拾ったときの搬送波スペクトラムです．周波数偏移は±30 kHz程度です．

◆参考文献◆

(1) 基本・C-MOS標準ロジックIC活用マスタ，トランジスタ技術SPECIAL，No.58，1997年5月，CQ出版社．

第5章　FMラジオからの警報音で確認できる！
ワイヤレス雨降りアラームの製作

手軽に作れる雨降りアラームはいかが？

夕立ちが気になる季節です．洗濯物やふとんを干しているときに，雨が降らないか心配なことがありませんか？　ときどき外に出て空模様を見るのですが，忙しいときには忘れてしまうこともあります．こんなとき，雨降りアラームがあれば安心かもしれませんよ．

警報音が屋外で鳴っても室内にいると聞こえないので不便です．ワイヤレスにすれば便利なはずですが，送信機はまだしも，性能が良くて使い勝手の良い受信機を製作するとなると，ノウハウが必要であり，製作には相当な手間暇をかけなければなりません．

でも，市販の受信機(ラジオ)を使うことができれば，製作上のバリアはかなり低くなります．さらに，ラジオを改造したり，ほかの機器を接続したりする必要が無ければ実用性はぐんとよくなります．**写真1**はこのような方式の雨降りアラームです．

FMラジオから警報音を鳴らす

降雨センサからは常に無変調キャリアを送信しておき，降雨時にはキャリアに警報音で変調をかけることにします．このようにすれば，ラジオに手を加える必要が無くなります．FM放送波帯(76 MHz ～ 90 MHz)を使えば，送信アンテナが短くて済み，雑音や混信も少なく，同調も取りやすい(ほとんどの受信機にAFCがある)という利点があります．

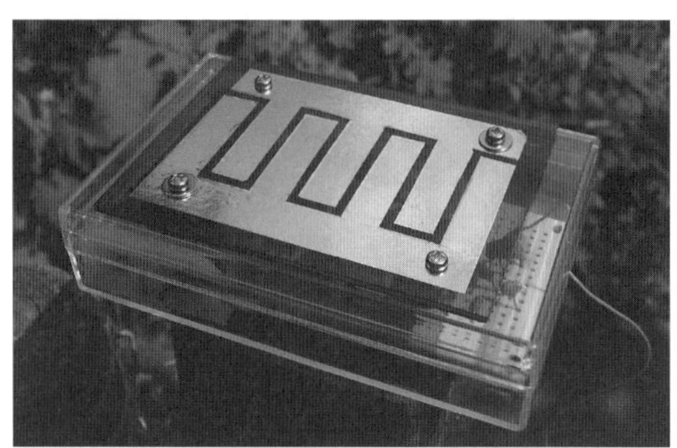

〈写真1〉庭で動作中のワイヤレス雨降りアラーム

表1が本器の仕様です．降雨により，FMラジオから警報が鳴りますが，警報音がうるさければ，FMラジオをOFFすれば良いのです．雨が上がってセンサが乾燥すれば警報音は止まり，次の雨に備えます．

センサ回路と警報音発生回路

図1が全体の回路です．センサは雨水の導電性を利用したもので，作り方は後述します．降雨によるセンサの抵抗変化をR_1を通じて電圧変化に変換します．次に高入力インピーダンスのCMOS NANDゲートIC 74HC00(IC_1)のスレッショルド(約1/2 V_{CC})を利用してロジック・レベルに変換します．これによりIC_{1a}の出力は，通常時Lレベル，降雨時Hレベルとなります．

IC_{1b}，IC_{1c}，IC_{1d}は移相型RC発振回路です．R_3を通じたC_1の充放電により，矩形波を発生します．NANDゲートの他方をさきほどの降雨時Hレベルの信号に接続すれば，降雨時にFM変調用の矩形波を発生させることができます．この波形で次項のVHFキャリアをFM変調します．

FM送信回路

発振回路は，電源電圧と温度変化による発振周波数の変化が小さいクラップ発振回路です．共振回路に可変容量ダイオードを使ってFM変調をかけています．

図2に使用した可変容量ダイオードBB178の特性

〈表1〉製作したワイヤレス雨降りアラームの仕様

項　目	仕　様
送信周波数(無変調時)	84 MHz
送信周波数可変範囲	± 0.5 MHz
周波数偏移	± 100 kHz
変調周波数(警報音)	約1 kHz
電源電圧	約3 V(単3×2)
消費電流	約6 mA
降雨センサ感度	降雨時：数MΩ

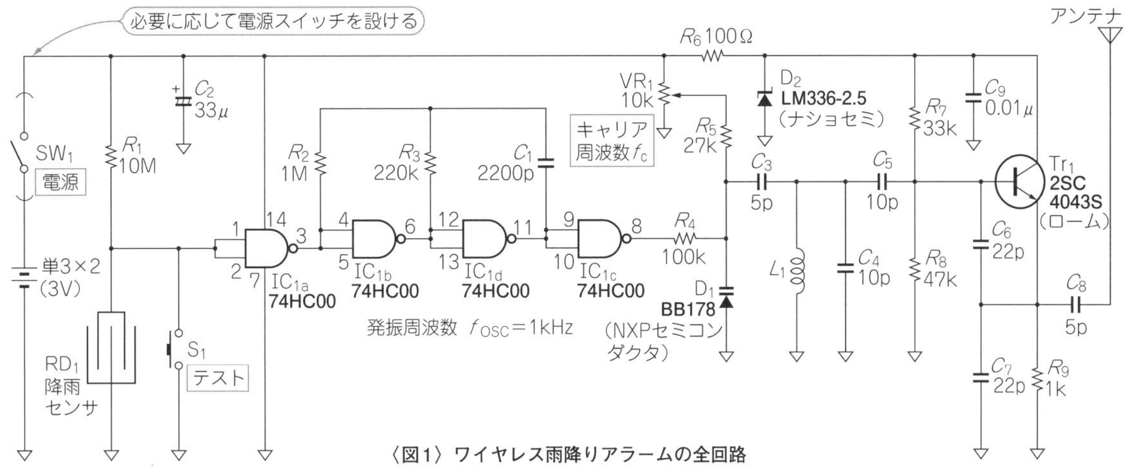

〈図1〉ワイヤレス雨降りアラームの全回路

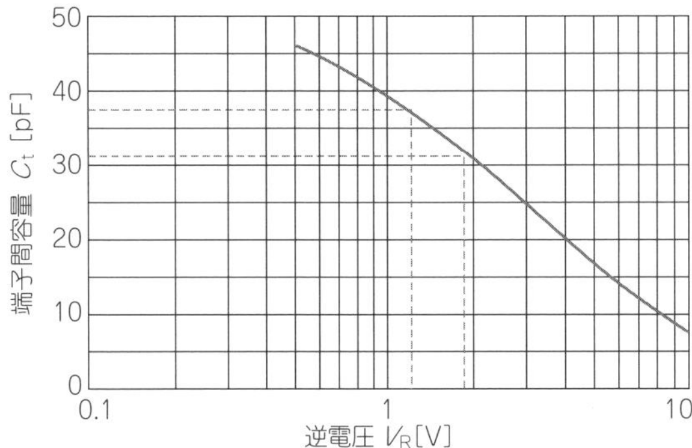

〈図2〉可変容量ダイオードBB178の容量変化特性(NXPセミコンダクター)

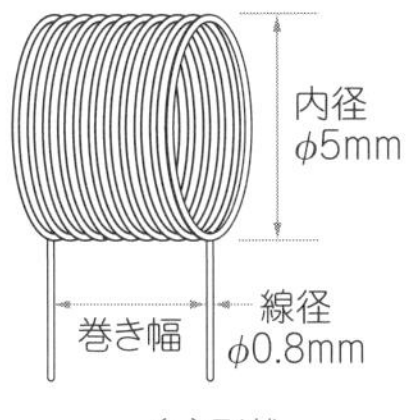

(a)形状

巻き数[回]	巻き幅[mm]	周波数[MHz]
6	5.5	94.5
7	6.5	84.0
8	7.0	78.8
9	8.0	72.3

(b)発振周波数に応じたコイルの巻き数

〈図3〉発振コイルL_1の仕様

を示します．中心周波数(矩形波がLレベル，0Vのとき)は約1.16Vに設定します．IC_1からの矩形波がHレベルつまり約3Vのときは，これをR_4とR_5，VR_1の値で分割するので1.16Vとなります．したがって，1.85－1.16＝0.69Vの矩形波振幅が可変容量ダイオードに加わることになります．

発振コイルL_1の仕様を**図3**に示します．φ0.8mm程度のポリウレタン線を内径5mmで数回巻きます．図の発振周波数は，バラック実験で実測した値です．この中で，周波数84.0MHz，巻き数7回を選びました．このときのインダクタンスは，計算では約0.18μHとなります．

写真2は，基板に組み立て後の実際の輻射スペクトルです．中心周波数(矩形波がLレベル，0V時)は，88.3MHzに調整しました．調整方法は後述します．

右側のスペクトルが矩形波がHレベルの場合で，周波数変移は100kHz(±50kHz相当)です．周波数変移を大きく取ると，受信機から聞こえる警報音を大きくできます．なお，電波法の設備規則では，超短波FM放送の占有周波数幅は200kHz，100%変調時の周波数偏移は±75kHzと定められています．

FM放送と発振周波数が重なるときは，VR_1で約1MHzの微調整ができます．

降雨センサの作り方

幅広のアルミ箔テープを塩ビ・パネルの上に貼り，カッタで**写真3(a)**のように溝を入れます．そして四隅にねじ穴を開け，筐体に取り付けます．このねじが

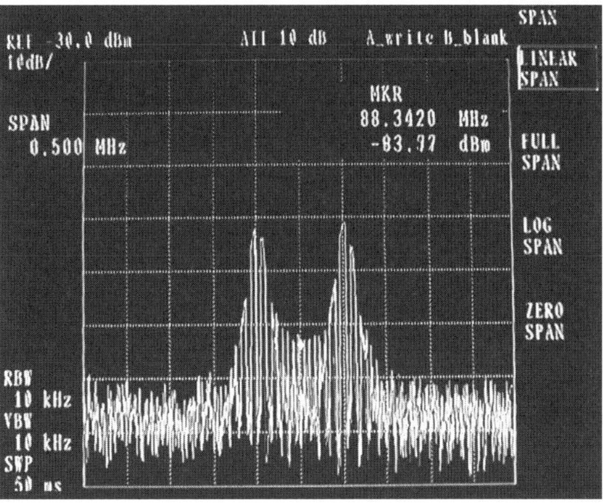

〈写真2〉ワイヤレス雨降りアラームの送信スペクトル(中心周波数88.3 MHz，スパン0.5 MHz，10 dB/div.)

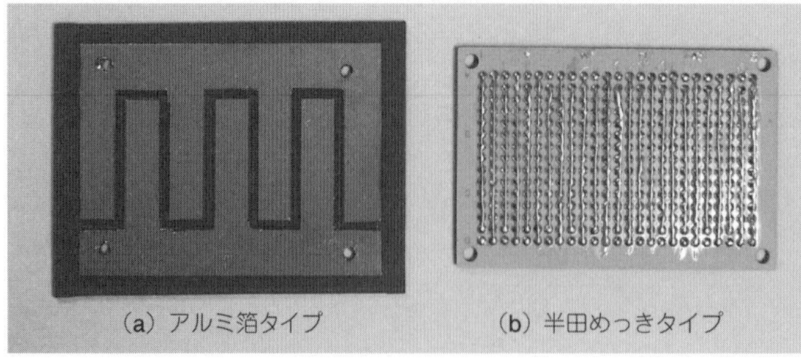

〈写真3〉 降雨センサの作り方2例

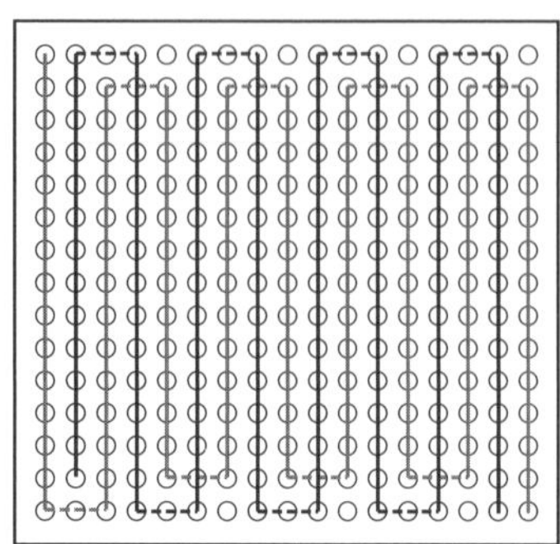

〈図4〉 降雨センサ(半田めっきタイプ)のパターン例

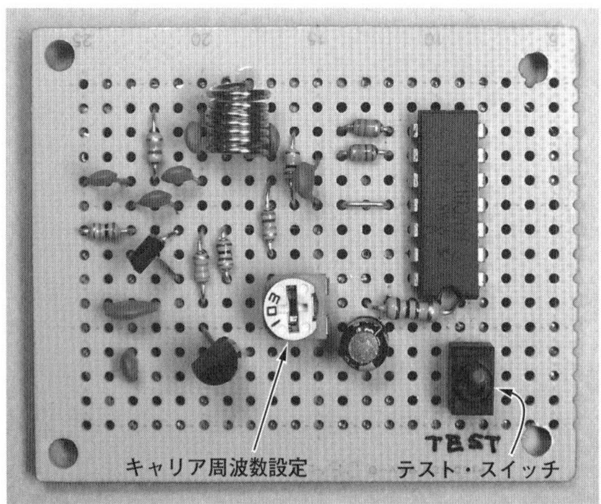

〈写真4〉 ユニバーサル基板に組み立てた回路

〈写真5〉 プラスチック・ケースに組み込んだ(電源スイッチは省略した)

センサ端子を兼ねており，筐体内部に信号を引き込むことができます．

写真3(b)は，ユニバーサル基板に錫めっき線を櫛歯状に配置して，半田付けしたものです．パターン間隔が狭く，接触面積も広いので検知感度を高くできます．銅箔はすぐ錆びるので，めっき線を使って半田めっきします．めっき線は，部品穴を利用して表面にも出して，ランドが剥(は)がれてしまうのを防止します．**図4**にパターン例を示します．

基板の製作と筐体への実装

写真4に製作した回路基板の外観，**写真5**に筐体への実装例を示します．テスト・スイッチは，動作確認したりFMラジオの同調を取るときに，警報音をONするためのものです．

おおまかな周波数調整は，コイルL_1の巻き幅を変えて行います．セラミック・ドライバを巻き線の間に差し込んで少し広げると発振周波数が高くなります．筐体を金属製のポールや柵に取り付けると，周波数がずれるので，このような場合は内部を銅箔テープでシールドします．アンテナは20cmほど外部に出しておきます．ケースの嵌(は)め合わせ部はビニール・テープを貼って防水します．

到達距離は最大15m程度

純水は絶縁体ですから，雨は本来，電気を通しません．電気伝導度で降雨が検出できるのは，降り始めの雨が酸性雨だからです．これは地球環境の点では悲しいことです．雨がきれいで伝導度が良くないときは，半田めっきタイプのセンサを使うとうまくいきます．

FMラジオの感度にもよりますが，到達距離は，障害物が無ければ15mくらいは届きます．本器により，洗濯物が濡れてしまうことが少なくなればと思います．

◆参考文献◆

(1) 鈴木 憲次；「無線機の設計と製作入門」，CQ出版㈱，2006年9月．
(2) 大久保 忠；「アマチュア無線自作電子回路」，CQ出版㈱，2003年8月．

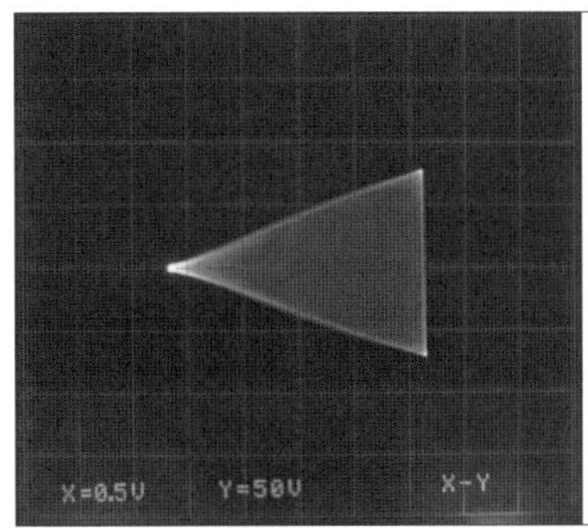

第6章　古くて新しい高効率な振幅変調方式を試してみよう！

ベクトル合成AMワイヤレス・マイクの製作

高効率AM変調：アンプリフェーズ方式

■ 振幅変化を位相変化によって作り出す

1955年，AMラジオ放送華やかなりしころ，米国RCA社は，従来の考え方と異なる「アンプリフェーズ」方式の50 kWラジオ送信機BTA-50G(**写真1**)を世に出しました．アンプリフェーズとは，amplitude(振幅)をphase(位相)によって作るという意味の造語で，送信機内部では位相変調信号で処理して，最後にアンテナ回路でベクトル合成して振幅変調波を得るAM変調方式です．

送信機の内部回路で扱う信号は位相偏移信号だけなので，RF部の振幅直線性に気を使う必要がなく，ノンリニアながら高効率が得られるC級動作の電力増幅回路が使えます．また，大電力の変調回路や大きくて重い変調トランスが不要なので，消費電力が少なくて低コストな大出力AM送信機を実現できる利点があります．

この変調方式をRCA社は“Ampliphase”の名称で採用していましたが，一般には考案者の名前をとってシレー変調(Chireix modulation)とか，アウトフェージング増幅とか，LINC(LInear amplification using Nonlinear Compornents)方式などとも呼ばれます．

中波のAMラジオ放送用送信機で使われた技術であり，後継機のBTA-50Hが1961年，BTA-50Jが1970年に発売され1978年まで生産されます．しかし，それを最後に，調整が面倒なこともあってか，その後アンプリフェーズ方式は廃れてしまいました．

この動作原理はディジタル変調で使われるQAMにも通じるものであり，今日では携帯電話基地局のパワーアンプへの応用が検討されています．

それでは，原理を紐解きながら，私たちも「アンプリフェーズ」方式のワイヤレス・マイクを作ってみようではありませんか！

写真2は，製作したベクトル合成AMワイヤレス・マイクです．PLLとディジタルICだけでAM信号を作っています．アンプリフェーズの原理に忠実にしたがって設計したものです．若い方には現代に蘇ったアンプリフェーズ方式を知る良い教材となるでしょう．また，シニアの方は，ミニ放送局として，AMラジオに昭和のBGMを流して，いにしえに想いを馳せながら，オシロスコープでベクトル合成のようすを眺めるのも一興です．

〈写真1〉RCA社の50 kWラジオ送信機BTA-50G(1955年)

〈写真2〉製作したベクトル合成AMワイヤレス・マイク

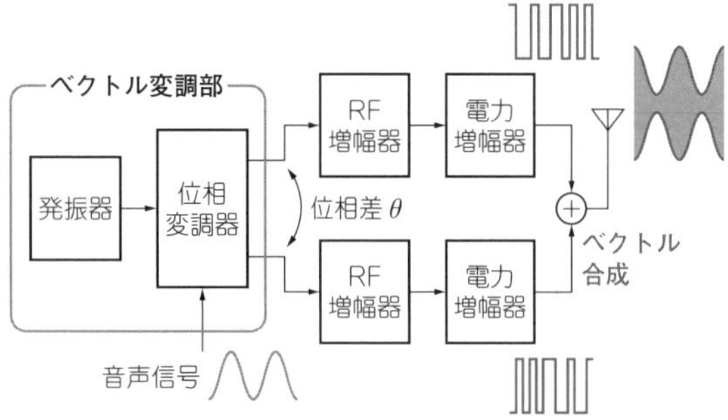

〈図1〉ベクトル合成AM方式のブロック図

大出力のAM送信機に使われたアンプリフェーズ

振幅変調(AM)には，搬送波増幅の終段で変調をかける「高電力変調」と，終段より前で変調してから増幅する「低電力変調」があります．

高電力変調は送信出力に応じた変調電力が必要ですが，終段増幅器は効率の高いC級動作などが使えるという利点があります．また，一般に低電力変調より低歪みな変調波を容易に得られます．

一方，終段増幅より前段でAMをかける低電力変調なら大電力の変調器は不要ですが，変調波を歪みなく増幅するために電力増幅器をリニアリティの高いAB級などで動作させなければならなくなり，その電力効率は20％以下といわれます．

そこで，大電力変調器が不要で，高電力変調の終段増幅器と同等の電力効率が得られ，しかも低コストという目標の実現を目指して登場したのが，これから説明する「アンプリフェーズ」です．なお，1935年にフランス人のシレーが発明したときは，アウトフェージング増幅と呼んでいました．この変調方式をここではわかりやすく「ベクトル合成AM」と呼ぶことにします．

ベクトル合成AM方式の原理

図1はベクトル合成AM方式のブロック図です．

左側の発振器は，搬送波用のRF信号を発生します．これを音声信号で位相変調します．このとき，位相の異なる二つの信号を作ります．二つのRFチャネルの位相差は，無変調時には**図2(a)**のように135°に設定します．

チャネル1とチャネル2は別系統の電力増幅器を通り，アンテナに結合する直前で合成します．合成ベクトルは，**図2**のI_Lで表されます．

100％変調時の包絡線ピークでは，**図2(b)**のように$\theta = 90°$となります．このときの合成ベクトルI_Lを計算すると，**図2(a)**の約1.85倍となります．所望値は2倍ですから，その差は誤差となります．後述するトラペゾイド波形の湾曲はこれが原因です．市販の送信機ではこの補正をしますが，本機では略しました．

100％変調のボトム側では，**図2(c)**のように$\theta = 180°$となり，ベクトル和$I_L = 0$となります．

上述の各位相関係について，ベクトル合成後の振幅変調波形は，**図3**のように対応します．

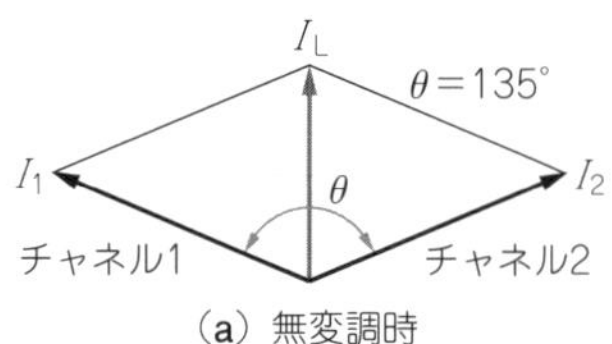

(a) 無変調時

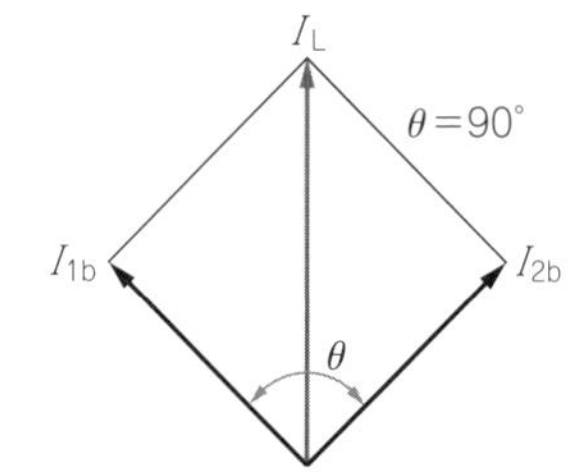

(b) 100％変調ピーク時(合成ベクトルは図(a)の約2倍になる)

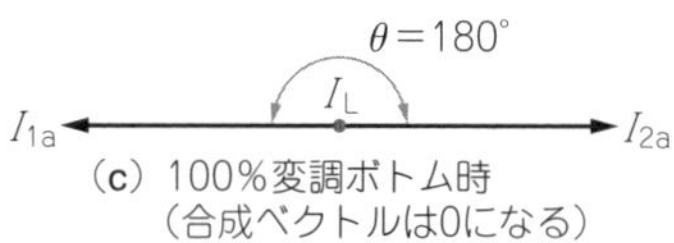

(c) 100％変調ボトム時(合成ベクトルは0になる)

〈図2〉二つのRF信号間の位相差のベクトル表現

AMワイヤレス・マイクの回路

位相変調にPLL-ICを使う

位相変調を簡単に実現するには，PLL用のICを使うのが早道だと考えました．**図4**にPLLを使った位相変調の原理を示します．

このPLLがロックしているとき，VCO出力の位相

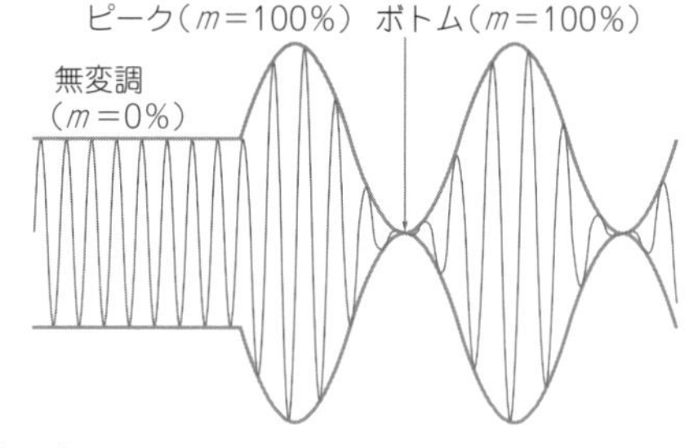

〈図3〉ベクトル合成後の送信機出力波形(mは変調率)

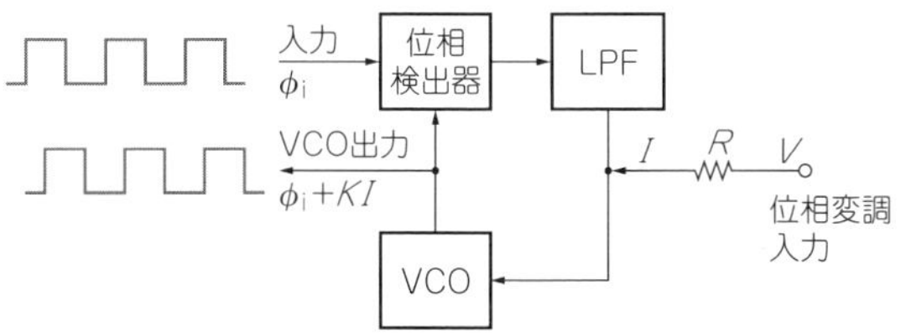

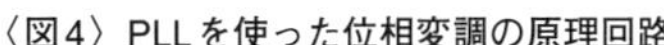
〈図4〉 PLLを使った位相変調の原理回路

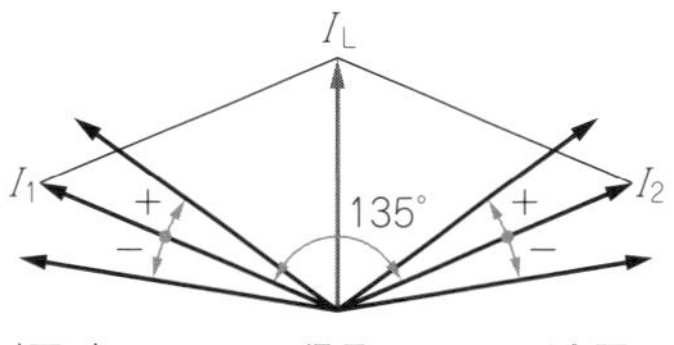

〈図5〉 二つのRF信号ベクトルが変調に伴ってシフトする方向

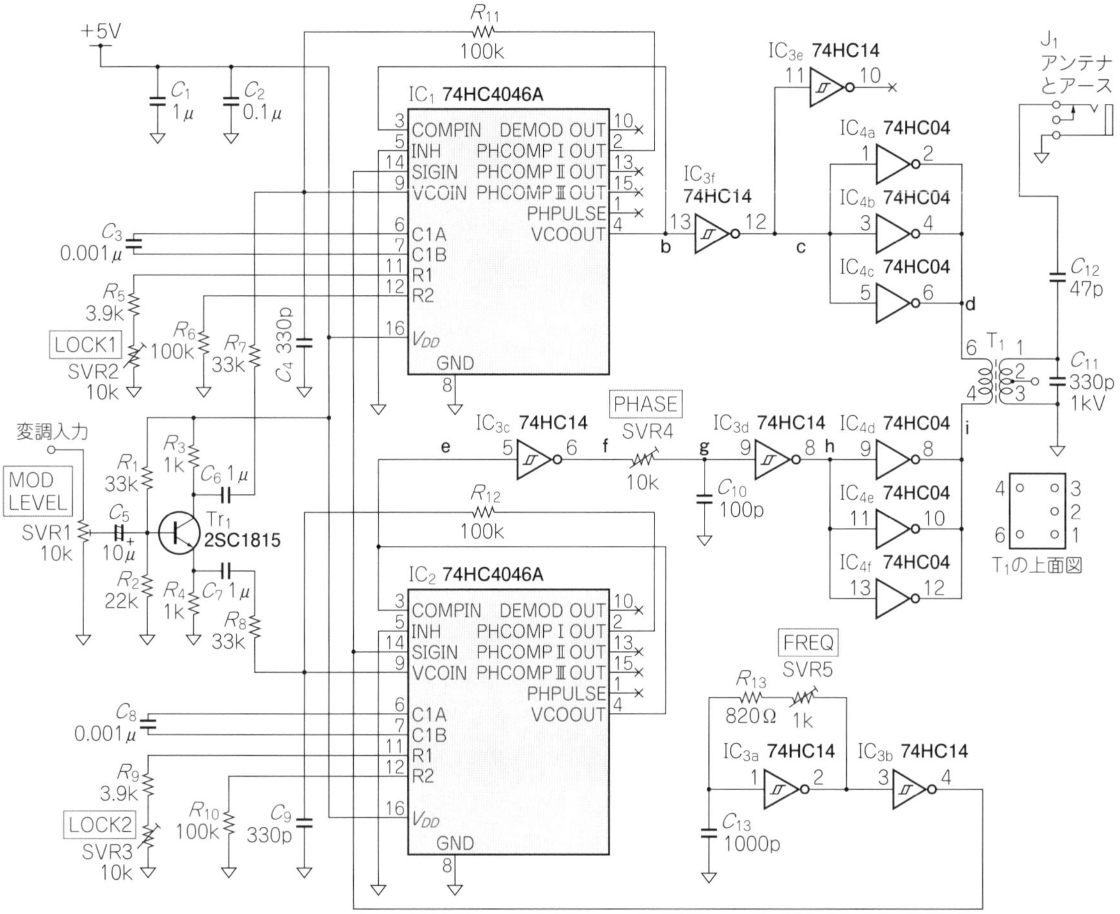

〈図6〉 製作したベクトル合成AMワイヤレス・マイクの回路（RF部）

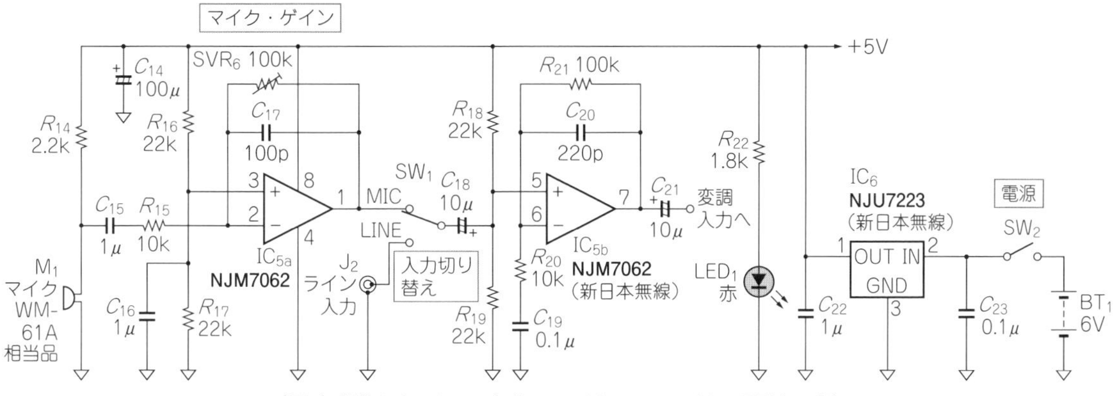

〈図7〉 製作したベクトル合成AMワイヤレス・マイクの回路（AF部）

は，入力より90°遅れます．この状態を位相差0とします．今，VCO入力(LPF出力)端子に電流Iが外部から流入したとすると，位相がある値(KI)だけシフトします．すると，位相検出器出力に逆方向の平均電流が現れ，結局VCO入力電圧は一定値に保持されロックが保たれます．その結果，位相は0°から180°のフルレンジまで変調がかかります．また，入力が矩形波であれば，位相シフト量は入力電流Iに対してリニアとなります．

PLL-ICを使った位相変調として文献(1)には，NE567を使った例が紹介されています．NE567はトーン・デコーダ用の8ピンDIPのICです．スペックでは最高動作周波数が500 kHzとなっていますが，実力としては中波帯域(～1.5 MHz)でも一応ロックします．

しかし，トラペゾイド波形を見ると，変調周波数5 kHz以上でひずみが大きく，高域の追従性が悪いようです．そこで，今回は高周波まで使える74HC4046Aを使うことにしました．4046Aには，位相比較回路が三つあり，このうちPC2は位相変調がうまくかかりません．きれいなトラペゾイド波形が得られるのはPC1です．PC3は使えますがひずみが多いです．

■ 製作した回路の動作

二つのRF信号は135°の位相差を持ちますが，変調による位相のシフト方向は**図5**のように互いに逆です．互いにシフト方向の異なる二つのRF信号を作るためには，変調信号によるシフト方向が互いに逆のPLLが各1個，合計2個必要になります．

二つのRF信号の間に135°の位相差を持たせるには，一方の信号を135°遅らせるだけで良いでしょう．

これを回路化すると，**図6**のようになります．**図7**は低周波(AF)部です．

まずIC_{3a}で中波帯のRF信号を作ります．これをIC_1とIC_2によるPLLの基準信号とします．VCOの制御端子(ピン9，VCOIN)に，Tr_1の互いに位相が180°異なる音声信号を入力します．これによりPLLの出力位相は，変調に応じて一方が進相方向，他方が遅相方向に動きます．

SVR4とC_{10}は位相シフト回路で，一方のRF信号を135°遅らせます．以上により，**図5**の位相関係が実現できます．

各部(**図6**の点**a**～**i**)の位相関係を**図8**に示します．高周波トランスT_1によるベクトル合成結果を得るには，**d**と**i**が互いに180°の関係にあるので，**d**に対して**i**を180°反転させた**h**を使います．

音声増幅回路(**図7**)は，マイク・アンプと，ライン入力アンプを各々OPアンプを使って構成しています．電源は1.5 V×4個＝6 Vで，LDOレギュレータ(IC6)

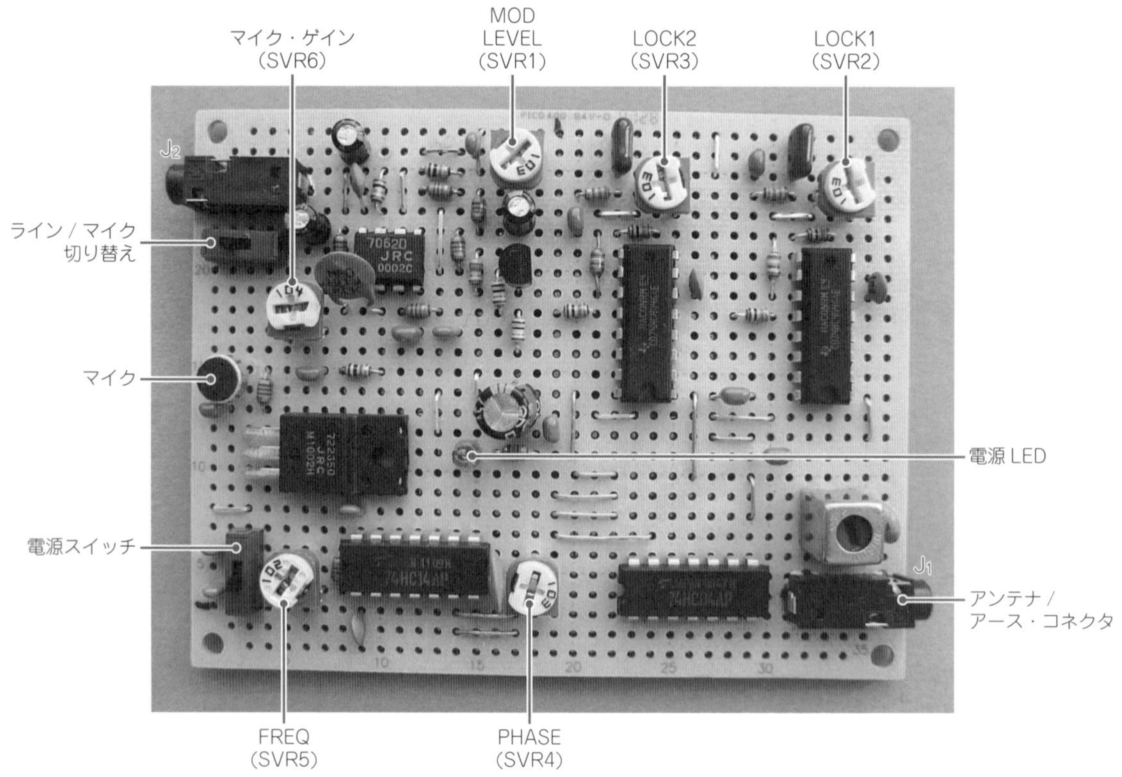

〈写真3〉ベクトル合成AMワイヤレス・マイクの基板(部品面)

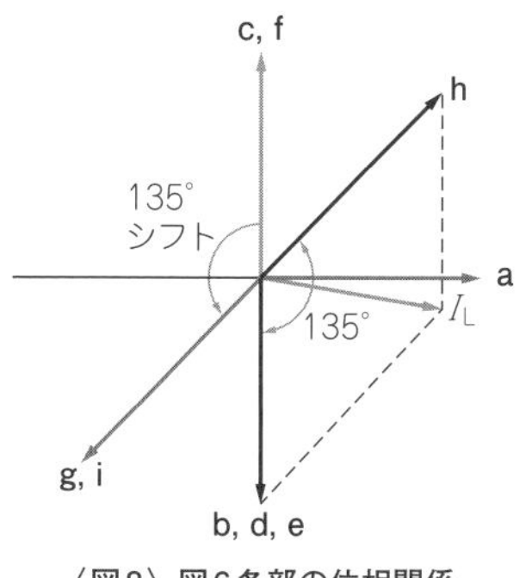

〈図8〉図6各部の位相関係

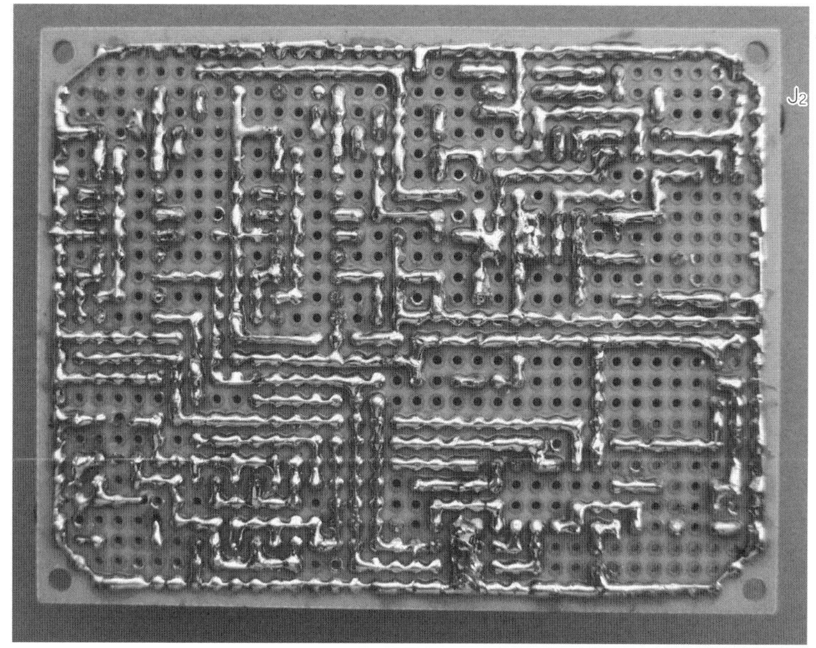

〈写真4〉ベクトル合成AMワイヤレス・マイクの基板(配線面)

により＋5Vを得ています.

ベクトル合成AM ワイヤレス・マイクの製作

部品配置と配線

図6の回路をユニバーサル基板に組んだものが，**写真3**です.

写真4は，はんだ面です．めっき線にはんだを流してパターンとしています．抵抗やコンデンサのリード線の切れ端も使えます.

図9は，部品面から透視したパターン図です.

部品選択上の注意事項

高周波トランスT_1は，中波トランジスタ・ラジオの局部発振コイルです．WARC01，OSC7S-Rなどの型名で販売されている7mm角でコアが赤色のものです．10mm角でも構いません．中点のある巻き数の多い方の巻き線(ピン1～ピン3)が2次側(アンテナ側)です．このコイルは，RFワールドNo.9のAMワイヤレス・マイク製作記事(7)でも使われているので，そちらも参考にしてください.

IC_4は，74HCと74HCUのどちらも使えます．マイクはコンデンサ・マイクで，FET内蔵のエレクトレット型です．直列抵抗はマイク仕様書に記載の値としてください．発振周波数が高すぎる場合はC_{11}の値を小さくしてください．**図6**では549kHzに同調させています.

調整方法と各部の波形

まずSVR5を調整して発振周波数を設定します．ここでは549kHzとしました.

次にPLLの位相ロック調整を行います．**図10**は各部の波形です．SVR2とSVR3を使って，VCO出力(点**b**，**e**)が，入力信号(点**a**)に対して90°遅れるようにします．また,点**e**に対し,点**h**が135°遅れとなるように,SVR4を調整します.

調整後のトラペゾイド波形を**写真5**に示します．X軸はSVR1の上端，Y軸はコイルT_1の2次側に接続しています．変調信号として，ライン入力に1kHzの正弦波を入れています．この波形を見ながら，過変調にならないように，SVR1を調整します．マイク・ゲインSVR6についても，音声を入れて過変調にならないように設定します.

写真5を見ると，斜辺が直線からわずかにずれて湾曲しています．これは,前述したベクトル合成結果が,cos関数になるためです.

おわりに

PLLを使ったベクトル合成AMワイヤレス・マイクの製作例を見たことがないので，これが初めてだろうと思います.調整にオシロスコープが必要なことなど,ややハードルが高いせいかも知れません.

しかし，現在のモバイル通信の基礎技術にも通じる

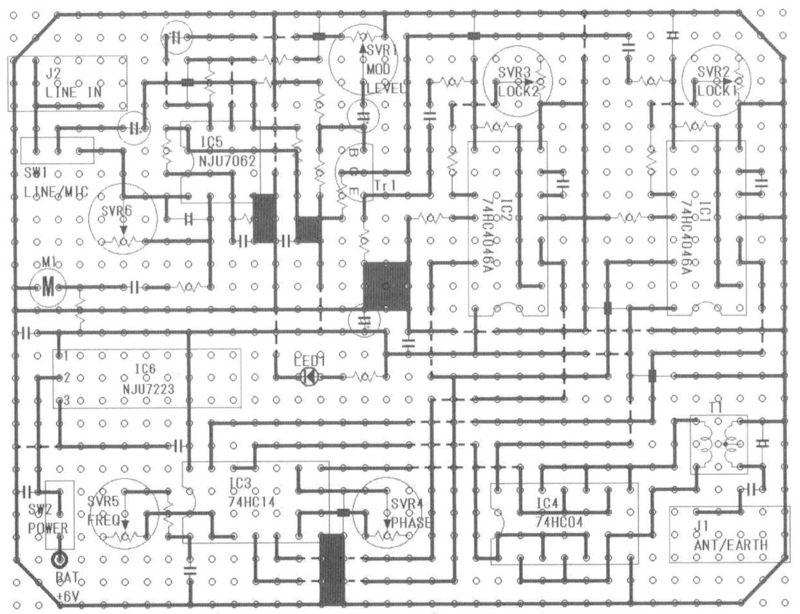

〈図9〉 ベクトル合成AMワイヤレス・マイクの配線パターン(部品面からの透視図)

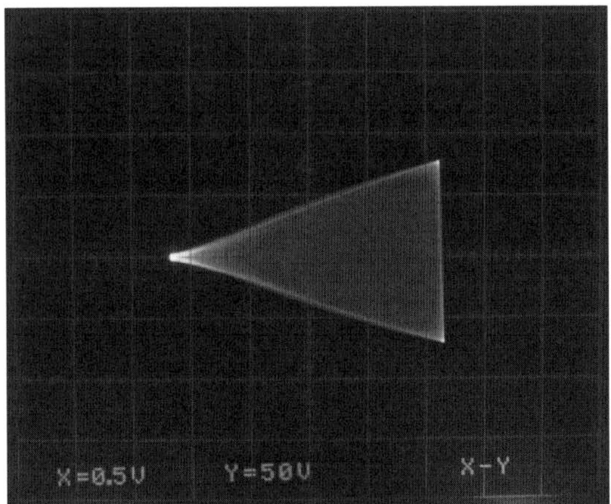

〈写真5〉 ベクトル合成によって生成したAM変調波のトラペゾイド波形(変調信号は1 kHz正弦波；X：0.5 V/div.，Y：50 V/div.)

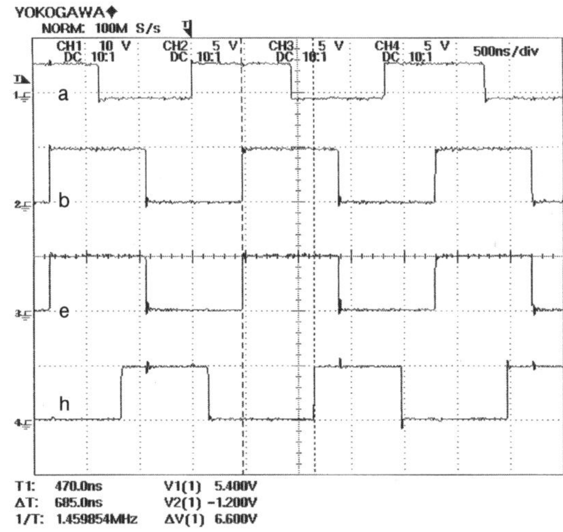

〈図10〉 図6各部の波形(e～hは位相差135°)

ものがあり，製作によって得るところは大きいと思います．とくに，ベクトル合成の部分は文献も豊富ですから，種々の方法を試して見るのが良いと思います．

◆参考文献◆

(1) Signetics Corporation; “Phase moduration using the PLL”, Signetics Linear Phase Locked Loops Applications Handbook, pp.59, 1972.
http://bitsavers.org/pdf/signetics/_dataBooks/1972_Signetics_PLL_Applications.pdf

(2) D. R. Musson; Ampliphase ... for Economical Super-Power AM Transmitters”
http://www.bobleroi.co.uk/ScrapBook/ScrapBook.html

(3) W. M. Austin; “CMOS Phase-Locked-Loop Applications Using the CD54/74HC/HCT4046A and CD54/74HC/HCT7046A”, Application Report, SCHA003B, September 2002.

(4) Chireix, H., “High Power Outphasing Modulation”, Proc. IRE, Vol. 23, No. 11, pp. 1370～1392, November 1935..

(5) A. M. Miller and J. Novik; “Principles of operation of the Ampliphase transmitter”, Broadcast News, Vol. No. 104, pp. 44～47, Radio Corporation of America, June 1959.

(6) Barry Mishkind; “RCA 50 kW Transmitters”
http://www.oldradio.com/archives/hardware/RCA/50.htm

(7) 石川 大；「AMワイヤレス・マイクの設計と製作」，RFワールドNo.9，pp.114～124，CQ出版社，2010年3月．

Appendix

アンプリフェーズ放送機の来歴と移相回路

編集子

1955年にアンプリフェーズ方式のAMラジオ放送機の第1世代機 BTA-50Gを発売した米国のRCA社は，1978年までの23年間にわたって，同方式の放送機を生産し続けました．1955年当時，能動素子としては真空管しか使えなかった時代に，どうやって実現したのでしょうか？　かつてRCA社が発行していたBroadcast Newsなる小冊子(1)に，その動作原理が解説されているのを見つけたので，要旨をまとめてみました．

■ アンプリフェーズへの系譜

RCA社のラジオ放送機は出力250 W ～ 50 kWが標準ラインナップであり，最大で500 kW機(RCA-1)まで製造されたようです．**表1**は同社の50 kW級ラジオ放送送信機の変遷です．

50 kWラジオ放送機は，GE社によって1927年に設計製造された“50A”が源流のようです．陽極損失20 kWの水冷送信管UV-207を変調とRF部に合計20本も使った大がかりなもので，高電力ハイシング変調方式，電源は直流発電機でした．

表1　RCA社の50 kWラジオ放送送信機

機種名	発売年	変調方式	備　考
50A	1927	高電力ハイシング	終段UV-207
50B	1928	低電力ハイシング +リニア・アンプ	終段UV-862
50C	?	同上(?)	終段UV-862(?)
50D	1937	ドハーティ	終段5671
50E	1941	プレート	終段5671
50F	1947	プレート	終段5671
BTA-50G	1955	アンプリフェーズ	終段5671
BTA-50H	1960	アンプリフェーズ	終段5671
BTA-50J	1971	アンプリフェーズ	1978年まで生産

引き続き1928年にハイシング変調+リニアアンプ構成の50B，追って50Cが製造されます．

1937年になって初めてRCA社内で設計された50Dが発売されます．これはドハーティ方式を使った送信機でした．ただし，Western Electric社との特許係争があって短命に終わります．

1941年に発売された50Eはシリーズ初のプレート変調です．戦時体制もあってか生産台数はわずか4台です．

1947年に戦後初の放送機としてBTA-50Fが発売されます．ここに来て初めてFM放送機(BTFシリーズ)と区別するために“BTA”が付きました．本機もプレート変調です．

そして1955年に最初のアンプリフェーズ方式の放送機BTA-50Gがデビューします．アンプリフェーズ方式は送信周波数を変更すると，位相調整が必要になります．このため時間帯や季節に応じて送信周波数を変更する短波放送機には採用されず，もっぱら中波放送機に使われた技術だと考えられます．また，日本のラジオ放送機では一度も採用されなかった方式です．

1961年になると後継機種のBTA-50Hが発売されます．1971年に発売されたBTA-50JではエキサイタがソリッドステートFA化され，1978年まで生産されました．

1960 ～ 1970年代のRCA社はレンタカーのHertz，冷凍食品のBanquet，出版のRandomHouse社などを次々に買収し複合企業体となっていきます．一方で傘下の放送ネットワークであるNBCは低迷します．1980年代に不慣れな新しいハイテク・エレクトロニクス家電市場へ参入したものの，巨額の資金を失う結果になりました．それでも1983年時点で，RCAはま

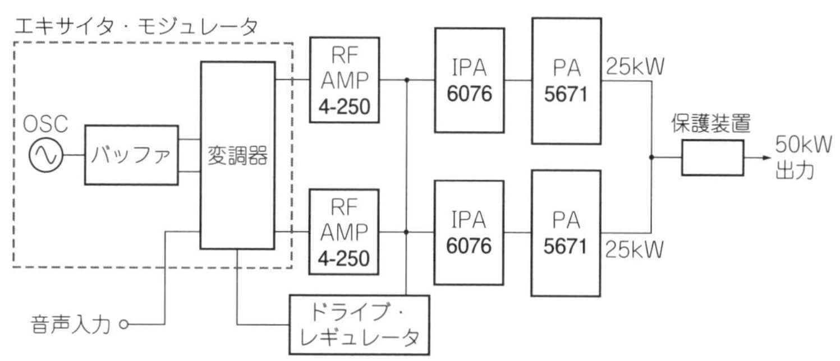

〈図1〉BTA-50Gの簡略化したブロック図

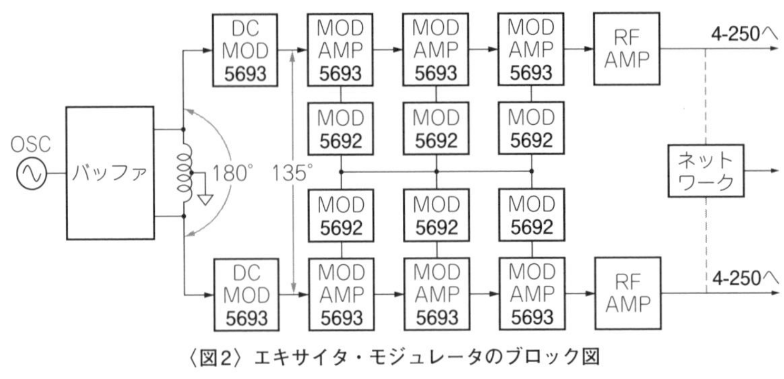

〈図2〉エキサイタ・モジュレータのブロック図

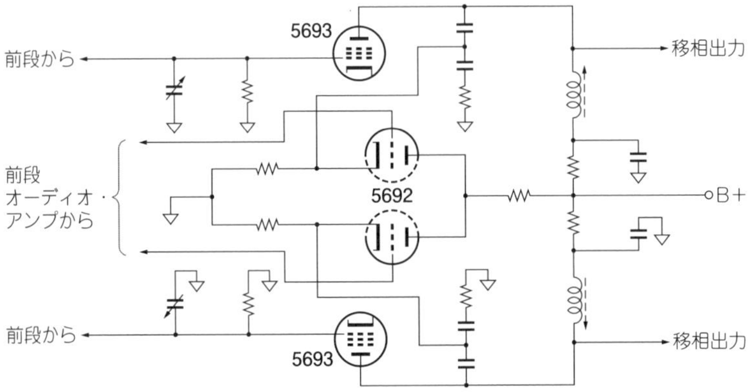

〈図4〉1段ぶんの位相変調回路(実際は3段を縦続接続する)

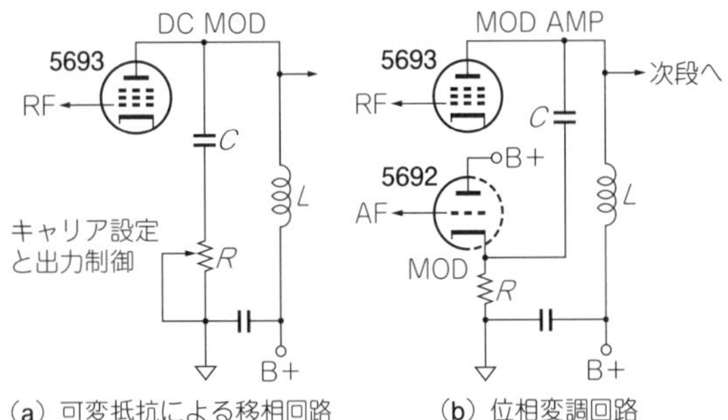

(a) 可変抵抗による移相回路　(b) 位相変調回路

〈図3〉位相調整部と位相変調回路を簡略化した回路

だ収益を計上していました.

1985年になると，RCAは放送システム部門の閉鎖をアナウンスし撤退しました．そして翌年にはGEによって買収され，RCA社は終焉しました.

BTA-50Gの位相変調回路

図1はBTA-50Gの簡略化したブロック図です．エキサイタ部で2相のRF信号を生成し，2系統の3段パワー・アンプで増幅します．終段管5671はBTA-50Fと同じで，幼稚園児ぐらいの大きさの送信管です．ドライブ・レギュレータは直線性補正を担います.

位相変調部は**図2**のような移相器3段のカスケード構成です．**図3(a)**は**図2**のDC MOD回路です．*R*を変化させると出力位相だけが変化します．この回路によって無変調時に二つのキャリア間の位相差が135°となるよう設定しておきます．それぞれのキャリアは0～100％の変調時に最大で±22.5°の位相変化が必要です．音声信号に応じて移相するのが**図3(b)**の回路です．位相変化を1段の移相回路で得ると歪みが大きいので，1段あたり±8°とし3段で必要な変化量を確保しています.

100％変調時に両キャリアのベクトル合成値は1キャリアの2倍となってほしいのですが，移相だけだと約1.85倍にしかなりません．その差を補正するのが**図1**のドライブ・レギュレータです.

◆参考文献◆

(1) A. M. Miller and J. Novik; "Principles of operation of the Ampliphase transmitter", Broadcast News, Vol. No. 104, pp. 44～47, Radio Corporation of America, June 1959.

(2) Barry Mishkind; "RCA 50 kW Transmitters"
http://www.oldradio.com/archives/hardware/RCA/50.htm

(3) Tom Lewis; "Empire of the Air: The Men Who Made Radio", 421p., Harper Collins Publication, September 1991.

(4) 針倉好男；「発明家E. H. アームストロングの生涯」，トランジスタ技術，1996年6月号，pp.346～348，CQ出版社.

(5) 中田 薫；「放送機の神様――島山鶴雄の生涯」，406p.，島山鶴雄伝記 編集委員会，2009年1月.

第7章 24 GHz帯に音声を乗せて準ミリ波帯を体験する

なんちゃって5G！ FMトランシーバの製作

1 はじめに

最近は新聞やTVなどで通信インフラの新技術“5G”(ファイブジー)の話題で持ちきりですよね．スマホなどのIT機器の普及/発達により，通信回線に乗る動画などの情報量が膨大になり，通信速度の限界を皆が感じていたところでした．5G技術は，これを解決する救世主として大きな期待がかかっています．

5G技術は複雑多岐にわたり，現在始まっているのは通称「サブ6」と呼ばれる6 GHz以下を使うサービスです．今後はミリ波に近い準ミリ波の28 GHz帯を使うことが予定されています．5G技術にあやかるだけでは，なかなかその中味は実感できません．そこで，5Gで使われる周波数帯に近い，24 GHz帯のトランシーバを作ってみました．名付けて「なんちゃって5G！FMトランシーバ」(**写真1**)です．

この製作は実用性よりも，実験を通じてミリ波の性質，とくに波長，指向性，反射，干渉，偏波，フェージング，遮蔽(しゃへい)物による減衰などを体感することに主眼を置いています．

2 ミリ波と5G技術

2.1 搬送周波数が高ければ相対的に広い帯域が得られる

動画などの膨大な情報量を伝送するためには，基本的に広い周波数帯域が必要となります．半世紀前，ラジオからテレビの時代になったときは，MF(中波)やHF(短波)から，一挙にVHF(超短波)やUHF(極超短波)へと搬送周波数が高くなりました．これによって相対的に帯域幅を広く取ることができるからです．

セルラー無線でも同様に，4Gの1～3.6 GHz(センチ波)から，5Gでは28 GHzなどの，より短波長な準ミリ波の電波が使われます．

図1のように，3～30 GHzはマイクロ波帯と呼ばれ，衛星通信/衛星放送，無線LAN，ETC，レーダーなどに広く利用されています．マイクロ波のうちミリ波に近いセンチ波は準ミリ波と呼ばれています．

2.2 フェージングが悩みのタネ

無線の搬送周波数がセンチ波やミリ波になると，フェージングの影響が顕著になります．これは山や建物などの反射や，通信機器が移動することにより，到来電波の位相差による強弱が発生する現象です．フェー

〈写真1〉製作した「なんちゃって5G！FMトランシーバ」

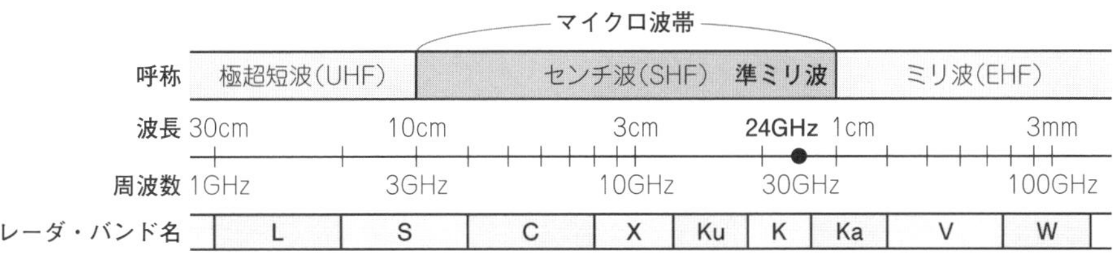

〈図1〉マイクロ波帯の呼称，波長，周波数，レーダ・バンド名

ジングにより，電波が減衰して一時的に無くなることさえあります．併せて波形ひずみも発生します．

私たちがスマホで移動しながら会話しても，何ら不都合を感じないのは，通信方式や回路技術のおかげで，フェージングの影響を著しく軽減できているからです．

今回は，あえてフェージング対策をせずに，準ミリ波帯で通信してみます．そして，通信にあたってどのような現象が起きるのかを試し，5Gの要素技術への興味と理解を深めたいと思います．

3 24 GHz帯ドップラー・センサの流用を検討する

3.1 モジュールの外観と内部

24 GHz帯送受信にはドップラー・センサ・モジュールIPM-165(**写真2**，ドイツInnoSenT社製)を使います．

写真2(a)に示す表側は，プリント基板上にパッチ・アレイ・アンテナが送受4個ずつ配置されています．向かって左が送信，右が受信アンテナです．

写真2(b)に示す裏側は，送受信回路が実装されており，金属ケースでシールドされています．シールド・ケースと基板の間には電波吸収体を挟んで反射の影響を無くしています．

写真3は金属ケースを外した内部基板です．上部の四角い素子が24 GHzの発振器です．本モジュールは各国の電波法に則って製造/販売されています．電波法を遵守して使いましょう．

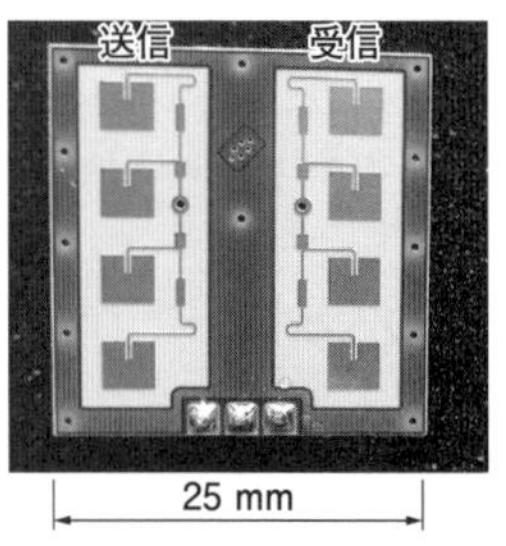

(a) 送受アンテナ

(b) 金属カバー内に送受信回路が入っている

〈写真2〉 24 GHzドップラー・センサ・モジュールIPM-165 (InnoSent社)

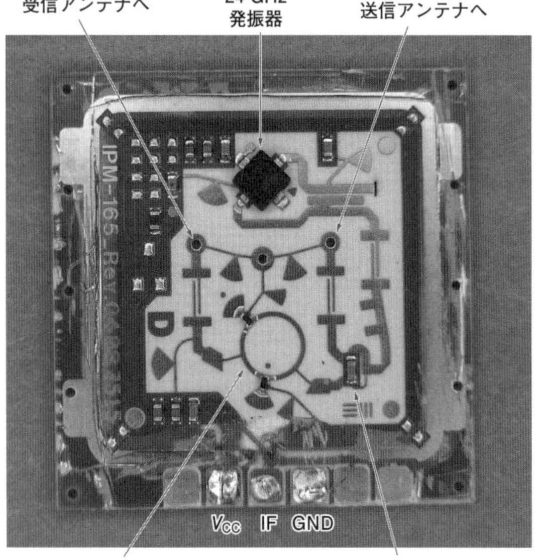

〈写真3〉 IPM-165の内部基板

3.2 24 GHz帯ドップラー・センサ・モジュールの構成と動作

モジュールの構成を**図2**に示します．

先の**写真3**中央付近にある三つのスルーホールは，右が送信アンテナ，左が受信アンテナにそれぞれつながっています．下の円形パターンはラット・レース回路で，ミキサの一部です．この円周上にミキサ・ダイオードが接続されています．各所に見える扇型のパターンはラジアル・スタブと呼ばれ，バイパス・コンデンサの働きをします．

24 GHzの発振器ICの出力は，分配器を経て送信アンテナとミキサにつながります．受信アンテナからの信号は，同調回路を経てミキサで24 GHz発振器出力と混合され，受信周波数と24 GHz発振器の周波数との差に相当する，IF信号として出力されます．

このモジュール本来の動作は，ドップラー・センサです．送信アンテナの電波が，動体で反射され，受信アンテナに入ってきます．動体で反射してきた信号はドップラ効果によって周波数が変化するので，送信周波数との差の周波数がIF信号としてモジュールから出力されます．この周波数は動体の移動速度に比例するので，周波数を電圧に変換すれば動体を検出したり，速度を測ることができます．このモジュールは，自動ドアの人感センサなどとして使えます．ドップラー周波数は0～数kHzのオーダであり，野球ボールなどのスピード・ガン(3)として応用することもできます．

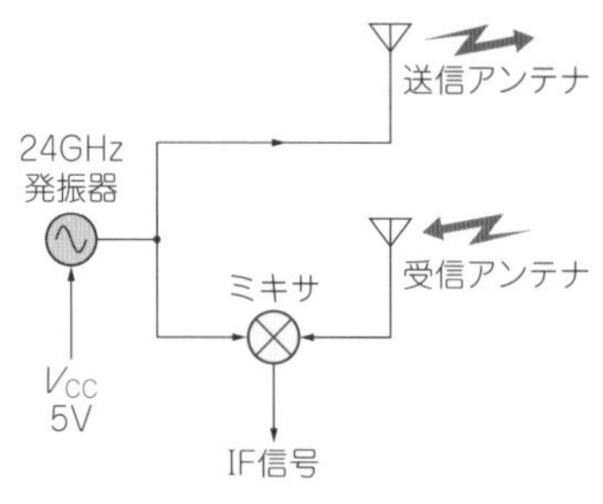

〈図2〉 IPM-165の内部構成

■ 3.3 IPM-165の仕様

24 GHzドップラー・モジュールIPM-165の仕様を**表1**に抜粋します.

発振周波数のばらつき(個体差)が, ±100 MHzと大きいことに気づきます. これはそのままIF周波数のばらつきになります. この点がトランシーバを製作する上で, 最大のネックになりそうです.

出力は16 dBmです. 0 dBmは1 mWですから$10^{16/10}$で, 約40 mWに相当します.

発振周波数の温度ドリフトが−1 MHz/℃なので, 風や発熱源などによる温度変動があると, 数MHzのドリフトがあり得ることを念頭に置きます.

受信時のIF出力オフセットが±300 mVと大きいですが, DCカットすれば問題ありません. 信号レベルは, ドップラー・センサとしての出力を想定したもので, トランシーバとして使う場合は, 1桁以上小さくなります. ノイズ・レベルも無視できないレベルです.

アンテナ・パターンは**図3**のように水平面の半値角が垂直面に比べて広く, 動体検知を意図したものと思われます. トランシーバの場合にも好ましい特性です.

消費電力は5 V40 mA(0.2 W)以下なので, 乾電池で動作可能です.

■ 3.4 IPM-165をトランシーバとして使うには

24 GHz帯は, フェージングの影響で振幅変動が大きく, IF出力のS/Nもよくないので, AM変調は適しません. 今回は振幅変動に強いFMとしました. このモジュールは, 1 Mbpsくらいのパルス変調に応答するので, 複雑にはなりますが, PCMにすれば, さらに良い結果が得られると思います.

以上から, 製作するトランシーバは**図4**に示す構成としました. 発振器の電源および変調器と復調器の電源を送受で切り替えています. 送受信する1組のトランシーバは周波数関係が互いに逆ヘテロダインである必要があります. また, その周波数差(IF周波数)は後

〈表1〉ドップラー・センサ・モジュールIPM-165の仕様

項目		min	typ	max	単位
●送信側					
発振周波数		24.05	−	24.25	GHz
出力		−	16	−	dBm
温度ドリフト		−	−1	−	MHz/℃
●受信側					
IF出力オフセット		−300	−	300	mV
信号レベル		563	−	855	mVpp
ノイズ・レベル		−	−	116	mV
●アンテナ・パターン					
フルビーム幅(−3 dB)	水平	−	80	−	deg.
	垂直	−	35	−	deg.
サイド・ローブ抑圧	水平	−	12	−	dB
	垂直	−	13	−	dB
●電源					
供給電圧		4.75	5	5.25	V
供給電流		−	30	40	mA

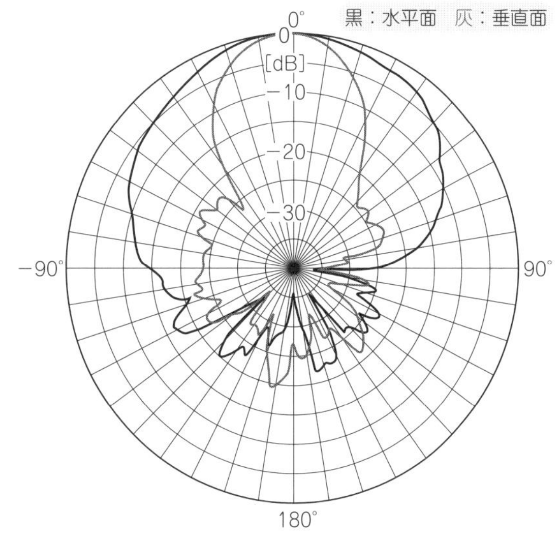

〈図3〉IPM-165のアンテナ・パターン

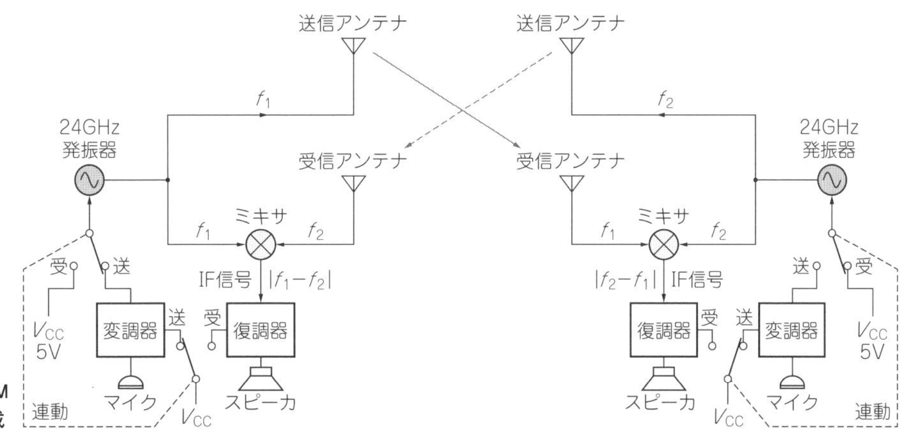

〈図4〉24 GHz帯FMトランシーバの構成

述するFM復調器が動作する周波数でなければなりません.

3.5 2個のモジュールがもつ周波数差の問題

表1を見ると，2個のモジュールの発振周波数の差は，最大で24.25－24.05＝0.02 GHzつまり，200 MHzです．任意に2個を選んだ場合，IF周波数が0～200 MHzのどこかに分布するわけです．

実際に2個購入して組み合わせてみると，たまたまですが，IF出力の観測結果は**図5**のように10 MHz以下でした．これならダイレクトにFM復調できます．そこで，製作の方針として，入手した2個の周波数差が10 MHz以下の場合と10 MHzを越える場合とを分けて，2通りの回路を設計しました．

3.6 IPM-165にFM変調をかける

モジュールの電源電圧を変化させると，出力周波数がわずかながら変わります．アプリケーション・ノート(1)には**図6**のような特性が示されています．

この図によると，電源電圧V_{CC}(5 V)を±10 %変化させることで，発振周波数が10～20 MHz変化します．電源電圧の変化に対する応答速度は最大1 Mbpsと高速なので，音声帯域(最大20 kHz)では十分です．したがって，モジュールの電源電圧V_{CC}を音声信号で変調すれば，数MHzデビエーションのFM変調をかけることができます．

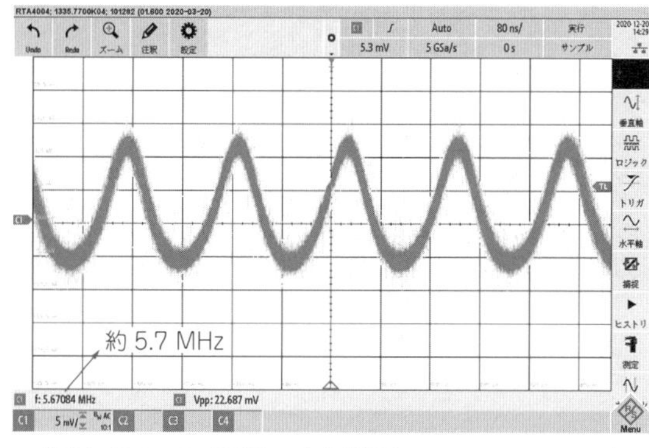

〈**図5**〉**IPM-165の受信IF出力波形**(80 ns/div., 5 mV/div.)

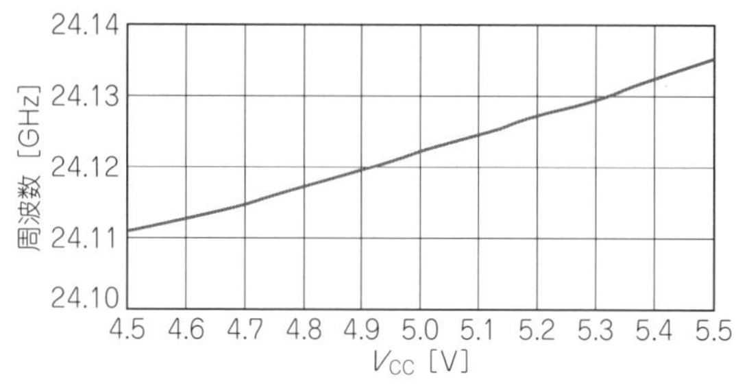

〈**図6**〉(1)**IPM-165の電源電圧対発振周波数特性**

図7は無変調時のIF信号です．キャリヤ周波数は電源電圧V_{CC}の調整により4 MHzに移動しています．スペクトル幅が1 MHz程度あるのは，**図5**のようにノイズを多く含むためです．

図8は，1 kHzでFM変調をかけたときです．V_{CC}への重畳振幅は1 V_{pp}程度，このときの帯域幅は1 MHz程度です．

4 24 GHzトランシーバの回路設計

以上の検討に基づいて，トランシーバの回路を設計します．

4.1 送信回路

送信のFM変調は，モジュールの電源電圧V_{CC}(中心電圧5 V)を±0.5 Vの範囲で変化させることで対応します．この変化範囲は，**表1**の±0.25 Vを越えていま

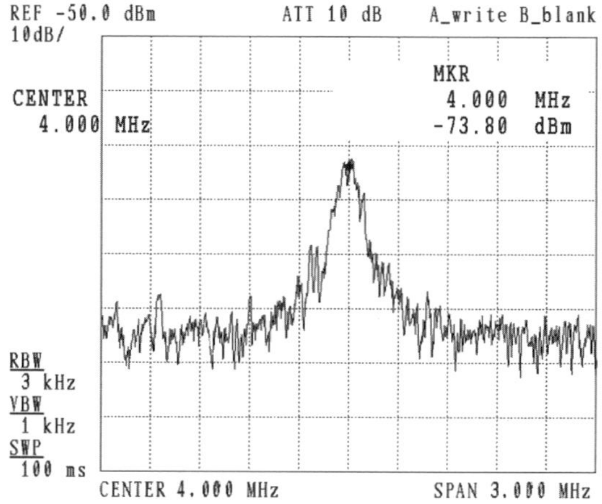

〈**図7**〉**IPM-165の受信IFスペクトル**(無信号時；中心周波数4 MHz，スパン3 MHz，10 dB/div.)

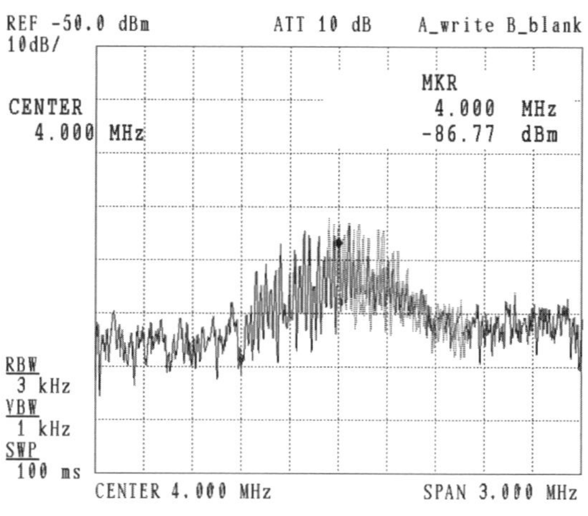

〈**図8**〉**IPM-165の受信IFスペクトル**(1 kHz FM変調波；中心周波数4 MHz，スパン3 MHz，10 dB/div.)

すが，**図6**に示すメーカの文献(1)では±0.5 Vで実験しているので，これにしたがっています．

変調は電圧可変型3端子レギュレータの電圧設定端子(ADJ)に音声信号を重畳する方法が簡単です．インピーダンスが数kΩと高いので，変調に電力を要しません．

■ 4.2 受信回路

● IF帯域が4 MHz±1 MHzとなるようにする

受信周波数は，モジュールの周波数可変範囲内で任意に選ぶことができます．注意が必要なのは，低いIF周波数(10 kHz以下)はドップラ効果の影響があること，高いIF周波数(10 MHz以上)は，FM復調が難しく，リミッタ回路の帯域が確保できない点です．以上から，IF帯域が4 MHz±1 MHzとなるように受信周波数を選びました．

受信機のFM復調は，文献(2)のPLL方式では，十分なS/Nが得られませんでした．モジュールの周波数変動(ドリフト)によりIF周波数が数MHzになることがあり，PLLが追随しないことが原因です．

実験の結果，搬送波の変動が大きい場合は，パルス・カウント方式のFM復調器が適していることがわかりました．

● 全回路

全体の回路は**図9**のとおりです．モジュールのIF出力から得られるFM信号は，**図5**のように数十mVなので，増幅および振幅制限して矩形波にする必要があります．このため差動増幅によるリミッタ回路を復調器の前に入れています．

リミッタ回路(Tr_1とTr_2)は，10 MHz程度の帯域が必要です．トランジスタのf_Tが500 MHz以上で，h_{FE}の大きいものを選びます．汎用の2SC1815($f_{T(min)}$ = 80 MHz)ではゲイン不足のため使えません．

モジュールの電源電圧設定は，送信と受信では異なり，とくに受信時は適宜チューニングが必要です．このため，可変電源を二つ用意して送受で切り替えるようにしました．

● パルス・カウント方式FM復調器の動作

FM復調器の動作を**図10**と**図11**により説明します．

図10のTr_1はリミッタ回路です．IF信号は音声信号V_{AF}によってFM変調された信号**a**です．これはリミッタ回路で矩形波**b**に整形され，C_2と次段の入力抵抗で微分します．そこからダイオードD_1により立ち下がりだけを取り出すと波形**c**となり，Tr_2のコレク

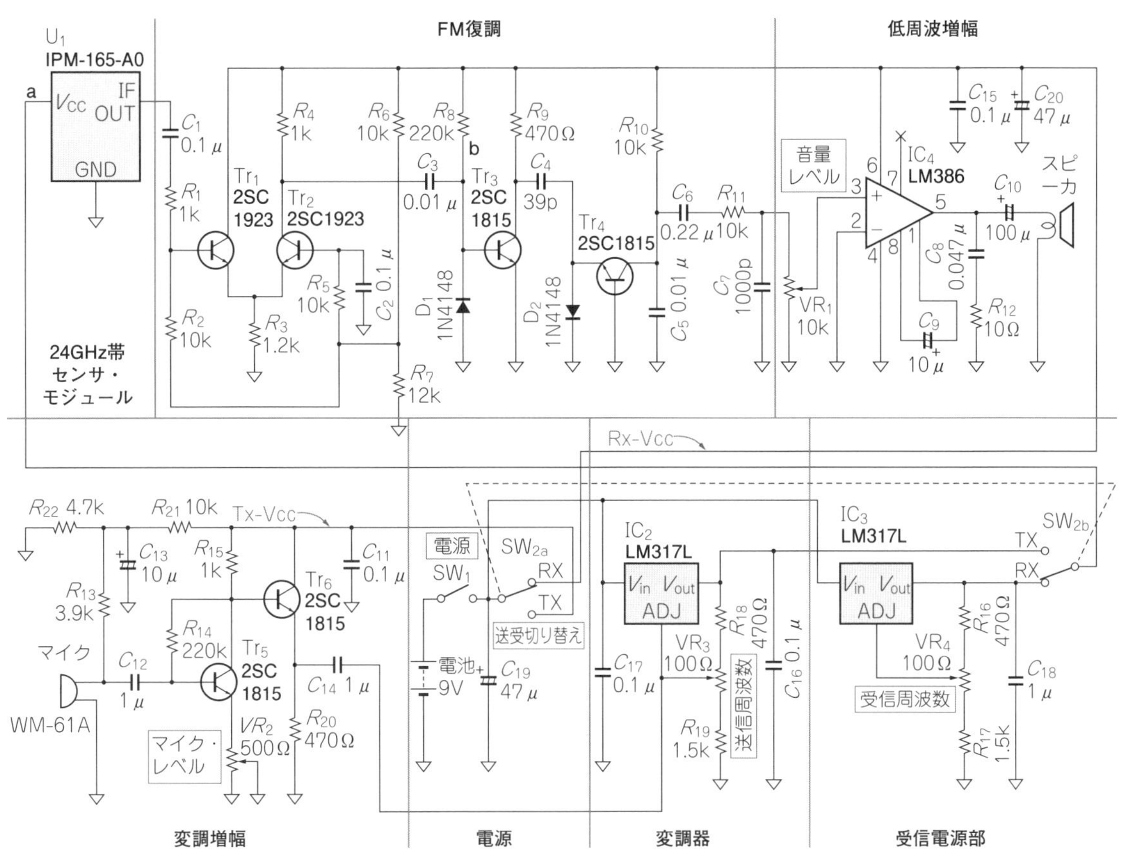

〈図9〉 製作した24 GHz帯FMトランシーバの全回路(IF周波数変換回路なし)

タには波形**d**が出てきます．

波形**d**を見ると，パルス幅が一定で，パルス数がV_{AF}の電圧が低いところが密，高いところが疎になっています．これをR_4とC_4からなるLPFで積分すると，元の音声信号V_{AF}と同じ波形**e**が出てきます．

パルス・カウント方式は，周波数とは単位時間あたり波の数であるという定義をそのままハードウェアにしたものです．回路が簡単，リニアリティが良い，ひずみが少ない，同調回路が無く無調整であるなど優れた方式です．欠点は，動作周波数が高すぎると矩形波がなまってパルスが抜けてしまうことで，搬送周波数10 MHz程度が限界です．また，復調感度が低いので，今回は送信側でデビエーション（周波数偏移）を大きく取ることで対処しました．

5 24 GHzトランシーバの製作

5.1 基板の組み立てとケースへの組み込み

図9の回路は部品点数が少なめなので，**写真4**のように，小さ目のユニバーサル基板にまとめることができます．**写真4(b)**は裏面のはんだパターンです．**図12**は，部品面から見たパターン図です．

筐体（**写真5**）は100円ショップで売っていたペンシル・ケースを流用しました．この材料は準ミリ波を少し吸収するようなので，ケースのアンテナ部分には角穴を空けました．

5.2 モジュールのIF周波数のばらつきを測定する

図13のようにしてIF周波数の個体差を測定します．うち1個（Aとする）を送信側とし，残り7個（それぞれB～Hとする）を受信側としてIF周波数を測定します．**表2**はIPM-165を計8個入手し，IF周波数を測

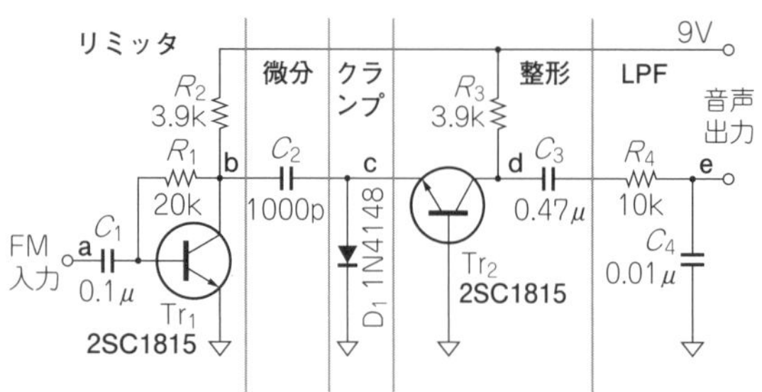

〈図10〉パルス・カウント方式のFM復調回路

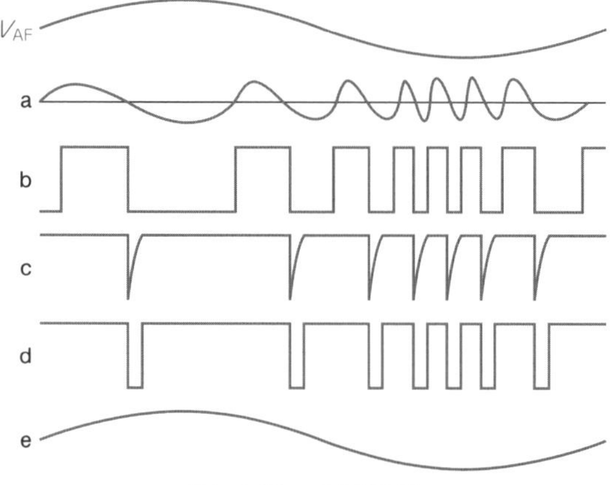

〈図11〉図10の各部波形

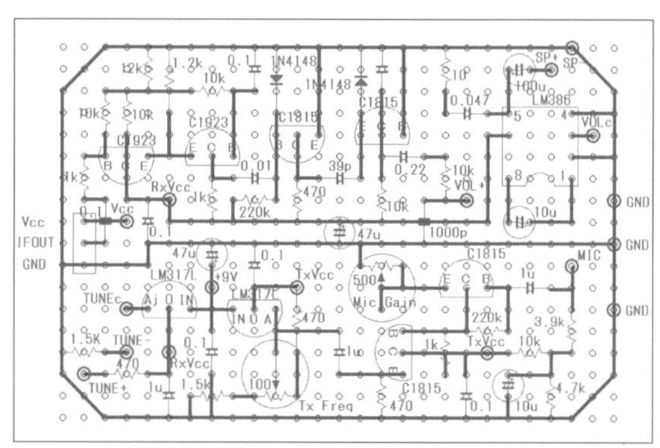

〈図12〉24 GHz帯FMトランシーバ基板の配線パターン（部品面視）

(a) 部品面

(b) 配線面

〈写真4〉ユニバーサル基板に組んだ24 GHz帯FMトランシーバ

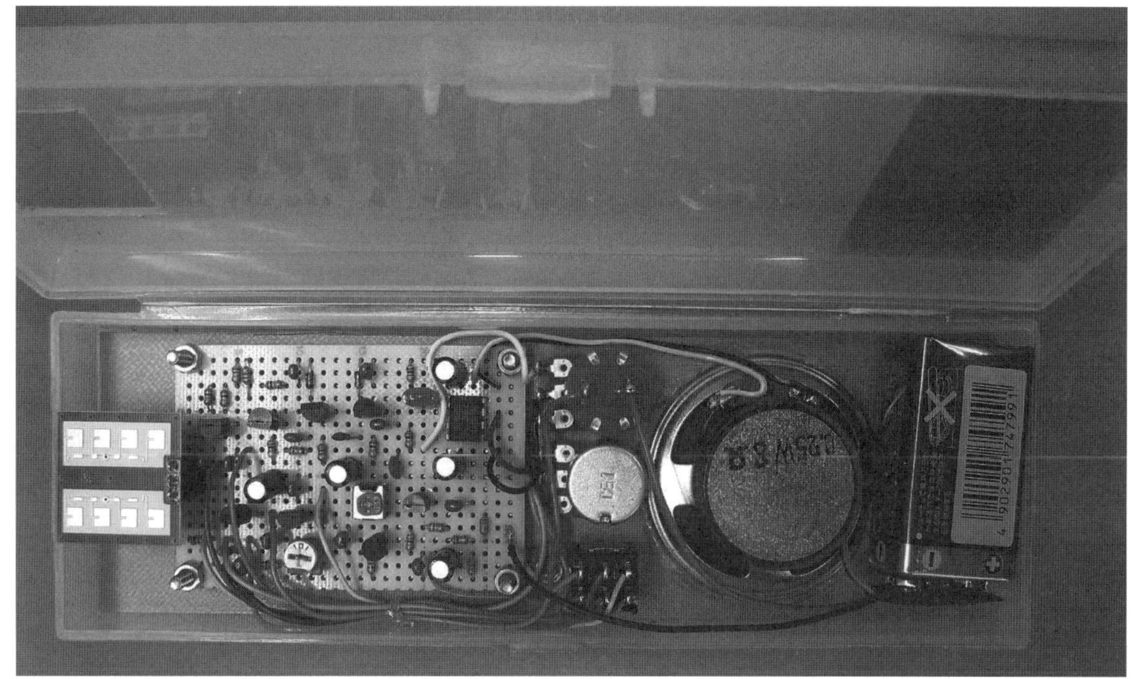

〈写真5〉ケースに収納した24 GHz帯FMトランシーバ

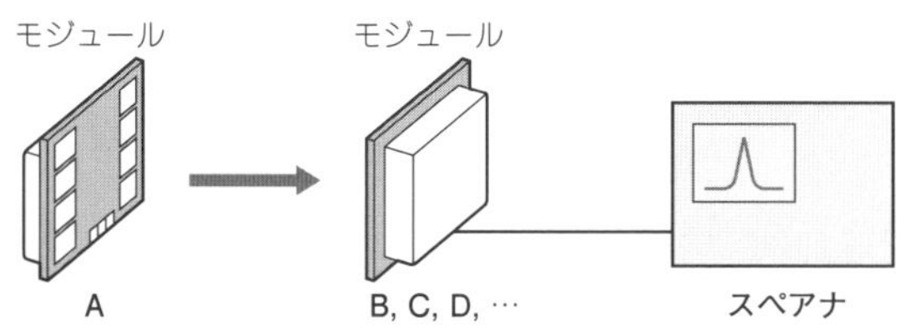

〈図13〉IF周波数の個体差を測定する

定した結果です．

送信側モジュールAのV_{CC}を調整すれば，さらに±5 MHzほど変化できますが，経時的な周波数変動に対する余裕を持たせるために，AはV_{CC}=5 V固定としておきます．

Bは，Aに対してゼロ周波数を含むので，互いに周波数を一致させることができます．Aに対しては，これ以外に使えるモジュールはありません．**表1**から互いに1 MHz程度の余裕を持って，周波数範囲が重複しているのは，AB，BG，BH，CD，CE，CF，CG，CH，DE，DF，DG，EF，EG，EH，FG，FH，GHという17通りの組み合わせです．8個から2個選ぶ組み合わせの数は，全部で28通りですから，2個購入したとき，この対が使える確率は，17/28＝60 %となりました．

5.3 IF周波数を5 MHz以下の帯域に変換する

運悪くモジュールどうしの周波数が5 MHz以上離れていた場合でも，IF周波数を5 MHz以下に変換すれば**図9**の回路が使えます．

〈表2〉モジュールのIF周波数の個体差

モジュール番号	受信IF周波数［MHz］		
	V_{CC} =4.5 V	V_{CC} =5.0 V	V_{CC} =5.5 V
B	−1.86	11.43	17.29
C	16.36	16.57	28.86
D	21.64	30.50	38.36
E	16.64	26.07	29.00
F	14.07	21.64	32.07
G	13.36	21.21	29.64
H	13.21	19.50	22.14

注▶送信側はモジュールA（V_{CC}=5 V固定），受信側電源電圧（V_{CC}）：可変

注意しなければならないのは発振周波数が常に変動することです．IF周波数は，受信側の局発周波数と送信側周波数の差ですから，どちらも変動します．実際に見ている間に数MHzぐらい変化します．

図9の回路は1～5 MHzの範囲の信号を復調できるので，周波数変換によってこの範囲にIF周波数を持ってくれば復調できます．

● 局発にはコム・ジェネレータを使う

IF周波数のばらつきを0～100 MHzとすれば，局発周波数は，これと5 MHz差の5～105 MHzとなります．局発を単一周波数のサイン波で作るのが常套手段ですが，IF帯でも同調操作が必要で，操作が複雑になってしまいます．

そこで0～100 MHzの範囲で一様にスペクトルが分布するようなコム（comb）・ジェネレータを使って**図14**のような回路で周波数変換します．スペクトル間隔は，余裕を持って4 MHzおきとしました．

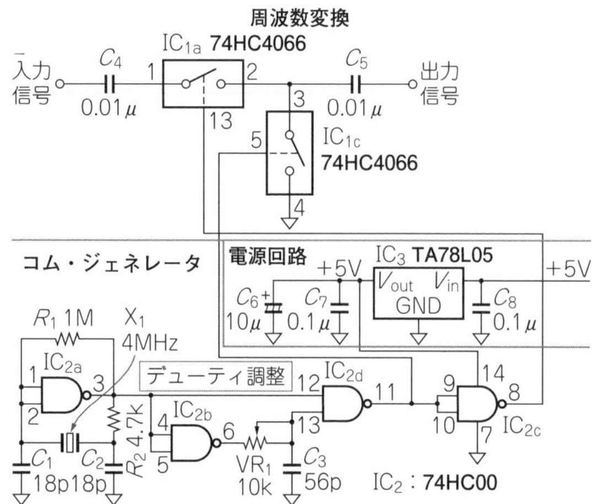

〈図14〉 コム・ジェネレータと周波数変換回路

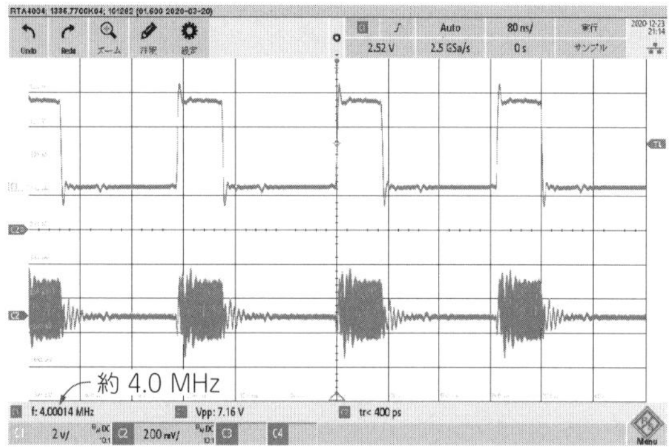

〈図15〉 コム・ジェネレータの信号(上)**と周波数変換出力**(下)(上：2 V/div.，下：200 mV/div.，80 ns/div.)

図14の下段がコム・ジェネレータです．コム・ジェネレータは，矩形波のデューティを50 %からずらして，**図15**上のような幅の狭い矩形波を生成する回路[5]です．このスペクトルは**図16**のように，矩形波の周波数(4 MHz)の整数倍が100 MHz以上の高域まで一様に伸びています．**図16**のマーカ(28 MHzの◆印)で示すような谷は矩形波のデューティにより変化します．

● アナログ・スイッチICによる周波数変換回路の実験

周波数変換には，**図14**上のようなアナログ・スイッチIC(74HC4066)を使いました．IF出力を周波数変換回路の入力につなぎ，出力をリミッタ回路に接続します．出力波形は**図15**下のようになります．

周波数変換器の出力スペクトルは，**図17**のようなものです．IF入力信号は，21 MHzとしました．

この場合，周波数変換された信号は，次のような複数の周波数付近に分布します．

- (4 MHz×6)－21 MHz＝3 MHz
- (4 MHz×7)－21 MHz＝7 MHz
- 21 MHz－(4 MHz×4)＝5 MHz

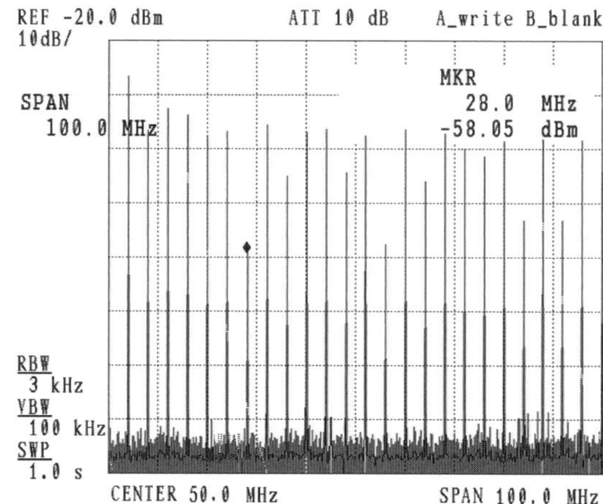

〈図16〉 コム・ジェネレータのスペクトル(中心周波数50 MHz，スパン100 MHz，10 dB/div.)

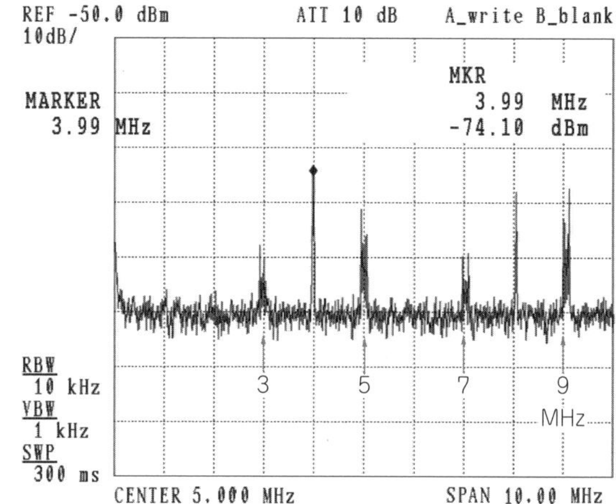

〈図17〉 IF周波数が21 MHzの場合の変換結果(中心周波数5 MHz，スパン10 MHz，10 dB/div.)

- 21 MHz－(4 MHz×3)＝9 MHz

このほかに4 MHzと8 MHzの成分がありますが，これは局発の信号そのものです．IF信号のスペクトルはFM変調されているので幅がありますが，局発4 MHzとその整数倍の高調波は幅がごく狭く，FM変調がかかっていない，つまり信号成分ではないことがわかります．

● 実際の周波数変換回路

スペクトルが拡がるため，周波数変換後の信号レベルが低くなりS/Nが落ちます．これを補うために，GB積の大きいOPアンプでリミッティング・アンプを構成しました．最終的な周波数変換回路は**図18**のとおりです．最大100 MHzのIF周波数帯域を4 MHz以下に変換します．

周波数変換はOPアンプ初段トランジスタのベース-エミッタ間ダイオード特性を利用したベース注入型です．この回路の出力(**b**点)は，**図9**のクランプ回路

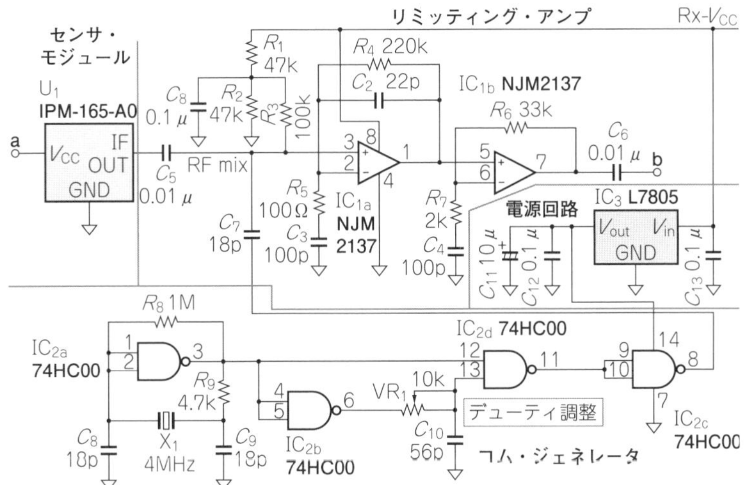

〈図18〉IF周波数変換回路(最大100 MHz帯域のIF周波数を4 MHz以下に変換する)

Tr_3のベースb点に接続します.

この回路は,図14よりスプリアスが増えるので,特性としてはよくないのですが,同調はかえって取りやすくなります.スプリアスにより,復調中心周波数(4 MHz)近辺に,複数のFMキャリヤが存在しますが,FMの弱肉強食の原理で,強い方の信号が弱い信号を抑えてしまうので,音声は判別できます.

6 ミリ波ならではの体験ができる

IPM-165のビーム・パターンは図3のようにブロードなので,アンテナを真っ直ぐに対向させなくても通信できました.また,ビームの経路を手で遮る(さえぎる)と通信できなくなることから,ビームがごく細いことが実感できます.距離によるビームの拡がりも小さいです.

室内では,マルチパスの影響が顕著で,定在波も頻繁に立ちます.機器を前後に動かすと,フェージングにより,短い間隔で音が途切れるので,波長が短い準ミリ波であることが実感できます.

金属板を使うと反射のようすもわかります.また,プラスチックでも種類により,減衰するものとそうでないものがあり興味深いです.その他,スリットを使った干渉の実験などにも使えると思います.

7 おわりに

24 GHz帯という5Gの運用周波数帯に近いところで,FMという単純な方式ではありますが,通信ができ,この周波数帯の特性を体感できました.

モジュールの周波数ばらつきと周波数変動が予想以上に大きく,前者はコム・ジェネレータによる周波数変換で,後者は電源電圧を変えて適宜同調を取ることで対処しました.

通話距離は良好に聞き取れるのが10 m程度,*S/N*は悪いものの何とか聞き取れる距離は50 m程度でした.

フェージングの影響があり,通信は必ずしも安定とはいえません.今後はPCMにしてスペクトル拡散などの実験をしてみたくなります.読者の皆様も,ぜひチャレンジしてほしいと思います.

◆参考文献◆

(1) Application Note Ⅲ; "IPM-165, a universal Low Cost K-Band Transceiver for Motion Detection in various Applications", InnoSenT GmbH.
https://www.innosent.de/

(2) 漆谷正義;「マイクロ波FMワイヤレス・マイクの製作」, RFワールドNo.8, pp.62~67, 2009年12月, CQ出版社.

(3) 辻 正敏;「シンプルなスピード・ガンの製作」, RFワールドNo.33, pp.26~37, 2016年2月, CQ出版社.

(4) Data Sheet IPM-165; Version 8.5-02.04.2014, InnoSenT GmbH.

(5) 小宮 浩;「コム・ジェネレータの原理と応用」, RFワールドNo.22, pp.108~118, 2013年5月, CQ出版社.

第２部
送受信回路の製作

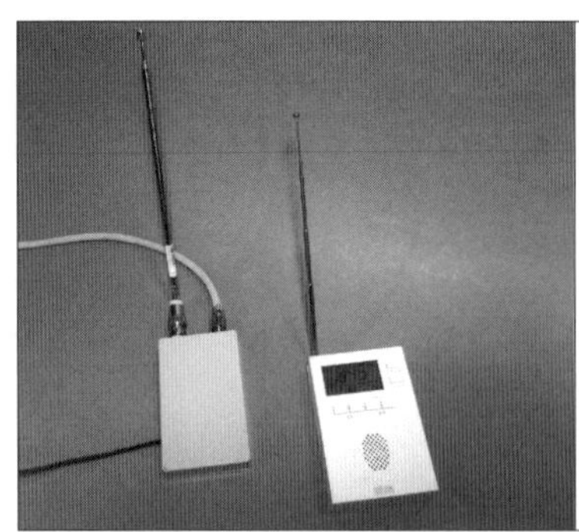

第8章　FMラジオ放送帯域へ補完放送を変換し，送信して楽しむ

微弱電力型FM補完放送コンバータの製作

FM補完放送コンバータとは

2016年から，FM補完放送が本格的に始まりました．これは難聴対策や災害対策のために中波ラジオ放送帯(535～1650 kHz)のAM放送をVHF帯の90～95 MHzで放送するものです．

これには「ワイドFM」という愛称が付けられましたが，そもそも無線分野では「ワイドFM」は周波数偏移が大きいFM変調方式の呼称であり，「補完放送」を意味するものではありません．

さて，FM補完放送の本格的開始に伴い，それに対応したラジオが次々と発売されています．従来のFMラジオやFMチューナのうち，アナログTV音声の受信に対応したもの以外は90 MHz以上を受信できません．また，地上デジタル放送の開始後に発売されたラジオだと，90 MHz以上を受信できないのが普通でしょう．

従来からある90 MHz以下のFM放送バンドに対応したラジオやチューナでFM補完放送を受信できれば，新たに機器を買う必要がありません．

そこで，FM補完放送帯域(90～95 MHz)を従来のFM放送帯域(76～90 MHz)に変換する「FM補完放送コンバータ」(**写真1**)を作ってみました．FM方式の補完放送をFM放送帯に変換するので，いうなれば「FM-FMコンバータ」とも呼べるでしょう．

FM補完放送について

日本のFM放送の帯域は76～90 MHzです．90 MHz以上はアナログTV放送のVHF帯域に割り当てられていましたが，地上デジタル放送への移行とともに，TV放送帯域がUHFに移行し，90 MHz帯がほかの用途に使えるようになりました．FM補完放送サービスもその一つです．

FM放送は，76～90 MHzのVHF帯域なので，1局あたりの占有周波数帯域を広くできます．そこで，雑音に強く，音質が良いFM変調方式が採用されていま

〈写真1〉稼働中のFM補完放送コンバータ

す．この特徴を生かして，FM放送は音楽番組に特化して中波放送と棲み分けていました．

中波放送は，プロ野球や競馬などのスポーツ中継や，ニュースなどの報道に特徴があります．しかし，中波帯は，夜間になると電離層の影響も手伝って，外国(おもにアジア近隣諸国)の放送が強力に入感し，国内放送との混信が問題でした．また，都市部では高層建築の増加による電波の減衰，ディジタル機器などのノイズの増大などにより，中波帯の聴守は以前に比べ困難になっています．

このような背景と，従来の難聴地域の聴守改善，災害対策(ラジオ局の送信所は山頂などにあることが多く，天災に強い)などの観点から，今年から「FM中継補完局」という位置づけで，VHF帯において中波ラジオ番組をそのまま放送することとなりました．なお，沖縄の一部地域では，従来から中波ラジオ番組をFM帯で中継放送しています．

FM補完放送は，90～95 MHzに100 kHzステップで放送が割り当てられています．したがって，従来のFMラジオでは多くの場合，受信帯域から外れていて受信できません．

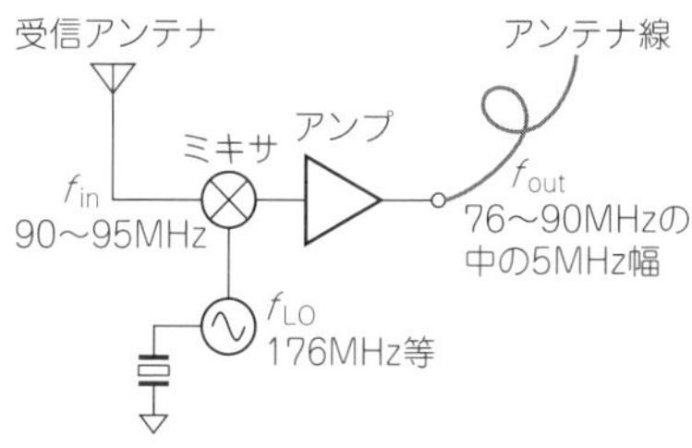

〈図1〉FM-FMコンバータの構成

実現方法の検討

FM補完放送を一般のAM/FMラジオで聴取できるようにする方法の一つは，以下のようなものです．

図1が製作するFM-FMコンバータの構成で，**写真2**がその内部です．新たに補完放送に割り当てられた90～95 MHzをFM放送帯である76～90 MHzに変換します．変換出力をワイヤレス・マイク程度の微弱電波で再送信すれば，ラジオのアンテナ端子に電線を接続することなく，通常の放送と同じように受信できます．ただし，再送信周波数がFM放送帯なので，AM専用ラジオでは受信できません．

FM放送は，高音質のみならず，ステレオ放送が実施されています．上記方式は，周波数を変えるだけなので，このメリットはそのまま保存されます．既存のFM局と周波数が重なると混信する恐れがありますが，局部発振周波数を選ぶことで回避できる可能性があります．

■ 局部発振周波数の選定

受信周波数帯域を76～81 MHzとすれば，90～95 MHzの帯域をこの帯域に周波数変換するための局部発振周波数(以下，ローカル周波数と呼ぶ)は，**表1**のように14 MHzと171 MHzの2通りが考えられます．

ヘテロダイン方式には，固有の影像周波数混信があります．これは「イメージ混信」とか「イメージ妨害」

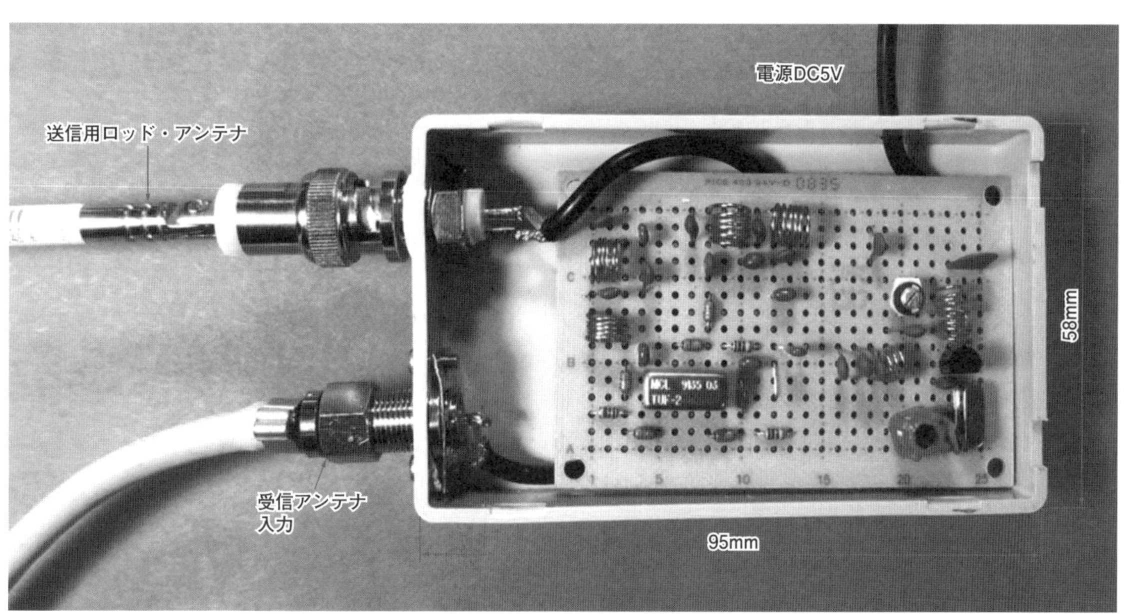

〈写真2〉製作したFM補完放送コンバータの内部

〈表1〉コンバータの局部発振周波数

受信周波数帯域 f_{in}[MHz]	変換周波数帯域 f_{out}[MHz]	局部発振周波数 f_{LO}[MHz]	イメージ周波数帯域 f_{img}[MHz]
90～95	76～81	14（下側ヘテロダイン）	67～76
		171（上側ヘテロダイン）	247～261

と呼ばれ，受信の妨げになります．ローカル周波数を14 MHzに選んだ場合，イメージ周波数帯域は67～76 MHzとなり，変換周波数帯域76～81 MHzと端部の76 MHzで重なります．このようにコンバータの出力周波数範囲と入力イメージ周波数範囲が重複すると，出力信号が入力に回り込んで発振してしまいます．

以上から，次のような周波数構成としました．

(1) 受信周波数範囲を90～95 MHzに制限する

FM補完放送のために新たに割り当てられたのはこの5 MHzだけなので，BPFによって入力周波数範囲をこの範囲に制限します．

(2) ローカル周波数を受信周波数範囲より上側（170 MHz近辺）にする

下側（14 MHz近辺）だと上述した回り込みが発生します．この場合，周波数の高低関係が逆転しますが，そもそもFM補完波をコンバートした時点で，受信周波数自体が変わるので，さほど不便はないと思います．

ただし，コンバート先の周波数が，既存FM局と重複したり，近接妨害を与えないようにローカル周波数を選ぶ必要があります．

回路設計

■ 局部発振回路の設計

最近のFM受信機はPLL周波数シンセサイザ方式がほとんどで，AFC（自動周波数調整）を備えていません．このためワイヤレス・マイクの送信周波数が変動すると，受信側では離調が生じて音質が劣化する可能性があります．したがって，ワイヤレス・マイクの局部発振回路としては水晶発振回路が必須です．

水晶発振子を使って170 MHz近辺のローカル周波数を得るためには，一般にオーバートーン発振に加えて，逓倍回路の助けを借りることになります．今回は，製作を容易にするために，トランジスタ1石だけで所望の170 MHzの周波数を得ることを目指しました．

● 5倍オーバートーン発振回路で3逓倍も行う

図2は5倍オーバートーン発振を行うコルピッツ発振回路のコレクタ側に$15f_X$のタンク回路を設けています．ここでf_Xは水晶発振子の基本波周波数です．銘板周波数が35.468 MHzの3倍オーバートーン用水晶発振子の基本波周波数はf_X = 11.823 MHzです．5倍オーバートーン発振と3逓倍を同時に行い，後述のBPFで3倍波だけを取り出します．エミッタのL_aはQが高いコア入りインダクタか空芯コイルが適しています．

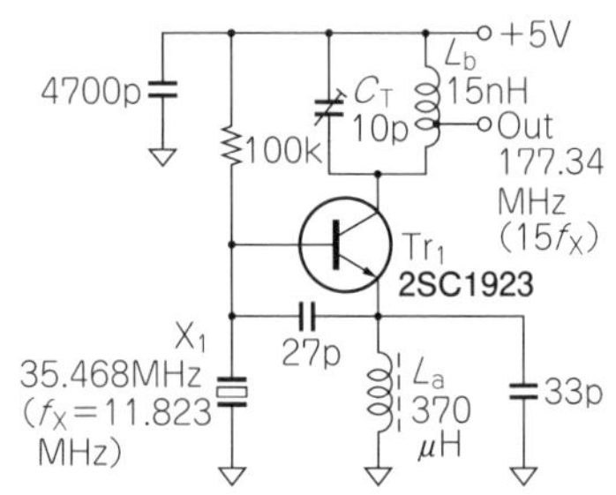

〈図2〉5倍オーバートーン水晶発振と3逓倍を行う局部発振回路

〈表2〉3倍オーバートーン用水晶発振子の銘板周波数，基本波周波数，逓倍後の周波数

銘板周波数 [MHz]	基本波周波数 f_X [MHz]	逓倍後の周波数 f_{LO} [MHz]
33.9000	11.300	169.500
35.3280	11.776	176.640
35.4680	11.823	177.340
36.0000	12.000	180.000

今回は入手可能な水晶発振子の都合から，5倍オーバートーン発振波を3逓倍しました．私が探したとき秋葉原や通販では**表2**に示す銘板周波数（3倍オーバートーン）の水晶発振子を入手可能でした．銘板周波数は3倍波ですが，5倍オーバートーンも可能でした．

なお，確実に5倍でオーバートーン発振させるには，エミッタのL_aと33 pFによるLC共振回路の共振周波数f_rを$4f_X < f_r < 5f_X$に合わせる必要があります．これによって**図2**の水晶発振回路は，この共振回路が容量性に見える周波数でだけ発振します．

図3はDBMのLO端子で観測した発振回路の出力スペクトルです．水晶の銘板周波数である35.468 MHzや，基本波の成分がないので，5倍オーバートーンで発振していることがわかります．

● シンセサイザ方式受信機への対応

ローカル周波数の選定に当たっては，もう一つ，シンセサイザ（PLL）方式受信機への対応があります．プリセット周波数の50 kHzや100 kHzステップからできるだけずれない方がベターです．周波数ずれは，音質の劣化（音割れなど）やプリセット不能などの原因となります．

このためには，ローカル周波数の10 kHz単位の端数（たとえば177.34 MHzの4の桁）が0に近い水晶を探せば良いのですが，実際にはなかなか見つかりません．

クリスタルに直列にコンデンサを入れてVXOとして少し周波数をずらすと同調できる可能性があります．

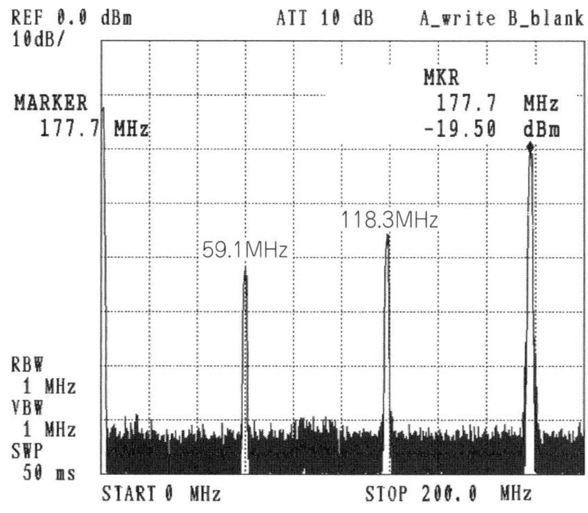

〈図3〉 **局部発振回路の出力スペクトル**(5倍オーバートーンしているので水晶発振子の銘板周波数や基本波の成分はない)

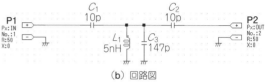

また，希望周波数の水晶を比較的安く特注で作ってくれるメーカがあるので，それを利用するのも良いでしょう．

■ 局部発振信号BPFの設計

上記の局部発振回路の出力は，所望の周波数(f_{LO} = 177.34 MHz)以外の成分を多く含みます．不要な周波数成分を除去して，きれいなスペクトルを得るために，BPFを通します．BPFは簡単なLC並列共振回路としました．**図4**は，BPFの回路とシミュレーション結果です．入出力インピーダンスは50 Ωで設計しました．**図5**は実測結果です．両者はよく一致しています．

局部発振回路とのマッチングは，上記f_{LO}の周波数177.34 MHzにおいて取れていればOKなので，パッドは入れていません．BPFの出力側には，入力インピーダンス50 Ωの広帯域アンプμPC1651Gを接続するので，ここにもパッドは入れていません．

■ 局部発振信号増幅回路の設計

上記の局部発振回路とBPFだけでは，無負荷で0.8 $V_{p\text{-}p}$程度の振幅であり，後段のハイ・レベル・ミキサを駆動するのに不十分です．このため，広帯域増幅用ICのμPC1651Gで増幅します．μPC1651Gの入手が難しいときは，AD5535(アナログデバイセズ)，NJM 2275(新日本無線)などの広帯域アンプで置き換えてください．電源電圧は5 Vです．入出力インピーダンスは50 Ωです．出力は+5 dBm@500 MHzで，パワー・ゲインはG_p = 19 dB@500 MHzと高ゲインです．

μPC1651Gの出力はDBMのLOポートに接続します．LOポートには，ミキサ内のダイオードをその非直線領域まで駆動するため，大振幅の信号を加えます．このため，外部から見たインピーダンスは大きな非直線性を持ちます．この非直線性の影響を減らすために，LOポートとの間にパッドとしてアッテネータを入れます．

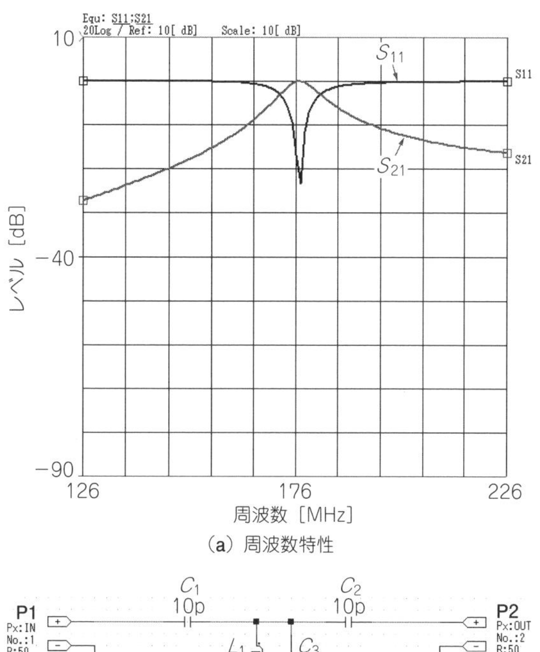

〈図4〉 **局部発振信号用BPFの周波数特性シミュレーション**

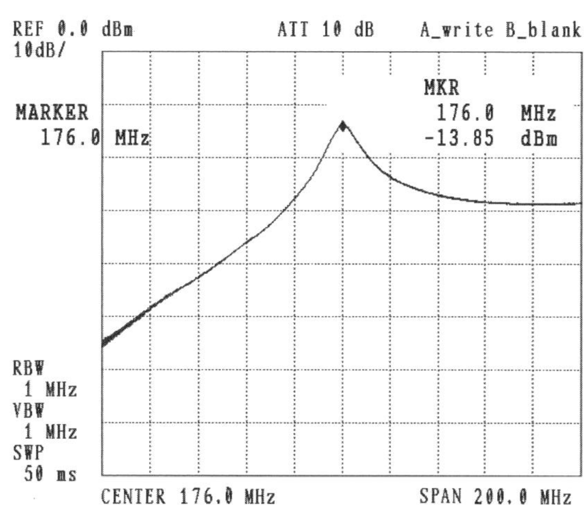

〈図5〉 **局部発振信号用BPFの実測周波数特性**(中心周波数176 MHz，スパン200 MHz，10 dB/div.)

■ 周波数変換回路はハイ・レベル・ミキサにする

コンバータ出力はFMワイヤレス・マイク程度の微弱電波ですが，その信号レベルは放送波より相対的に高くなります．この信号がコンバータ入力にある程度入り込むことは避けられません.

コンバータ入力に，本来の信号に加えて，周波数の少し離れた強力な信号が入ると，相互変調歪み(IMD)によってスプリアスが発生する恐れがあります．これは回路の非直線性によって，二つの周波数の和や差の妨害信号が発生することです．二つの周波数に高調波が含まれるなら，それもスプリアス発生の原因になります.

相互変調妨害を避けるには，混合電力レベルの高いハイ・レベル・ミキサが好適です．ただし局部発振信号として数dBmを要します．ここでは，入手の容易なダイオードDBMのTUF-2(Mini-circuits社)を使いました．**図6**に内部回路とピン配置を示します.

■ RF入力BPFの設計

RF入力側には，90～95 MHz以外を減衰させるBPFが必要です．これはイメージ妨害や相互変調妨害を防止するためです.

BPFは，素子数が少なくシミュレーションとの対応が良いC結合型フィルタとしました．**図7**に入力BPFの回路とシミュレーション結果，**図8**に実測データを

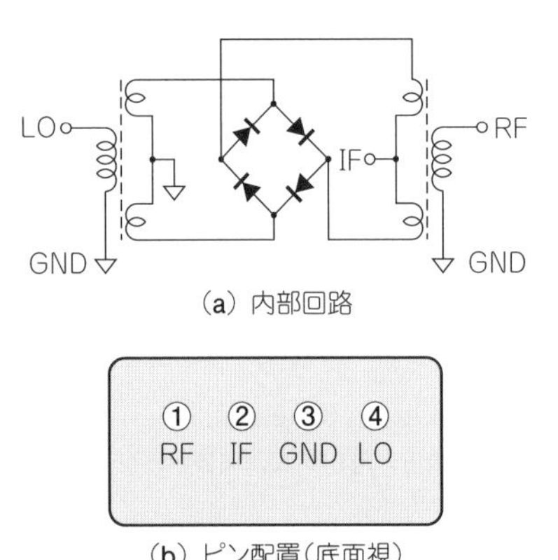

(a) 内部回路

(b) ピン配置(底面視)

〈図6〉ダイオードDBM TUF-2の内部回路とピン配置

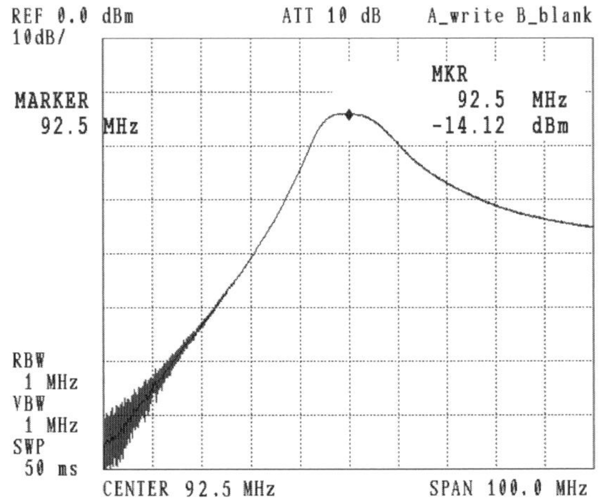

〈図8〉入力BPFの実測周波数特性(中心周波数92.5 MHz，スパン100 MHz，10 dB/div.)

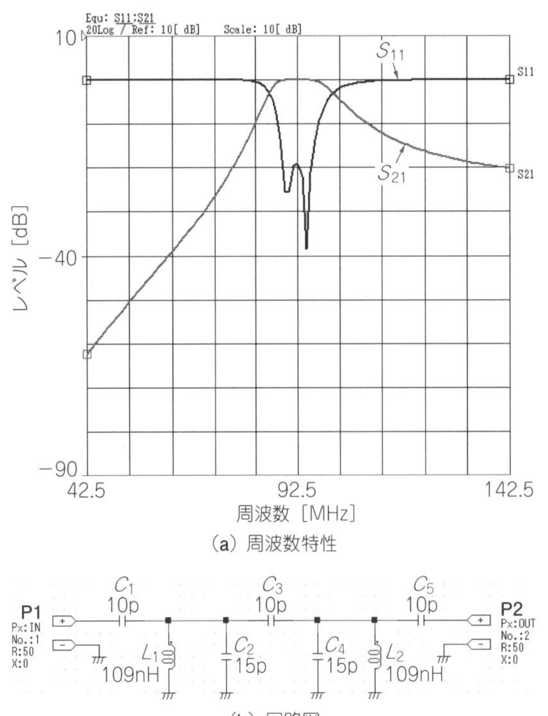

(a) 周波数特性

(b) 回路図

〈図7〉入力BPFの周波数特性シミュレーション

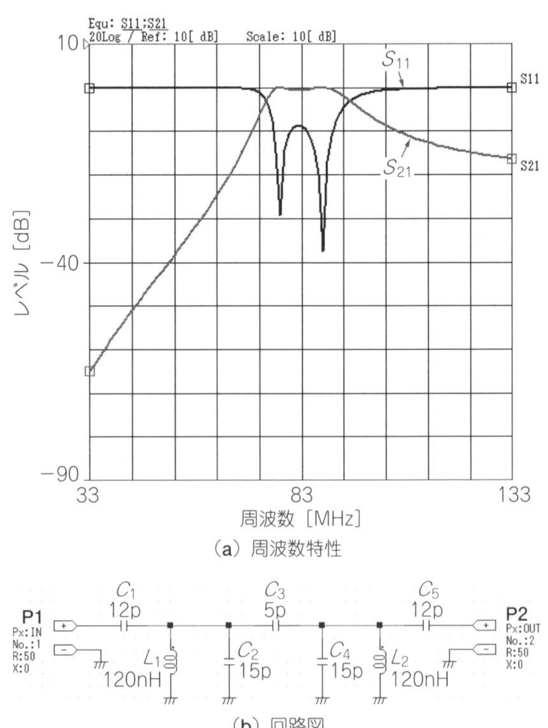

(a) 周波数特性

(b) 回路図

〈図9〉出力BPFの周波数特性シミュレーション

示します．

出力BPFの設計

コンバータ出力は3 dBパッドを経てFM放送帯である76～90 MHz(83±7 MHz)以外の信号を減衰させるBPFに通します．これもC結合型フィルタです．

出力BPFは変換後の帯域幅である5 MHzとすべきですが，試作のため水晶発振子を交換して，局部発振周波数を種々検討する必要があったので，通過帯域幅をFM放送帯の幅にしました．**図9**にシミュレーション結果，**図10**に実測結果を示します．

出力信号増幅回路

ハイ・レベル・ミキサの出力をBPFを通してアンテナに接続しただけでは，室内(5 m程度)に電波を飛ばすには不十分です．そこで広帯域増幅用ICのμPC1651Gで約20 dB増幅します．

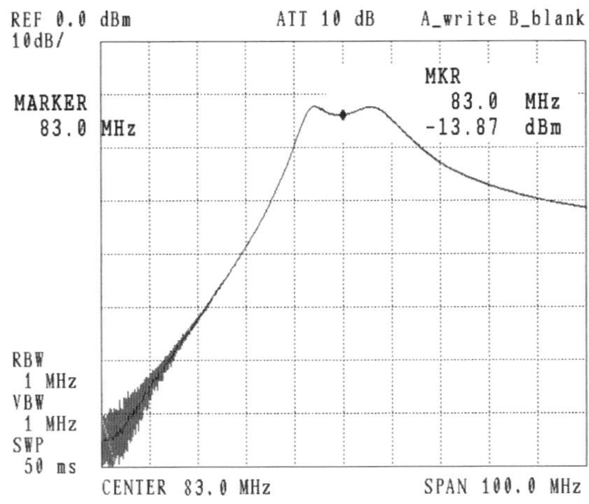

〈図10〉出力BPFの実測周波数特性(中心周波数83.0 MHz，スパン100 MHz，10 dB/div.)

全体の回路

図11は全体の回路です．ミキサM_1のRFポートに入力BPF，LOポートに局部発振回路とアンプ，IFポートに出力BPFとアンプがつながります．DBMの入出力端子に3 dBのアッテネータを入れています．このようなインピーダンス・マッチングに使われる抵抗減衰器は当て物の意味でパッドと呼ばれます．

表3は使用したコイルの仕様です．L_4は既製品のMD705-7.5T(アイテンドー扱い)を使いましたが，同表の仕様を参考にして自分で巻いてもよいでしょう．

製作と調整

実装方法

図11の回路規模は小さいのですが，周波数とレベルの異なる信号が混在しているので，各回路ブロックを限られた面積の基板に近接して配置するには工夫が

〈表3〉使用したコイルの仕様

部品番号	直径 [mm]	巻数 [回]	長さ [mm]	線径 [mm]	インダクタンス [nH]	備考
L_1	5	4.5	4	0.6	109	
L_2	5	4.5	4	0.6	109	
L_3	3	2＋2	8	0.5	15	
L_4	5	7.5	3.5	0.5	372	コア入り
L_5	4	3	3	0.5	36	
L_6	5	6	6	0.6	120	
L_7	5	6	6	0.6	120	

注▶L_4は既製品MD705-7.5T(アイテンドー扱い)を使用したが，上記寸法で自作してもよい．

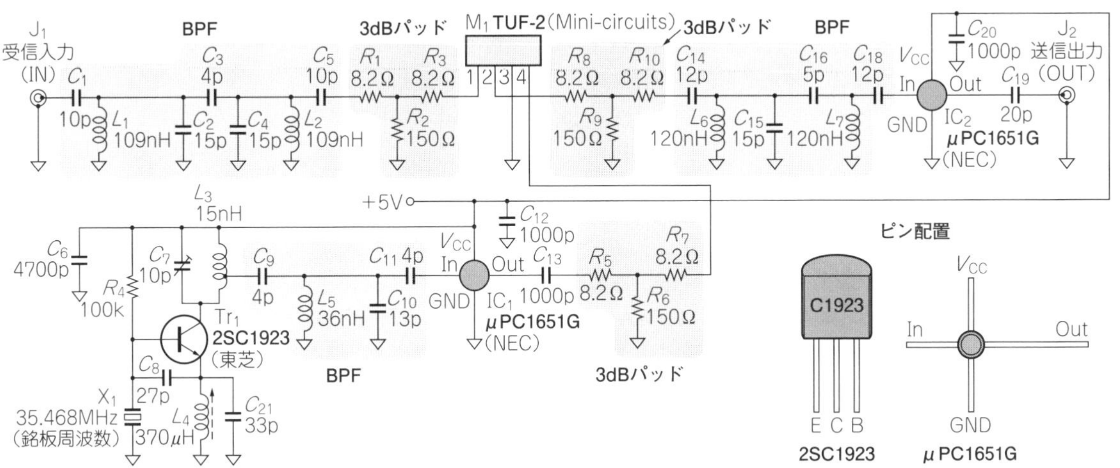

〈図11〉製作したFM補完放送コンバータの全回路

(a) 部品面

(b) 配線面

〈写真3〉 製作したFM補完放送コンバータの基板

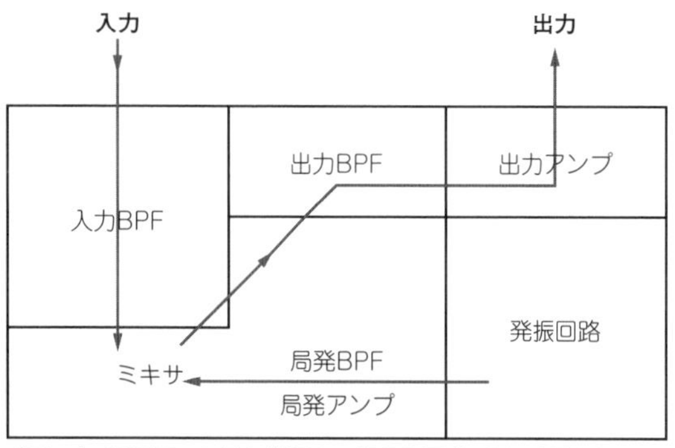

〈図12〉 部品面から見た基板上の部品配置(信号周波数と信号レベルに注意して配置する)

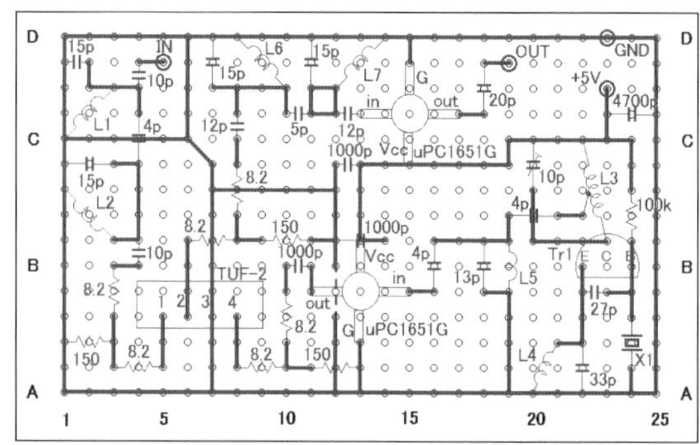

〈図13〉 ユニバーサル基板の配線パターン(部品面からの透視図)

必要です.

配置の基本は,

- 信号の流れに沿って配置する
- 信号レベルの極端に異なる回路を隣接させない
- 周波数の異なる回路を隣接させない

です. しかし, 信号の流れに沿って配置すると四角形の基板には収まりません. また, 隣接させると問題が起こるといっても, 離しすぎるとこれまた基板に収まらず, 配線が長くなって寄生インダクタンスや浮遊容量などが問題になります.

図12のように配置すると, 上記の注意点がほぼクリアできます. 発振回路は雑音の元ですから, 回路の隅に配置します. そして, 信号の流れが相互に入り込まないように配置します.

入力BPFと出力BPFが近いのが難点ですが, **写真3**のように, コイルどうしを直角に配置すれば互いに磁力線が交差するので相互誘導による影響を小さくできます.

基板は**写真3**のように実装しました. **図13**にパターン図(部品面からの透視図)を示します.

ケースはSW-95(タカチ電機工業)が適当です. 材料はプラスチック(ABS樹脂)で, 寸法は$W58 \times H18 \times D95$ mmです. ユニバーサル基板は, 2.54 mmピッチ片面紙エポキシ72×47.5 mm(秋月電子通商)を使いました. 上記ケースにうまく収まります.

■ 調整方法

● 局部発振回路の調整方法

最初に安定に5倍オーバートーンができるかどうかを確認します.

(1) C_7(Tr_1コレクタのトリマ)を短絡する.

(2) L_4のコアを調整してエミッタに5倍波(59.113 MHz)が出るようにする.

(3) C_7の短絡を除去し, コレクタ(L_3中点で測定)に上記5倍波の3倍である177.34 MHzが出るようにC_7を調整する.

● 各BPFの調整方法

スペアナやネットワーク・アナライザがある場合は, 所望の通過域になるようにBPFの各コイルの長さをセラミック・ドライバで調整します. BPFの周波数特性はブロードなので, 測定器がない場合は, とりあえずそのままで良いでしょう.

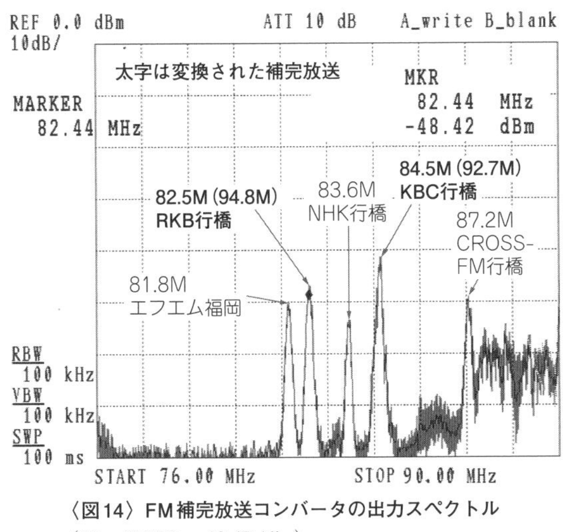

〈図14〉FM補完放送コンバータの出力スペクトル
(76～90 MHz, 10 dB/div.)

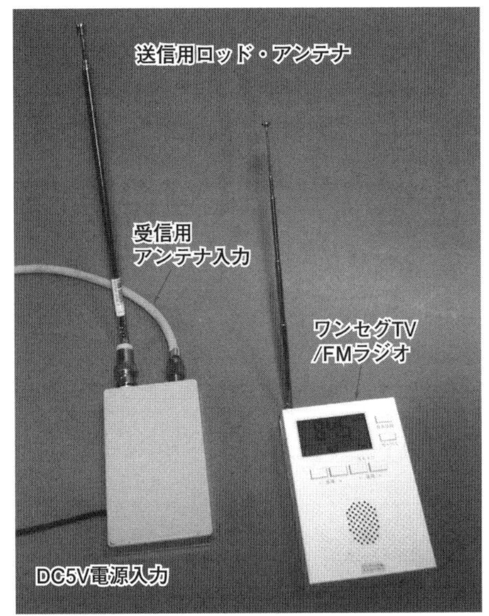

〈写真4〉ポケット・ラジオでオート・チューニングしたようす

■ 既存FM局のすきまに補完局を配置する

製作した補完放送コンバータの出力スペクトルを**図14**に示します．この場合は，76～81 MHzに補完放送を配置するのがベストです．33.9 MHzの水晶だと，変換周波数が74.5～79.5 MHzとなり，一部(下限)がFM受信帯域から外れてしまいます．**図14**は，入手可能な35.468 MHzの水晶を使った例で，うまく既存局の間に配置できています．

従来のFM放送帯の信号は，ここには現れないはずですが，入力回路からの回り込みがあるようです．受信機ではもともと受信すべき信号であり，弊害はとくにありません．

動作チェック

写真4のように，RF入力端子に外部のFM受信用アンテナ，出力端子にロッド・アンテナをつなぎます．ロッド・アンテナは，RANT4BNC(マルツ電波扱い)で，4段BNC接続タイプ，長さは58 cmです．補完局のKBC行橋92.7 MHzを84.5 MHzでチューニングできています．ロッド・アンテナを伸ばした状態で，可聴範囲は半径5 m程度でした．当地はローカル局からやや離れているので，FM受信用アンテナ(3エレ八木)を接続していますが，電界強度の高い地域では室内アンテナでも良いと思います．

本機の出力は微弱にしてあります．欲張って出力を増やしたり，高性能な送信アンテナを接続すると法規制の限度を越えてしまいます．電波法に抵触しないよう配慮してお使いください．

おわりに

FM補完放送は音質が良く，ステレオ放送でもあることから，中波ラジオ放送をまったく新しい形で聴取できます．例えばプロ野球の実況中継は臨場感があり，迫力満点です．

FM補完放送の受信には90 MHz以上が受信できるラジオが必須であり，FMチューナやラジカセによっては補完放送を受信できません．補完放送だけのために新しくオーディオ機器を買うのももったいない話です．

今回製作したコンバータは，既存の受信機器に手を加えることなく，既存放送にFM補完放送を追加できます．しかも複数の受信機を使えば同時に別々の放送を受信可能ですから，本機が1台あれば家族など複数人でコンバータを共用できます．

本機の製作で，新しいFM補完放送「ワイドFM」を存分に楽しんでいただけたら幸いです．

第9章 ノイズが無く，音質が良いFM方式を採用した 電灯線で音楽を送るキャリアホンの製作

キャリアホンについて

■音声を高周波信号に載せて電力線で送る

電灯線を伝送媒体とする通信はPLC(Power Line Communication)と呼ばれ，最近では家庭内LANの通信路として期待が寄せられています．しかし，通信速度の高いディジタル伝送用PLCは，電波でいえば短波領域を使うため，不要輻射の問題が付いて回ります．これに対してキャリアが100 k ～ 200 kHzの音声伝送ならば，効率的に電灯線へキャリアを重畳することができ，製作も容易です．このように電力線搬送技術を使って音声を送受信する装置は一般に「キャリアホン」と呼ばれているようです．

電灯線は冷蔵庫やエアコン，電子レンジなどさまざまなノイズ源が接続されており，AM方式では品位の高い通信はまず望めません．そこでFM方式を採用したキャリアホンを製作してみました．マイク音声のほかに，i-Podの音楽などを入力できるライン入力も備えています．

写真1が送信機，**写真2**が受信機の外観です．

〈写真1〉キャリアホンの送信機(ACラインにFM変調した搬送波を送り出す)

■ ACラインのライブ/接地側に無関係とする

表1に製作するキャリアホンの仕様を示します．

周波数偏移は±10％程度に抑えています．簡単にするため，エンファシスはかけていません．受信機はスピーカを直接駆動できるようにしました．

また使い勝手を向上させるため，ACラインのライブ/接地に関係ない回路構成としました．

この装置を2組作れば同時通話型インターホンができますが，その場合は送受信のキャリア周波数をずら

〈表1〉製作したキャリアホンの仕様

項　目	仕　様
キャリア周波数	200 kHz
周波数偏移	±20 kHz
音声入力	コンデンサ・マイク
ライン入力	0.2 V_{p-p}
周波数特性(マイク)	200 ～ 4000 Hz
周波数特性(ライン)	20 ～ 20000 Hz
音声出力	1 W (8Ω)
消費電力(TX/RX)	1.8 W/1.4 W

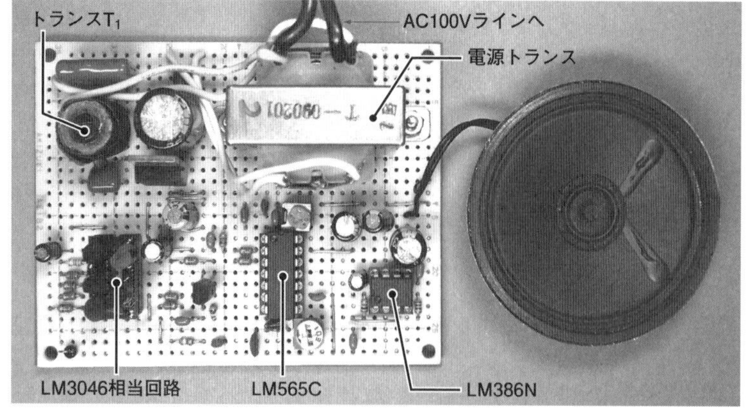

〈写真2〉キャリアホンの受信機(ACラインからのFM変調波を復調する)

す必要があります．

送信部

■マルチバイブレータでFM変調器を作る

自走マルチバイブレータ回路を使えば，FMキャリアの発生と変調を同時に実現できます．**図1**において，マルチバイブレータのベース抵抗にかかる入力電圧 V_i を変化させると，発振周波数が変化します．

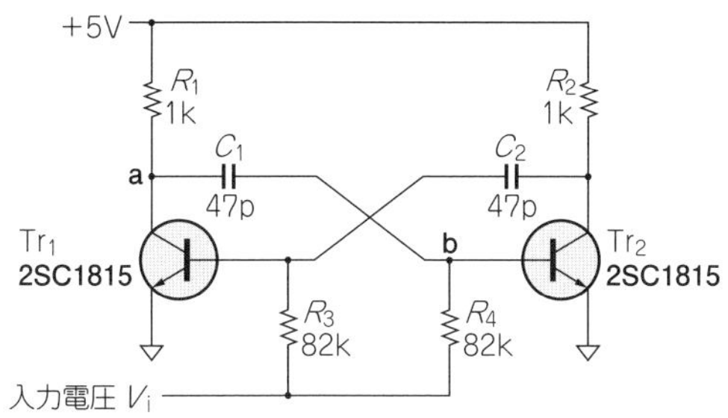

〈図1〉トランジスタで構成した自走マルチバイブレータによるVCO

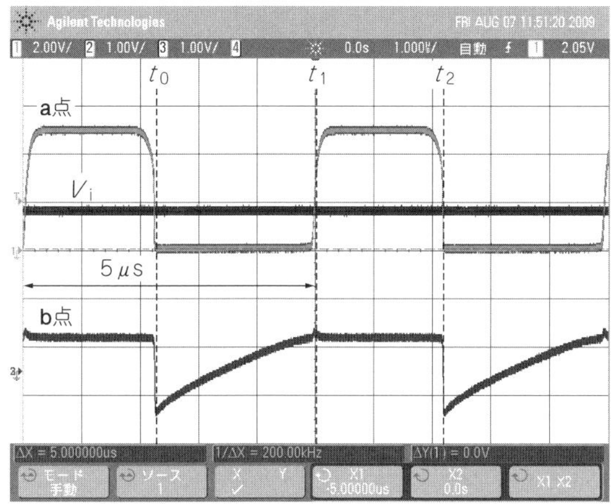

〈図2〉図1の回路の各部波形（1 μs/div.，**a**点：2 V/div.，**b**点と V_i：1/div.）

図2は各部の波形です．今，時刻 t_0 において反転が起こると，Tr_1 のコレクタ（**a**点）の電位は5 Vから0 Vに変化します．この急激な電圧の変化は，コンデンサ C_1 を通って Tr_2 のベース**b**点に伝わります．Tr_2 はONになっていたので，**b**点の電位は V_b = 約0.7 Vです．これが急激に負の電圧まで下がります．この後，C_1 と R_4 の時定数で V_i の電圧に向かって指数関数的に電位が上昇します．時刻 t_1 で**b**点の電位が V_b に達すると Tr_2 がONとなり，反転が起こります．この後，Tr_2 において同じように反転が起こり，以後繰り返されます．

つまり V_i を変化させると**b**点の上昇カーブの目標電圧が変わるので，t_0 ～ t_1 までの時間が変化し，発振周波数が変わることになります．

図3は V_i と発振周波数の実測値です．図からわかるように，変調度は±10％程度がひずみの点で無難です．変調度を制限する手段は設けていないので，音声が過大入力にならないように注意する必要があります．

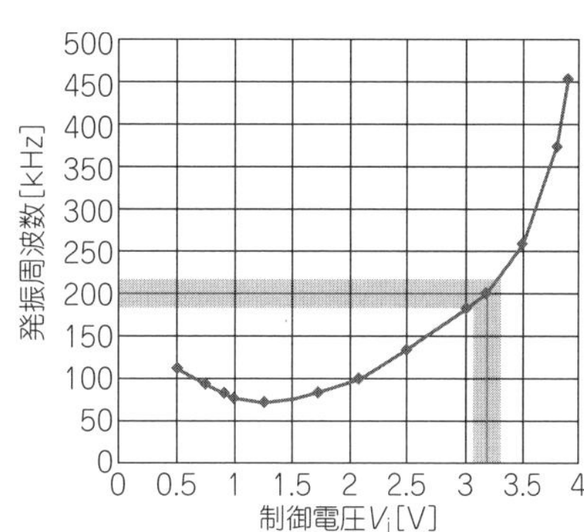

〈図3〉マルチバイブレータによるVCOの特性
（網かけ領域が動作範囲）

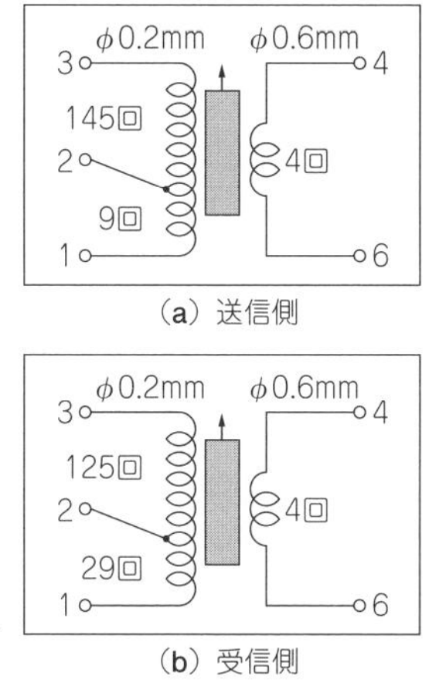

〈図4〉マッチング・トランスの仕様

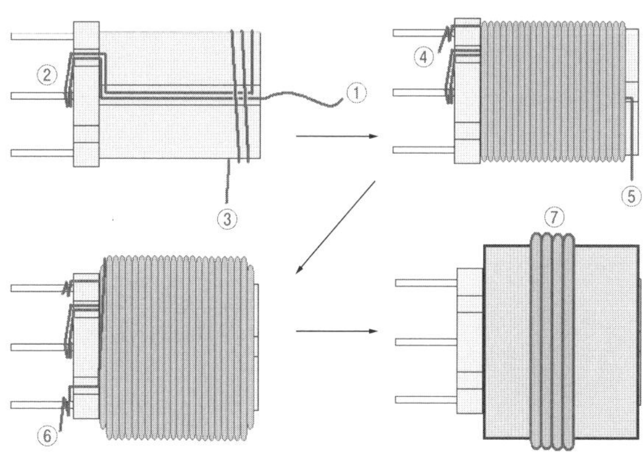

〈図5〉マッチング・トランスの巻き方（市販のRFトランス用のボビンを使用する）

■ ライン結合トランスの製作

ACラインとFMキャリア信号との結合には，同調型のマッチング･トランスを使用します．巻き枠には，10.5 mm角，ϕ 8 mm，長さ10.5 mmのフェライト・コア入りのボビンを使用します．**図4**に仕様を示します．

図5を使って受信側コイルの巻き方を説明します．《 》内は送信側です．まず1次側を巻きます．

①ϕ 0.2 mmエナメル線の端から29回(約80 cm)《9回で約25 cm》の部分を②ボビンの溝に添って2番ピンに巻き付け，再び溝に添ってボビンの頭部で90°に折り曲げて③時計方向に巻きます．29回でボビンの下部に達したら，④1番ピンに巻き付けます．

⑤先ほどの折り返し部のエナメル線を反時計方向に125回《送信側は145回》巻きます．重ね巻きしにくい場合は層間を絶縁テープで巻きます．⑥巻き終わりを3番ピンに巻き付けます．

2次側はAC100Vに接続するので，絶縁テープを3回巻きます．⑦この上に2次側を4回巻き，4番ピンと6番ピンに接続します．最後に外周を熱収縮チューブで覆います．1-3番ピン間のインダクタンスは約630 μHで，ここに共振用コンデンサを接続します．Qは100 @ 200 kHz程度になりますが，FM波のデビエーション範囲をフラットにするために，抵抗によりダンプします．

■ タンク回路の構成

送信機の回路を**図6**に掲げます．マルチバイブレータの出力振幅は，約5 V_{p-p}で，これをトランジスタ1石で増幅し，マッチング・トランスを介してACラインに送り込みます．

マッチング・トランスは，FMキャリアの中心周波数f_cに同調させるので，出力トランジスタのコレクタの負荷インピーダンスが非常に高くなり，コレクタ電流はほぼ一定となります．**図7**に出力段各部の波形を示します．ベース波形を見ると，約180°の位相でトランジスタがONしており，B級動作となっています．出力振幅はコレクタで10 V_{p-p}，コイル両端で40 V_{p-p}です．

出力トランジスタは最大定格40 V 1 A，f_T = 300 MHz程度の汎用品であれば使えます．

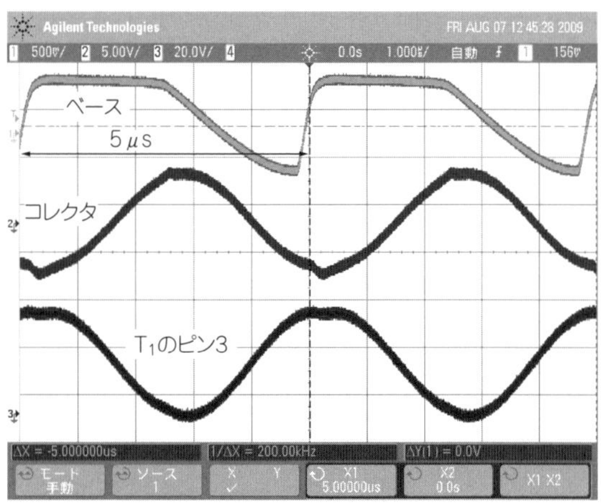

〈図7〉送信機出力段の各部波形(1 μs/div.，ベース：0.5 V/div.，コレクタ：5 V/div.，T_1の3番ピン：20 V/div.)

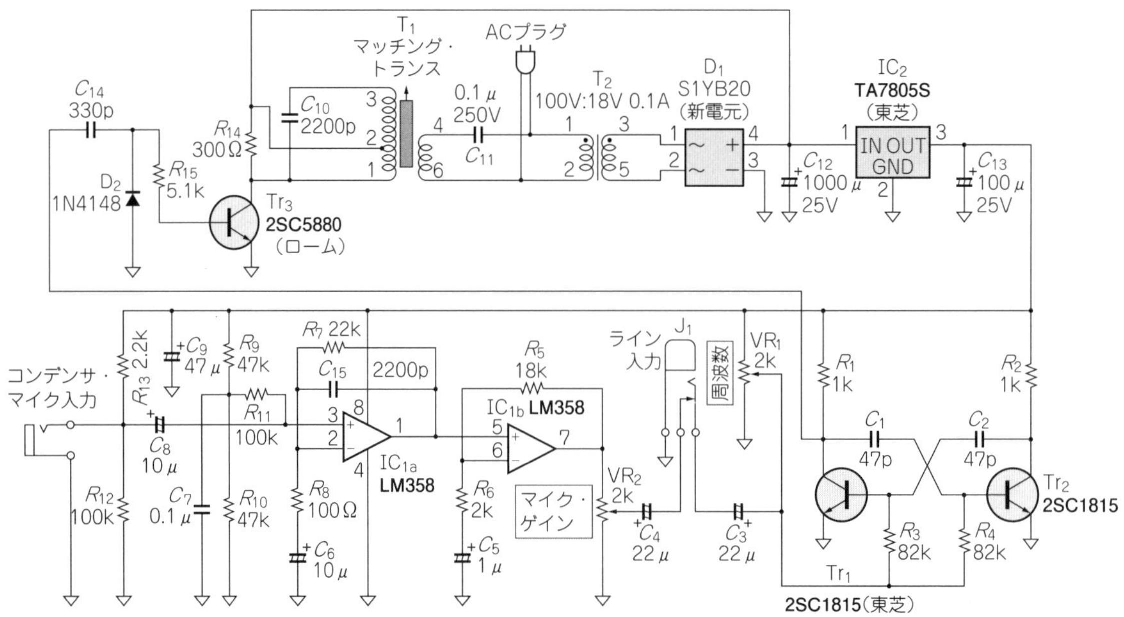

〈図6〉キャリアホン送信機の回路図

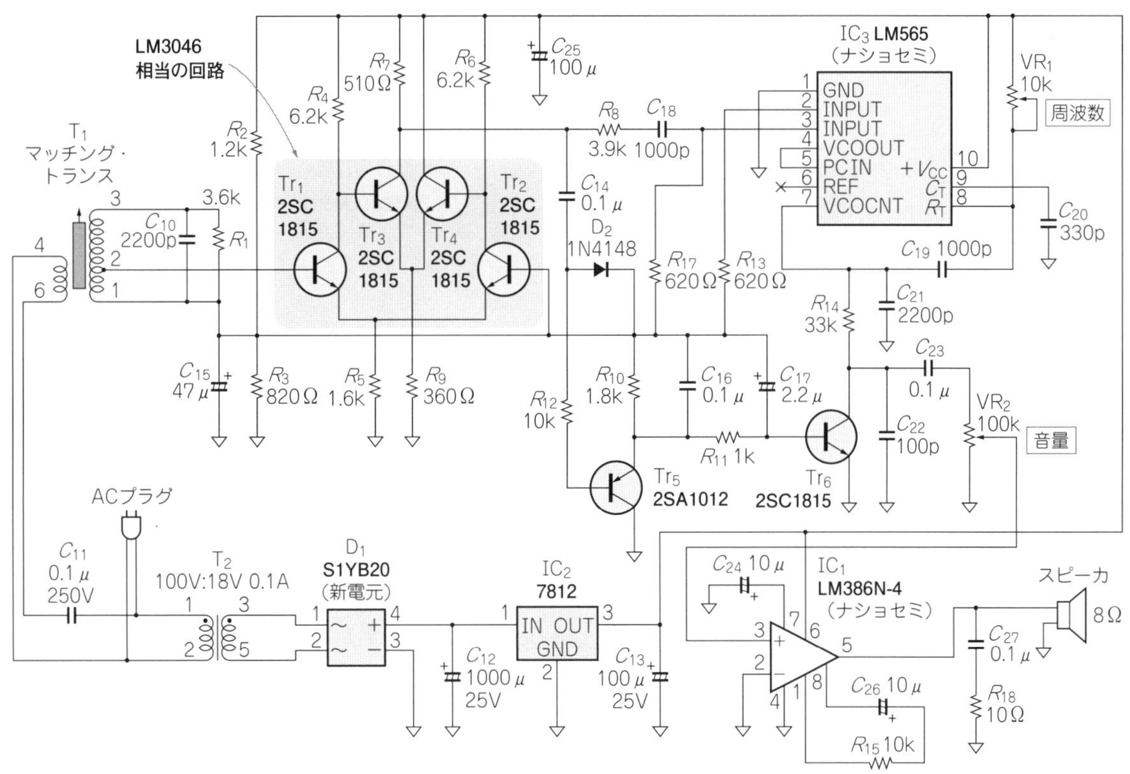

〈図8〉キャリアホン受信機の回路図

マイク・アンプ

図3から，必要な変調振幅は最大0.2 V_{p-p}です．コンデンサ・マイクの出力は最小約1 mVですから，最大200倍(46 dB)程度のゲインが必要です．周波数特性は，人間の音声をターゲットとするので，200 Hz～4 kHz(@－3 dB)としました．これに対してライン入力は，帯域制限はせず，フラットな特性(10 Hz～20 kHz @－3 dB)としています．

受信部

受信部の回路を**図8**に掲げます．

リミッタ・アンプ

ACラインには，たまにピークで数百Vの雑音が入ります．この瞬間にFMキャリアの欠落が起こると，復調した音声に大きな雑音が入ります．このためマッチング・トランスの出力はリミッタ・アンプで十分に増幅する必要があります．

また，一般にFM復調器は，キャリアが無くなると，ノイズ自身を復調してしまうので，ザーッと大きな雑音が出ます．これを防止するために，キャリアをピーク検波して直流電圧とし，Tr_5とTr_6による音声ミュート回路(スケルチ)を動作させます．

マッチング・トランスの2次側は，タップを出して，入力トランジスタのベース・インピーダンスとマッチングを取っています．タップ・ダウンしているものの，ここには0.2 V～45 V_{p-p}程度の，広いレベルの信号が現れます．これを初段トランジスタのベース電圧に換算すると，12 mV～2.6 V_{p-p}となります．

リミッタ・アンプはTr_1～Tr_4からなる2段差動アンプ構成で，上下対称の矩形波出力が得られます．出力振幅7 V_{p-p}，立ち上がり/立ち下がりは100 ns程度が望まれます．そこで，リミッタ・アンプには特性の揃ったトランジスタ・アレイからなるLM3046を使います．**図9**がLM3046の内部回路です．ところが，LM3046は面実装パッケージしかないので，**写真3**のように，面実装パッケージでもディスクリート・トランジスタ(2SC1815)でも対応できるようにソケットを使いました．

ディスクリートで組んだ場合，DC特性はほぼ揃いますが，ゲインがやや低めで，矩形波の立ち上がりが悪くなるものの，距離20～30 mの使用では問題ありません．

リミッタ・アンプの出力は，抵抗R_8により1 V_{p-p}に減衰させてPLL ICのLM565に入力しています．LM565によるPLL検波器は，入力周波数に追随する，

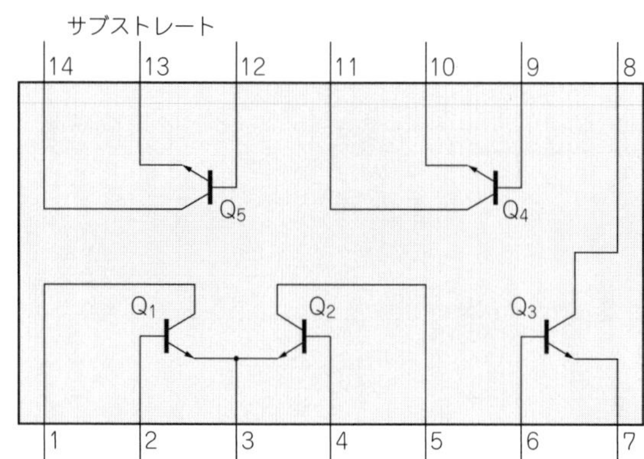

〈図9〉LM3046の内部回路(特性の揃ったトランジスタが内蔵されている)

狭帯域のトラッキング・フィルタとして動作します．したがって，高*SN*比でひずみの少ない出力が得られます．

■ PLL

LM565のPLL用VCOのフリーラン周波数f_0は，

$$f_0 = \frac{1}{3.7R_{VR1}C_{20}} \quad \cdots\cdots (1)$$

で決まるので，これを200 kHzに設定します．近距離の場合，VR_1の調整はそれほどクリティカルではなく，音声にひずみがない範囲の中央に設定しておけば十分ですし，4.7 kΩか5.1 kΩの固定抵抗で代替しても問題ありません．

■ その他

C_{22}は，キャリアの200 kHzを減衰させるためのコンデンサです．人間の耳には聞こえないものの，スピーカ・アンプにはレスポンスがあり，過大入力とならないために設けています．

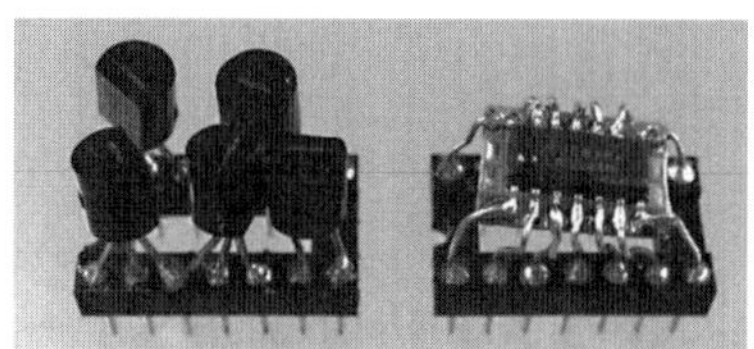
〈写真3〉LM3046の実装方法と代替手段

スピーカ・アンプは，出力1 W @ 8 ΩのLM386N-4を使いました．1～8ピンの間に*RC*ネットワークを追加し，ゲインを約50倍に設定しています．

使用雑感

さして広くはない家屋ですが，家屋の端から端まで(約20 m)*SN*比の劣化なく届きました．振幅の減衰の度合いから見て，到達距離はACラインが同一の引き込み線(電柱トランスからの分岐)であれば，100～200 mは問題ないはずです．なお，トランスを介した分岐，例えば三相交流の異なる相間は通信できません．

思ったより*SN*比がよく，ハム音(電源周波数またはその2倍)や家電機器のON/OFFによるスイッチ・パルスなどのACノイズはまったく入りません．また，高域までよく伸びた音質であり，音楽を連続して聞いても疲れを感じません．

用途としては，連絡用以外に，幼児の部屋のようすを知る，病室のようすを知るなどのモニタにも使えそうです．

◆参考文献◆

(1) "FM Remote Speaker System", Application Note AN-146, National Semiconductor Corp., June 1975.
http://www.national.com/an/AN/AN-146.pdf

第10章　10.525GHzのFM電波を室内で飛ばしてみよう！

マイクロ波 FMワイヤレス・マイクの製作

マイクロ波ながらアンテナの指向性を気にせず使える

マイクロ波の通信では，パラボラ・アンテナによる鋭い指向性を連想します．アンテナの方向がずれたり，間に障害物が入ったりすると，通信ができなくなるのではないかと想像します．しかし，マイクロ波とて電磁波ですから，ダイポールやパッチ・アンテナの場合は，よりブロードな指向性となります．

また，室内では壁や天井による反射があり，アンテナが逆方向を向いていても通信が可能です．これは，マイクロ波より格段に指向性の鋭い，赤外線を使ったリモコンでも同様です．

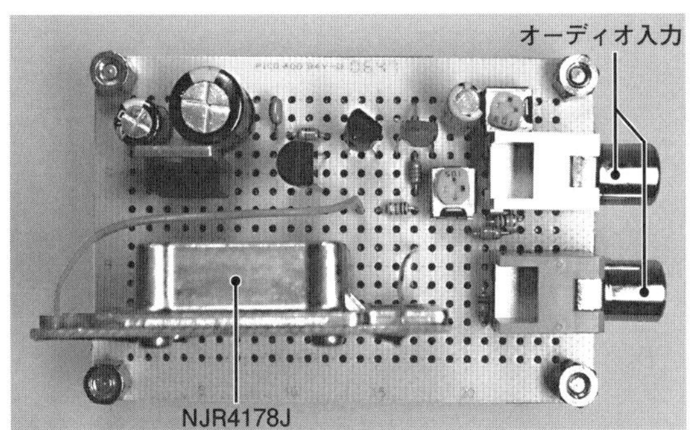

〈写真1〉マイクロ波ワイヤレス・マイクの送信機(i-Podなどのイヤホン出力を接続する)

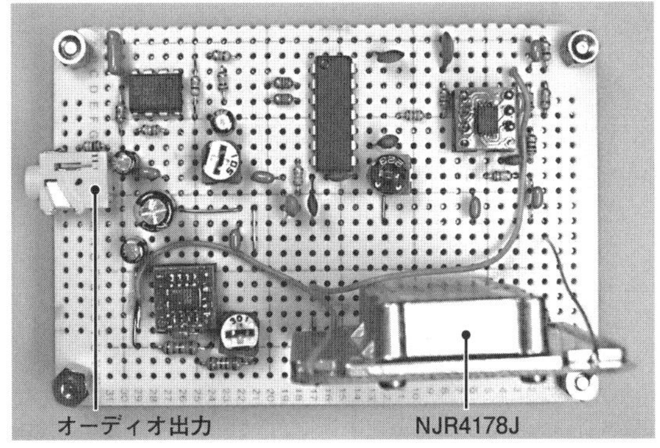

〈写真2〉マイクロ波ワイヤレス・マイクの受信機(左のミニ・ジャックをスピーカ・アンプへ接続する)

マイクロ波の実験は法律上の制約が多く，この点でも尻込みしがちです．しかし，室内での実験は，上記の壁の反射の例でわかるとおり，建物の外にはほとんど電波が出ないことから，許容される場合があります．

そこで室内という利点を積極的に利用して，**写真1**と**写真2**に示すような，指向性をあまり気にしなくて良いマイクロ波音声トランスミッタを製作してみました．FM変調により，音楽であっても問題ない音質が実現できます．また，FMリミッタの効果で，アンテナの前を人が通っても音声が途切れることはほとんどありません．

準備と実験

■ ドップラー・センサを送信/受信専用にする

写真3に示すドップラー・センサNJR4178J(新日本無線；現 日清紡マイクロデバイス)は，入手が容易で安価なマイクロ波素子です．ドップラー・センサは，**図1**のように，対象物に向けてマイクロ波を送信し，反射波を受信するので，アンテナが二つ備わっています．

このセンサを通信に利用する場合は，ドップラ効果による干渉を防止するために，他方のアンテナを無効にする必要があります．そこで**図2**のように，受信側は右側の送信アンテナを銅箔テープを使ってシール

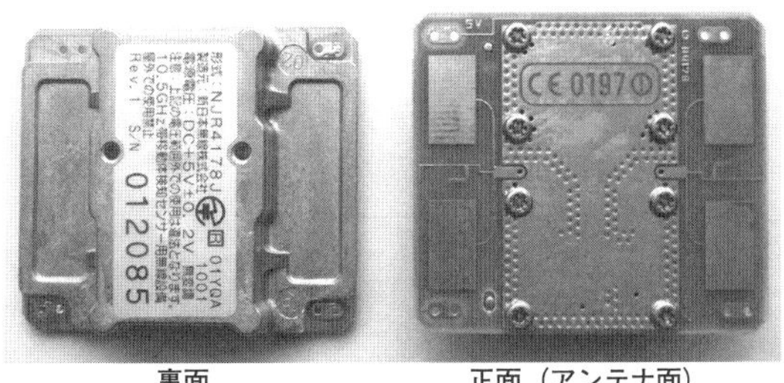

〈写真3〉入手容易な市販のマイクロ波ドップラー・センサNJR4178J(送信アンテナと受信アンテナを内蔵している)

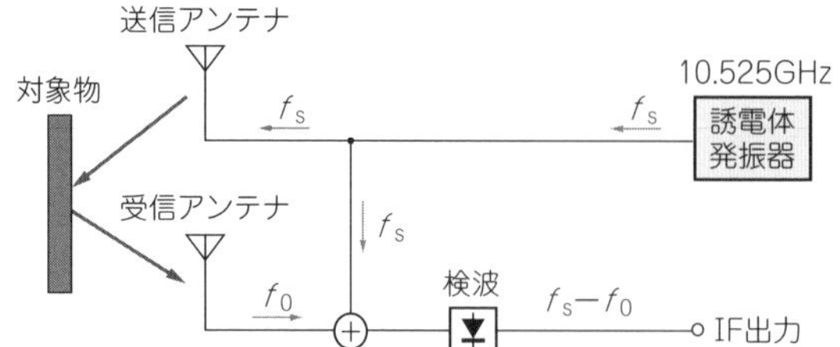

〈図1〉NJR4178Jの内部構成(受信信号と誘電体発振器の信号を混合して検波する)

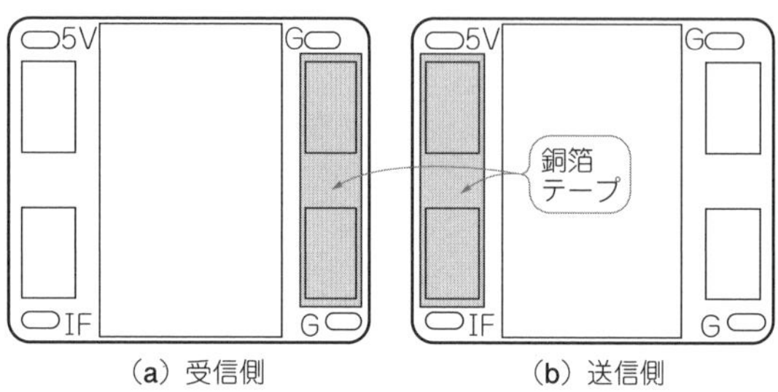

〈図2〉パッチ・アンテナのシールド方法(使用しないほうのアンテナを銅箔テープで覆う)

ドします．また，送信側は左側の受信アンテナに銅箔テープを貼ります．銅箔の裏面(粘着面)は，絶縁のため，両面テープを重ねて貼ります．

モジュールの電源電圧を変化させてみる

準備が整ったところで，**図3**のような実験をしてみましょう．双方の電源電圧を5.0 Vに設定して，受信側のIF端子の波形を観測します．**図4**上側のようなサイン波が出ていることを確認します．この周波数は，送信側と受信側の誘電体発振器の周波数差に相当します．

では，発振器の周波数はどの程度の精度があるのでしょうか．NJR4178Jシリーズの仕様書によれば，「周波数安定度：± 5 MHz」となっています．つまりランダムに2個のモジュールを選んだ場合，最大で10 MHzの差となるということです．写真では，約200 kHzとなっていますが，日によっては100 kHz以下のときもあり，また，500 kHzくらいのときもあり，一定しません．また，受信側の銅箔テープを貼る位置によってもかなり変わります(送信側は無関係)．

さて**図3**の実験で電源電圧を変化させると，IF周波数がわずかに変わります．このようすを**図5**に示します．この図から，電源電圧を変化させることによって周波数変調ができることがわかります．

なお，NJR4178Jのラベルには，電源電圧の欄に「無変調」とただし書きがあります．本実験は，アンテナを遮蔽することを含めて，本来の用途とは大きく外れますので，性能保証やメーカへの問い合わせは一切できません．

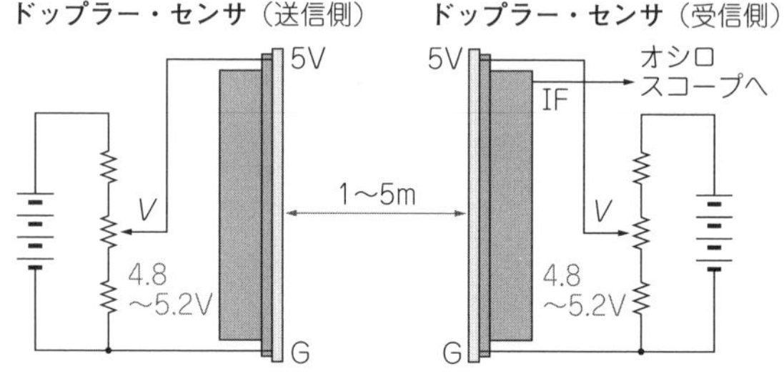

〈図3〉マイクロ波送受信の基本実験

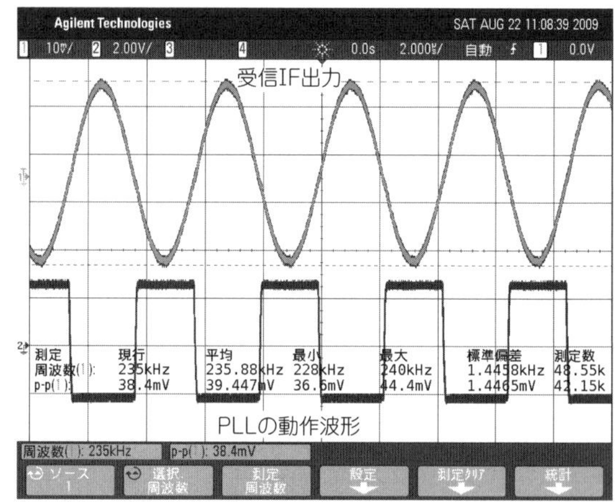

〈図4〉受信機のIF出力波形とPLLの動作波形(2 μs/div.，上：10 mV/div.，下：2 V/div.)

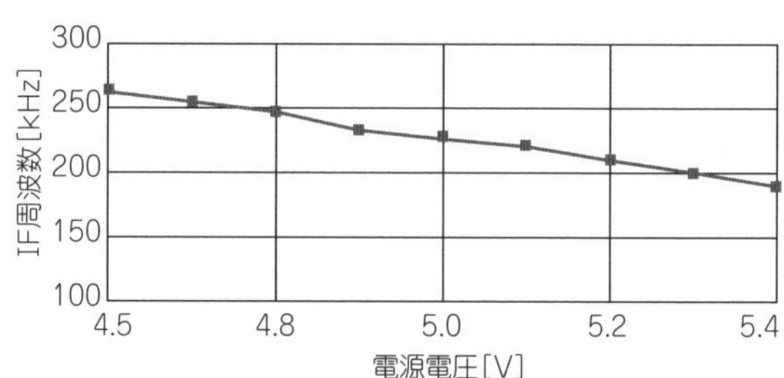

〈図5〉電源電圧とIF周波数の関係(電源電圧を可変することでFM変調が可能になる)

周波数変化に対してはPLLで追随させる

このようにキャリアの周波数変動が大きい信号を受信する場合，引き込み範囲の広いPLL方式を使えば，同調とFM復調が同時にできます．**図4**下側は，PLL-IC(LM565)の波形で，VCOがIF波形にロックしていることを示しています．

マイクロ波ワイヤレス・マイクの回路

送信機の回路

写真1が送信機の基板です．送信機は，定電圧電

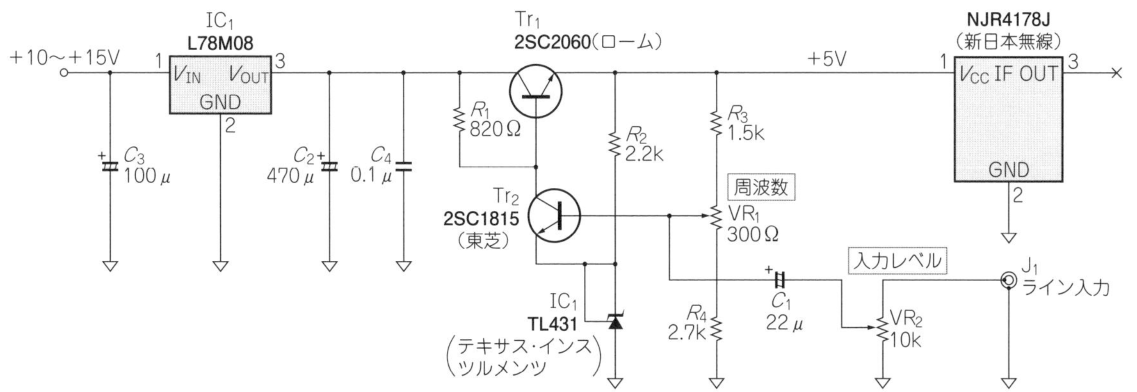

〈図6〉マイクロ波ワイヤレス・マイクの送信回路

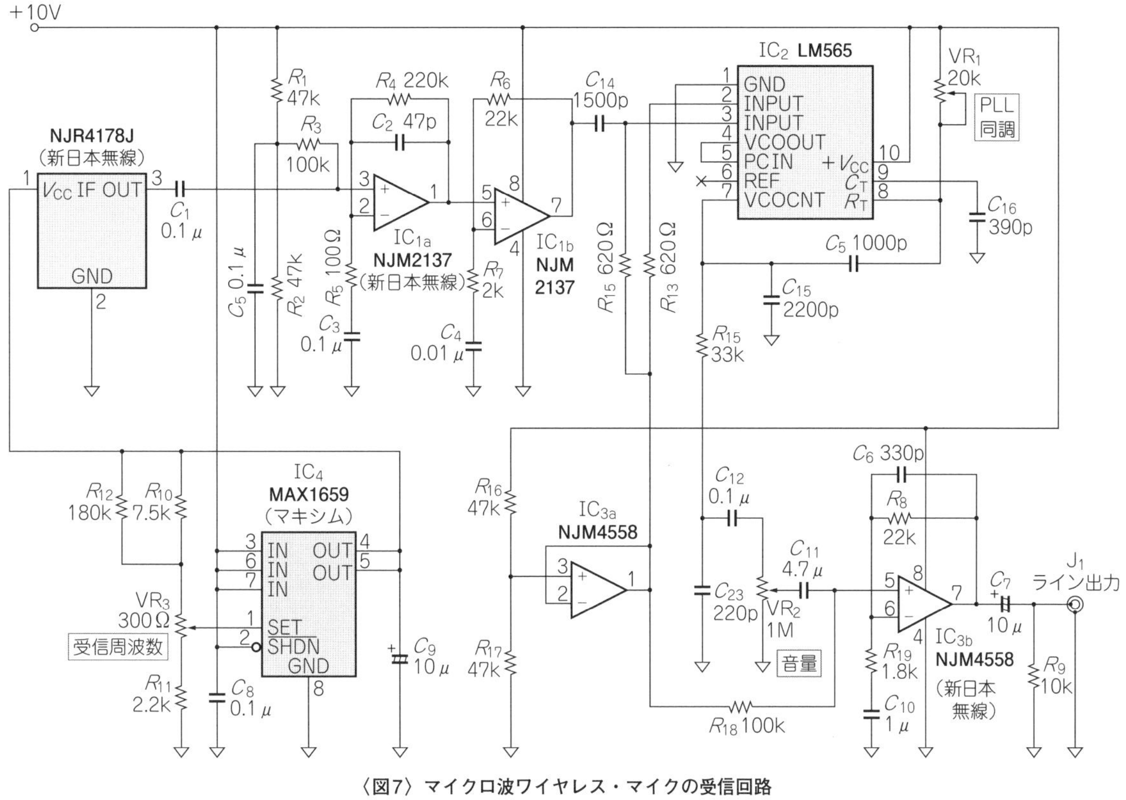

〈図7〉マイクロ波ワイヤレス・マイクの受信回路

源回路の比較電圧を音声信号で変化させればよく，**図6**のような回路で実現できます．

VR_1 は，送信周波数の調整用で，モジュールの定格電圧範囲 5 ± 0.2 V の範囲に設定します．

ライン入力は，i-Pod や CD プレーヤに接続します．イヤホン端子の出力(出力インピーダンス 32 Ω くらい)が適しています．マイクロ波モジュールの消費電流は 30 mA 程度ですから，Tr_1 はパワー・トランジスタである必要はありません．

レギュレータ(IC_1)は不必要のように思えますが，市販の AC アダプタを接続すると，電源ハムが大きく入るので，その対策として入れました．＋5V ラインには，電解コンデンサを入れることができないので，Tr_1 は，安定化電源とはいえません．むしろ変調器と考えた方が妥当です．

■ 受信機の回路

写真2 が受信機基板です．受信機には二つの役割があります．一つは変動するマイクロ波周波数(の差)に追随すること，もう一つは FM 信号を復調して音声信号を得ることです．

IF 周波数は最大 10 MHz にもなりますが，この実

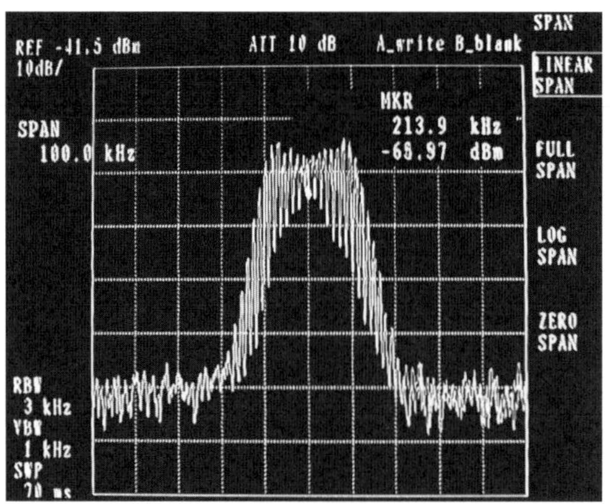

〈**写真4**〉**IF信号のスペクトル**(変調信号は正弦波1 kHz，距離5m；中心周波数213 kHz，スパン100 kHz，10 dB/div.)

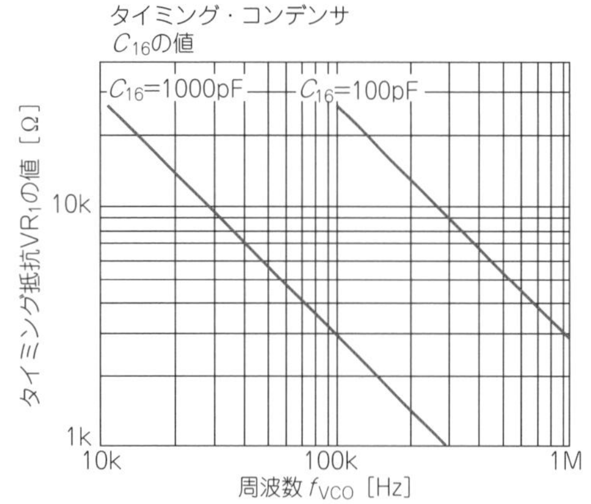

〈**図8**〉**タイミング素子の値とPLLのVCO周波数の関係**(PLLの追従範囲は最大1 MHz)

験では手持ちICの都合から，最大1 MHzまで対応することにします．なお，10 MHzまで対応したい場合は，PLL - ICを74HC4046に変更してください．

図7が受信機の回路です．FM復調には十分なゲインのリミッタ・アンプが必要です．IC_1がリミッタ・アンプで，ゲインは約80 dB @ 500 kHzです．OPアンプは利得帯域幅積200 MHzのNJM2137を選びました．ネット通販で入手可能です．

FM検波は，周波数追随性の良いPLL方式です．IC_2(LM565)のタイミング抵抗VR_1を調整して同調を取ります．この回路定数で，IF周波数70 k ～ 600 kHzまで復調できました．これ以外のIF周波数では，**図8**を利用して，タイミング・コンデンサC_{16}の値を変更する必要があります．

IC_3は音声増幅回路です．パソコン用のアンプ付きスピーカなどに接続します．

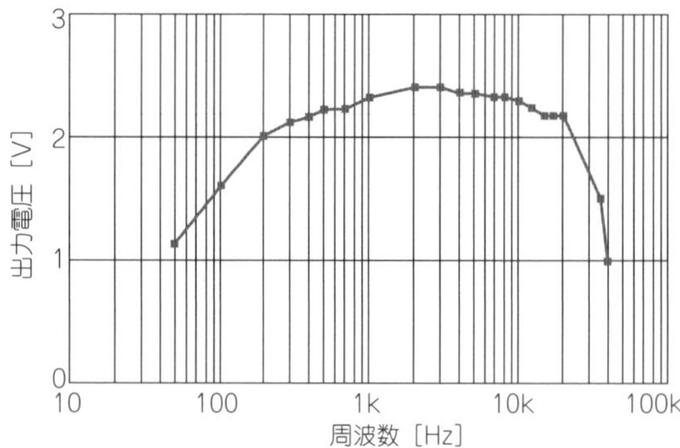

〈**図9**〉**本機の総合周波数特性**(送信機入力端子と受信機出力端子間で測定)

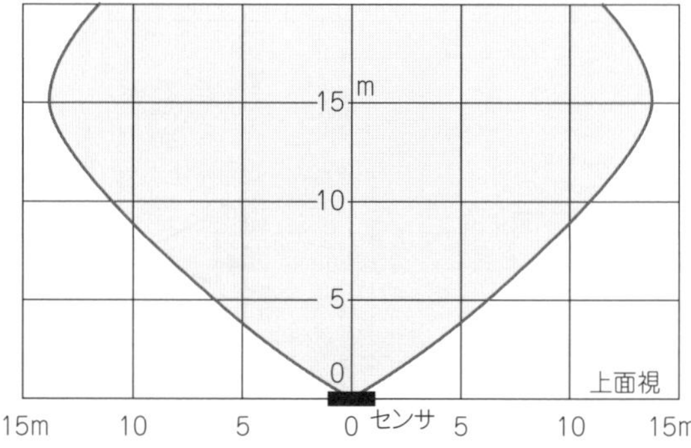

〈**図10**〉**NJR4178Jのパッチ・アンテナの指向性**(電界面が水平)

IC_4は，マイクロ波センサの電源電圧を調整して，IF周波数を可変するための回路です．

写真4は，FMリミッタ・アンプの出力(IC_1の7番ピン)のスペクトラムです．変調信号は正弦波1 kHzで，デビエーションは± 10 kHzです．もちろん無変調だと単一のピークとなります．

図9に総合周波数特性を掲げます．高域は問題なく伸びています．低域は受信回路のAFアンプ(IC_{3b})周辺の定数を見直せば改善できます．

マイクロ波は意外と遠くまで飛んでいる

部屋の端と端の5 mほどの距離では，IF信号はオシロで見ることのできる限界ですが，リミッタ・アンプの効果により，音声は問題無く届きます．さらにアンテナを逆方向に向けてもまだ大丈夫です．

図10がアンテナの指向性パターンで，距離15 mのあたりで横方向に最も拡がっています．大体このような感じでマイクロ波が伝搬しているものと思われます．これに加えて，壁と天井による反射が加わり，室内どこでも受信できるというわけです．

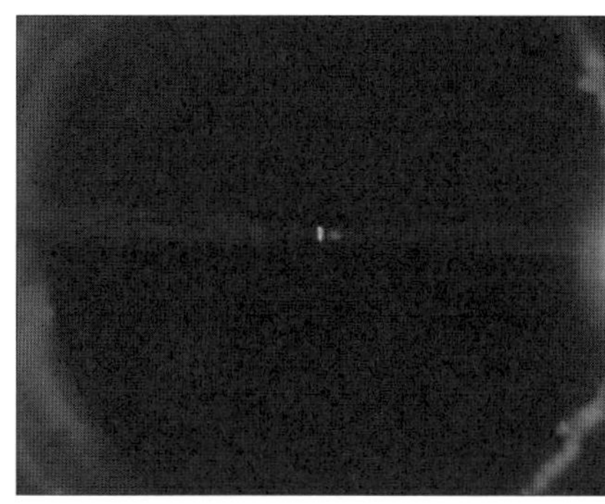

第11章　身近な材料を使って電磁波を作ってみよう！

ヘルツの実験を史実に近い装置で再現する

歴史的な実験を再現しよう！

電磁波の存在は，マクスウェルが1865年に理論的に予言しましたが，これを実際に実験で確かめたのは，ヘルツだったことを皆さんご存じだと思います．真空管もトランジスタも，検波器もない時代に，電磁波を発生させ，これを受信できたことは天才のひらめきとしかいいようがありません．

ヘルツの実験を再現する試みは，学校などの教育現場を中心に行われているようですが，今一つ完全かつ忠実に再現できていないように思えます．それは，次の点がオリジナルと異なるためです．

(1) ヘルツは連続火花で実験しているが，かわりに圧電素子などによる単発火花で実験している．

(2) ヘルツの受信アンテナでは，火花が飛ぶことになっているが，かわりにネオン・ランプを使用している．

そこで，上記(1)(2)の不完全さや難点を払拭すべく，ヘルツが使った実験装置とまったく同じ寸法で送受信器を製作し，実験方法もヘルツと同じやりかたを踏襲することにより，再現を試みました．

写真1が試作した実験装置で，できるだけ簡単な手段や回路を選び，追試しやすいように材料・部品選定などを配慮しています．

実験装置の検討と製作

■ アンテナの寸法を決める

図1は，ヘルツが作った実験装置にクラウス教授が寸法を書き込んだ図[1]などを参考に，私が作成した寸法図です．この寸法どおりに作ります．

送波器は，中央に小球状の電極があり，他端のやや大きな金属球(直径25 cm)と電線(直径2 mm，長さ約1.5 m)で接続されています．そして，これが左右対称に配置されています．全長は3 mです．

受波器は，電線を長辺1.2 m，短辺0.8 mの矩形に曲げて，短辺の1か所にギャップを設けます．

■ 送波器の製作

● 送波用火花発生部(ギャップ)の製作

1辺10 mmのアルミ角棒と，アルミのブラインド・

〈写真1〉ヘルツの実験を再現するための装置

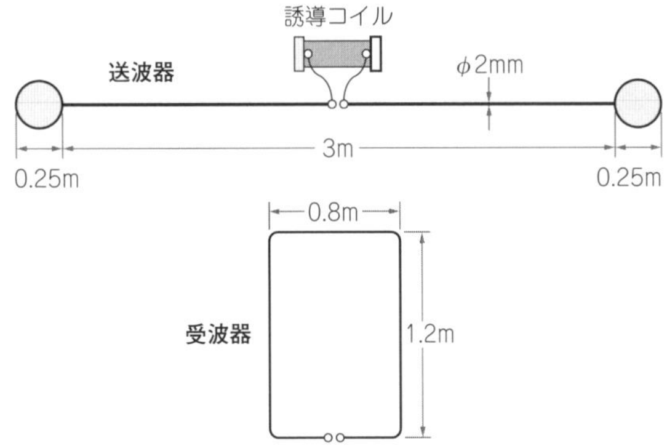

〈図1〉[1]ヘルツが最初に電波の存在を確認した装置の寸法

〈写真2〉送波器の火花発生部

リベット(太さ4.8 mm)を**写真2**のように組み合わせました．いずれもホーム・センタや100円ショップで入手できます．

支柱は1 mm角のアルミ角棒から，長さ5 cmで2本切り出します．写真上から，火花ギャップ，アンテナ，引き出し線です．各々3 mmのビスで固定できるように，タップを切ります．台座は2 mm厚のベーク板を使用しました．無ければ，アクリル板でも構いませんが，木材など絶縁性の悪い材料は使用できません．

● 送波アンテナと金属球の製作

送波用アンテナ線は，2 mmの銅線か，3 mmのアルミを使います．アルミの場合は，導電性がよくないので，やや太めが良いでしょう．100円ショップで，園芸・工作用「アルミ自在ワイヤ」として長さ2 m単位で売っています．金属球は，金属製のボール(料理容器)を各々2個向かい合わせてビス留めして作りました．アンテナ線との接続は，3 mmのアルミ線の端を金床(とこ)上に置いて，ハンマで叩いて伸ばし，ねじ穴を空けて，ボールの合わせ面の，ビスの部分に挟んで一緒にねじ留めします．**写真3**がその部分です．

● 火花発生回路

▶自動車用イグニッション・コイル

強力な連続火花を発生させるためには，巻き数比の高いコイルが必要です．テレビのフライバック・トランスが有望ですが，部品単品の入手性が悪いこと，発振周波数が15 kHzと電磁波の周波数に近いため，ヘルツの実験としては不向きであるなど，難点があります．

今回は誘導コイルとして，自動車の保守部品として販売されているイグニッション・コイルに着目しました．これならば最寄りの自動車部品販売店等で新品を取り寄せてくれますし，インターネット通販でも入手可能です．使用周波数も数百Hzと低く，問題ありません．**写真4**のような円筒形タイプを選びます．

▶火花発生回路の製作

図2に火花発生器の回路を示します．シュミット・トリガ・タイプのCMOSインバータIC(74HC14)を

〈写真3〉送波器アンテナ端に金属球を取り付ける

〈写真4〉使用したイグニッション・コイル(Bosch社製，0 221 119 027)

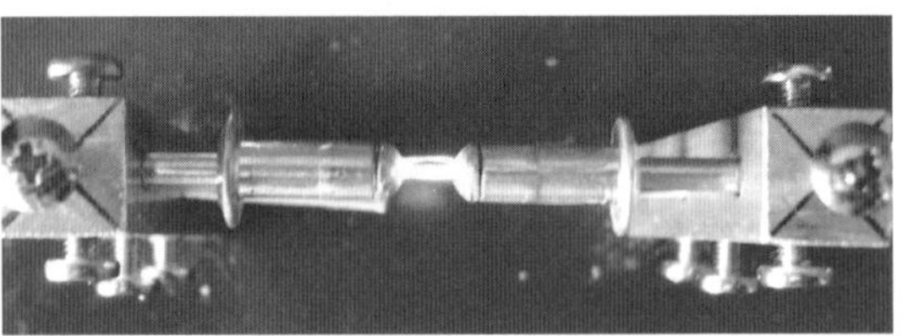
〈写真5〉連続火花放電のようす(ギャップは4 mm)

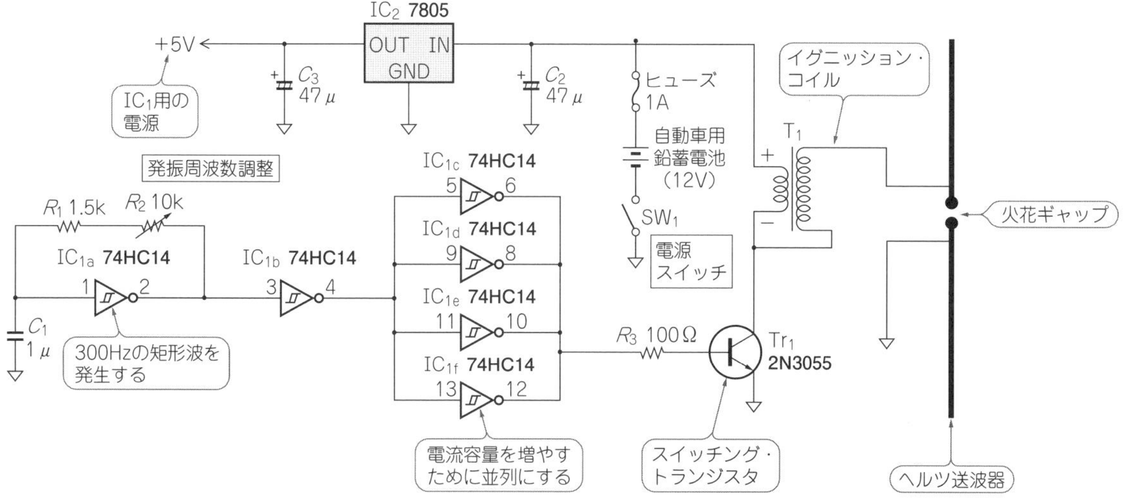

〈図2〉送波用火花発生回路

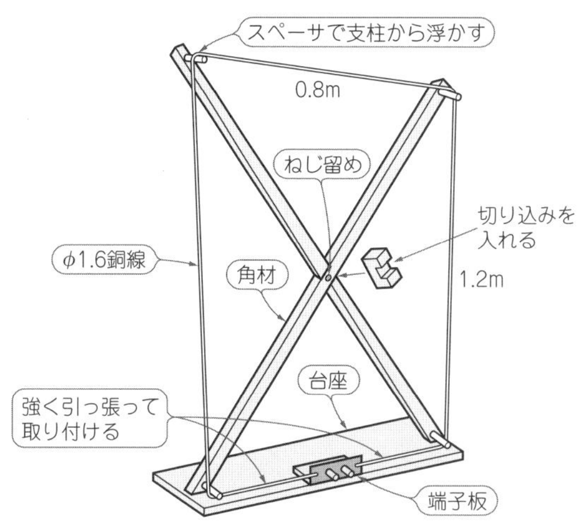

〈図3〉受波アンテナの構造

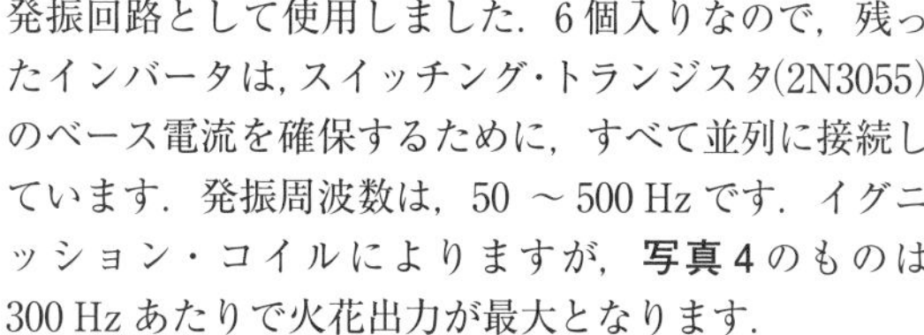

発振回路として使用しました．6個入りなので，残ったインバータは，スイッチング・トランジスタ(2N3055)のベース電流を確保するために，すべて並列に接続しています．発振周波数は，50 ～500 Hzです．イグニッション・コイルによりますが，**写真4**のものは300 Hzあたりで火花出力が最大となります．

ギャップ間隔は4 mmぐらいが適当です．**写真5**に連続火花発生時のギャップの状態を示します．スイッチング・トランジスタは，動作が正常であればほとんど発熱しません．消費電力は，12 V，0.4 A程度です．電源は自動車用バッテリ(12 V)か，単三のNiMH電池を10個(12 V)使用します．AC電源はヘルツの時代には無かったですし，「電源ラインがアンテナになるのでは？」という余計な心配を無くすためにも電池の使用が好ましいと思います．戸外での実験もやりや

〈写真6〉送波用火花発生回路の外観

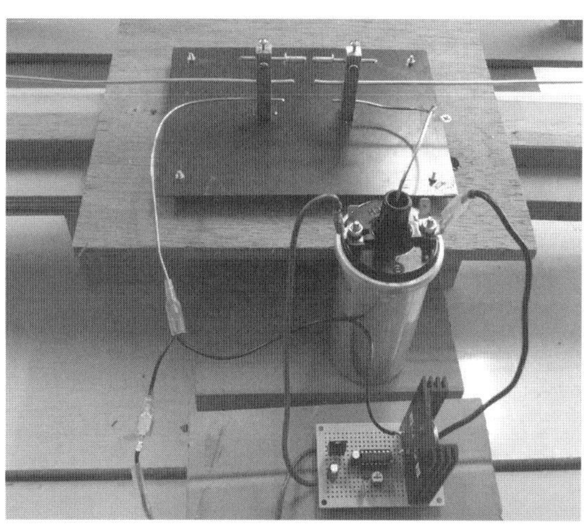

〈写真7〉送波器全体の配置と配線(大電流の経路は太い電線を使用すること)

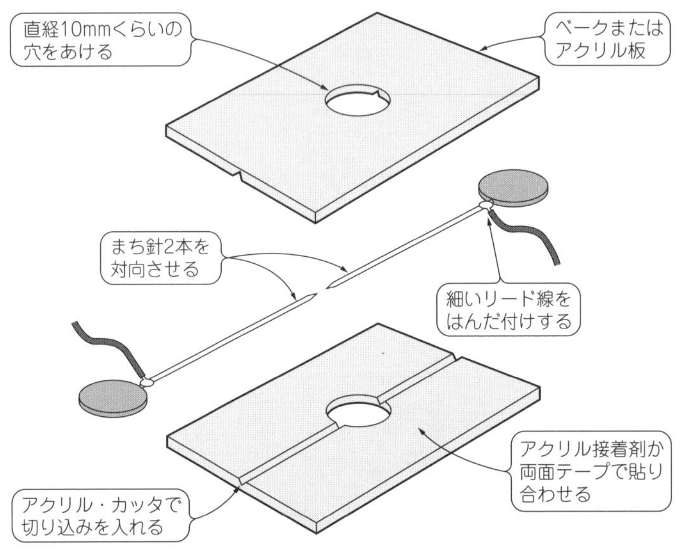

〈図4〉受波器のギャップ・ブロックの製作

すくなります.

写真6は送波用火花発生回路の外観，**写真7**は送波器全体の構成です.

■ 受波器の製作

● 受波アンテナの製作

角材を使って,**図3**のようにX字型の枠を作ります.

枠の四隅にスペーサを取り付けて，銅線を支持します．銅線は決して木枠に接触させてはいけません．ϕ1.6 mmの銅線をスペーサの先端に引っかけて一周させます．端子板のところで強く引っ張り，たるみがないようにします.

● ギャップの製作

裁縫用のまち針を2本対向させて，この間に火花を飛ばします．**図4**のように，プラスチック材で針を固定し,顕微鏡のステージに固定できるようにします.針の直径に見合った切り込みを入れて，まち針のつまみを回しながらギャップ間隙が調整できるようにします．針を完全に対向させるのは困難ですから，ある程度向き合っているようならOKとします．なお，針の先端は細目のやすりで研磨しておくと放電しやすくなります.

出来上がったギャップ・ブロックを**写真8**のように顕微鏡のステージに固定します．また，少々慣れが必要ですが，顕微鏡が無くても，肉眼，または虫眼鏡で火花を確認することは可能です.

なお，受波アンテナとギャップの間の配線はできるだけ短くします．この部分の浮遊容量は火花を弱めてしまうからです．針のかわりに銅箔などでギャップを形成した場合にも，同じ理由で火花は発生しにくくなります.

〈写真8〉顕微鏡のステージにギャップ・ブロックを固定する

火花の観測実験

■ 観測方法と観測結果

さて，装置が出来上がったのですが，実際に火花を観測するには，受波器のギャップを調整する必要があります．最初は受波アンテナを送波アンテナのすぐ近く(50 cm程度)に設置します．アンテナの向きは**写真1**を参考にしてください.

顕微鏡の倍率は100倍程度とします．針の先端のギャップに焦点を合わせます.まち針の取っ手を回して，先端部を接触させます．次に，ゆっくりと針を離していきます.離した瞬間に火花が観測できると思います.連続して火花が発生するように，針を近づけたり，遠ざけたりしてみます．次に受波器を送波器から遠ざけていきます．**写真9**に観測例を示します.

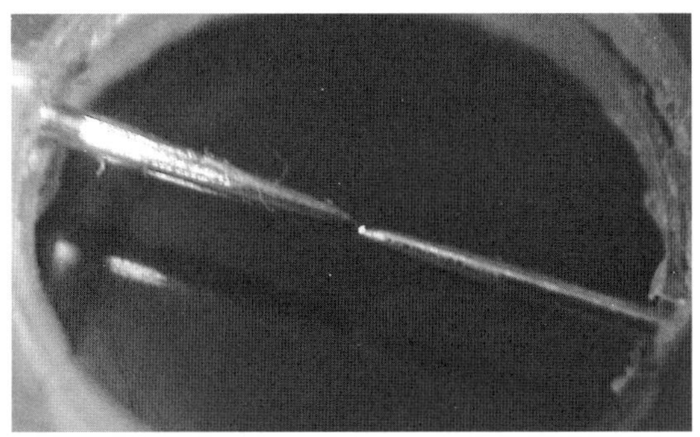

(a)針の先端に小さな火花が見られる

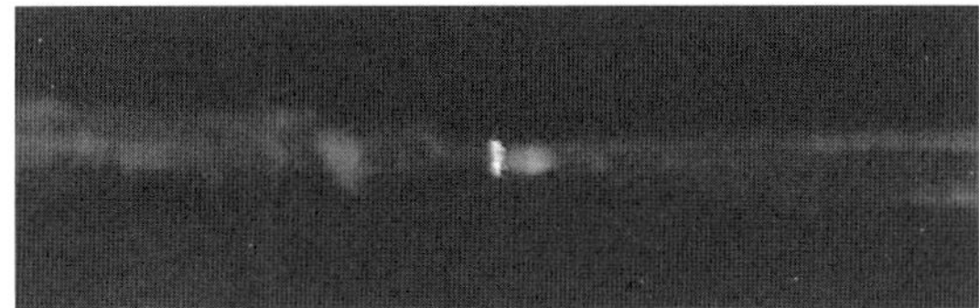

(b)虫眼鏡で拡大したようす

〈**写真9**〉**火花放電の観測例**(距離1m)

受波器のギャップのかわりに，ネオン管をつないでも点灯しますが，ネオン管が点灯するようなら，たいてい火花も観測できます．実験は夜間に行った方が周囲の光が無くて火花は見えやすいですが，完全に暗くすると針の先端が見えなくなり，ギャップの調整が難しくなります．この場合，顕微鏡に付属の透過式や反射式の照明装置を使えば，暗闇でも観測可能ですが，かなり照明を暗くすることがポイントです．

■ パソコンや測定器は離れた場所に置く

「顕微鏡による拡大写真は？」と思われた方も多いと思います．実は，**写真8**の顕微鏡にはCMOSカメラが付属しています．USBケーブルでパソコンに接続するのですが，送波器の火花を発生させたとたんに，パソコンが暴走してしまいました．3台のパソコンとも画面が凍り付いてしまい，そのうちの1台はキーボードが壊れてしまいました(キーボードの全部のLEDが勝手に光り，別のキーボードに交換してもまた壊れた)．

そんなわけで，顕微鏡写真をご覧にいれることができませんでしたが，**写真9**のように，肉眼や虫眼鏡でも観測できるわけですから，顕微鏡が無くても十分だと思います．

このような被害が発生しますから，くれぐれも精密機器はヘルツ送波器から遠ざけておくことを強く推奨します．なお，高圧部分，例えば送波器の電線や金属球に触れないこと，心臓ペース・メーカ使用者は近づけないことなどの，高圧取り扱いについての基本的な注意事項があることはもちろんです．

おわりに

ヘルツは，さらに距離を伸ばして，20mくらいでも火花を観測できたようです.私の実験室は狭いので，遠距離の実験はできませんが，離れたところのAMラジオやテレビ(アナログ)には強烈な雑音が入り，電波が遠くまで飛んでいることは明らかです．

また，反射器や導波器を付けるなどの工夫すれば，5λ以上の距離で火花を確認することも可能だと思われます．

なお，送波器の火花への入力電力が小さいと，本実験はほとんど不可能となります．この点，電波法や周囲への影響などから限界があり，受信側の工夫が求められます．

◆参考文献◆

(1) Kraus, J. D. ; Heinrich Hertz - theorist and experimenter, Microwave Theory and Techniques, IEEE Transactions on Volume 36, Issue 5, May 1988, pp.824～829. Digital Object ID: 10.1109/22.3601

(2) 虫明康人；「アンテナ・電波伝搬」，pp.17～18，第30版1992年3月，コロナ社.

Appendix

ヘルツ送波器の波長と放射電磁界の強度について

● 送波アンテナの共振周波数は27MHz付近と107MHz付近

写真Aは，送波器の共振周波数をスペアナと自作の簡易リターン・ロス・ブリッジを使って測った結果です．リターン・ロス・ブリッジの周波数特性は，正規化してあります．

容量球がない場合の共振点は45.4MHzでした．容量球付きの場合は26.8MHzに低下し，また107MHzにも共振が現れました．

● 送波器のスペクトルは50MHzと150MHz付近にブロードな山がある

送波アンテナ単体の特性はわかりましたが，ではこのアンテナを駆動する火花放電はどのような作用をするのでしょうか？　**写真B**は，距離15mで受信したヘルツ送波器のスペクトル分布です．受信アンテナは10cmロッド・アンテナ(水平)です．

発振周波数は一定ではなく，平均化すると振幅が0になることから，ヘルツ送波器の火花はランダム・ノイズ発生器と考えられます．写真をよく見ると，全体として50 MHzと150 MHzの付近にピークが見られます．

● 至近距離では静電界や誘導電磁界の影響が大きく，電波といえる放射電磁界は弱い

マクスウェルの方程式から，距離dが$\lambda/(2\pi)$のとき静電界と誘導電磁界と放射電磁界の電界強度がほぼ等しくなります．したがって，十分離れた距離(5λが理想)にならないと，電磁波(放射電磁界)とはいえません．**表A**にその目安を示します．

そこで，装置を戸外に持ち出し，測定を試みました．**写真C**がそのようすで，測定は夜間に実施しました．

受信側の火花は距離6 mまで確認できました．送波器からの放射電波の波長のピークは最大でも11 mと考えられるので，6 mの距離での火花放電を確認できたことは，放射電磁界を測定したと考えて良いと思います．

〈表A〉送受信点間の距離と静電界，誘導電磁界，放射電磁界の相対電界強度

送受信点間の距離 d	波長11mと仮定したときの距離[m]	放射電磁界の電界強度を1とした場合の相対強度		
		静電界	誘導電磁界	放射電磁界
		距離d^3に比例して減衰	距離d^2に比例して減衰	距離dに比例して減衰
$\lambda/(2\pi)$	1.76	0.986	0.993	1.000
0.55 λ	6	0.085	0.292	1.000
5 λ	55	0.001	0.032	1.000

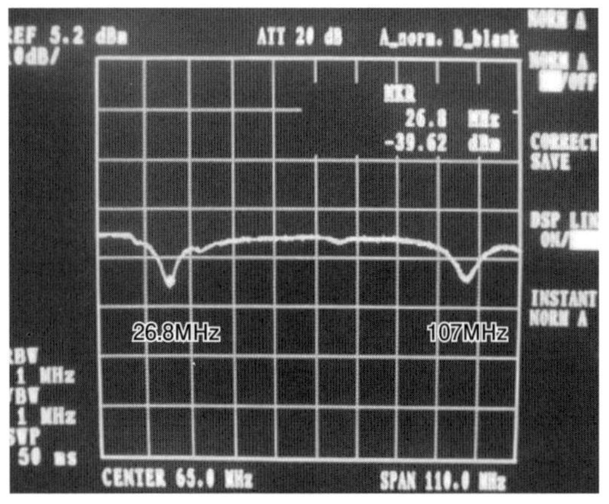

〈写真A〉送波器アンテナの共振特性(中心周波数65 MHz，スパン110 MHz，10 dB/div.)

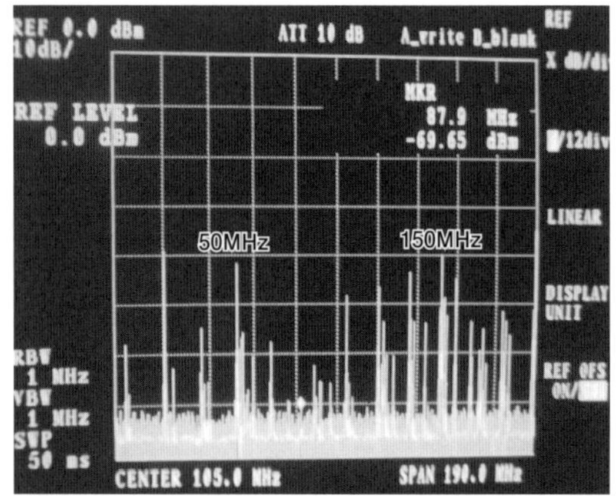

〈写真B〉送波器のスペクトル分布(中心周波数105 MHz，スパン190 MHz，10 dB/div.)

〈写真C〉屋外に設置したヘルツ実験装置(距離6 m)

第12章　火花放電式送信機，コヒーラ式受信機，モールス印字機を手作りする

火花放電式無線電信機の実験

電波の発見と通信への応用の幕開け

■ ヘルツの実験

無線通信の発明と実用化は，真空管や半導体の発明より古く，1800年代に遡ります．電波を火花放電で発生させると，離れたところに置いた円形ループ・コイルの間隙に火花放電が生じるのを発見したのが有名な「ヘルツの実験」(1887～88年)でした．

ヘルツの実験では，到達距離は十数mだったようです．送信側の火花電力を大きくすれば，より遠方でも受信火花を観測できるだろうことはH.R.ヘルツ(Heinrich Rudolf Hertz)もわかっていたでしょう．しかし，ヘルツの実験の趣旨は「電波が実在することを確かめる」という学問的なもの(真理の探究)だったので，これで十分でした．なお，この距離は，電波反射板との距離です．ヘルツは，この距離を定在波を確かめるために変化させたのであって，どこまで届くかを確かめようとしたのではありませんでした．

■ ブランリーによるコヒーラの発明とその応用

通信分野への電波の応用は，より高感度な検波器(電波検出器)が必須でした．最初に使用されたのが，コヒーラ(coherer)です．

コヒーラは1889年にフランスのE.ブランリー(Edouard Eugene Desire Branly)が発明しました．細いガラス管の中に，銀やニッケルなどの金属粉末を封入したもので，両端には電極を設けています．この電極間(つまり金属粉末)の抵抗値が，電波の到来により変化することが特徴です．

コヒーラを無線通信に使う試みは，その直後，O.ロッジ(Sir Oliver Joseph Lodge)，G.マルコーニ(Guglielmo Marconi)と相次いで行われます．また日本では，海軍の三六式無線電信機に使用され，日露戦争の日本海海戦において，敵艦発見の重大情報を打電し，勝利に貢献したことは有名です．

■ 本実験について

本稿では当時を偲んで，当時入手できたであろう部品だけを使って製作した機器(**写真1**)によって通信を再現実験します．ただし法規上，火花放電で発生した減幅電波(いわゆるB電波)の発射が禁止されていること，周囲の測定器や情報機器への被害防止のため，室内で1m程度の距離の実験に留めました．

図1は本実験で得られた受信印字出力です．“Radio Frequency”を略して，通信テストには“RF”の繰り返しを使いました．

コヒーラの製作と特性評価

■ コヒーラの構造と使い方

この実験では，電波の検出にコヒーラを使います．マルコーニらが使ったコヒーラの構造は，**図2**のように銀の電極の間に，ニッケルと銀の粉末をはさみ，ガラス管に封入したものです．ガラス管の内部は真空に引いています．

二つの電極は，プラチナ線でガラス管の外部に導かれます．当時は，コヒーラを**図3**のように接続して火花電波を受信していました．

アンテナからのRF電流によってコヒーラが短絡し，チョーク・コイルを通じて電池からの電流がリレーとデコヒーラの巻き線に流れます．デコヒーラは，コヒーラを叩き，コヒーラは再び絶縁状態に戻りますが，電波が到来している間はこの断続動作を繰り返します．したがって，電波の持続中は印字機(ペン・レコーダ)によって紙テープ上に線が引かれるので，その長短からなるモールス符号を読み取れば情報を伝達できます．

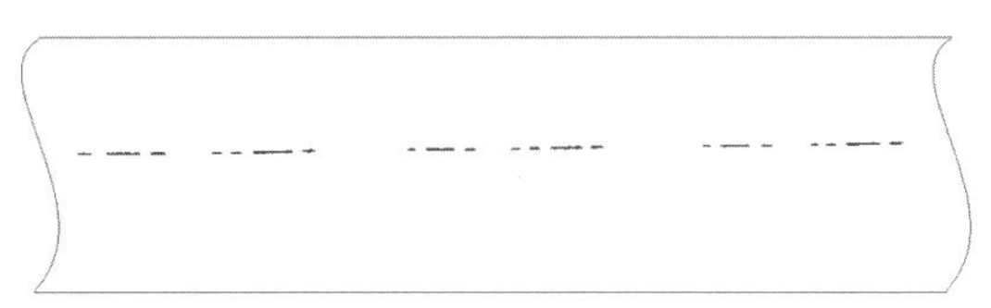

〈**図1**〉**火花放電式送信機からの電波を受信して得られたモールス符号印字出力**(RFの繰り返し)

■ コヒーラの製作

図2に示したガラス管の内部を真空にすることは安定性や寿命を考慮したもので必須ではありません．そこで**写真2**のようにビニール・チューブや鉛筆のキャップの中に金属粉を入れ，両端からねじで締め付ける構造としました．また，点接触だけでコヒーラ動作をすることを確かめるために，**写真2**右端のような構造のものも作りました．

金属粉末としては，アルミや鉄を使いました．金属ではありませんが，カーボン粉末も実験して見ました．

電極にも，アルミ，鉄，カーボンを選んで種々組み

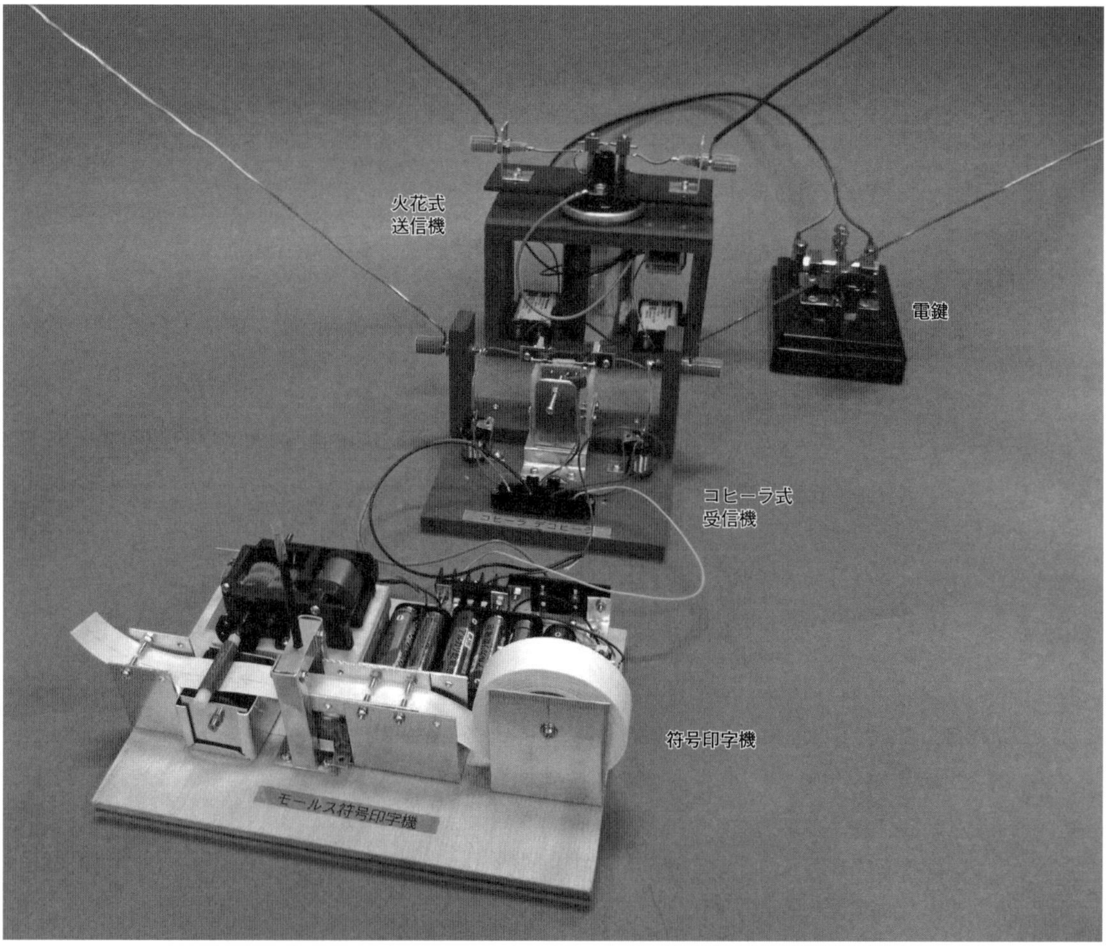

〈写真1〉 製作した火花式無線電信の実験装置

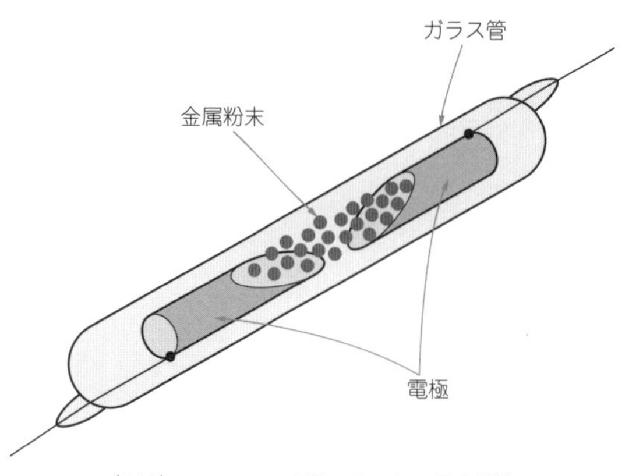

〈図2〉 マルコーニが使ったコヒーラの構造

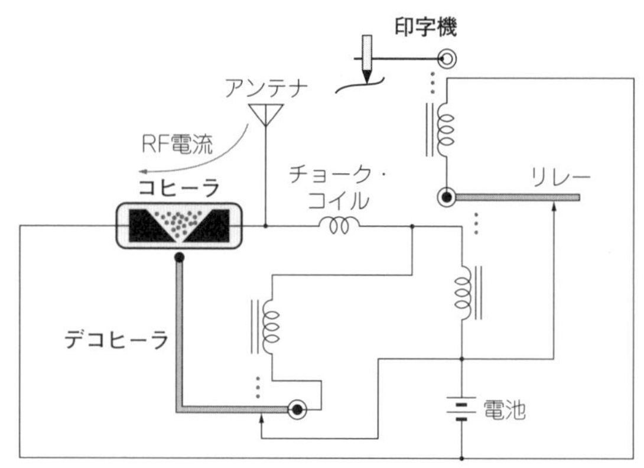

〈図3〉 コヒーラ式受信機の回路

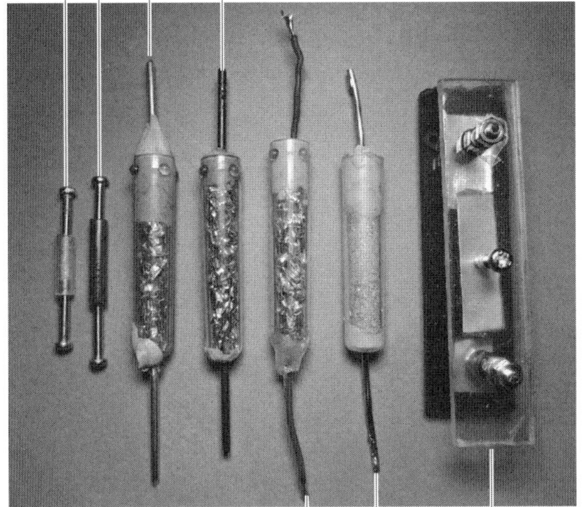

〈写真2〉試作した種々のコヒーラ

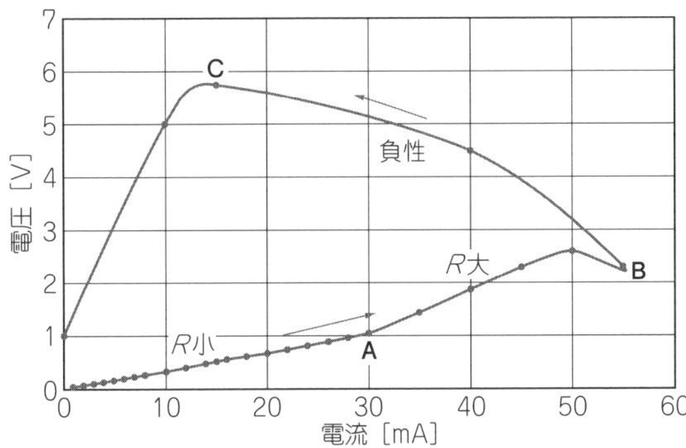

〈図4〉アルミ粉末を詰めたコヒーラの電気的特性(点Aでの変化が小さく，負性抵抗が大きい)

合わせて見ました．

この結果，電極材料はどれでも大差なく，金属粉末は，鉄，アルミ，カーボンの順に良い結果が得られました．評価は感度とデコヒーラのしやすさにポイントを絞りました．アルミ箔を細かく切ったもの，小さく丸めたものは感度，安定度ともに金属粉に比べて劣るようです．**写真3**は比較的良い結果が得られたビニール・チューブ封入タイプです．

コヒーラの特性を調べる

製作したコヒーラは，いずれも衝撃を与えた後は絶縁状態です．両端に直流電圧を与えると，10～15Vくらいで導通します．導通時の抵抗は数十～数百Ωと低いので，そのままでは大電流が流れます．

このような特性の場合は，定電流特性を測定するのが特性をつかむ上で好都合です．定電流駆動すると，**図4**のように，絶縁状態からでも必ず導通します．

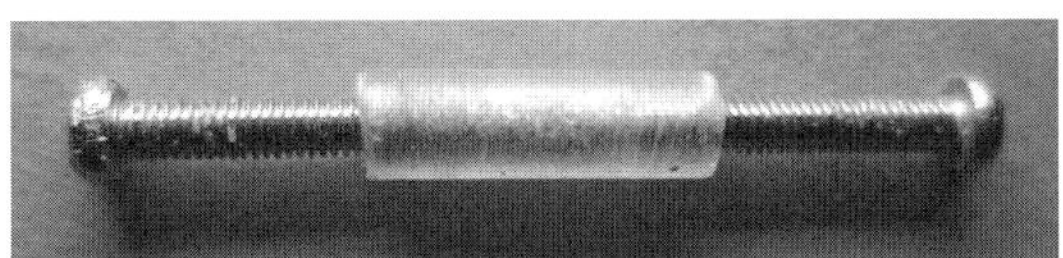

(a) 比較的良い結果が得られたコヒーラ(ビニール・チューブにアルミ粉末を詰め，3mmビスで封じた)

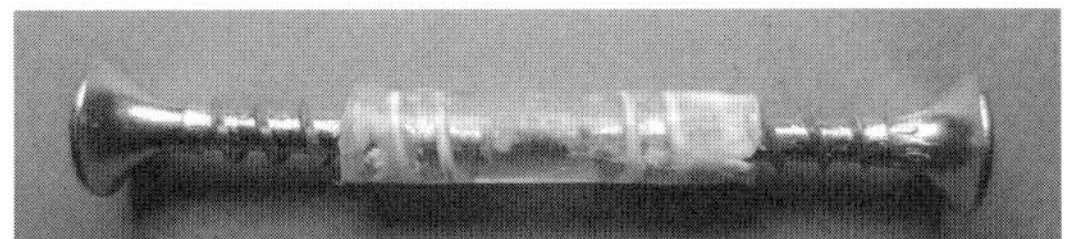

(b) 本機に採用したコヒーラ(ビニール・チューブに鉄粉末を詰め，木ネジで封じた)

〈写真3〉比較的良い結果が得られたビニール・チューブ封入タイプのコヒーラ

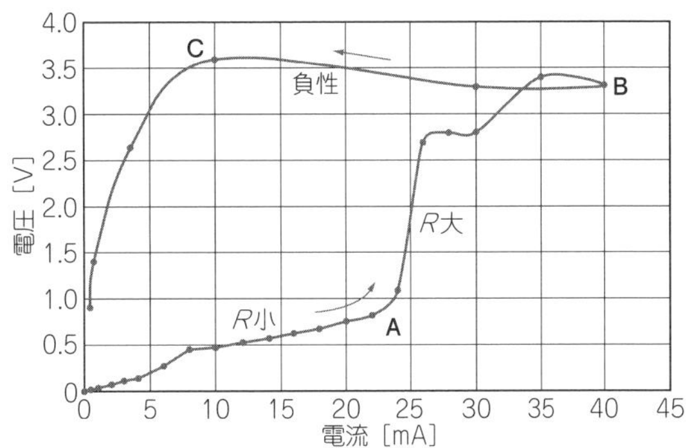

〈図5〉鉄粉末を詰めたコヒーラの電気的特性(電流を増やしていくと点Bで急激に電流が減る)

電流を増やしていくと，最初は電圧の変化はわずかで抵抗が小さい状態が続きますが，点Aで電圧が増え始め，抵抗が増加します．点Bからは電流が急激に減少します．一方，電圧は上昇するので，負性抵抗を示していることになります．点Cからは電圧，電流ともに減少します．この現象は金属の薄い酸化膜に電界が加わったときの，ショットキー障壁とトンネル効果で説明できるようですが，詳しいことはまだわかっていないようです．(3)

図4はアルミ粉末の特性ですが，鉄粉末の場合は**図5**のようになりました．点Aでの変化が大きく，また，点Bからの負性抵抗が小さいことが特徴です．アルミ粉末に比べ，鉄粉末は感度が良く，少しの振動でデコヒーラします．3Vで動作させる場合は鉄の方が安定します．半面，導通時間が短いために，印字がドット状になることがあります．

デコヒーラ付き コヒーラ式受信機の製作

図6に実験した回路を示します．L_1とL_2はアンテ

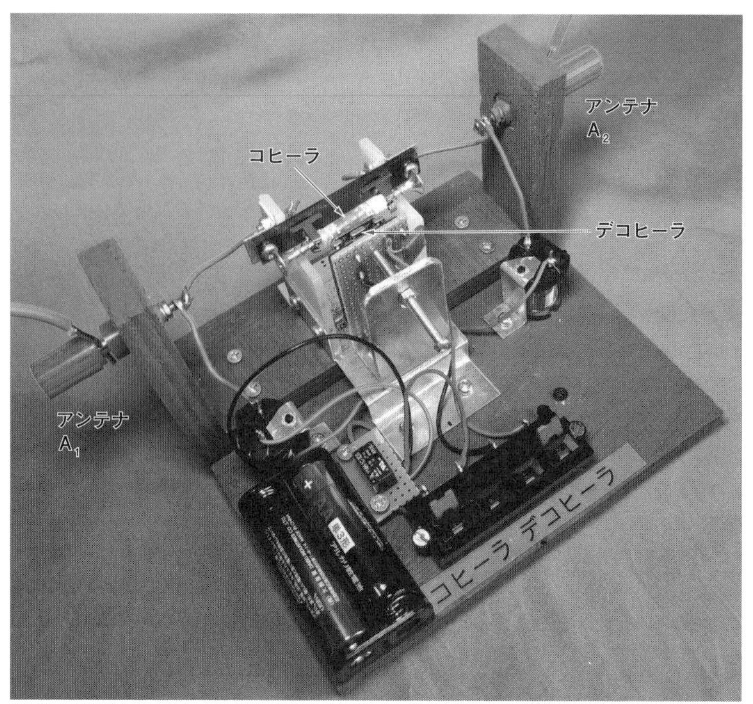

〈写真4〉
製作したコヒーラ式受信機

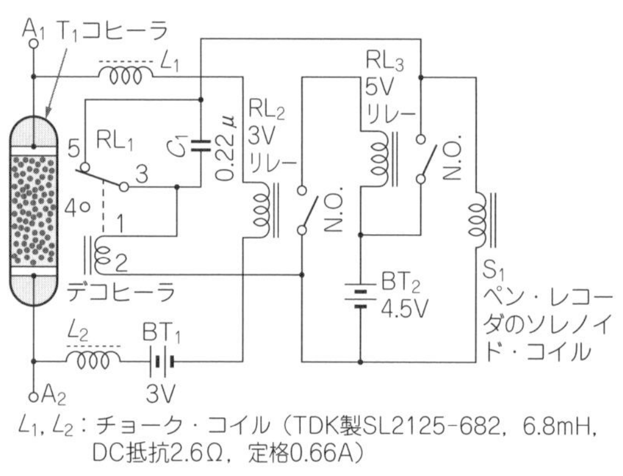

〈図6〉 コヒーラ式受信機の回路

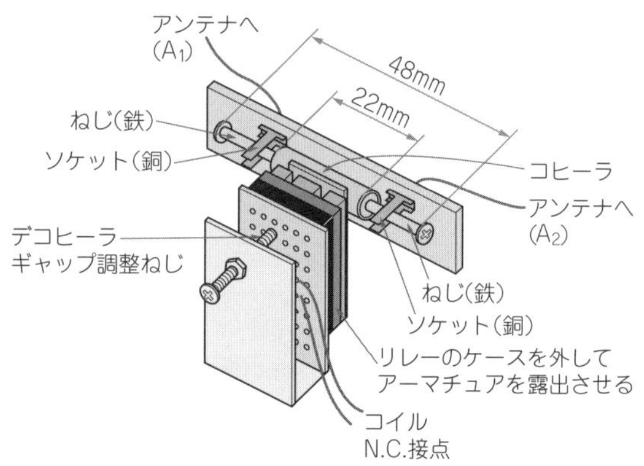

〈図7〉 コヒーラとデコヒーラの取り付け方

ナ回路をRF的にDC回路から分離するためのチョーク・コイルです.

■ 製作上の注意点

注意すべきは, 次の2点です.

①デコヒーラはコヒーラ導通時のみ駆動する

デコヒーラは, 常時駆動しておけば良いように思えますが, コヒーラを振動させたまま受信すると感度が著しく低下します.

②コヒーラにかける電圧は高くできない

アルミ粉末の場合は1.5 Vが望ましいですが, 1.5 Vリレーの入手が難しいので, 次善の策として鉄粉末を使い, 3 Vリレーを使いました. 電圧が高くなると, デコヒーラしにくくなります. 逆に低すぎると感度が低下します.

■ 動作の説明

写真4は火花受信機の外観です. コヒーラ, 3 Vの電池BT_1, 3 VリレーRL_2を直列につないだだけの簡単な回路で, **図6**の左半分に相当します. コヒーラを叩くデコヒーラは, リレーのプラスチック・ケースを除去してアーマチュア(可動鉄片)を露出させ, コヒーラの側面を叩くようにしたものです.

4.5 Vの電池BT_2と5 VリレーRL_3を含む**図6**の右半分は, ペン・レコーダ側に搭載しました. リレーRL_3は, コヒーラが導通すると動作します. RL_3のN.O.(Normally Open)(メイク)接点が導通し, デコヒーラ用のリレーRL_1を動作させます. RL_1の接点はN.C.(Normally Close)(ブレーク)接点を使います．RL_1が動作すると，この接点は開放（OFF）しますが，コイルの電流が流れなくなるので，接点は戻り，再度RL_1が動作し，以後，コヒーラが絶縁状態になるまで振動が続きます．これがデコヒーラ動作です．

コヒーラとデコヒーラの組み立て

図7は火花受信機のコヒーラとデコヒーラの組み立て図です．コヒーラを図のようにソケットに取り付けると，リレーのアーマチュアはコヒーラの天面（図では側方）に当てないとうまく配置できません．コヒーラの側面だと，アーマチュアがソケットの土台に当たってしまうからです．

さらに，アーマチュアとコヒーラとの間隔をねじで調整できるようにしています．**図7**からわかるように，このリレーRL_1からは2本のリード線が出ます．

写真5はデコヒーラの外観です．リレーのケースを外してアーマチュアを露出させただけのものです．

デコヒーラに使うリレーは，そのアーマチュアが**図8(b)**のようなヒンジ型のものが好適です．**図8(a)**は今回使った扁平型です．磁石吸引時ではなく，復帰時にコヒーラCrを叩きますが，デコヒーラ動作には支障ありませんでした．

図8(b)のヒンジ型は，磁石吸引でコヒーラを叩きます．**図8(c)**は**図8(a)**と同じく復帰時に叩くタイプです．いずれのタイプであっても，アーマチュアAを露出させます．このとき，接点は少なくとも1個は残す必要があります．しかし，リレーの構造上，接点を全部除去しなければアーマチュアが露出しない場合もあります．この場合は，リレーをもう一つ使って，電流の断続動作と振動（デコヒーラ）動作を分けると良いでしょう．なお，扁平型，ヒンジ型，天秤型などの名称は説明の都合上便宜的に付けたものです．

写真6は，受信機に直径2 mmで長さ25 cmの銅線で作ったアンテナを取り付けた状態です．

火花放電式送信機の製作

写真7が製作した送信機の外観です．火花放電式送信機は第2部第11章(4)で紹介した「ヘルツの実験」と同じものが使えますが，ここでは火花発生回路を誘導コイルとリレーだけで構成して新たに製作しました．

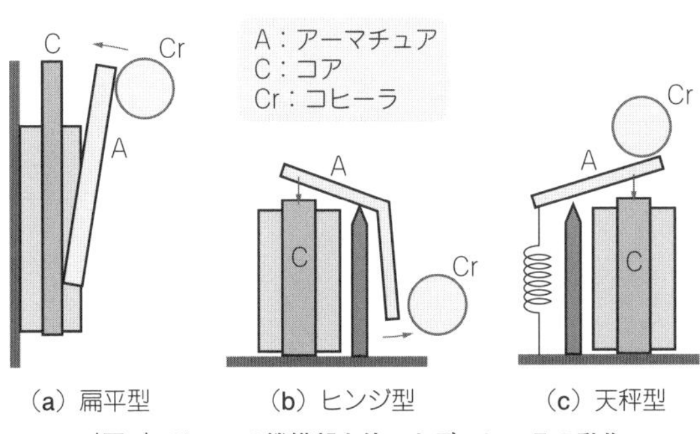

〈図8〉リレーの機構部を使ったデコヒーラの動作

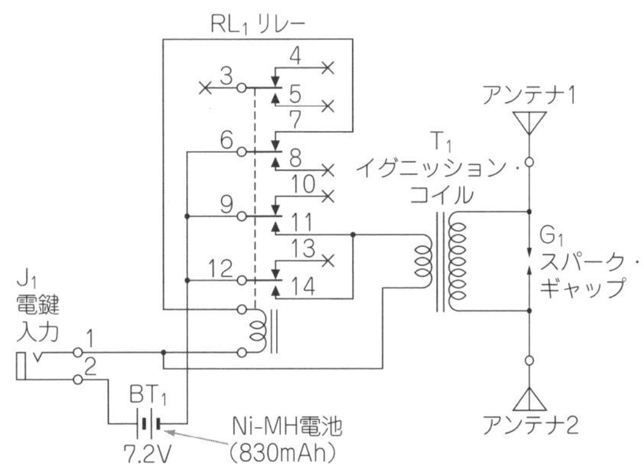

〈図9〉火花放電式送信機の回路

〈写真5〉デコヒーラの外観

〈写真6〉アンテナを取り付けたコヒーラ式受信機

図9がその回路図です．これでヘルツやマルコーニの装置により近くなりました．誘導コイルは自動車の保守部品として販売されているイグニッション・コイルを使いました．リレーは接点容量の大きい(数A)ものが好ましいですが，**図9**のように接点を並列接続して接点容量を増やしても良いでしょう．

放電ギャップは**写真8**のように，直径2 mmの銅線の先を尖らせて，0.5 mm程度の間隔にすると安定した火花が得られました．火花が途切れるようだと，後述する印字機(ペン・レコーダ)のドットが連続しなくなり，モールス符号の判読が難しくなります．また，火花間隙は飛距離にも影響します．

イグニッション・コイルの＋端子との接続は，**写真8**手前のように，銅板を折り曲げて差し込みました．－側はコイルの筐体なので，銅板を巻いて接触させます．筐体との接触が悪いと，この部分でも放電が起こって，肝心のギャップ部の火花が弱くなってしまいます．

図10は放電ギャップ部分の寸法図です．1 cm角の金属ブロックを使うと，放電用の銅線を挟み，同時に架台に固定できます．

写真9は，送信機に直径2 mmで長さ25 cmの銅線で作ったアンテナを取り付けた状態です．

モールス符号印字機の製作

モールス符号印字機は，マルコーニの時代にはすでに完成された技術でした．それは有線電信が実用化していたからです．高感度リレーを使ったペン・レコーダが出回っていました．今回は当時を偲んで**写真10**

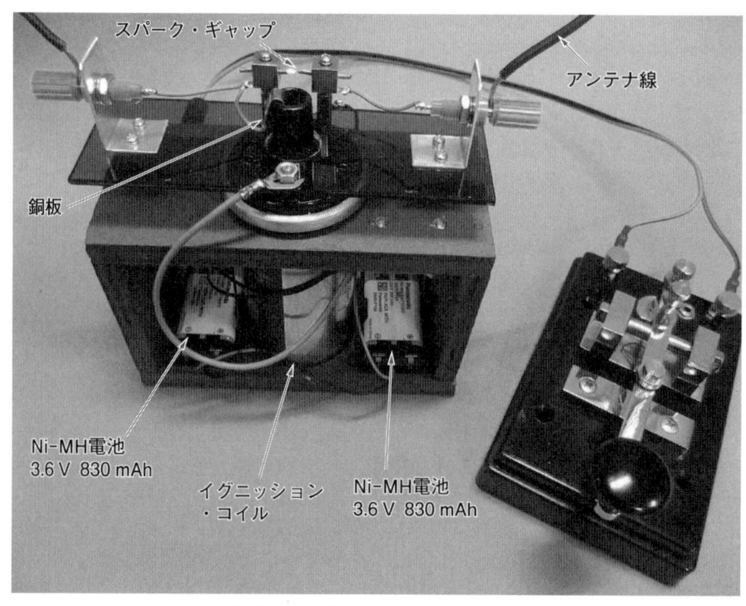

〈写真7〉製作した火花放電式送信機

〈写真8〉火花放電式送信機の火花ギャップ

〈写真9〉アンテナを取り付けた火花放電式送信機

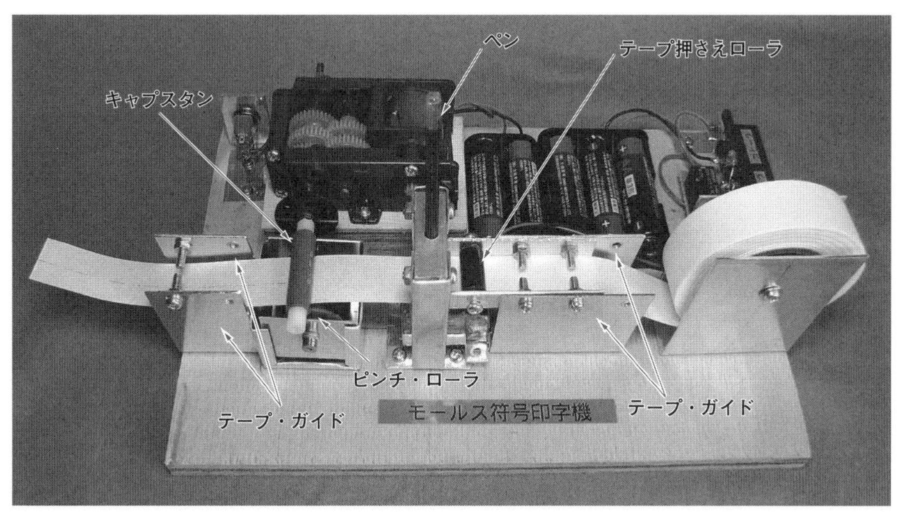

〈写真10〉モールス符号印字機

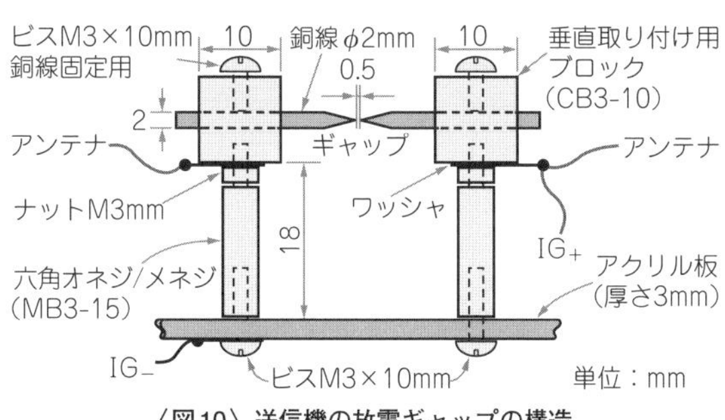

〈図10〉送信機の放電ギャップの構造

〈写真11〉ペン機構とキャプスタンおよびピンチ・ローラー

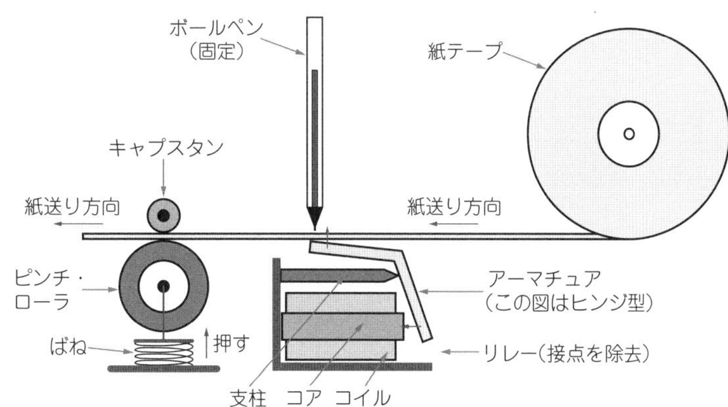

〈図11〉モールス符号印字機の構造

のような，紙テープを使ったペン・レコーダを製作しました．

図11は，製作したペン・レコーダの構造図です．紙テープは船旅やパーティで投げるのに使われ，今でも装飾用として売られている，幅18 mmで長さ33 m，白色のものです．これをテープ・レコーダのように，キャプスタンとピンチ・ローラで挟んで送ります．キャプスタンは模型用DCモータの回転を模型用ギヤーで減速して，駆動軸に丸形のスペーサを取り付けたものです．モータはDC3Vで駆動しました．

ペン機構は，図のようにペンを固定し，リレーのアーマチュアで紙を持ち上げる構造としました．

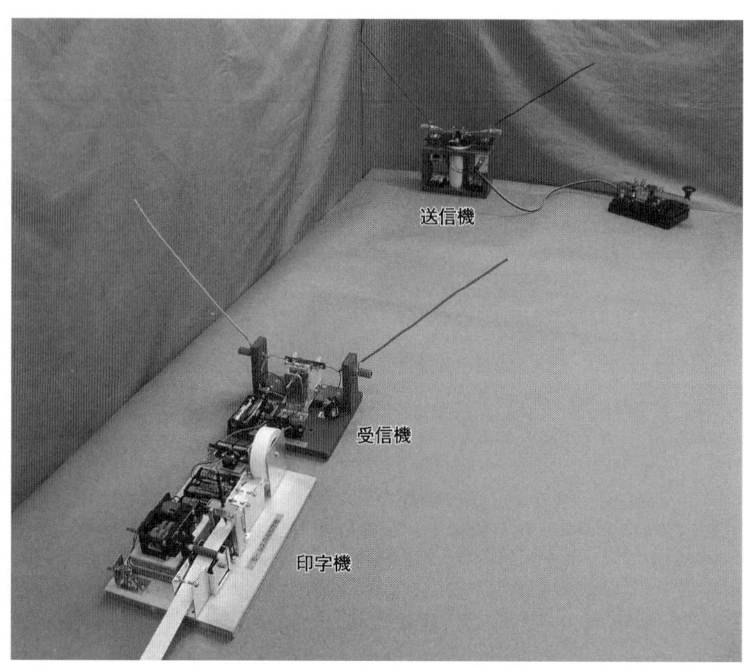

〈写真12〉
火花放電による通信実験のようす

デコヒーラと同様に，DCリレー(5V)を分解して，接点を除去し，アーマチュアを露出させます．このとき，**図8**(a)(c)のように磁石吸引でアーマチュアが引っ込むタイプではなく，**図8**(b)のように飛び出すタイプが好適です．ペンはボール・ペンの芯を取り出して使いました．ペンは固定ですが，上下の微調整はできるようにしておきます．**写真11**は，ペン機構とキャプスタン，ピンチ・ローラです．

結構難しいのが，紙送り機構です．**写真10**のように，ペンとキャプスタンの前後に，テープ走行を整えるためのテープ・ガイドが必要です．これがないと，テープがキャプスタンから外れてしまいます．また，紙が浮くことがあるので，ペンの直前で紙を抑えるローラ(**写真10**手前の黒い円筒)も必要でした．

製作した機器を組み合わせて通信実験

火花送信機，受信機と印字機を**写真12**のように配置して通信実験をしました．アンテナ間の距離は約1mです．写真奥の電鍵により，"RF, RF, RF, …"と打電すると，これに応じて送信機の放電ギャップの間で放電が起こります．

長さ50cmのV字形のダイポール・アンテナからは，$\lambda = 50$ cm(0.05m)に相当する$f = c/\lambda = 3 \times 10^8/0.05 = 600$ MHzを中心とするブロードなスペクトルの電波が放射されていると思われます．[4]

写真手前の受信機に，送信機と同じ長さのアンテナを接続してこの電波を受信します．送信機の放電に対応してコヒーラが導通し，リレーが動作して手前のモールス符号印字機のペン機構を動かし，紙テープに印字されて行きます．印字結果は冒頭で示した**図1**のように鮮明です．

おわりに

この実験で，コヒーラは感度こそよくありませんが，電波検出センサとして立派に動作することがわかりました．製作したコヒーラを使って，19世紀当時の火花通信を再現し，モールス符号を当時のタイプの印字機に記録することもできました．実は一番面倒だったのがRFとは縁遠い印字機の製作でした．

マルコーニの時代を回顧することは，電波の発見と応用を見直す契機にもなります．この記事により，誌上ではありますが，少しでもマルコーニら先人の追体験をしていただけたのであれば，望外の幸せです．

◆参考文献◆

(1) 鬼塚史郎；「通信の歴史――理科電話の実験的考察」，第9章 無線電信，pp.222～240，東京図書出版，2007年9月．
(2) 岡本次雄；「アマチュア無線のための技術史――コヒーラからダイオードまで」，CQ hamradio，1971年5月号，pp.194～197，CQ出版社．
(3) 玉井輝雄；「電気接点表面と接触のメカニズム」，表面技術，vol.55，no.12，一般社団法人 表面技術協会，2004年．
(4) 漆谷正義；「ヘルツの実験を史実に近い装置で再現する」，RFワールド，No.1，pp.126～131，CQ出版社，2008年．

第13章　真空管もトランジスタもなかった黎明期の通信を再現する

TYK火花放電式無線電話機の実験

火花で持続電波を出せるのか？ 音声を送れるのか？

TYK式無線電話の発明から100年が過ぎました．TYKとは，世界初の実用無線電話機の発明者である，鳥潟右一，横山英太郎，北村政次郎各氏の頭文字を取ったものです．真空管もトランジスタもない時代に，火花放電から生じる電波を使って，無線で音声を送る装置が彼らの手によって世に送りだされました．1世紀を経た現在では，文献と展示品(**写真1**)が残ってはいますが，実際に動作する装置を見ることはできません．

そこで，火花により持続電波(Continuous Wave)(CW)が出るのか，さらに音声を送ることができるのかなどを歴史を紐(ひも)解きながら，その一部を再現してみました．**写真2**は実験のようすです．

〈**写真1**〉**TYK式無線電話機**［逓信総合博物館所蔵．情報通信研究機構(NICT)において修復中の本体．アンリツ厚木アマチュア無線クラブ 一杉氏撮影］

■ 火花で作った電波は雑音のかたまりでは？

携帯電話に代表される無線電話は，生活に欠かせない必須アイテムとなりました．電波を発生させることは，今日では半導体などの増幅作用による正帰還発振を利用して，難なく実現できます．しかし，真空管も半導体もなかった時代には，火花で発生させた電波が無線通信に一役買っていました．

雷がゴロゴロと鳴るときに，AMラジオにバリバリと雑音が入ることから，火花放電により電波が出ていることは容易に推察できます．しかし，このノイズ同然の電気振動に音声を載せることができるのでしょうか？仮に音声を載せることができても，放電による雑音でかき消されてしまうのではないでしょうか？

動作原理

■ アーク放電により持続波を発生させる

放電には，自動車の点火装置のようにパチパチと飛ぶタイプと，電気溶接のようにボーと燃えるように弧(アーク)を作るタイプがあります．前者のような間欠放電の場合，パルス状の単発電波が繰り返されて発射されます．ドイツのヘルツ(Heinrich Rudolf Hertz)はこの電波で実験を行いました．

一方，後者のアーク放電から，持続的電波を取り出せることが，1892年に英国のトムソン(Elihu Thomson)により見いだされました．

ドイツの物理学者ウィーン(Max Wien)は1906年に，放電回路とアンテナ回路の双方に共振回路を入れて，放電間隙と発生する電波との関係を子細に調べました．

単発火花によって電波が発生するのは，放電の都度1回だけですが，空気中の火花間隙を0.3 mm以下にすると，これを繰り返すことができます．**図1**のように放電によりギャップ部分の抵抗が大きくなって，放電が一瞬にして停止(瞬滅)します．この現象は火花の「ダンピング効果」と呼ばれます．1次側の振動周波数は共振回路の周波数で決まります．ここで1次回路

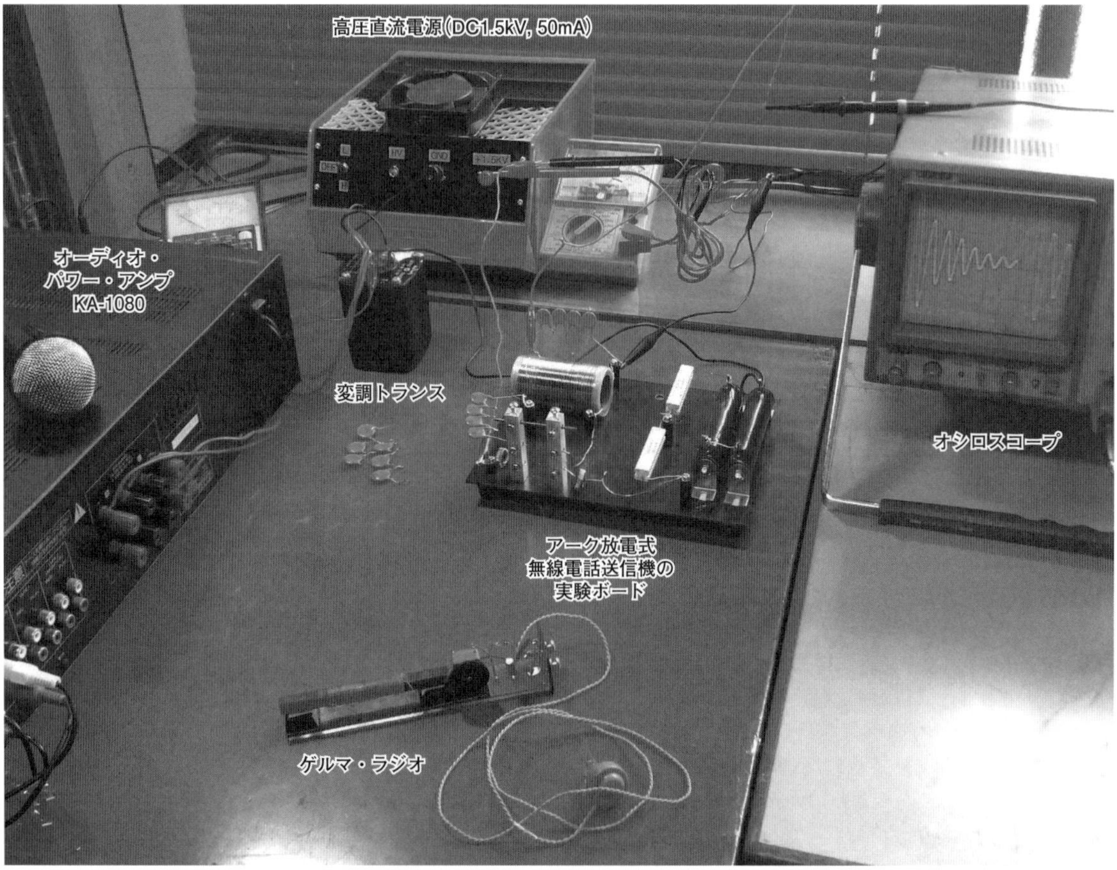

高圧直流電源(DC1.5kV, 50mA)
オーディオ・
パワー・アンプ
KA-1080
変調トランス
オシロスコープ
アーク放電式
無線電話送信機の
実験ボード
ゲルマ・ラジオ

〈写真2〉 火花式無線電話機の実験風景(室内)

放電
瞬滅

(a) 1次回路振動

(b) 2次回路振動

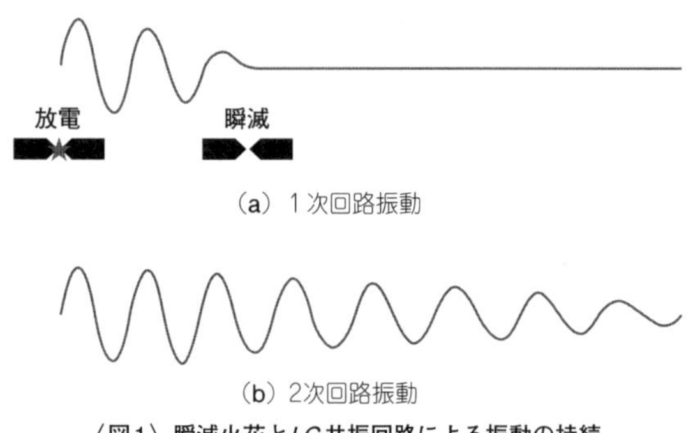

〈図1〉 瞬滅火花と LC 共振回路による振動の持続

高圧電源
アンテナ
カーボン・
マイク
アーク灯
安定抵抗
大地
アース

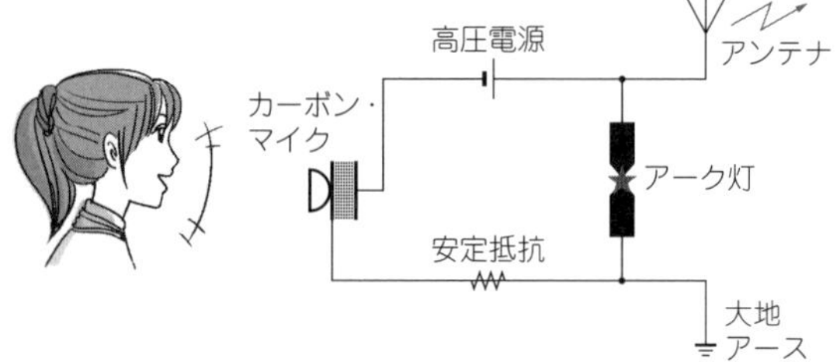

〈図2〉 シモンのアーク放電無線電話の回路

とは，放電ギャップ，コイル，コンデンサを含む閉回路，2次回路とは，これに結合したコイルとコンデンサによるもう一つの閉回路を指します．

2次側に共振回路があると，**図(b)**のように振動はさらに継続します．一方，放電が停止すると今度はギャップ部分の抵抗が小さくなるので，放電がまた開始するのです．これを短時間に繰り返すことで，振動が持続します．

船舶に搭載された火花式無線電話

瞬滅火花による無線電話の実験は，ウィーン教授の研究以前にも試みられていました．ドイツのシモン(Hermann Theodor Simon)は1894年，**図2**のようにアーク灯に直列にカーボン・マイクを入れて，アーク電流に変調をかけました．カーボン・マイクの抵抗変化により，アーク電流が変調されます．

続いて1902年にオランダのポールセン(Valdemar Poulsen)は，水素ガス中のアーク放電に磁場をかけて放電を安定させ，

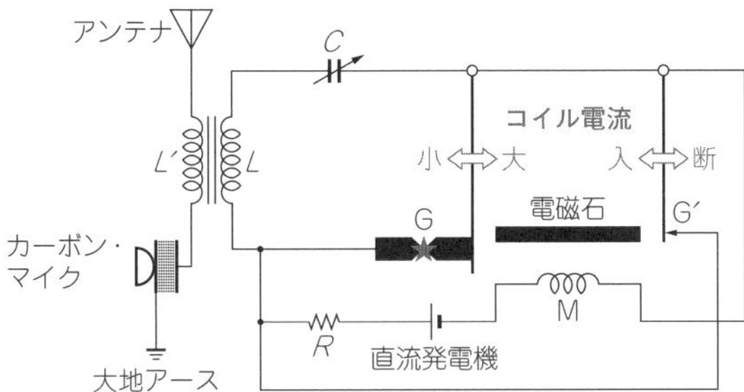

〈**図3**〉**TYK式無線電話送信機の回路**(放電電流が流れる電磁石によってギャップの間隔を制御する)

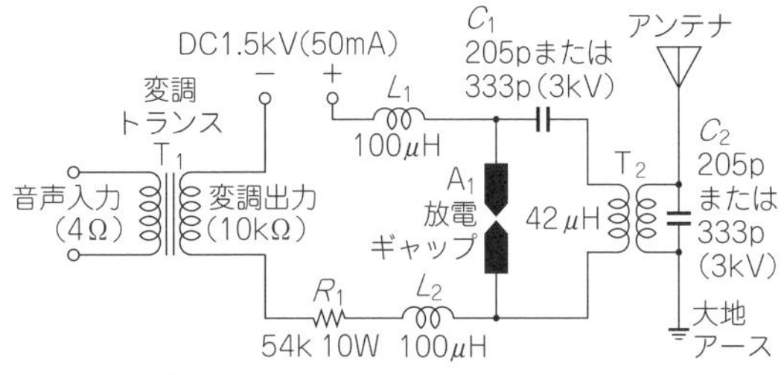

〈**図4**〉**製作した火花放電式無線電話送信機の回路**(**図2**のカーボン・マイクに代えてオーディオ出力トランスを使う)

40 kmの無線電話通信に成功しました．そのころ，地上ではすでに有線電話が普及していたので，アーク無線電話機は，おもに有線通信が不可能な船舶と港との間で使われました．この方式の最大の問題は，放電が不安定なため，周波数変動や出力変動が大きいことでした．

■ 放電を安定化させたTYK方式

冒頭で紹介したTYK式無線電話は，放電ギャップ部分に，自動制御ループを入れて放電を安定化させたものです．**図3**において電磁石Mを流れる放電電流が大きくなると，ギャップGの間隔が広がり，放電電流が減少します．逆に放電電流が小さくなるとギャップGの間隔が狭くなり放電電流が増加します．この結果，常に放電電流が一定になり，放電が安定します．

接点G′は，放電が完全に停止したときに閉となるので，電磁石Mに電流が流れ，G′は開となります．そのときに発生する高電圧によりギャップGの放電が再開します．

実験装置の回路

■ アーク放電式無線電話実験装置の回路

今回は実験ですから，長時間にわたる放電の安定性は我慢することにします．したがって，**図3**で示したTYK式無線電話の放電間隙制御は省略しました．**図4**に送信機の回路を掲げます．

この回路には，オーディオ・アンプ，直流高圧電源，アンテナ(約1 m)，大地アース(地中にアース棒を打ち込む)を接続します．

■ 変調回路には真空管式オーディオ・アンプの出力トランスを使う

変調には入手の難しいカーボン・マイクの代わりに，真空管式オーディオ・アンプの出力トランスを使用しました．トランスの仕様は次のとおりです．

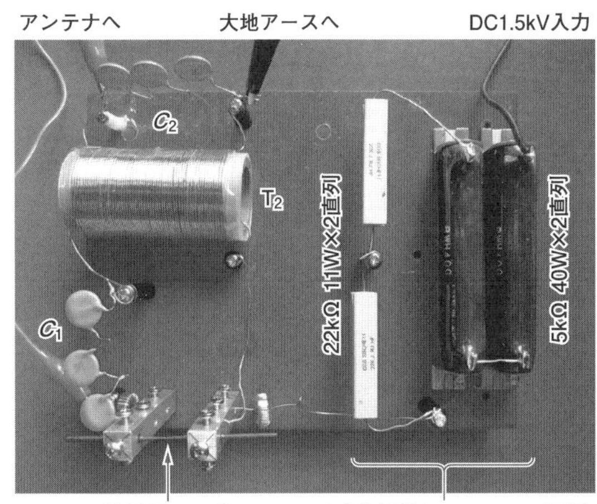

〈**写真3**〉**製作した火花式無線電話送信機**

- 1次側インピーダンス：$Z_p = 10\ \mathrm{k}\Omega$
- 最大出力電力：$P_o = 10\ \mathrm{W}$
- 2次側インピーダンス：$Z_o = 4,\ 8,\ 16\ \Omega$

トランスの低インピーダンス側(4 Ω)に，市販のオーディオ・アンプのスピーカ出力を接続します．使用したのはケンウッド社のステレオ・パワー・アンプKA-1080で，定格出力は次の通りです．

- 定格出力：105 W×2(負荷4 Ω時)，50 W×2(負荷8 Ω時)

■ 火花放電回路の構成

コイルL_1とL_2は，アーク放電によって発生した高周波電力が変調回路や電源ラインに戻るのを防止するものです．電流容量50 mA以上のパワー・インダクタ10～100 μHを使用します．

写真3が送信機の外観です．右側は抵抗R_1を構成する電力用抵抗器です．手持ちの抵抗で22 k＋22 k＋5 k＋5 k＝54 kΩとしました．この部分はかなり発熱するので周りの部品と距離を取っています．

アーク放電ギャップは，**写真4**のように，鉛筆の芯をアルミ・ブロックとねじで挟むような構造としました．ギャップ幅を0.3 mm以下にします．鉛筆は2Hです．

鉛筆の芯は，2Bだと炎が大きく，2Hや4Hでは小さくなります．瞬滅間隔は前者が短く，後者は長くなります．放電は後者の方が安定します．

■ 共振回路の仕様

共振回路のコンデンサC_1は，高耐圧セラミック・コンデンサを使用しました．耐圧1 kVのものを直列にして次の2種類を使いました．2次側のC_2も同じ値です．2種類のうち，いずれか放送または妨害のない方を選びます．

- 820 pF（耐圧1 kV）を4個直列：205 pF
- 1000 pF（耐圧1 kV）を3個直列：333 pF

コイルT_2の仕様は次のとおりです．

- ボビン：水道用塩化ビニル製パイプφ32 mm，長さ70 mm
- 1次巻き線：φ1 mmポリウレタン被覆銅線，35回巻き
- 2次巻き線：φ0.8 mmポリウレタン被覆銅線，35回巻き

2次巻き線は1次巻き線の上に重ねて巻いています．2次側開放時の1次側インダクタンスは42 μHでした．

〈写真4〉鉛筆の芯を使ったアーク放電ギャップ（ギャップ間隔を0.3 mmにする．鉛筆は2H）

■ 高圧電源回路の製作

実験には1.5 kV，50 mA程度の直流電源が必要です．**写真5**に製作した直流高圧電源の内部を示します．

私は手元にあった750 Vのトランスを使って，**図5**のような電源を作りました．1.5 kVを得るために，倍電圧整流をしています．

市販されている電解コンデンサの耐圧は最高でも450 V程度ですから，数個を直列にします．このとき，並列にブリーダ抵抗を入れて，容量のばらつきによる印加電圧のかたよりを防止します．この抵抗には出力

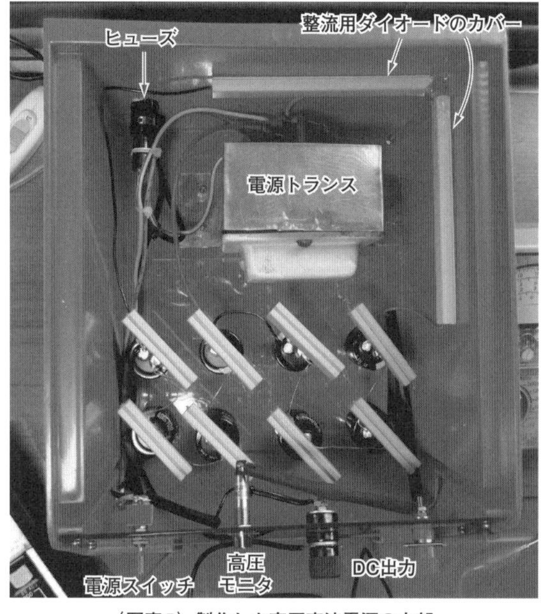

〈写真5〉製作した高圧直流電源の内部

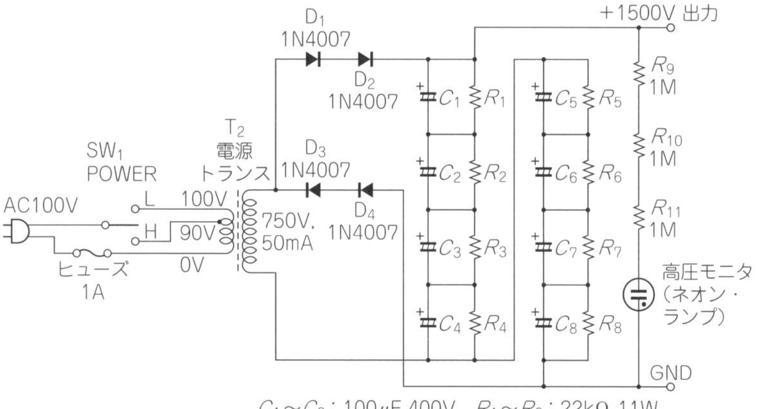

〈図5〉製作した高圧直流電源の回路
（出力1.5 kV，50 mA）

電流に匹敵する電流を流す必要があるので，かなり発熱します．この熱が電解コンデンサを加熱しないよう配置しました．

実験と考察

■ アーク放電を起こさせる

鉛筆の芯の先端を接触させ，わずかに離すと放電を開始します．安定抵抗が入っているので，ギャップを接触させても大きな電流が流れることはありません．ギャップ間隔は0.3 mm以下とします．放電電流は20～30 mA程度です．

ギャップ間隔と炎の大きさは比例するので，できるだけ小さな炎になるように調整します．作業はドライバなどの絶縁された道具を使い，誤って導電部を触って感電しないよう十分な注意が必要です．

送信アンテナ線の長さは約1 mとします．これにピックアップ・コイルを10回程度巻いてオシロスコープで波形を観測します．このときアンテナ線とピックアップ・コイルは誘導結合ではなく，静電結合しています．

観測すると**写真6**のような繰り返し波形が見られます．繰り返し周期は約15μs(67 kHz)ですから，音声帯域20 kHzより十分高くなっています．

しかし，安定した放電はなかなか持続せず，炎の大きさと，送信波形は刻々と変化します．とくに繰り返し周期は，放電の変動に対応して変化します．

放電電極には鉛筆の芯(炭素)以外に，銅やアルミもテストしました．また，先端が平らの場合と尖らせた場合も比較しました．結論としては，2H～4Hの鉛筆の芯を尖らせて対向させたものが良好でした．

写真7は，やや離れた位置で，スペクトラム・アナライザに約20 cmのロッド・アンテナを取り付けて，送信スペクトルを測定したものです．1.245 MHzのピークが見られますが，不要輻射も1000 kHz以上で盛り上がっているのがわかります．

写真8は，キャリア付近を拡大したものです．

■ ゲルマニウム・ラジオが受信に好適

受信には，市販のスーパーヘテロダイン方式のマルチバンド・ラジオ(パナソニック製RF-B11，**写真9**)と，自作のゲルマニウム・ラジオを使いました．後者の回路図を**図6**に，外観を**写真10**にそれぞれ示します．

イヤホンはクリスタル(圧電セラミック)タイプが必須です．出力ジャックJ_1は，アンプや録音機器を接続するためのものです．

このゲルマニウム・ラジオの同調コイルのアンテナ側の波形を**写真11**の下段に示します．上段は送信波

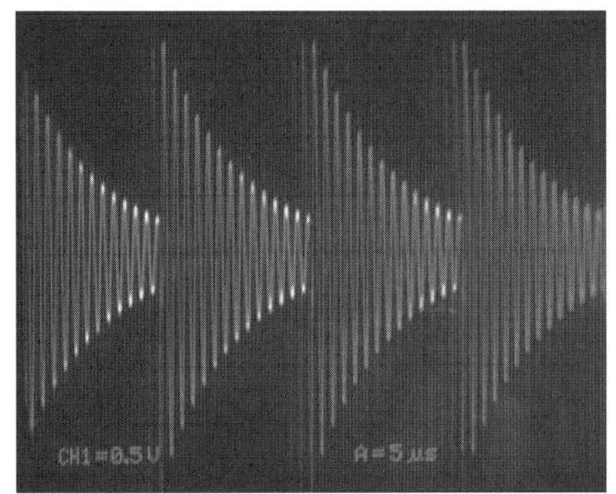

〈写真6〉送信アンテナの電圧波形(無変調；アンテナ線にピックアップ・コイルを静電結合して観測．5μs/div.，0.5 V/div.)

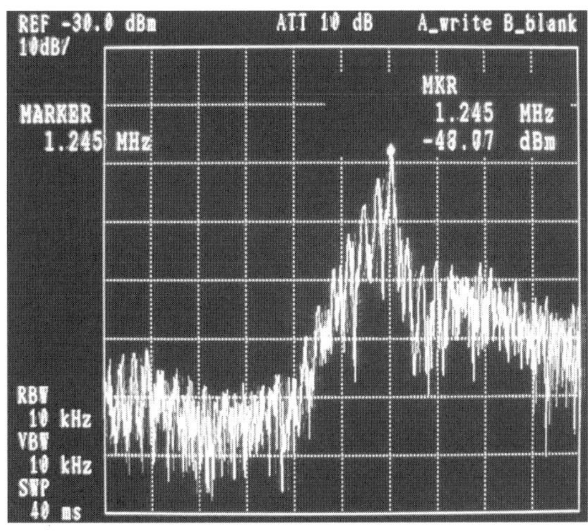

〈写真7〉火花式無線電話送信機の無変調スペクトル(中心周波数1 MHz，スパン1 MHz，10 dB/div.)

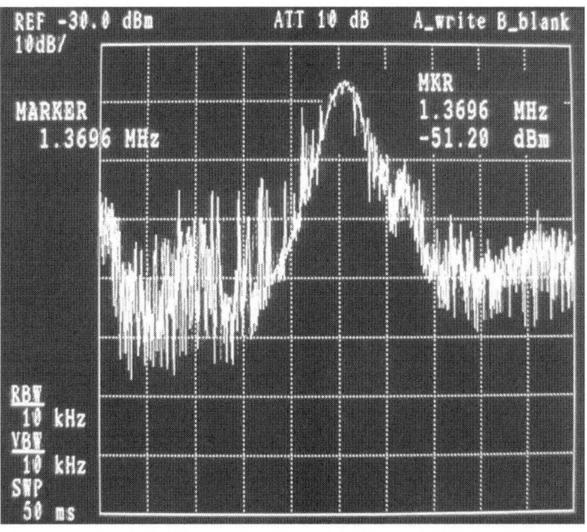

〈写真8〉火花式無線電話送信機の無変調スペクトル(中心周波数1.245 MHz，スパン200 kHz，10 dB/div.)

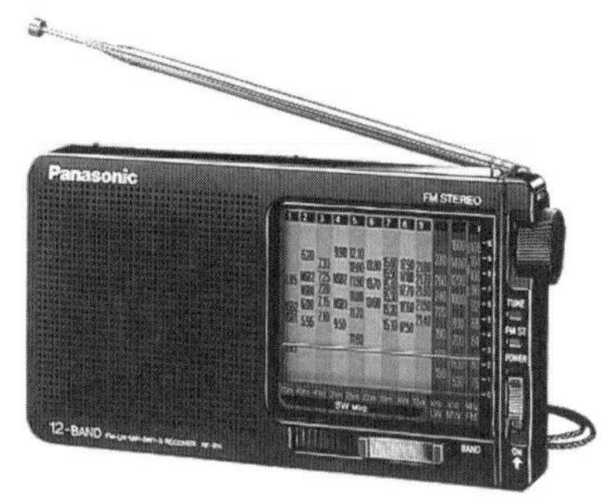

〈写真9〉スーパーヘテロダイン方式のマルチバンド・ラジオ（パナソニック，RF-B11）

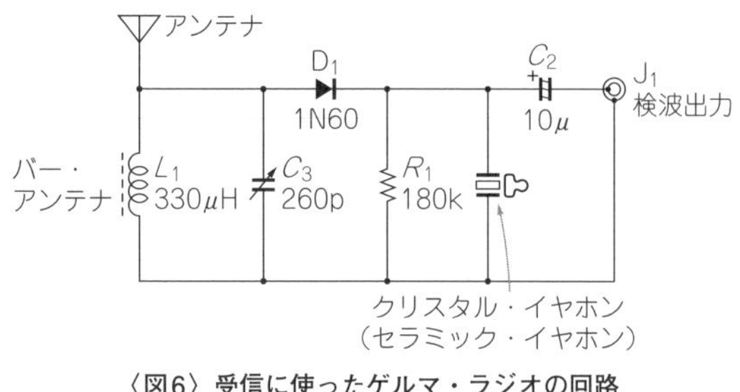

〈図6〉受信に使ったゲルマ・ラジオの回路

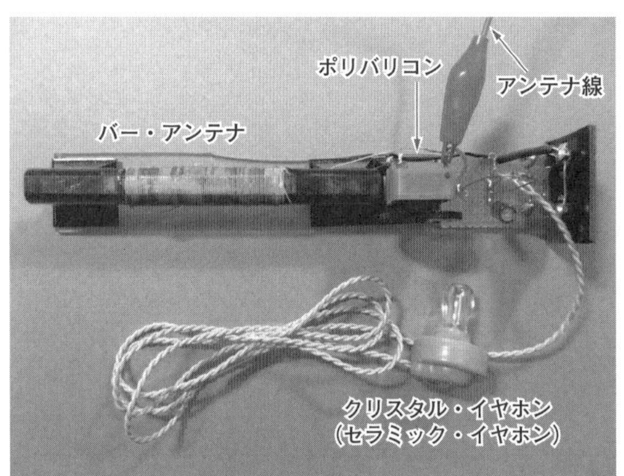

〈写真10〉受信に使ったゲルマ・ラジオの外観

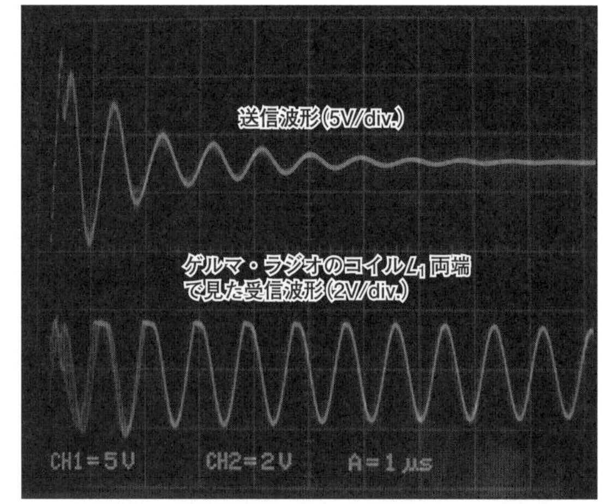

〈写真11〉無変調時の送信波形と受信波形(1μs/div.)

形です．

送信波形は，くさび形をした「減幅電波（damped wave）」ですが，受信波形は，ほぼ振幅が一定になっています．バリコンC_3を回すと，振幅が最大になる位置があります．これが送信周波数との同調点です．イヤホンからは放電の炎の変化時にバサバサという雑音が聞こえます．放電が安定している期間は，あまりノイズは目立ちません．一方，ヘテロダイン方式の受信機からは，放電が安定していても，かなりの雑音が聞こえます．これは**写真7**のスペクトラムの盛り上がりに対応した周波数帯で顕著です．ダイヤルを回すと，1000 kHz付近で受信機の同調ランプが点くので，キャリアが出ていることが確認できます．

■ 音声で変調をかける

次に変調トランスへオーディオ・アンプを接続して，音楽を流してみました．室内の5 mくらい離れた位置で，ゲルマ・ラジオとスーパーヘテロダイン・ラジオを聞き比べると，前者からははっきりとした音声が聞こえてきますが，後者からはひずんで不明瞭な音声しか聞き取れません．これはスーパーヘテロダイン方式が，混信防止のため，中間周波数帯域で決まる狭い帯域の信号しか通さないため，火花放電の乱れによる周波数変動に追随できないためと考えられます．また，後述するように，火花電波の変調方式は，振幅変調ではなく，パルス変調に近いことも音質劣化の一因と思われます．

写真12は無変調時の送信搬送波波形です．これに対して，**写真13**は1 kHz正弦波で変調をかけたときの波形です．

振幅変化はほとんどなく，放電間隔が変調されていることがわかります．**写真14**は，時間軸を変調信号に合わせて送信波形を観測したものです．音声レベルによって放電間隔が変わっていることがわかります．

変調信号のレベルをさらに大きくすると，**写真15**のように，変調信号に応じて，放電が途切れるようになります．この場合でも，耳で聞く限り，受信信号が大きくひずむようなことはないようです．

写真16は変調時の送信スペクトルです．**写真7**と比べると，全体にピークがブロードになっているように見えます．**写真17**はキャリア部分を拡大したものです．

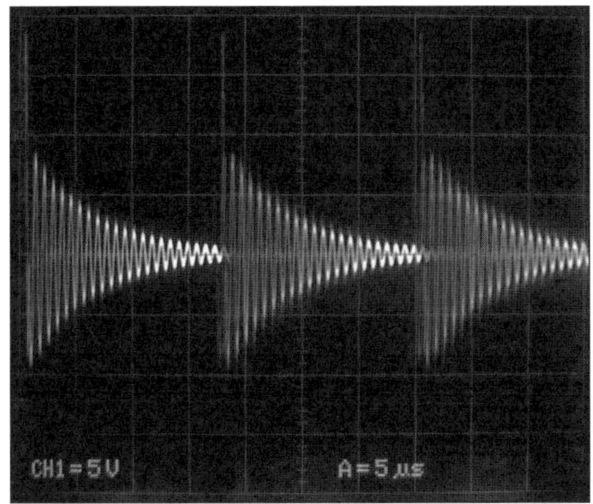

〈**写真12**〉 **無変調時の送信波形**（搬送波周波数1.24 MHz，繰り返し周期は約18 μs；5 μs/div.，5 V/div.）

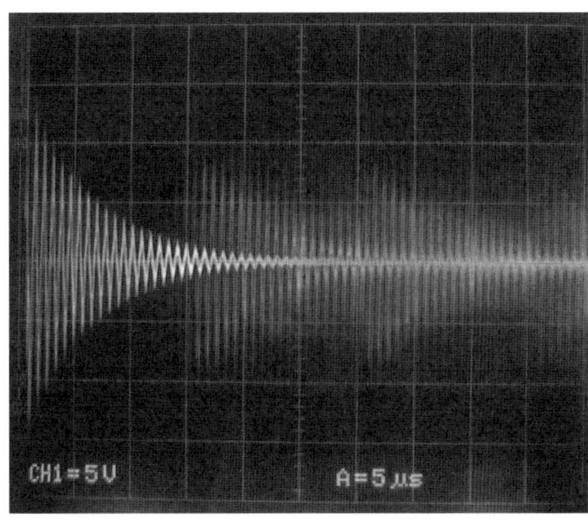

〈**写真13**〉 **1 kHz正弦波で変調した送信波形**（振幅ではなく，繰り返し周期が変調されている；5 μs/div.，5 V/div.）

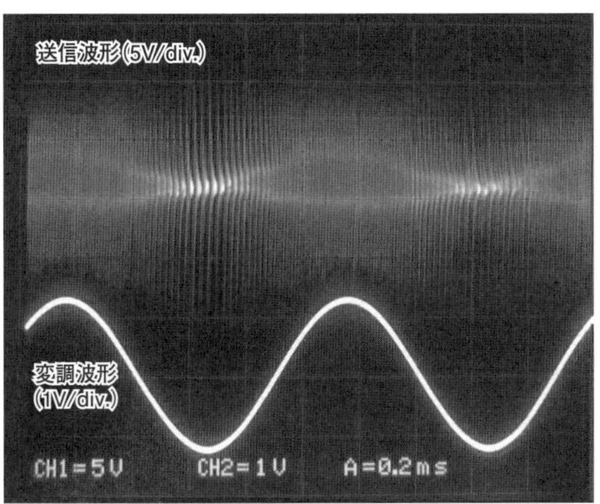

〈**写真14**〉 **送信波形と変調波形**（0.2 ms/div.；変調信号のレベルに応じて放電間隔が変化している）

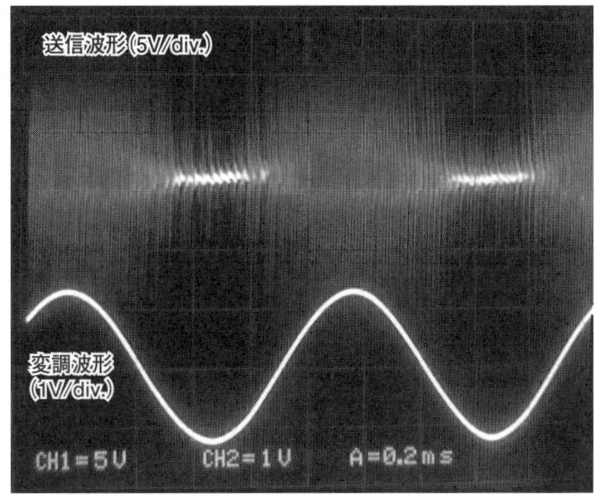

〈**写真15**〉 **送信波形と変調波形**（0.2 ms/div.；変調信号の振幅が大きいと放電が途切れるようになる）

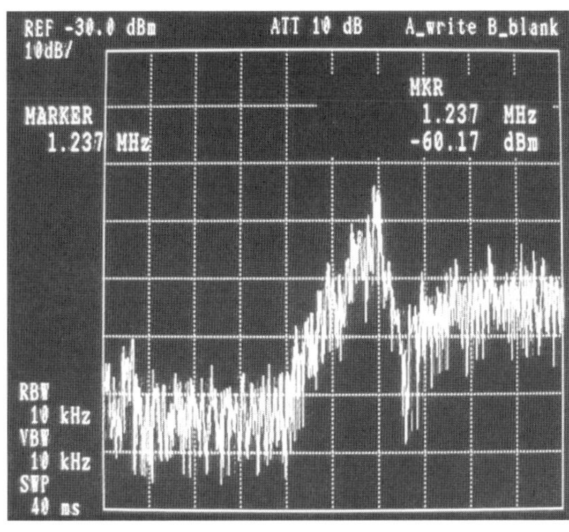

〈**写真16**〉 **火花式無線電話送信機を1 kHz正弦波で変調したスペクトル**（スパン100 kHz～2 MHz，10 dB/div.）

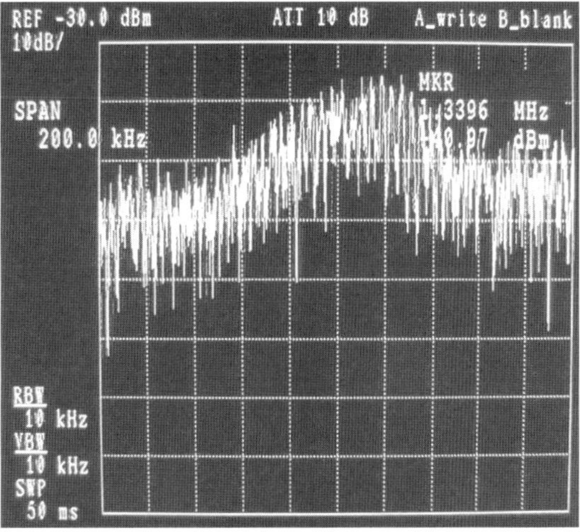

〈**写真17**〉 **火花式無線電話送信機を1 kHz正弦波で変調したスペクトル**（中心周波数1.237 MHz，スパン200 kHz，10 dB/div.）

〈表1〉送受信点間の距離dと静電界，誘導電磁界，放射電磁界の相対電力

送受信点間の距離d	距離d [m] (λ = 240 m)	放射電磁界の電力を1とした場合の相対電力値		
		静電界P_s (d^3に反比例)	誘導電磁界P_m (d^2に反比例)	放射電磁界P_r (dに反比例)
$\lambda/(2\pi) \fallingdotseq 0.16\lambda$	38.2	1.000	1.000	1.000
0.53λ	127	0.008	0.091	1.000
1.6λ	384	0.001	0.010	1.000

まとめ

■ 本当に電波が出ているのだろうか？

現在，国際電気通信連合(ITU)の無線通信規則(RR)によれば「減幅電波(B電波)の発射は，すべての局に対して禁止されること」となっています．これは，高調波除去と，周波数占有帯域幅を狭めることが難しく，通信に支障を来たすためです．

発信源からのエネルギーは次の三つの成分からなります．[3]

- 静電界：距離の3乗に比例して減衰
- 誘導電磁界：距離の2乗に比例して減衰
- 放射電磁界：距離に比例して減衰

波長をλ，送受信点間の距離をdで表すと，マクスウェルの方程式から，$d = \lambda/(2\pi)$のとき，これら三つの成分がほぼ同じ大きさになります．受信した信号が「電波」と呼べるには，三つの成分のうち，放射電磁界以外が無視できるほど小さくなければなりません．

このため十分離れた距離で受信する必要があります．具体的には静電界の電力をP_s，誘導電磁界の電力をP_m，放射電磁界の電力をP_rとしたとき，$P_r \geqq 100(P_s + P_m)$となる距離dは約1.6λです．今回は$\lambda \fallingdotseq 240$ mですから，$d = 384$ mとなります．同様に$P_r \geqq 10(P_s + P_m)$となる距離dは約0.53λ，$d = 127$ mとなります．これらを**表1**にまとめて示します．

一方，本実験で発射する電波は，日本の電波法で定められた免許不要の微弱無線で認められた電界強度レベル以下とすべきでしょう．すると127 mや384 mも離れて調べることは到底無理です．したがって，アンテナを伸ばして遠距離で受信を試みることは断念しました．

この代わりに，室内で1 mほどのアンテナを張って送信し，距離5 mまでの電界強度の減衰のようすを20 cmのロッド・アンテナをつないだスペアナで調べると，距離によって電界強度はほとんど変わりません．もし，放射電磁界がないとすると，上記のように，2乗や3乗の顕著な変化があるはずです．このことから，受信点では放射電磁界が加わっていると判断しました．

■ おわりに

TYK無線電話のころには，オシロスコープやスペクトラム・アナライザはありませんでした．それにもかかわらず，先人は電波の本質に迫ることができたのです．高価な測定器がないから仕事ができない，などといっていると，天国の先輩たちに笑われるのではないでしょうか．

アーク放電は不安定で，なかなか良いデータが取れません．これはその技術がノウハウの多い，深い分野であることを忍ばせます．これを実用的な無線装置に仕上げた先人の技術力は相当なものだと思いました．

現在，スペクトラム拡散やインパルス無線(UWB)のように，ほとんどノイズともいえるような電波が見直されています．温故知新といいます．技術の迷路に入り込んだときには，原点に戻ることも一つの解決策となるでしょう．

◆ 参考文献 ◆

(1) 電氣試験所 第二部；「遞信省式實用無線電話機」，研究報告第十一号，大正2年9月(1913年)．
(2) 鬼塚史郎；アーク放電型無線電話，「通信の歴史――理科電話の実験的考察」，pp.262～268，東京図書出版会，2007年10月，リフレ出版．
(3) 虫明康人；「アンテナ・電波伝搬」，1961年，コロナ社．

3

第３部
受信回路の製作

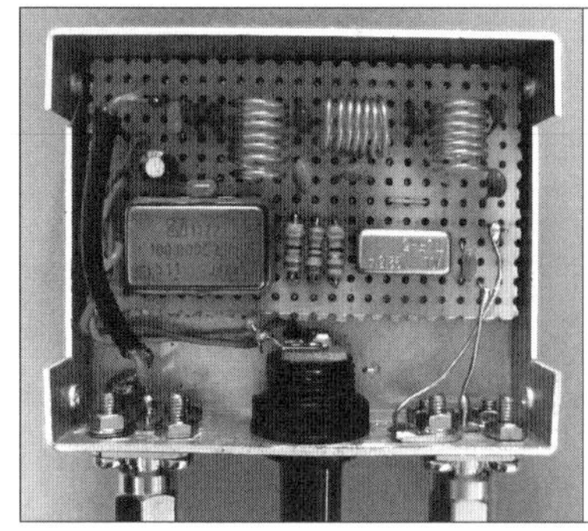

第14章　ソフトウェア・ラジオで中波や短波を受信してみよう！

USBワンセグ・チューナ用HFコンバータの製作

USBワンセグ・チューナ・ドングルを流用した簡易型SDRが静かなブーム

SDRは，これまで専用ハードウェアを必要としていましたが，近年普及して来たSDRベースの安価なUSBチューナ・ドングルがそのプラットホームとして利用できるようになりました．性能や感度は本格的なSDRには及ばないものの，入手性や価格，使いやすさの点で入門用として適当だと思います．無改造のままで対応するSDRソフトウェア（後述）と組み合わせれば50 M～1.7 GHzの広帯域を受信できます．しかしチューナ・チップの内蔵オシレータの下限があり，そのままでは中波や短波の受信には使えません．

そこで**写真1**に示す簡単なコンバータを製作して，HF帯（～30 MHz）とVHFの低域（30 M～60 MHz）の電波を受信してみました．

安価なUSBチューナ・ドングルによるSDR

■ SDR：ソフトウェア・ラジオとは

SDR（Software Defined Radio）とは，文字通り「ソフトウェアで定義されたラジオ」です．すなわちAMとかFMなどで変調された電波をコンピュータのソフトウェアで復調する受信機です．さまざまな周波数の電波をコンピュータで処理できる帯域に変換して，あとはコンピュータ内部のソフトウェアにより，元の音声や映像信号を復調します．

SDRの利点はソフトウェアによってさまざまな変調方式に対応できる点にあります．例えば本稿で利用するUSBワンセグ・チューナは，パソコンのUSB端子に接続して，地上波ディジタルのワンセグTV放送を受信するためのものですが，別のソフトウェアで使うとAM/FM/SSB/CWなどを受信できる広帯域受信機に早変わりします．

写真2は台湾製のUSBチューナ・ドングルLT-DT306です．実売1,000～2,000円くらいで市販されています．ワンセグ放送の受信用として専用ソフトウェアを同梱して販売されていますが，インターネット上で入手できるフリーのSDRソフトウェア“SDR#”や“HDSDR”と組み合わせると，50 MHz～1.7 GHzをカバーし，AM/FM/SSB/CWなどを受信できる広帯域受信機として使えます．

日本国内では類似のUSBチューナ・ドングルとして**表1**に示すような商品が市販されています．SDR#やHDSDRで使うにはRTLSDR対応の欄にOKと記した機種が適当です．

基本的な構成はチューナ・チップ＋ADC/USBイン

〈写真1〉USBワンセグ・チューナ・ドングルに接続したHFコンバータ

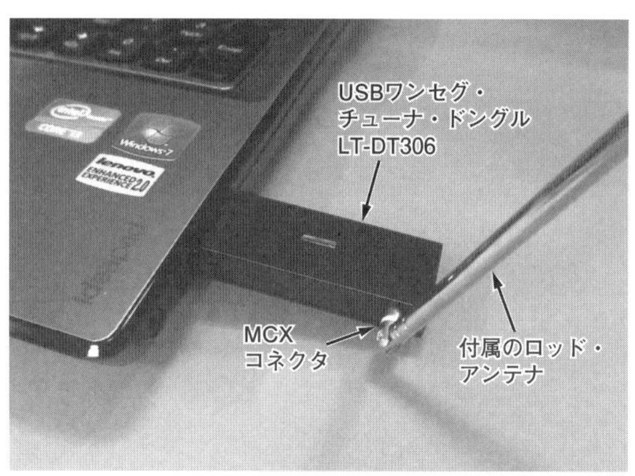

〈写真2〉市販のUSBワンセグ・チューナでは付属ロッド・アンテナを使って受信する

〈表1〉市販USBワンセグ・チューナ・ドングルの内部構成

モデル名	ブランド名	内部構成	特徴	RTLSDR対応
DS-DT305	Zox	FC0012＋RTL2832U	受信範囲：50 M ～ 1.0 GHz(22 M ～ 1.0 GHz)*1	OK
DS-DT310	Zox	FC0013＋RTL2832U	受信範囲：50 M ～ 1.1 GHz(22 M ～ 1.7 GHz)*1	OK
LT-DT306	Red Spice	FC0013＋RTL2832U	受信範囲：50 M ～ 1.1 GHz(22 M ～ 1.7 GHz)*1	OK
LT-DT307	Red Spice	FC0012＋RTL2832U	受信範囲：50 M ～ 1.0 GHz(22 M ～ 1.0 GHz)*1	OK
LT-DT309	Red Spice	FC0013＋RTL2832U	LT-DT306のMCXコネクタ改良品	OK
LT-DT619	Red Spice	FC0013＋RTL2832U	LT-DT306にMCX-F変換コネクタ同梱	OK
LT-DT620	Red Spice	FC0012＋RTL2832U	LT-DT307にMCX-F変換コネクタ同梱	OK
LT-DT621	Red Spice	FC0013＋RTL2832U	LT-DT309にMCX-F変換コネクタ同梱	OK
TV28T v2 DVB-T (DVB-T＋DAB＋FM)	ノーブランド	R820T＋RTL2832U	受信範囲：24 M～1.85 GHz*1高感度チューナ・チップR820T採用	OK
SK-1DX	SKnet	SMS1140		未対応
KDK-ONESEG-MINI/U2	恵安	SMS1140		未対応
PX-S1UD	PLEX	SMS2270		未対応

注▶＊1：個体によって受信可能な周波数範囲の下限や上限が異なる．

ターフェース・チップです．帯域はチューナ・チップで決まり，FC0012(台湾FITI power社)よりFC0013(同)の方が高域まで伸びています．

チューナ・チップには古い世代ながら高感度なE4000(英国Elonics)/E4K(同)とか，高感度かつチューニング範囲の広いR820T(台湾Rafael Micro社)を搭載した製品もありますが，いずれも欧州のDVB-T向けで，今のところ国内では販売がスタートしたばかりなので**表1**には1機種しか含めていません．

なお，今回のようにアナログ放送を受信する場合は，商品に同梱されているワンセグ(ISDB-T)やディジタル・ラジオ(DAB)などの復調ソフトウェアを使用しません．

■ SDRソフトをインストールする

以下，SDRソフトの入手先を示します．いずれもフリーウェアです．

SDR#▶ https://airspy.com/download/

HDSDR▶ https://www.hdsdr.de/

SDR#は操作が簡単でFMステレオにも対応しています．HDSDRは機能が豊富で選局がしやすく，BCLやアマチュア無線には好適です．

パソコンへのインストールは，RTL2832Uに対応したデバイス・ドライバが別途必要です．ドライバは，SDR#とHDSDRでは，共通に使えます．HDSDRを最初にインストールすれば，HDSDRの圧縮ファイルにデバイス・ドライバが含まれているので，SDR#も難なく動きます．具体的なインストール方法は，各サイトの説明を参考にしてください．

中波や短波を100 MHz帯へ周波数変換する

ワンセグ・チューナの受信帯域は，TV放送帯域(ワールド・ワイドだと約40 M～900 MHz)をカバーするように設計されているようです．このためか50 MHz以下では十分な感度が得られません．

そこで50 MHz以下の周波数を受信する場合は，外付けコンバータを追加してワンセグ・チューナで受信できる周波数に変換します．受信周波数帯域より高い周波数帯域に変換するアップ・コンバータなので，以下「HFコンバータ」と呼ぶことにします．

周波数変換には市販のダイオードDBM(Double Balanced Mixer)をミキサとして使います．**図1**のように，RFポートに周波数f_RとLOポートにf_Lを入力すると，IFポートには和の周波数(f_R+f_L)と，差の周波数(f_R-f_L)が得られます．理想的な動作ならばIFポートにはf_Rとf_L自体は現れません．

表2を見てください．いま$f_L=100$ MHzにすると，アンテナから入ってきた$f_R=1$ MHzの信号はIFポートに$f_R+f_L=101$ MHzと$f_R-f_L=-99$ MHzに変換されて現れます．-99 MHzは負の周波数ですが，通常のミキサでは99 MHzの信号として受信されます．表では絶対値記号を付けて$|f_R-f_L|=99$ MHzと表記しています．

101 MHzも99 MHzもワンセグ・チューナで受信可能な周波数範囲ですから，いずれも受信できます．101 MHzの信号は順ヘテロダインなので元の信号と

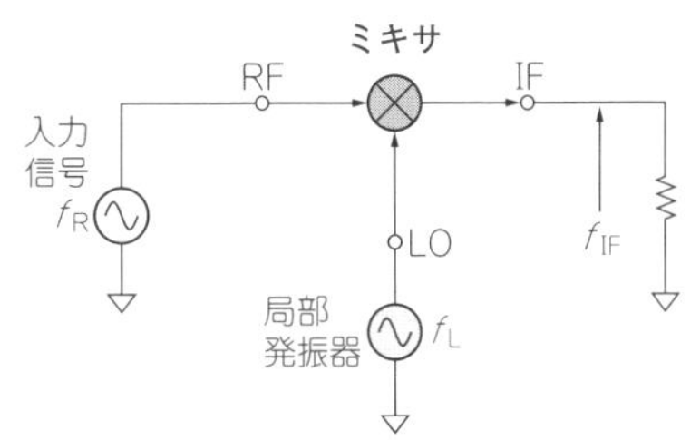

〈図1〉ミキサの入出力信号

〈表2〉ミキサ入出力信号の周波数関係

RF周波数 f_R［MHz］	局発周波数 f_L［MHz］	IF周波数 ($f_{IF}=\|f_R+f_L\|$)	IF周波数 ($f_{IF}=\|f_R-f_L\|$)	備考
1	100	101	99	f_R = 1 MHzの信号をf_{IF} = 101 MHzとf_{IF} = 99 MHzで受信できる．ただし，99 MHzの信号は逆ヘテロダインなので，スペクトルが反転している．
30	100	130	70	f_R = 30 MHzの信号をf_{IF} = 130 MHzとf_{IF} = 70 MHzで受信できる．ただし，70 MHzの信号は逆ヘテロダインなので，スペクトルが反転している．
230	100	330	130	f_R = 230 MHzの信号を330 MHzと130 MHzで受信できる．逆ヘテロダインされた130 MHzの信号がf_R = 30 MHzの信号を順ヘテロダインした130 MHzに妨害を与える．

同じスペクトルを受信できますが，99 MHzの信号は逆ヘテロダインなのでスペクトルが周波数軸上で反転しており，たとえば元の信号がUSBなら，99 MHzの信号はLSBとして受信できます．

ここで入力信号f_Rはf_Lより低いこと，すなわち$f_R < f_L$であることが必須です．もし，$f_R > f_L$の信号が入ると，受信帯域に変換されて妨害信号となってしまいます．例えば，f_R=230 MHzだと$|f_L - f_R|$=130 MHzに変換されてしまい，本来のf_R=30 MHzの信号を妨害します．これを「イメージ妨害」といいます．したがって，f_Rとして入力する信号のうち100 MHz以上の信号は十分減衰させる必要があります．次にこのためのLPFを設計します．

■ 入力側LPFはチェビシェフ型を使う

入力側にLPFを設けるのは，上述のイメージ妨害を防ぐほかに，ミキサの通り抜け信号による妨害を防ぐ意味があります．理想的なミキサはRF入力からIF出力へ通り抜ける信号がないのですが，現実のミキサでは強力な信号がRFへ入力されると，IFへ漏れてくることがあります．このため100 MHz以上の信号がRFへ入力されないよう，カットオフ周波数が60 MHzのLPFを設けます．

このLPFは100 MHz以上で十分な減衰が得られ，減衰域ではできれば極を持たない方が望ましいです．さらに，通過域はできるだけ平坦(へいたん)であるべきです．また，素子数は少ない方が組み立てる苦労が少ないので作りやすいでしょう．以上の要求を満たすフィルタの候補の筆頭はチェビシェフ特性です．素子数を制限するために7次のLPFとします．通過帯域として少なくとも50 MHzは欲しいので，少し余裕を見てカットオフ周波数は60 MHzとします．通過域リプルを0.2 dB以下，100 MHzでの減衰量を48 dB，インピーダンスを50 Ωとします．この仕様で設計した回路を**図2**に示します．

使用した設計ツールはS・NAP-Pro V3(MEL社)です．上記の仕様を与えるだけで，**図2**の回路図が出力されます．シミュレーション結果を**図3**に示します．通過域のリプルは十分に抑えられています．インダクタが3個で収まることを前提にすると，この構成の最大減衰量は48 dB@100 MHzでした．

回路を組んで実測した結果を**写真3**に示します．−2.6 dB@60 MHzで通過帯域のリプルは十分に抑えられています．

■ 周波数変換器(DBM)の選択

ミキサとしては，IC化されたNE602(NXPセミコンダクター)やTA7358(東芝)を使う方法もありますが，相互変調特性が悪いので，ダイオードによるDBMを採用したほうが無難です．

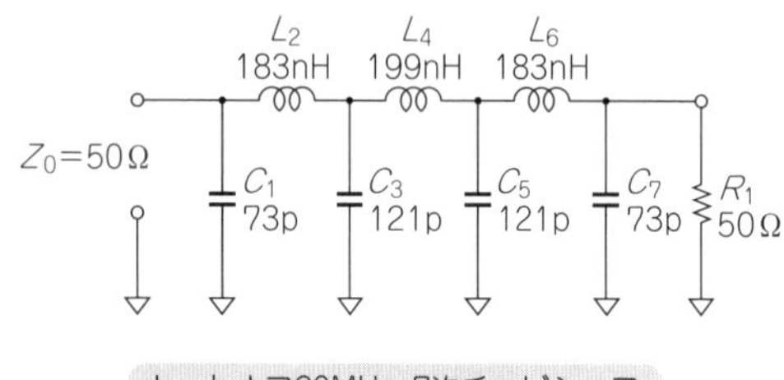

〈図2〉入力ローパス・フィルタの回路

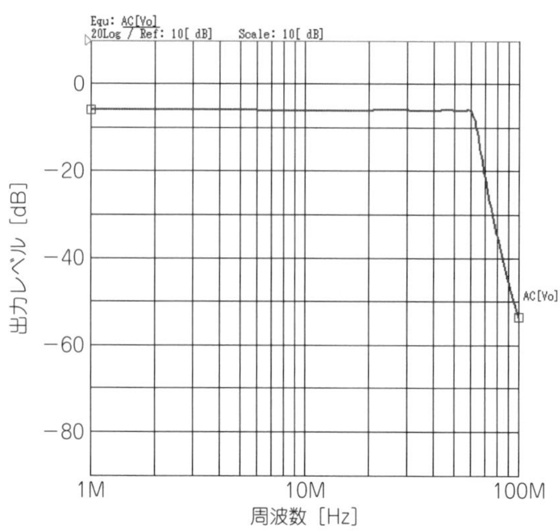

〈図3〉図2の回路をシミュレーションした結果

LO電力が7 dBm程度でRFポートの下限周波数が0.1 MHz程度の品種として，Mini-Circuits社のSBL-1-1，SRA-3，SRA-6，SRA-8，TAK-5，TFM-3などがあります．しかし，いずれも入手性が悪いので，本機では国内で容易に入手できる同社のTUF-5を選びました．RFポートの帯域はカタログでは20 M～1.5 GHzとなっています．内部回路を**図4**に掲げます．TUF-2も同様に使えます．

TUF-5はRFポートの低域が20 MHzなのが問題です．**図4**において，IF側の帯域はDC～1 GHzなので，IFポートとRFポートを入れ替えれば，下限周波数を低くすることができそうです．DBMの各ポートを普通に使ったときと，RFとIFを入れ替えたときの変換損失の実測結果を**表3**に示します．通常とは逆にIF側を入力，RF側を出力にして使うと100 kHzにおける変換損失が25 dBも改善され，中波帯でも4 dB悪化するだけなので，十分実用になります．

■ クロック発振モジュールの選択

局部発振器(LO)は，発振子と発振回路が一体になったマイコン用の100 MHzクロック発振モジュールが簡便です．今では面実装品が普通ですが，実装しやすい金属パッケージ品が入手できたのでこれを使いました．

クロック発振モジュールは，基本波発振であれば問題ありませんが，なかには逓倍方式のものがあって，低調波がたくさん含まれているものがあります．念のためにスペクトルを観測したのが**写真4**です．

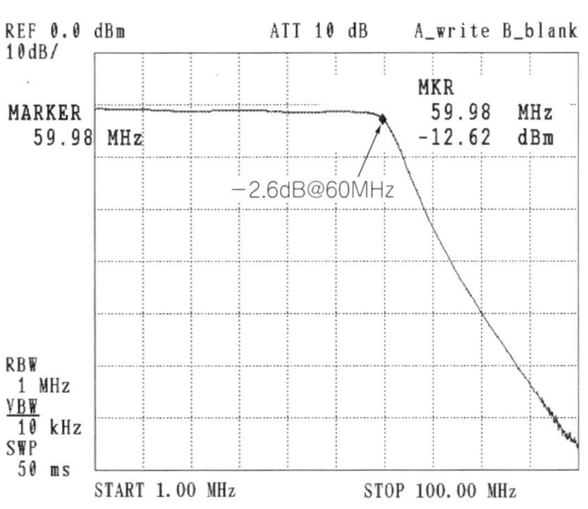

〈写真3〉 図2の回路を実測した結果(スパン1～100 MHz，10 dB/div.)

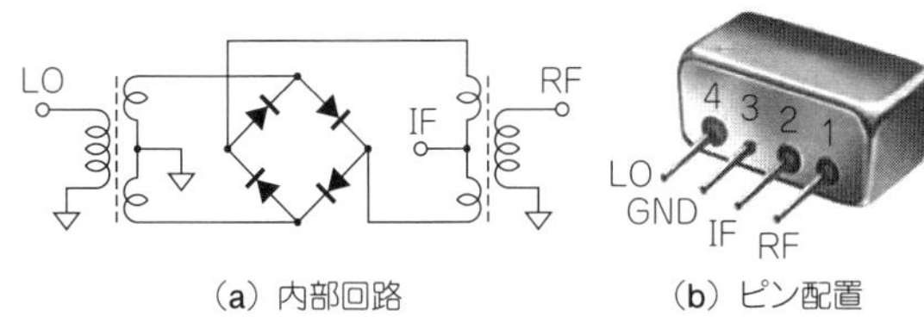

〈図4〉 ダブル・バランスド・ミキサTUF-5の内部回路とピン配置(Mini-Circuits社)

出力周波数100 MHzに対して，これより低い周波数の成分は見られません．また，2倍，3倍の高調波が見られますが，受信帯域が60 MHzですから，影響はありません．

■ π型減衰回路の設計

ミキサTUF-5へのLO入力レベルは+7 dBmが推奨値です．50 Ωでは正弦波換算で0.5 V_{rms}となります．

今回使用したクロック発振モジュールの出力は5 V_{p-p}の正弦波に近い波形でした．これは約1.77 V_{rms}，すなわち50 Ω負荷で約+18 dBmです．これを+7 dBmに減衰させるために11 dBのπ形アッテネータを挿入しました．

■ 製作するHFコンバータの回路

図5が回路図です．LPFは**図2**そのものですが，コンデンサを各々2個ずつ組み合わせて，標準系列の値で構成できるようにしています．

■ インダクタの設計と実装方法

インダクタは，直径7 mmの棒を巻き枠にして，直

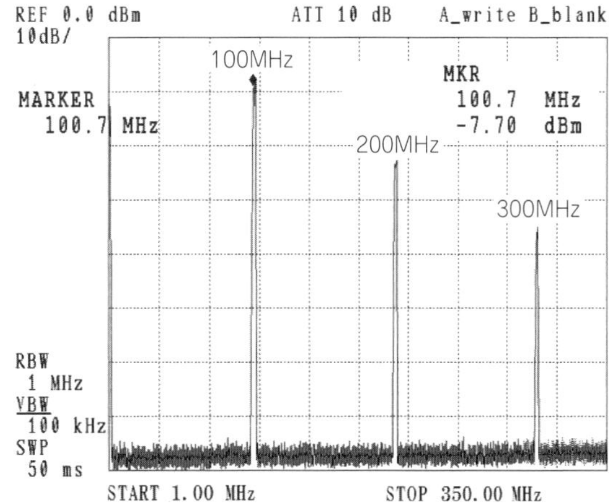

〈写真4〉 クロック発振モジュールのスペクトル(スパン1～350 MHz，10 dB/div.)

〈表3〉 TUF-5のポートを入れ替えた場合の変換損失を実測した結果

周波数	変換損失	
	通常使用(入力：RFポート，出力：IFポート)	RF/IF入れ替え(入力：IFポート，出力：RFポート)
100 kHz	36 dB	11 dB
1 MHz	18 dB	10 dB
30 MHz	6 dB	6 dB

径0.76 mmの絶縁銅線(エナメル線)を巻いて作ります．**表4**に仕様を示します．銅線の直径は，コイルが変形せず固定できれば少々違っても大丈夫です．

いずれも巻き数は同じで，コイルの長さを変えることでインダクタンスを調整します．コイルを伸ばして長くするとインダクタンスが減少し，コイルを縮めて短くするとインダクタンスが増加します．

コイルどうしの結合(相互誘導)があると通過域のリプルが悪化するので，隣接するコイルは互いに直角に配置します．

■ ユニバーサル基板の配線と組み立て

回路基板はユニバーサル基板に実装し，はんだパターンで接続しました．**図6**に部品面から見たパターン図を示します．グラウンド・パターンはできるだけ相互に接続して面積を広くします．

写真5は実装状態の外観図です．

■ USBから電源を採る

HFコンバータの電源(DC＋5 V)は，USB端子から採るのが便利です．この場合，パソコンからの雑音が流入する可能性があります．最初に電池で動作を確認し，次にUSB電源に切り替えてノイズの差を確認する必要があります．私の場合は顕著なノイズの混入は認められなかったので，USB電源を使うことにしました．**写真6**にアダプタの外観を示します．

〈表4〉ローパス・フィルタのコイル・データ

インダクタンス	線径	コイルの内径	巻き数	コイル長
199 nH	0.76 mm	7 mm	7回	8.7 mm
183 nH				9.8 mm

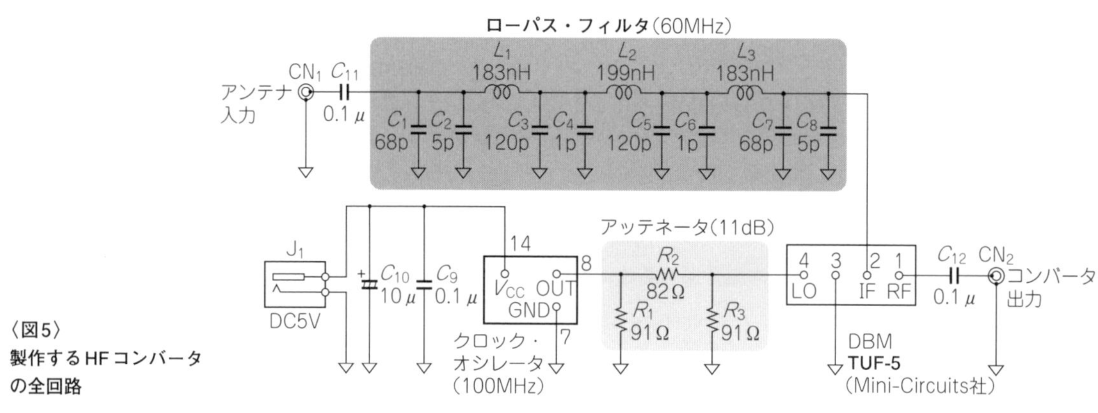

〈図5〉製作するHFコンバータの全回路

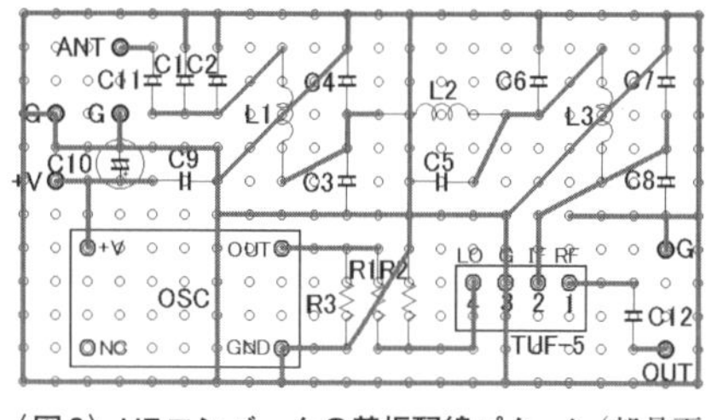

〈図6〉HFコンバータの基板配線パターン(部品面から透視した図)

(a) 部品面

(b) 半田面

〈写真6〉USB電源アダプタ

(a) 部品面

(b) 半田面

〈写真5〉製作したHFコンバータ基板

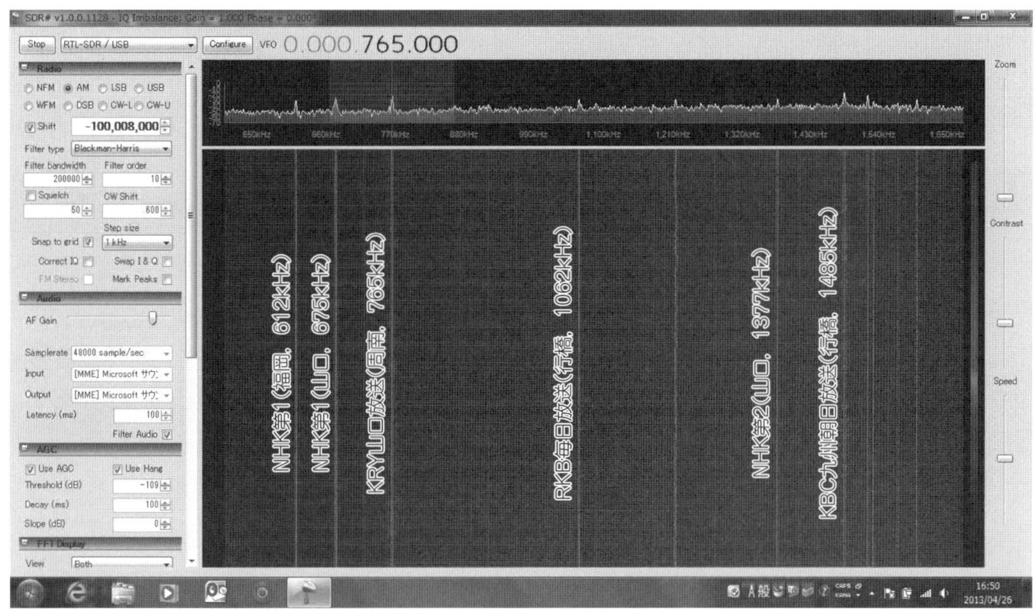

〈図7〉HFコンバータとSDR#による中波放送の受信結果(スパン495 k～1675 kHz，周波数表示は100 MHzオフセットしてあるので直読可能)

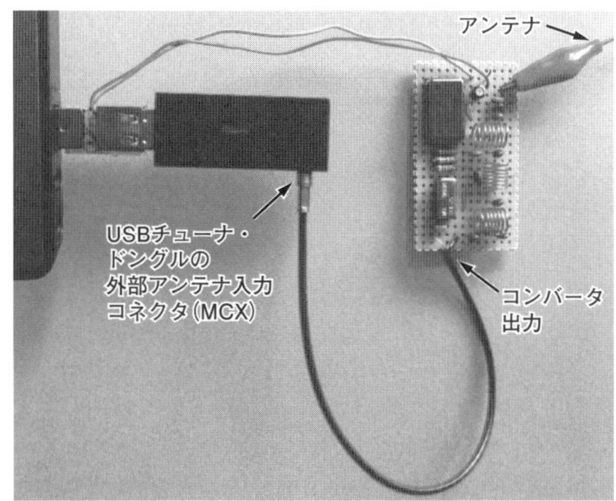

〈写真7〉ワンセグ・チューナに接続したHFコンバータ

写真7はワンセグ・チューナに接続したところです．ケースに収納しなくてもこのままで十分に使えます．

写真8はアルミ・ケース(タカチ電機工業のYM-65)に収納したところです．後述するように，プリアンプやBPFと組み合わせる場合は，金属ケースでシールドする必要があります．RFコネクタは，入手が容易なSMAを使用しています．

受信結果

■ 中波帯の受信結果

図7は中波AM放送の受信結果です．アンテナは5 mで，一部を屋外に出しています．

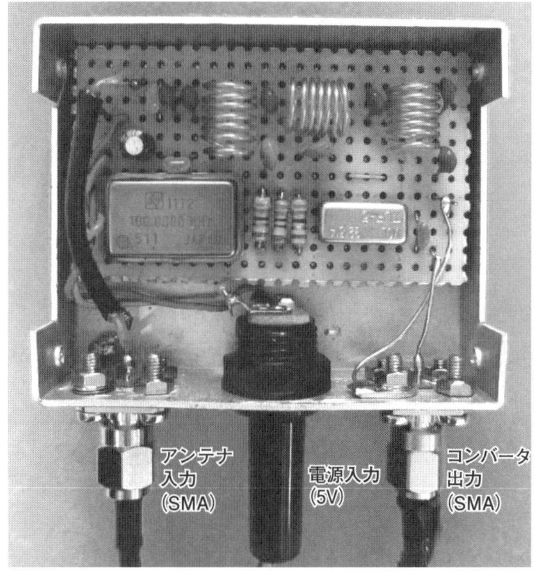

〈写真8〉HFコンバータを収納したアルミ・ケースの内部

市販のオールバンド・ラジオ(パナソニック社，RF-B11)だと，当地では**図7**の局すべてを受信できるわけではないので，中波帯は実用的な感度であると思います．

■ 短波帯の受信結果

図8は短波放送の受信結果です．アンテナは中波帯と同じです．9.5 MHz帯放送バンドの各局やラジオ日

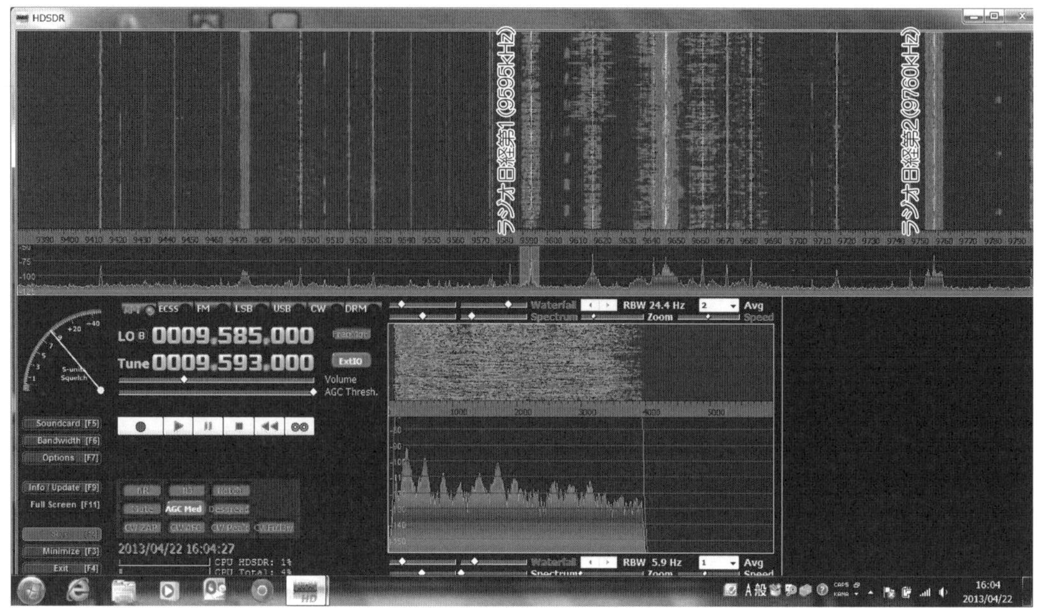

〈図8〉 **HFコンバータとHDSDRによる短波放送の受信結果**(スパン9.380～9.800 MHz，周波数表示は100 MHzオフセットしてあるので直読可能)

〈表5〉 **SDR＃のAMモードの受信感度を0.5～30 MHzの4点で測定した結果**

周波数 [MHz]	受信感度*1	
	[dBμ V_{PD}]*2	[μ V_{PD}]*2
0.5	31	35
3	21	11
10	18	7.9
30	19	8.9

注▶＊1：1 kHz，30% AM変調，S/N＝10 dB.
　　＊2：PDは終端値を表す.

経などが良好に受信できます.

HFコンバータ使用時の受信感度をHF帯のSG(標準信号発生器)を使って測定しました．測定周波数は9.5 MHzに選びました.

1 kHz，AM30%変調で，S/N＝10 dBになるRF入力レベルを比較すると，HDSDRで12 dBμV_{PD}(4 μV_{PD})，SDR＃で20 dBμV_{PD}(10 μV_{PD})でした．いずれもSDRのRFゲインは最大に設定しました.

また参考までにSDR＃のAMモードの受信感度を0.5～30 MHzの4点で測定した結果を**表5**に示します.

ちなみに，同一条件における市販製品の感度(カタログ値)は，短波帯のコンパクト・ラジオで15 dBμV，通信型受信機で5 dBμV程度です．前述のパナソニック社RF-B11については，外部アンテナ入力端子がないため，正確な測定はできませんが，ロッド・アンテナを除去し，基板のアンテナ入力にSGを直結して測定した結果は20 dBμV_{PD}でした.

■ スプリアス妨害，感度不足への対応方法

製作したHFコンバータとSDRの組み合わせは，感度の点では市販コンパクト・ラジオ並みで，ほぼ満足できる受信結果が得られました．しかし，以下のような問題点があることもわかりました.

市販のUSBワンセグ・チューナは，50 M～1.7 GHzの広帯域を非同調のまま受信するため，相互変調特性などは目をつぶっているのが現状です．このため，多数のスプリアス(疑似)信号が発生してしまいます．また，チューナー自身の感度も十分ではありません.

前者に対してはBPFを前置することで改善できますが，帯域が制限されます．後者に対しては，プリアンプを前置することで感度アップが期待できますが，入力レベルが上がるので，相互変調特性は悪化します．したがってプリアンプ前段にBPFが必須だと考えられます.

◆ 参考文献 ◆

(1) M1GEO，George Smart's Wiki，"FunCube Upconverter"
http://www.george-smart.co.uk/wiki/FunCube_Upconverter
(2) 藤田 昇：「AM受信機の感度測定」，トランジスタ技術2005年3月号，p.237，CQ出版社.
(3) 藤田 昇：特集「はじめての無線機測定」，RFワールドNo.13，2011年2月，CQ出版社.

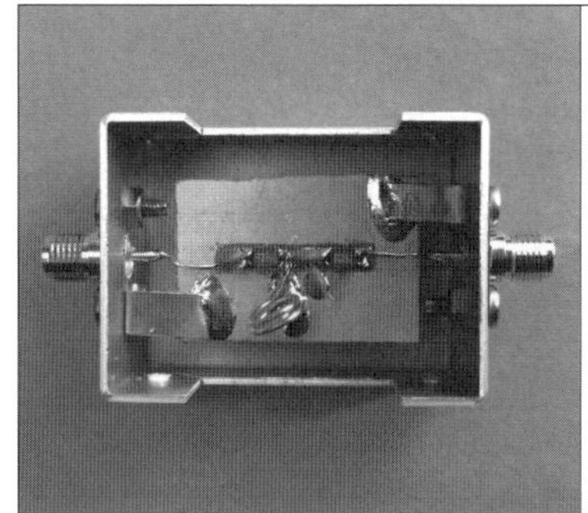

第15章　エア・バンド，マリン・バンド，430 MHz帯の受信性能アップを図る

SDR受信機用プリアンプとBPFの製作

受信感度と多信号特性をチョッピリ改善したい！

前章で紹介したように，USBワンセグ・チューナとパソコン用の各種SDRソフトウェアとを組み合わせると，例えば24 M～1.85 GHzなどの広帯域にわたって放送や無線通信を受信できるようになります．しかし，この手の広帯域チューナ・ドングルの欠点として，アンテナからの信号を非同調のまま受信するので，目的外信号との相互変調や混変調により，多数の不要信号(スプリアス)が発生し受信障害となりやすいことがあります．また，目的外の強力な信号によってチューナの内蔵RFアンプが飽和して，*S/N*が劣化することもあります．最近でこそ高感度チューナ・チップを搭載した製品が国内に出回り始めましたが，1年ぐらい前まではワンセグ・チューナ自体の感度も，微弱電波の受信に対して十分とはいえませんでした．

相互変調や混変調などの改善策としては，目的の受信帯域だけの電波を通過させるBPF(バンドパス・フィルタ)を前置する方法があり，帯域外の不要信号による干渉を軽減できます．また，チューナの感度不足に対しては，チューナのアンテナ端子にプリアンプを挿入すれば改善できます．ただし，プリアンプによって入力レベルが上がるので，相互変調/混変調特性はかえって悪化します．そこでプリアンプの前段に前述のBPFを入れるのです．このようすを**写真1**に示します．

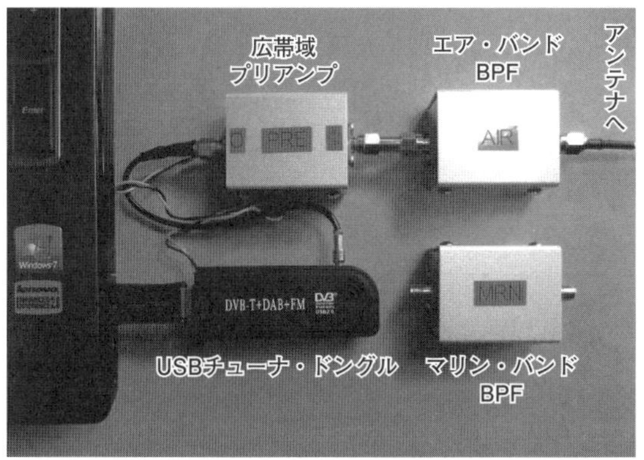

〈写真1〉製作したプリアンプとBPFなど

本稿ではUSBワンセグ・チューナを使ったSDRの受信性能を少しでも改善すべくプリアンプとBPFを製作した例をご紹介します．

プリアンプの設計と製作

■ プリアンプ回路の設計

プリアンプの製作を考えたとき次の二つの選択肢があります．

❶トランジスタやFETで作る

❷広帯域増幅用ICで作る

❶は所望の特性を得やすい半面，部品点数が多く，パターン設計が性能を左右するなど初心者が手がけるには難しいのが欠点です．今回は作りやすく再現性の良い❷を選びました．

使用するICの性能として，利得や帯域幅と並んで重要なのがNF(雑音指数)です．NFが大きいと，いくら利得が大きくても，ノイズが増えてしまって受信感度がかえって悪化することもあります．

今回は入手が容易でNFが3 dB@1.5 GHzと，広帯域アンプにしては低雑音なGN1021(パナソニック)を選びました．製作するBPFの上限周波数は500 MHz以下であり，このときのNFは約2 dB，利得は25 dBです．入出力が50 Ωに整合済みというのも使いやすそうです．高周波半導体では定番のガリウム砒素(GaAs)タイプです．**表1**に定格や特性の一部を示します．

〈表1〉広帯域低雑音GaAsアンプ GN1021の電気的定格や特性［パナソニック］

項目	記号	値など
電源電圧	V_{DD}	4～12 V(8 V_{typ})
消費電流	I_{DD}	40 mA_{typ}@V_{DD} = 8 V
雑音指数	F	3 dB_{typ}@1.5 GHz
電力利得	G_p	19 dB_{typ}@1.5 GHz
パッケージ	—	12ピン SO-10A

■ USBからの電源+5Vを2倍に昇圧する

まずICへの供給電圧V_{DD}ですが，データシートの電気的特性がすべて8Vで測定されていて，これ以下の動作例が載っていないことから，8V以下だと電気的特性が少し劣化すると思われます．ICの供給電圧は9Vくらいが適当でしょう．

電源はパソコンのUSBコネクタから取りたいので，USBの+5Vを9V程度に昇圧することにします．ノイズの少ないスイッチト・キャパシタ方式の電圧コンバータが適しています．これにより5Vを2倍した10V弱を得ることができます．GN1021の消費電流は，**表1**から約40mA(実測34mA)なので，出力が最大50mAのMAX860(マキシム)を使います．

GN1021の周辺回路は，入出力カップリングに2個と，V_{DD}バイパスの合計3個のコンデンサだけです．入出力のインピーダンスは50Ωに整合されているので外付け整合回路は不要です．**図1**が全体の回路です．

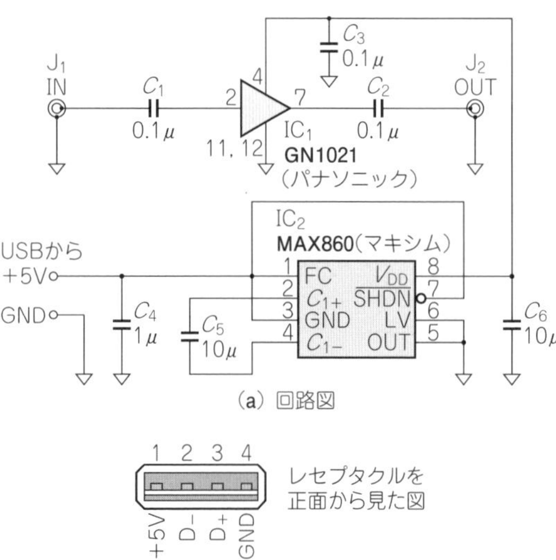

(a) 回路図

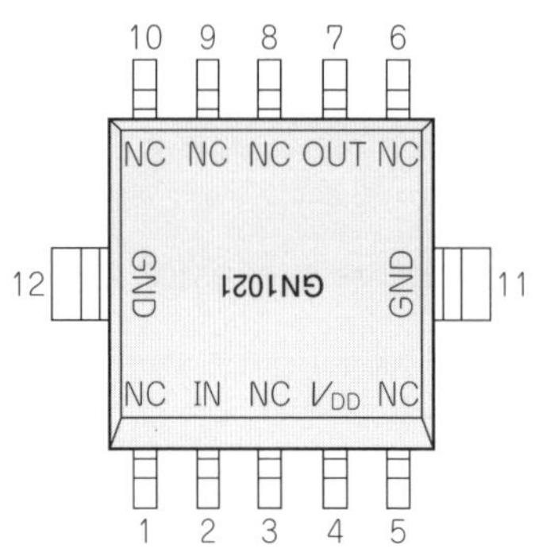

(b) シリーズAコネクタのピン配置

〈図1〉SDR用広帯域プリアンプの回路

NC：No Connections(未接続)

〈図2〉GN1021の外形とピン配置

MAX860のC_5とC_6は，実装しやすい面実装型積層セラミック・コンデンサを使用しました．

■ プリアンプ回路の実装

GN1021のピン配置を**図2**に示します．GNDのフィンを含めて全部で12ピンありますが，GND以外で実際に使用するのは入出力とV_{DD}の合計3ピンだけです．したがって，専用の基板パターンを作るほどのことはありません．**図3**の寸法で**写真2**のように，片面銅張板(2×3cm)の銅箔をカットすれば，寄生インダクタンスや寄生容量の小さな基板を作ることができます．

銅箔をカットするにはカッター・ナイフで線を入れて，その上を彫刻刀のV字刃でなぞるように削ると手早くできます．**図2**と**写真2**のように，切り欠きを下にして左下が1ピンです．IC表面の印刷の向きとは逆なので注意してください．

スイッチト・キャパシタ電源基板は，SOICからDIPへのピッチ変換基板を利用して**写真3**のように組み立てました．

最後に上記2枚の基板をケース(タカチのMB-S1)へ収納します．高周波のプリアンプやBPFは外部ノイ

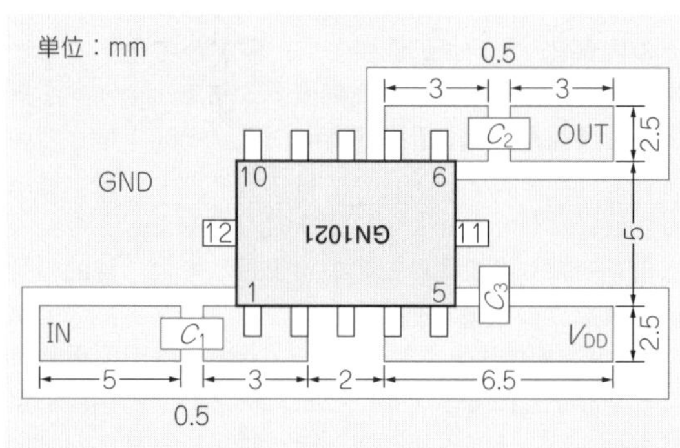

〈図3〉プリアンプ基板の銅箔パターン(片面銅張プリント基板の銅箔を削って作る)

〈写真2〉GN1021を実装した基板(ICの型名表示とピン1の位置が紛らわしいので注意)

ズの混入を防止するために，金属でシールドする必要があります．ケース自体を金属にすればシールドを兼ねることができます．

入出力端子はSMAコネクタ(SMA-J，2穴パネル用)を使いました．電源基板はプリアンプ基板から離して，ケース下面に強力両面テープで接着しました．USB端子延長基板(**写真4**の右)の作り方は前章を参考にしてください．

■ プリアンプの性能を試す

製作したプリアンプを実測したのが**写真5**で，ゲインは約17 dB(@85 MHz)，3 dB減衰の帯域は約10 M～935 MHzでした．このプリアンプを通すことで遠距離のFM局が受信できるようになるかどうか試しました．チューナ・ドングルはLT-DT306を使用し，FM用4エレメント八木アンテナを当地 福岡県行橋市から本州方向に向けました．

図4(a)はプリアンプがない場合の76.3～78.3 MHzのスペクトルです．クロスFM(77.0 MHz，北九州)，FM山口(77.9 MHz，柳井)が受信できます．

図4(b)はプリアンプを通した場合です．ノイズ・レベルが上昇していますが，信号レベルはそれ以上に大きくなっています．また，**図4(a)**中央に見える機器内部のスプリアスが目立たなくなりました．そして，ほかの多くの信号が入るようになりました．77.1 MHz(広島FM，尾道)，78.2 MHz(広島FM，広島)などが受信できています．

(a) 部品面

(b) 配線面

〈写真3〉スイッチト・キャパシタ電源基板

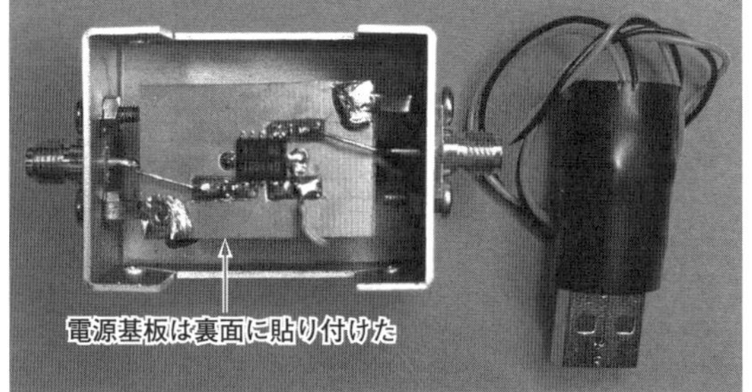

〈写真4〉ケースに収納したプリアンプ基板

BPFの設計と製作

■ 受信バンドを選ぶ

次に受信バンドに対応したBPFを作ります．今回は受信バンドとして次の三つを選びました．

- エア・バンド(118～135 MHz)
- マリン・バンド(152～167 MHz)
- アマチュア・バンド(430～440 MHz)

エア・バンドは飛行場の管制に使われ，管制塔と飛行機の間の通信を聞くことができます．マリン・バンドは港湾の管制に使われ，管制室と船舶の間の通信を聞くことができます．430 MHz帯はアマチュア無線のほかに，アマチュア衛星などの低軌道人工衛星のマーカや，地上との交信(リンク)を聞くことができます．

■ エア・バンド用BPF

● 設計

フィルタは比較的設計が容易でカット&トライの工数が少ないと思われる，T形3次バターワース特性を選びました．最終的な回路は**図5**のとおりです．この定数を決めるためには，いくつかの設計プロセスの後に，カット&トライが必要です．誌面の都合から，要点だけを説明します．詳しくは文献(1)をご参照ください．

まず，中心周波数f_0と帯域幅B_wを決めます．入出力インピーダンスは$Z = 50\,\Omega$とします．

中心周波数はバンド端f_1とf_2の幾何平均から，

$$f_0 = \sqrt{f_1 f_2} = \sqrt{118 \times 135} \fallingdotseq 126\ \text{MHz} \quad \cdots\cdots\cdots\cdots (1)$$

帯域幅B_wは，

$$B_w = f_2 - f_1 = 135 - 118 = 17\ \text{MHz} \quad \cdots\cdots\cdots\cdots (2)$$

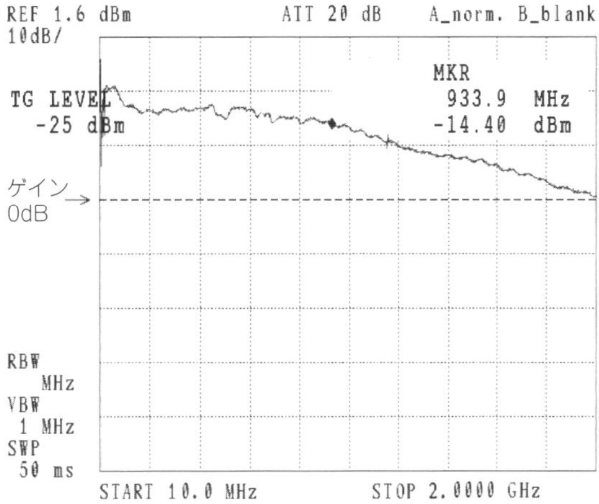

〈写真5〉製作したプリアンプを実測した結果(ゲインは約17 dB @85 MHz，3 dB帯域は約10 M～935 MHz)

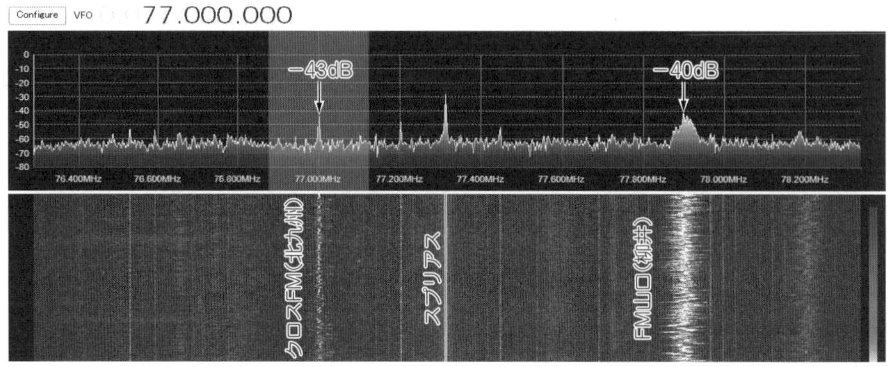

(a) プリアンプなし

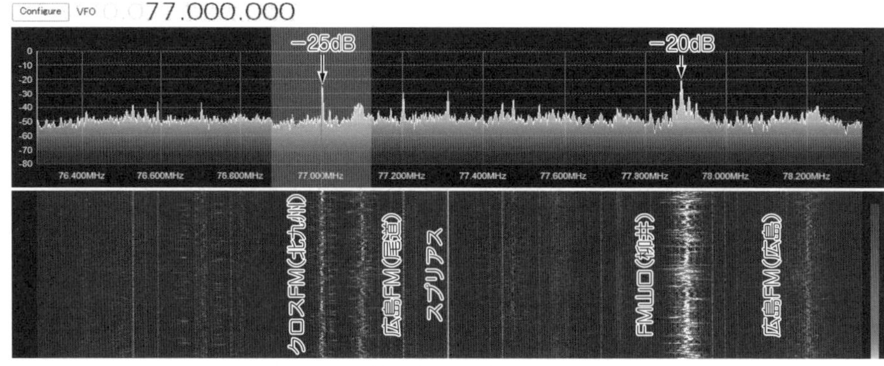

(b) プリアンプあり

〈図4〉FM放送帯の受信結果(FC0013＋プリアンプ)

です．最初に上記の帯域幅$B_{\mathrm{w}}=17\ \mathrm{MHz}$をカットオフ周波数とするT形3次バターワースLPF(**図6**)を設計します．

$$L_1=L_3=\frac{Z}{2\pi B_{\mathrm{w}}}=\frac{50}{2\pi\times17\times10^6}$$
$$=468\times10^{-9}=468\ \mathrm{nH}\ \cdots\cdots\cdots\cdots\cdots\cdots\cdots\cdots\ (3)$$

この値だと市販チップ・インダクタの0.47 μHが使えそうです．

$$C_2=\frac{2}{2\pi B_{\mathrm{w}}}\times\frac{1}{Z}=\frac{2}{2\pi\times17\times10^6\times50}$$
$$=374\times10^{-12}=374\ \mathrm{pF}\ \cdots\cdots\cdots\cdots\cdots\cdots\cdots\cdots\ (4)$$

次に，このLPFをBPFに変換します．L_1とL_3をC_{B}と$L_{\mathrm{B}}=L_1=L_3$との直列回路に，C_2をL_{A}と$C_{\mathrm{A}}=C_2$との並列回路にそれぞれ変換したのが**図7**です．

C_{B}とL_{A}を求めます．ただし，$\omega_0=2\pi f_0$です．

$$C_{\mathrm{B}}=\frac{1}{\omega_0{}^2L_{\mathrm{B}}}=\frac{1}{(2\pi\times126\times10^6)^2\times468\times10^{-9}}$$
$$=3.41\times10^{-12}=3.41\ \mathrm{pF}\ \cdots\cdots\cdots\cdots\cdots\cdots\cdots\cdots\ (5)$$

$$L_{\mathrm{A}}=\frac{1}{\omega_0{}^2C_{\mathrm{A}}}=\frac{1}{(2\pi\times126\times10^6)^2\times374\times10^{-12}}$$
$$=4.26\times10^{-9}=4.26\ \mathrm{nH}$$

これで設計は終わりです．当然ながらシミュレーション結果は所望どおりの特性となります．ところが**図**

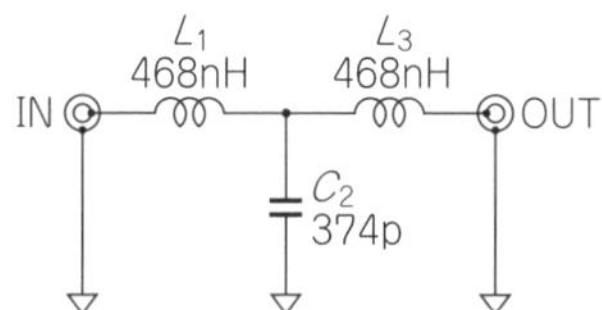

〈図6〉T形3次バターワース特性のLPF
(BPFの帯域幅がカットオフ周波数である)

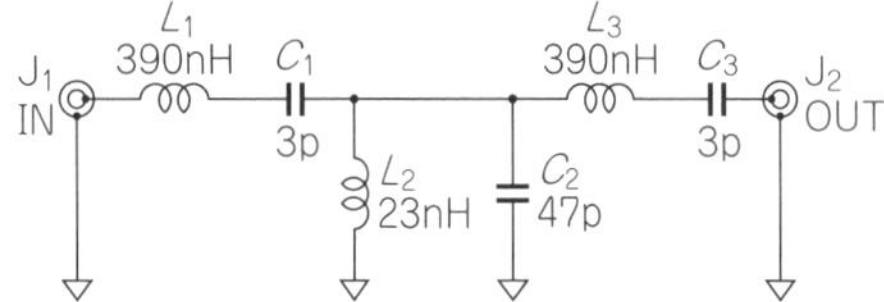

〈図5〉製作したエア・バンド用BPFの回路
(中心周波数126 MHz，帯域幅20 MHz)

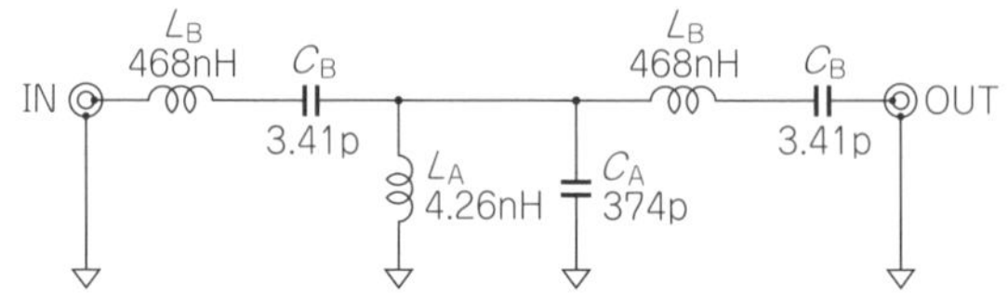

〈図7〉LPF→BPF変換後の回路(**図6**のLをL_{B}とC_{B}に，CをL_{A}とC_{A}に置換した)

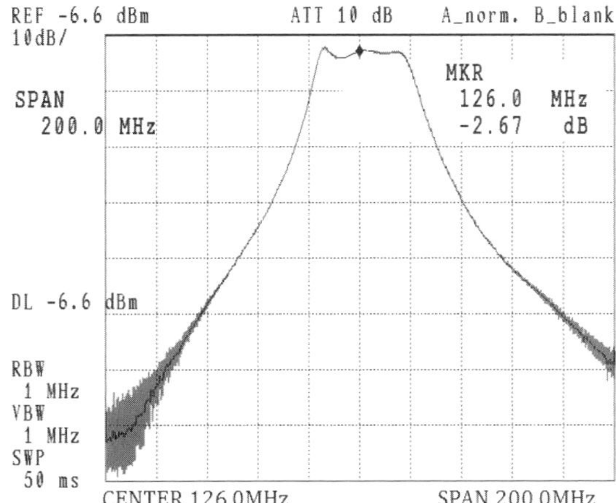

〈写真6〉エア・バンド用BPFの通過特性（中心周波数126 MHz，帯域幅20 MHz）

7の回路を製作して，実測してみると，

- 中心周波数f_0が目的値より低い
- 挿入損失が大きい

という問題があり，上記の設計やシミュレーションとは異なる結果となりました．原因は次のようなことが考えられます．

❶L_Bの自己共振周波数が低い（実測で390 MHz）ため，中心周波数f_0が低くなっている．

❷L_Aの巻き数が少ないため，リード部分や周囲の影響が無視できず，純粋なインダクタとして機能していない．

❸パターンに誘導成分や容量成分がある．

そこで，❶と❷に対して次の方策を取りました．

❶コイルの自己共振を考慮して，L_Bを1ランク小さな値とする．この場合470 nH→390 nHにする．

❷Qを改善するため，L_Aのインダクタンスを大きくし，C_Aの容量を小さくする．

カット＆トライの結果，**図5**の定数にした場合は**写真6**のようにバンド幅がやや広がり，リプルが2 dBほどありますが，ほぼ所望の通過特性となりました．減衰量は2.7 dBとやや多めです．なお，**図5**の回路定数はコイルの寄生成分やQ値を含んでいないので，このままシミュレーションしても**写真6**の結果にはなりません．

● 部品と実装方法

図5のL_1とL_3（0.39 μH）は，チップ・インダクタNLV25シリーズ（TDK）を使います．カタログによれば，自己共振周波数は350 MHzminです．C_1～C_3はチップ・セラミックが適当ですが，リード・タイプでもリード線を短くすれば使用可能です．L_2は直径0.8 mmの銅線を内径5 mmで2回巻いて，長さ2 mmに仕上げます．空芯コイルの設計方法は文献(1)をご参照ください．

基板はプリアンプと同じ要領で，片面銅張板（2×3 cm）の中央に，**図8**の寸法でパターンを作ります．

〈写真7〉ケースに収納したエア・バンドBPF基板

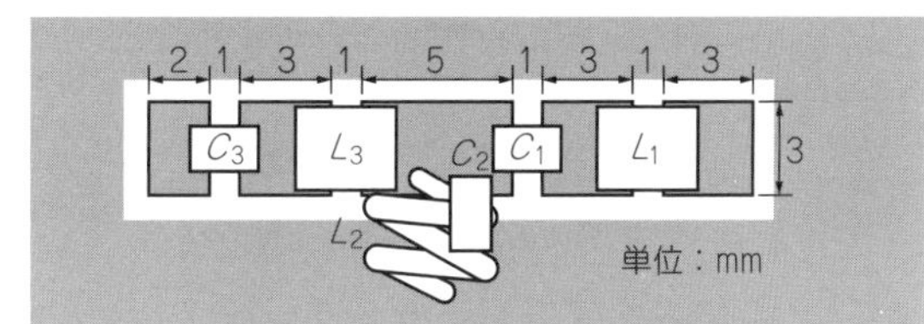

〈図8〉BPF基板の銅箔パターン寸法図

回路図と実装例の直列LCの順序が入れ替わっていますが，これはどちらでも構いません．また，入出力の方向性もありません．

金属ケース（MB-S1）に実装したエア・バンド用BPF基板を**写真7**に掲げます．入出力はプリアンプと同じくSMAコネクタから最短距離で配線します．

● エア・バンドの受信結果

航空無線は空港の近くならホイップ・アンテナで受信できますが，当地のように空港から50 kmも離れていると外部アンテナが必要です．私はFM放送用屋外アンテナ（4エレ八木）を流用しましたが，アナログTVに使われていたVHFアンテナも流用できるでしょう．

アンテナ→エア・バンドBPF→プリアンプ→チューナ・ドングル→パソコンの順に接続します．SDR#による受信結果を**図9**に示します．

左端に福岡管制北九州セクタ（ACC〔Area Control Center〕）118.9 MHzといくつかの航空機とのやりとり，その右には119.2，119.65，119.7，120.6 MHzにも管制と航空機の通信が断続的に見られます．このほか130 MHz近傍でも同様の通信を傍受できました．通信内容はすべて英語ですが，管制から高度，コース，レーダ誘導などの指示を受けていることが推測されます．呼び出しに航空会社の名前がそのまま使われているのもわかりやすく，たまに女性の管制官や機長も混じっており，聞き飽きません．

■ マリン・バンド用BPF

● 設計

フィルタのタイプ，設計方法はエア・バンドと同じ

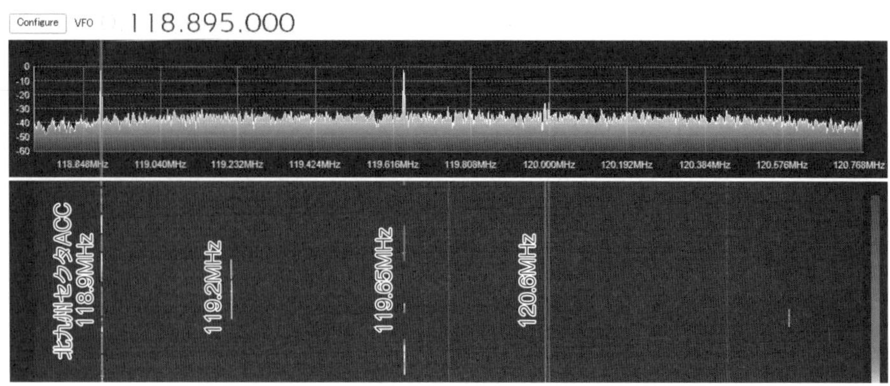

〈図9〉エア・バンドの受信結果(R820T＋BPF，プリアンプ使用)

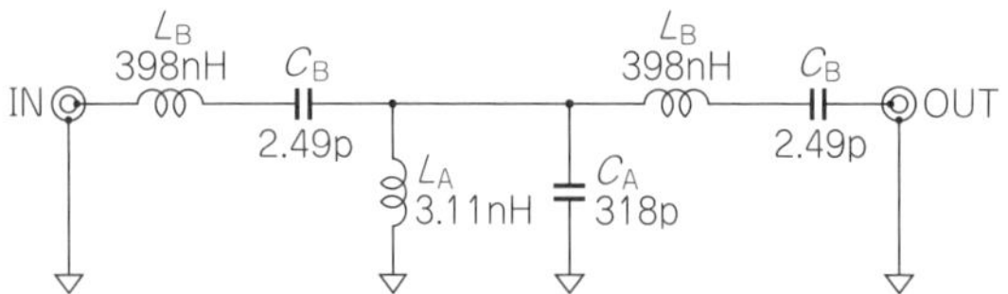

〈図10〉マリン・バンド用BPFの設計回路(この定数だと所望の特性は得られない)

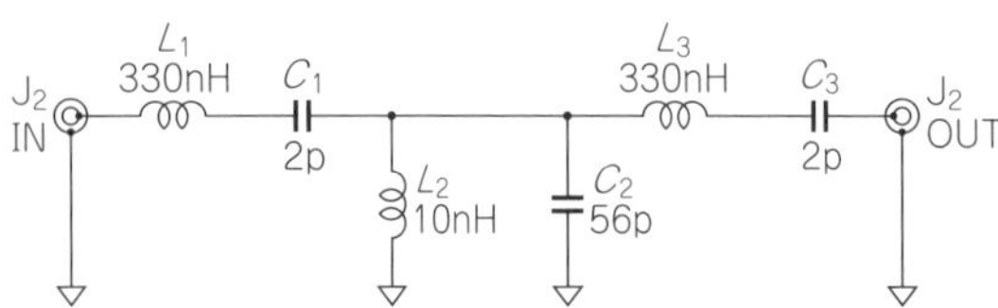

〈図11〉製作したマリン・バンド用BPFの回路(中心周波数160 MHz，帯域幅16 MHz)

です．f_c = 160 MHz，B_w = 20 MHz，Z = 50 Ω で設計しました．**図10**がその回路ですが，エア・バンドのBPFと同じ理由で，このままでは所望の特性は得られません．

エア・バンドBPFと同じやり方で，L_Bを1ランク小さくし，L_Aを大きく，C_Aを小さくします．**図11**が最終回路です．

上記の合わせ込みを行った後，実測した結果を**写真8**に示します．減衰は約3 dBで，エア・バンドBPFよりやや悪くなっていますが，リプルは軽減しています．帯域は30 MHzとやや広がっています．

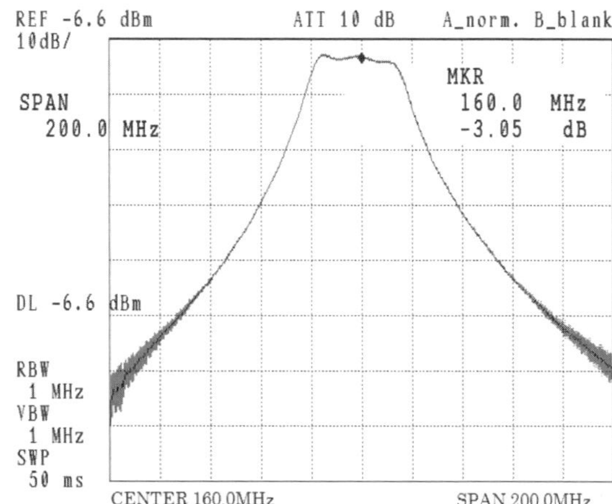

〈写真8〉マリン・バンド用BPFの通過特性(中心周波数160 MHz，帯域幅30 MHz)

● 部品と実装方法

図11のL_1とL_3は，チップ・インダクタNLV25シリーズ(TDK)の0.33 μHを使います．自己共振周波数は最小で400 MHzです．C_1～C_3はリード・タイプでも，リード線を短くカットすれば使用可能です．L_2は，直径0.45 mmの銅線を直径2.3 mmの内径で2回巻いて，長さ1 mmに仕上げます．

基板は片面銅張板(2×3 cm)の中央に先の**図8**と同じ寸法で銅箔パターンを作ります．**写真9**は金属ケース(MB-S1)に組み込んだマリン・バンド用BPF基板です．

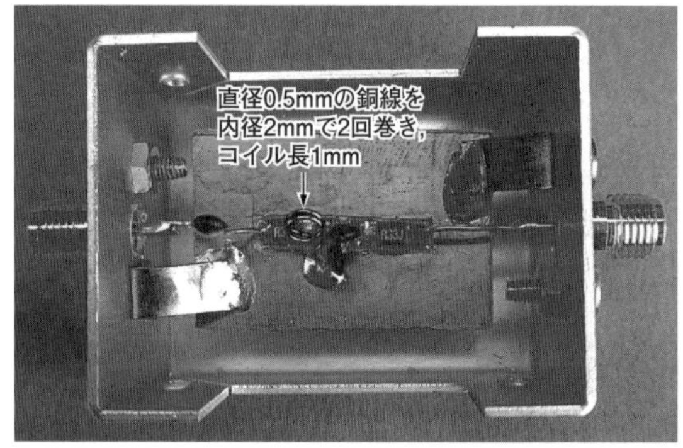

〈写真9〉ケースに収納したマリン・バンド用BPF基板

● 受信結果

港湾無線は港湾の近くであればホイップ・アンテナで受信できますが，当地は港から30 kmも離れているので外部アンテナが必要です．私は160 MHz帯の4エレ八木アンテナ(**写真10**)を自作し，関門海峡の方向に向けました．

SDR＃とFC0013による受信結果を**図12**に示します．国際VHFのch13(156.65 MHz)とch16(156.8 MHz)などの通信が見られます．関門海峡の交通整理を行う「関門マーチス」と船舶との通信です．関門海峡は，狭い航路を一列になって通るので，速度の遅い船が全体のスピードを決めてしまうようです．「遅い！」とクレームを付ける船，これをなだめ，ときには勧告を行う管制官とのやりとりは，現に海峡をながめているような錯覚を覚えます．外国船とは英語で，自国船とは日本語で通話しています．このほかに苅田(福岡県)，徳山(山口県)などのポート・ラジオ(港湾管制)と船舶の通信を受信できました．

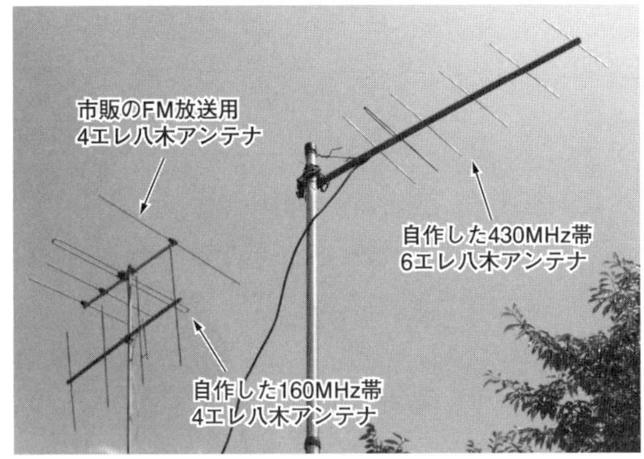

〈写真10〉受信に使用したアンテナ群

● BPFを挿入した場合の効果

BPFの効果を確かめるために，マリン・バンドのBPFを除去してみました．私の住む地域は比較的電波障害は少ないのですが，それでも**図12(b)**のように，一定間隔の相互変調妨害が現れます．これはバンド外のかなり強力な電波によるものです．この電波の有無により，場合によっては妨害が現れないこともあります．また，放送などの送信所の近くでは，受信信号が抑圧されるような障害となると思われます．

■ 430 MHz帯BPF

● 設計

430 MHzともなるとインダクタとキャパシタの値が非常に小さくなり，リード線やパターンの影響が無視できなくなるので，前述のような集中定数のフィルタを作るのは難しくなります．

この帯域で比較的作りやすいのは，浮遊容量を積極

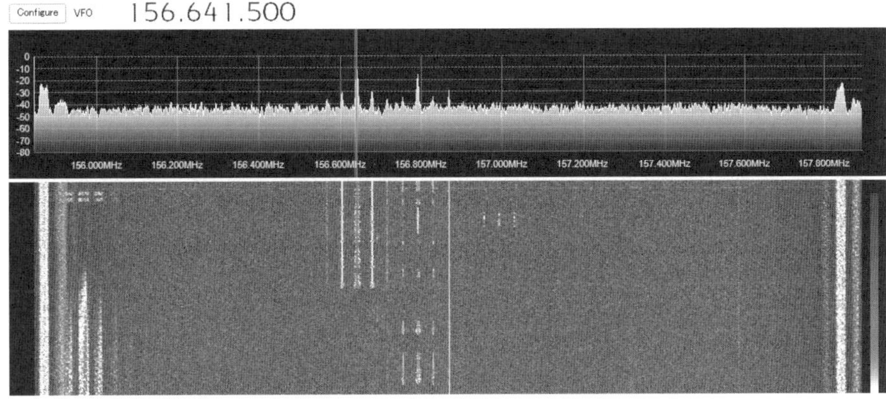

(a) BPFあり

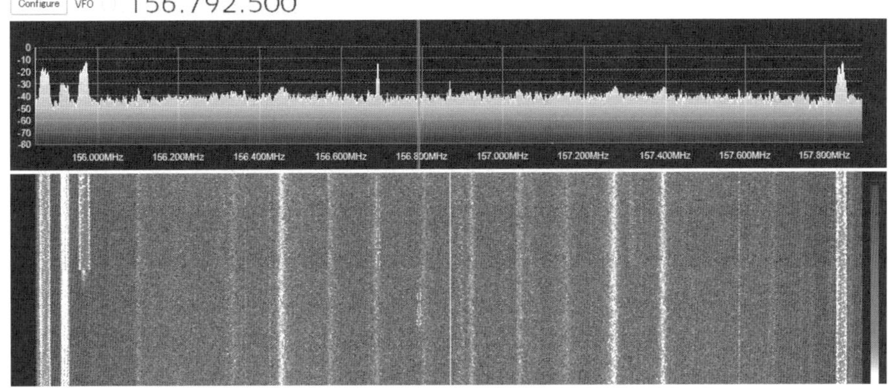

(b) BPFなし(相互変調によるスプリアスが多数生じている)

〈図12〉マリン・バンドの受信結果(FC0013，プリアンプ使用)

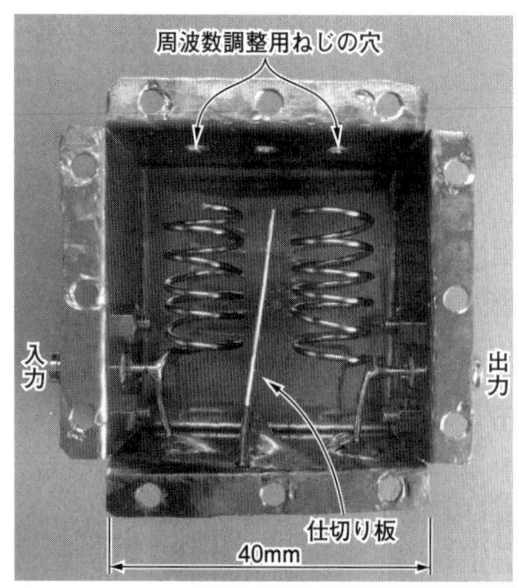

〈写真11〉製作した430 MHz帯BPF

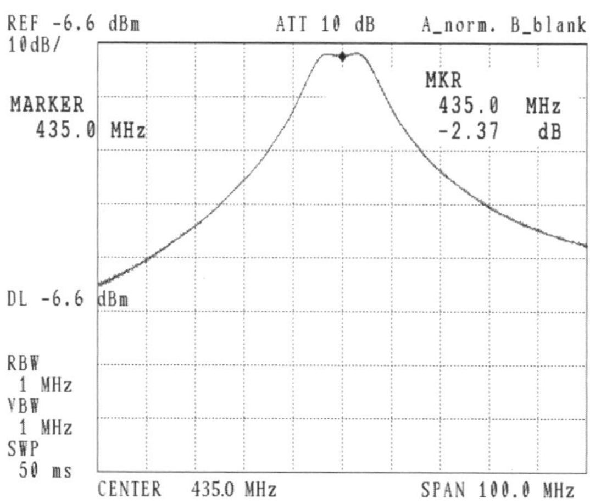

〈写真12〉製作した430 MHz帯BPFの通過特性(中心周波数435 MHz，帯域幅10 MHz)

的に利用したヘリカル・フィルタだと思います．設計方法は文献(1)をご参照ください．**写真11**は完成した430 MHz帯BPFです．実測結果を**写真12**に示します．

● 部品と実装方法

はんだ付けの容易な銅板(厚さ0.5 mm)を折り曲げて，一辺40 mmで高さ20 mmの箱を作ります．裏板をねじで固定できるようにします．2個のコイル(線径1 mm，内径10 mm，長さ20 mm，6回巻き)の一方を開放，他方をGNDに落とします．入出力のタップ位置は，計算で求めます．真鍮(しんちゅう)ねじをコイルに差し込めるようにしておけば，共振周波数を微調整できます．**写真11**では中央に，上部だけ開いた仕切り板を設けて，結合度を調整できるようにしました．コイルは少し多めに巻いて，カットしながら共振周波数を近づけて行きます．

最後にコイルの長さを変えて微調整します．本格的な調整にはスペアナかネットワーク・アナライザが必須だと思います．これら測定器がない場合は，実際の信号を受信しながら，信号が最大になるように調整します．

● 430 MHz帯の受信結果

低軌道衛星の一つ，ロシアのアマチュア無線衛星RS-22(衛星名：MOZHAYETS-4)のモールス・テレメトリをR820Tドングルで受信した結果を**図13**に掲げます．2003年に打ち上げられた衛星ですが，現在(2013年8月)も健在のようです．

ビーコン周波数は公称435.352 MHzですが，ドップラー・シフトと受信機側の誤差のため22 kHzほど低い方にずれています．モールス符号で“TNAP12…”と読み取れます．このほか“ODB145”とか“MTX3…”などのコードからRS-22衛星と判断しました．

衛星の受信は，CALSAT32などの軌道表示ソフトを使って到来時刻と方向を予測します．最大高度となる方角に，**写真10**右側のアンテナ(6素子八木，垂直偏波)を向けておき，SDRソフトを走らせながら到来を待ちました．CWモードで聞いていると，ドップラ

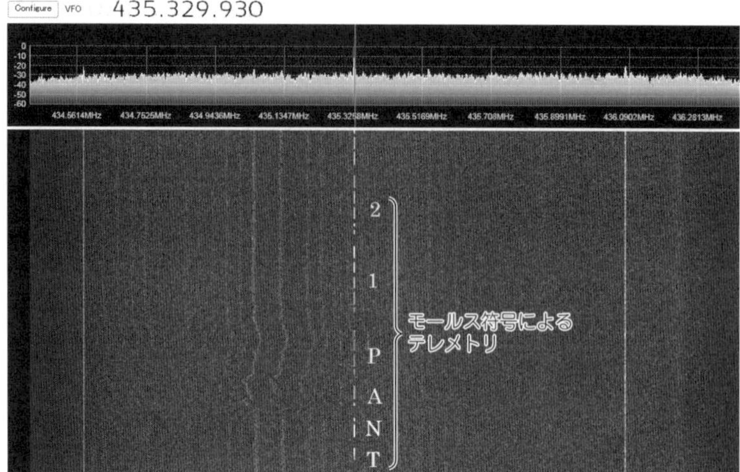

〈図13〉430 MHz帯でロシアの低軌道アマチュア無線衛星RS-22からの信号を受信した例(R820T＋BPF，プリアンプ使用)

ー・シフトのため符号音の周波数が変わって行くのがわかります．

430 MHz帯では衛星以外にアマチュア無線を聞くこともできるはずですが，当地ではアクティブでないようで，めったにコール・サインは聞こえてきません．

おわりに

USBワンセグ・チューナ・ドングルを使ったSDRは，チューナ・チップに感度の良いR820Tを搭載したモデルが入手できるようになって，いよいよ本格的なブームを迎えそうです．感度の良いR820Tに高利得アンテナを使うと，相互変調などの発生が懸念されますが，BPFを入れればそれを回避して，微弱電波を受信できることと思います．また，プリアンプを使えば，感度の低いドングルでもBPFの減衰を補い，かつ受信感度を上げることができます．このような種々の補強策に加えて，ドングルの改良やSDRソフトの進化により，近い将来，通信型受信機に匹敵する性能をもつ廉価なSDRが実現することを期待しています．

◆ 参考文献 ◆

(1) 森 栄二；「*LC*フィルタの設計＆製作」，初版：2001年5月，CQ出版社．
(2) 藤田 昇；「受信感度の測定Ⅱ――アナログ無線機」，RFワールドNo.13，pp.56～64，CQ出版社，2011年．
(3) 衛星追尾ソフトウェア “CALSAT32”
http://homepage1.nifty.com/aida/jr1huo_calsat32/index.html

■ R820T搭載ドングルの感度は？

今回はチューナ・チップに従来のFC0013(台湾FitiPower社)を搭載したLT-DT306と，高感度チューナR820T(台湾RafaelMicro社)搭載ドングルTV28T V2 DVB-Tの両方を使いながら製作を進めました．この二つは，どれくらい受信感度が違うのでしょうか．

エア・バンド126 MHzでAMモードの受信感度を測定してみました．測定条件は「1 kHz 30％変調でSN比10 dB」です．SDR＃を使い，RF-AGC＝OFF，AF-AGC＝ON，RFゲイン最大，帯域幅6 kHzとしました．測定結果は，

- FC0013(LT-DT306)：9 dBμV_{PD}
- R820T(TV28T v2 DVB-T)：－1 dBμV_{PD}

と，約10 dBの感度差がありました．単位の直後のPD(Potential Drop)は終端値の意味です．開放端(EMF)表示ならば，それぞれ6 dBを加えた値になります．ここでいうRF-AGC＝OFFとは，SDR＃の左ペインにある “Tuner AGC” と “RTL AGC” のチェックを外した状態です．

AF-AGCは同ペインにある “Use AGC” をチェックした状態です．FMモードで20 dB-NQ法による感度測定をしようとして無変調波のRF入力レベルを上げていっても，ここがチェックされていると一向に雑音が抑圧されないことから，これはソフトウェアによるオーディオ・ハングAGCだと思われます．

今回製作したプリアンプを使えば，従来のFC0013チップでもプリアンプなしのR820Tと肩を並べることができます．

第16章　アンテナだけでソフトウェア・ラジオの世界を体感できる！

ノート・パソコンを使った長波標準電波JJYの受信実験

パソコンには，外部から音声を取り込むためのライン入力やマイク入力が付いています．実はマイクの代わりにアンテナをつなげば，電波を取り込むこともできます．

最近のノート・パソコンは内蔵オーディオ機能(サウンド・カード相当の機能)のサンプリング周波数を高く設定できるので，VLF帯はもちろん，より周波数の高いLF帯の電波も取り扱うことが可能になりました．この電波を受信するアプリケーションは，ソフトウェア・ラジオ(SDR)と呼ばれています．

今回はSDRの手始めとして，できるだけ簡単な方法で，40 kHzと60 kHzで送信されている標準電波局JJYを受信してみましょう．**図1**はノート・パソコンで受信したVLF～LF帯の電波の例で，左からJJI(22.2 kHz)，JJY(40 kHz)，JJY(60 kHz)です．

SDRとは？

これはSoftware Defined Radioの頭文字で「ソフトウェア・ラジオ」と呼ばれています．ふつうのラジオ

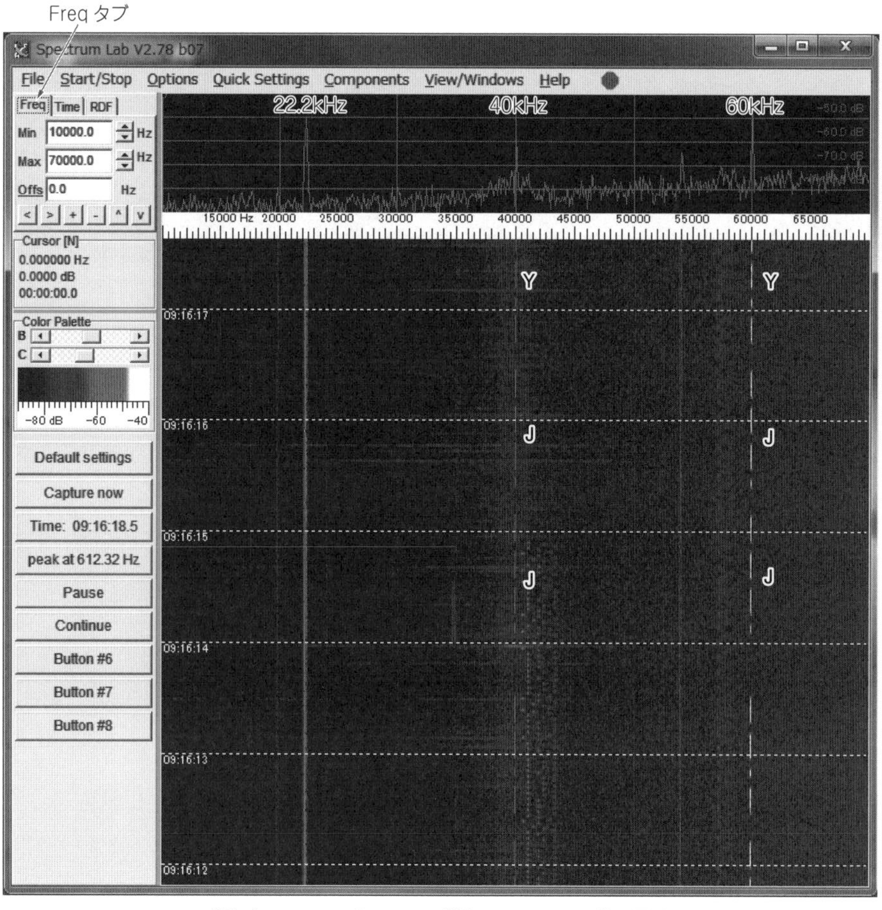

Freqタブ

〈図1〉ノート・パソコンで受信したVLF～LF帯の電波

は，高周波増幅，周波数変換，検波(復調)，低周波増幅などの信号処理をトランジスタやICで行います．これに対して，ソフトウェア・ラジオはこの処理をコンピュータの中でディジタル信号の加算や乗算などによって実現します．中味がソフトウェアだけなので，回路を組み立てる必要がなく，さまざまな変調方式に対応したり，周波数特性を変えるなど自由度の高い設計ができます．また，FFT(高速フーリエ変換)のような複雑な演算も，ソフトウェアだけで実現できるので，単一周波数の電波の受信だけでなく，**図1**のように周波数スペクトラムを見ることもできます．

JJYとJJIについて

■ 標準電波JJY

JJYといえば昔，短波帯の周波数標準として受信機を校正したり，音声で送られてくる時刻で時計あわせをしたりなど懐かしい記憶があります．

今では短波から長波に移り，安定した伝搬特性を利用して日本中の電波時計に時刻を送信しています．標準電波には，時刻のほかに周波数の基準を伝えるという役目があります．周波数精度は10^{-11}～10^{-12}ですから手元にある水晶発振器でもおよびません．なお，時刻の精度は±15 μsです．

送信所は2か所あり，一つは福島県の大鷹鳥谷(おおたかどや)山(40 kHz)，もう一つは佐賀県と福岡県の県境の羽金(はがね)山(60 kHz)です．**図2**に各地での電界強度の目安を示します．★印が送信所，◆印が今回の受信地点です．

■ 対潜水艦送信局JJI

JJIは，宮崎県えびの市から送信されている，防衛庁の潜水艦向けの電波です．周波数は22.2 kHzです．

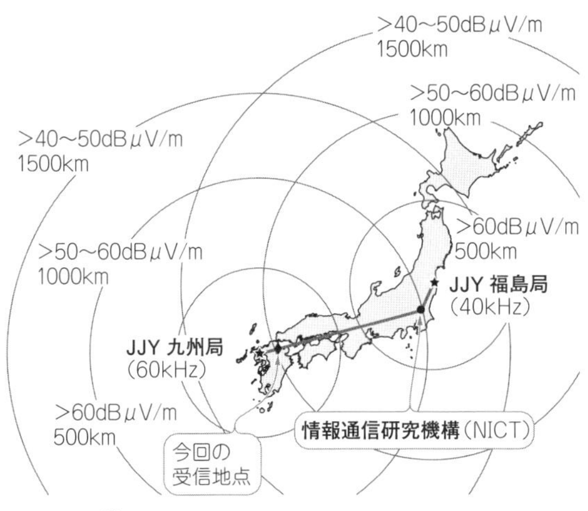

〈図2〉[1] **標準電波JJYの送信所と各地の電界強度の目安**

長波が水中でもある程度伝わるという性質を利用しています．今回の受信地点からは約180 kmです．

使用するSDRソフトと最初の設定

■ Spectrum Labの設定

SDRソフトは定番の“Spectrum Lab”を使いました．これはドイツのアマチュア無線家Wolfgang Büscher氏(コールサインDL4YHF)が開発した秀逸なSDRソフトウェアです．Windows2000以降の32ビット/64ビットOSで動作します．実験ではv.2.78βを使いました．最新の安定バージョンはv.2.99です．下記サイトから無料でダウンロードして使用できます．

http://www.qsl.net/dl4yhf/spectra1.html#download

図1の画面で次の設定をします．

① Options→Audio Settings I/O device selection→“Configuration and Display Control” において Soundcard Sampling Rateをノート・パソコンのサンプリング・レート設定に合わせる(**図3**参照)．

② **図1**左上のFreqタブで周波数範囲Min，Maxを設定する．(例：Min = 10000 Hz，Max = 70000 Hz)

③ 上記①のConfiguration窓で，Spectrum(2)タブを選び，Amplitude Range…をスペクトルが表示範囲一杯に入るように調整する．(例：Range：－90～－30 dB)

■ ノート・パソコンの設定

ノート・パソコンのオーディオ機能をコントロール・パネルから設定します．搭載されているサウンドカードのハードウェア設定の例を**図4**に掲げます．使用したノート・パソコンは，Lenovo IdeaPad Z570(64ビット版Windows 7搭載)で，ありふれた低価格帯の

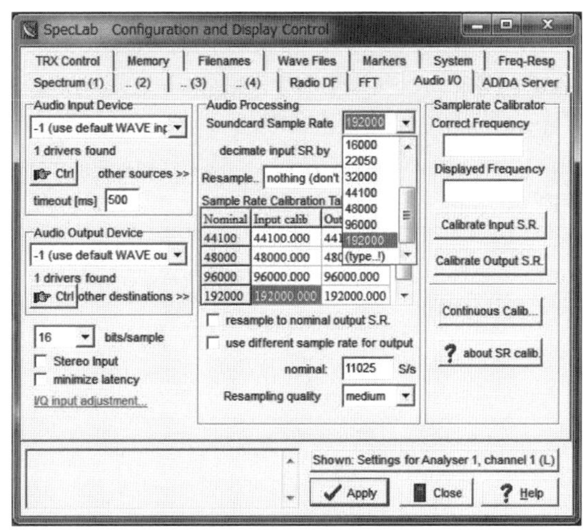

〈図3〉 Spectrum LabのConfiguration画面(サンプリング・レートを192 kbpsに設定する)

製品です．使用したノート・パソコンの主な仕様を**表1**に示します．

サンプリング・レートの設定画面は，スピーカ(出力)側とマイク(入力)側の二つあるので注意が必要です．スピーカ側の設定はまったく関係が無く，必要なのはマイク側の設定です．図のように，16ビット(または24ビット)，192000 Hzを選びます．

ノート・パソコンの場合，マイク入力しかない機種がほとんどだと思われます．しかし，マイク入力であっても，サンプリング周波数を192 kHzのように高く設定できる場合は，アンチエイリアシング・フィルタのカットオフ周波数も自動的にサンプリング周波数の半分(96 kHz)に設定されるようです．これはSDRにとっては朗報です．

図5はサンプリング周波数を192 kHzに設定したときのマイク入力の周波数特性です．外部から低周波発振器AG-203(テクシオ・テクノロジー社)の信号を入力して測定しました．なお，マイク入力は非常に感度が高く，微小入力でも飽和してしまうので，60 dBのアッテネータを通して信号を加えました．

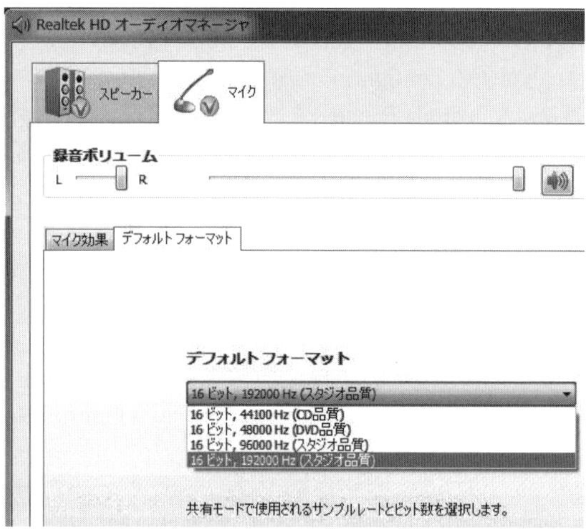

〈図4〉ノート・パソコンのオーディオ設定(マイク入力のサンプリング周波数を192 kHzに設定する)

〈表1〉使用したノート・パソコンIdeapad Z570モデル1024-2FJの主な仕様［レノボ・ジャパン㈱］

項　目	仕様など
CPU	インテルCore i3-2310M
クロック周波数	2.1 GHz
RAM	4 Gバイト
OS	Windows7 Home Premium Edition (64ビット)
内蔵サウンド機能	マイクロフォン/ステレオ・スピーカ，インテル・ハイ・デフィニション・オーディオ準拠(SRS Premium Sound機能付き)
マイク入力の最大サンプリング周波数	最大192 kHz

アンテナの検討と製作

比較のために，次の3タイプを検討しました．

①バー・アンテナ

②ロング・ワイヤ・アンテナ

③ループ・アンテナ

①のバー・アンテナは，中波ラジオ用フェライト・コアに1層で可能な限り巻いて作りました．**写真1**に外観を示します．直径10 mm，長さ140 mmのコアに，太さ0.4 mmのポリウレタン線を250回巻いています．インダクタンスは，3.5 mHでした．写真ではコンデンサ2200 pFを並列接続して約57 kHzに共振させています．周波数が少々ずれていますが，Qが小さいので40 kHzと60 kHzのゲイン差はほとんどありません．

②のロング・ワイヤ・アンテナは，長さ25 mの銅線を高さ5 mで敷地内をL字形に張ったものです．**写真2**のループ・アンテナの後方に一部が見えます．

③のループ・アンテナは，大きさが異なる2種類を作りました．一つは一辺4 mで2回巻き，もう一つは

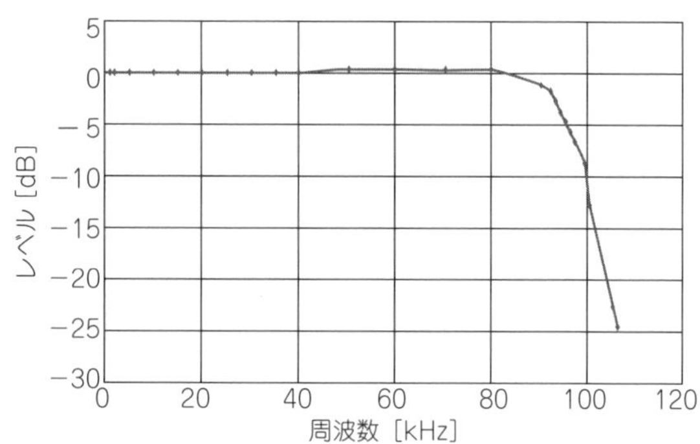

〈図5〉Z570のマイク入力の周波数特性(サンプリング周波数を192 kHzに設定)

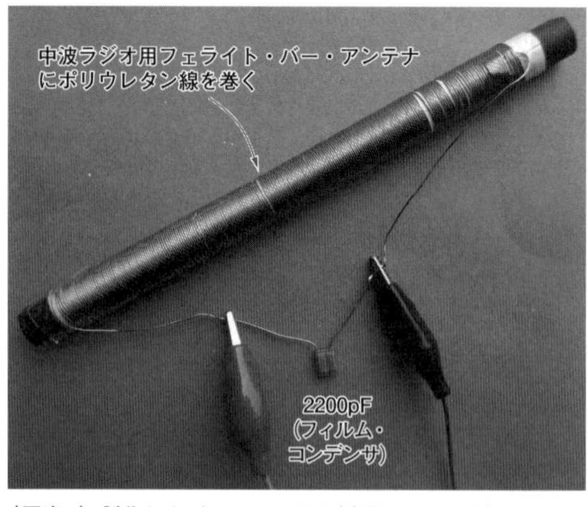

〈写真1〉製作したバー・アンテナ(直径10 mmで長さ140 mmのフェライト・コアにϕ0.4 mmのポリウレタン線を250回巻いた)

一辺1mで8回巻きです．いずれも同軸ケーブルを使った静電シールド付きループ・アンテナで，磁界だけを捉えます．**図6**のように一端の心線を他端の外皮に接続して静電シールドします．外観は前出の**写真2**のとおりです．

バー・アンテナとループ・アンテナは，ゲイン最大の方向をおよそ東西に向けています．これはJJY送信所と受信地点が**図2**の関係にあるからです．

プリアンプの検討と製作

ゲイン不足の場合の対処として，二つのタイプのプリアンプを製作しました．

● FET1段のプリアンプ

図7のように，バー・アンテナの出力をFETのゲートに直接接続しています．ゲインは約26 dBです．

● OPアンプ2段のプリアンプ

図8のようなゲイン・バンド幅積1 MHzのOPアンプを帯域100 kHzとなるように，20 dBずつ2段接続したものです．ゲインは40 kHzにおいて約40 dBです．

アンテナとプリアンプの組み合わせ実験

■ バー・アンテナ

● プリアンプなし

最初に，プリアンプを使わずバー・アンテナだけで実験しました．**写真1**のようにコンデンサを付けて並列共振回路としています．これをそのままノート・パソコンのマイク入力に接続します．マイク入力はステレオなので，LとRを並列に接続してモノラルとして使いました．受信結果を**図9**に示します．

受信できたのは，JJI(22.2 kHz)と，JJY(60 kHz)の二つのローカル局です．JJYかどうかは，毎時15分と45分に送信されるモールス符号(-———(J) -———(J) —-——(Y))で判別できます．通常は1分周期のタイム・コードが送信されているので，これでもある程度は判別できます．JJIの電波型式はF1Bですが，平時は無変調の連続キャリアが送信されています．

● プリアンプ併用

バー・アンテナを使って，より遠方の福島局(40 kHz)が受信できないかと，製作した二つのプリアンプを入れて見た結果が，**図10**です．

〈写真2〉静電シールド付き磁界ループ・アンテナ(同軸ケーブル3C-2Vを一辺1mで8回巻き)

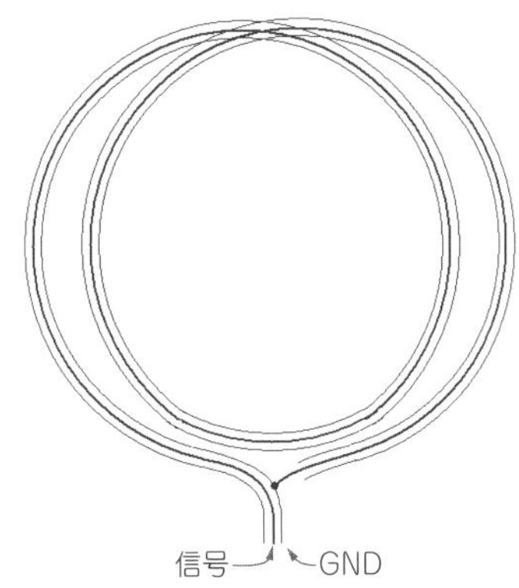

〈図6〉同軸ケーブルによる静電シールド付き磁界ループ・アンテナの結線

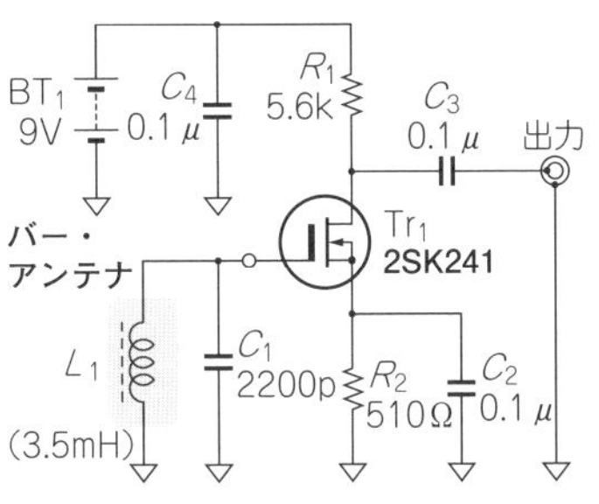

〈図7〉FET1段プリアンプの回路(ゲイン約26 dB)

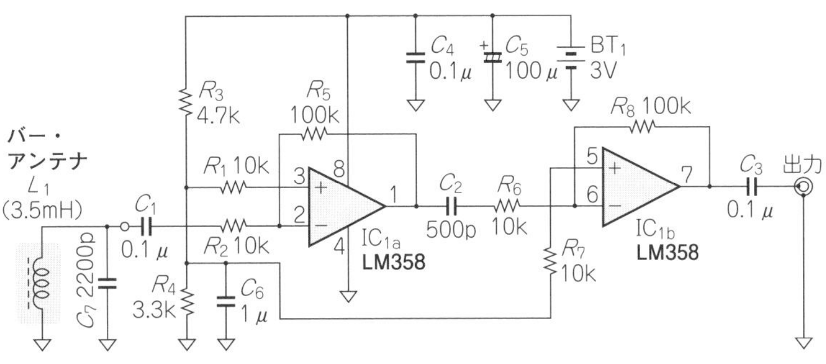

〈図8〉OPアンプ2段プリアンプの回路(ゲイン約40 dB@40 kHz)

いずれも，40 kHzには信号が見あたりません．OPアンプの方はゲインが高いので，ノイズ・フロアも上昇しています．60 kHzの信号はゲイン分だけ増幅されていますが，*SN*比はむしろ悪化しており，アンテナだけで受信できるローカル局に対しては，プリアンプはあまり意味がありません．

■ ループ・アンテナ

● 4 m角ループ・アンテナ

図11は，一辺4 m，2回巻きのループ・アンテナに0.205 μF（0.15 + 0.022 + 0.033 μF）のコンデンサを並列に接続した場合です．42 kHzに共振しており，アンテナのインダクタンスは86 μHでした．

福島局40 kHzがはっきりと受信できるようになりました．もちろん，プリアンプは不要です．

● 1 m角ループ・アンテナ

4 m角アンテナはかなり大きなもので，製作にも設置にも手間がかかり過ぎます．もう少し小さなアンテナにしたいところです．

そこで，一辺1 mの8回巻きループ・アンテナ（**写真2**）で受信した結果が，冒頭の**図1**です．*SN*比はこの方がよく，必ずしもループ面積を大きくする必要はないことがわかります．

外来ノイズについて

ロング・ワイヤ・アンテナの受信結果を**図12**に掲げます．福島のJJY（40 kHz）はかろうじて受信できていますが，そのほかのノイズが非常に多いことがわかります．ロング・ワイヤ・アンテナをそのままマイク

〈図9〉
バー・アンテナによる受信結果
（プリアンプなし）

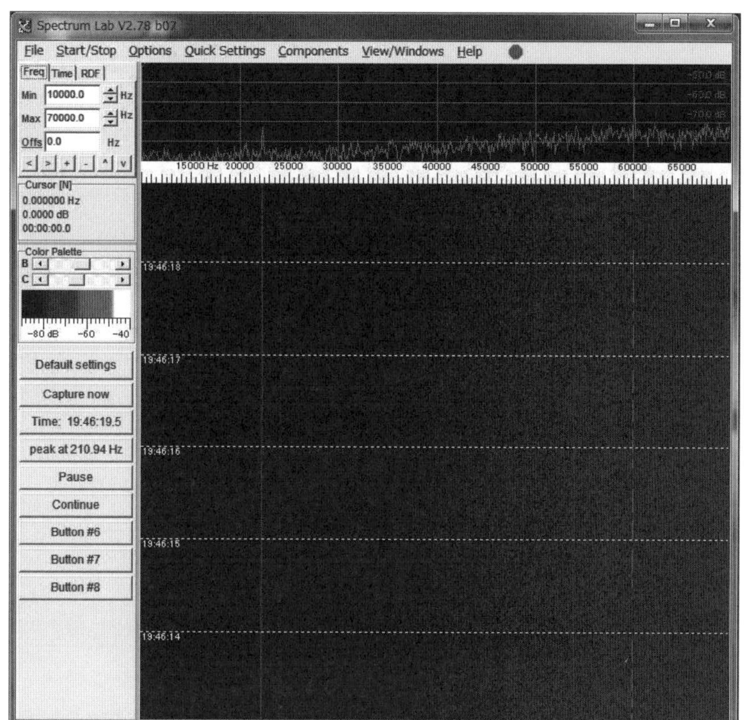

〈図10〉
プリアンプ+バー・アンテナによる受信結果

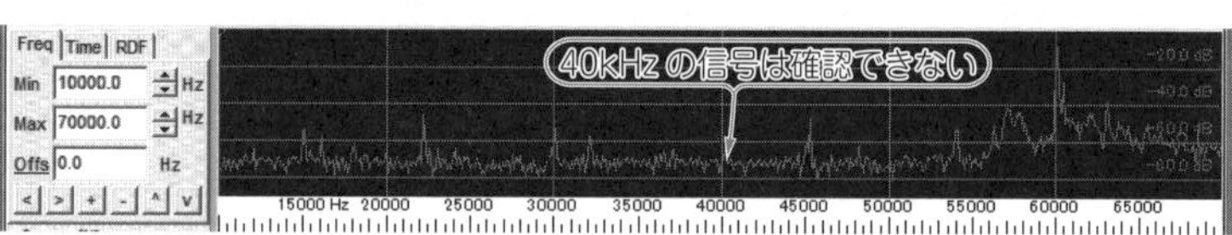

(a) FET1段アンプ（ゲイン26dB）+バー・アンテナ

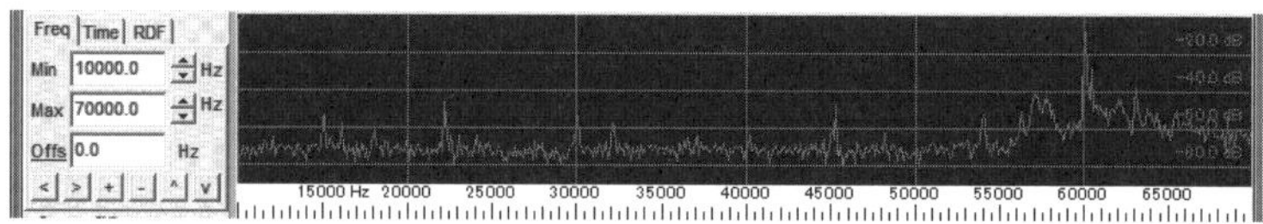

(b) OPアンプ2段（ゲイン40dB）+バー・アンテナ

〈図11〉
4m角ループ・アンテナによる受信例
(JJY40 kHzがはっきり受信できた)

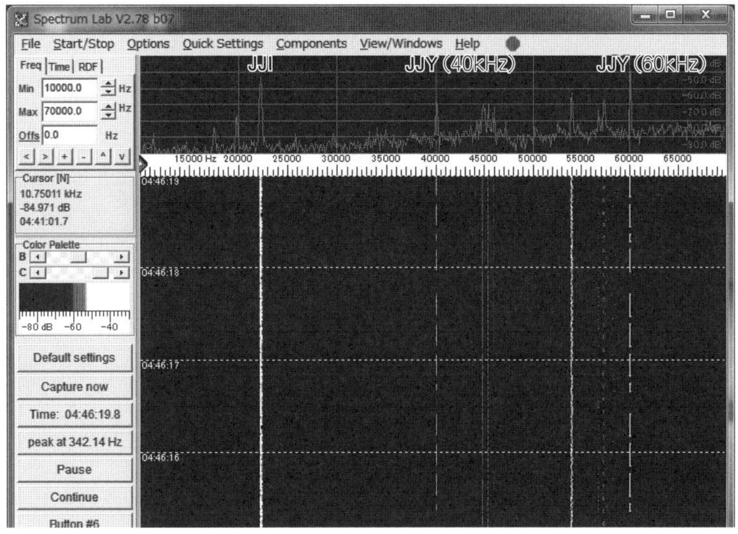

〈図12〉
ロング・ワイヤ・アンテナによる受信結果

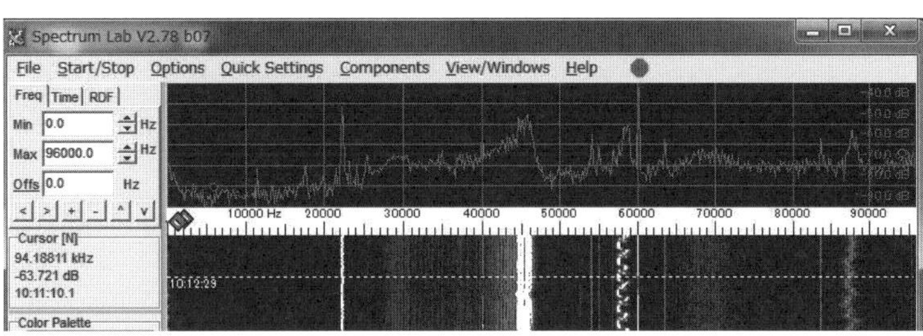

端子のホット側につなぐと，ハム(商用電源60 Hzや50 Hzのノイズ)が入るので，インダクタ(10 mH)とコンデンサ(1500 pF)を並列にして約40 kHzの共振回路を作り，さらに地面にグラウンド棒を打ち込んでGND側につなぎます．330 pFを通して共振回路の他方にロング・ワイヤ・アンテナを接続します．ロング・ワイヤ・アンテナは電界をとらえるのですが，数十kHzで$\lambda/4$の長さ(40 kHzの$\lambda/4$は1875 m)は一般家庭の敷地ではとうてい取れず，短いアンテナとならざるを得ません．電界アンテナは，VLF～LF帯の受信アンテナとしては，外来雑音に非常に弱いようです．

コンピュータやマイコン機器の普及により，VLF～LF帯域はノイズの巣窟のように思われますが，Spectrum Labで細かく見ると，電子機器のノイズは広い帯域にちらばっていることがわかります．ノイズに強いピークがないので，先の**図12**で示したJJYのようなCW(Continuous Wave)信号は比較的見つけやすいといえます．

ノート・パソコンのACアダプタもノイズ源の一つです．ACアダプタは，30～60 kHzのノイズ・レベルを10 dB以上上昇させるので，バッテリで動作させるのが好ましいでしょう．

まとめ

今回の実験で，遠距離局の場合，プリアンプで増幅するより，アンテナを工夫する方が受信に成功する可能性が高いことがわかりました．また，ループ・アンテナの出力電圧はループ面積と巻き数にそれぞれ比例しますが，あまり面積を大きくすると取り扱いに苦労します．面積が狭いぶん巻き数を増やせば，感度の良いものが作れそうです．

一方，バー・アンテナでも，プリアンプを高ゲイン，狭帯域，ロー・ノイズにすれば，遠距離受信ができるかも知れません．

今回はシンプルを旨として，誰でも取り組める内容としました．読者の追試を期待します．

◆参考文献◆

(1) 森川容雄；「通信総合研究所の時間・周波数標準と標準電波」 http://jjy.nict.go.jp/QandA/reference/Lfsymposium1.pdf
(2) DL4YHF's Amateur Radio Software; Audio Spectrum Analyzer(“Spectrum Lab”) http://www.qsl.net/dl4yhf/spectra1.html#download
(3) 今村國康；「写真と図で見る長波標準電波 “JJY”」，RFワールドNo.5，pp.103～111，CQ出版社，2009年4月．

第４部
走行／運動の製作

第17章　RF電流の流れる電線を辿って走る

誘導無線トレース・カーの製作

誘導磁界を辿って走行するトレース・カー

模型の「ライントレース・カー」をご存じでしょうか？これは白地に描かれた黒い線(ライン)を辿(たど)りながら進みます．この黒いラインのかわりに電線を張って高周波電流を流せば，それを標識として車を電線に沿って走らせることができそうです．電線を紙の裏に隠せば，一見マジックのように見えることでしょう．

地下鉄の列車無線の一部で使われている「誘導無線」は，上に述べたような誘導架線を通じて，RF信号を送受して通信するものです．同じ原理を応用したものが「誘導無線トレース・カー」(**写真1**)です．市販の安価な光学式ライントレース・カーを少しだけ手直しすればよく，趣味や教材として手軽に製作できます．

誘導無線とは

■ 電磁誘導を利用する無線

電磁誘導はモータや発電機でおなじみの現象です．**図1**において，導線に電流を流すと，電流の方向に右ねじが回転する方向に磁力線が発生します．これは「アンペールの右ねじの法則」として有名です．図は直流電流の場合ですが，導線に高周波電流(交流)を流すと，周囲の磁界は高周波電流の周期に応じて方向が反転します．この磁界はループ・アンテナのようなピックアップ・コイルを使うと検出できます．

このときの電流の方向は，磁束の変化を妨げる向きになり，「レンツの法則(Lentz's law)」として知られています．

導線に流れる高周波の周波数が高くなると，上記の誘導磁界のほかに放射電磁界が現れ，電波が発生します．以下に述べる誘導無線は，導線から数m以内の誘導磁界を利用するものであって，電波を使うものではありません．

■ 地下鉄に使われている誘導無線

誘導無線は鉄道無線の一部に使われています．地下鉄のような電波の届きにくいところを走る列車は，**図2**のように誘導架線を設けて，上述した電磁誘導により通信を行っています．**写真2**は地下鉄の設備例です．

これは誘導無線(IR)(Inductive Radio)と呼ばれます．誘導架線に供給されるRF周波数は，東京の地下鉄では100～275 kHzの長波帯です．基地局と車両で周波数を変えることで

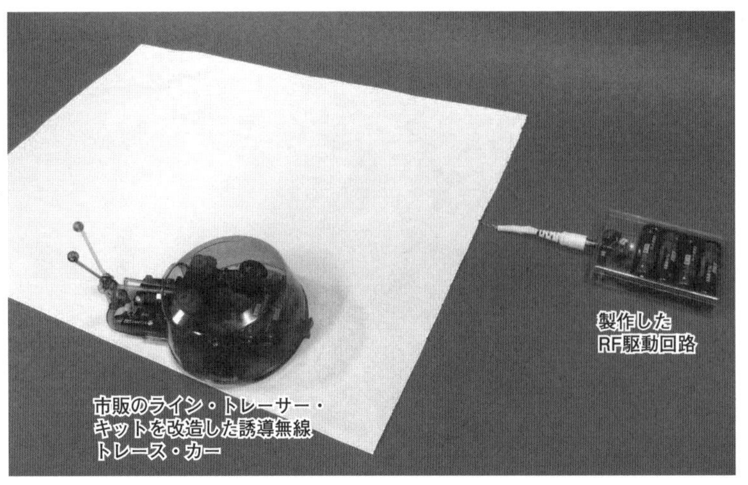

〈写真1〉紙の裏に張った電線に沿って進む誘導無線トレース・カー

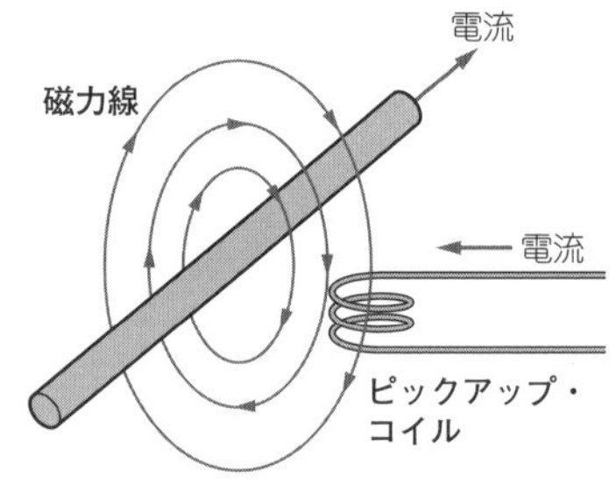

〈図1〉導線に電流を流したときの磁界のようす

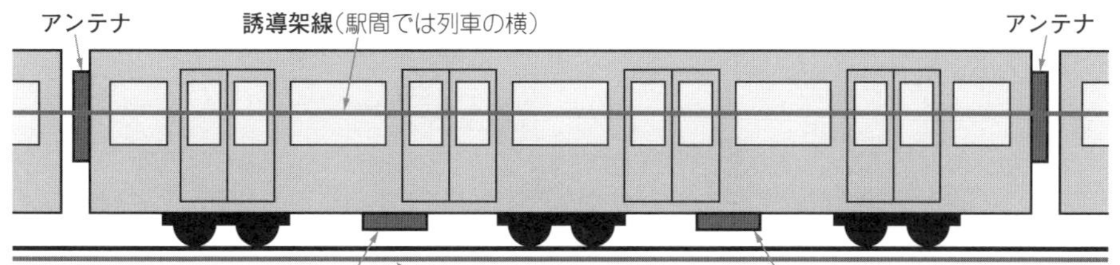

〈図2〉地下鉄に使われている誘導無線の架線とアンテナ

(a) 列車側のアンテナ例

(b) 地上側誘導架線例

〈写真2〉地下鉄の誘導無線用架線とアンテナの例

双方向の通信を実現しています．電波型式はいわゆる“16F3”つまり占有周波数帯幅16 kHzの狭帯域FM電話(F3E)です．誘導架線は，駅間では車両の横，駅構内では線路の脇に架設されており，2本が対になってループを形成しています．これに対応して，アンテナ(ピックアップ・コイル)は車両の横と下に設けています．2本の対のうち一方の線は「帰線」と呼ばれ，大地で代用することもあります．なお，誘導無線は電波法では高周波利用設備に分類されています．

一方，トンネルの多い新幹線では，鉄道無線に漏洩(ろうえい)同軸ケーブル(LCX)を使っています．周波数は400 MHz帯であり，必要な範囲にだけ信号を送る点は誘導無線と似ています．

磁気ループといわれる通信も電磁誘導を利用するもので，同時通訳システム，補聴援助システムなどに利用されています．

製作する誘導無線トレース・カーの概要

約100 kHzのRF信号によって，**図3**のように大きな1回巻きのコイル(ワンターン・コイル)を駆動します．

ワンターン・コイルの全長は数mまでとし，オーディオ用のパワー・アンプICで駆動することにします．

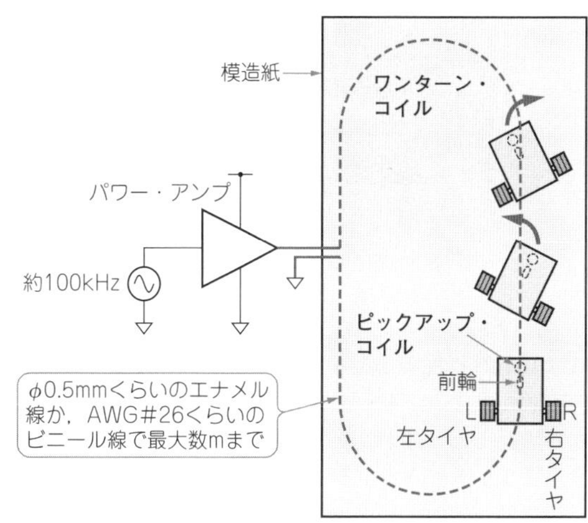

〈図3〉製作する誘導無線トレース・カーのコンセプト

代表的なLM386を最小ゲイン(20倍)で使えば400 kHz程度の帯域となるので，鉄道無線と同じ周波数が使えそうです．駆動電力は数百mWであり，これに合わせて受信側の感度を設定します．

100 kHzの搬送波を音声信号で周波数変調すれば，鉄道無線と同じ動作となりますが，トレース・カーの制御に限れば無変調で十分です．

ピックアップ・コイルは，これくらいの周波数であ

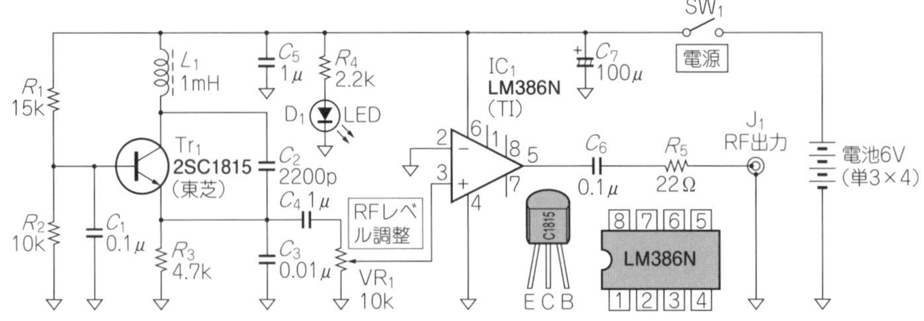

〈図4〉製作したRF駆動回路

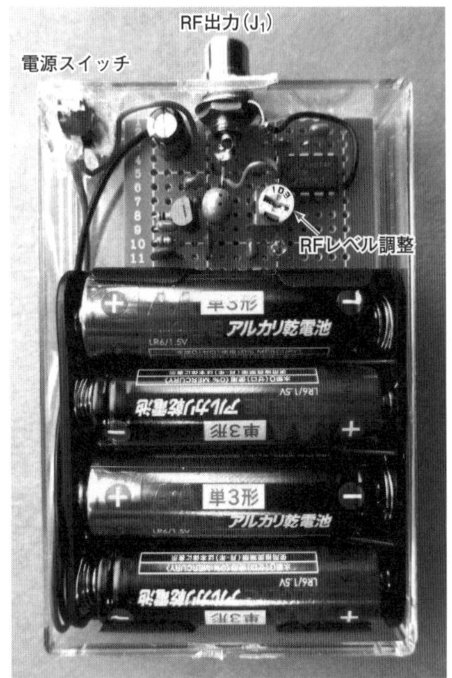

〈写真3〉製作したRF駆動回路の外観

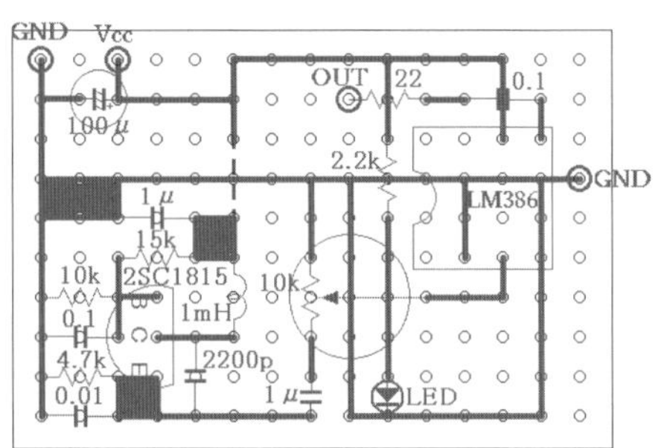

〈図5〉RF駆動回路の配線パターン(部品面から透視)

れば10 mH程度の小型インダクタで十分でしょう.

市販のライントレース・カーは，白い模造紙などに太い黒線を描いておくと，その線を辿って進みます．最近はフォト・トランジスタをマイコンと組み合わせて作る例が多いですが，もともとマイコンは不要です．昔はCdS光導電セルとトランジスタ1～2石を使い，リレーによってモータを制御していました．

ライントレース・カーの黒線をRF信号を流した電線に，光センサをピックアップ・コイルにそれぞれ置き替えれば，誘導無線によるトレース・カーとなります．信号の最大値に追随させれば，ピックアップ・コイルは1個でも作れます．2個使えば，バランスを取ることで安定な動作が期待できますが，今回は使用するキットの仕様に合わせて，ピックアップ・コイルは1個とします．

各部の製作

■ RF駆動回路の製作

図3に示した長さ数mのワンターン・コイルに約100 kHzのRF信号電流を流し，数mmくらい離したピックアップ・コイルで1 V_{P-P}程度のレベルにできれば，増幅回路が不要になり，受信側の回路設計が楽になります．このためには，ある程度の駆動電力が必要です．

手順としては，最初にRF駆動回路から着手するのが，後で述べるピックアップ・コイルによるRF信号の検出回路の動作を確かめる上でもベターでしょう．

電力増幅器はLM386を使うこととし，RF信号源はトランジスタ1個でできるコルピッツ発振回路を選びました．全体の回路を**図4**に掲げます．

発振周波数は約100 kHzです．ワンターン・コイルへの供給電力は半固定抵抗器VR_1により増減できます．オシロスコープがあれば，ワンターン・コイルをRF出力(J_1)に接続して，J_1での波形がひずまない最大値にします．オシロスコープがない場合は仮に波形がひずんでも，トレース・カーの制御には支障はないので，VR_1は中央～80%程度に設定しておけば大丈夫です．

電源は単3乾電池の4直列で6 Vです．乾電池を含めて95×65×23 mmの透明プラスチック・ケースに収納できます．**写真3**に外観を示します．**図5**は配線パターンです．

〈**写真4**〉**改造ベースにした「かたつむりライントレーサー工作セット」**
［エレクラフトシリーズ No.20, ㈱タミヤ］

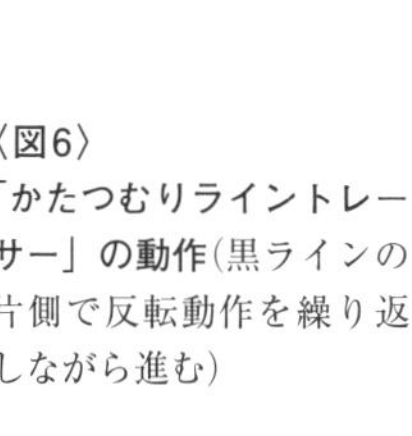

〈**図6**〉
「かたつむりライントレーサー」の動作(黒ラインの片側で反転動作を繰り返しながら進む)

〈**写真5**〉**RF信号検出回路基板の取り付け状態**
(光センサ基板と入れ替える)

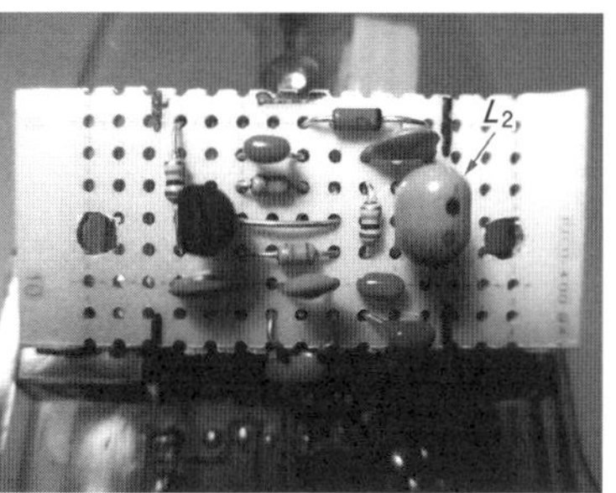

〈**写真6**〉
RF信号検出回路基板の部品面

■ ライントレース・カーの組み立て

改造ベースとして，タミヤの「かたつむりライントレーサ工作セット」(**写真4**)を使います．一度，完全に組み立てて，光学ライントレーサとして動作するか確認しておくと理解しやすいでしょう．

改造部分は，光学センサ基板の取り換えと，メイン基板の一部変更だけです．

光学式の動作原理は次の通りです．

- センサが黒だと判断したら右車輪を回転する
- センサが白だと判断したら左車輪を回転する

この論理により，黒ラインの片側において，**図6**のように，細かな反転動作を繰り返しながら進みます．

ここで黒レベルの濃さを電線の近くのRF信号の強さに置き換えれば，まったく同じ動作をするはずです．

■ RF信号検出回路とピックアップ・コイルの周辺

ピックアップ・コイルで拾ったRF信号を増幅し，検波して直流電圧にする回路です．かたつむりライントレーサの光センサ基板をそっくり入れ替えます．**写真5**にキットへ取り付けた状態を示します．**写真6**はRF信号検出回路の基板(部品面)です．

ピックアップ・コイルは10 mHのインダクタで，床面から1 mm程度になるように取り付けます．離しすぎると検波出力が低下します．

図7は回路図です．検波ダイオードD_1とD_2は，検波用ショットキー・バリア・ダイオード(BAT43など)または検波用ゲルマニウム・ダイオード(1N60相当品など)のような順電圧降下の小さいものが適しています．

RF信号検出回路の基板は，キットに付属の光センサ基板と同じ寸法になるようユニバーサル基板を切り出します．ビス穴の位置も元と同じに合わせます．図

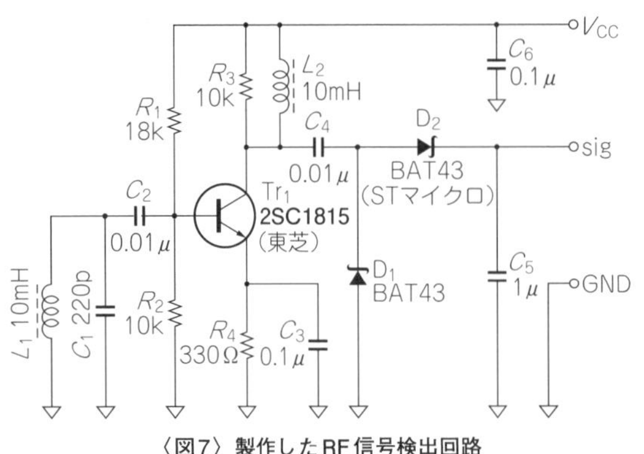

〈図7〉 製作したRF信号検出回路

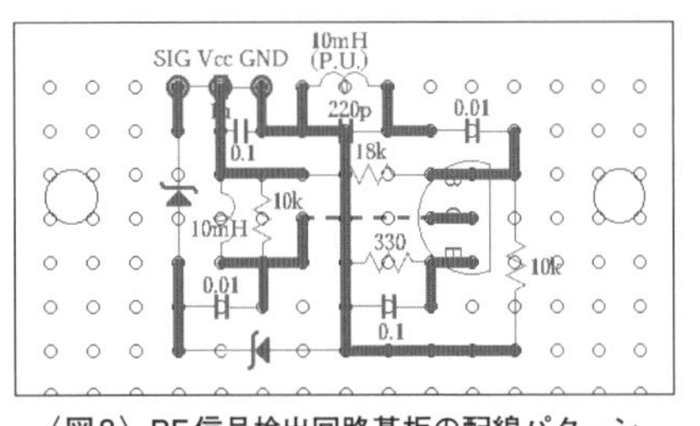

〈図8〉 RF信号検出回路基板の配線パターン
(部品面から透視)

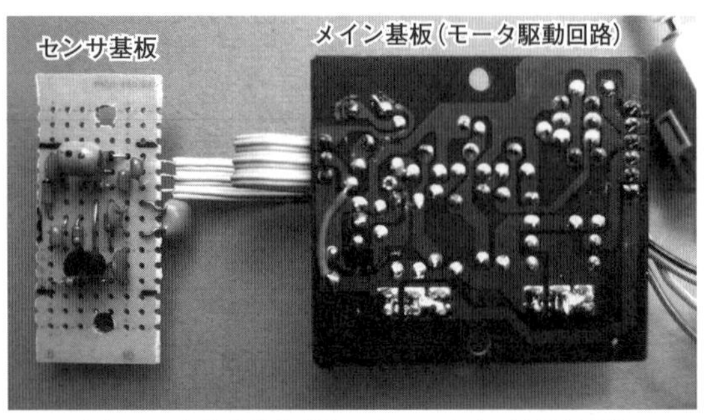

(a) モータ駆動回路が入っているメイン基板(右側)

(b) 部品面のジャンパ(J1)を除去し，半田面にジャンパを追加する

〈写真7〉 メイン基板の改造

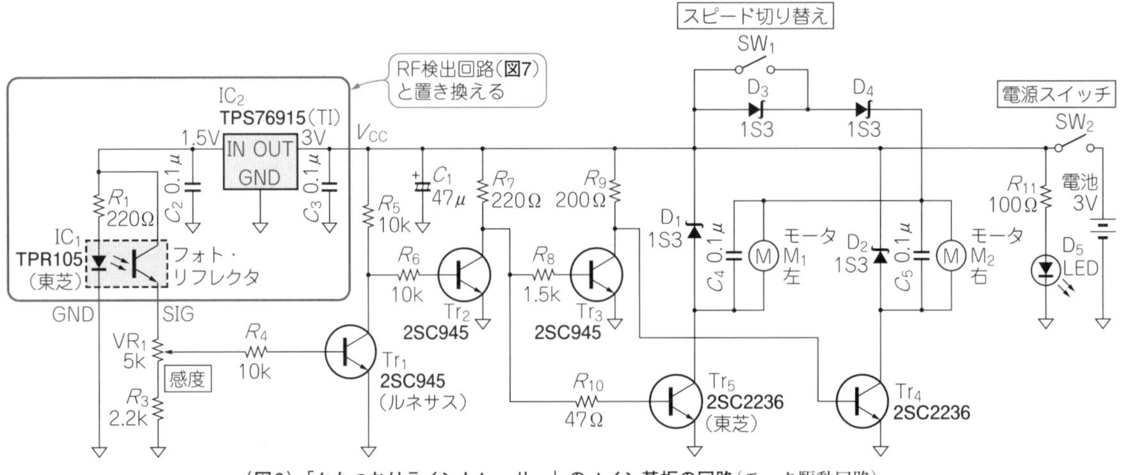

〈図9〉「かたつむりライントレーサー」のメイン基板の回路(モータ駆動回路)

8に部品面から見たパターン図を示します．

ピックアップ・コイルが，元の光センサと同じ位置になるように取り付けます．

かたつむりライントレーサの モータ駆動回路を少しだけ改造する

メイン基板(モータ駆動回路)の回路図を**図9**に掲げます．この基板はほとんどそのままで使えますが，1点だけ改造が必要です．**写真7(a)**の右側がメイン基板です．左側のセンサ基板へ供給する電源(V_{CC})電圧は，そのままでは1.5 Vですが，これを電池と同じ3 Vに変更します．1.5 VレギュレータICの出力側のジャンパ線(部品面)を除去し，**写真7(b)**のようにビニール線で3 Vラインに接続します．

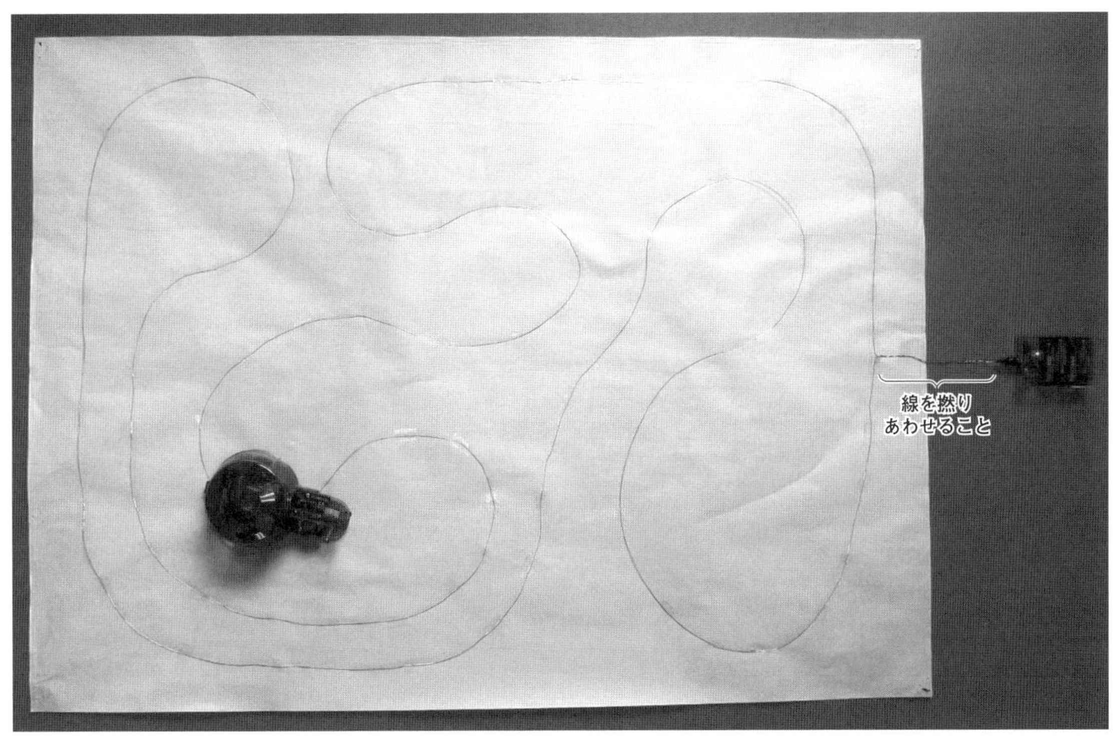

〈**写真8**〉**走行用トレース台紙の例**(模造紙にφ0.5 mm程度の銅線をセロハン・テープで固定する)

■ トレース台紙の作り方

A2判の模造紙に，**写真8**のように銅線を張ります．這(は)わせ方は自由ですが，カーブは車の最小回転半径以上としてください．導線を紙の裏面に張れば，トレース線を隠すことができるので，何もない紙の上を正確に同じ軌道で走らせるという「マジック」を演出できます．注意点としては，RF端子に向かう部分を撚(よ)り合わせることで，ここを並行に這わせると磁力線が漏れてしまい，車が誤ってRF駆動回路の方へ進んでしまうことがあります．

おわりに

ロボット全盛の昨今，RF技術はこれを支える重要な要素技術となっています．

ここに紹介したように，市販のライントレース・カーに少し改造を加えるだけで，RFを使った誘導無線トレース・カーに変身させることができます．

電磁誘導は，誘導無線や同時通訳システムのほかに，エネルギー伝送手段としてワイヤレス充電器にも使われています．また，非接触ICカードも電磁誘導の応用の一つです．このように広い用途がある電磁誘導を製作を通じて身近に体験してもらえればと思います．

第18章　電池なしで模型のドクターイエローが走る!

IHモジュールを転用したWPTプラレール走行実験

市販IHモジュールをRFエネルギー源に転用する

近年,電線を使わない無線電力伝送"WPT"(Wireless Power Transfer)の技術が著しく進歩しています．この背景には，MOSFETをはじめとするパワー素子の進歩と，ZVSなどの低損失/高速スイッチング回路の発展があります．

電子工作におけるWPTの醍醐味は，電池なしで動く装置が作れることです．しかし，モータのようにインピーダンスが低くて，電力を消費する負荷をWPTによって駆動することは容易ではありません．

受電側は，ある程度の電磁気の知識が求められますが，回路は簡単です．しかし，送電側は設計製作に多くのノウハウが必要だと思います．

なんとか既製品をうまく使ってWPTを手軽に実験できないかと調べていたところ，Amazonなどで数百円以下で売られていて入手容易であり，しかも扱いやすいIH(誘導加熱)電源モジュールが出回っているのを見つけました．これをRFエネルギーの送電に使えば，簡単にWPTを実験できそうです．さっそく送料税込みで800円を切る最安値のものを入手しました．小型ながら，負荷コイルに数W～数十Wの電力を大きな発熱なしに効率よく送り込むことができます．

受電側の駆動対象としては，これも入手が容易な模型のプラレール［㈱タカラトミー］の電車，ここでは「ドクターイエロー」(**写真1**)と呼ばれる新幹線の軌道/架線検査車を選びました．

製作するWPTドクターイエローは「電池なし」で動きます．また，送電エネルギーを可変することによって，発進/停止はもちろん，走行スピードも遠隔制御できるので，展示デモに打ってつけだと思います．さらに，受電周波数を変えた2種類の電車を別々に制御するなどの応用も考えられます．教育現場での

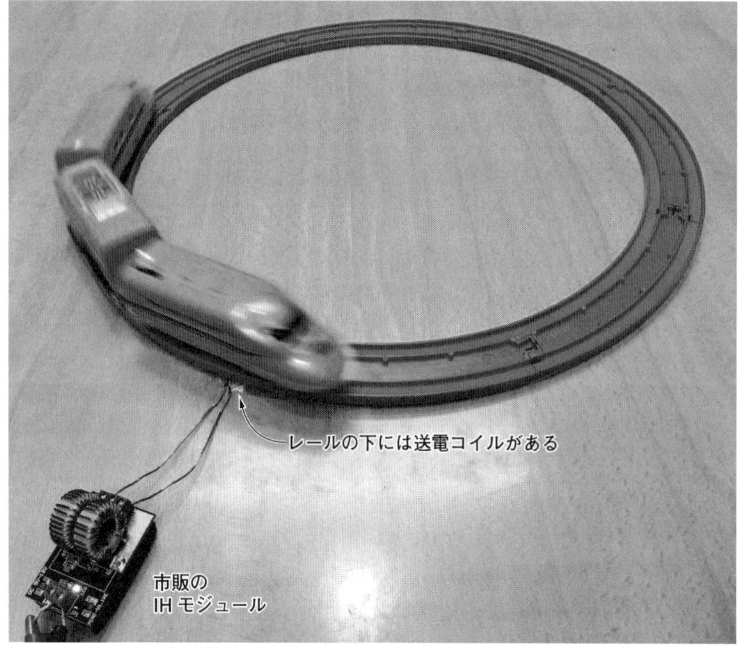

〈写真1〉IHモジュールを使った走行中給電で走行するWPTプラレール

〈写真2〉実験に使った誘導加熱(IH)モジュール

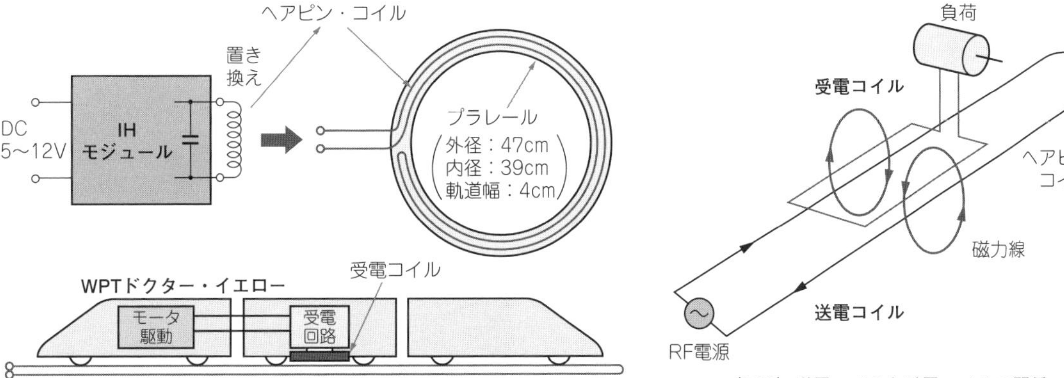

〈図1〉IHモジュールを転用したWPTプラレールの構想

〈図2〉送電コイルと受電コイルの関係

WPT実験テーマとしても，興味を持って学習/研究していただける題材になると思います．

実験の概要

図1は，今回の実験の構想図です．レールを円形に組み立て，円周に沿って裏側にヘアピン・コイルを貼り付けます．図のように，巻き線が1周したらヘアピン状に折り返します．このコイルにIHモジュールのRF電流を流すと，**図2**のように，レール両端の導線に流れる互いに異なる向きの電流により，巻き線間に磁界が発生します．したがって，受電コイルをこの上に置けば，電磁誘導により電力を伝送できます．

このIHモジュールは高出力であり，送電コイル両端の電圧も高いので，無負荷時は受電回路に高圧が発生すると予想されます．実験条件によっては，受電側に降圧回路が必要かも知れません．また，受電コイルとコンデンサによる共振が必要かも知れません．インピーダンス整合も重要です．

IHモジュールの回路

写真2が入手したIHモジュールです．回路図は公開されていないので，現物から読み取った回路を**図3**に示します．型名表示のない素子は相当品の型名を記しています．

この回路は，マルチバイブレータ型インバータの一種で，コレクタ共振型(またはコレクタ同調型)発振回路と呼ばれます．変形ロイヤー型と呼ばれることもあります．ロイヤー型はトランスの磁気飽和を利用するものです．**図3**にはコイル間に共振コンデンサがあるので，コレクタ共振型と呼ぶ方が適切でしょう．部品点数が少なく，発熱も小さいのでインバータ回路によく使われます．

図4に各部の波形を示します．ZVS(zero voltage swithing ゼロ・ボルト・スイッチング)動作をしており，これによって素子の発熱が抑えられています．発振周波数は付属コイル

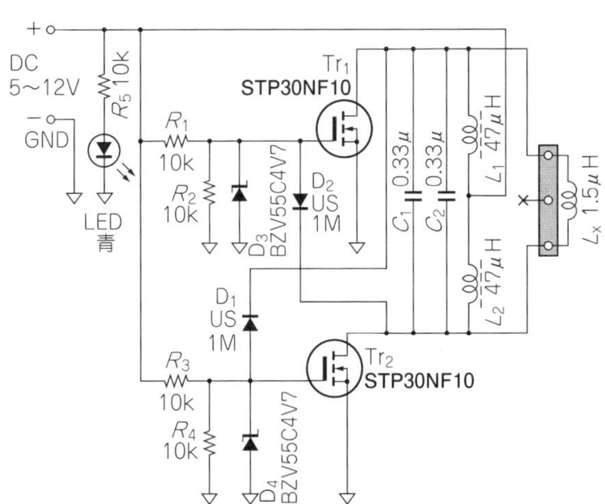

〈図3〉使用したZVS誘導加熱電源モジュールの回路

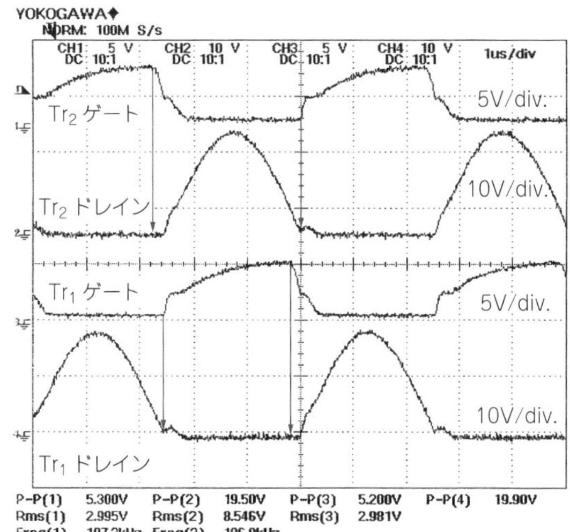

〈図4〉IHモジュール各部の波形(ゲート電圧とドレイン電圧の関係はZVS動作である)

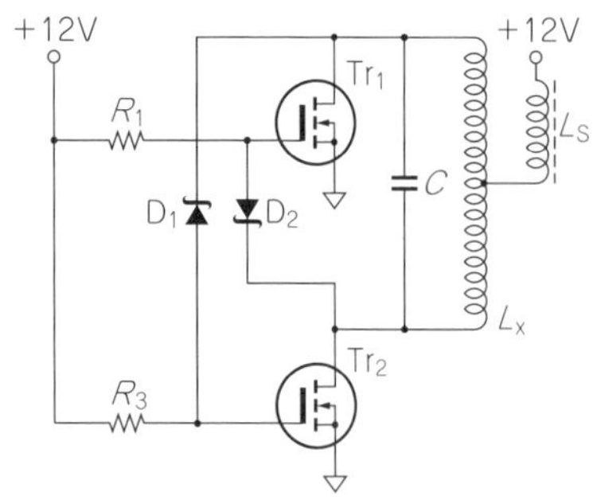

〈図5〉[1]コレクタ共振型発振回路の基本形

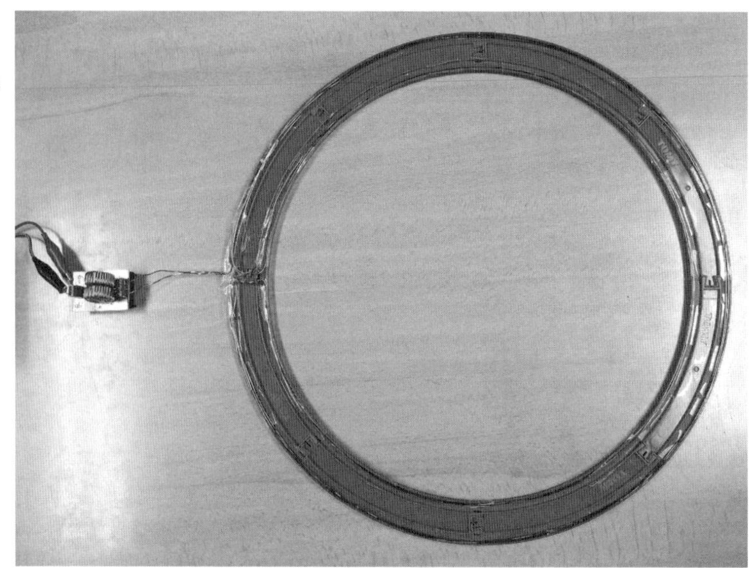

〈写真4〉円形に組んだレールの裏側に貼り付けた送電コイル(φ1 mmの銅線をヘアピン状に2周巻き)

(1.5 μH)との組み合わせで約200 kHzでした.

■ コレクタ共振型発振回路の原理

図5はコレクタ共振型発振回路の基本形です.

図4の波形を参考に動作を説明します. Tr_2のゲートは, R_3によりONとなりますが, Tr_1のドレインが0 VになるとD_1によりOFFします. このトリガでTr_2のドレインには, サイン半波の発振波形が現れます. このとき, Tr_2はOFFです.

Tr_1についても同様で, プッシュ・プル動作により, L_x両端にはサイン波形が現れます.

発振起動のために電源のインピーダンスを上げる必要があり, 大きめのインダクタンスL_sが必要です. **図3**ではL_1とL_2がこの役割をします. この二つのコイルは, **図5**の負荷コイルL_xの中点と同じ作用をするので, 負荷コイルに中点を設ける必要がありません.

発振周波数はL_xとCによって決まります. L_xは送電コイル自体ですから, 負荷変動に伴う共振周波数の合わせ込みは不要です.

D_1とD_2は逆回復時間が短いものを選び, Tr_1とTr_2はオン抵抗が低くスピードの速いものを選びます. コイルはQの高いものを使用し, とくにCはポリプロピレンなどのESR(等価直列抵抗)の低いフィルム・コンデンサが必須です. **図5**の回路は, 電源(+12 V)の立ち上がりが遅い(電流容量が小さい)とTr_1とTr_2が同時にONして大電流が流れることがあるので注意が必要です.

〈写真3〉誘導加熱によって赤熱した鉄釘

■ IHモジュールの本来の使い道

このモジュールの本来の用途は金属の焼き入れです. IHとはInduction Heating(誘導加熱)の略です. 高周波の磁界の作用で, 金属に渦電流(エディ・カレント)を流し, 金属自体の抵抗によるジュール熱を発生させて, 金属を800 ℃程度の高温に加熱するものです. 誘導加熱は, キッチンにあるIHクッキング・ヒータや, IH炊飯ジャーにも使われているお馴染みの技術です.

写真3は, 付属のコイルをつないで, 誘導加熱によって鉄釘を赤熱させたところです. この後, 急冷すると, 焼き入れができます. 焼き入れは, 鉄を硬くしたり柔軟にしたりするもので, 刃物などの製作には必須の技術です.

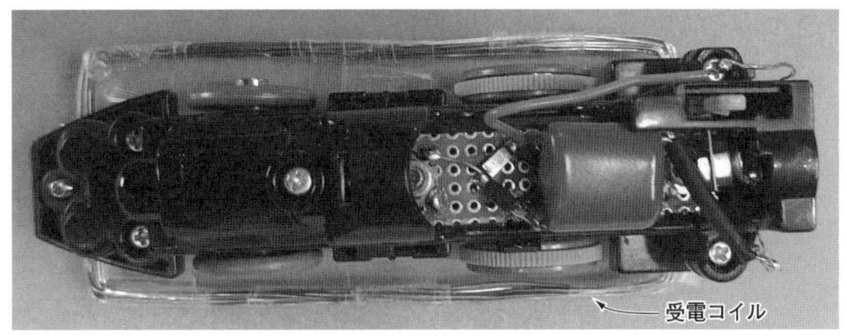

〈写真5〉先頭車両の底部に受電コイルを取り付ける

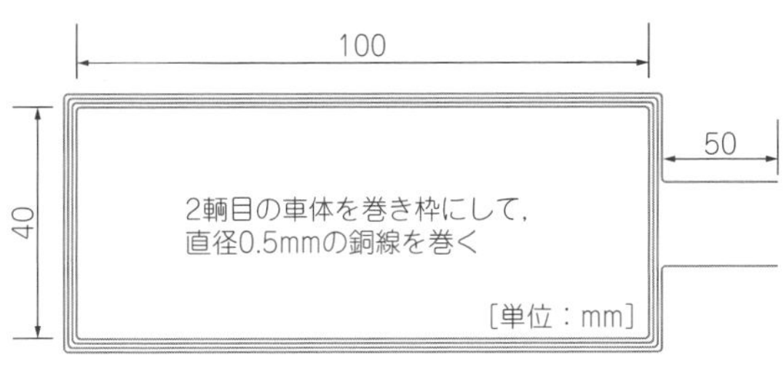

〈図6〉受電コイルの形状

〈表1〉受電コイルの仕様と共振容量など

巻き数	線径	インダクタンス	Q	直列抵抗	C_1の容量
10回	0.6 mm	20 μH	62	0.6 Ω	0.33 μF
15回	0.6 mm	40 μH	60	0.7 Ω	0.15 μF

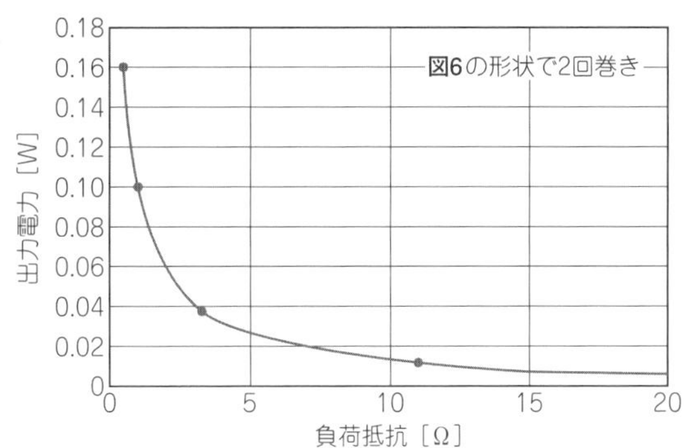

〈図7〉受電コイルの出力特性（ϕ 1 mm銅線を図6の形状で2回巻き，レール上に置いた）

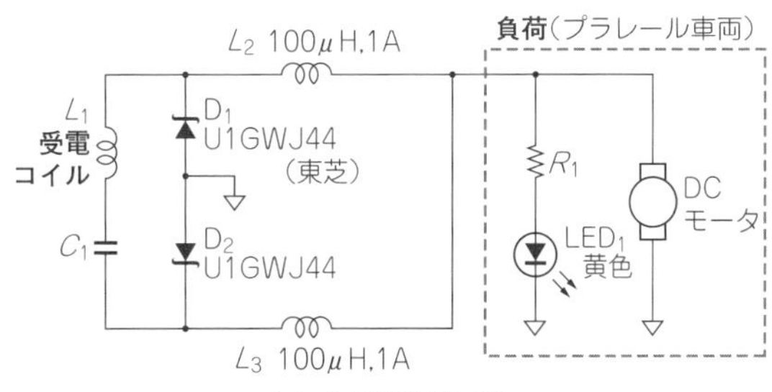

(a) 倍電流整流回路

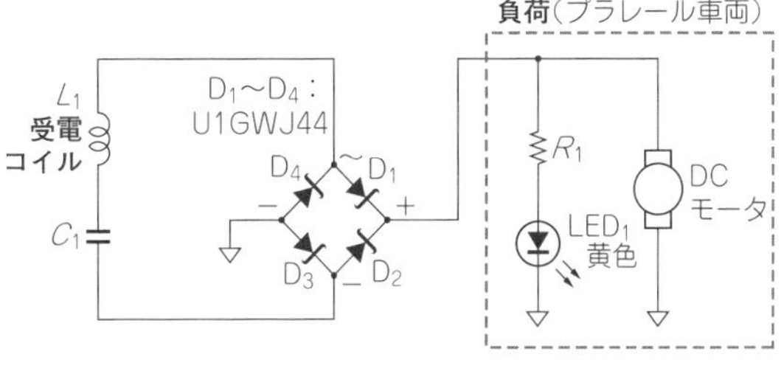

(b) ブリッジ整流回路

〈図8〉2種類の受電回路

送電システムと受電システムを構成する要素

■ 送電コイル

送電コイルはレールの裏側に配置するので，コイル形状はレールの組み方で決まります．**写真4**は円形に組んだワンターンのヘアピン・コイルです．

最初は直径1 mmの銅線をヘアピン形状で1回巻きとしました．インダクタンスの実測値は2.2 μHで，発振周波数は約127 kHzに低下しました．この状態で，後述する受電コイルで実験したところ，十分な受電電力が得られませんでした．

そこで送電コイルを2回巻きに変更しました．実測インダクタンスは7.3 μHで，周波数は約70.2 kHzとさらに下がりましたが，十分な出力が得られるようになりました．

■ 受電コイル

受電コイルは，**写真5**に示すように先頭車輌の底部に取り付けたいので，車体を巻き枠として**図6**のような形状のコイルを作りました．市販のWPT実験用円形コイル4626-25U（外径46 mm，内径26 mm，25 μH）より開口面積が大きいので，出力が大きく取れます．

この形状で銅線を2回ほど巻いて，コイルをレール上に置き，出力特性を調べたものが**図7**です．

最適負荷が0.5 Ω以下で，モータの抵抗5 Ωとは大きく異なります．出力電圧は0.3 V_{rms}と意外に低く，出力電力も0.16 Wと小さいです．このデータから，必要な巻き数を推測し，**表1**のような2種類のコイルを製作しました．当初予測していた降圧回路は必要な

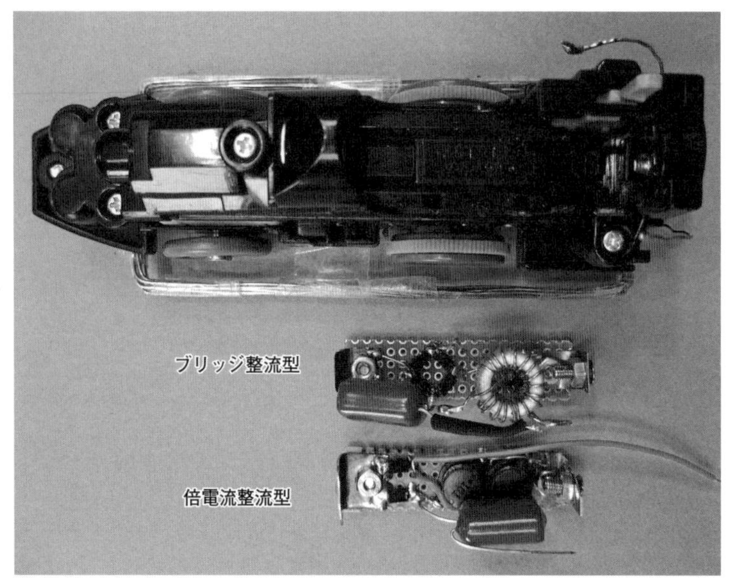

〈写真6〉 単3形電池と同じ寸法にまとめた受電回路

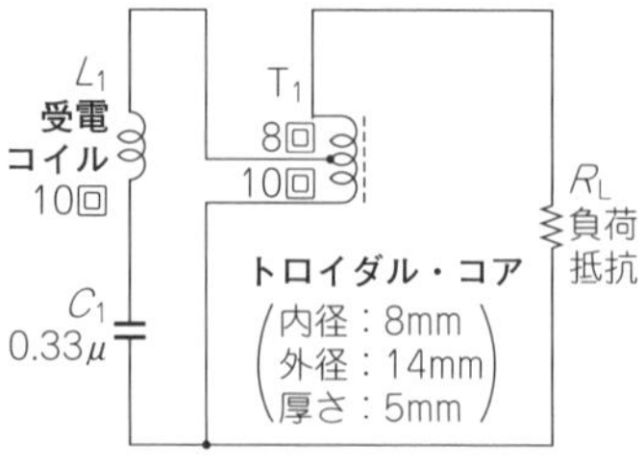

L_1
受電
コイル
10回
C_1
0.33μ
T_1
8回
10回
R_L
負荷
抵抗
トロイダル・コア
(内径：8mm
外径：14mm
厚さ：5mm)

〈図11〉 トロイダル・トランスによるインピーダンス整合回路

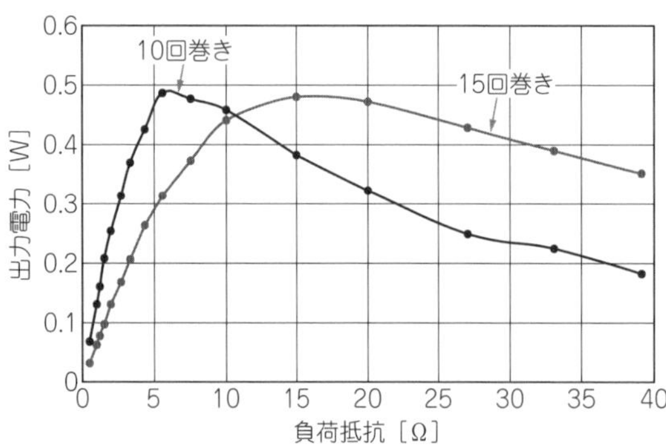

〈図9〉 2種類の受電コイルに対する最適負荷の測定(非共振としコイル単体で使う)

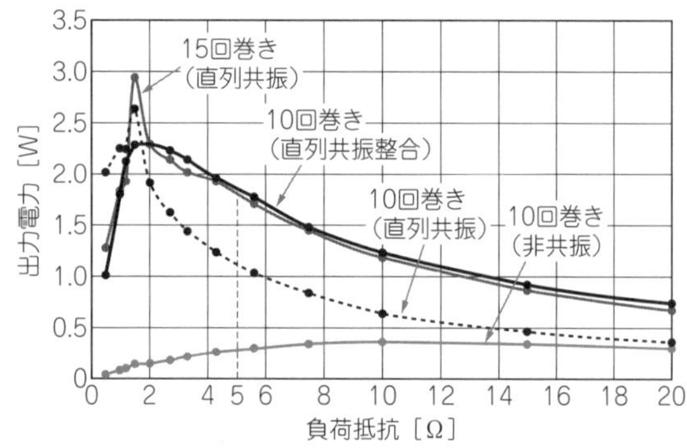

〈図10〉 最適負荷の測定(直列共振と非共振)

さそうです．

■ 受電回路

プラレール車輌に組み込む受電回路は，当初2両目に組み込む予定でしたが，降圧回路が不要で，インピーダンス変換なしでも動く目途が立ったので，先頭車両の電池ボックスに収めることにしました．

図8(a)は倍電流整流回路，**図8(b)**はブリッジ整流回路です．受電コイルは，後述する実験の結果，直列共振としました．負荷抵抗は約5Ωです．

写真6は電池ボックスにそのまま挿入できるように，ユニバーサル基板を使って単3形電池サイズに作った受電回路です．

表1の受電コイルとの組み合わせでは，出力は**図8(b)**のブリッジ整流回路の方が20％程度大きいようです．

予備実験

■ 最適負荷の測定

プラレールの電車に内蔵されているモータの消費電流は1.5 V0.3 A程度です．したがって，負荷抵抗は，1.5/0.3 = 5Ω，消費電力は1.5 × 0.3 = 0.45 Wです．

受電コイルからモータを駆動するための電力を取り出す場合，受電コイル側と，整流回路を含めたモータ側の負荷が整合している，つまり同じインピーダンス(または抵抗)であることが望ましいです．

先に製作した2種類の受電コイルの最適負荷抵抗を実測した結果が**図9**です．共振はさせず，コイル出力をそのまま整流しています．図を見ると，出力電力がピークで0.47 W程度であり，モータの消費電力0.45 Wからはギリギリの値です．出力電圧は1.6～3 Vであり，整流ダイオードの電圧降下を差し引くと

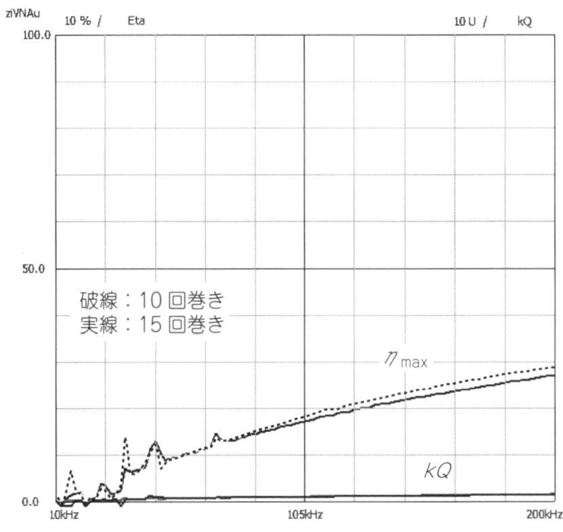

〈図12〉 kQ 積と最大効率 η_{max} の測定結果

モータ駆動電圧を確保できません．

そこで受電コイルを共振させた結果が**図10**です．直列共振と並列共振を比べると，直列共振の方が大きな出力を取り出せるようです．負荷抵抗5Ωでの出力は最適負荷ではありませんが，15回巻きが1.8 Wと大きいです．10回巻きでもモータを回すには十分な出力1.2 Wが得られます．

インピーダンス整合は，**図11**に示すトロイダル・コイルで昇圧するタイプです．整合によってピークはやや高抵抗側にシフトした程度ですが，右肩が上がったことで負荷抵抗5Ωにおける出力電力は1.2 W（**図10**の黒破線）から1.9 W（黒実線）に増加しました．出力電圧は約1.7 Vから約2.9 Vへ増加します．10回巻きコイルで15回巻きコイルと同等以上の出力が得られ，整合の効果を確認できます．

ピークをもっと急峻にして，かつ完全に一致させるには，トランスよりも文献(2)にあるコンデンサを使った整合の方が，実現が容易だと思われます．

■ kQ 積と最大効率 η_{max} の測定

10回巻きと15回巻きの二つの受電コイルと，後述する楕円軌道の送電コイルの組み合わせで測定した kQ 積と最大効率 η_{max} は**図12**のとおりです．受電コイルはプラレールの上に置いているので，送電コイルからは5 mm程度浮いています．

図を見ると，kQ は70 kHz近辺では1～2程度と非常に小さいです．また，効率 η は15 %程度です．

車両への組み込みと走行実験

■ 先頭車両にコイルを取り付ける

写真7は先頭車両に取り付けたようすです．トロイダル・コアは整合用トランスです．

実験の初期には2両目にコイルを取り付けていました．これは2両目に受電回路を組み込むことと，場合によっては3両目にもコイルを付けて出力を加算できるような構成を考えたためです．しかし，その必要がないことがわかったので，先頭車両に受電コイルを付けました．先頭車両にはモータがあるので，受電コイルに対して磁界を妨げる可能性がありますが，実験した結果，まったく遜色無く走ることがわかりました．

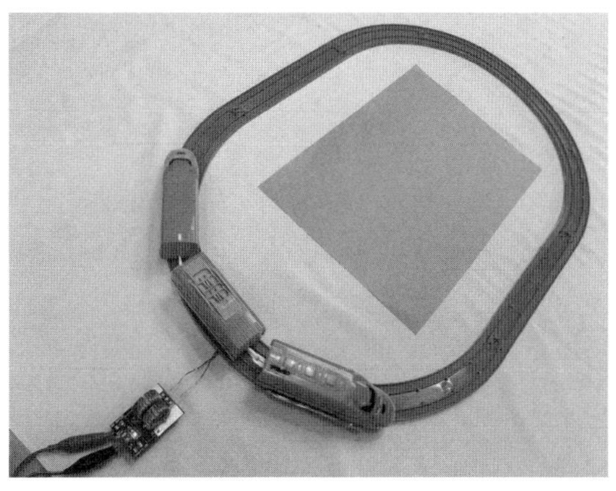

〈写真8〉 長円形に組んだプラレール（共振周波数が61.9 kHzに下がるが十分走行する）

■ 長円軌道の実験

プラレールを**写真8**のように長円形に組むと，直線部分の走行が楽しめます．当然，コイルのインダクタンスが増えるので，共振周波数が下がります．2回巻きヘアピン・コイルで，発振周波数は約61.9 kHzとなりました．10回巻き受電コイルでも，大きく速度が落ちることはなく，十分に実用になります．

■ ヘアピン・コイル端部の配置と受電出力

プラレールは円形または楕円に組み立てるので，ヘアピン・コイルの端部（折り返し点）では，コイルの配置により，**図13(c)**のように，出力が不均一になることがあります．

出力を平坦にするには，**図13(b)**のように離すのではなく，先端を重ねる必要があります．ただし，**図13(a)**のように重ね方を少なめにした方が良い結果が得られます．

■ IHモジュールの発振周波数を高くしてみる

IHモジュールの共振用コンデンサ C_1 と C_2 は，簡単に外すことができます．**図12**のように，kQ 積と効率 η_{max} は周波数が高い方が大きいので，より大きな出力電力が得られます．

〈写真7〉 整合トランスを組み込むと出力電力が約1.6倍に増える

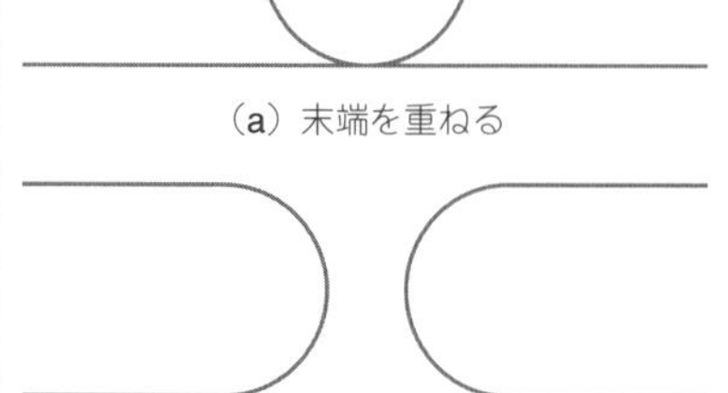

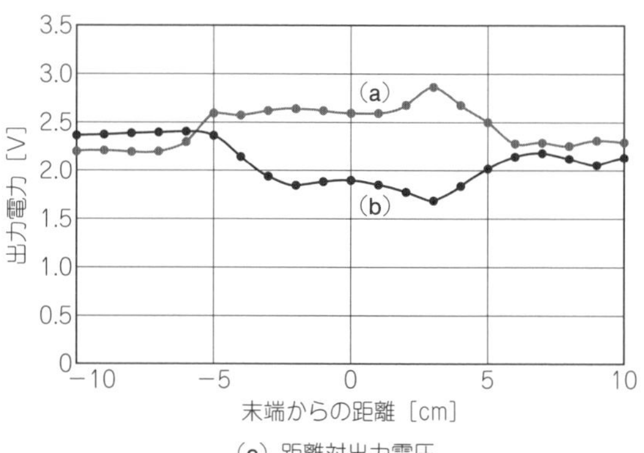

(c) 距離対出力電圧

〈図13〉 ヘアピン・コイル端部の処理と出力電圧特性

おわりに

廉価で入手性の良い市販のIHモジュールを使って，プラレール新幹線の模型をWPTにより走行させることができました．これにより，プラレールを通常の鉄道模型のように，手元でスピード・コントロールできるようになりました．電池消耗の心配もないので，展示用にも打ってつけだと思います．

今回は簡単にするため，インピーダンスの完全整合は見送りましたが，読者の皆様が，さらなる効率アップに挑戦していただければ幸いに存じます．

◆参考文献◆

(1) "A DIY Induction Heater"
https://www.rmcybernetics.com/science/diy - devices/diy - induction - heater

(2) 阿部晋士，坂井尚樹，大平孝；「ワイヤレス走行中給電プラレールの製作」，RFワールドNo.41，pp.130～134，CQ出版社，2018年2月．

■ 整合トランスの設計法

図Aにおいてトランスの巻き線比が$n_1 : n_2$ならば，1次側から見たインピーダンスZ_1は次式で表されます．

$$Z_1 = \left(\frac{n_1}{n_2}\right)^2 R_L \cdots\cdots (1)$$

図10から$Z_1 = 1.5\,\Omega$が整合条件なので，式(1)から，$1.5 = (n_1/n_2)^2 \times 5$となり，

$$n_1/n_2 = 0.548 \cdots\cdots (2)$$

です．一方，1次側のインダクタンスLは，$\omega L = 2\pi fL = 1.5\,\Omega$から，$f = 70$ kHzとすると，$L = 3.4\,\mu$Hとなります．

整合トランスは，100 μHの市販コイルTCV - 101M - 9A - 8026(秋月電子通商)を巻き直して作りました．インダクタンスは巻き数の2乗に比例するので，50回巻きで100 μHならば3.4 μHは10回巻き，つまり$n_1 = 10$にします．

2次側の巻き数は式(2)から，$n_2 = 18$となります．

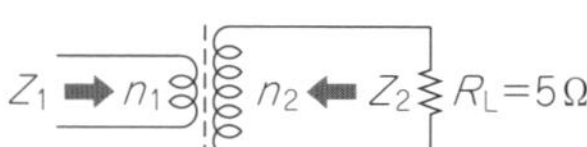

〈図A〉 トロイダル・トランスによるインピーダンス変換

図11では1次側に続けて2次側を巻いているので，18 − 10 = 8回だけ追加して巻きます．

今回使ったトロイダル・コイルのコアはT80 - 26相当で，$A_L = 460$，$\mu_i = 75$ @ 100 kHzでした．これ以外のコアを使うときは参考にしてください．

なお，比透磁率μ_rがわからないコアを使うときは，次の手順で実測することができます．

(1) トロイダル・コアに線を5回巻いて，インダクタンスL_aを測定する．

(2) 巻き線をほどいて，トロイダル・コアに巻いたときと同じ内径で5回巻きの空芯コイルを作り，インダクタンスL_bを測定する．

(3) 求める比透磁率は$\mu_r = L_a/L_b$から計算する．

第19章　サーキット路面から2台に走行中給電する！

IH電源モジュールを使ったWPTミニ四駆同時走行の実験

エレクトロニクスを使った乗用車の自動運転技術が実用化されつつあります．一方，動力については，地球環境保護のために，内燃機関から電気モータへの切り替えが急速に進んでいます．重い充電式電池を搭載せずに，走行エネルギーを車外から直接得る試みも始まっています．(1)

近年，発達の著しいWPT（Wireless Power Transfer：無線電力伝送）技術を使って，道路面下に敷設したコイルから，車両側のコイルに電力を伝送する方法がその一つです．

規模はとても小さいですが，模型のミニ四駆を同じ原理で走らせると，電池が不要になるだけでなく，電気モータを外部から制御できるようになります．これにより，レーシング・カーの同時スタートが実現でき，電池重量のぶん軽くなるのでパワー・ウエイト・レシオも改善されます．搭載する電池容量のばらつきによるハンディも無くなります．これらの結果，WPT回路形式やタイヤ調整などのチューニングが勝敗につながるようになり，レースが面白くなります．

今回，ミニ四駆を走らせるための，オーバル・コース（楕円状コース，**写真1**）を入手し，コース下に設けた平行線コイルから，WPTによって給電し，2台のミニ四駆車を走らせる実験をしました．

送電側は入手容易で安価な市販IH電源モジュール（Amazonで800円ぐらい）を使いました．動作周波数は約100 kHz，DC入力は電源1個あたり約16.8 W，受電電力は1台あたり約3 Wです．こうして，**写真2**のようなWPTカーレースが，予想以上の迫力で実現できました．このWPT車は電池が不要なので，そのスピードはアルカリ乾電池走行車を凌ぎます．走行するようすをRFワールドのウェブ・サイトでご覧いただけます．

〈写真2〉WPTミニ四駆2台によるカー・レース

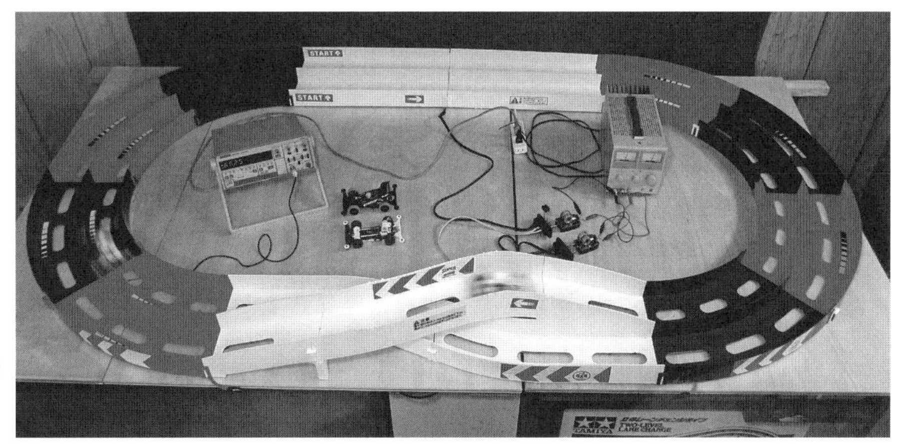

〈写真1〉ミニ四駆オーバル・サーキット（タミヤ，ITEM 94893）

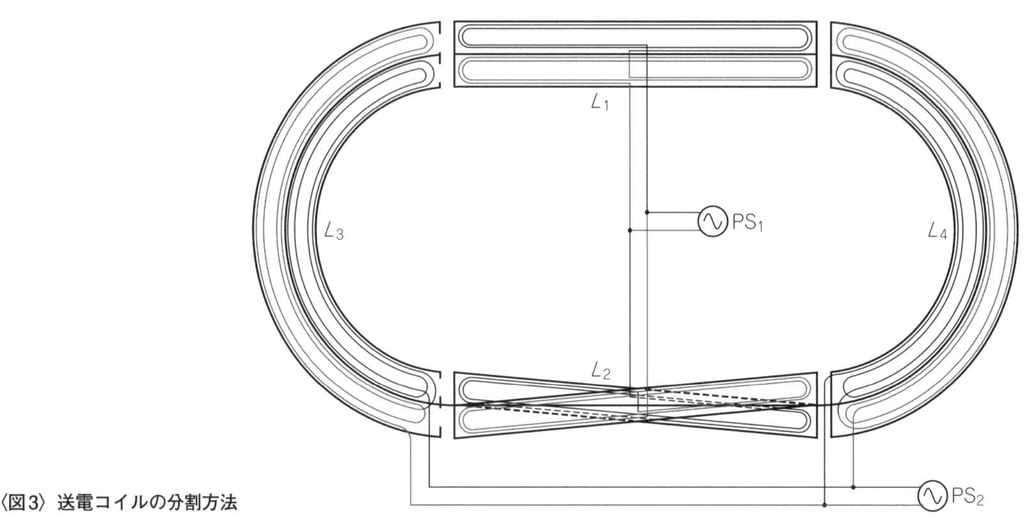

〈図3〉 送電コイルの分割方法

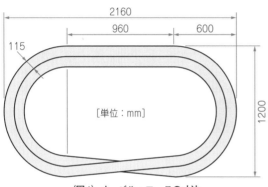

〈図1〉 オーバル・コースの寸法

1 オーバル・コースのWPT化

市販のオーバル・コースは**図1**のように，模型ながらかなり大きなものです．楕円の長径は2 m以上あり，レーンの全長は2レーンで合計8 mにもなります．また，二つのレーンは，一方の直線部が立体交差しているので，送電コイルの取り付けは大変ですが，ほぼ同速度のクルマならばぶつかることなく長時間観戦できます．

図2はレーンの断面です．底面プラスチックの厚さが2.3 mmあり，送受コイルの間隔は5～8 mm程度になりそうです．底面には支えがあり，この嵩(かさ)上げ部分に送電コイルがうまく納まります．

2 送電側の検討

2.1 送電コイルの分割

コースは約45 cmごとのセクションに分割され，**写真2**のように互いに小さなジョイントで接続されています．底面に送電コイルを取り付けるために全体を裏返すと，セクションをつなぐジョイントが外れて分解してしまう可能性があります．そこでコイルを**図3**のように4分割しました．これで組み立てや分解/搬送も容易になります．

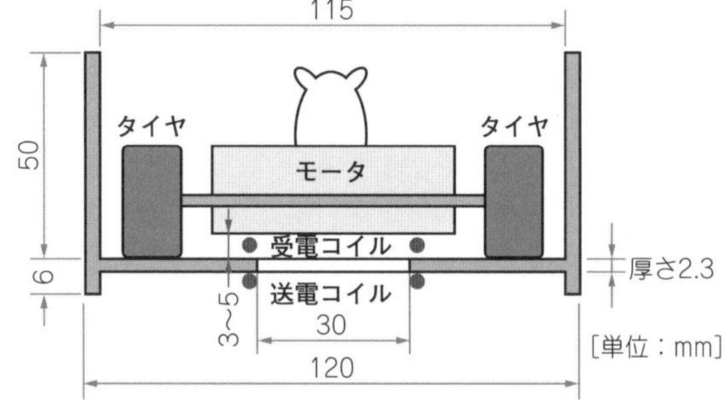

〈図2〉 オーバル・コースの断面とミニ四駆の関係

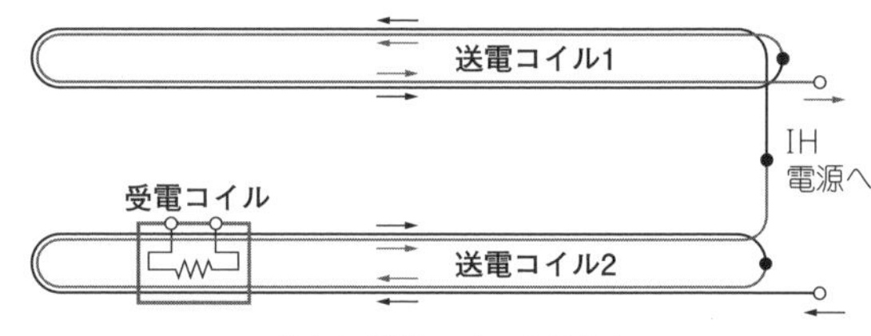

〈図4〉 送電コイルの巻き方

送電コイルの巻き方を**図4**に示します．前章(第18章)のWPTプラレール走行の実験から，送電コイルが1回巻きでは受電電力が不足することが予想されます．そこで，送電コイルは2回巻きとし，**図4**のように配置しました．矢印は巻き方向です．これは直線部(**図3**のL_1)の場合を示しており，クロスセクションL_2の場合は，**図4**の線を互いにクロスさせたものになります．また，曲線部(L_3とL_4)は，**図4**を半円形に折り曲げた形にします．

2回巻きの場合，単線を2本使うよりも，ACコード

〈表1〉製作した送電コイルの特性

ブロック	インダクタンス L [μH]	Q	抵抗 R [Ω]	並列接続 インダクタンス L [μH]	並列接続 Q	並列接続 抵抗 R [Ω]
L_1	11.67	17.5	0.42	5.56	19.8	0.18
L_2	10.67	25.5	0.26			
L_3	16.85	22.4	0.48	8.27	26.8	0.2
L_4	16.54	23.3	0.44			

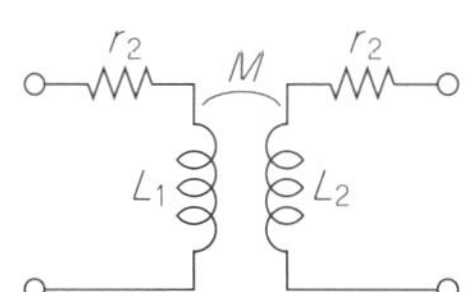

〈図5〉送電コイルL_1と受電コイルL_2の関係

〈写真3〉ミニ四駆の底面に取り付けた受電コイル

やスピーカ・コードのような平行ペア線を使うと，単線1本と同じように容易に取り付けができます．

■ 2.2 送電コイルの特性

図3のように，サーキットを4分割して合計四つのコイルを2個のIH電源モジュールで駆動します．送電コイルは相対する2ブロック（L_1とL_2およびL_3とL_4）を並列に接続します．形状が異なるため，少しインダクタンスが異なります．隣合うレーンの巻く向きは互いに逆向きにしてありますが，同じ向きに巻いても大差はありませんでした．

コイルを並列にする理由は，インダクタンスが大きくなりすぎると，IH電源モジュールの共振周波数が著しく低下し，後述するkQ積の低下により効率が落ちるからです．**表1**に送電コイルの測定値を示します．

コイルを並列接続にしたときのインダクタンスLは，相互誘導を無視すれば，抵抗の並列接続と同じように次式で計算できます．

$$L=\frac{L_1L_2}{L_1+L_2} \cdots\cdots (1)$$

同じ値のインダクタを2個並列にすると，合成値は1/2になります．**表1**の並列接続のインダクタンスは妥当な値だと思います．逆にいうと，**図3**のように配置して並列接続したコイル間には，相互に通過する磁力線がほとんどないため相互誘導を無視できるということです．

3 受電側の検討

■ 3.1 受電コイルの取り付け

図4に示したように，受電コイルは送電コイルと同じか，やや広い間隔です．**写真3**のように，ミニ四駆の底面に取り付けます．**図2**のように，底面とタイヤのすきまは約3～5 mmです．コイル厚はこれ以下にする必要があります．受電コイルを実装すると**写真3**のようになります．

■ 3.2 受電コイルの検討

周知のように，WPTシステムの伝送効率を上げるには，kQ積を大きくすることがポイントです．受電コイルの巻き数を決めるため，kQ積を調べます．後ほど正確に測定しますが，送受コイルの間隔が狭ければ，**図4**に示した送電コイルと受電コイルの面積比からkのおよその値がわかります．

$$k \fallingdotseq \frac{13.5\times4}{96\times2\times4} \fallingdotseq 0.07 \cdots\cdots (2)$$

kの最大値（磁束の漏れがまったくないとき）は1ですから，求めたkはかなり小さな値です．今回のように，コイル間隔が決まっている場合は，kは一定値となるので，Q値のアップが残された道となります．

磁界結合（**図5**）の場合，kQは次式で表されます．

$$kQ=\frac{\omega M}{\sqrt{r_1r_2}} \cdots\cdots (4)$$

ただし，r_1：L_1の抵抗成分，r_2：L_2の抵抗成分，
ω：角周波数（$=2\pi f$），M：相互インダクタンス

kQ積を大きくするには，コイルの純抵抗成分r_1とr_2を小さく，周波数を高く，そして相互インダクタンスMを大きくすることが必要であることがわかります．Mは次式で表されます．

$$M=k\sqrt{L_1L_2} \cdots\cdots (5)$$

上に述べたようにkとL_1は一定なので，L_2をできるだけ大きくすれば良いことになります．しかし，L_2を大きくすると，巻き線径を細くしなければミニ四駆底面に納まりません．すると銅線の抵抗が増えて，Qが低下します．したがって，この間に最適値が存在します．Qは次式で表されます．

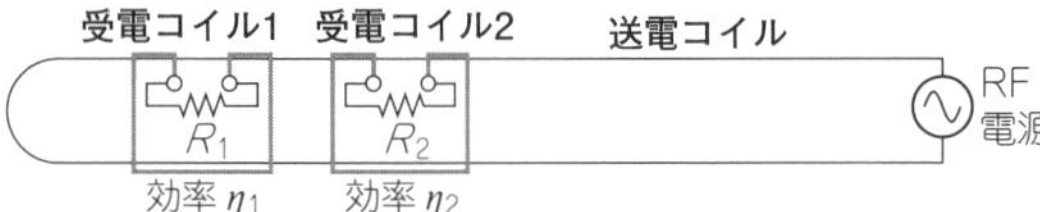

〈図6〉 受電コイルが複数ある場合のWPTシステム全体の効率

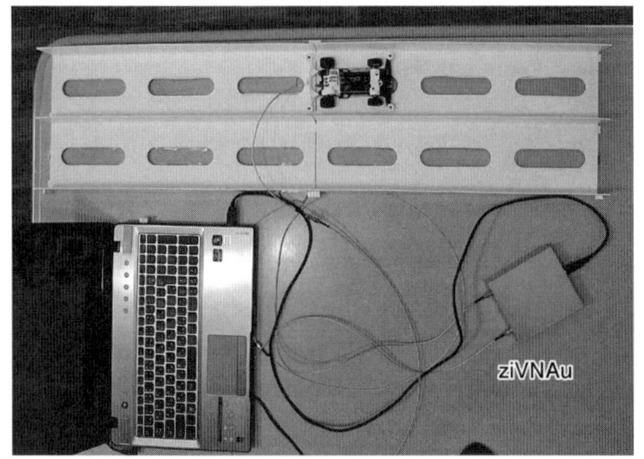

〈写真4〉 簡易VNAのziVNAuで*kQ*積を測定中のようす

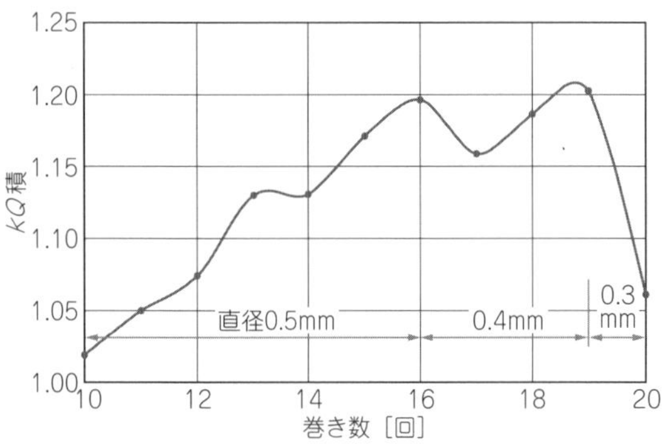

〈図8〉 受電コイルの巻き数と*kQ*の実測値

$$Q = \sqrt{Q_1 Q_2} \cdots\cdots\cdots\cdots (6)$$

Q_1とQ_2は各々L_1とL_2のQです．

kQ積と最大効率η_{max}は，$kQ = \tan 2\theta$とすると，

$$\eta_{max} = \tan^2\theta \cdots\cdots\cdots\cdots (7)$$

という関係があります．θは効率角と呼ばれます．この式から，kQ積が大きいほど最大効率が大きくなることがわかります．

図6において，受電コイルが1個の場合の効率をηとすると，受電コイルが2個ある場合は，全体の効率は2ηとなります．受電コイルが多いほど，平行線路からの磁束を拾う面積が増えるからです．つまり，ミニ四駆を複数走らせる方が，全体の効率が良くなります．

3.3 *kQ*積の測定

上記の考察にしたがって，受電コイルとして1A程度の電流が流せる銅線(直径ϕ0.5mmウレタン線)をできるだけ多く巻きます．**写真3**の寸法で10～20回のものを全部で11個作りました．

このコイルを使って，VNAによりkQ積を測定しました．**図7**はkQの周波数特性，**写真4**は測定のようすです．周波数が高いほどkQ積は大きくなりますが，市販IH電源モジュールを使うので，100kHz近辺の値です．**図7**からkQは1～2であり，大きな値ではありません．最大効率で24～38%程度です．

コイルの巻き数とkQ積の関係は**図8**のようになりました．巻き数が増えると同じ太さの銅線では形状が大きくなりすぎるので，巻き数の多いところは細い銅線を使っています．グラフに段ができているのはそのためで，結果として16回と19回がピークとなっています．

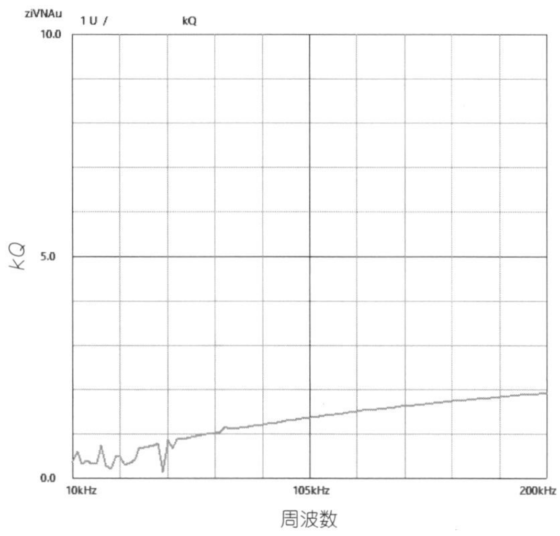

〈図7〉 *kQ*積の測定結果(10k～200kHz)

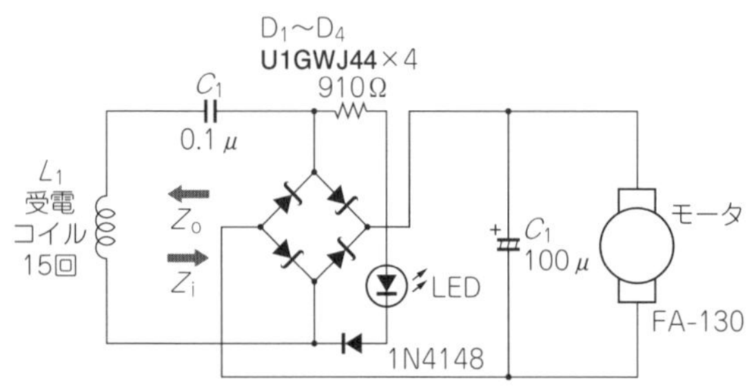

〈図9〉 WPTミニ四駆の受電回路

3.4 受電側回路の検討

整流回路は，倍電圧，倍電流とブリッジ回路を実験しましたが，モータ負荷時の出力電圧がもっとも大きかったのはブリッジ整流回路でした．また，LC共振回路は並列よりも直列接続の方が高い電圧が得られました．

〈表2〉ミニ四駆の標準搭載モータFA-130の仕様

項目	仕様
動作電圧範囲	1.5～3.0 V(公称3 V)
無負荷回転数	12300 r/min
無負荷電流	0.15 A
適正負荷回転数	9710 r/min
適正負荷電流	0.56 A
適正負荷トルク	0.74 mN･m(7.6 g･cm)
適正負荷出力	0.76 W
静止トルク	3.53 mN･m(36 g･cm)
静止電流	2.1 A

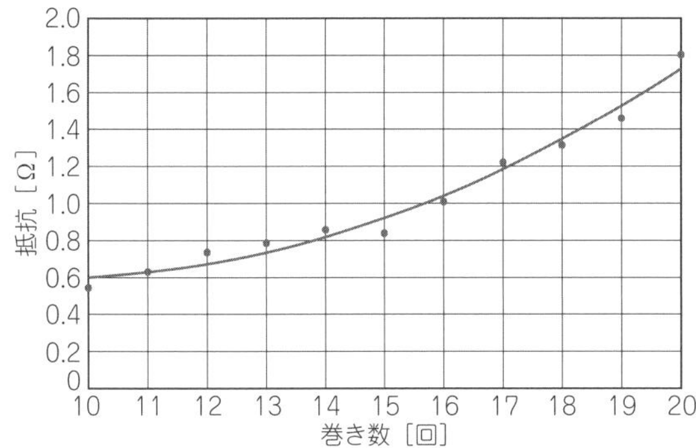

〈図11〉受電コイルの巻き数と銅線抵抗(実測)

共振回路とモータ回路は，ともにインピーダンスが数Ωと低いので，特別にマッチング回路を設ける必要はありません．**図9**に受電回路を示します．

受電回路設計の考え方を説明します．ミニ四駆には，1/32レーサーミニ四駆シリーズの「ミニ四駆フクロウ」，「しろくまっこ」，「キャット」，「ドッグ」の4種類を使いました．これらのミニ四駆キットに標準搭載されているDCモータFA-130の仕様を**表2**に示します．この表とLCRメータによる測定から，DCモータの等価回路は**図10**のように表せます．

R_sは回転子とブラシの巻き線抵抗，L_sは巻き線のインダクタンスです．V_rは，モータ巻き線と永久磁石の相互作用による逆起電圧で，モータの回転数に比例して増加します．ミニ四駆の最高速度22 km/hで約1.8 Vです．

DCモータの回転数はモータ電圧に比例します．モータ電圧は，**図9**左側にあるLC共振回路の出力インピーダンスZ_oが低く，ブリッジ・ダイオードを含む右

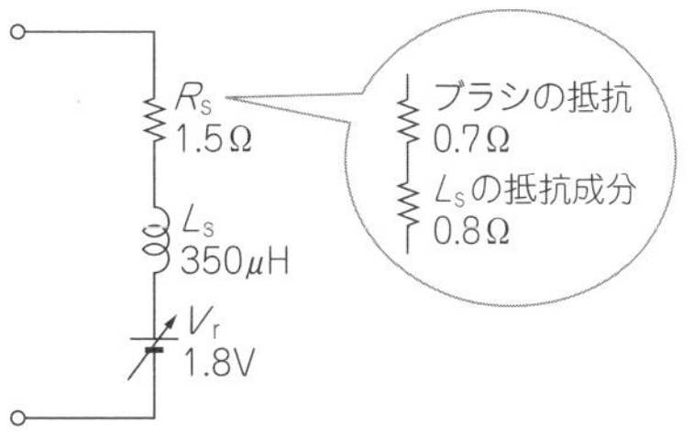

〈図10〉DCモータの等価回路(回転時)

側回路の入力インピーダンスZ_iが高いと大きくなります．

モータ負荷が純抵抗RΩならば，

$$Z_i = \frac{8}{\pi^2} R \cdots\cdots (8)$$

と表せます[5]．$8/\pi^2$は，ほぼ1ですから，ここでは$Z_i \fallingdotseq R$とします．

モータの等価回路(**図10**)のL_sは高周波では大きなインピーダンスとなりますが，平滑コンデンサC_1が並列に入っているので，高周波電流はほとんどがC_1に流れ，L_sの電流は無視できます．したがって，$R \fallingdotseq R_s = 1.5\ \Omega$です．

LC共振回路は，並列共振では非常に大きなインピーダンスを示し，直列共振では非常に小さなインピーダンスを示しますから，今回の用途では直列共振が適しています．共振時のインピーダンスは受電コイルL_1の抵抗成分程度です．C_1の抵抗成分は等価直列抵抗(Equivalent Series Resistance, ESR)であり非常に小さいので無視できます．同じ太さの銅線を使えば，巻き数が多いほど導線抵抗は大きくなります．測定結果は**図11**のとおりです．

インピーダンス・マッチングの条件は，受電コイルの抵抗成分＋ブラシの抵抗(0.7 Ω)がモータ巻き線の抵抗(0.8 Ω)と等しい場合です．受電コイルの抵抗は0.1 Ωとなりますが，実際は**図11**のように，15回で約0.84 Ωと大きい値です．マッチングのため，これに合わせてモータと直列に抵抗を入れるかというと，そんな無駄なことは誰もしません．100 kHz程度の周波数では，マッチングにこだわるよりも送電コイルL_1の抵抗成分を小さくするのが有利です．

表3は，整流ダイオードの種類と，平均速度の実測値です．順電圧が低いショットキー・バリア・ダイオード(SBD)が好適で，通常のシリコン・ダイオードは向いていません．

〈表3〉整流ダイオードの種類と平均速度

型名	種類	メーカ	最大順電圧［V］	モータ電圧［V］	平均速度［km/h］
CUS10F30	ショットキー・バリア	東芝	0.43	3.3	24.5
U1GWJ44	ショットキー・バリア	東芝	0.55	3.2	24.3
1N4007	シリコン	各社	1.1	2.0	16.7

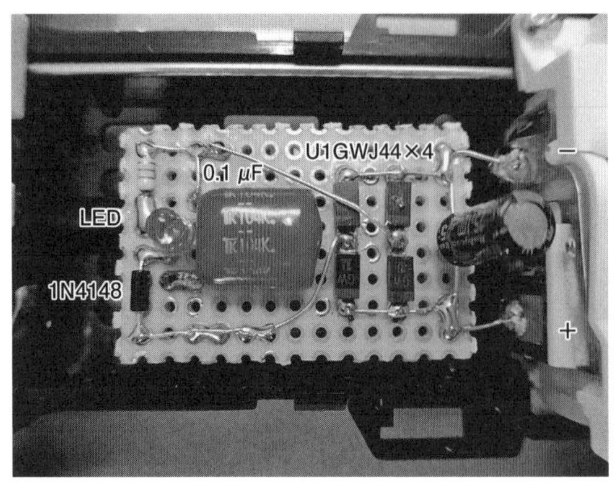

〈写真5〉 ミニ四駆に取り付けた受電回路

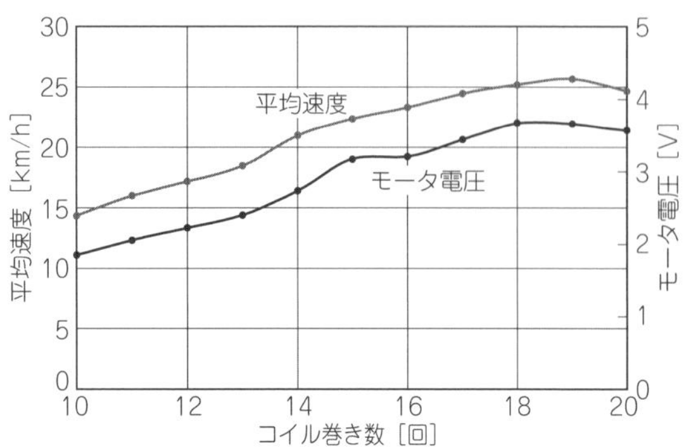

〈図12〉 受電コイルの巻き数と平均速度の関係(間隙8 mm)

4 製作

4.1 受電回路の実装

受電回路は，**写真5**のように，ミニ四駆の電池ボックスに収納しました．

ユニバーサル基板の銅箔面に部品を取り付けます．ダイオードが面実装品なのでランドにはんだ付けします．左側のLEDの輝度で受電電力の大小がわかります．右側は電池端子(下が+)です．

4.2 テスト・ベンチの製作

実際の負荷は，**図9**のように整流回路とモータであり，前述したようにモータは単なる抵抗負荷とは異なります．そこで，スピードメータ上に送電コイルを通した**写真6**のようなテスト・ベンチを作りました．

100 m走行のラップタイムから，平均速度を求めた結果，**図12**と**表4**のようになりました．

図12から平均速度はコイル巻き数19回が最高です．しかし，前に得た**図8**のkQのピークは16回でした．

受電コイルのQは**表4**では19回あたりにピークがあるので，この測定ではkQのピークと平均速度のピークはほぼ一致しています．

図12のように受電コイルの巻き数15回以上では速度の増加率が低いので，作りやすさから15回としました．

5 IH電源について

5.1 市販のIH電源モジュール

送電にはAmazonなどで誘導加熱(Induction Heating)用として送料税込み800円程度で売られている，完成品のIH電源モジュールが使えます．これについては第18章で詳しく紹介しています．**写真7**は，2個の市販IH電源モジュー

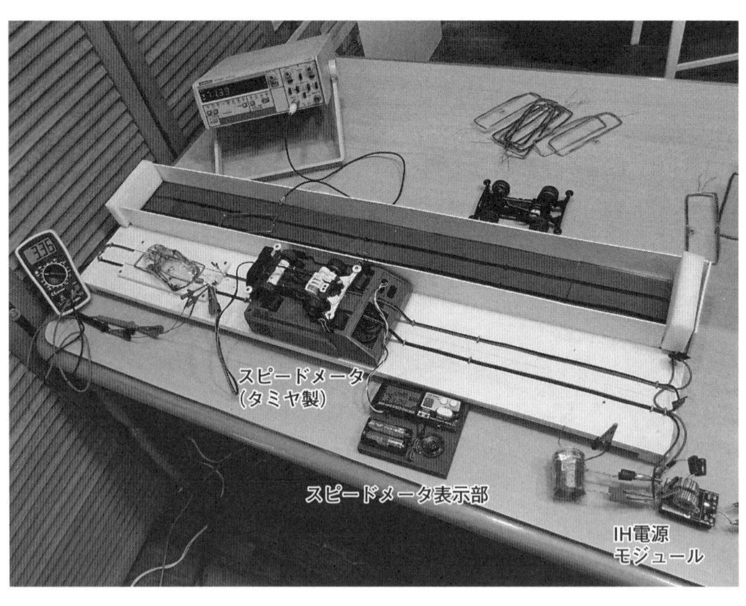

〈写真6〉 スピードメータを備えたテスト・ベンチ

〈表4〉受電コイルの巻き数と諸特性

巻き数 [回]	インダクタンス [μH]	Q	相互インダクタンス [μH]	結合係数 k	出力電圧 V_{out} [V]	速度 [km/h]
10	22.4	27.0	1.46	0.0884	1.85	14.4
11	27.7	27.1	1.58	0.0860	2.05	16.0
12	32.5	29.0	1.71	0.0862	2.22	17.2
13	38.2	30.7	1.88	0.0871	2.39	18.5
14	44.3	32.8	2.04	0.0878	2.73	21.0
15	49.3	32.2	2.09	0.0850	3.17	22.4
16	55.7	35.6	2.28	0.0877	3.20	23.3
17	64.6	34.0	2.47	0.0881	3.43	24.5
18	74.6	36.6	2.64	0.0876	3.66	25.2
19	81.2	35.8	2.80	0.0891	3.65	25.7
20	93.6	31.5	2.82	0.0836	3.56	24.7

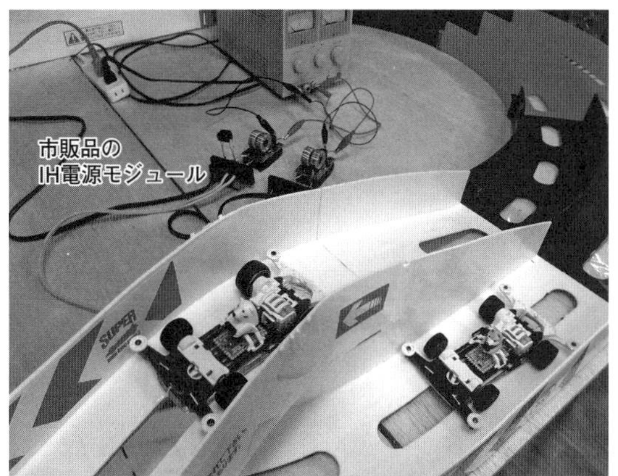

〈写真7〉市販IHモジュールによる駆動実験中

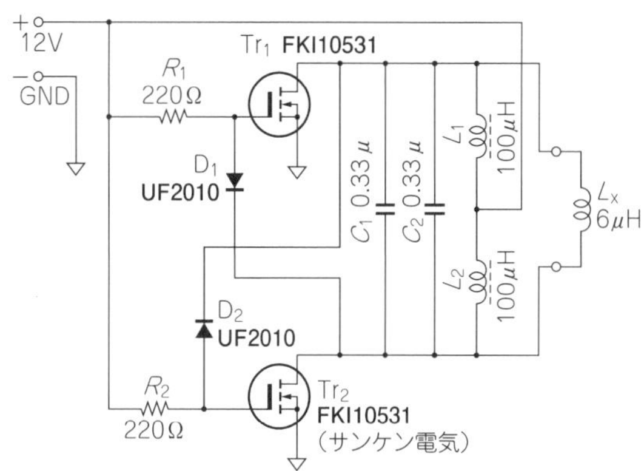

〈図13〉自作IH電源の回路図

〈写真8〉ユニバーサル基板に組んだ自作IH電源

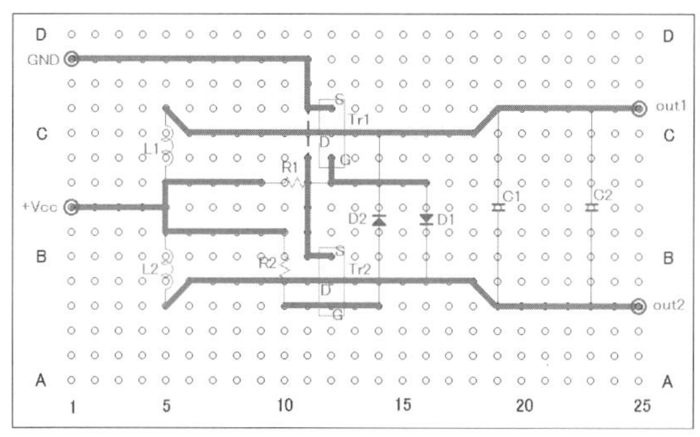

〈図14〉自作IH電源の基板配線パターン(半田面視)

ルでミニ四駆をWPT駆動しているところです.

5.2 ロー・コストなIH電源モジュールの製作

市販のIH電源モジュールは，電源電圧5～12 Vで動作します．また，出力に十分余裕があるので，ミニ四駆を駆動するだけなら，もう少しコンパクトに作れそうです．そこで，今回はIH電源モジュールを自作してみます．回路は**図13**のとおりです．

市販品と同じ回路ですが，通販で確実に入手できる部品を選びました．また，タンク回路のコンデンサとチョーク・コイルは，定格を低く設定しました．15 V程度でも動作するよう，MOSFETの耐圧に配慮しました．コストは500円強で，市販品より安くできます．**写真8**は完成した外観，**図14**は半田面から見たパターン図です．

5.3 製作するIH電源の部品

表5は使用した部品です．コンデンサ(C_1とC_2)両端の電圧は，次項のシミュレーションにあるとおり，電源電圧の3倍＝36 V×2＝72 $V_{p\text{-}p}$です．DC耐圧100 Vでも良さそうに思えますが，発熱して使えません．フィルム・コンデンサのDC耐圧表示は直流に対する値なので，高い周波数では定格低減が必要です．そこで，

〈表5〉自作IH電源に使用した部品

部品名	型名など	メーカ	使用数	単価	販売店	備考
高速整流用ダイオード	UF2010	Panjit Semiconductor	2	20	秋月電子通商	1 kV, 2 A
Nch パワーMOSFET	FKI10531	サンケン電気	2	40	秋月電子通商	100 V, 18 A
トロイダル・コイル	TCV-101M-9A-8026	Core Master	2	100	秋月電子通商	100 μH, 9 A
マイラー・フィルム・コンデンサ	0.33 μF, 630 V	ルビコン	2	80	秋月電子通商	
カーボン抵抗	220 Ω, 1/4 W	各社	2	1	秋月電子通商	
ユニバーサル基板	72×47.5 mm	Picotec	1	70	秋月電子通商	ICB-88相当

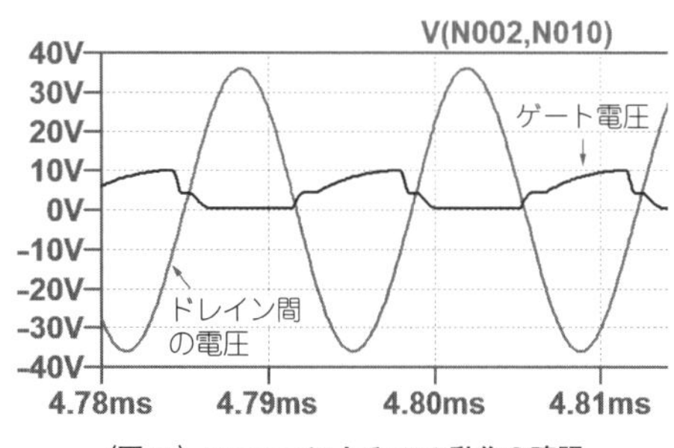

〈図15〉LTspiceによるZVS動作の確認

ここには0.6 kV～1 kVの高耐圧コンデンサを使います．コンデンサの発熱は，直列に入る寄生抵抗によるものです．内部の誘電体が発熱するのではなく，アルミ電極やリード線などの導体部分が発熱し，誘電体を焼損します．高耐圧品は，この部分の抵抗(ESR)が小さいので発熱が抑えられます．参考までにDC50 V耐圧品なら0.5 Ω，DC630 V耐圧品で0.05 Ω程度です．

ゲートに入るダイオードは，逆耐電圧が大きいものを選びます．電源電圧12 V以下で使うなら，汎用小信号ダイオードの1N4148で構いません．

MOSFETは，耐圧とオン抵抗，スピードで選びます．パッケージがTO-220のように大きなものを使えば，とくに放熱フィンを付ける必要はありません．

トロイダル・コイルとゲート抵抗の値は，後述するシミュレーションによって最適値を決めました．トロイダル・コイルは電流容量を大きく取って，発熱を抑えます．発熱があるとコアの磁気飽和が起こり，インダクタンスが著しく低下し動作不良につながります．トロイダル・コイルL_1とL_2(**図16**ではL_4とL_5)に流れる電流は，電源電流ではなく，コンデンサC_1とC_2の放電電流ですから，ピークで13 A(≒9 A_{RMS})くらい流れます．

■ 5.4 自作IH電源のシミュレーション

図15はLTSpiceによるZVS(Zero Volt Switching)動作のシミュレーションです．シミュレーションした回路は**図16**と同じです．

中央のゲート電圧が変化する点は，MOSFETがON/OFFする点です．サイン波形はTr_1とTr_2のドレイン間に入っているコンデンサとコイル両端の電圧です．コンデンサの電圧がゼロのときにスイッチングしていることがわかります．

ドレインのピーク電圧は，チョーク・コイルL_1とL_2の効果で，電源電圧のπ倍＝12π≒36 Vとなることが簡単な計算で出てきますが，シミュレーションも同じ結果となっています．

6 回路全体のシミュレーション

IH電源，送受コイル，受電回路，モータ等価回路を含んだ全体のシミュレーションを行いました．**図16**がシミュレーション回路です．

送受コイルの結合係数を指定することで，WPTの効果を確認できます．**図17**は，シミュレーション結果(モータ電圧)です．約3.3 Vの電圧が出ており，実際の

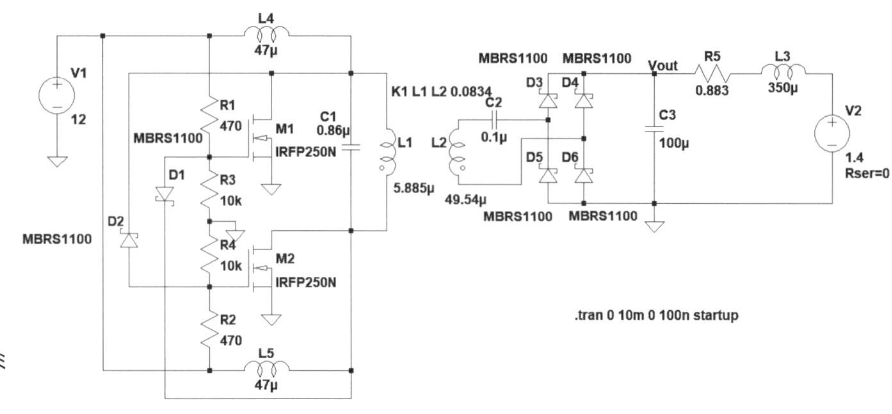

〈図16〉LTspiceでシミュレーションした回路

〈写真9〉 オプションのワンウェイ・ホイール(タミヤ, ITEM 15387)

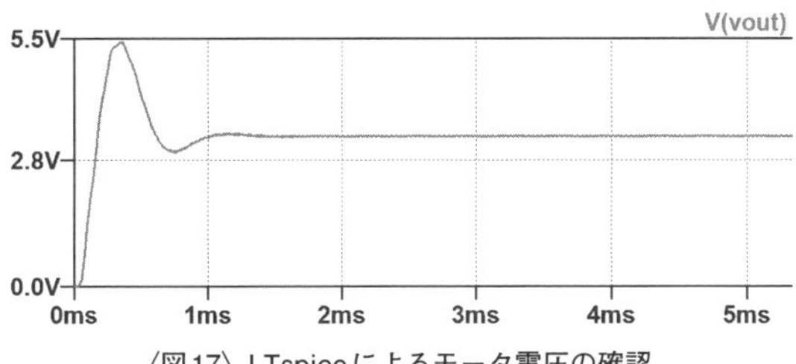

〈図17〉 LTspiceによるモータ電圧の確認

測定3.17 Vとほぼ一致しています.

7 ワンウェイ・ホイールの効果

カーブでの内輪差は, 実際の車ではディファレンシャル・ギヤで解消していますが, ミニ四駆では全部の車輪がギヤで連結されているので, どうしてもスリップが生じて速度損失につながります. この対策として, **写真9**に示すワンウェイ・ホイールがオプションで販売されています.

内部にピニオン・ギヤが入っており, 前進方向にトルクが加わると空転します. 外側のタイヤが空転することでスリップを防止しています. 慣性走行ができるので, 磁場の弱いサーキット・セクションの継ぎ目部分でも止まったり, 速度が低下したりしません. WPTとの相性が良いと感じました.

8 おわりに

平行2線路によるWPTを使って, 複数台のミニ四駆をサーキット上で同時走行させることができました.

結果はアルカリ乾電池の速度を凌駕し, 車体は電池の重さから解放されて機敏な動きとなり, レースに正確さと面白みを加えることができたと思います. とくに電源ONによる同時スタート(**写真10**)は, WPTならではの動作でしょう.

〈写真10〉 WPTによるミニ四駆の同時スタート

システム全体をLTSpiceでシミュレーションした結果, 実際とよく一致しました.

測定したkQ積は小さな値ですが, 平行2線路の場合は, 走行する車が増えるほど効率は上がるので, 多数のレースには向いていると思います. 読者の更なるチャレンジを期待します.

◆参考文献◆

(1) 石田正明, 庄木裕樹, 尾林秀一;「ワイヤレス電力伝送の制度化・標準化の動向と取り組み」, 東芝レビュー, Vol.73, No.1, 2018年1月.
https://www.toshiba.co.jp/tech/review/2018/01/73_01pdf/f01.pdf

(2) 東野武史, 馬 子驥, 岡田 実, 辰田康明, 後藤義和, 鶴田義範, 田中良平;「平行二線路を使ったワイヤレス電力伝送方式の提案」, 電子情報通信学会 技術研究報告, WPT2013-05, 2013年4月.

(3) Swagatam Innovations;"How to Design Induction Heater Circuit"
https://www.homemade-circuits.com/simple-induction-heater-circuit-hot/

(4) Robert Warren Erickson, Dragan Maksimovic; "Fundamentals of Power Electronics", pp.711～713, Kluwer Academic Publishers, 2001.

(5) 大平 孝;「ワイヤレス結合の最新常識「kQ積」をマスタしよう」, グリーン・エレクトロニクスNo.19, pp.78～88, CQ出版社, 2017年4月.

(6) 大平 孝;「ワイヤレス電力伝送の10年」, RFワールドNo.40, pp.42～49, CQ出版社, 2017年11月.

(7) 豊橋技術科学大学 波動工学研究室;「電力伝送系のkQとη_{max}を計算する方法」, 2016年6月.
http://www.ieice.org/~wpt/contest/Cont_2016-society/ref_01.pdf

(8) 漆谷正義;「ATAC方式ワイヤレス電力伝送の実験――前編:最大6 MHzで動作するATAC-RF電源の製作」, RFワールドNo.41, pp.120～128, CQ出版社, 2018年.

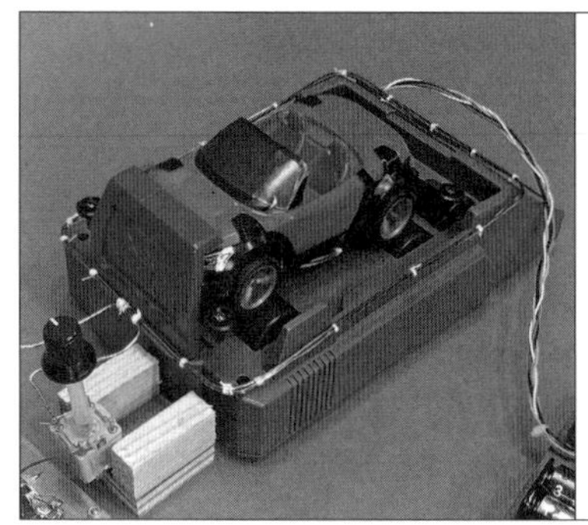

第20章　電波のパワーで，ミニ四駆をバッテリレス駆動してみよう！

ATAC方式ワイヤレス電力伝送の実験
前編：最大6 MHzで動作するATAC-RF電源の製作

はじめに

このところワイヤレス電力伝送(Wireless Power Transmission)(WPT) が脚光を浴びています．そのきっかけとなったのが，MIT(マサチューセッツ工科大学)のM. Soljacic(マリン・ソーリャチッチ)らが2007年に行った，数MHzの電波を使った伝送実験(1)です．約2 m離れた受信コイルで，60 Wの電球を点灯させることに成功したのです．

ワイヤレス電力伝送は，従来から電気かみそりや電動歯ブラシの充電などに広く使われてきました．これは二つのコイルの間の電磁誘導を利用したもので，原理的にはトランスと同じです．MITの実験は，コイルとコンデンサの共振を利用した「磁界共鳴」と呼ばれるもので，コイルどうしの単なる電磁誘導ではありません．使われる周波数も数MHzと高く，Qの高い共振回路を使うことが特徴です．

共振を利用する場合，RF電源の周波数に対して，送電側共振回路の共振周波数と受電側共振回路の共振周波数を一致させる必要があります．しかし，Qが高いと共振カーブが急峻になり，負荷や距離の変化によって共振周波数が変化するので，一致させることは至難の技です．

そこで，共振周波数の調整を自動化する種々の方法が提案され，実用化されています．その多くは，受電側に検出回路を設けておき，これを送電側にフィードバックするものですが，回路が複雑なのが難点です．

これに対して，参考文献(2)で紹介されたATAC方式(2)を使えば，特に同調機構や制御回路を設けなくとも自動同調できるので，小規模の電力伝送にはうってつけです．この回路を使って，ミニ四駆をバッテリレスで動作させてみたのが**写真1**の試作機です．

前編ではATAC方式の原理を説明し，送電回路を製作して疑似負荷による測定結果を紹介します．後編(次章)では，受電回路を製作して効率を測定し，ミニ四駆のモータへワイヤレス給電する実験を紹介します．

ATAC方式について

■ ATAC方式の原理

ATAC方式は，㈱アドバンテストの古川靖夫氏らが発明した純電子式の共振周波数自動調整回路(2)で，これを応用したWPTシステムは“AirTap”と名付けられました．

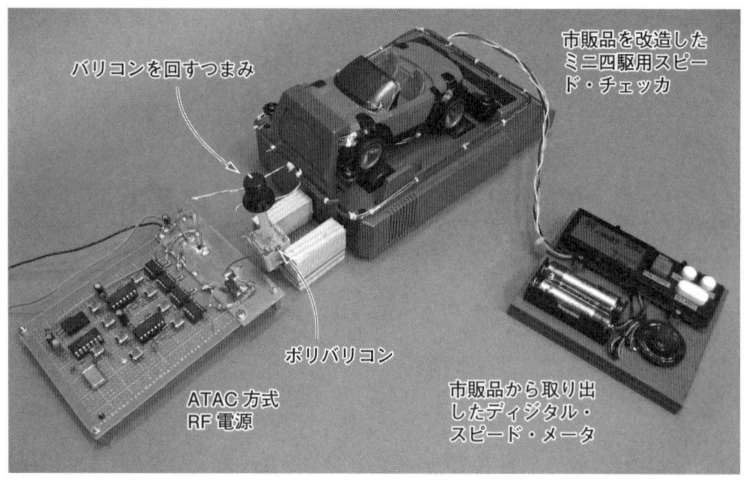

〈写真1〉ATAC方式によるミニ四駆のワイヤレス給電実験(スピード・メータは市販品の一部だが，送電コイルの電磁界によって誤動作するので外部に取り出した)

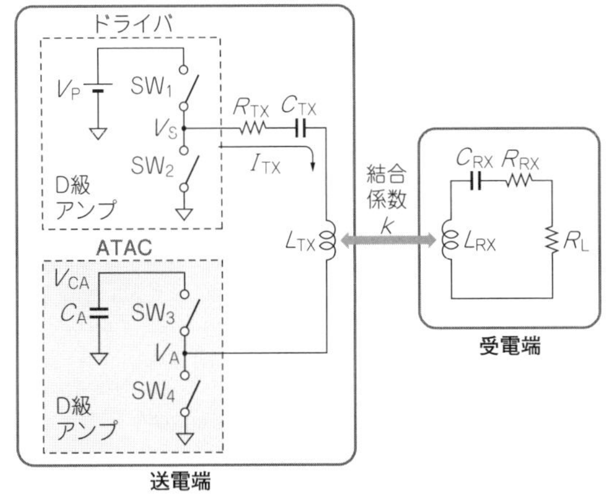

〈図1〉[2] ATAC方式の原理的な回路構成

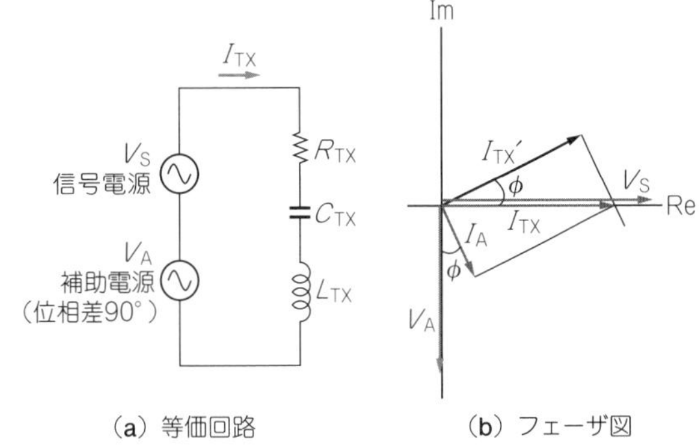

〈図2〉[2] 共振周波数を自動調整できる原理

図1のように，送電電源V_Sと90°位相のずれた補助電源V_Aの間に，負荷$R_{TX}+C_{TX}+L_{TX}$を接続します．

通常のフル・ブリッジ回路のように，スイッチSW_1とスイッチSW_2は互いに反転動作をします．SW_3とSW_4も同様に反転動作をします．違っているところは「SW_1とSW_2」と「SW_3とSW_4」の動作するタイミング(位相)が90°ずれていることです．

位相の90°ずれにより，共振動作ができる理由を**図2**を使って説明します．今，補助電源が無くて，共振ずれによるV_SとI_{TX}の位相差がϕであるとします．このとき，回路電流は図のI_{TX}'となります．

次に信号電源V_Sが無くて，V_Sと位相差が90°ある補助電源V_Aだけの場合は，図のベクトルI_Aのように，全体が90°ずれます．V_Aを適当に調整して，電流の大きさを図のI_Aになるようにすると，合成ベクトルを実軸方向にすることができます．つまり共振状態と同じことになります．

共振周波数を自動調整する原理

さて，90°シフトにより，共振状態にできることはわかりましたが，共振させるためのV_Aの調整がやっかいです．これを自動化するために，ブリッジの一方の電源端子へ電源の代わりにコンデンサC_Aを接続します．

この方式は“ATAC”(Automatic Tuning Assist Circuit)と呼ばれています．フル・ブリッジの一方の電源を切断しているので，この回路はもはやフル・ブリッジ回路ではなく，ハーフ･ブリッジ回路となります．

図3を使ってATACの動作を説明します．今，共振ずれによって，**図3(a)**の(1)のような位相差ϕがあるとします．電流I_{TX}は，スイッチング位相が90°ずれたSW_3を通じて，(3)のように半周期だけコンデンサC_Aを充電または放電します．この結果，C_A両端の電圧V_{CA}は共振点からの位相ずれに比例した値となります．

次いでSW_4の動作により，図のV_Aの波形が得られ，**図2(b)**のように，I_{TX}の位相が回転します．この結果，I_{TX}とV_Sの位相が一致して，C_Aの充放電がバランスし，V_{CA}の電位が一定になります．以後はフィードバック動作により，常にV_SとI_{TX}の位相が固定されます．

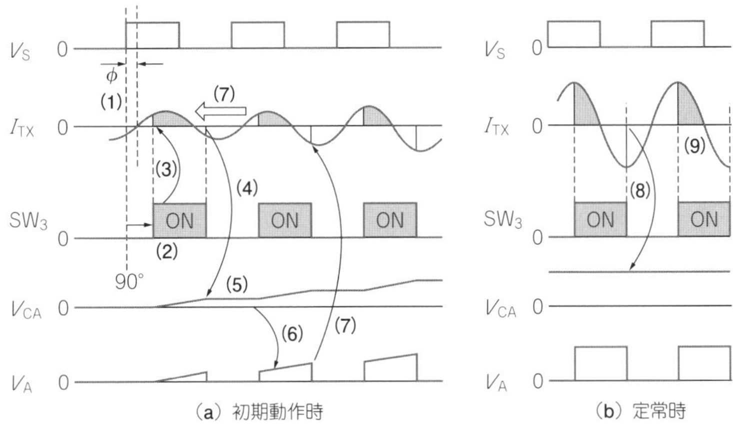

〈図3〉[2] ATACの各部動作波形

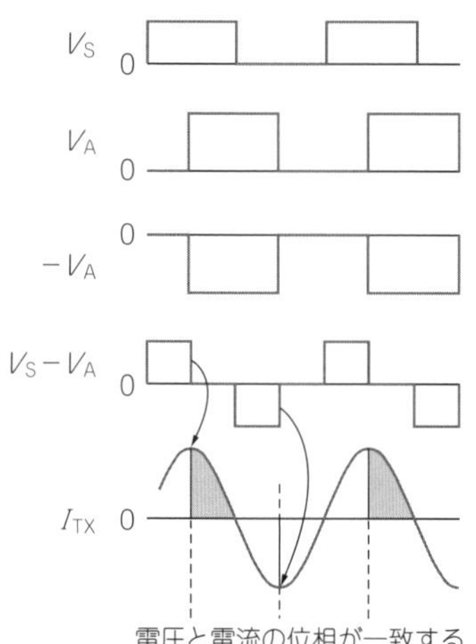

〈図4〉負荷にかかる電圧と電流の関係

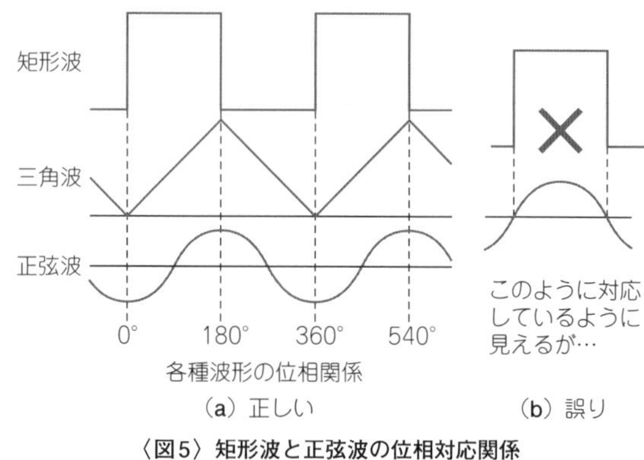

〈図5〉矩形波と正弦波の位相対応関係

■ 定常状態での位相について

ここで，V_S，V_A，I_{TX}の関係をもう少し詳しく調べて見ます．

負荷$R_{TX}+C_{TX}+L_{TX}$にかかる電圧は，V_S-V_Aですから，**図4**のように$-V_A$を作り，これにV_Sを加算すると，図の4段目のような階段波形となります．

この結果，負荷にかかる電圧V_S-V_Aと負荷電流I_{TX}との位相ずれ量は，0°となります．つまり，共振状態と同等になります．なお，矩形波と正弦波の位相を比較する場合，**図5(b)**のように波形の山どうしを対応させたくなりますが，それは誤りです．**図5(a)**のように矩形波から三角波を作る過程を考えると，正弦波との正しい対応関係がわかりやすいと思います．

ATACの威力は，磁界共鳴方式において発揮されます．受電側回路の有無や送電コイルとの距離は，送電側の共振周波数に影響を与えます．送電側では，これを含んで共振状態を保つことができるので，結果として送電～受電間の距離を伸ばすことができます．

送電側回路(RF電源)の製作

■ 回路構成

製作したATAC方式のWPT送電回路(RF電源)を**図6**に示します．回路構成は次のようなものです．

❶送信発振回路(IC_{1a})

発振回路は周波数変動が小さい水晶発振器を使います．送信周波数は，後述するパワーMOSFETの入手性と，回路の簡単化を考慮して，6 MHz以下に選びました．

❷90°位相差を作る位相シフト回路(IC_{1b}，IC_{1c})

抵抗R(VR_9)とコンデンサC(C_4)による遅延回路です．

❸デッド・タイム生成回路(IC_2，IC_3)

デッド・タイム生成回路は，Dフリップフロップ出力をR(VR_2など)とC(C_5など)で遅延させて，リセットをかけることで実現しています．

❹ゲート・ドライバ回路(IC_4～IC_7)

FDS4559の入力容量はNchが650 pF，Pchが759 pFと大きく，6 MHzでのリアクタンスは約35 Ω

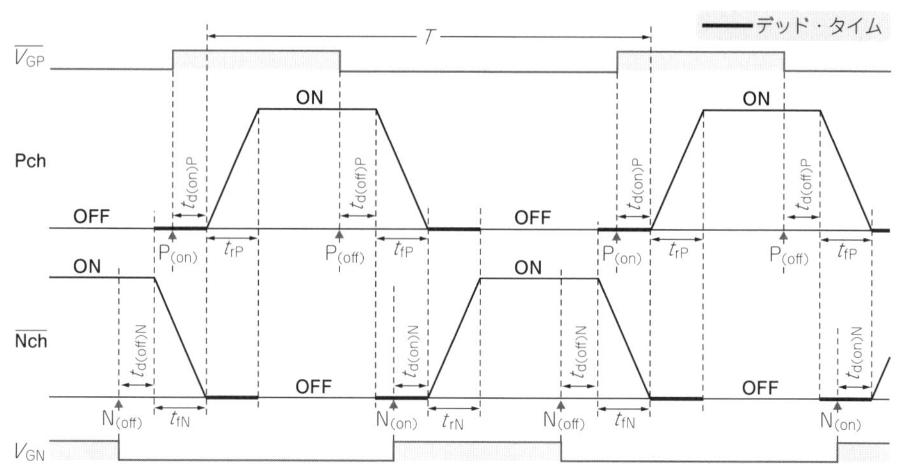

〈図7〉ブリッジ回路のデッド・タイム

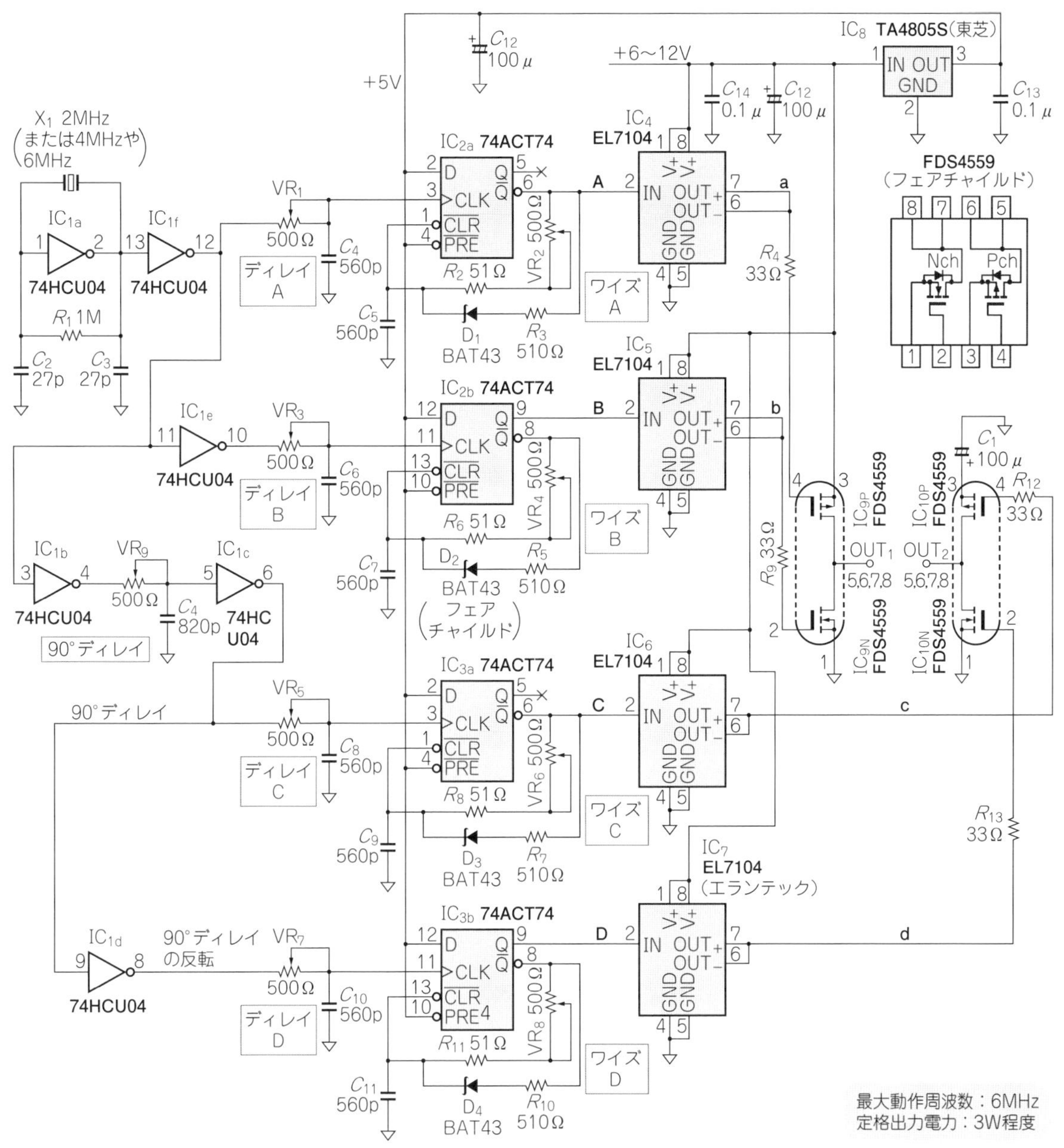

〈図6〉ATAC方式RF電源の全回路図

となります．これをドライブするために，定番のドライバICであるEL7104を4個使いました．

❺ハーフ・ブリッジ回路（IC_9，IC_{10}）

フル・ブリッジの一方をコンデンサに接続した構成です．ゲート側のドライブ回路が簡単な，Pch＋Nch複合タイプのパワーMOSFET（FDS4559）を使いました．

■ デッド・タイム生成回路の役割

ブリッジ回路のIC_{9P}とIC_{9N}が同時にONになると，V_{DD}からGNDへ電流が貫通します．これを防ぐために，**図7**の太線で示したデッド・タイムを設けます．

デッド・タイムを決定するためには，図のパラメータの具体的な数値が必要です．これを**表1**に示します．

■ 使用可能な最高周波数を求める

まず，使用可能周波数の上限を求めます．**図7**のONおよびOFF期間が0になる周波数をf_{max}とすると，その周期T_{min}は，

$$T_{min} = 1/f_{max} \quad \cdots\cdots (1)$$

です．図から，

$$T_{min} = t_{rP} + t_{d(off)P} + t_{fP} + t_{rP} + t_{d(off)N} + t_{fN} \quad \cdots\cdots (2)$$

〈表1〉パワー MOSFET FDS4559のおもなスイッチング特性(最大値)

項目	記号	Pch	Nch	単位
ターンオン遅延時間	$t_{d(on)}$	14	20	ns
立ち上がり遅延時間	t_r	20	18	
ターンオフ遅延時間	$t_{d(off)}$	34	35	
立ち下がり時間	t_f	22	15	

ですから，**表1**の値を当てはめると，

$$T_{min} = 20 + 34 + 22 + 18 + 35 + 15 = 144 \text{ ns}$$

となります．したがって，$f_{max} = 1/T_{min} = 6.9$ MHzが使用可能上限となります．今回の実験では，余裕を見て$f = 2$ MHzを選び，上限に近い6 MHzでも実験してみます．

■ 送電側回路の調整方法

図7におけるPchのゲート電圧V_{GP}とNchのゲート電圧V_{GN}の時間関係を調べてみましょう．これを**図8**に示します．

図8のディレイA(t_{dA})は，**図7**のV_{GP}の立ち下がりからV_{GN}立ち上がりまでの時間ですから，

$$t_{dA} = t_{d(off)P} + (t_{fP} - t_{d(on)N}) \cdots\cdots (3)$$
$$= 34 + (22 - 20) = 36 \text{ ns}$$

とします． ディレイB(t_{dB})も同様です．

図8のワイズA(t_{wA})の計算では，**図7**のONとOFF時間を等しくおけば，T = 500ns@2 MHzから，ONおよびOFF間隔が求まります．

図6の点**A**と点**B**の出力波形をオシロスコープで観測して，上記の値になるように，VR_1～VR_4を調整します．VR_5～VR_8も同様です．

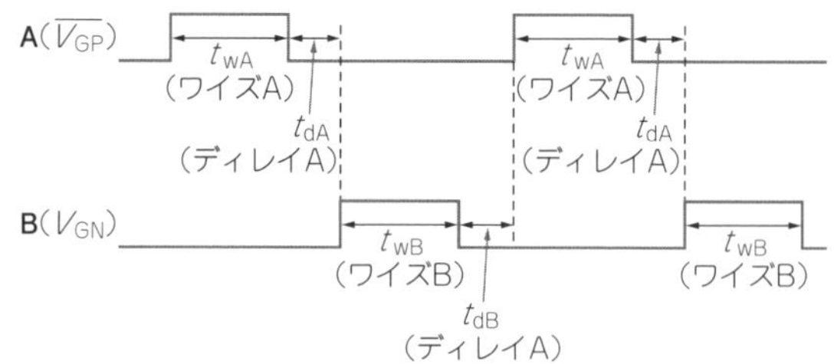

〈図8〉 PchとNchのゲート駆動波形の関係

最後に点**A**と点**C**(または点**B**と点**D**)の波形の位相差が90°になるように，VR_9を調整します．

写真2は製作した基板の外観です．終段のMOSFETは放熱のため銅張プリント板に実装しました．

■ 2 MHz駆動時の各部の波形(非ATAC)

最初にATAC回路の右側ハーフ・ブリッジのコンデンサのところにV_{DD}を接続し，フル・ブリッジとして駆動してみます．

● フル・ブリッジ駆動回路の出力波形(無負荷)

図9は2 MHz時のフル・ブリッジ駆動回路の出力波形です．上から順に**図6**の点**A**～**D**の各波形です．**A**と**C**はPchのゲート電圧ですからLowレベルでFETがONします．また，**B**と**D**はNchのゲート電圧ですからHighレベルでFETがONします．**C**は**A**の反転波形，**D**は**B**の反転波形です．

タイミング関係はON時間190 ns，Pchデッド・タイム前縁59 ns，後縁64 nsとしました．MOSFETとそのドライバを除いたロジック回路電流は約80 mAでした．

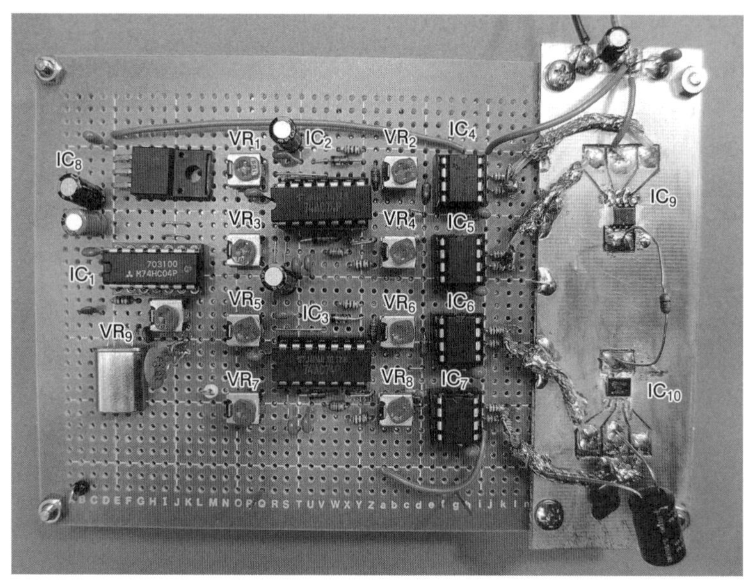

〈写真2〉 製作したATAC方式ワイヤレス送電回路(RF電源)

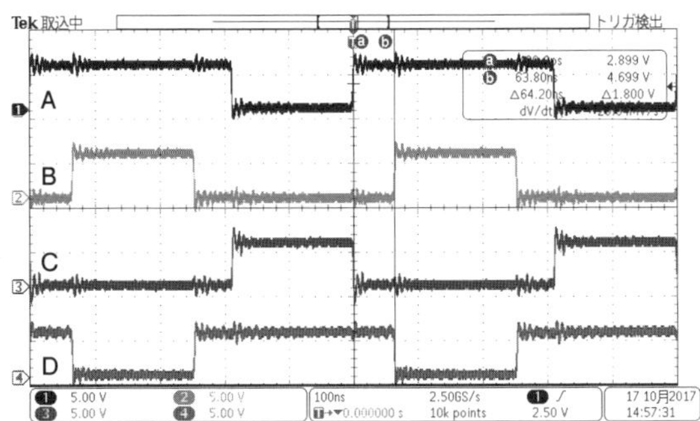

〈図9〉 **非ATACフルブリッジ駆動回路の波形**(2 MHz，無負荷；100 ns/div.，5 V/div.)

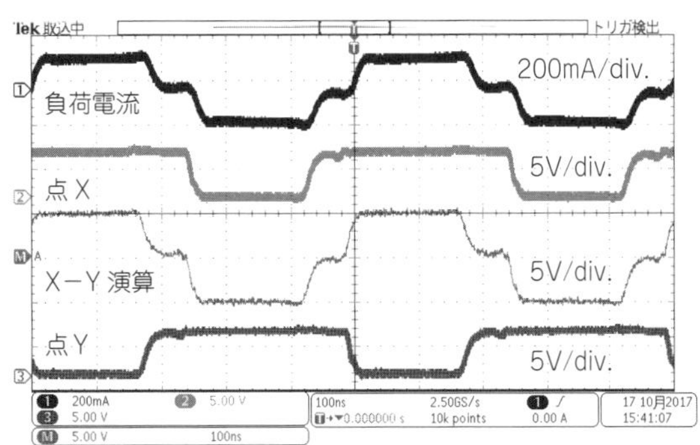

〈図10〉 **非ATACフルブリッジ駆動回路の波形**(2 MHz，抵抗負荷；100 ns/div.，5 V/div.)

● 純抵抗33 Ωを接続したときの波形

図10は負荷として純抵抗33 Ωを接続したときの負荷電流，点**X**の電圧，**X－Y**演算結果，点**Y**の電圧です．電圧**X－Y**と，電流の位相はほぼ一致しています．なお，少しのずれは，電流プローブ自体の信号遅延によるもので，TCP0020のスペックは17 nsです．

図10の上から2番目と4番目の波形でHレベルの部分はFETがONしている時間ですが，ゲート駆動波形に比べてかなり幅が広がっています．これに対して，3番目の**X－Y**の波形(実際の負荷電圧)は，ON時間が所望の値となっています．この理由についてはコラムを参照してください．

● *LCR*直列回路を接続したときの波形

図11は負荷としてLCR直列回路($R = 10\ \Omega$)を接続した場合です．インダクタLは6.4 μHで$Q = 33$@2 MHzの円形コイルであり，線径1 mm，直径120 mm，巻き数4回です．コンデンサCは1120 pF＋(50～320 pF)です．可変範囲はポリバリコンの値です．Q値は6 MHzでの実測値から計算で求めました．

Rは受電側の実負荷に近い値とします．実負荷であるミニ四駆のモータ電流は，空回転時に3 V 0.22 A，走行時3 V 0.5 A程度ですから，中間をとって$R = 3\ \mathrm{V}/0.3\ \mathrm{A} = 10\ \Omega$としました．

共振点では，電流(上から1番目)と電圧(同4番目)の位相が一致しています．上から2番目と4番目の波形のHレベル部分の両側の暴れと，幅が拡がる原因については，コラム記事(p.127)を参照してください．負荷電流(一番上)と電圧(上から3番目)の位相はCの値に応じて大きく変化します．

■ 各部の波形(ATAC，2 MHz)

● ATACブリッジ駆動回路の出力波形(無負荷)

図12は2 MHz動作時のATACブリッジ駆動回路の出力波形です．上側の二つの波形に対して，下側の二つの波形は90° (125ns)遅れています．

● 純抵抗負荷時の波形

ATAC動作で，負荷が純抵抗の場合は，**図13**のようになりました．負荷にかかる電圧と，流れる電流の波形はほぼ同じで，ほぼ同位相です．

● *LCR*直列負荷時の波形

図14は負荷がLCR直列($R = 10\ \Omega$)の場合です．インダクタLとコンデンサCも前と同じものです．Cの値を変化させても電圧と電流の位相はほとんど変化しません．

一番上の電流波形と，上から2番目の電圧波形は，**図4**と比較すれば一致していることがわかります．少

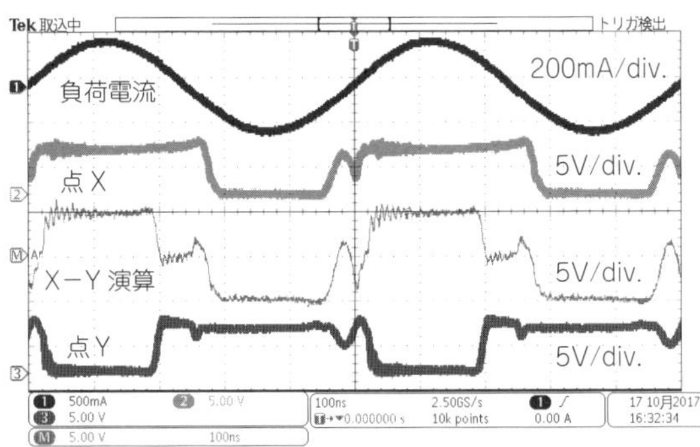

〈図11〉 **非ATACフルブリッジ駆動回路の波形**(2 MHz共振時，*LCR*直列負荷；100 ns/div.，5 V/div.)

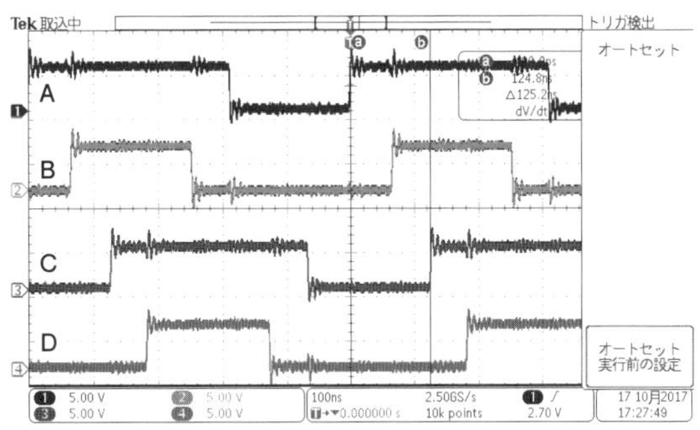

〈図12〉 **ATACブリッジ駆動回路の波形**(2 MHz，無負荷；100 ns/div.，5 V/div.)

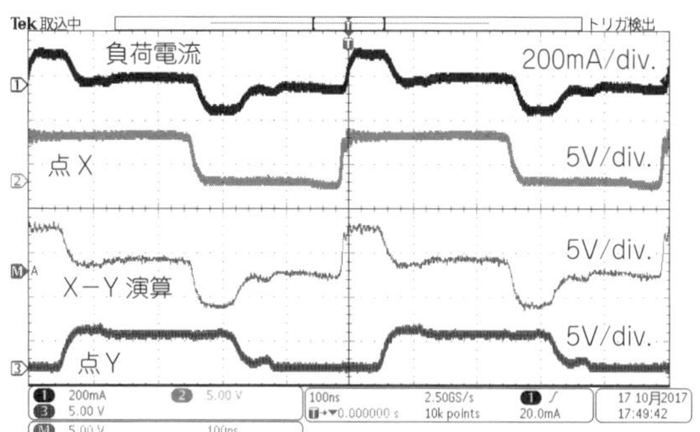

〈図13〉 **ATACブリッジ駆動回路の波形**(2 MHz，抵抗負荷；100 ns/div.)

し(約17 ns)の遅れは，電流プローブ自体の遅延です．

ATACの効果を実測する

従来のフル・ブリッジ(非ATAC)と，ATACの場合の位相変化を**表2**に示します．これは直列負荷のCの値を1270 pFから1543 pFへ(約1.2倍へ)と変化させたときの，電圧と電流の位相差を測定したものです．

ATACの位相ずれは1/25程度になり，共振点の変化が抑えられているといえます．

■ 6 MHz駆動時の各部の波形(非ATAC)

駆動周波数6 MHzでは，周期が167 nsに対して，終段MOSFETの遅延のうち最も大きいt_d = 35 nsが有効ON時間を狭くしてしまいます．ここでは，できるだけデッド・タイムを小さく取って，低い電源電圧(10 V以下)でも，ミニ四駆のモータが駆動できることを主眼としました．

〈表2〉 **直列負荷のCの値を1.2倍に増やしたときの位相変化量**

項目	遅延時間	位相角の変化(@2 MHz)
非ATAC	50 ns	36°
ATAC	2 ns	1.4°

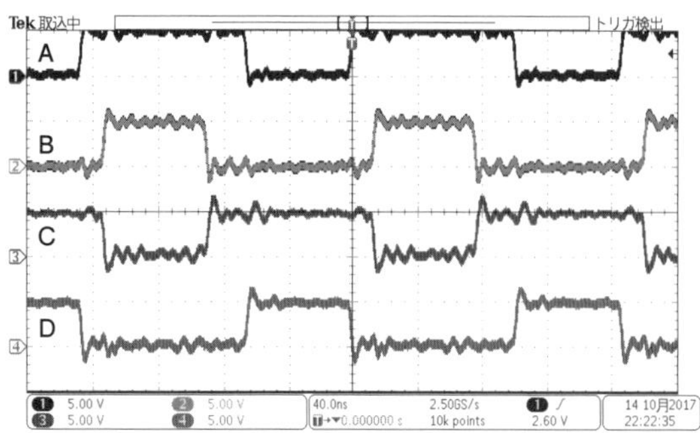

〈図15〉 **非ATACフルブリッジ駆動回路の波形**(6 MHz, 無負荷；40 ns/div.，5 V/div.)

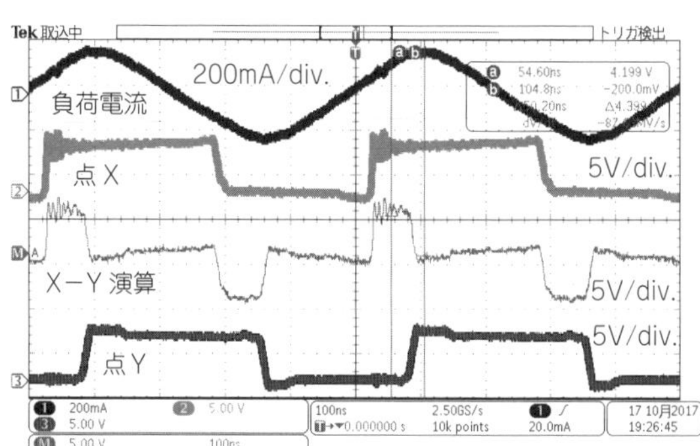

〈図14〉 **ATACブリッジ駆動回路の波形**(2 MHz, LCR直列負荷；100 ns/div.)

● デッド・タイム生成回路の出力波形

図15はデッド・タイム生成回路の出力波形です．上から順に**図6**の点**A** ～ **D**の波形です．

● 純抵抗負荷時の波形

図16は負荷として純抵抗33 Ωを接続したときの，負荷電流，点**X**の電圧，**X** − **Y**演算結果，点**Y**の電圧，IC_{9P}のゲート電圧です．電圧**X** − **Y**と負荷電流の位相はほぼ一致しています．

● *LCR*直列負荷時の波形

図17は，負荷がLCR直列(R = 10 Ω)の場合です．

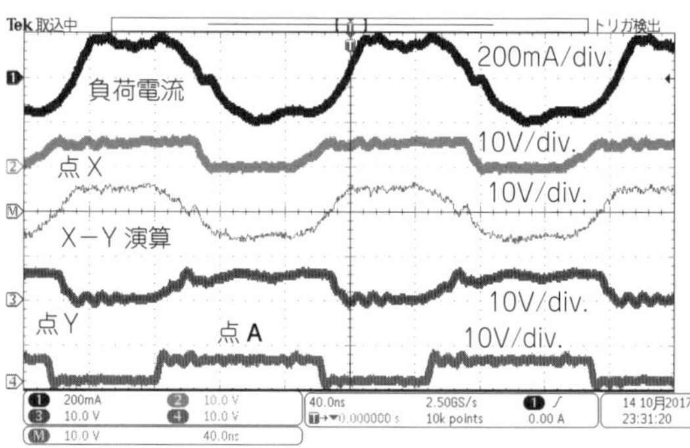

〈図16〉 **非ATACフルブリッジ駆動回路の波形**(6 MHz，抵抗負荷；40 ns/div.)

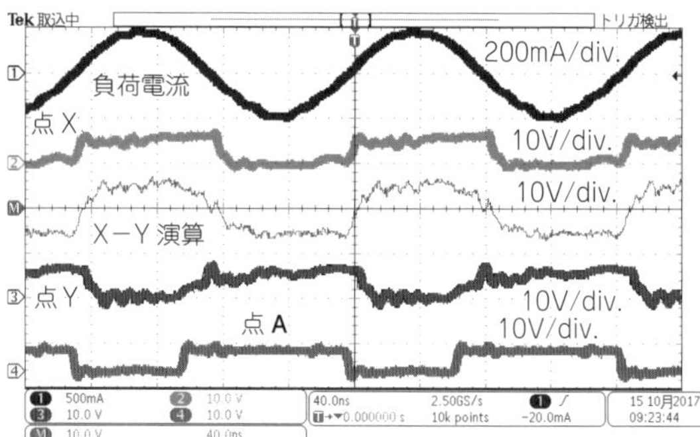

〈図17〉 **非ATACフルブリッジ駆動回路の波形**(6 MHz，LCR直列負荷；40 ns/div.，5V /div.)

インダクタLは実測インダクタンス6.4 μH，実測Q＝100＠6 MHzの円形コイルであり，線径1 mm，直径120 mm，線径1 mm，巻き数4回です．

Rは受電側の実負荷に近い値(10 Ω)にしました．

コンデンサCは最大270 pFのポリバリコンを使い，電流最大の共振状態に調整しました．共振点がクリティカルなので，調整は困難です．共振点では，電流(上から1番目)と電圧(同3番目)の位相が一致しています．

■ 各部の波形(ATAC，6 MHz)

6 MHzでは波形の周期に占めるMOSFETの遅延$t_{d(off)}$

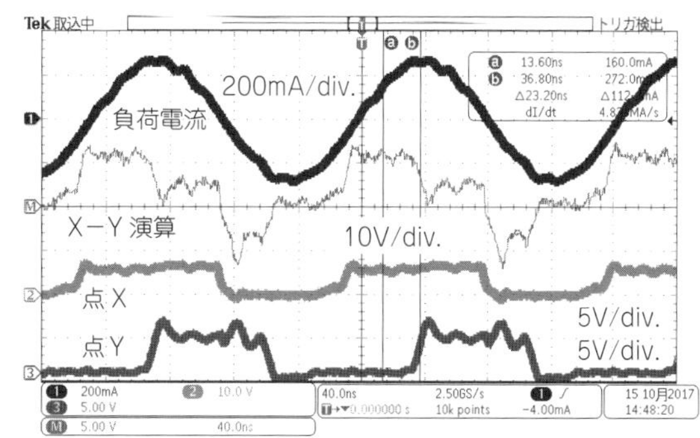

〈図18〉ATACブリッジ駆動回路の波形(6 MHz, LCR直列負荷；40 ns/div.)

■ Hブリッジ出力電圧の測定方法

フル・ブリッジやATACハーフ・ブリッジの出力端子(XとY)は，いずれもGNDに対してホット(電圧が出る側)です．したがって，XY間の電圧を測ろうとしてオシロスコープのプローブのGND側をうっかり接続するとショートしてしまい，正しい測定値が得られません．最悪の場合は回路を壊してしまうでしょう．このような場合は差動プローブを使うか，本記事のようにオシロスコープで(X−Y)演算をして観測します．

さて，本文の**図10**などを見ると，点Xと点Yでの波形のHighレベル期間がかなり長いことが気になります．結果としてのX−Y電圧は，波形エッジに段(0V部分)があり，デッド・タイムが確保できていることがわかります．しかし，点Xと点Yでは，この部分がHighレベルになっているので疑問を感じるかもしれません．

図AはMOSFETをスイッチとフリーホイール(freewheel)・ダイオードで表したものです．すべてのスイッチがOFFであり，デッド・タイム状態に相当します．

ダイオードは逆電圧がかかっているので，点Xと点Yはハイ・インピーダンスです．ここにオシロスコープのプローブ(ハイ・インピーダンス)をつなぐと，電圧は不定，つまりHighかLowかははっきり定まりません．ノイズを拾って変動する場合もあります．

この影響を無くして，デッド・タイムの電位を1/2V_{DD}にして，HighレベルやLowレベルの期間を知りたい場合は，図のシャント抵抗R_a～R_dを追加します．今回の実験ではインピーダンスが低いので各100 Ωとしました．**図B**は観測結果です．負荷は純抵抗33 Ωです．デッド・タイムと信号のHigh区間とLow区間をはっきり区別できます．

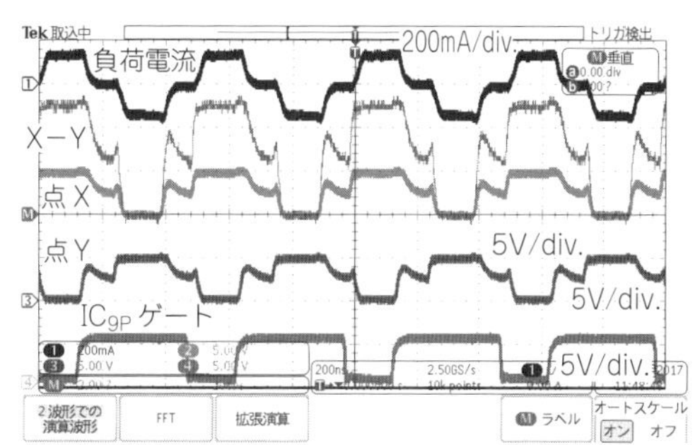

〈図B〉シャント抵抗を追加したときの点Xと点Yの波形(200ns/div.)

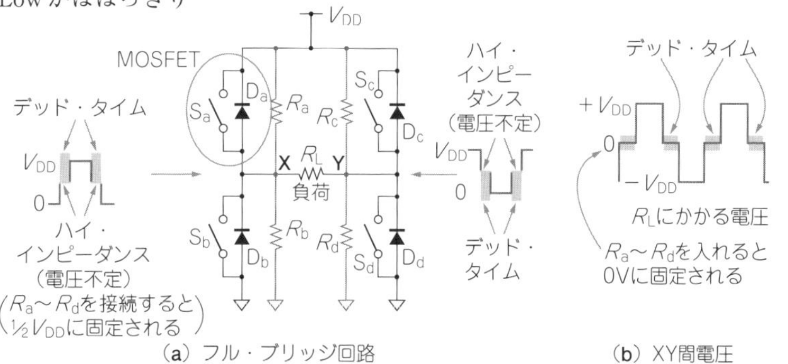

(a) フル・ブリッジ回路　(b) XY間電圧

〈図A〉デッド・タイム期間に負荷にかかる電圧(両出力がGNDから浮くのでハイ・インピーダンスになる)

の値が大きく，デッド・タイムの確保が難しくなります．**図18**は負荷がLCR直列($R = 10\ \Omega$)の場合です．インダクタLは2 MHzと同じ6.4 μH($Q = 100$)，コンデンサCはポリバリコン(50 ～ 320 pF)を使いました．

一番上の電流波形と上から2番目の電圧波形は(少しわかりづらいですが)位相が一致しています．電圧波形も同図の$V_S - V_A$の形です．

コンデンサCの値を変化させると，電流と電圧の位相関係は大きくは変化せず，共振点の合わせ込みもシビアでなくなり，調整がやりやすくなります．

おわりに

今回の実験では，従来のフル・ブリッジ回路(非ATAC)と新技術であるATAC回路を，広帯域電流プローブと広帯域オシロスコープを使って，共振点の位相変化を観測しました．その結果，ATAC回路の位相変化の割合は約1/25に激減し，共振点がほぼロックされることを確認できました．

次回は，この送電回路を使って，実際に模型のミニ四駆に受電回路を装備してモータを遠隔駆動し，スピード・チェッカにより動力性能を調べます．また，ベクトル・ネットワーク・アナライザ“ziVNAu”を使って，kQ積と最大伝送効率を測定します．

謝辞

負荷電流波形と各部波形を観測するために電流プローブTCP0020とミックスド・ドメイン・オシロスコープMDO3054が大変役立ちました．ご貸与いただいたテクトロニクス社に御礼申し上げます．

◆参考・引用*文献◆

(1) A. Kurs, Aristeidis Karalis, Robert Moffatt, J. D. Joannopoulos, Peter Fisher, Marin Soljacic; “Wireless power transfer via strongly coupled magnetic resonances”, Science, vol.317, pp.83 ～ 86, July 2007.

(2) *古川靖夫；「磁界結合型ワイヤレス給電の実用化に向けた新技術 “AirTap”」, RFワールド, No.25, pp.54 ～ 62, CQ出版社, 2014年2月.

(3) Gui Choi；“13.56 MHz, Class-D Half Bridge, RF Generator with DRF1400”, Microsemi Application Note No. 1817, Nov., 2012.

Appendix

ミックスド・ドメイン・オシロスコープMDO3054，電流プローブおよび高電圧差動プローブ試用記

今回の実験では，テクトロニクス社の御厚意で，ミックスド・ドメイン・オシロスコープMDO3054(**写真1**)と，電流プローブなどを試用できました．

■ ミックスド・ドメイン・オシロスコープMDO3054

MDO3054は上位機種であるMDO4000シリーズの下位に位置づけられるスペクトラム・アナライザ内蔵型のオシロスコープです．“6-in-1”がキャッチフレーズで，スペクトラム・アナライザ，任意波形/ファンクション・ジェネレータ，16chロジック・アナライザ，プロトコル・アナライザ，ディジタル・マルチメータ/周波数カウンタ機能などが統合されています．アナログ入力は2.5 Gspsで帯域500 MHz × 4ch，RF入力は9 kHz ～ 500 MHzです．

プローブには，オシロ側から制御可能な補正回路が内蔵されており，プローブ特性が自動的に補正されます．電流プローブも同様で，消磁(デガウス)の有無，導体開口部(jaw)の状態などを警告してくれます．

最新機器なので最初は戸惑いましたが，上記のような警告をクリアして，プローブを測定したい回路に接続すれば，あとは「オートセット」ボタンを押すだけで自動的に最適レンジで表示してくれます．

ノブやボタンは機能別に区分してあるので，わかりやすく便利です．例えばWave Inspectorでは波形解析を，RFではスペアナ機能を設定できます．

■ 電流プローブTCP0020

これは帯域DC ～ 50 MHz，最大電流20 A(ピーク・パルス100 A)で，ACだけでなくDC電流も測定できるクランプ型電流プローブ(**写真2**)です．クランプ型なので配線を挟むだけで測定できます．最小感度も10 mA/div.と高感度です．当然ながら画面上で電流値を直接読み取れるのでとても便利でした．

今回のように，最大6 MHzの電流と電圧の位相差を測定するような場合は，振幅だけでなく，群遅延が小さいことが大切です．TCP0020の挿入インピーダ

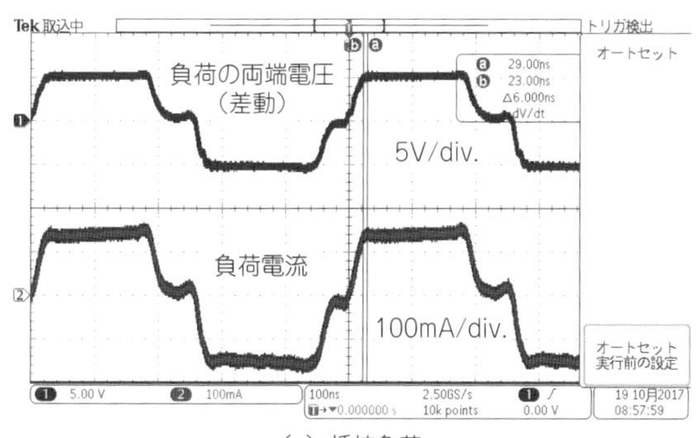

(a) 抵抗負荷

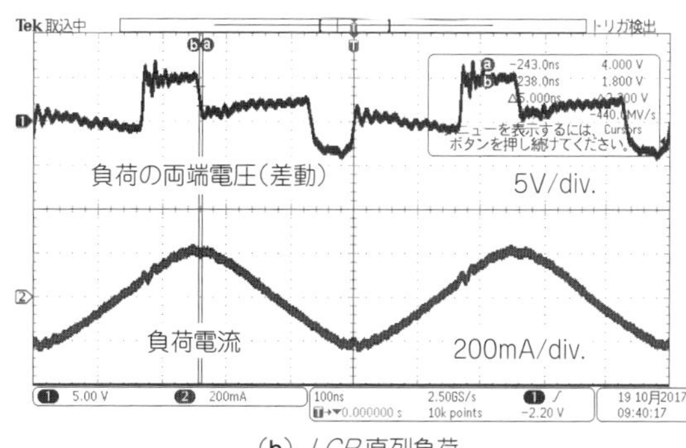

(b) *LCR* 直列負荷

〈図1〉 差動プローブによるATAC回路(2 MHz)の測定例(100 ns/div.)

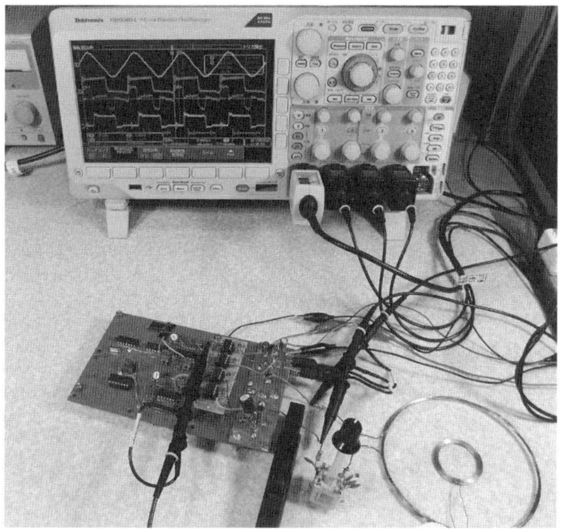
〈写真1〉 ミックスド・ドメイン・オシロスコープMDO3054

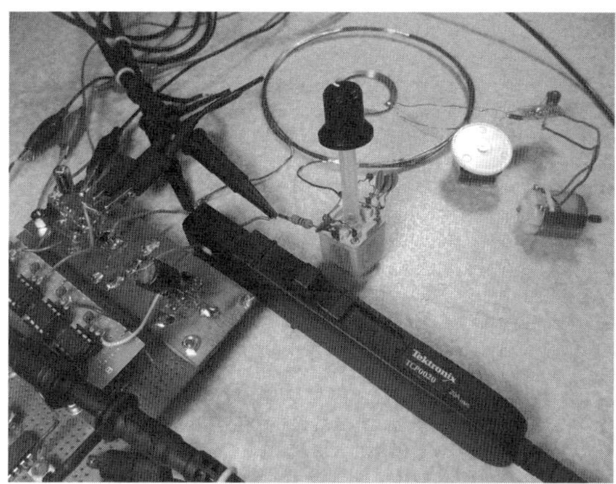

〈写真2〉 電流プローブTCP0020

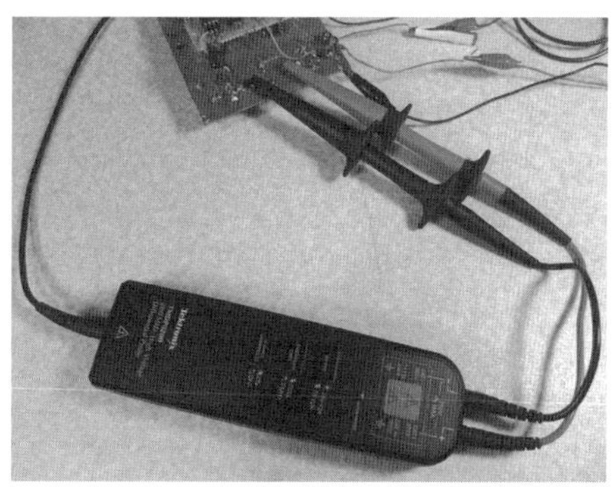
〈写真3〉 高電圧差動プローブTMDP0200

ンスは，10 MHzで0.1 Ω程度なので，今回の実験には問題ありません．一方，TCP0020の信号遅延は17 nsありますが，後日テクトロニクス社からいただいたアドバイスによると，MDO3054のデスキュー機能を使ってキャンセル(補正)できるそうです．

■ 高電圧差動プローブTMDP0200

この差動プローブ(**写真3**)を使えば，オシロスコープで演算することなく，1チャネルだけで，GNDから浮いた2点間(本文ではOUT_1とOUT_2)の電圧を測定できます．プローブの帯域は200 MHzです．測定レンジは750 V_{pk}と75 V_{pk}の切り替えができます．ここでは後者を選びました．

図1は差動プローブを使ったATAC回路の測定例です．**図(a)**は抵抗負荷，**図(b)**は*LCR*直列負荷を測定した波形です．

第21章 電波のパワーで，ミニ四駆をバッテリレス駆動してみよう！

ATAC方式ワイヤレス電力伝送の実験 後編：ミニ四駆のワイヤレス駆動実験

前章では，従来のフル・ブリッジ回路(非ATAC)と，新技術であるATAC回路を広帯域カレント・プローブと広帯域オシロスコープを使って比較/測定し，共振点の位相変化のようすを観測しました．その結果，ATAC回路では，共振点がほぼロックされることが確認できました．

本章ではATAC方式の送電回路を使って，実際に模型のミニ四駆に受電回路を装備して，モータを遠隔駆動し，スピード・チェッカにより動力性能を調べます．また，ベクトル・ネットワーク・アナライザ“ziVNAu”(ジバナウ)(DZV-1)を使って，kQ積と効率を測定します．

ワイヤレス電力伝送システムの検討

■ 送受電コイルの巻き数，直径，形状の決定

ワイヤレス電力伝送をするときに，送電コイルと受電コイルの間の距離を伸ばすには，どうすれば良いのでしょうか？送受電コイルの直径や形状は，エネルギー伝送の効率にどのように影響するのでしょうか？コイルに使う導線の太さも気になります．

写真1は，今回の実験に使ったコイルです．外側が送電コイル，内側が受電コイルです．6 MHzにおけるkQ積は11，最大効率は86 %でした．

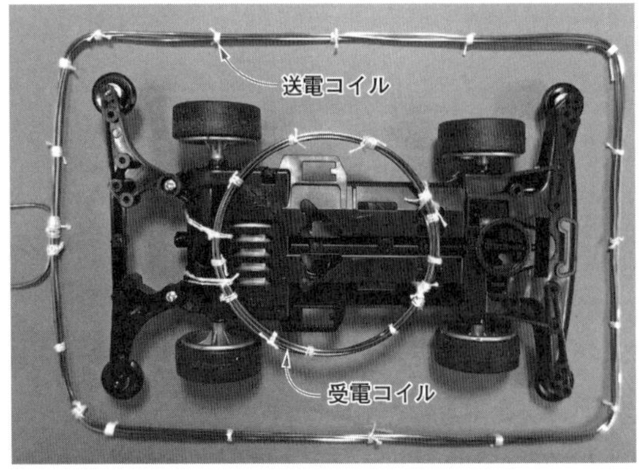

〈写真1〉送電コイルと受電コイル(6 MHz用の場合，$kQ = 11$，$\eta_{max} = 86$ %)

■ kQ積はワイヤレス電力伝送の性能指標

コイル間の結合は一般に，相互インダクタンスMや結合係数kで評価します．ワイヤレス電力伝送では，伝送効率ηを決定する最大要因として，結合係数kに加えて，コイルのQをも考慮した「kQ積」が評価の指標になります．[1]

ワイヤレス電力伝送の伝送効率ηは，負荷(整流回路とモータ)のインピーダンスZ_Lに依存します．ここで効率ηが最大になる最適負荷に選んだときの効率は最大効率と呼ばれη_{max}で表します．

kQ積に対してη_{max}は**図1**のように変化します．$kQ < 10$の範囲ではη_{max}が急激に変化します．結合係数kが小さくても，Qを大きくすることで急激に効率が改善されることがわかります．

■ kQ積を大きくして効率をよくする方法は？

では，kQ積を大きくするにはどうすれば良いのでしょうか？今回のような磁界結合では，次式が成り立ちます．[1]

$$kQ = \frac{\omega M}{R} \quad \cdots\cdots (1)$$

ここで$\omega = 2\pi f$は角周波数，Mは相互インダクタンス，Rは直列抵抗です．式(1)から，周波数を高く，

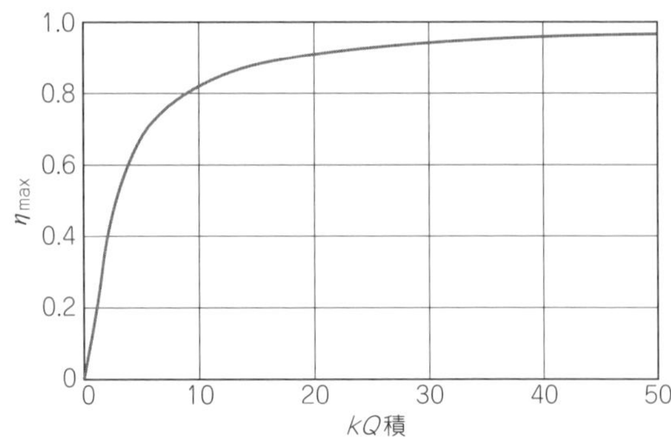

〈図1〉kQ積と最大伝送効率η_{max}の関係

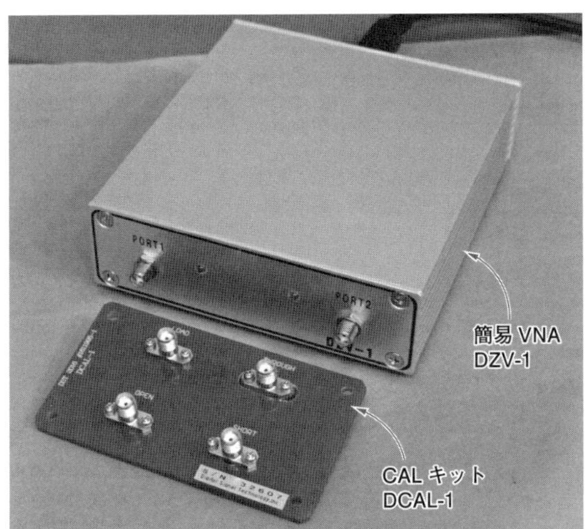

〈写真2〉簡易ベクトル・ネットワーク・アナライザ“DZV-1”とCALキット“DCAL-1”(https://www.rf-world.jp/go/3504)

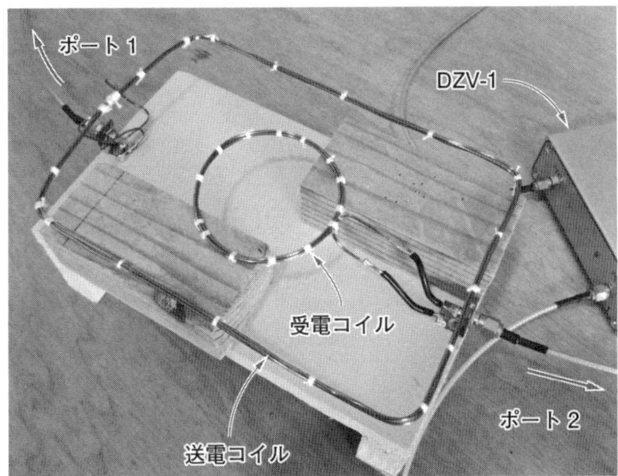

〈写真3〉6 MHz用送受電コイルのkQ積を測定中のようす

相互インダクタンスを大きく，直列抵抗を小さくすればkQ積を大きくできることがわかります．

ところで，式(1)は自己インダクタンスLが関与していません．つまり**写真1**のコイルに共振用のコンデンサを付けても付けなくてもkQ積には影響しないということです．これは共振によって効率が上がるという事実と合わないように思えますが，共振は前述の最適負荷の要件にすでに含まれています．

■ kQ積はVNAを使うと簡単に測定できる

式(1)の分子は，伝達インピーダンス$|Z_{21}|$のことですが，これがわからないとkQ積を導き出せません．**写真1**のようなコイルの組み合わせは，空芯の巻き線によるトランスとみなせますが，伝達インピーダンスの計算や測定は容易ではありません．

ベクトル・ネットワーク・アナライザ(VNA)を使うと，**写真1**のようなコイルをブラック・ボックス(中味が不明な箱)として扱って，そのZ_{21}を測定できます．RFワールドNo.35で紹介された簡易型VNAのziVNAu(ジバナウ)は，安価ながら本格的な製品並みの性能を備えており，しかもkQ積と最大効率ηを直接測定できます．ziVNAuは同誌No.35で完成基板頒布サービスを行った後，完成品DZV-1(**写真2**)としてディエステクノロジー社から発売されています．

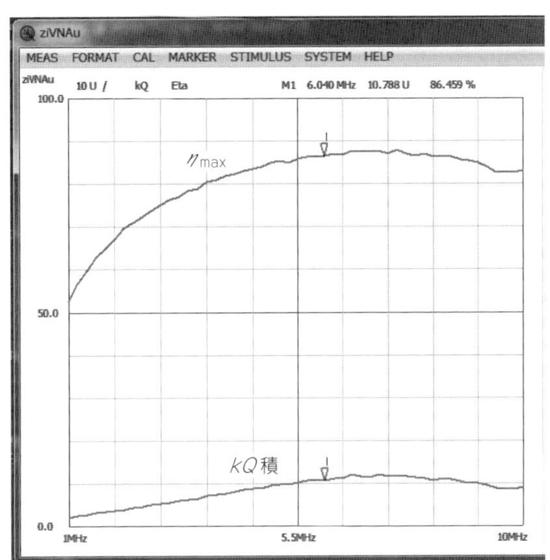

〈図2〉kQ積と最大伝送効率η_{max}の測定結果(6 MHz用コイル)

■ kQ積と最大効率ηの測定結果

このDZV-1を使ってkQ積を測定します．**写真3**のように，コイルを架台に載せて周辺の影響を取り除きます．送受電コイルは同一面内に置きます．

図2は，6 MHz用コイルのkQ積と最大効率η_{max}の測定結果です．ゆるやかなピークが7 MHzあたりにありますが，6 MHzもほぼピーク・レベルと同じです．kQ積は6 MHzで10.8，η_{max}は86.5 %です．

図3は，2 MHz用コイルのkQ積と最大効率η_{max}の測定結果です．ゆるやかなピークが3 MHzあたりにありますが，2 MHzもほぼピーク・レベルと同じです．kQ積は2 MHzで12.6，η_{max}は84.9 %です．

なお，ziVNAuのkQ積とη_{max}の表示は別画面なのですが，ひと目でわかるように**図2**と**図3**はトレースを重ねがきしています．

表1は，送受電コイルの仕様です．巻き数，形状，線の太さなどは，kQ積が大きくなる組み合わせを種々製作し，測定しながら決めました．

式(1)の相互インダクタンスMは，

$$M = k\sqrt{L_1 L_2} \cdots\cdots (2)$$

ただし，L_1：1次側すなわち送電コイルのインダクタンス，L_2：2次側すなわち受電コイルのインダクタンス

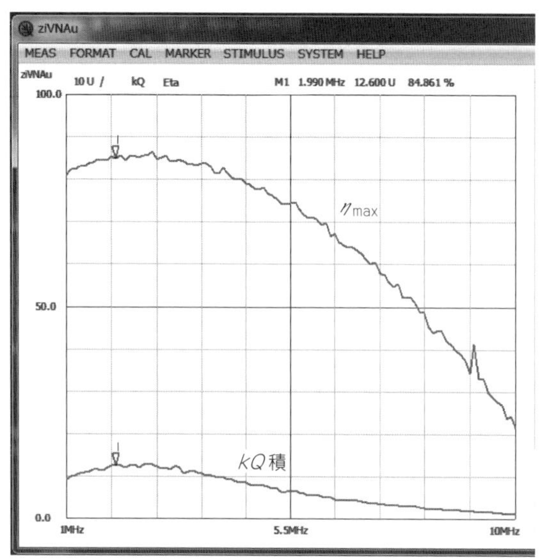

〈図3〉 **kQ積と最大伝送効率η max の測定結果**(2 MHz用コイル)

〈表1〉 **送電コイルと受電コイルの仕様**

項目	2 MHz用		6 MHz用	
	送電側	受電側	送電側	受電側
寸法	170 × 120 mm	直径60 mm	170 × 120 mm	直径60 mm
銅線の直径	1 mm	1.12 mm	1 mm	1.12 mm
巻き数	9回	10回	3回	3回
インダクタンス	27 μH	8.5 μH	4.7 μH	1.8 μH
形状	矩形	円形	矩形	円形

ですから，L_1とL_2はできるだけ大きくすべきです．

ところが，インダクタンスを大きくするために巻き線を伸ばすと直列抵抗Rが増えます．銅線直径を太くすれば抵抗Rは小さくなりますが，コイルの外形が大きくなる上に，抵抗Rの増大の方が効いてくるので，むやみにインダクタンスは増やせません．

受電回路の設計

図4は6 MHz受電回路です．6 MHzでは，コイルの選定や受電回路に特別の工夫をすることなく，ミニ四駆を駆動できました．整流回路もブリッジで十分でした．

図5は2 MHz受電回路です．2 MHzでは，kQ積を大きくしようとするとコイルの巻き数が増え，送電コイルの直列抵抗が大きくなり，ブリッジ回路の電源電圧を高くする必要があります．これは投入電力の増加につながり，効率はむしろ低下します．このような事情から，受電回路は効率の良いものを選ばざるを得なくなり，**図5**のような倍電流整流回路を採用しました．

LEDはモータ電圧の確認用です．赤色LEDの順方向電圧V_Fは1.8 ～ 2.4 V程度ですから，点灯を確認することで，適正電圧程度であることがわかります．

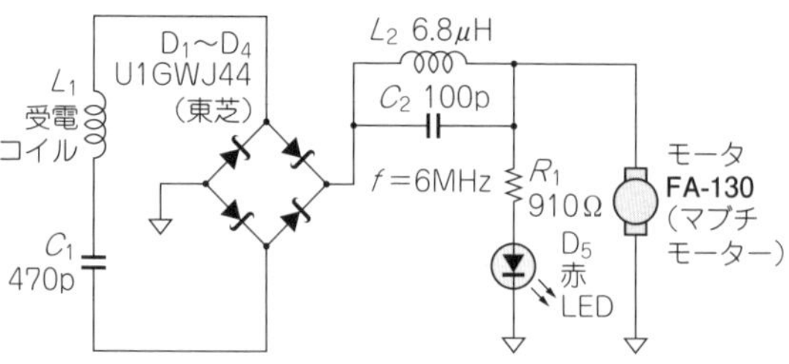

〈図4〉 **6 MHz受電回路**(ショットキー・バリア・ダイオードによるブリッジ整流回路)

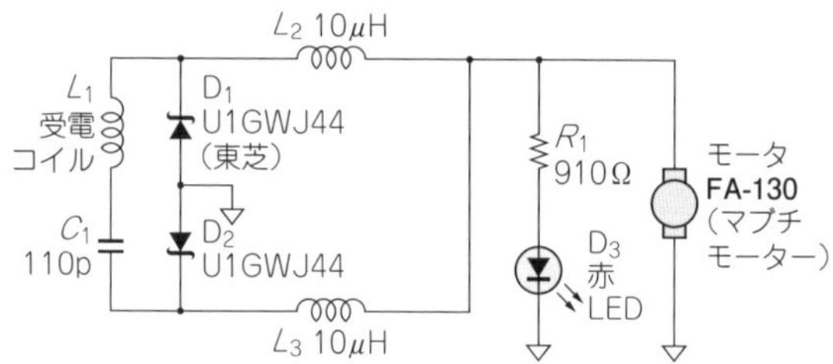

〈図5〉 **2 MHz受電回路**(ショットキー・バリア・ダイオードによる倍電流整流回路)

送電回路の設計

送電回路を**図6**に示します．RF電源の出力端子OUT_1とOUT_2の間に，**表1**に示す仕様のコイルと直列に共振用コンデンサを入れただけです．中心周波数設定のために，ポリバリコンC_1とC_3を入れています．2 MHzでは容量が不足するので，並列に100pFを接続します．

負荷(受電回路)がないと，この回路はLとCだけですから，大電流が流れてコイルやバリコン端子が発熱します．送電Hブリッジ回路のMOSFETが焼損する場合もあります．放熱対策をしない場合は，負荷の有無にかかわらず，12V1Aを越えたあたりでMOSFETが破壊します．したがって，送電回路の調整時など受電回路がない場合は，×印のところに擬似負荷(ダミー・ロード)として抵抗を接続します．

逆に考えると，**図4**と**図5**の受電回路が接近することは，**図5**の回路に直列抵抗R_1とR_2が入るのと等価であることが理解できます．

受電回路をミニ四駆へ組み込む

写真4は**図4**の受電回路を模型のミニ四駆に組み込んだところです．周波数は6 MHzです．

コイルは，**表1**の仕様のものを底面に糸でくくりつけました．整流回路は，電池ボックス(単3×2)にちょうど収まります．モータはマブチのFA-130です．

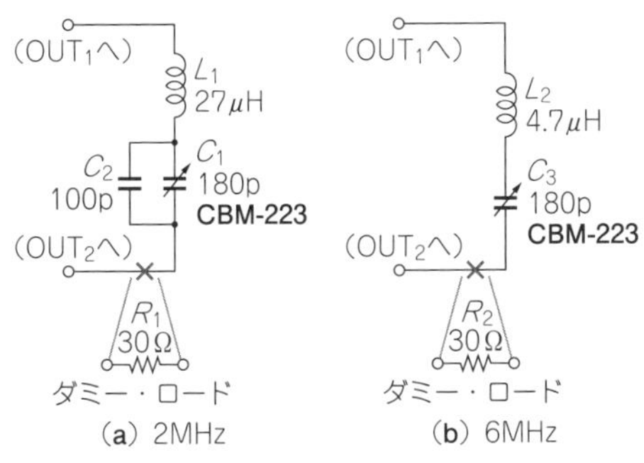

〈図6〉送電コイル系の回路

〈写真4〉ミニ四駆に組み込んだ6 MHz受電回路(ダイハツKOPEN-XMZ, タミヤ)

表2にモータの仕様を掲げます.

写真5は2 MHzの場合です. 表1の受電コイルは10回巻きのため, ミニ四駆の底面に取り付けると, タイヤ高を越えてしまい地面と接触しなくなりました. そこで効率ηとkQ積が図3の半分程度に落ちますが, 市販のWPT実験用扁平コイル(型名4626-25U, 外径46 mm, 内径26 mm, $L = 25\,\mu$H, 12回巻き)を使い, 共振容量は270 pFとしました. 回路は図5と同じです. 実際に駆動してみると, 意外によく回ります. トランスと同じく巻き上げ効果が出て出力電圧が上がるためと思われます.

〈表2〉使用したモータFA-130の仕様[マブチモーター㈱]

項目	仕様
限界電圧	1.5～3.0 V
適正電圧	1.5 V
適正負荷	0.39 mN・m (4.0 g・cm)
無負荷回転数	8600 rpm
適正負荷時回転数	6400 rpm
適正負荷時消費電流	500 mA
シャフト径	2.0 mm

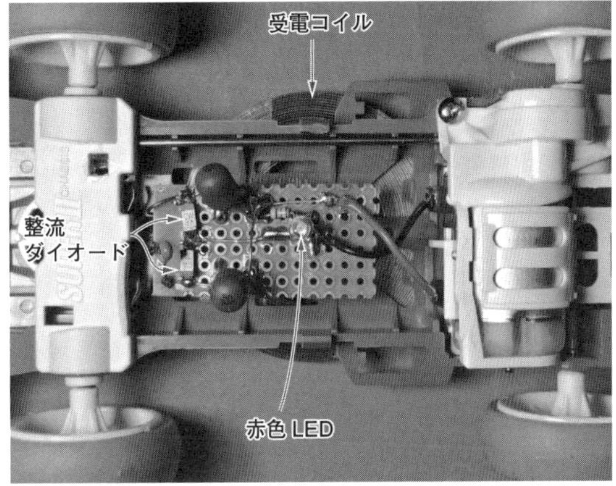

〈写真5〉ミニ四駆に組み込んだ2 MHz受電回路(ミニ四駆ドッグ, タミヤ)

ミニ四駆のワイヤレス駆動実験とその結果

■ 送受コイルを離したときのモータの駆動限界

WPTでは, 送受コイルを離してどの程度電力を搬送できるかが伝送能力の指標になります.

写真6は6 MHz駆動の場合です. 6 MHzでは整流回路をブリッジにしていますが, それでも2 MHzの場合を凌駕しており, 10 cmでもよく回転します. ただ, 送電側の消費電流が大きいので, 総合的な効率は劣ります. この原因はMOSFETのスピードの限界で使っているためで, 一般的には, 周波数が高い方が効率がよくなります.

写真7は2 MHz駆動時に送受コイルを離したところです. コイルどうしを約9 cm離しても, 車輪の回転は止まりません. 完全に止まるのは13 cm程度でした.

■ スピード・チェッカによる動力性能の測定

● 6 MHz

写真8は6 MHzの場合です. 速度は7 km/h, 供給電力は10 V0.8 Aでした. 6 MHzの方が送電側の消費電力が大きくなっていますが, 受電側の整流回路にとくに工夫をしなくても十分な電力が得られることや, 送受電コイルの間隔を伸ばせるなど可能性の点では有利です.

● 2 MHz

実走時の推定スピードは, 写真9のスピード・チェッカ(タミヤ製)で測定しました. ローラには適度な負荷がかかっており, 実走行に近い条件となります. 写真では6 km/hのスピードが出ています. 2 MHzで, 供給電力は10 V0.4 Aです. 速度は6 km/h, コイルは送受が同一面内にあります.

● 電池駆動

新品アルカリ電池を使ったときは13 km/hを表示していましたから, このWPT給電による走行速度は電池を使ったときの半分程度に留まっています.

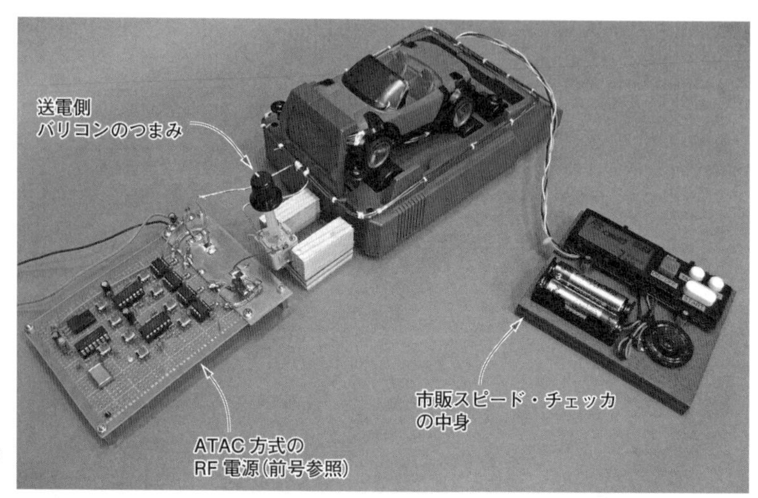

〈写真8〉スピード・チェッカで走行速度を測定(6 MHz)

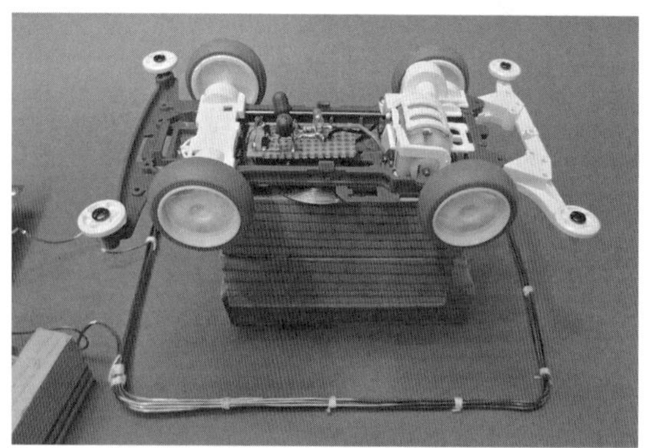

〈写真6〉送受電コイルを離したとき(6 MHz)

〈写真7〉送受電コイルを離したとき(2 MHz)

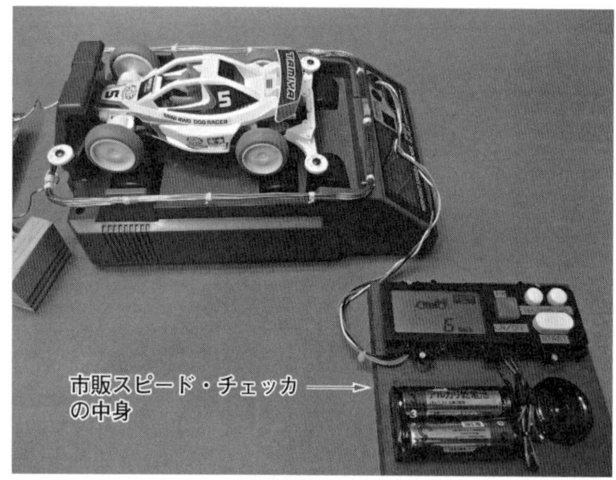

〈写真9〉スピード・チェッカで走行速度を測定(2 MHz)

まとめ

2〜6 MHzという比較的高い周波数のATAC方式RF電源を製作し，これをミニ四駆のワイヤレス駆動に応用しました．この際，終段のHブリッジに，Pch + NchのMOSFETを使うことで，設計と製作を簡単化しました．

ベクトル・ネットワーク・アナライザを使ってkQ積を実測しながら種々のコイルを試作し，性能を比較した結果，コイル間距離を10 cm程度離してもモータが回り続けるという好結果を得ました．とくに，ブラシ型DCモータのような低インピーダンスの負荷を駆動するためには，LとCの共振が大きな役割をすることが体感できました．かつ，共振点を保持する方法として，ATAC方式が有効であることがわかりました．

今後の展望として，大型のコイルまたは複数のコイルを使えば，模造紙程度の面積の範囲をワイヤレス給電しながらバッテリ・レスでミニ四駆を走らせることができる可能性が見えたと思っています．

◆参考文献◆

(1) 大平 孝;「ワイヤレス結合の最新常識『kQ積』をマスタしよう」，グリーン・エレクトロニクス，No.19，pp.78〜88，CQ出版㈱，2017年．

第22章　熱帯魚や海亀が本物そっくりに動く電動アクアリウム

水中ワイヤレス電力伝送で泳ぐWPTロボフィッシュの実験

1 製作の動機

熱帯魚や金魚などがおおらかに泳ぐ姿を見ていると，疲れた気分やストレスが和らぎます．家庭などでペットとして熱帯魚や金魚を飼育する場合，相手が生物だけに，餌やりや清掃だけでなく，酸素補給や健康状態の管理など，予想以上の苦労を伴います．

単なる鑑賞だけならば，泳ぐようすを映したLCD画面やロボットによる代用手段が存在します．

最近，模型の魚や亀の中にモータと電池を組み込んだ「光るロボフィッシュ」や「ロボタートル」などと呼ばれるおもちゃが，㈱タカラトミーアーツから発売されており，1,500円前後で買うことができます．その電源はボタン型アルカリ乾電池(LR44×2個)です．ボタン電池は容量が小さいため，連続使用するとすぐ電池交換が必要になります．また，市販のロボフィッシュには，電池節約のため数分で動作が停止するオート・スリープ機能が組み込まれており，一度止まると，水から取り出して乾かしてから再び水中に入れたり，振動を与えたりして再起動する必要があります．

ボタン電池の寿命が短いことから，交換の手間もさることながら，ロボフィッシュを鑑賞していても，電池を無駄遣いしているような後ろめたさがあって，ストレスを感じてしまいます．

最近はWPT(Wireless Power Transfer，ワイヤレス電力伝送)技術が著しく進歩していることから，電池の代わりに，外部からの電磁エネルギーでロボフィッシュを動くようにできないだろうかと考えました．果たして水中でもRFエネルギーを効率よく伝送可能でしょうか?

今回はこのテーマにチャレンジし，kQ積による動作検討のうえ，ATAC方式RF電源[1]の使用などによって好結果が得られましたのでご紹介します．**写真1**はWPTによって元気に泳ぐロボフィッシュです．水槽に巻いたコイルで送電し，腹部に装着したコイルでRFパワーを受電する仕組みです．

〈写真1〉水中WPTによって元気に泳ぐロボフィッシュ

2 水中ワイヤレス電力伝送の検討

2.1 水中電力伝送のkQ積

● 水中におけるRF周波数による電磁誘導

HF帯周波数を使って数十cmの距離でエネルギーを伝送する場合，送電コイルから受電コイルが受けるエネルギーは電波ではなく，電磁誘導によるものです．

● ガラス容器の外壁に送受電コイルを設けた場合のkQ積

kQ積[3]は結合係数kと品質係数Qを乗じた値です．kQ積は電力伝送効率の指標であり，その値が大きいほど高効率で伝送できることを表します．

写真2のように，ガラス容器の外壁に二つのコイル

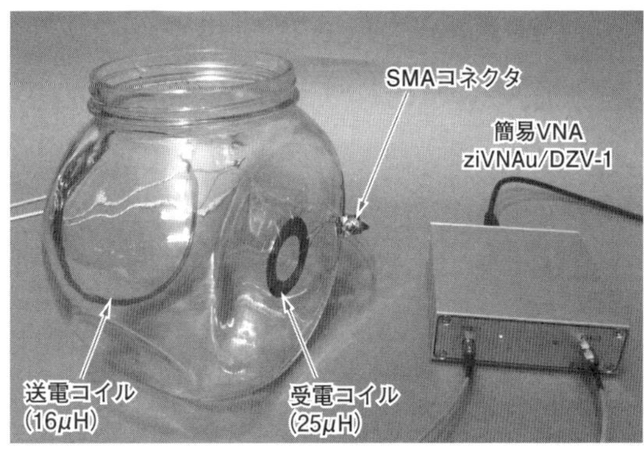

〈写真2〉ガラス容器の外側に対向して送電コイルと受電コイルを取り付ける

を12 cmほど離して平行に配置し，kQ積を測定してみました．さて，この容器に水を一杯に満たしたとき，kQ積はどのように変化するでしょうか？

答えは次の三つのどれかです．

(1) kQ積は増加する

(2) kQ積は減少する

(3) kQ積は変化しない

空気と水の電磁気的性質をまとめたのが**表1**です．

写真で見るとおり，二つのコイルは磁気的に相互誘導で結合しています．これがコイル間の結合係数kを決めます．一方，コイルの品質指数(良さ)Qはコイルの形状と材質で決まります．相互インダクタンスMは，次式のとおりです．

$$M = \mu n_1 n_2 S \quad \cdots\cdots (1)$$

μは送受電コイル間にある媒質の比透磁率であり，ここでは空気か水です．容器のガラスは薄いので無視して良いでしょう．n_1とn_2は各々のコイルの巻き数，Sは断面積です．なお，ガラスの比透磁率は1，比誘電率は5程度です．

表1から，比透磁率はどちらも1です．したがって，答えは「(3) kQ積は変化しない」となりそうです．

結果は**図1**のようになりました．予想に反し，答えは「(1) kQ積は増加する」でした．

〈表1〉空気と水の電気的性質の比較

	比透磁率 μ	比誘電率 ε	導電率 σ [S/m]
空気	1	1	5×10^{-15}
水	1	80	2×10^{-2}

注▶水の導電率は水道水の代表的な値．

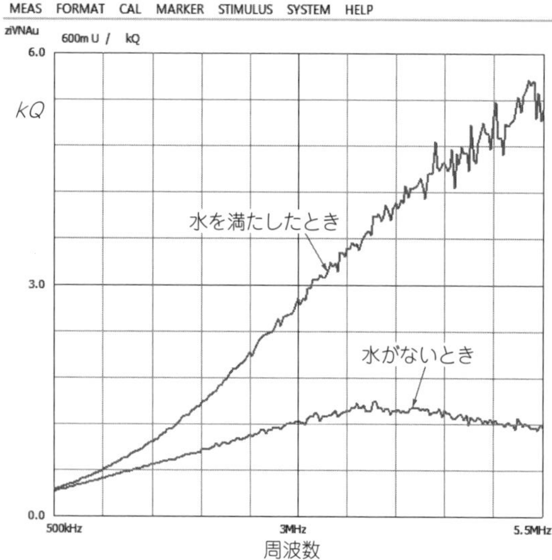

〈図1〉送電コイルと受電コイルを水槽の外側に設けたときのkQ積(500 k ～ 5.5 MHz)

この理由は，コイル間にある水の誘電率が非常に大きいため，これによる静電容量が入るせいだと考えられます．

近似的に，受電コイル側の導体面積を使って，静電容量を計算すると，空気のときは，電極(コイル)間容量は1 pF以下，水が入ると20 pF程度です．コイル面が電極となってコンデンサを形成し，電界による結合が加わったようです．容量結合の効果は，高域ほど大きくなるので，**図1**の結果は納得できます．

● ガラス容器の内壁に送受電コイルを設けた場合のkQ積

次に，受電コイルを容器の内側に貼り付けて，水を入れると，**図2**のような結果となりました．今度はコイルと並列にも容量が入ることになるので，Qが低下し，kQ積は**図1**より減少します．したがって，受電側コイルが水に浸かる場合は，コイルと引き出し線をしっかり防水する(水から離す)方が良さそうです．

● 実験のまとめ

以上の実験をまとめると，次のとおりです．

① 水の介在により，kQが減少することはない．

② 受電コイルは水分が付着するとkQが下がる

①は原理的な話ですが，実際は②によりkQが大きく変わることになります．

■ 2.2 使用するRF周波数帯の選定

水槽の周囲に大きく送電コイルを巻き，ロボフィッシュの体と同等程度の小さなコイルで受電しなければなりません．ロボフィッシュの体内に整流回路が入ることも条件です．送電コイルの径に比べて，受電コイルの大きさがかなり小さいので効率はかなり下がると

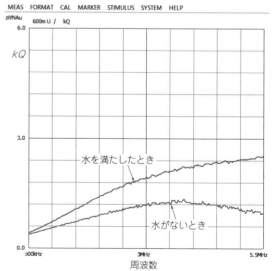

〈図2〉送電コイルを水槽の外側，受電コイルを水槽の内側に設けたときのkQ積(500 k ～ 5.5 MHz)

予想されます.

まず，200 kHz程度のIH用RF電源(出力10 W)が使えないか検討しました．しかし,空気中であっても，コイルを10 cm以上離したときの受電電圧，電力がロボフィッシュを駆動できる値に到達しません.

以前，ミニ四駆のWPT実験(2)(3)が，遠隔電力伝送において良い結果が得られたことから，HF帯(2～3 MHz)を使うことにします.

3 RF電源の製作

3.1 ATAC方式RF電源

WPT送電側のRF電源の回路を**図3**に示します．半固定抵抗器はタイミング調整用です．動作の詳細と調整方法は第20章を参照してください．回路は第20章のものとほぼ同じです．変更点は以下のとおりです.

- **発振用と論理反転用のICの品種を変更**

遅延回路などの立ち上がり時間が関係するロジック反転回路には，アンバッファの74HCU04よりも，バッファ・タイプの74HC04が適しています.

- **発振4.9152 MHz，出力2.4576 MHzにするため水晶発振の分周回路を追加**

2 MHz近辺の水晶発振子の入手性が悪いので，4 MHz以上の振動子が使えるように変更しました.

3.2 RF電源の組み立て

写真3はユニバーサル基板に組んだ，RF電源の回路基板です．左上が発振回路，その下が分周と遅延回路，中央がデッドタイム・パルス生成回路です．終段MOSFET(面実装品)2個は扱いやすくするため，DIP拡張基板に取り付けました．さらに，ホット側のMOSFETには放熱フィンを設けています．これにより，10 W程度の電力を余裕をもって投入できます.

後述する効率改善により，最終的には3～4 W程度の消費電力で十分駆動できるので，放熱フィンなしでも連続使用は可能でした．右下は送電コイルと直列に入れるコンデンサ(ポリバリコン)です．右側の端子は送電コイルと接続します.

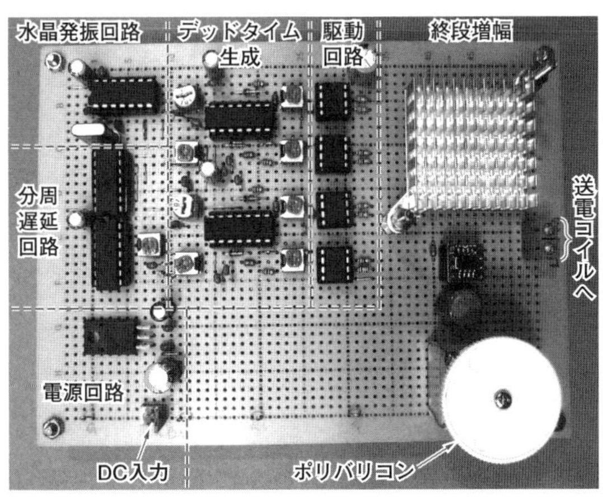

〈写真3〉ロボフィッシュ駆動用ATAC方式RF電源基板

4 送電コイルの検討と製作

4.1 水槽に巻く送電コイル

ロボフィッシュを入れる水槽は，**写真4**のように周囲に金属枠のない小さめのものです．外寸は，幅31.5 cm，奥行き16 cm，高さ24 cmです．あまり水槽が大きいと，電力が届きにくくなり，そのぶん送電電力を増やすという悪循環になりかねません.

送電コイルのインダクタンスは，第19章のミニ四駆の実験から，20 μH程度が良いことがわかっています．これに近い値になるように，上下それぞれ3回ずつ巻いて直列に接続しました.

図4は水槽の周囲に巻く送電コイルの仕様です.

まず，この水槽内の代表的な点でのkQ積と最大効率η_{max}を測定してみます．便宜上，各測定点を図のように記号で表すことにします.

表2は送電コイルと受電コイルの仕様です.

〈写真4〉実験に使った水槽(幅31.5×奥行16×高さ24 cm)**と送電コイル**

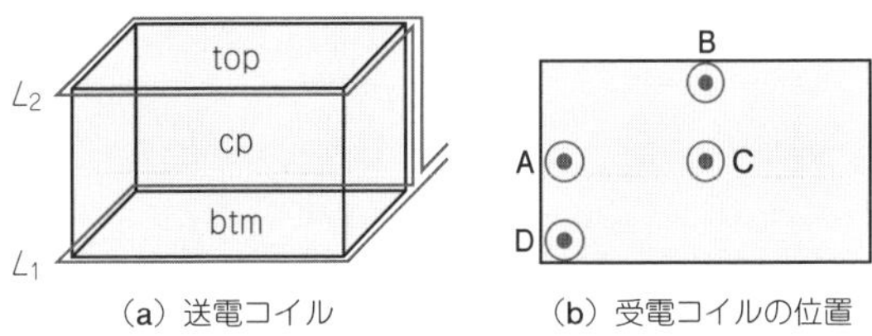

〈図4〉水槽に巻く送電コイルと受電コイルの位置関係

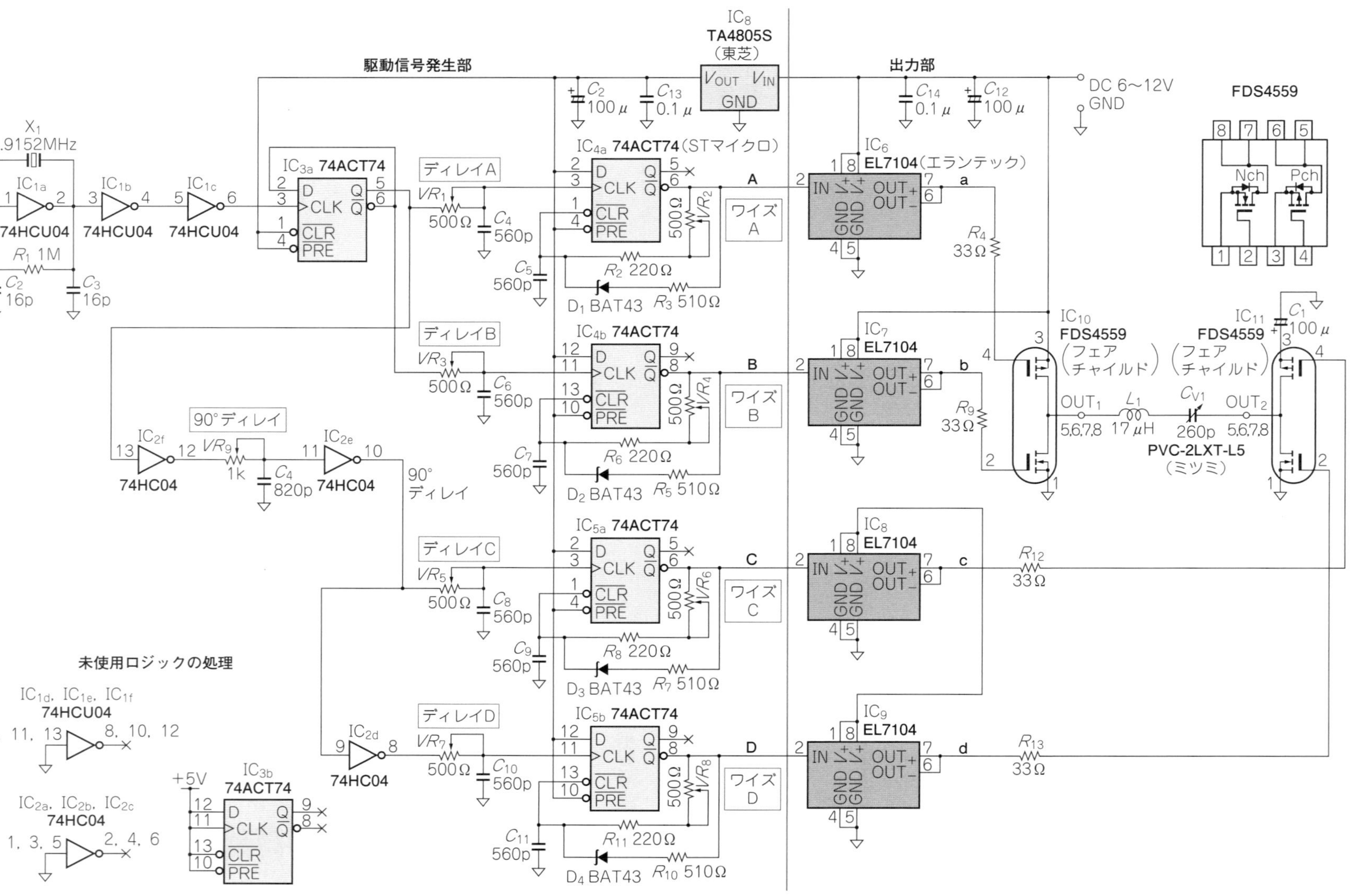

〈図3〉ロボフィッシュ駆動用ATAC方式RF電源の全回路図（出力約2.46 MHz）

〈表2〉送電コイルと受電コイルの仕様

	形状	寸法	線径	巻き数	実測インダクタンス	備考
送電コイル	矩形	幅310，奥行155 mm	1 mm	上3回，下3回	18 μH	上下コイル間隔215 mm
受電コイル	円形 (平面スパイラル巻き)	内径25，外径45 mm	0.5 mm	23回	24 μH	市販品：L4626 25U (アイテンドー)

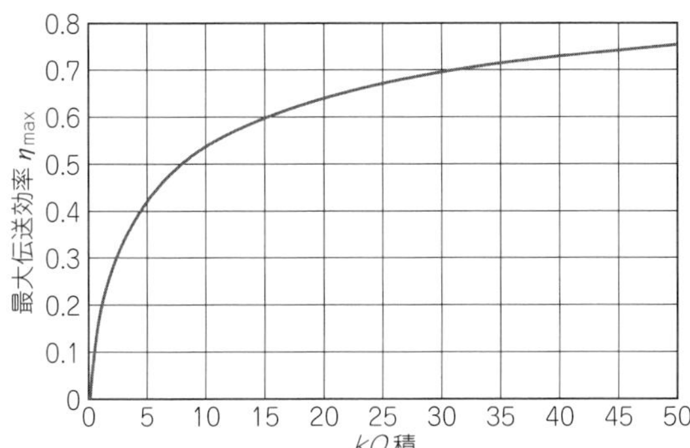

〈図5〉[4] kQ積と最大伝送効率η_{max}の関係

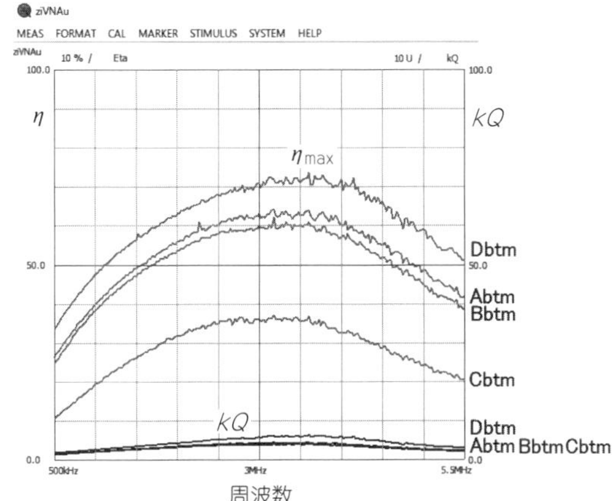

〈図7〉水槽最下部でのη_{max}とkQ積(500 k ～ 5.5 MHz，A ～ D点は図4参照)

4.2 空気中におけるkQ積と最大効率ηの測定

図5は，kQ積と最大効率η_{max}の関係です．kQの変化が小さい範囲では，kQ積とη_{max}は直線で近似できます．したがって，以下の測定では，kQ積の代わりに最大効率η_{max}に着目します．

水槽最上部(図4のtop面)での，A ～ D各点の最大効率は図6のようになりました．kQ積は4以下で非常に小さな値です．カーブの形は最大効率と同じです．最大効率が最も大きいのはD点で，次いでA点とB点です．C点は最も小さくη_{max} = 25%程度です．

水槽最下部(図4のbtm面)での，A ～ D各点の最大効率は，図7のようになりました．最大効率が最も大きいのはD点で，70%に達しています．kQ積は5程度です．次いでA点，B点で，C点は最も小さいですが，

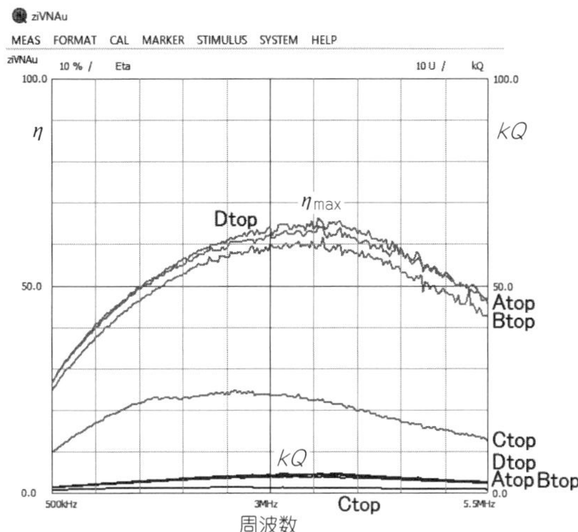

〈図6〉水槽最上部でのη_{max}とkQ積(500 k ～ 5.5 MHz，A ～ D点は図4参照)

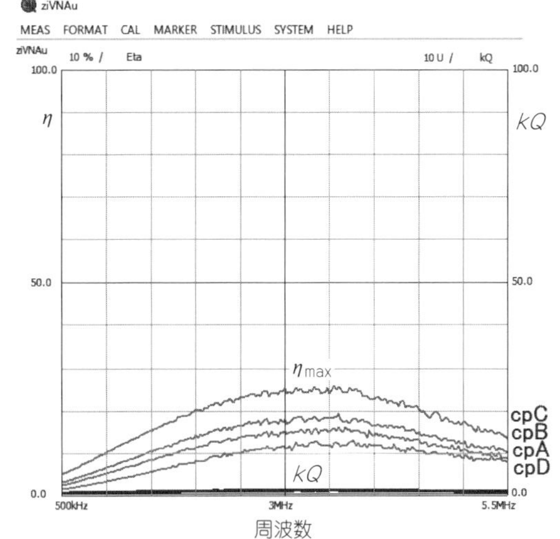

〈図8〉水槽中央部でのη_{max}とkQ積(500 k ～ 5.5 MHz，A ～ D点は図4参照)

それでも36%ほどあります．このコイルの組み合わせと，コイル配置の場合，最大効率のピークは3 MHz近辺にあります．

水槽中央部(図4のcp面)におけるA ～ D各点の最大効率は図8のようになりました．最大効率が最も大きいのはC点で，次いでB点，A点です．D点は最も小さく12%程度です．C点の最大効率が大きいのは，上下のコイルの磁束がこの点で最も集中し，加算され

るためだと思います．コイルを上下に設けたメリットがここで出ています．

■ 4.3 送電コイルの巻き数の検討

RF電源の出力周波数を2.5 MHzに選んだことから，最大効率のピークを周波数が低い方にシフトしたいので，上下各4回ずつ巻いてみた結果が**図9**です．インダクタンスは14.5 μH × 2です．今度はピークが1.5 MHzあたりにきました．最大効率は**図6**～**図8**より低下しています．

これらの結果から，送電コイルの巻き数は，4回×2より最大効率の高い3回×2とします．

■ 4.4 水中における*kQ*積と最大効率*η*の測定

写真5のように水槽に水を天面まで一杯に入れて，*kQ*積と最大効率η_{max}を測定しました．

写真6のように，実際には水を一杯に張るとは限り

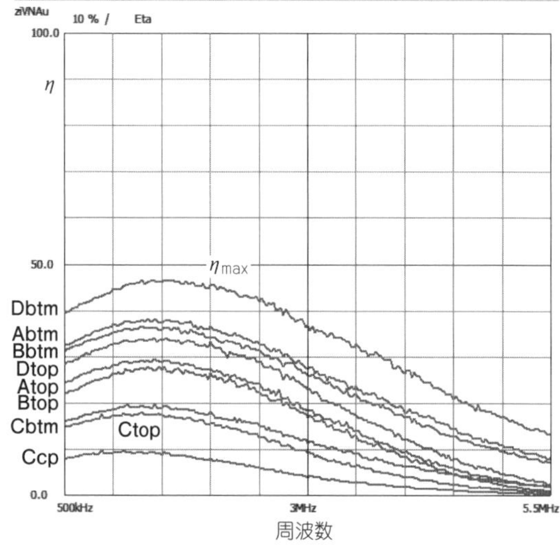

〈図9〉送電コイルを4回巻き×2としたときのη_{max}（500 k ～ 5.5 MHz）

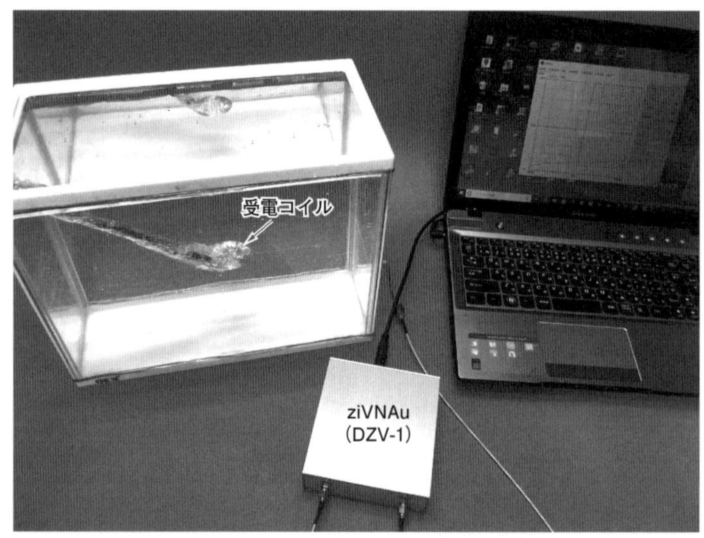

〈写真5〉
水中での*kQ*積とη_{max}測定

〈写真6〉
WPTによって水面を遊泳するロボタートル（浮遊させて鑑賞する場合は水を満杯にしない）

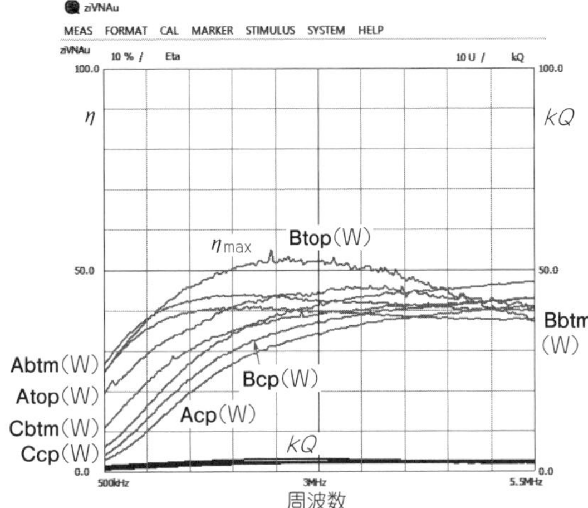

〈図10〉 水槽に水を満たしたときのkQ積とη_{max}
(500 k ～ 5.5 MHz)

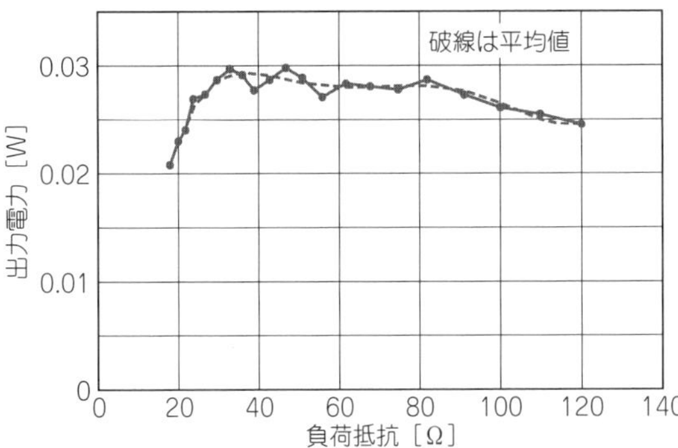

〈図11〉 最適負荷の測定

ませんが，水の影響を調べるには満杯にした方がわかりやすくなります.

結果を各ポイントとも**図10**にまとめました.

最大効率は，空気中の場合より20%程度低下しています．最上面(top)の効率が高く，次いで底面(btm)，中央(cp)の順です．周波数では2.5 MHz近辺がピークです.

5 受電側の最適負荷と受電回路の製作

5.1 最適負荷の測定

図11は，受電側の最適負荷の測定結果(空気中)です.

ロボフィッシュの消費電流は，3 V 40 mAですから，負荷は3/0.04=75 Ωです．図のようにピークがほぼ平坦ですから，75 Ωは最大値範囲に入っています．したがって，整合回路を設けなくても良さそうです.

5.2 ロボフィッシュ側の受電回路

受電回路は，**図12**のような倍電圧整流回路としました．共振コンデンサC_1と，倍電圧回路のC_2は直列になるので，容量が大きい方のC_2は省略可能です.

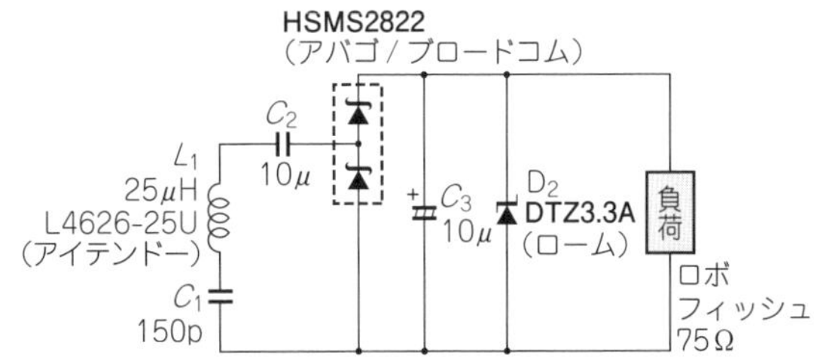

〈図12〉 ロボフィッシュ内に収めるWPT受電回路

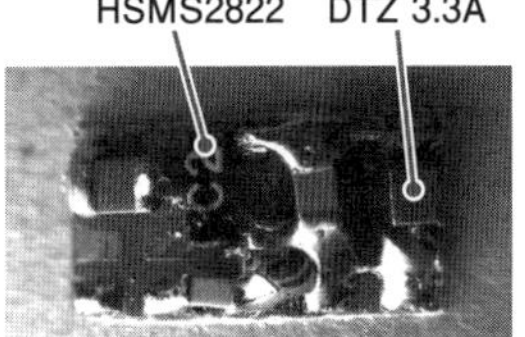

〈写真7〉
ロボフィッシュ内WPT受電回路の実装状態

受電回路は，ロボフィッシュの体内に実装するので，**写真7**のように，面実装部品を使って小型に組む必要があります.

写真8(a)は，受電回路をロボタートルに組み込んだところです．電池ボックスの仕切りを切り取って，実装しやすくしています．電池ボックスの蓋にはOリングが入っているので，ここで防水できます．したがって，回路基板の防水はとくに必要ありません．しかし，**写真8(b)**のように，コイルとの接続線を引き出す部分は，水が入らないように接着剤でしっかり防水します．ロボフィッシュの実装も同様の手順です.

今回は受電コイルを防水しませんでしたが，冒頭の実験から，受電コイルをビニールで覆う，接着剤やシリコン・ゴムでシールするなどの防水対策をすれば，効率がさらに改善できると思います.

6 ATAC方式RF電源の効果

WPTのRF電源にATAC方式を使うことで，次の効果を感じました.

(1) 受電回路の共振コンデンサによる同調がブロード
(2) 最悪受電ポイント(水槽中央)での電力減少が少ない
(3) 送電側の同調回路を一度調整すると，負荷フィッシュが1匹でも2匹でも，またどこに動いて行っても調整が不要

とくに(3)は，魚の数に応じて送電側消費電流が顕著に変化しており，効率の良さを体感できます.

7 ロボフィッシュのウェイクアップ方法

ロボフィッシュは，水に入れて約4分間動作した後

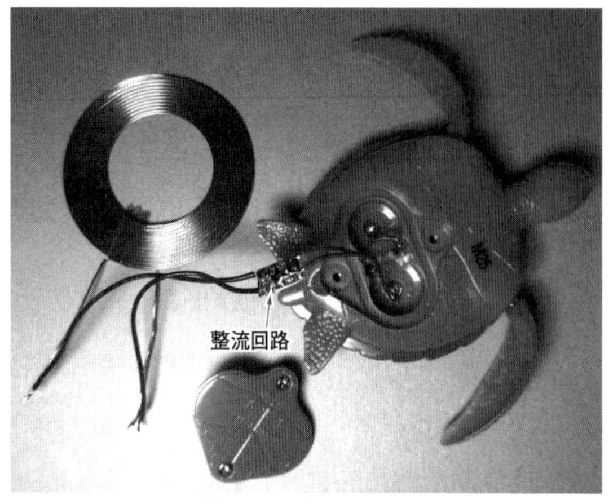

(a) 受電回路を組み込む

(b) コイルと接続線の取り出し方

〈写真8〉ロボタートルにWPT受電回路を組み込む

で自動スリープします．観賞用としては連続動作し続けて欲しいものです．

ロボフィッシュの動作パターンはいくつかあります．ゆっくり泳ぐ，速く泳ぐ，休む，たまにLEDを点滅させる，片手で泳いで旋回するなどとかなり複雑です．ロボフィッシュ内部のマイコンがこの動作を制御し，自動スリープもこのマイコンが制御しています．

自動スリープした際，RF電源をいったんOFFして再びONすると，ロボフィッシュがウェイクアップ(再起動)して動き出します．**図3**の回路に，**図13**のようなウェイクアップ回路を付加すると，いつまでも動き続けるようにできます．

ロボフィッシュがスリープする時間より十分短い時間，ここでは2分経過後，カウントダウン回路(74ACT74)の$\overline{\mathrm{CLR}}$端子を短時間(約5秒間)Lレベルにします．これにより，出力段のMOSFETがOFFとなり，ロボフィッシュへの電源供給が切断されます．ロボフィッシュの内部回路の電源ラインが十分放電するよう約5秒間待って，再び$\overline{\mathrm{CLR}}$端子をHレベルにして，RF電源をONします．これによりロボフィッシュが再起動し，スリープが解除されます．$\overline{\mathrm{CLR}}$端子の制御波形はマイコンで生成していますが，ロジック回路で作っても良いでしょう．

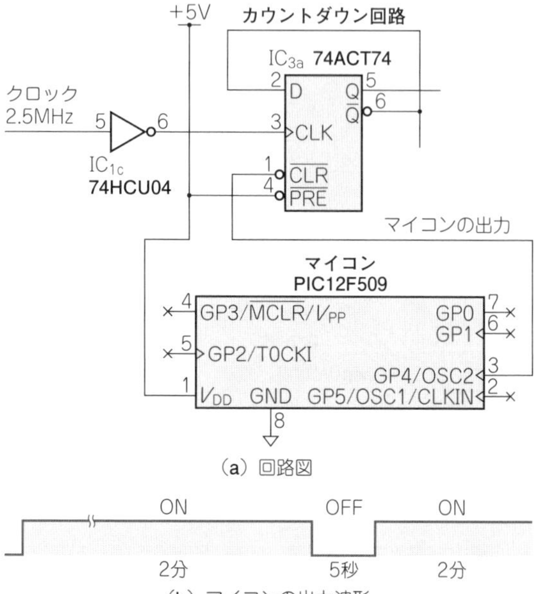

(a) 回路図

(b) マイコンの出力波形

〈図13〉RF電源に付加するロボフィッシュのウェイクアップ回路

8 おわりに

市販のロボフィッシュに，受電コイルと整流回路を取り付け，WPTにより水槽内を泳がすことができました．ATAC方式のRF電源を使うことで，負荷変動に強いシステムとすることができました．

ロボフィッシュの遊泳動作は，実際の魚にかなり近いので，生きているように見えて結構楽しめます．遊泳するようすは，RFワールドのウェブ・サイトでご覧いただけます．

◆ 参考文献 ◆

(1) 古川靖夫；「磁界結合型ワイヤレス給電の実用化に向けた新技術 "Air Tap"」，RFワールド，No.25，pp.54～62，CQ出版㈱，2014年2月．

(2) 畑 勝裕，居村岳広，堀 洋一；「磁界共振結合を使ったワイヤレス電力伝送におけるkQ積の簡易測定法」，信学技報，vol.116，no.398，WPT2016-43，pp.5～10，2017年1月．

(3) 大平 孝；「ワイヤレス電力伝送の10年」，RFワールドNo.40，pp.42～51，CQ出版㈱，2017年11月．

第 5 部
センサ/ディテクタの製作

第23章　10.525 GHzの安価なマイクロ波送受信モジュールNJR4178Jを応用

ドップラー・センサを使ったスピード・ガンの製作

製作したスピード・ガンの概要

マイクロ波は，電子レンジ，携帯電話などに幅広く利用されています.一般にマイクロ波の機材は高価で，入手も困難であり，基本的な実験ですら敬遠されがちです．そこで今回は入手が容易で，しかも安価なマイクロ波ドップラー・センサ・モジュールを利用して，数字と音で対象物の速度を表示できるスピード・ガン(**写真1**)を作ってみました.

マイクロ波を使ったスピード・ガンは、ドップラー効果を利用した速度計であり，野球のピッチャが投げる球速の測定，交通違反の取り締まりなどに使われています．このほか，液体の流速や，工場ラインの搬送速度監視など，産業分野にも広く使われています．しかし，いずれも非常に高価(数万～数十万円以上)であり，入手は容易ではありません．本稿は5,000円程度で製作できて，実用性のあるものを目指しました．とはいえ，本格的な測定器に代わるものではなく，ゴルフやテニスの素振り速度の測定や，工程の簡単な速度監視などに使うことを前提としています.

図1が製作したスピード・ガンの概要です．このドップラー・センサ・モジュール(以下，モジュール)には，送信機と受信機が組み込まれています．送信機から出た電波がボールなどの対象物に当たり，これが反射して同じモジュール内に組み込まれた受信機に入ります．モジュールの出力は，送信周波数と受信周波数の差の周波数を持った信号です.

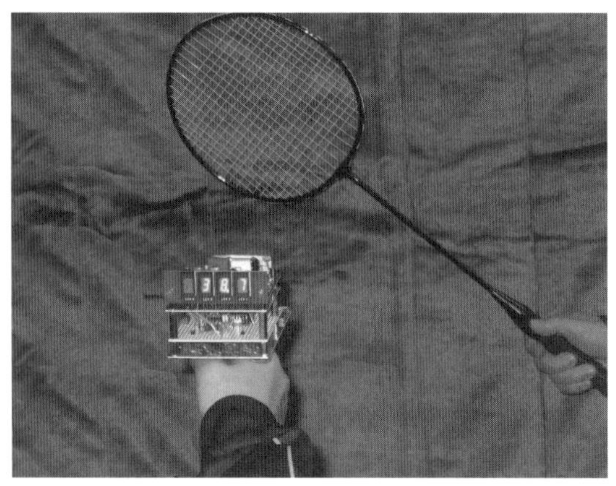

〈写真1〉バドミントン用ラケットの素振り速度を測定中の本機

対象物が動いていると，ドップラー効果により，その速度に比例して周波数が変わります．この信号を増幅してスピーカを鳴らせば，音の高さから速度を判別できます．また，周波数に比例した電圧に変換してテスタなどの電圧計に速度を表示しています.

ドップラー効果とは

近づいてくる救急車のサイレンは高い音で聞こえ，遠ざかると低く聞こえます．このような現象をドップラー効果と呼んでいます.

今，**図2**のように，動いている反射物X(ここではボール)のまえに，静止している波源S(周波数f_t Hz)があるとします．ボールが一定の速さv m/sでSの方に近づいているとき，ボールからの反射波の周波数f_r Hzは次のようにして求まります.

今，波の速度をc m/sとすると，点A_0で反射した波は，1秒後には距離c mだけ進んで点Bに到達します．その間にボールXは距離v mだけ進んで点Aにきます．したがって，反射した波はA～B間つまり距離$(c - v)$ mの間に押し縮められます．また，この1秒間に点A_0に達した波の数は,

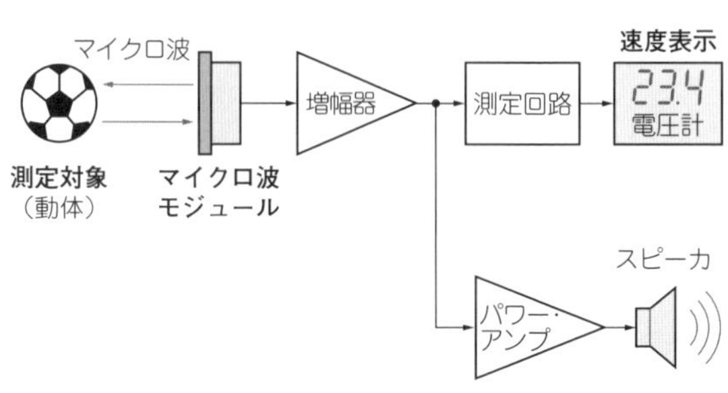

〈図1〉製作したスピード・ガンの構成(速度表示だけでなく，ドップラー・シフト音を聞くことができる)

$$f_A = \frac{f_t(c+v)}{c} \quad \cdots\cdots (1)$$

ですから，反射波の波長 λ_r は，

$$\lambda_r = \frac{c-v}{f_A} \quad \cdots\cdots (2)$$

と計算できます．以上から点Sにおける反射波の周波数 f_r は，

$$f_r = \frac{c}{\lambda_r} = f\frac{c+v}{c-v} \quad \cdots\cdots (3)$$

となります．周波数の変化分 f_d を計算すると，

$$f_d = f_r - f_t = \frac{2vf_t}{c-v} \quad \cdots\cdots (4)$$

ですが，$c \gg v$ ですから，

$$f_d = \frac{2vf_t}{c} \quad \cdots\cdots (5)$$

と近似できます．f_d は「ドップラー・シフト」と呼ばれます．例えば $v = 60$ km/h の場合は，$f_t = 10.525$ GHz，$c = 3 \times 10^8$ m/s ですから，

$$f_d = \frac{2 \times 60 \times 10^3 \times 10.525 \times 10^9}{60 \times 60 \times 3 \times 10^8} \fallingdotseq 1169 \text{ Hz}$$

となります．**図3** はこれをグラフにしたものです．

マイクロ波ドップラー・センサ・モジュールの概要

写真2 にモジュールの外観，**表1** に主な仕様を示します．これは自動ドアのセンサなどに応用されています．

右のプリント基板面にはマイクロストリップ・アンテナ(パッチ・アンテナ)のパターンが見えます．右が送信側，左が受信側です．各矩形パターンの長手方向の寸法が $\lambda/2$ です．発振周波数 $f = 10.525$ GHz の波長 λ [m] は，光速を $c = 3.0 \times 10^8$ m/s とすると，

$$\lambda = \frac{c}{f} = \frac{3.0 \times 10^8}{10.525 \times 10^9} \fallingdotseq 0.0285 \quad \cdots\cdots (6)$$

となって約 28.5 mm ですから $\lambda/2 = 14.2$ mm ですが，プリント基板の誘電率に応じた短縮効果により，実寸は約 11 mm となっています．

このパッチ・アンテナは，**図4** のようにパターン面に対して垂直方向に指向性があります．

図5 がモジュールの内部構成で，測定物からの反射波 f_0 と発振器 f_s の信号を混合し検波して，差の周波数 $f_s - f_0$ を出力します．なお，このモジュールは電波法の技術基準適合認証済みであり，免許申請などは

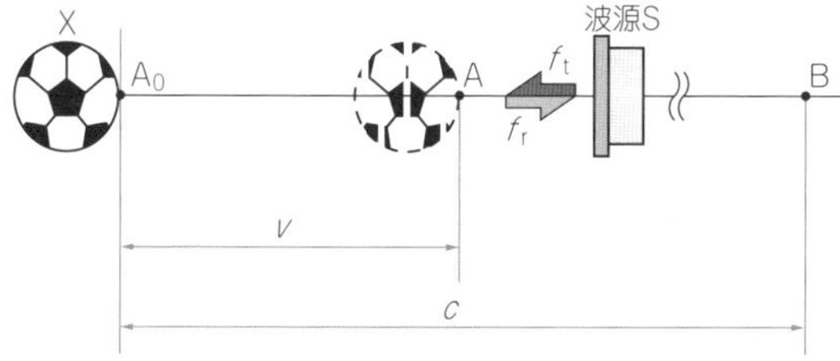

〈図2〉 反射物が動くときのドップラー効果

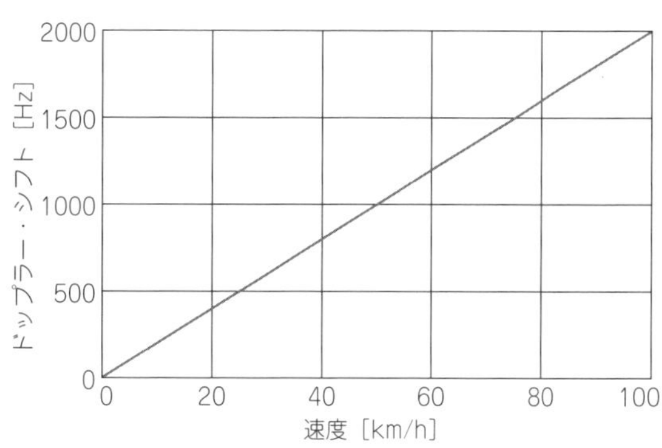

〈図3〉 物体の速度とドップラー・シフト

〈表1〉 NJR4178J の主な仕様

項　目	仕　様
中心周波数	10.525 GHz ± 5 MHz
出力	7m W
動作電圧	+ 5.0 ± 0.2 V
消費電流	30 mA_{typ}
使用条件	日本(屋内のみ)

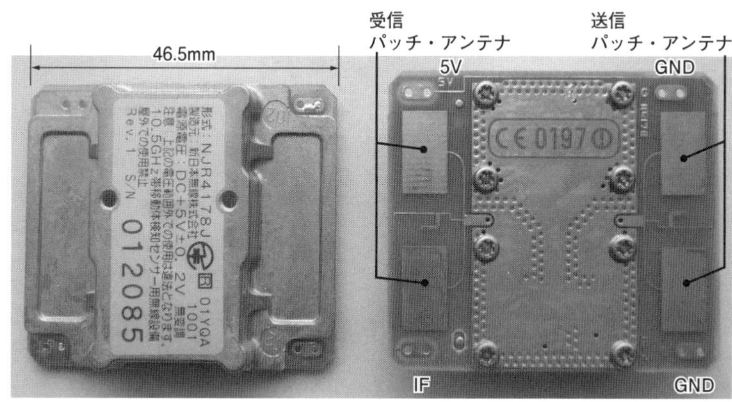

(a) 背面　　(b) 前面

〈写真2〉 マイクロ波ドップラー・センサ・モジュール NJR4178J ［新日本無線㈱］

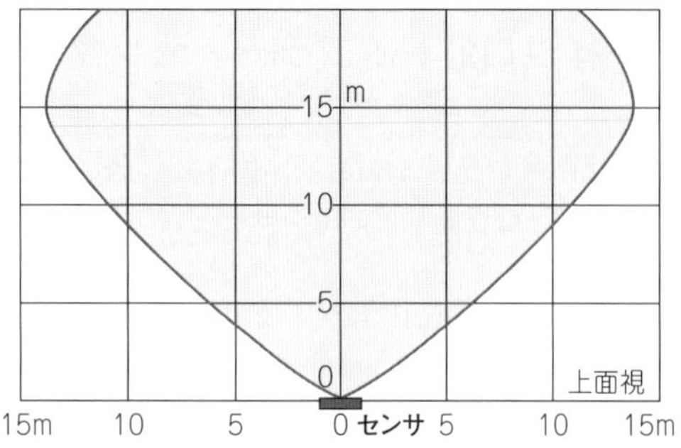

〈図4〉パッチ・アンテナの指向性(電界面が水平になるよう置いたときの検知エリア)

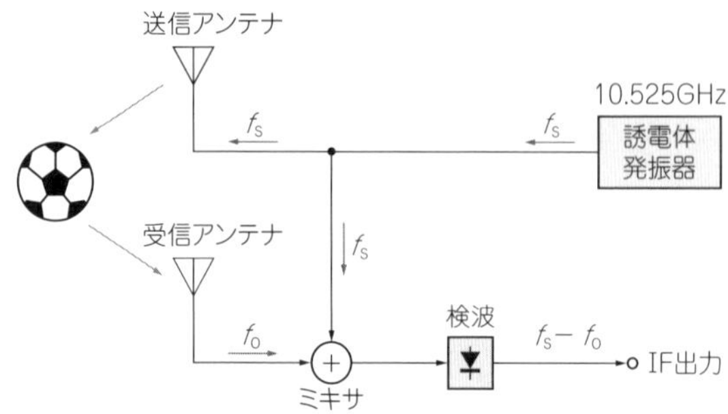

〈図5〉NJR4178J の内部構成

〈表2〉製作するスピード・ガンの仕様

項　目	仕　様
最大速度	100 km/s
感度	0.01 V/km/h
精度	± 5%
オーディオ出力	1 W (8 Ω)
電源電圧	+ 5.0 ± 0.2 V
消費電流	100 mA_{max}
使用条件	屋内(日本)

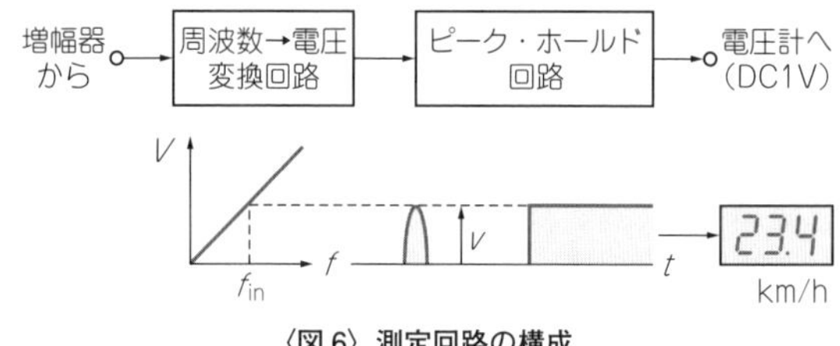

〈図6〉測定回路の構成

不要です．ただし，使用場所は屋内に限られるので注意してください．

総合仕様の決定

表2が製作するスピード・ガンの仕様です．モジュールが5 V 動作なので，ほかの回路もすべて5 V で動作するよう設計します．

速度表示には，アナログ・メータやディジタル電圧計(テスタでも良い)を使えるようにします．このとき100 km/h = 1.00 V のように対応させておけば，速度を直読できて便利です．音声出力は安価な直径10 cm ぐらいの小型スピーカを直接駆動できるようにしました．なお，圧電スピーカや小口径のスピーカは数百Hz の低音を十分に再生できないので不向きです．

+5 V(± 0.2 V)の DC 電源は，電池(6 ～ 12 V)を3端子レギュレータで降圧するか，AC/DC アダプタを別途準備します．消費電流は40 ～ 80 mA 程度です．このうちスピーカ・アンプが50 mA 以上消費します．

スピード・ガンの測定回路

測定回路は一般にマイコンやDSP などのディジタル回路で処理しますが，本機は精度が落ちるものの簡単で理解しやすいアナログ回路で構成します．

図6に構成を示します．モジュール出力を増幅した電圧が，周波数→電圧(f-V)変換回路によって周

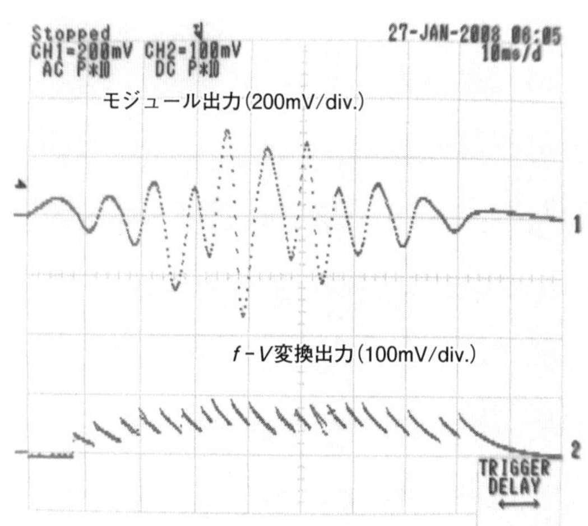

〈写真3〉モジュールのIF 出力波形とf-V 変換回路の出力波形(10 ms/div.)

波数に比例した電圧に変換されます．**写真3**にその波形を示します．下側の波形がf-V 変換回路の出力で，その最大値をピーク・ホールド回路により保持し，これを電圧計に表示します．

回路の説明

■ 全回路と実装方法

図7が全体の回路です．各ブロックは，それぞれIC やOP アンプで構成したのでわかりやすいと思います．

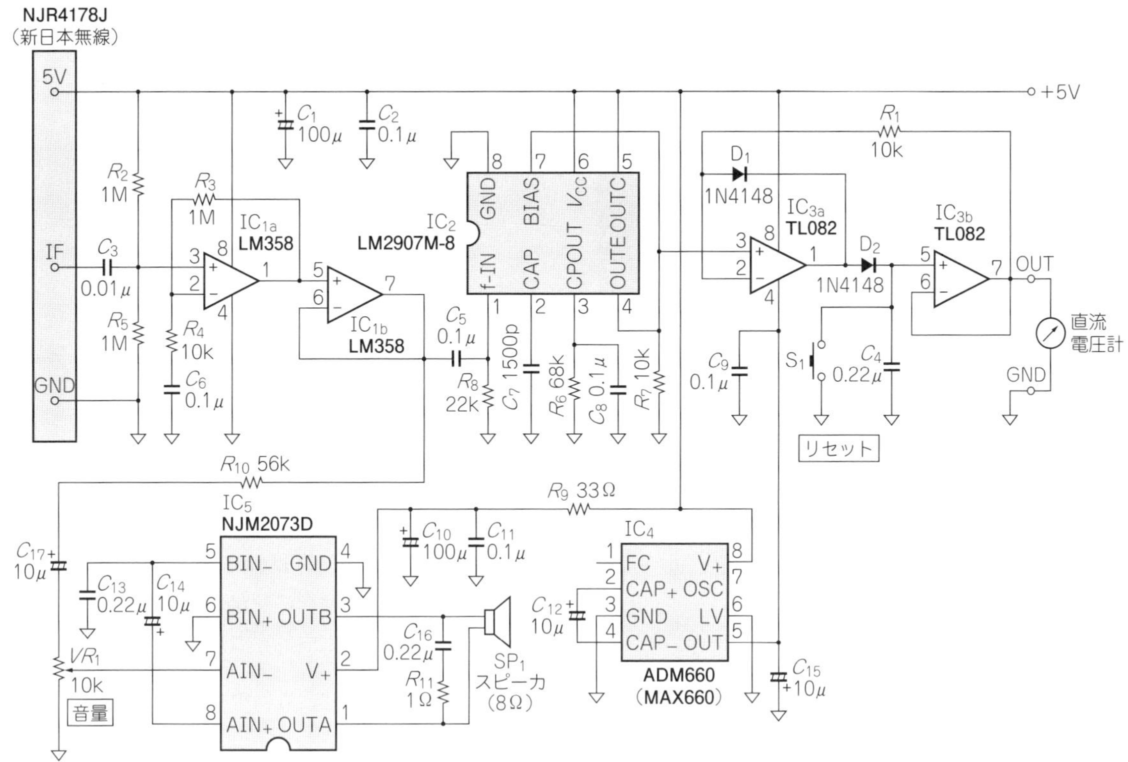

〈図7〉本機の全回路図

(a) 部品面

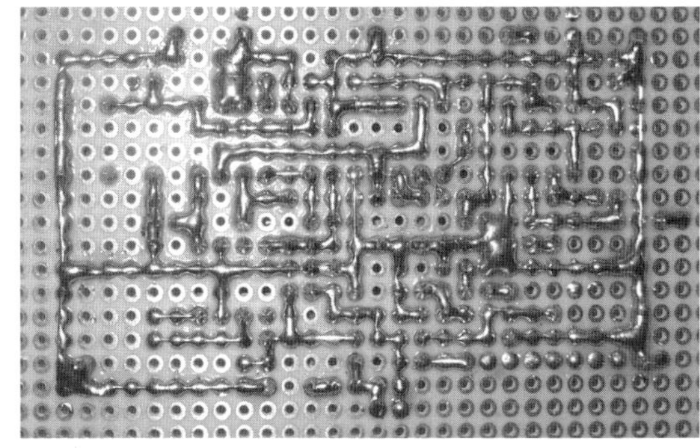

(b) 配線面

〈写真4〉基板上のようす

オーディオ・パワー・アンプのNJM2073Dは低電源電圧でも大きな出力が得られるBTL接続のICです．LM386N-4などの電源電圧5Vで動作可能な汎用オーディオ・パワー・アンプで代替可能です．

電源回路は図示していませんが，DC5±0.2Vの定電圧電源を接続してください．出力端子OUTにテスタや電圧計を接続すれば，速度が直読できます．1Vが100 km/hに対応します．

回路と配線は7×5cm程度の面積に納めることができます．今回は**写真4**(a)のように少し大きめのユニバーサル基板に組みました．裏面は**写真4**(b)のようにはんだパターンにすれば，きれいに仕上げることができます．**写真5**が完成したようすです．

以下，各部の回路動作を信号経路に沿って説明します．

IF信号増幅回路

IC_{1a}はモジュールのIF電圧をf-V変換回路に必要なレベルまで増幅します．増幅率は，R_3/R_4 = 100倍(40 dB)です．C_6は低域のゲインを下げるためにやや小さくしました．これは人の移動などの影響を低減させるためです．IC_{1b}は電圧ゲイン1のバッファ・ア

〈写真 5〉製作したスピード・ガンと周辺機器

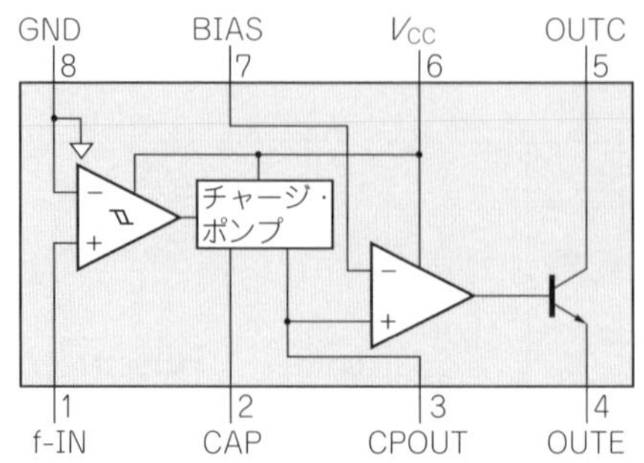

〈図 8〉f-V 変換 IC LM2907 の内部ブロック図

ンプで，IC_2 を低インピーダンスで駆動するためのものです．IC_1 は単電源(＋電圧だけ)で動作させているので，入力端子に電源電圧の半分のバイアス電圧をかけています．

■ f-V 変換回路

周波数-電圧変換にはナショナル・セミコンダクター社の LM2907 を使います．この IC は自動車のタコ・メータ(回転計)，ドゥエル・メータ(進角計)やスピード・メータ(速度計)をターゲットとしたものであるため，電源電圧 12 V で設計されていますが 5 V でも使えます．**図 8** がその内部構成です．

ピン 1 が入力端子で，正帰還のかかったフリップフロップを駆動するための差動アンプに接続されています．フリップフロップはピン 2 に接続されたコンデンサ C を充放電します．この動作はチャージ・ポンプと呼ばれており，入力周波数を DC 電流に変換できます．この電流はピン 3 に接続された抵抗 R により電圧に変換されます．変換式は次のようになります．

$$V_o = V_{CC} f_{in} CR \quad \cdots\cdots (7)$$

ただし V_o：出力電圧［V］, f_{in}：入力周波数［Hz］, V_{CC}：電源電圧［V］, C：ピン 2 のコンデンサ［F］, R：ピン 3 の抵抗［Ω］

これを使って 100 km/h で 1 V の出力を得るための C と R の値を求めてみましょう．100 km/h のときのドップラー・シフトは，式(5)から約 1949 Hz となります．$V_{CC} = 5$ V ですから，$C = 1500$ pF とすれば式(7)から，

$$R = \frac{V_o}{V_{CC} f_{in} C} = \frac{1}{5 \times 1949 \times 1500 \times 10^{-12}}$$
$$\fallingdotseq 68400 (68.4\ \mathrm{k\Omega})$$

したがって $C = 1500$ pF，$R = 68$ kΩ を使うことにします．f-V 変換のリニアリティは，仕様書によれば±0.3％であり，後述する 1 点校正でもかなりの精度が期待できそうです．**図 9** に上記 C，R 値とした場合の f-V 変換特性を示します．

■ ピーク・ホールド回路

f-V 変換回路の出力は，**写真 6** の上側に示すような山形の波形で，このピーク値が最大速度となります．

このピーク値を IC_3 (TL082)で構成したピーク・ホールド回路により下側の波形のように保持します．ゲインは 1 であり，ピーク値がそのままの値で保持されます．IC_4 (ADM660)は，IC_3 で必要な負電圧(－5 V)を作るためのものです．これがないと，ホールド・コンデンサ C_4 にわずかながら電流が流れ込み，ホールド電圧の精度が低下します．

ピーク・ホールド回路の電圧はそのまま電圧計に接続できます．測定前にはスイッチ S_1 を閉じてホールド・コンデンサを放電させ，表示を 0 にリセットします．

■ 部品の入手方法

表 3 に主要部品の入手先を示します．ドップラー・センサ・モジュール NJR4178J は，秋月電子通商㈱の「ドップラー動体検知キット」に同梱されているものを利用します．このキットは，室内の動体を検出して警報器などを駆動するものです．このキット本来の使い方ももちろん可能です．

IC_5 は生産中止品ですが，しばらく(1～2 年)は入

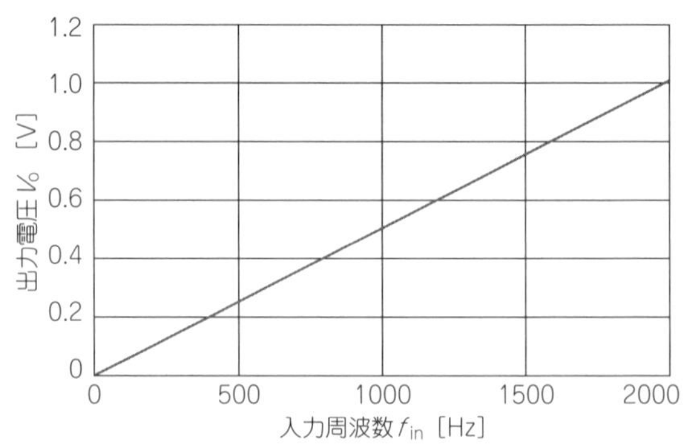

〈図 9〉f-V 変換特性(C＝1500 pF，R＝68 kΩ)

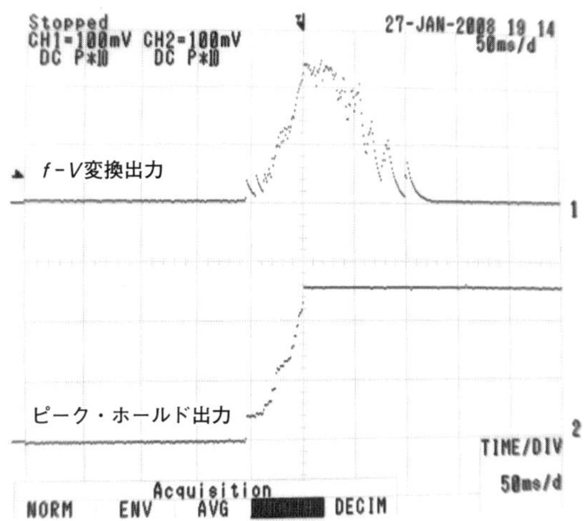

〈写真 6〉 f-V 変換回路とピーク・ホールド回路の出力 (50 ms/div., 100 mV/div.)

手可能と判断しました.

音叉(チューニング・フォーク)は, 500 円以下の安いものですから, ぜひ一緒に買い求めていただきたいと思います. ギターの調音に使う A 音(ドレミ…の「ラ」)のもので, 周波数は 440 Hz です.

音叉による校正方法

ドップラー・シフト周波数f_dを正確に測定できるならば, スピード・ガンの測定精度は, さらに向上します. 校正にはふつう音叉を使います.

図 10 のように, モジュールの前面 5～10 cm のところに音叉を置きます. するとモジュールの IF 出力からは音叉の振動周波数に等しい正弦波が出てきます.

ここで, この IF 周波数はマイクロ波の周波数には依存しないことに注目する必要があります.

この現象は, 前述のドップラー効果によるものではなく, 音叉に当たったマイクロ波が反射してモジュールに戻ったときに, 音叉の振動により位相差θが発生するためです. このθは音叉の振動数で変化するので, 自乗検波の特性により, IF 出力も同じ周波数で変化するのです.

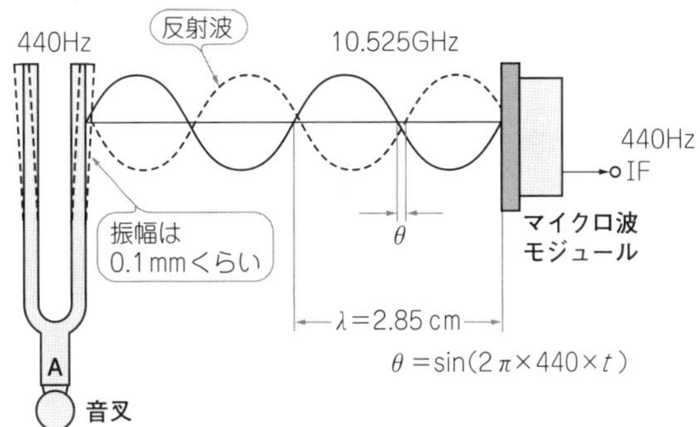

〈図 10〉 音叉による校正法

この方法により, スピード・ガンは音叉の周波数f_dに相当する速度,

$$v_r = \frac{f_d c}{2 f_t} \quad \cdots\cdots (8)$$

を表示しなければなりません.

本機では測定回路を無調整にしていますが, より精度を必要とする場合は, **図 11** のように校正用の可変抵抗器を追加します.

校正方法は次のとおりです. 音叉の周波数を 440 Hz とすると, これに相当する速度は, 式(8)から,

$$v_r = \frac{440 \times 3 \times 10^8}{2 \times 10.525 \times 10^9} \fallingdotseq 6.27 \text{ m/s}$$

です. 時速にすると 22.6 km/h となります.

したがって, 出力電圧が 0.226 V となれば良いわけで, 可変抵抗器を使ってこの値に合わせ込みます.

余談になりますが, 音叉の位置によって IF 出力が 0 になる場所があります. このようすを**図 12** に示します.

これは反射により定在波が立つ(**図 10** がその例)ときに, 振幅が最大になることを意味します.

〈表 3〉 主な部品の入手先など

部品名, 参照名	参照名	型名など	入手先
マイクロ波ドップラー・センサ・モジュール	–	NJR4178J	秋月電子通商「ドップラー動体検知キット」
OP アンプ	IC_1	LM358N	③④など
f-V コンバータ	IC_2	LM2907M-8	③④など
OP アンプ	IC_3	TL082D	③④など
DC-DC コンバータ	IC_4	ADM660 または MAX660	③④など
オーディオ・パワー・アンプ	IC_5	NJM2073D	②③④など
小信号用シリコン・ダイオード	D_1, D_2	1N4148	①③④など
スピーカ	–	8 Ω, 05～1 W, φ 80mm	②など
音叉	–	A 音, 440Hz	楽器店

注▶①秋月電子通商, ②千石電商, ③ Digi-Key, ④ RS コンポーネンツ

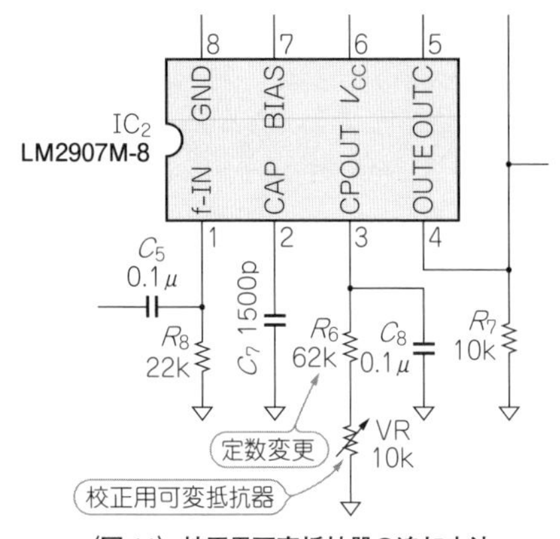

〈図 11〉 校正用可変抵抗器の追加方法

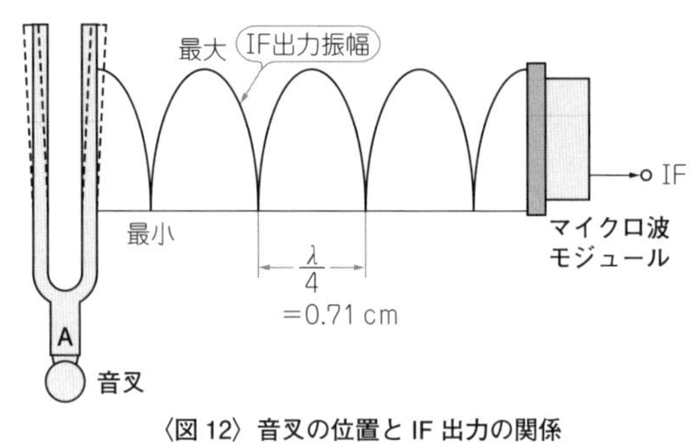

〈図 12〉 音叉の位置と IF 出力の関係

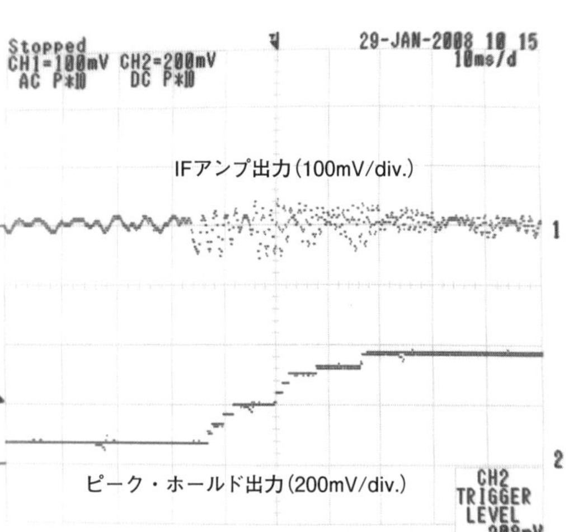

(a) ゴルフのスイング練習(7 番アイアン)

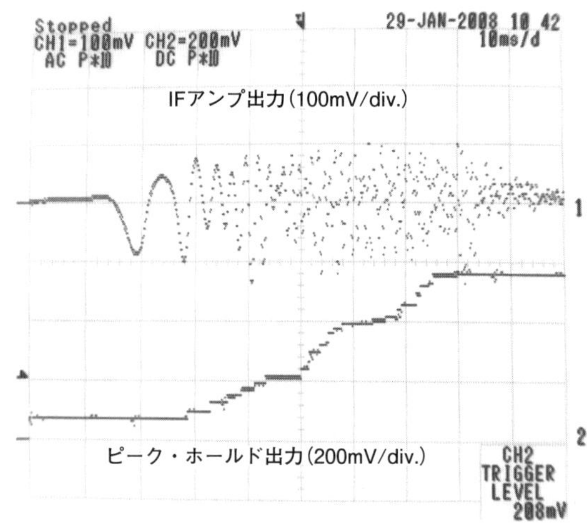

(b) バドミントン用ラケットの素振り

〈写真 7〉 スポーツ測定への応用例(10 ms/div.)

スポーツ測定への応用例

写真 7(a)は，スピード・ガンを床上 10 cm に設置し，センサから約 1.5 m 離れた点でゴルフ・クラブを軽くスイングしたときの波形です．最初のゆっくりした振り上げでいくらか出力がありますが，最大スイング(つまりボールの位置)で最高速度となるので，これを正確にホールドできています．このときのピーク・ホールド値は 182 mV，表示は 18.2 km/h です．

なお，測定基板を直接床に置くと，AC100 V の 50 Hz または 60 Hz のノイズ(ハム)を拾うので，金属板を GND に接続したものを下に敷いています．

写真 7(b)は，スピード・ガンを机の上に置いて，センサから 1 m の距離でバドミントンのラケットを軽く振った場合の波形です．ピーク・ホールド値は，280 mV，速度表示は 28.0 km/h でした．なお，全力で振った場合は 70 km/h 程度になります．

なお，本機は電波法の定めにより，室内でしか使うことはできないので，くれぐれもご注意ください．

◆参考文献◆

(1) X バンド(10 GHz)ドップラー・モジュール，NJR4178J 仕様書，2003 年，新日本無線(株).

(2) 多田政忠編；「物理学概説」，上巻，第 6 版 1966 年 4 月，学術図書出版社.

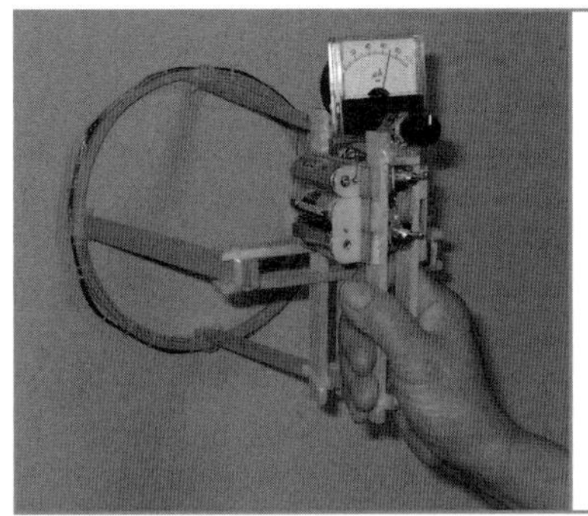

第24章　PLL-IC 74HC4046Aと ループ・コイルを使った 金属探知器の製作

はじめに

通信以外の分野でのRF信号の応用としては，医療機器，検査機器，探査機器など多くの分野があります．中でも古くから実用化されている装置の一つが金属探知機です．このうち，ループ・コイルと発振器を組み合わせたものは，歴史が古く数々の実例があります．

最近，外観からは金属かプラスチックかわからない材料を数多く見かけるようになりました．また，壁や天井の中の電気配線がどこを走っているのか，コンクリートの中に鉄骨が入っているのか，なども目で見ただけではわかりません．そんなときに金属探知機があれば，ある程度の判断ができます．

金属探知機は，探査範囲が狭いものであれば，**写真1**のように，簡単な回路製作と，ちょっとした工作で実現できます．

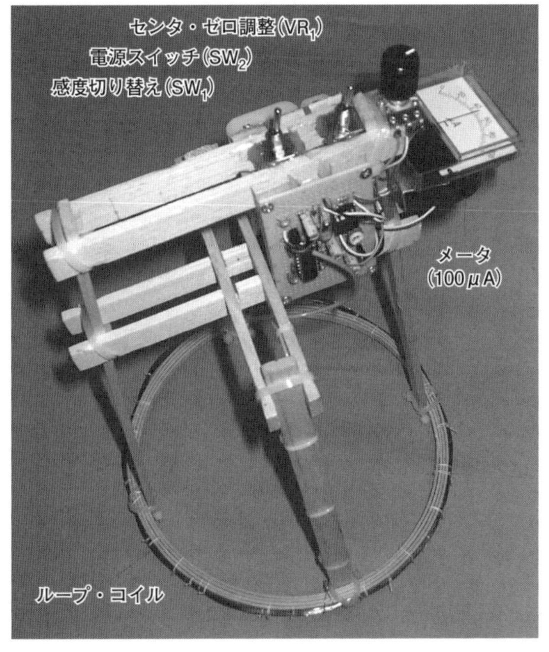

〈写真1〉製作した金属探知器の外観

製作した金属探知機の動作原理

コイルに高周波電流を流すと，周囲には**図1(a)**のような磁界が発生します．コイルに流れる電流をiA，コイルを横切る磁束数をΨ Wb(ウェーバー)とすれば，コイルのインダクタンスLHは，次式で表されます．

$$L=\frac{\Psi}{i} \cdots\cdots (1)$$

今，コイルの近くにアルミニウムや鉄のような金属があると，**図(b)**のように，金属表面に渦電流が発生します．少し難しくなりますが，マックスウェルの方程式から，渦電流を$\boldsymbol{J}$ Aとすると，

$$\mathrm{curl}\,\boldsymbol{J}=-\sigma\left(\frac{\partial \boldsymbol{B}}{\partial t}\right) \cdots\cdots (2)$$

が成り立ちます．ここで，σは導電率［S］，$\boldsymbol{B}$は磁束密度［$\mathrm{Wb/m^2}$］です．curl(カール) $\boldsymbol{J}$はベクトル$\boldsymbol{J}$の回転を意味し，rot $\boldsymbol{J}$または$\nabla\times\boldsymbol{J}$(ナブラ クロス)と書くこともあります．curlは$\boldsymbol{J}$の回転方向の微分演算子です．なお，太字はベクトルを表します．

この式の意味は，導電体中の磁束密度$\boldsymbol{B}$が時間的に変化すると，電磁誘導によって，磁束の回りに電界$\boldsymbol{E}$の渦curl $\boldsymbol{E}$が誘起され，回転電流$\boldsymbol{J}=\sigma\boldsymbol{E}$が流れるということです．

式(2)から渦電流$\boldsymbol{J}$の大きさは，磁束$\boldsymbol{B}$の時間的変化割合，つまり周波数f Hzに比例することがわかります．

渦電流は，磁束の変化を妨げる方向に流れるので，**図(b)**のように，磁束が打ち消されて，コイルを横切る磁束数Ψが減少します．したがって，式(1)からコイルのインダクタンスLが減少します．

次に**図(c)**のようにコイルの近くにフェライトのような強磁性体を置いた場合を考えます．フェライトは$Mn_2Fe_2O_4$のような絶縁体の磁性体粉末を焼結したものですから，渦電流は流れません．この場合の磁束密度$\boldsymbol{B}$ $\mathrm{Wb/m^2}$は，

$$\boldsymbol{B}=\mu\boldsymbol{H} \cdots\cdots (3)$$

と表されます．ここで，μは透磁率［H/m］，$\boldsymbol{H}$は磁

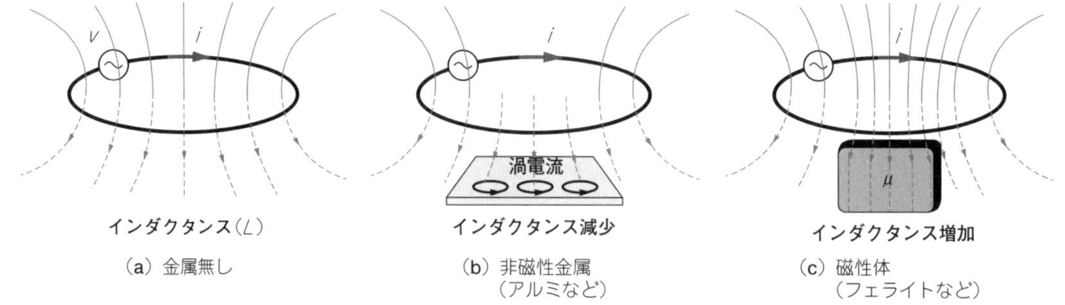

〈図1〉コイルのそばに金属を置いた時のインダクタンス変化

界［A/m］です．この式の意味は，磁界Hが一定でも，透磁率μが大きければ，磁束密度Bつまり磁束数Ψの密度が増加するということです．したがって，**図(c)**のように，磁性体内部の磁束数が増えて，結局コイルを横切る磁束数も増加します．式(1)から，これはインダクタンスLの増加となります．

このコイルを発振回路の共振インダクタンスLにすると，Lが減少すると周波数fが増大し，Lが増加すると周波数fが減少します．この関係は後出の式(4)の通りです．これがループ・コイルを使った金属探知機の動作原理です．

製作した回路の概要

図2が製作する金属探知機の回路です．回路は次の三つの部分から成ります．

① 発振回路　② PLL回路　③ メータ駆動回路

このほかに，電池の電圧を安定させるための電源回路があります．

金属探知機は持ち運んで使用することがほとんどですから，電源はアルカリ乾電池1.5 V × 3本の4.5 Vを LDO(Low DropOut)レギュレータによって3.3 Vに安定化することにします．LDOレギュレータとは入出力間の電位差が極めて低い(1 V以下)の定電圧レギュレータICのことです．

図3は使用したICのピン配置図です．

発振回路はコルピッツ型を使う

ループ・コイルを共振回路の一部とする場合，発振コイルが単巻きでタップが無く，一方がGNDにつながっているコルピッツ発振回路が適当です．コルピッツ発振回路の等価回路は**図4**のとおりです．

発振周波数は，C_1とC_2の直列容量をCとすれば，

$$f=\frac{1}{2\pi\sqrt{LC}} \cdots\cdots (4)$$

ただし，f：発振周波数［Hz］，L：インダクタンス［H］，C：キャパシタンス［F］

となります．本機は$L \fallingdotseq 0.45$ mHであり，$f = 110$ kHzとすれば，式(4)から$C \fallingdotseq 4700$ pFとなります．

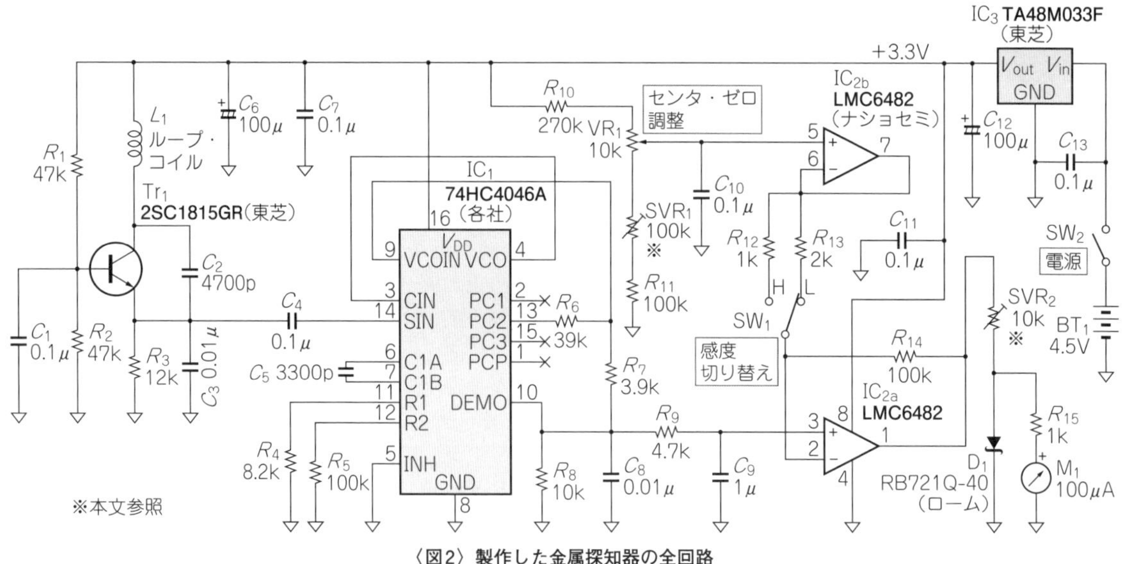

〈図2〉製作した金属探知器の全回路

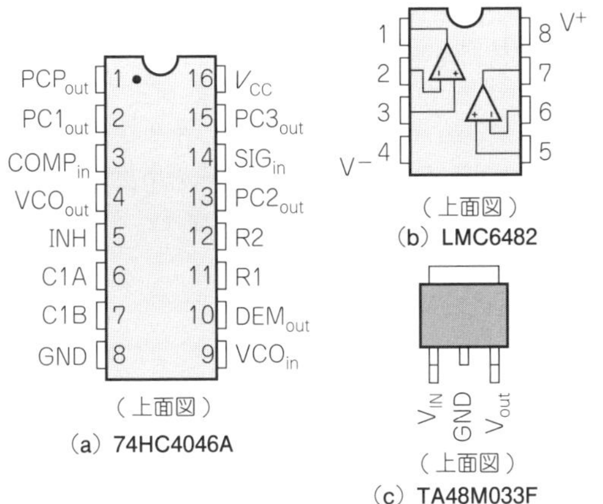

〈図3〉使用したICのピン配置図

本機のPLL回路について

周波数変化をPLLで検出する

本機の発振周波数は約110 kHzを想定しています．金属や磁性体の有無による周波数変化は数百Hzと少ないので，簡単な回路で高感度が得られるPLL(Phase Locked Loop)を使う方法が適しています．PLLは，**図5**のように，内部に発振器(電圧制御発振器，VCO)を持っており，外部からの入力信号の周波数と位相にロックします．全体が負帰還ループになっているので，誤差電圧は周波数のずれに比例します．この電圧でメータを振らせば，周波数のずれを検出できます．

PLLは，VCO出力を使う場合と，誤差出力を使う場合の2通りにわかれます．前者は周波数シンセサイザ(分周器を使用)，後者はFM復調回路(分周器なし)が代表的です．金属探知機では，周波数変化に対応する電圧が必要なので，後者に該当します．

PLLの難しさはループ・フィルタにある

PLLの定番ICは，NE565(Signetics社，現在はNXP社)が有名ですが，単電源では使いにくい，電源電圧が高い，消費電流が大きいなど電池動作にはやや不向きです．また，入手性もよくありません．そこで今回は，74HCシリーズの標準ロジック・ファミリに含まれるPLL-ICの74HC4046Aを使います．このICには**図5**のほとんどの回路が入っているので，配線すればすぐ動くように思えますが，そうはいきません．

PLL回路の難しさは，全体が帰還ループになっていることにあります．帰還というのは出力を入力に戻すことですから，下手をすると両者の位相が一致して発振器になりかねません．この発振器になるまでにどれくらいの許容度があるかを表すのが位相余裕です．

写真2は，このPLL-ICの各部の波形です．写真上が入力信号，中がVCO出力，下が位相比較器の出力です．74HC4046Aには三つの位相比較器がありますが，今回は，位相比較器II(PC2)を使いました．この場合，写真のように入力信号の立ち上がり位相を比較するので，VCO出力の位相は入力信号の位相と一致し，誤差電圧も立ち上がり部分で発生します．この誤差電圧はパルス状なので，VCOを制御するために平滑する必要があります．平滑回路は，抵抗とコンデンサによる積分回路が一般的ですが，周波数に対して位相が90°/oct.(オクターブ)で遅れるので，高周波で位相余裕が無くなり，発振して系が不安定になります．このとき症状としては，ロックが外れて大きな誤差電圧が発生します．

このため**図6**のようにC_2に直列抵抗R_4を入れた，

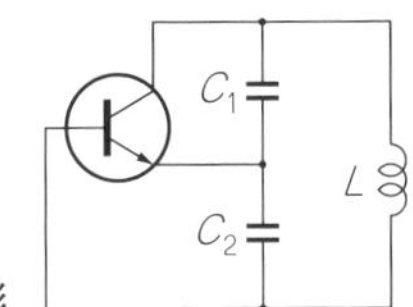

〈図4〉コルピッツ発振回路の原形

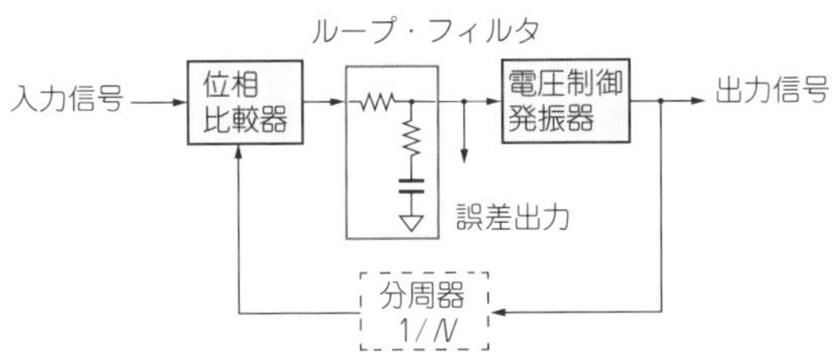

〈図5〉PLLの回路構成

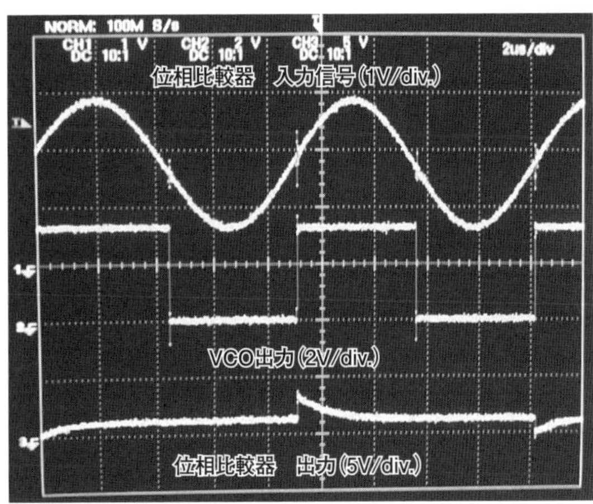

〈写真2〉PLL-IC各部の波形(発振周波数109.0 kHz，2 μs/div.)

入力 R_3 出力 R_4 C_2

$$R_4C_2=\frac{6N}{f_{max}}-\frac{N}{2\pi\Delta f}$$

$$(R_3+3000\Omega)C_2=\frac{100\,N\Delta f}{f_{max}^2}-R_4C_2$$

$$\Delta f=f_{max}-f_{min}$$

〈図6〉[1]ループ・フィルタの計算

ラグ・リード型ループ・フィルタを使います．ラグとは位相が遅れること，リードは進むことです．つまり，積分により遅れた位相を微分により取り戻すことのできるフィルタです．

● **ループ・フィルタを設計する**

では，ループ・フィルタの抵抗とコンデンサの値はどのようにして決めるのでしょうか．全体が帰還ループになっているので，この解を得るためには，入力信号，位相比較器，VCOを含めた系全体の特性を全部把握する必要があります．これがループ・フィルタの難しいところです．

この部分を一から解きほぐすと，PLLの本1冊の分量となりますが，幸いなことにICのデータ・シートには，その計算例が載っています．ここでは文献(1)に記された最も簡単にまとめられた式を使用しました．

図6において，Nは分周器の分周数で，今回は$N=1$です．f_{max}は入力周波数の最大値，f_{min}は最小値です．

今，$f_{max}=150\ \mathrm{kHz}$，$f_{min}=50\ \mathrm{kHz}$，$C_2=0.01\ \mu\mathrm{F}$とすると，

$$R_4C_2=\frac{6}{150\times10^3}-\frac{1}{2\pi\times100\times10^3}$$
$$\fallingdotseq 0.0384\times10^{-3}$$
$$(R_3+3000)C_2=\frac{100\times100\times10^3}{(150\times10^3)^2}-0.0384\times10^{-3}$$
$$\fallingdotseq 0.406\times10^{-3}$$

となり，結局$R_3=37600\ \Omega$，$R_4=3840\ \Omega$となります．**図2**では，それぞれ$R_6=39\ \mathrm{k\Omega}$，$R_7=3.9\ \mathrm{k\Omega}$を使いました．

■ メータ駆動回路

図7はPLLのf-V変換特性です．VCOの出力は$\Delta f=100\ \mathrm{Hz}$で1 mV程度のわずかな変化であり，このままではメータ(フルスケール100 μA)で読み取れるほどの変化になりません．そこでOPアンプにより50または100倍に増幅します．ゲインはスイッチSW_1で切り替えます．Lowで50，Highで100です．

OPアンプのバイアスをVR_1で変化させることで，100 μAのメータの中央50 μAが指示の中央(金属なし)になるようにしています．メータ感度はSVR_2で変えることができます．

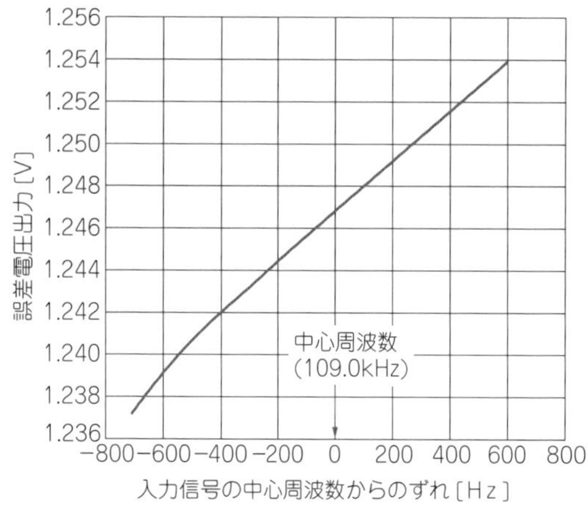

〈図7〉PLLのf-V変換特性

■ 調整

調整箇所はSVR_1，SVR_2，VR_1の三つです．

● **SVR_1**(100 kΩ半固定抵抗)

VR_1のセンタがメータ指示中央(50 μA)となるように調整します．通常さわる必要はありません．

● **SVR_2**(10 kΩ半固定抵抗)

メータ感度調整です．金属などを検知したときに，メータが振りきれる場合は，抵抗値を大きくして指示範囲内に納めます．また，SW_1の感度高(H)でもまだ感度が不足の場合には抵抗値を小さくします．これも通常さわる必要はありません．

● **VR_1**(10 kΩ可変抵抗器)

メータのセンタ調整です．測定のたびに，金属が近くにない状態でメータの針が50 μAになるように調整します．

作り方

■ ループ・コイルの作り方

図8のようにエナメル線を直径22 cmの巻き枠に32回巻きます．

① まず，台所からφ22 cm程度のプラスチックの容器を探します．私はお米をとぐ容器を利用しました．この周囲に銅線(φ0.5 mm)を32回巻きます．

② 次に，巻いた銅線を滑らせて外します．セロハン・テープで仮り留めしておけば，もつれません．

③ 別に，竹ひごを円形に巻いた枠(φ22 cm)を準備し

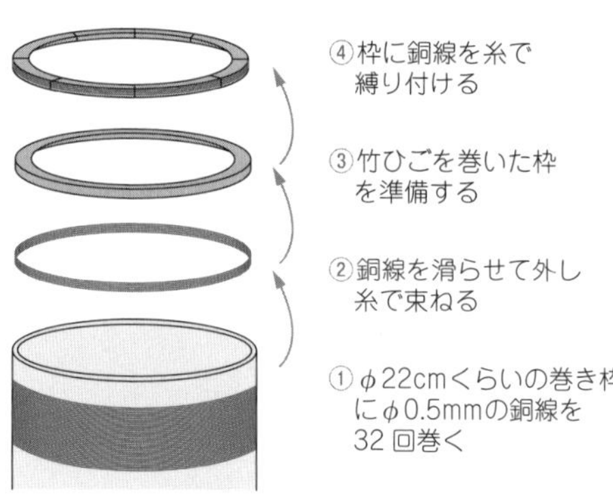

〈図8〉ループ・コイルの作り方

ます．100円ショップで売っている園芸用の竹支柱(つる植物をらせん状に伸ばすときの支え)が適当です．

④ 最後に，銅線の束をこの巻き枠に縛り付けて完成です．

■ キャリー・ハンドルの作り方

コイルと回路，電池を固定して，全体を手で持つことができるような構造(先の**写真1**)が必要です．

① バルサ材(5 mm厚，15 mm幅，長さ900 mm)を3本用意します．

② 30 cm × 4本に切って，コイル固定用のアームにします．

③ 17 cm × 4本で，上部中央の固定枠を作ります．

④ 15 cm × 2本でハンドルを作ります．

■ 回路基板の製作

回路は**写真3**のように，ユニバーサル基板を使って実装しました．

各回路ブロックの電源とグラウンドをはっきり分離できるように部品を配置します．**図9**に配線パターンを示します．

〈写真3〉金属探知器の回路基板

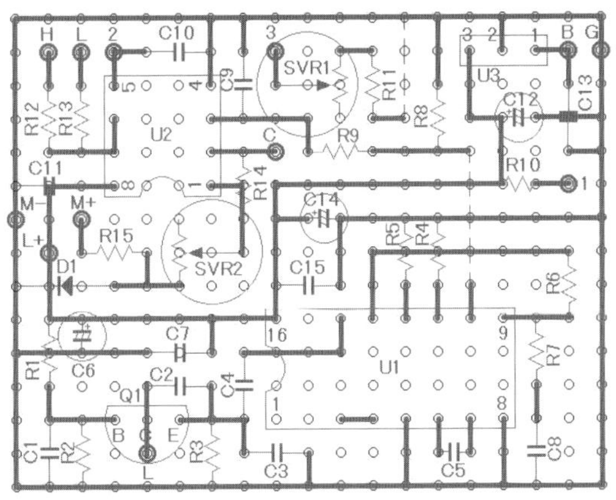

〈図9〉回路基板の部品配置と配線パターン(部品面からの透視図)

使い方

■ 種々の金属による反応を調べる

周りに金属のないところで，SW_1をL側にして，電源スイッチSW_2を入れます．VR_1によりメータ指示をゼロ点(メータの50 μA)に合わせます．

写真4は，コイルの近くにアルミニウム板を置いた場合です．メータは右側に振れており，共振周波数が上昇したことがわかります．メータが振りきれるようなら，半固定抵抗SVR_2で減衰させ，指示が小さいようならば，スイッチSW_1をH側にするか，SVR_2で感度を上げます．鉄でも同じ結果が得られます．

写真5はフェライトの場合で，メータが左に振れて，

〈写真4〉アルミニウム板ではメータが右に振れる(このとき発振周波数は109.6 kHz)

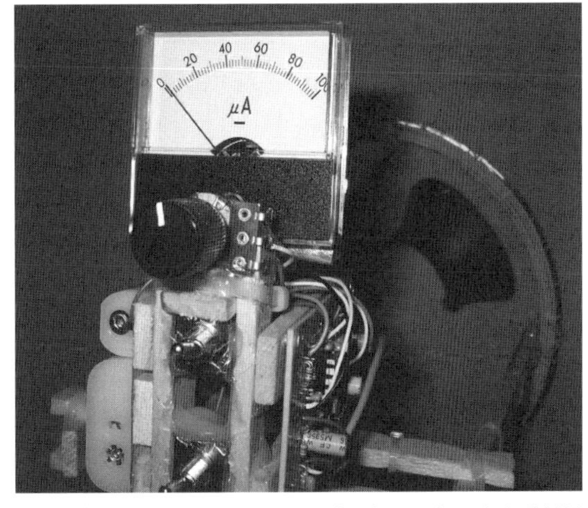

〈写真5〉フェライトではメータが左に振れる(このとき発振周波数は108.3 kHz)

周波数が下がったことがわかります．このフェライトはブラウン管式テレビの偏向コイルの磁芯に使われていたものです．バー・アンテナのフェライト棒で代用できます．

■ 壁の中に埋設された電線を探知する

写真6のように壁にコイルを当てると，屋内配線がある部分はメータが右に振れます．AC100 Vが入ったままでも電源周波数の影響はないようです．土壁よりはベニヤ壁の方が振れは大きく，電線との距離が離れると急激に感度が落ちます．壁に釘を打つときなどに，電線を避けることができて便利です．

この金属探知機の感度は対象物から約20 cm以下で，そんなに高くはありません．また，PLL-ICの動作点が温度とともに変化するので，測定の際には必ずセンタ調整を行い，測定中でも時間的なドリフトがあれば，その都度メータのセンタ調整をする必要があります．

おわりに

金属探知機は「宝探し」を連想させ，作っても使っても面白いものです．風呂のふたや，園芸用のパイプなど，一見プラスチックに見えるものが金属だったり，窓ガラスに金属が含まれていることがあるなど新しい発見がありました．1台置いておけば，きっと役立つ時があると思います．

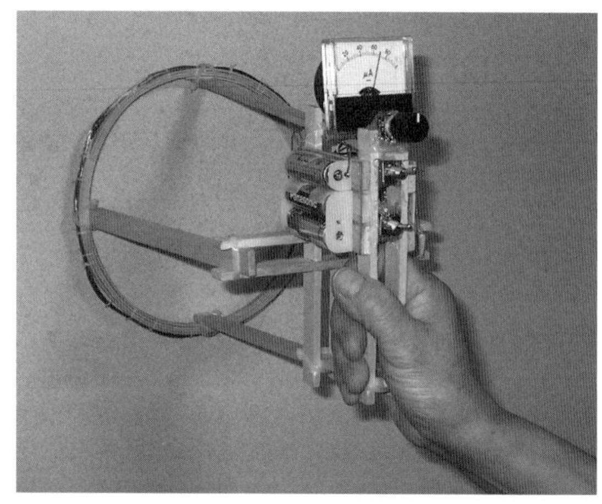

〈写真6〉壁の中に埋設された電線の位置を調べる

◆参考文献◆

(1) Phase Locked Loop MC14046B, ON Semiconductor.
http://www.onsemi.jp/pub_link/Collateral/MC14046B-D.PDF

(2) Signetics; PLL Application Note, pp.68～69, 1972.
http://bitsavers.org/pdf/signetics/_dataBooks/1972_Signetics_PLL_Applications.pdf

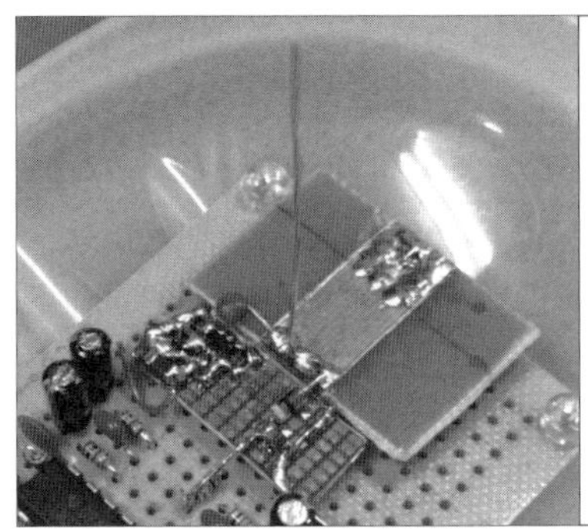

第25章　マイクロストリップライン共振器を使った UHF帯ドップラー動体センサの製作

人や物の動きを検出するセンサ

反射波のドップラー効果を利用する

人間や動物のわずかな動きを検出するセンサは「動体センサ」「人感センサ」「近接センサ」などと呼ばれています．動作原理としては，赤外線を検出する焦電センサを使ったものが広く普及していますが，このほかに電波の反射に伴うドップラー効果を利用したものがあります．電波の場合はUHF帯からセンチメートル波の周波数を選ぶと比較的良い結果が得られます．

しかし，周波数が1 GHz以上に及ぶので，高周波回路の設計や実装が少々難しくなります．また，汎用オシロスコープでは発振波形を見ることすらできず，専用測定器がないと正確な発振周波数もわかりません．

一方，GHz帯になると波長が短いので，マイクロストリップラインや同軸ケーブルを共振器として使うことができるようになります．形状が単純で，寸法も数cm程度ですから作りやすく，設計図と同じ寸法にすれば，ほぼ同じ周波数の発振器を作ることができます．

そこで，今回はマイクロストリップライン共振器とトランジスタで発振回路を構成し，これを使ってドップラー動体センサ(**写真1**)を作ってみます．

極超短波の世界は，波長の長い中波や短波の世界から見れば，ミニアチュアの箱庭のようなものです．共振器やアンテナが小さく作れるので，工作がしやすく，考えようによっては親しみやすい分野でしょう．

ドップラー効果

ドップラー効果は，通り過ぎる救急車のサイレンの音程変化で身近に体験します．救急車が近づいてくるときは高く聞こえ，遠ざかるときは低く聞こえます．電波も同様で，観測者から物体が遠ざかる場合，電波の波長は伸び，近づく場合は縮まるように観測されます．つまり，対象物が動くと反射波の波長が変化してみえます．ドップラー効果は，野球のピッチャーが投げるボールの球速測定や，スピード違反の取り締まりにも使われています．

今，**図1**のように発振周波数f_tの静止した発信源Gがあって，物体Aが速度vで発信源Gへ近づく場合，物体Aから反射して戻ってくる信号の周波数f_rは次式で表されます．

$$f_r = \frac{c+v}{c-v} f_t \quad \cdots\cdots (1)$$

ただし，f_t：信号源の周波数［Hz］，f_r：反射波の周波数［Hz］，v：物体Aの速度［m/s］，c：電波の速度(3×10^8)［m/s］

f_rとf_tの差の周波数f_dは，次式で表されます．

$$f_d = f_r - f_t = \frac{2vf_t}{c-v} \quad \cdots\cdots (2)$$

ここで$c \gg v$ですから式(2)は，

$$f_d \fallingdotseq \frac{2vf_t}{c} \quad \cdots\cdots (3)$$

と表せます．f_dは「ドップラー・シフト」と呼ばれます．たとえばf_t = 1.6 GHz，v = 3 m/sのとき，

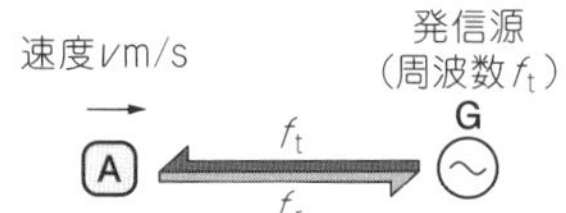

〈図1〉物体Aが速度vで発信源Gへ近づく場合

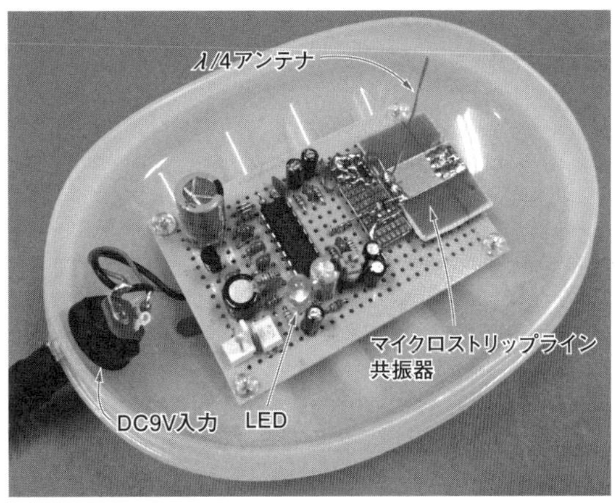

〈写真1〉製作したドップラー動体センサ(近くに動く物体があるとLEDが点滅する)

$$f_{\rm d} \fallingdotseq \frac{2\times 3\times 1.6\times 10^{9}}{3\times 10^{8}} \fallingdotseq 32\ {\rm Hz} \cdots\cdots\cdots\cdots (4)$$

となって32 Hzです．3 m/sの動きは，時速にして約11kmです．**図2**に物体の速度とドップラー・シフトの関係を示しました．この低周波の信号を検波して増幅すれば，動く物体を検出することができます．後述しますが，本機は誤動作を防止するため，おおむね5 m/sを超えるような早い動きには応答しないように特性を制限しています．また動作原理上，1 m/s未満の非常にゆっくりした動きには応答しません．

なお，波長の変化割合は，対象物の動きが電波の波長に対して同程度の場合に顕著となります．数MHzの電波では波長が数百mと長いので，人間や動物のような遅い動きは検出できません．これに対して，波長が数十cm以下のUHF帯やセンチメートル波であれば，数cmのわずかな動きも検出できるようになり，侵入者などの動体検出に使えます．

■ マイクロストリップライン共振器

● マイクロストリップラインについて

伝送線路に導電性のストリップ(帯)を使った，**図3**のような形状をした線路を「マイクロストリップライン」といいます．

マイクロストリップラインの特性インピーダンスは近似的に次の式で表されます．[3]

$$Z_0 = \frac{42.4}{\sqrt{\varepsilon_r+1}} \ln\left[1+\frac{4h}{W}\left\{\frac{14+\frac{8}{\varepsilon_r}}{11}\cdot\frac{4h}{W}+\sqrt{\left(\frac{14+\frac{8}{\varepsilon_r}}{11}\right)^2\left(\frac{4h}{W}\right)^2+\frac{1+\frac{1}{\varepsilon_r}}{2}\pi^2}\right\}\right] \cdots\cdots (5)$$

ここで，ε_r：誘電体の比誘電率，W：導体の幅［m］，h：誘電体の厚さ［m］

なお，より正確には，導体の厚さtを考慮し，Wに次式で決まるΔWを加える必要があります．今回の構成ではWに比べて2桁小さな値となるので，この項は無視しました．

$$\Delta W = \frac{t}{\pi}\left[\ln\frac{4e}{\sqrt{\left(\frac{t}{h}\right)^2+\left\{\frac{1}{\pi\left(\frac{W}{t}+1.1\right)}\right\}^2}}\right]\left(\frac{1+\frac{1}{\varepsilon_r}}{2}\right) \cdots\cdots (6)$$

● マイクロストリップラインによる λ/4共振器

本機はマイクロストリップラインを共振器として使うので，**図4**のように少なくとも信号の接続点とGNDが必要です．このような構造を「スタブ」といい，実際は**図5**のような構造になります．

一端をGNDとするために，スルーホールで下側導体に接続します．**図5**はスルーホールを含む立体構造になっており，理想的な形状ではありません．そこで，スルーホールをできるだけ多数設けて**図4**と等価に近

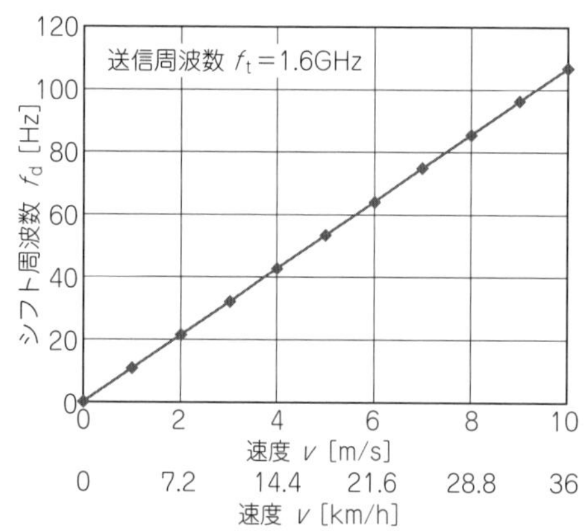

〈図2〉速度に対するドップラー・シフト量(f＝1.6 GHz)

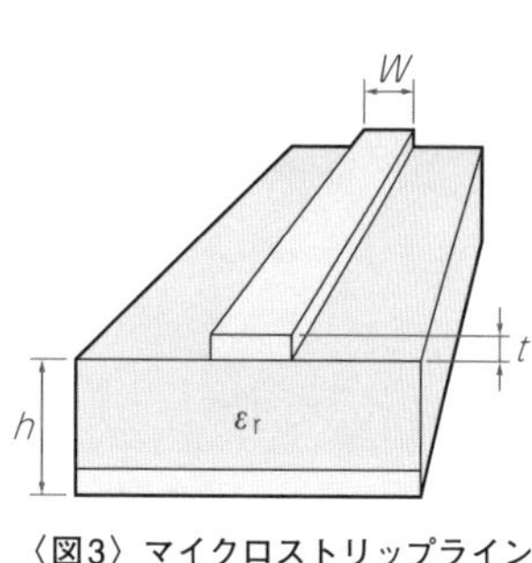

〈図3〉マイクロストリップライン

接続点
マイクロストリップライン
GND

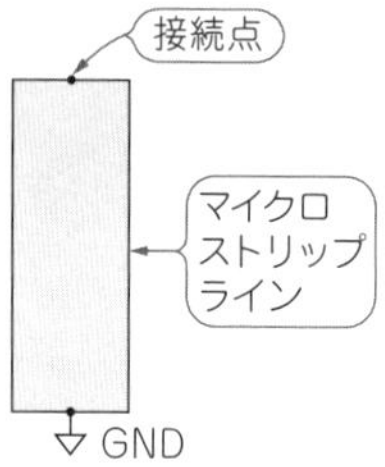

〈図4〉マイクロストリップラインによるスタブの記号

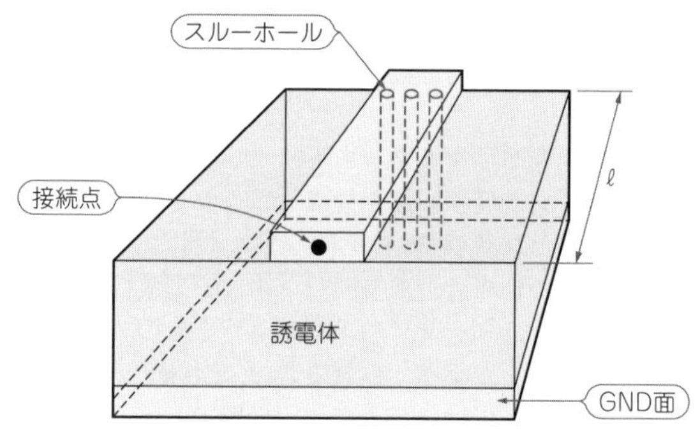

〈図5〉マイクロストリップライン共振器の構造

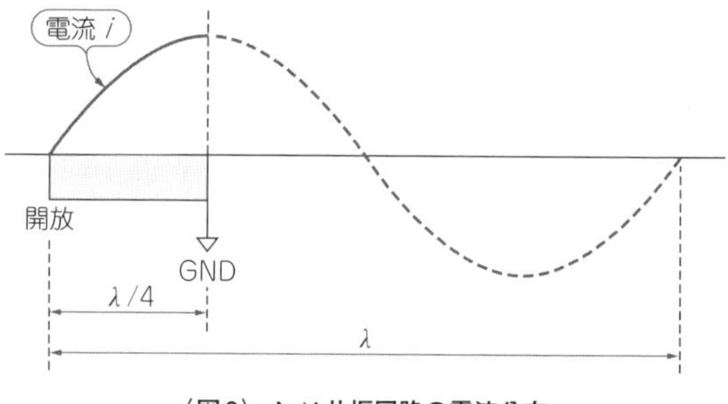

〈図6〉λ/4共振回路の電流分布

づけます．これを図6のような$\lambda/4$型共振回路として使います．

$\lambda/4$型共振回路の長さℓは，次式[2]で計算できます．

$$\ell = \frac{\lambda_0}{2\pi}\tan^{-1}\frac{1}{Z_0\omega C} \cdots\cdots (7)$$

ここで，λ_0：真空中の波長[m]，ω：角周波数（$=2\pi f$）[rad/s]

なお，cを光の速さ（3×10^8 m/s）とするとき$f=c/\lambda_0$の関係があります．Z_0は式(5)で求まる特性インピーダンス，Cは浮遊容量を含む並列容量です．

ただし，この式で求まるのは真空中での長さです．マイクロストリップラインで形成した場合は，誘電体の影響によって実際の長さは短くなります．

■ 製作と組み立て

● マイクロストリップライン共振器の計算

最初に共振器の長さℓを求めます．マイクロストリップラインの特性インピーダンスを式(5)を使って計算します．

比誘電率ε_rは手持ちのガラス・エポキシ両面基板を3×9 cmに切り出して平行平板コンデンサを形成し，それにコイルを並列接続して，数十MHzに共振させて求めたところ$\varepsilon_r \doteqdot 4.67$を得ました．これは一般的なガラス・エポキシ基板(FR-4)の公称比誘電率(4.73)とほぼ一致します．

手持ちの基板は実測で$h=1.5$ mmでした．便宜的に$W=9$ mmとし，式(5)から特性インピーダンスZ_0を求めます．このとき先に求めた比誘電率ε_rを使いたいところですが，マイクロストリップラインでは平行平板コンデンサと違って実効的な誘電率はε_rより低下します．そこでε_rの代わりに実効誘電率$\varepsilon_{r(eff)}=3.5$を使って計算します．

先の式(1)に$h=1.5$ mm，$W=9$ mm，$\varepsilon_r=3.5$を代入すると，$Z_0 \doteqdot 25\,\Omega$となります．共振周波数$f=1.6$ GHz（$\lambda=0.1875$m），$C=8$pFとすれば，式(3)から，長さ$\ell=1.38$ cmとなります．8pFの内訳は次のように見積った結果です．

- ベース-コレクタ間容量：2pF
- マイクロストリップライン容量：2pF（計算値）
- ダイオード容量：2pF
- 浮遊容量：2pF

● マイクロストリップライン共振器の製作

製作する共振器の寸法を図7に示します．ガラス・エポキシ両面基板（公称厚さ1.6 mm）を図示した外形寸法で切り出し，ストリップラインの部分をカッタを使って銅箔のみ切断します．次にマイクロニッパで銅箔の端（隅の部分）をつかみ，剥（は）がして行きます．途中で切れないようにゆっくり作業します．

次に，スルーホール穴を空けます．ϕ1 mm程度のドリルで図のように9か所空けます．ここにϕ0.8 mmくらいの錫めっき線を通し両側をはんだ付けします．ストリップラインの開放端とGNDの間は上の計算から13.8 mmですが，わずか短めの13 mmとしました．このスルーホール部分は完全なGNDではないので，端部で完全に電流が0とならず，このため共振器の実効長が少し長くなると思われるからです．

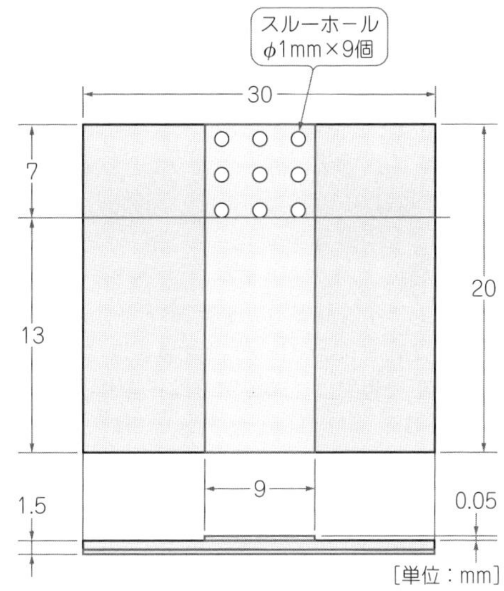

〈図7〉マイクロストリップライン共振器の寸法

● RF部（発振／検波回路）の製作

図8に全体の回路を示します．図9は主なICなどのピン配置図です．発振回路は左端のTr_1の部分です．共振回路はL_1で，ここにアンテナを接続します．共振周波数の計算は前述したとおりです．

この回路は，コレクタ接地型のコルピッツ発振回路で，帰還はベース-エミッタ間容量を利用しています．エミッタに接続したC_1(2pF)は，発振回路の一部を形成していますが，C_4は単なるカップリング・コンデンサです．

RF部の部品配置を図10に示します．基板は1.25 mmピッチのガラス・エポキシ基板が適当です．原則として面実装部品を使います．リード付き部品はリード線のインピーダンスが無視できないので適しません．ダイオードD_1は手持ちの面実装部品で適当なものが無く，やむを得ずリード部品としました．また，コンデンサC_4も共振器とのブリッジ部分なので，強度面からリード部品にしました．この場合は，リードをできるだけ短くカットします．

アンテナはϕ0.6 mm程度の錫めっき線を垂直に立てます．長さは$\lambda/4$に波長短縮率0.9を掛けた値としました．$f=1.6$ GHz（$\lambda=18.75$ cm）の場合，

$$\lambda/4\times0.9=(18.75/4)\times0.9 \doteqdot 4.2\ \text{cm}$$

となります．

写真2は実装例です．配線が最短距離になるように配置し，はんだパターンで接続します．電源回路に10 μFのセラミック・コンデンサを付けていますが，発振防止にとくに効果は無かったので，回路図では外しています．試作中の写真なので，回路図にない部品が写っているものがあります．

写真3は発振スペクトルです．スペアナに9 cmのロッド・アンテナを接続し，距離30 cmで測定しました．発振周波数は1.57 GHzで，設計値とほぼ同じです．これ以外の不要輻射はこの範囲では見られません．

電源入力のC_{19}が1000 μFと大きいのは，ゆっくりした電圧変動に弱いためで，その対策です．

● 微弱電波だが法的な規制は厳しい

この周波数領域を使う微弱無線局に関して，電波法では**図11**のように電界強度を厳しく規制しています．試作機の発振周波数は約1.6 GHzであり，322 MHz～10 GHzの範囲では3 mの距離で35 μV/m以下と定め

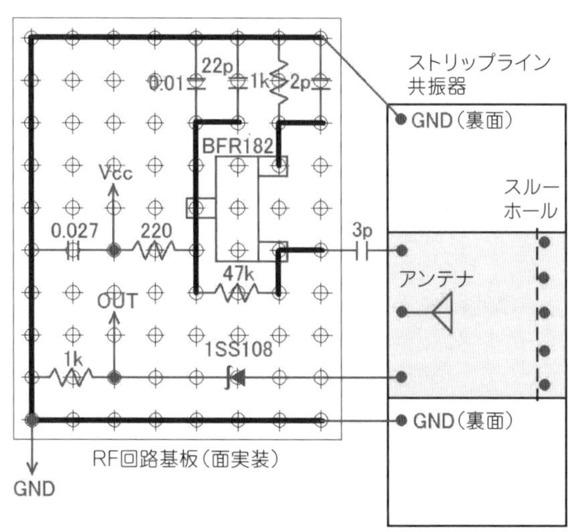

〈図10〉RF部(発振/検波回路)の部品配置および配線パターン図
(部品面からの透視図)

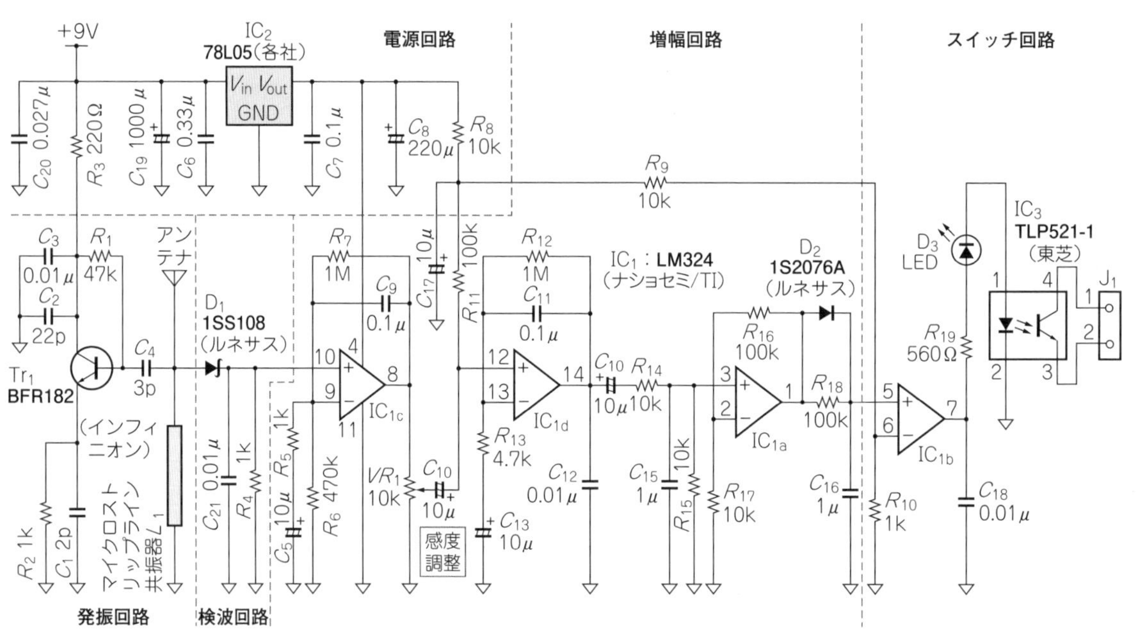

〈図8〉ドップラー動体センサの全回路

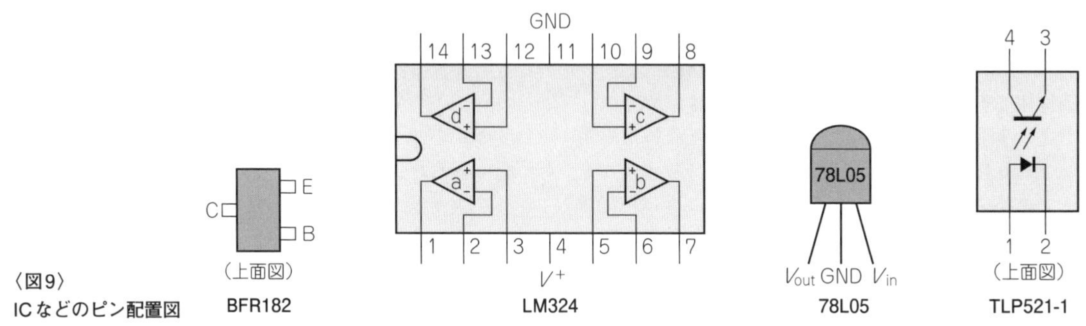

〈図9〉
ICなどのピン配置図

られています．この回路の場合，効率を考慮すると出力は微弱でしょう．スペアナによる観測では3mの距離では検知限界(約－70 dBm)以下であり，ディップ・メータなどの試験用発振器程度です．法的には問題ないと思いますが，室内で使用するなどして，できるだけ他の機器に影響のないようにしましょう．

● **低周波増幅回路の製作**

ダイオードD_1で検波した信号は，対象物の動きに伴う1～100 Hz程度の低い周波数成分です．この周波数範囲には商用電源50 Hzまたは60 Hzの妨害(ハム)があります．本機ではトラップ回路のようなハム対策は施していませんから，設置場所は電源配線から離した方が良いです．信号のレベルは100 μV以下の極めて小さな信号です．初段IC_{1c}で60 dB，2段目IC_{1d}で46 dB，3段目IC_{1a}で20 dB増幅しています．電圧増幅率は，合計120 dB強となります．C_9とC_{11}により高域をカットし，C_5とC_{13}により低域をカットしています．－3 dBとなる通過域は実測で初段が0.2～61 Hz，2段目は0.9～6 Hzでした．

図12は部品面から見た部品配置と配線パターン，**写真4**は基板上のようすです．

■ 動作確認とトラブル対策

● **動作させてみる――検出距離は最大5 m**

まず感度調整の可変抵抗器VR_1を中央に設定します．電源を入れると一瞬LEDが点灯し，2～3秒間消灯します．直流バイアスが動作点内に落ち着くと，検出動作を開始します．このときLEDが点灯したままになったり，間欠的に点灯/消灯を繰り返したりする場合は，VR_1をGND側へ回して感度を下げます．それでも駄目な場合は，次項の発振対策を行う必要があります．

写真5は5 mの距離から本機に接近したときの検波出力波形(IC_1のピン8)と，最終段出力(IC_1のピン7)の波形です．再終段出力がHighレベルになるとLEDが点灯します．この写真から検波信号が徐々に大きくなり，LEDが点灯するようすがわかります．

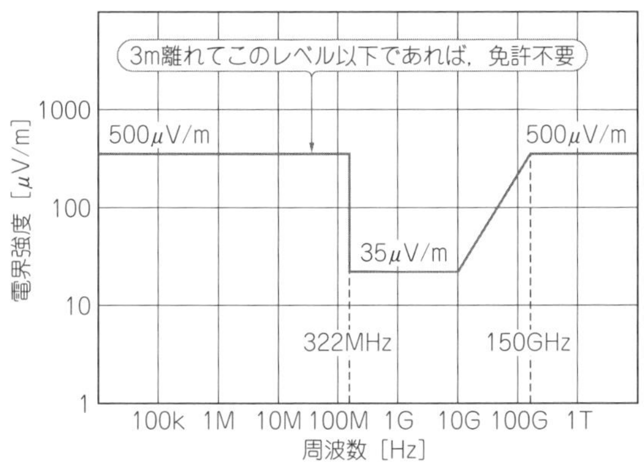

〈図11〉電波法による微弱無線局の電界強度の規制値

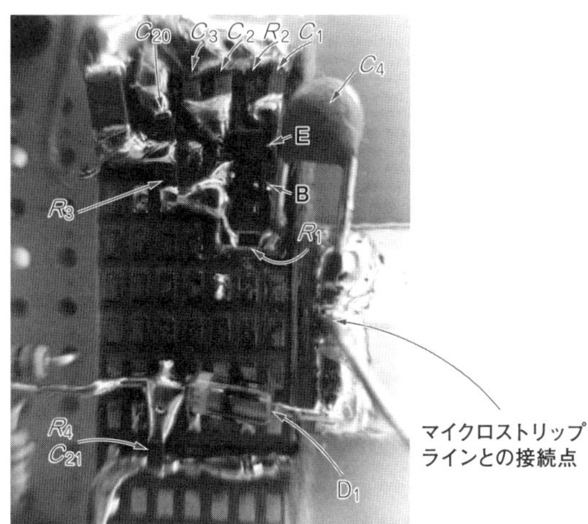

〈写真2〉実際のRF部(発振/検波回路)**の実装例**(面実装部品と半田パターンで仕上げる)

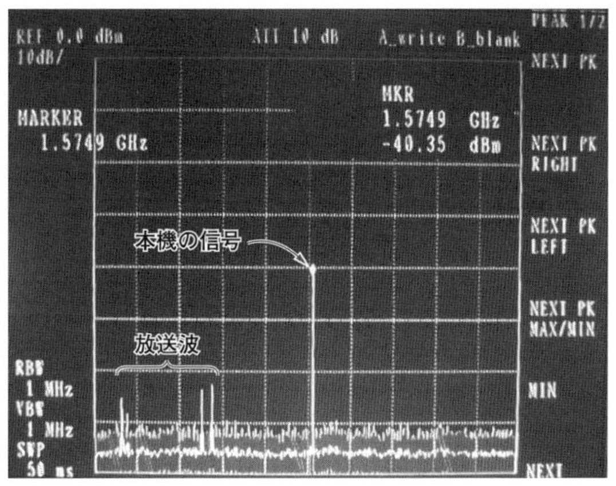

〈写真3〉スペアナによる発振周波数の確認(スパン100 M～3 GHz，10 dB/div.)

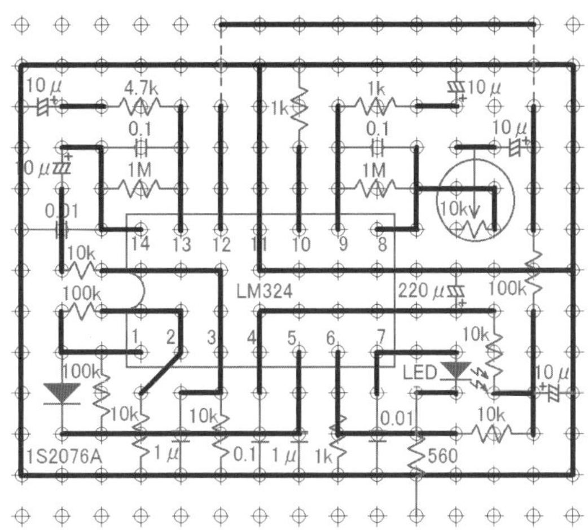

〈図12〉低周波増幅/スイッチ回路の部品配置および配線パターン図(部品面からの透視図)

(a) 部品面

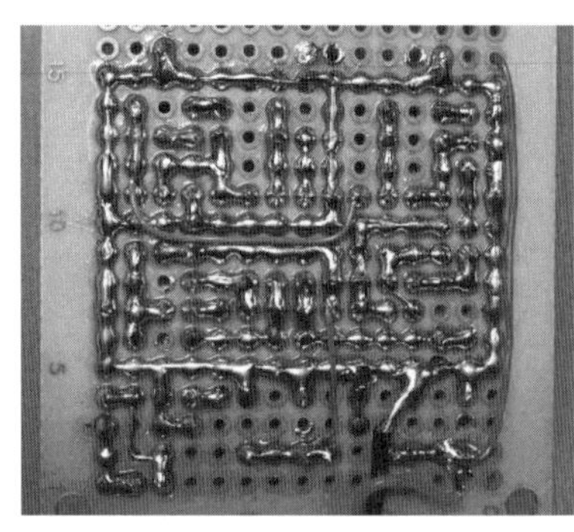

(b) 半田面

〈写真4〉
本機の基板上のようす

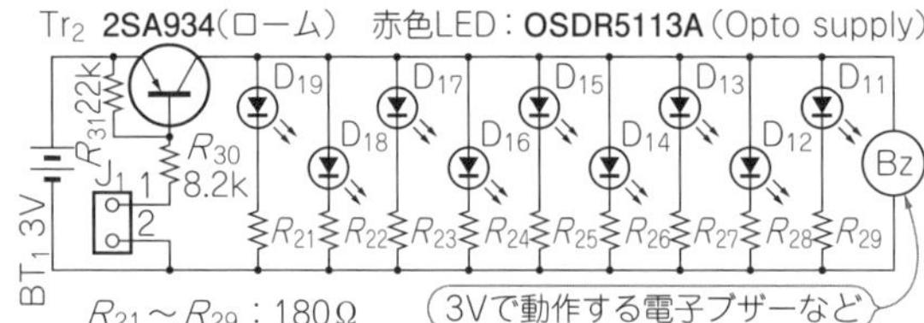

〈図13〉LEDとブザーの駆動回路例(本体とは別電源にし，フォト・カプラで駆動する)

● LEDやブザーの接続方法

図13のようなLEDとブザーの回路は，図8後段のフォト・カプラ(IC_3)を通して接続します．電源は別系統とします．

● 低周波の異常発振が起きる場合の対策

増幅率が極めて大きいので，感度調整のVR_1を最大にすると，低い周波数の発振(ブロッキング発振)を起こす可能性があります．図12の配線パターンは，できるだけ入出力を分離するように配慮しています．

ブロッキング発振の原因は次のようなものです．

①入出力信号が接近しすぎている
②電源回路を通じて正帰還がかかる
③電磁場が発生して入力側に信号が戻る

①は配線パターン設計の際に考慮に入れます．②は電源回路にデカップリング・コンデンサを入れます．RF回路のR_3とC_3は抵抗とコンデンサによるデカップリングです．また，大きな電流を増幅回路側でスイッチングしないよう，本機ではフォト・カプラで絶縁しています．

③は出力側に電界や磁界ができるような長い配線やループを作らないようにします．しかし，最後まで悩まされるのが③によるもので，例えばLEDやブザーの駆動による電磁界の変動をアンテナがとらえてしまうので，電源ラインやLEDへの導線をペアにして撚(よ)り線にするなどして，ループによる磁界や電界を作らないように工夫します．

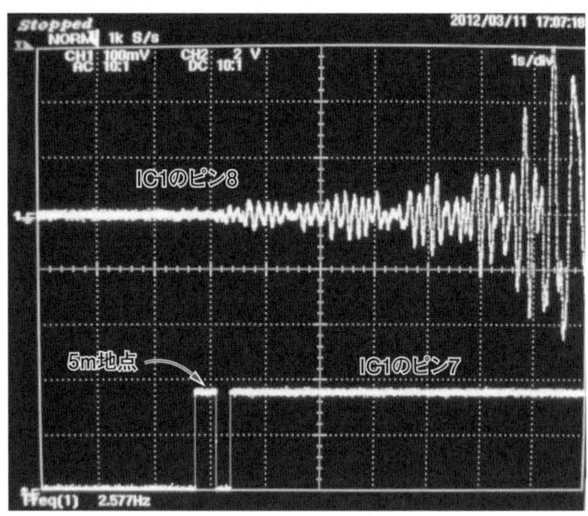

〈写真5〉5mの距離から至近まで近づいたときの波形(1 s/div.，上：100 mV/div.，2 V/div.)

■ 動体センサの活躍舞台は広い

動体センサの使い道は，侵入者や侵入物検知だけではありません．人間や動物の活動におけるアクティビティの度合いの測定/検出がもう一つの用途です．最近，孤独死や孤立死が社会問題になっています．カメラではプライバシー侵害になる場合，代替手段として動体センサを設置して活動度をチェックすれば早期発見に役立つかもしれません．

◆参考文献◆

(1) "Microwave Motion Detector", Popular Electronics magazine, p.31, Oct. 1993, Gernsback Publications, Inc.
(2)「V・UHFハンドブック」，第8版，1974年，CQ出版㈱．
(3) 森 栄二；「マイクロウェーブ技術入門講座［基礎編］CQ出版㈱，2003年．
(4) 岡田文明「マイクロ波工学・基礎と応用」，学献社，1993年．

第26章　中波帯の空電を捕らえる！夏場の野外スポーツやハイキングの用心棒

雷ディテクタの製作

梅雨明けとともに，晴れ間が続き暑くなると，入道雲がニョキニョキと昇り，雷のシーズンが到来します．部屋の中に閉じこもっていれば，雷様も何とか通り過ぎてくれますが，野外だとそうはいきません．とくに，ハイキング，山登り，ゴルフ，セーリングのように近くに避難場所が少ない場合は，とても危険です．

ゴロゴロと鳴る前に，雷雲が近づいたことを予知できるような雷ディテクタがあれば，避難のために十分な時間を取ることができるでしょう．

そこで，雷が発する電波を検出して，雷が近づいたことを知らせる「雷ディテクタ」(**写真1**)を作ってみましょう．光と音で警告し，メータで落雷に伴うパルスの積算量を表示します．

■ 雷の基礎知識

● 雷の原因

雷は，雷雲(積乱雲など)の中で作られた電荷の放電現象であることは，フランクリンの凧の実験などでよく知られています．

雷雲内にどのようにして電荷が蓄積されるのかは，現在でも完全には解明されていません．夏季に発生する上昇気流による雷については，最近の研究によれば次のように説明されています．

まず，低温(－15～－10℃)で適度に乾燥した条件の下で，霰(あられ)が雪片と衝突すると，＋イオンの移動が起こり，霰は負に帯電します．上昇気流により雷雲が発達すると，雷雲内の電荷分布は上記の過程を経て**図1**のようになります．雷雲にある程度電荷が蓄積されると，放電が始まります．放電の開始は電荷10 C(クーロン)以上，電界強度3000 kV/m程度と考えられ，雲放電または対地放電となります．

夏季では地上約7 kmの負電荷が，大地に誘導される正電荷と中和する負極性の落雷となります．これに対し，冬季は地面を6℃とすれば，負電荷の存在する高度は3 km程度となるため，負に帯電した霰は地上に落下するようになります．この結果，**図1**の最上部の正電荷と地上との放電が多くなり，正極性の落雷となります．因みに放電開始電界強度は，正電荷の方が

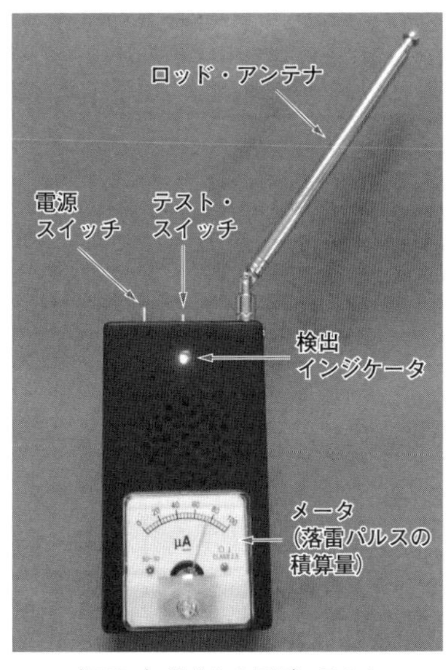

〈写真1〉製作した雷ディテクタ

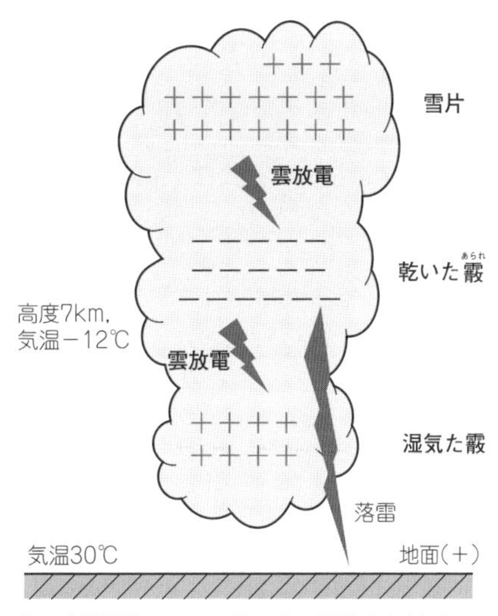

〈図1〉(2)夏期における雷雲内の電荷分布(多くは三重極構造となっている)

負電荷より1桁低いことが知られています．

一方，雲放電は雷雲内(または雷雲間)の電荷間の放電であり，落雷より10倍以上発生する可能性が高いといわれます．

図1のような雷は「熱雷」と呼ばれますが，このほかに，寒冷前線に沿って発生するもの，台風や竜巻の内部で発生するものなどがあります．

● 雷から放射される電磁波

電荷がいくら存在しても，空気は絶縁体ですから，そのままでは放電は起こりません．しかし，空気の成分元素は，高電界になるとイオン化するなどして電気の通りやすい状態に変化します．いわゆる絶縁破壊です．この絶縁破壊の進行はステップト・リーダ(stepped leader)と呼ばれています．ステップト・リーダに沿って稲妻が進み，ここから電磁波が発射されます．

電磁波の一つのインパルスの継続時間は100 ns程度で，周波数成分はVHF帯まで広がっています．パルスの強度は電荷量や放電経路などに依存しますが，負の放電は，正の放電の10倍以上の強度があるようです．

この電磁波は，AMラジオで「バリバリ」「ガリガリ」「ジージー」というような雑音となり，「空電」と呼ばれています．今回製作するディテクタは，この空電を検知するものです．

通常のスーパーヘテロダイン方式のAMラジオの場合，日中ならおよそ100 kmまでの雷を空電として聞くことができます．そして雷が20～30 km以下の至近距離にある場合には雑音の頻度が激しくなり，その強さも大きくなります．(3)

■ 雷ディテクタの回路

図2は製作する雷ディテクタの回路です．原理は，前述の空電を検出するもので，回路は次の四つの部分からできています．

①RF検出部とLED駆動回路
②スピーカ駆動回路
③メータ駆動回路
④雷シミュレータ

● RF検出部とLED駆動回路

L_1とC_1が同調回路で，共振周波数は計算では約480 kHzになりますが，おもにL_1の浮遊容量により実測では約310 kHzです．雷が放出する電磁波の周波数は広範囲にわたっており，この共振周波数は長波～中波の周波数範囲であれば検出できます．しかし，中波帯にはAM放送があるので，検出しやすい300 kHz程度を選ぶのが良いでしょう．抵抗R_1はQダンプで，回路が発振気味で不安定な場合には，より低い値にします．R_1の値が低すぎると感度が低下します．L_2は同調回路とTr_1とのインピーダンス・マッチング用です．L_1とL_2は，市販のモールド・タイプの小型インダクタでよく，とくにQが高い必要はありませんが，自己共振周波数が300 kHz以上であることが望ましいです．

Tr_1はRF増幅と検波を兼ねているので，そのコレクタには雷のバーストに応じた検波出力が出てきます．雷の放電の継続時間は前述のように短いので，幅の狭いパルスとなります．

Tr_2とTr_3はモノマルチ(ワンショット・マルチバイブレータ)を構成しています．パルスの立ち下がりで，Tr_2がONし，C_4に蓄えられた電荷がTr_3のベース電流として放電します．この放電時間だけTr_3がONし，コレクタがほぼ0 Vとなります．この電圧はR_4を通じてTr_2のベースに帰還しているので，正帰還により

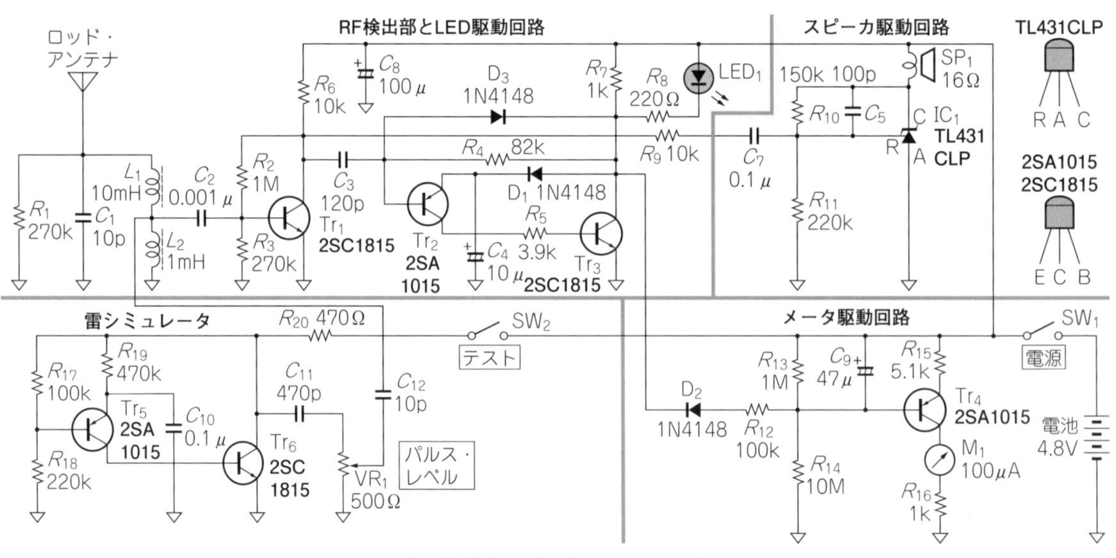

〈図2〉製作した雷ディテクタの回路

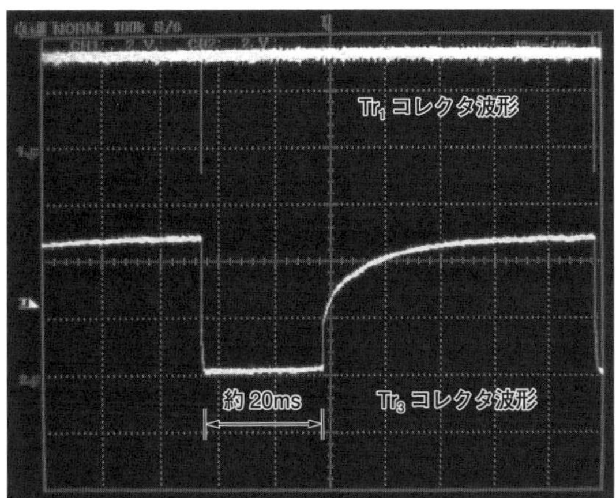

〈写真2〉 内蔵シミュレータ使用時の動作波形(10 ms/div., 2 V/div.)

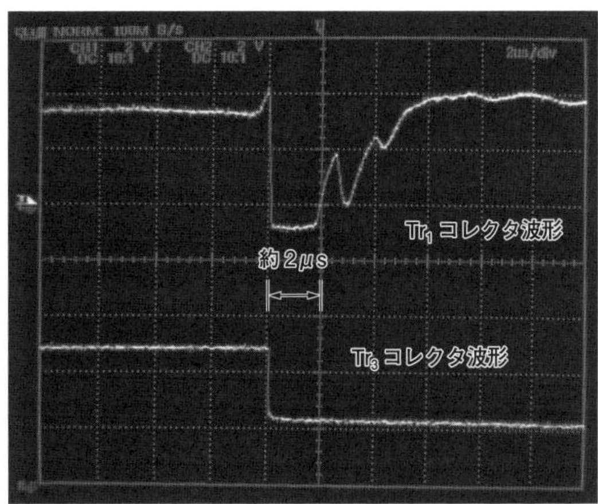

〈写真3〉 写真2の時間軸を拡大した波形(2 μs/div., 2 V/div.)

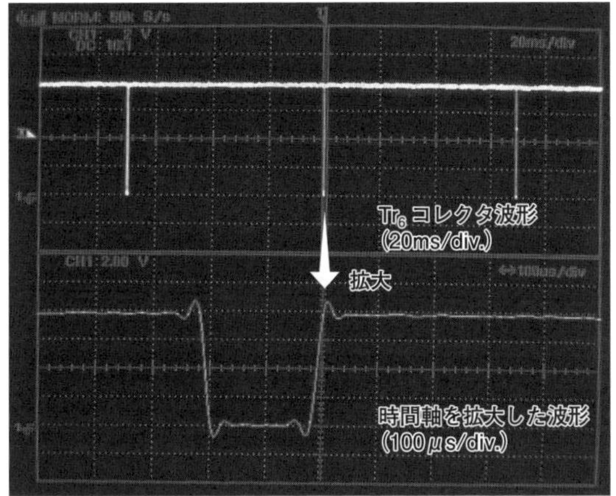

〈写真4〉 内蔵シミュレータの出力波形(2 V/div.)

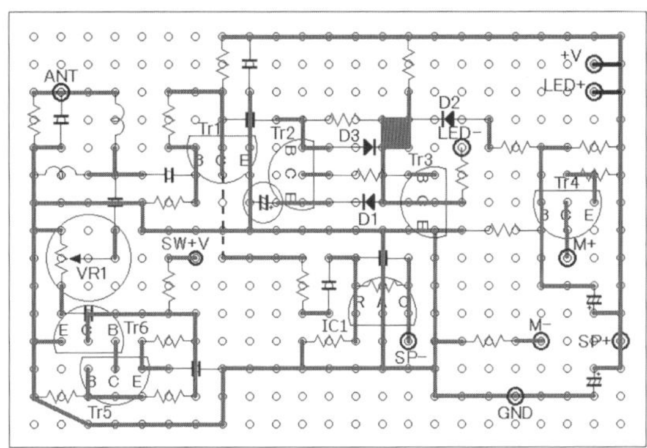

〈図3〉 製作した雷ディテクタの配線パターン(部品面からの透視図)

Tr_2のON動作が確実になり，立ち上がりが急峻で振幅の大きなパルスがTr_3のコレクタに出てきます．このようすを**写真2**と**写真3**に示します．

写真2下段のTr_3コレクタ波形は，幅が20 ms程度あるので，コレクタに直列に入っているLEDで視認できます．

検出感度はロッド・アンテナの伸縮により，ある程度調整できます．使用したものは収納時15 cm，伸長時80 cmです．通常は収納したままで十分な感度が得られます．

● スピーカ駆動回路

RF検出回路Tr_1の出力に応じてダイナミック・スピーカを鳴らす回路です．バッテリで長時間動作させるためには，待機時に消費電流が小さいことが好ましく，このためにシャント・レギュレータTL431のスイッチング作用を利用してスピーカを直接駆動します．TL431は，出力インピーダンスが0.2 Ωと極めて低く，ターン・オンが鋭いのでスイッチングにも好適です．しかし，内蔵のシミュレータのような単発パルスではパチパチ音と聞こえ，あまり大きな音はしません．雷の場合はザーという音になります．

● メータ駆動回路

雷の有無のほかに，その頻度(積算値)も危険予知には役立つでしょう．Tr_3のコレクタ波形は**写真2**下段のように，負パルスですから，C_9は，D_2とR_{12}を通じてパルス発生のたびに充電され，両端の電圧V_{C9}が上昇していきます．この電圧V_{C9}はパルスの積算値に相当します．Tr_4のエミッタにはこの電圧V_{C9}がほぼそのまま(正確には0.6 Vほど差がある)出てきます．Tr_4のエミッタ電流≒コレクタ電流は，R_{15}の両端電圧をV_{R15}で表すとV_{R15}/R_{15}で決まるので，この回路は電圧→電流変換回路として働きます．

メータ感度はR_{15}の値で変えることができます．R_{16}の両端には，1 mAあたり1 Vの電圧が出るので，コンパレータを追加すれば，一定の積算値でアラームが働くようにもできるでしょう．積算値のリセットは電源OFFで行います．

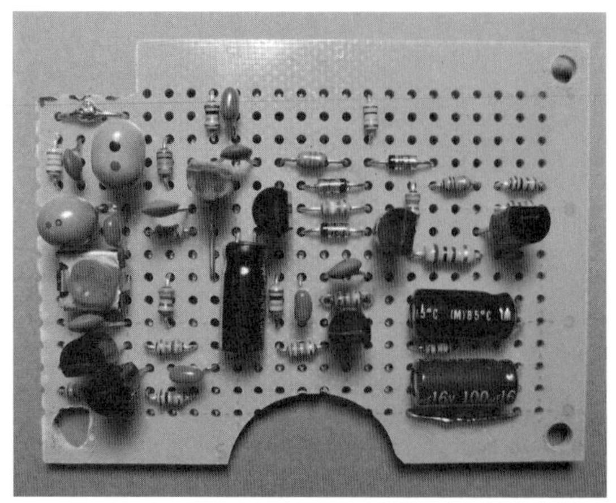
(a) 部品面

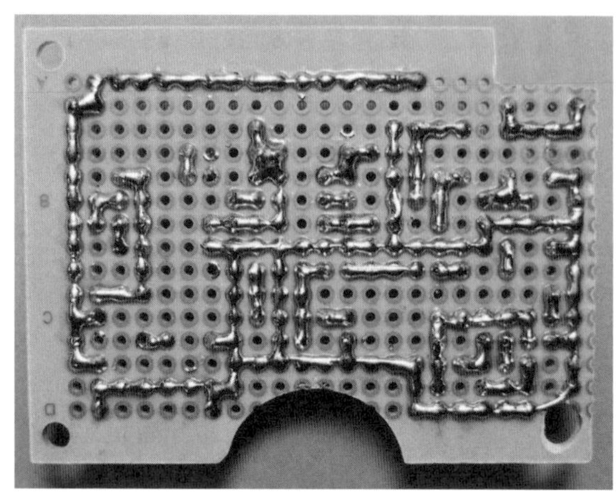
(b) 半田面

〈写真5〉 部品実装と配線を終えた回路基板

〈写真6〉 ケース内のようす

● 雷シミュレータ

本機にはパルス幅が狭く，繰り返し周期が約10～20 Hzのパルス発生器を内蔵しています．雷のパルスを模擬したものです．これを使って動作テストを行えば，電池切れや回路の故障によって動作しないというトラブルを回避できます．

写真4は雷シミュレータ回路のTr_6のコレクタ波形です．インピーダンスの低いRF検出部Tr_1のベースに10 pFを通して接続し，検出感度に影響のないようにしています．VR_1はテスト用パルスの注入レベル調整です．

● 電源

ニッケル水素蓄電池(1.2 V)を4個直列にして約5 Vを得ています．本機の動作はそれほど電源電圧にシビアではありません．乾電池(1.5 V)を3～4個直列(4.5～6 V)にしても構いません．

■ 雷ディテクタの製作

● 回路基板

回路は45×70 mmの小型ユニバーサル基板にすべて納まります．**図3**は部品面から見たパターン図です．スイッチやスピーカなどの位置を考慮して一部に部品を置いていないエリアがあります．

写真5(a)は部品面，**写真5**(b)は半田面です．

● ケースに実装する

幅68 mm，高さ122 mm，奥行き39 mmのプラスチック・ケースに，**写真6**のように実装しました．ロッド・アンテナはビスでケースに固定しています．

スピーカ，LED，基板取り付けスタッド(足)は，プラスチック用接着剤でケースに固定しています．スピーカをケースに入れることで，明瞭で大きな音が得られます．

● 部品と入手先

すべてネット通販で入手可能なものばかりです．シャント・レギュレータのTL431CLPは互換品のNJM431L(新日本無線)などがあります．スピーカはケースに合わせて8～32 Ωの適当な寸法のものを選ぶと良いでしょう．

■ 雷ディテクタの動作テスト

内蔵シミュレータを使っても簡易的にチェックできますが，実際の放電パルス波による動作を確認するには**写真7**のような放電式の着火器具を使います．使用済みの着火器具をそばで操作すると，LEDが光り，スピーカからパチパチ音が聞こえます．この操作を繰り返すと，メータの指示が増加して行きます．

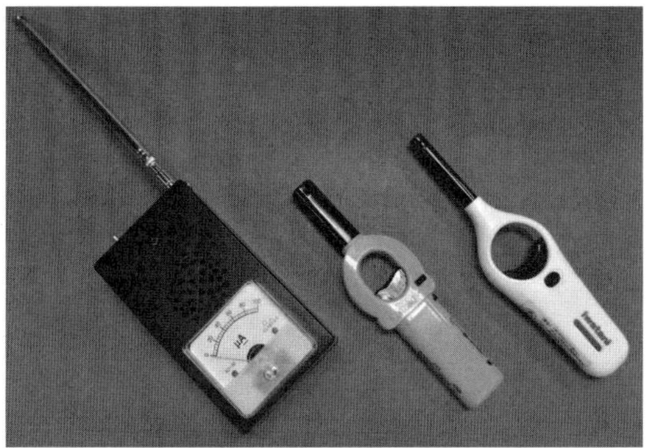

〈写真7〉 着火器具を使った動作チェック

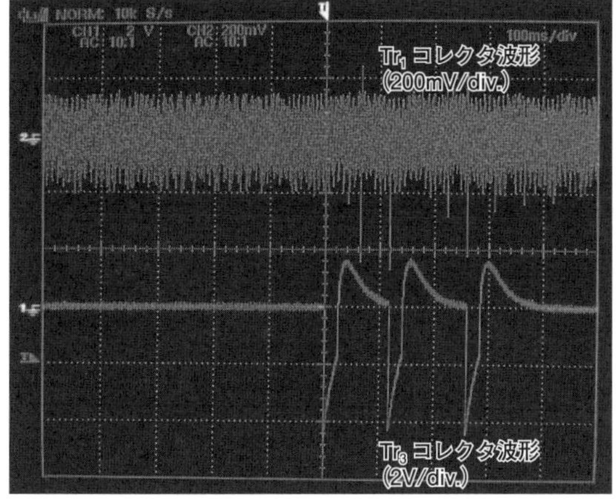

〈写真8〉 実際の雷(遠雷)による波形(100 ms/div.)

着火器具をディテクタから離して行き，どの程度の距離まで動作するか確かめます．アンテナを伸ばすと感度がよくなります．1 m程度まで動作すればOKです．

最近の着火器具は，幼児による火災事故を防ぐため，操作にかなり力が要ります．レバー部分に硬めのばねが挟んであるので，分解して取り外せば楽に操作できます．

なお，AMラジオでは，着火器具によるノイズを聞き取ることができないものもあります．これは発射される電磁波の持続時間が極めて短いためと思われます．したがって，本機のモノマルチ回路はパルスの可視化，音声化に有効であることがわかります．

■ 実働結果

本稿を執筆した5月の時点では，当地北九州では雷の発生が無く，6月に入ってやっと遠雷を見ることができました．稲妻は見えませんが，遠くで音がするようなので，ディテクタのスイッチを入れたところ，時折，LEDがやや長く光り，スピーカからバリバリと音が出ます．遠雷に反応しているので，まず成功です．メータはわずかに振れる程度でした．同時にAMラジ

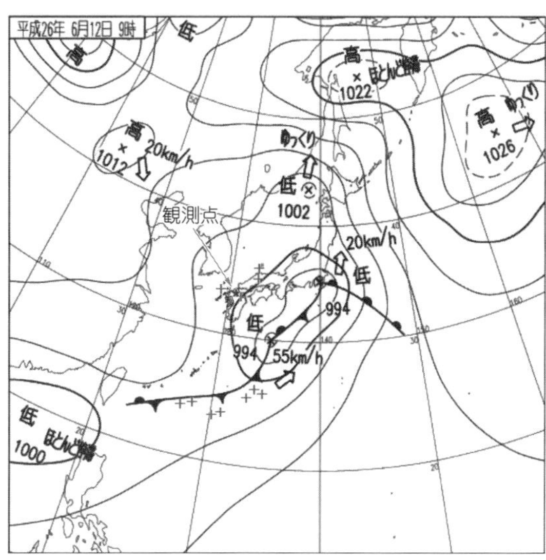

〈図4〉 遠雷を観測したときの天気図(観測点★印)と落雷(+印)の最短距離は約50 km

オでも確かめましたが，ラジオで聞く方がやや感度が良いようです．このときの天気図は**図4**のようなものでした．

このときの雷の発生地点(フランクリン・ジャパンによる)を+印で記入しています．最も近いものは約50 kmです．**写真8**は観測波形の一つです．下段のパルスは，雷発生の都度1～4個現れ，間隔は不定でした．Tr_1コレクタの波形(上)は，極めて幅が狭いため，オシロスコープ上では表示されないこともあります．

■ おわりに

雷ディテクタは，常に動作させておくことが肝要で，このためには消費電力を抑え，内蔵電池の容量を十分大きくしておかなければなりません．本機は低消費電力なので，常時動作させておくことができます．

一方，いざというときに動作しないのでは役に立ちません．内蔵のシミュレータは定期的な点検に役立つはずです．

雷のシーズンは夏と冬ですが，都市部では季節を問わず発生するようです．雷ディテクタがアウトドアやスポーツのアイテムの一つとして認知されることを願っています．

◆参考文献◆

(1) Charles Wenzel; “Lightning Detectors”, TECHLIB.COM http://www.techlib.com/electronics/lightning.html

(2) 川崎善一郎；「大気圏・電離圏における雷・放電現象の構造と素過程，プラズマ・核融合学会誌，Vol. 84, No. 7, pp.405～409，2008年，社団法人プラズマ・核融合学会．

(3) 飯田睦治郎；「日本の山岳気象」，山と渓谷社，1970年．

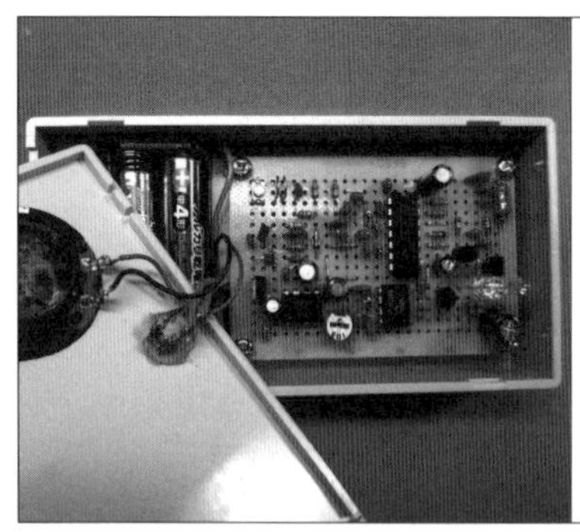

第27章　LFとUHFに対応し，キーと自動車の両方の電波を検出できる！
簡易スマート・キー・チェッカの製作

はじめに

■ 自動車の無線式リモコン・キーがスマート・エントリに進化しつつある

自動車のキーが，機械鍵からボタン式のリモコンになって久しくなります．自動車のリモコン・キー・システムは，リモコン・キーのボタンを押すことで，キーに内蔵された送信機から無線信号を出し，自動車側の受信機がこれを受けて，ドアをロック，アンロックするもので，「(リモート)キーレス・エントリ」などと呼ばれています．

最近ではもっと便利になり，キーをポケットやカバンに入れたままで，車の施錠，解錠，エンジン・スタートなどができる，スマート・エントリ・システムに変わりつつあります．

■ 製作のきっかけは，スマート・エントリ・システムの故障診断から

スマート・エントリは，従来のリモコン・キーと比べればとても便利なのですが，システムが複雑なため，ほかの電子システムと同様に，いったん動かなくなると，故障診断は容易ではありません．

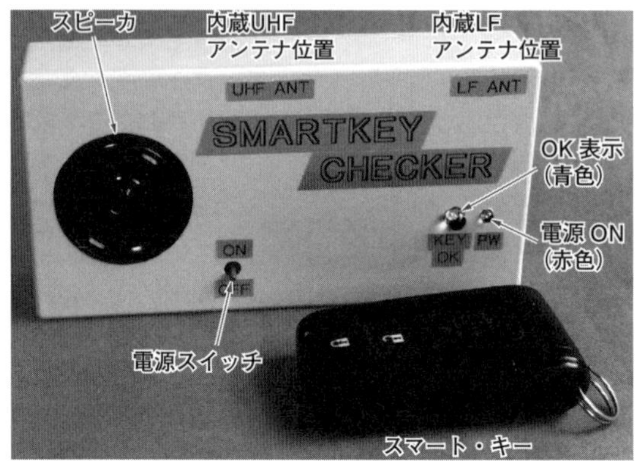

〈写真1〉製作したスマート・キー・チェッカの外観

先日も，自動車整備工場を経営する友人が，お客さんの車のドアが路上でロックして開かなくなり，駆け付けたが，キーが悪いのか，車が悪いのか判別できず，対応判断(キーの修理かレッカー移動か)に苦労したといっていました．そして「キーの電波が出ているかどうかわかれば良いのだが…」とのこと．

調べて見ると，このようなときに役立つ，自動車用のキー・チェッカの市販品があります．外観は周波数カウンタの体裁で，とても廉価ではありますが，やや感度が低いこと，変調の有無がわからないこと，スマート・エントリの車両側電波がチェックできないことなど，もう少し改良の余地がありそうです．一方，本格的なチェッカはとても高価で，一般の整備工場に備えるには無理があります．

このような背景で，スマート・エントリの電波を音と光で確認できる「スマート・キー・チェッカ」(**写真1**)を製作して見ました．

自動車の整備士だけでなく，私たちマイカーのユーザにとっても，ドアのロックがらみの故障のときは，原因特定の判断材料となります．また，ふだんでも，キーの電池消耗チェックや，キーの周囲にある金属などによる電波の遮蔽(しゃへい)の影響や車体側電波の有効範囲チェックなどに役立つと思います．

スマート・エントリ・システムの動作と仕組み

■ スマート・エントリの動作

スマート・エントリ・システムの機能は，次の二つに大別できます．

(a) リモコン・キーの電波により車両を解錠/施錠する機能

(b) 車両からの電波により，キーの解錠/施錠動作を起動する機能

(a)は**図1**のようにキーのボタンを押して解錠/施錠するもので，従来のリモート・キーレス・エントリと同じ動作です．自動車から約20 m以内の比較的遠方から操作できるのが特徴です．

(b)は図2のように，ポケットなどに入れたキーを取り出すことなく，解錠/施錠ができるシステムです．自動車のすぐ近くで動作するのが特徴です．

このように，スマート・エントリ・システムを装備した車では，**写真1**のスマート・キーをバッグやポケットなどに携帯していれば，キーを取り出すことなく，ドアを解錠/施錠できます．エンジンの始動は，キーを差し込む必要はなく，ノブを回すかボタンを押すだけです．

■ リモート・キーレス・エントリ・システムのしくみ

前述の(a)(b)の機能は，どのようなしくみで実現しているのでしょうか？

(a)は無線式チャイムやラジコンのような，一般的な無線リモコンと同じ原理です．**図3**の上側はキー側，下側は自動車側の構成です．キーと自動車の間は片方向の通信です．

キーの押しボタン・スイッチを押すと，マイコンが起動し，特定のコードを発生して送信機を変調します．送信周波数として国内ではUHFの315 MHz帯[1]が使われており，変調方式はFSKです．したがって，アンテナはキーに収まるほど小さなもので，回路基板と一体化したプリント・パターンとなっています．

自動車側の受信機は，この周波数を選択的に受信し，FSK信号を復調します．マイコン制御によってドアのロック/アンロック動作を行います．

このようにリモート・キーレス・エントリは，ラジコン・カーなどの無線リモコンと原理は同じですが，大きく異なるのは，後述するようにセキュリティがしっかりしていることです．

■ スマート・エントリ・システムのしくみ

スマート・エントリは，次のような動作をします．

(1) 自動車からは一定時間間隔で電波を発射する．

この電波(車体側電波と呼ぶ)の有効到達範囲は，**図4**の斜線で示すように，車体から約1 m以下と比較的狭いものです．

車体側電波には長波(LF)帯の134 kHzが使われています．UHF帯では直進性が強すぎて，人体等の障害物の影響を受けること，有効到達範囲を定めるのが難しいことなどが理由です[4]．

(2) スマート・キーが斜線領域に入ると，キーは車体側電波に反応して解錠信号を送る．

(3) スマート・キーが斜線領域から出ると，キーは解錠信号を出さなくなるので，車体側はこれに反応して，ドアを施錠する．

スマート・キーには**写真1**のように解錠/施錠ボタンが付いており，これを押すことで従来のキーレス・エントリと同様に**図4**の斜線領域の外から操作することもできます．

〈図1〉リモート・キーレス・エントリの動作

〈図2〉スマート・エントリの動作

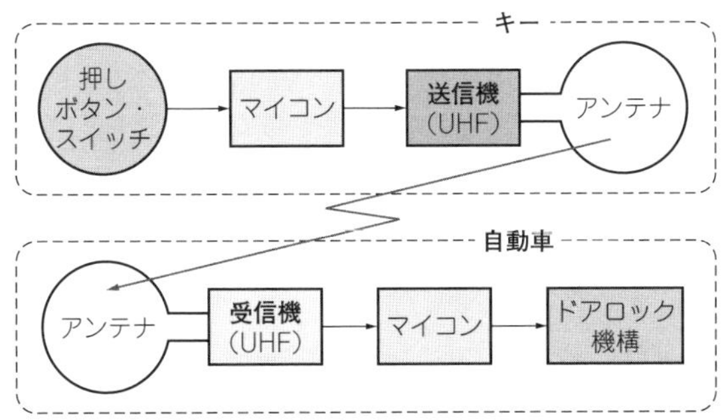

〈図3〉リモート・キーレス・エントリ・システムの構成

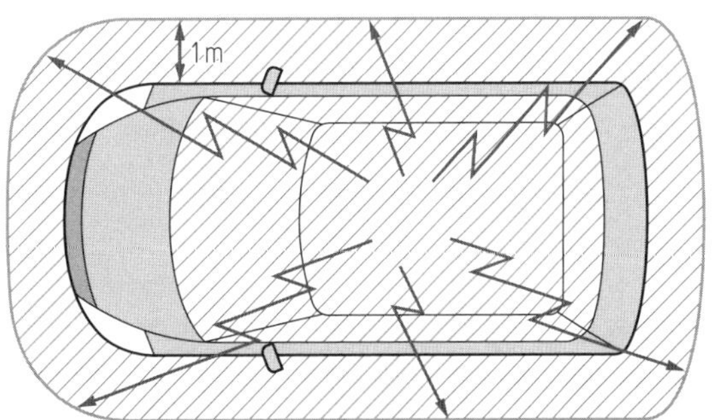

〈図4〉スマート・エントリの車体側電波の有効到達範囲は車体から約1 m

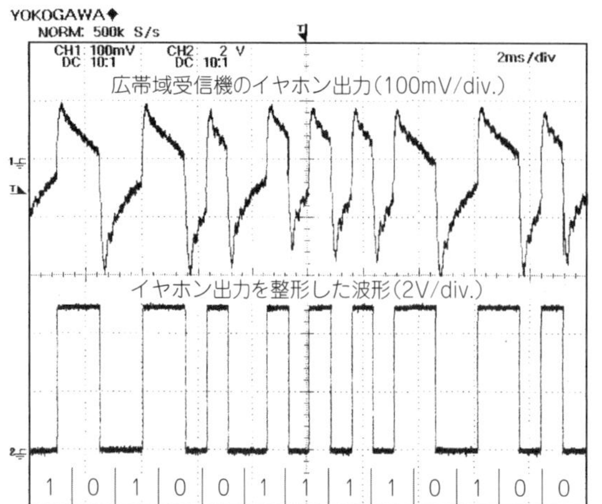

〈図5〉リモコン・キー(FSK)の電波を広帯域受信機で受信し復調した波形(2 ms/div.)(トヨタ，ラウム，平成16年式)

■ キーの変調信号の特徴

キーの変調信号の復調波形例を図5に示します．これは，キーの電波を市販の広帯域受信機(アイコム製IC-R7000)を使って受信したものです．同調周波数は314.35 MHzでした．受信モードはナローFMが好適で，イヤホン端子からの出力波形は，写真上側のとおりです．2値化していることが推察できますが，よりわかりやすくするために，外部のリミッタを通した波形が写真の下段です．

この波形はマンチェスタ・コードと呼ばれるもので，クロック信号とデータをエクスクルーシブORしてクロックをデータを織り込んだ符号です．1と0の定義は図6のようになります．

これによればASCIIコードの“A”(41h，0100 0001b)は図のようになります．そして図5の波形は，1010011110100bと読み取れます．

キーが押されると一連のデータ・ストリームが送信されます．これは，同期プリアンブル，IDコード，カウンタ，およびボタン・データ(解錠/施錠)からなります．セキュリティのため，データは暗号化します．さらに，ユーザごとに設定されるIDコードは毎回変更される「ローリング・コード」となっています．これにより，一度使用したコードは無効になり，コードのコピーによる自動車の盗難を防止できます．

方式と回路の検討

■ UHF受信には超再生検波を使う

超再生検波方式はクエンチング(断続)発振によって増幅度を非常に大きくでき，たった1石でも高感度が得られるという特徴があります．また，超再生方式は

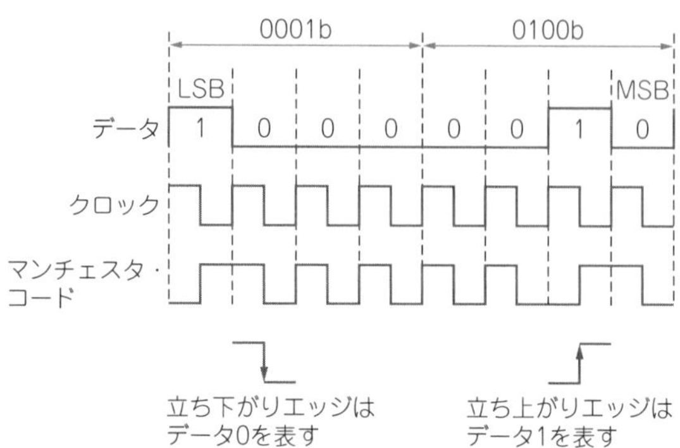

〈図6〉データにクロックを織り込んだのがマンチェスタ・コード

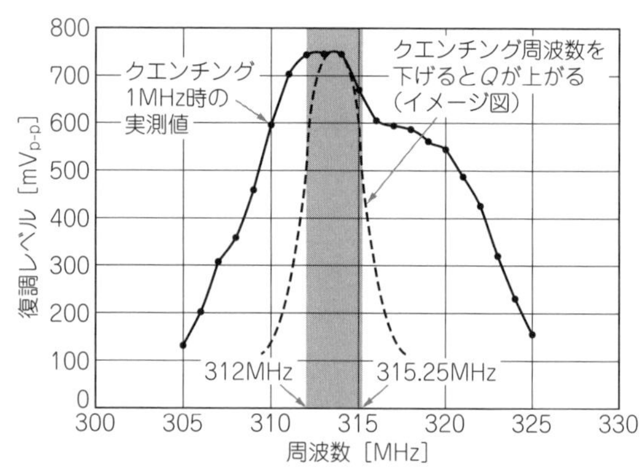

〈図7〉復調レベルの周波数特性(同調周波数は固定)

基本的にはAM(ASK)を復調できますが，検波特性の傾斜部分を利用するスロープ検波によってFM(FSK)も復調できます．このため検波特性の平坦部が広くて傾斜部分に信号がかからないようだとFM(FSK)を復調できないことがあります．

UHF帯は周波数が高いので，超再生検波回路のクエンチング周波数を可聴周波数より十分高くすることができるので，復調信号への妨害を小さくできます．

なお，クエンチング周波数は低いほうが感度は上がるのですが，同時にQが上がって選択度が鋭くなるため，同調周波数を固定したままだとスマート・キーに割り当てられた周波数(312～315.25 MHz)の全域をカバーできなくなります．反面，平坦部が狭くなるのでQが低くてFSKを復調できなかったキーでも，復調できるようになる可能性があります．

本機は同調周波数を固定したままでも使えるように，帯域を広く取ることを重視して，クエンチング周波数を高く設定しました．

図7の実線は復調レベルの周波数特性を実測した値です．同調周波数を固定したままで315 MHz帯(灰色で示した範囲)をほぼカバーしています．ここで上述のようにQが高すぎると，破線で示すように選択

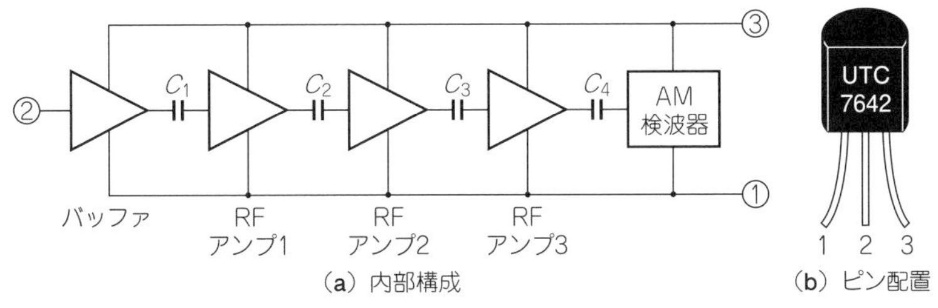

〈図8〉ワンチップAMラジオIC UTC7642の内部構成

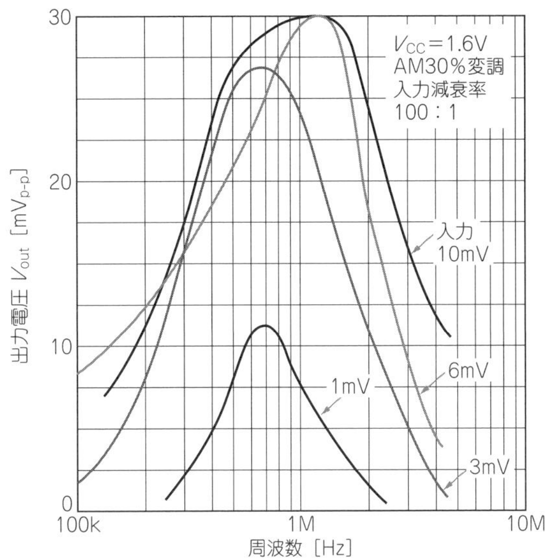

〈図9〉[5] ワンチップAMラジオICの周波数特性

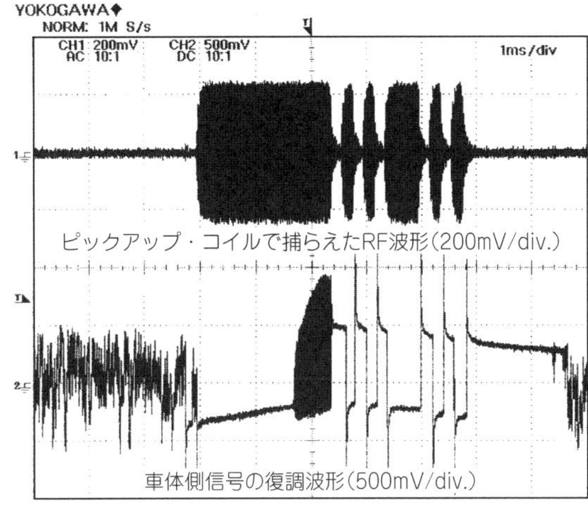

〈図10〉車体側信号のRF波形と復調波形(1 ms/div.)

度が急峻になり，割り当て帯域内のキーの信号を復調できないことがありえます．

LF受信回路

LF受信回路には，TRF(Tuned Radio Frequency)方式(ストレート方式ともいう)のワンチップAMラジオICのUTC7642を使います．これはZN414Zの互換品です．このICの内部回路は**図8**のように，コンデンサ結合の高利得RFアンプと検波器から構成されています．

データシート[5]によれば周波数帯域は150 kHz～3 MHzとなっており**図9**はその周波数特性です．これを見ると134 kHzの感度は微妙です．低域ゲインは**図8**のC_1～C_4で決まるので，外部定数で低域の感度を上げることは困難です．

図9から134 kHzではゲインはほとんど1ですが，これはチップ単体のデータなので，LC同調回路を付けた場合は，入力インピーダンスが高いこともあり，Q倍程度のゲインはあるはずです．実験の結果，自動車から70 cm程度で十分にクリック音が聞こえました．

図10の下の波形は，車体側信号の復調波形で，チェッカのスピーカ端子を観測したものです．上側はピックアップ・コイルで捕えたRF波形で，ASKであることがわかります．このようなバースト波形がおよそ500 msごとに繰り返されます．

製作するスマート・キー・チェッカの回路

図11が製作する回路です．

Tr_1とその周辺は，上に述べた超再生検波方式のUHF受信回路です．受信コイルL_1の仕様を**図12**に示します．巻き数1.5回，コイル長1.27 mmとします．このコイルがアンテナを兼ねています．内径4.5 mmで巻くにはドリルの刃を巻き芯として使うと正確です．この形状のコイルと10 pFのトリマの組み合わせで，260～330 MHz程度に同調します．クエンチング周波数は約1 MHzです．

IC_1(TC4069UBP)周辺は，復調信号を増幅，パルス整形します．これをTr_2のベースのLPF(RC積分回路)を通して，搬送波の有無に対応したパルスにします．

図13はFSK方式のキー(搬送周波数f_c = 314.35 MHz)を受信したときの各部波形です．**図5**で観測したのと同じキーなのですが，チェッカの検波出力に情報内容は含まれておらず，キャリアの存在がわかるだけです．一方，**図14**に示すOOK方式の別のキー(同f_c =

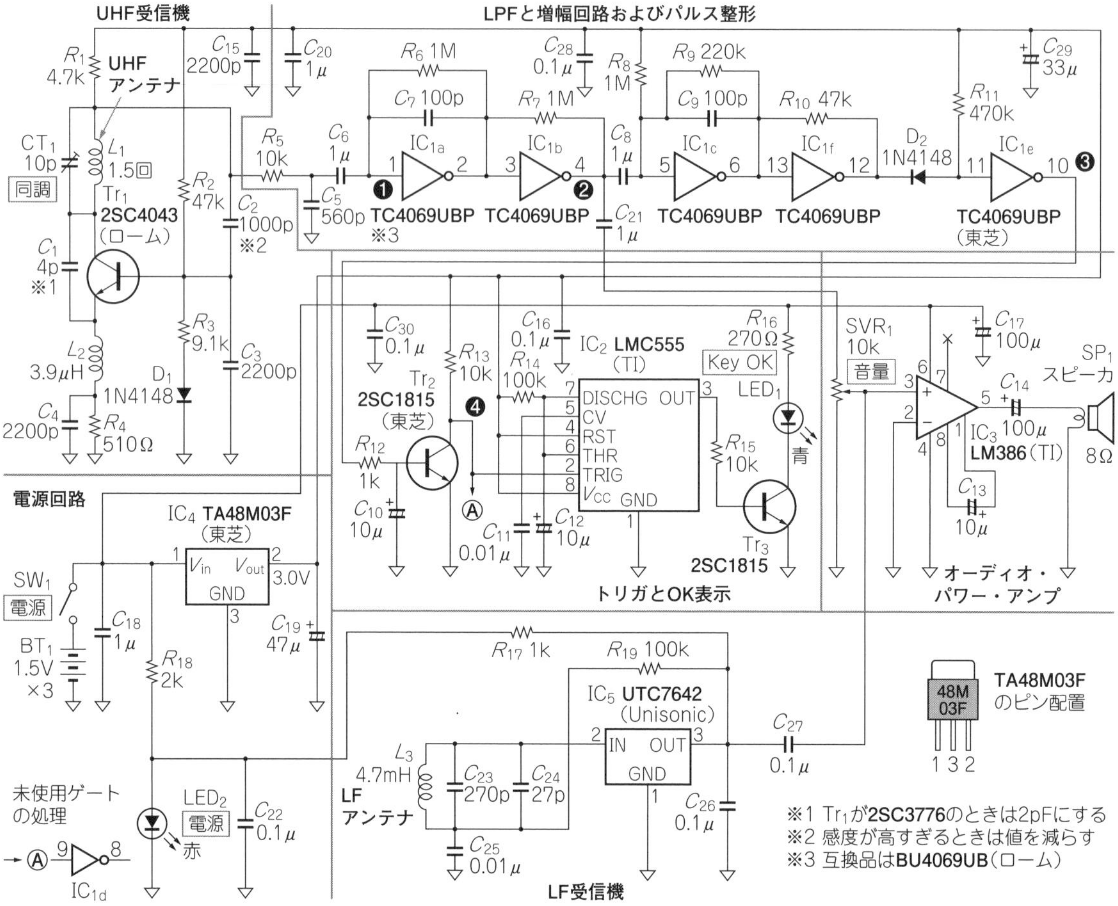

〈図11〉製作したスマート・キー・チェッカの全回路

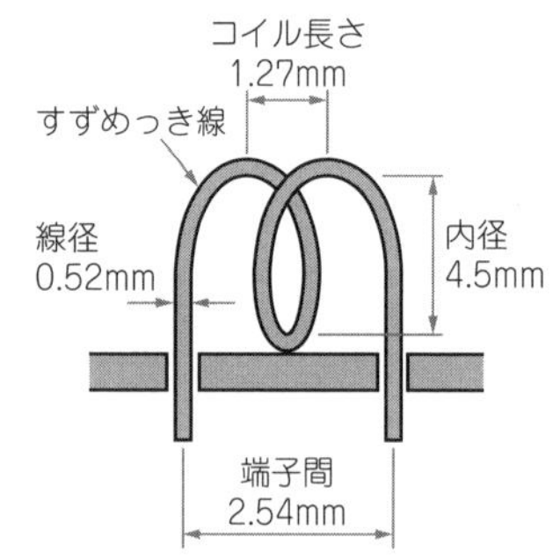

〈図12〉UHF受信回路のコイル(L_1)の巻き方

312.18 MHz)では情報内容を復調できています．このように，変調方式，同調周波数，回路のQ，情報の繰り返し周期などの違いで，情報内容が復調できる場合とできない場合があります．

スピーカからは，**図13**は無音で，**図14**は信号音が出力されます．

図13と**図14**の❹はタイマIC(IC$_2$)のトリガ波形です．立ち下がりで1秒タイマがスタートし，この間LEDが点灯します．波形からわかるように，両者ともLEDは点灯します．

IC$_2$(LMC555)はCMOSタイマICで，電波が入った瞬間(パルス波形の立ち下がり)に応じて約1秒のパルスを出力します．これをTr$_3$に加え，LED$_1$(青色)を点灯します．

IC$_{1a}$とIC$_{1b}$は，帰還抵抗によってインバータ4069をアナログ・アンプとして動作させています．この出力は，**図5**の上側と同様な波形です．これをオーディオ・パワー・アンプIC$_3$(LM386)によって電力増幅し，スピーカで復調音を聞けるようにしています．

製作と組み立て

■ 基板の製作

回路は72×47 mmのユニバーサル基板に**写真2**のようにまとめることができます．高ゲインの部分が多いので，入力と出力が干渉しないように，また振幅の大きな信号と小さな信号を近づけないように部品を配置

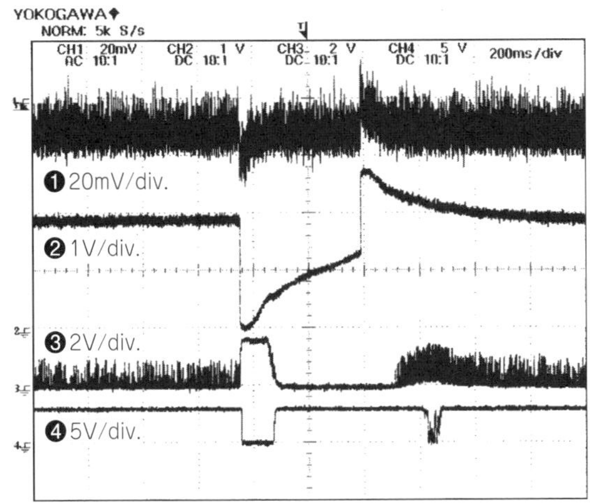

〈図13〉FSK方式のキー信号を受信した時の各部波形
(200 ms/div.)(トヨタ，ラウム，平成16年式)

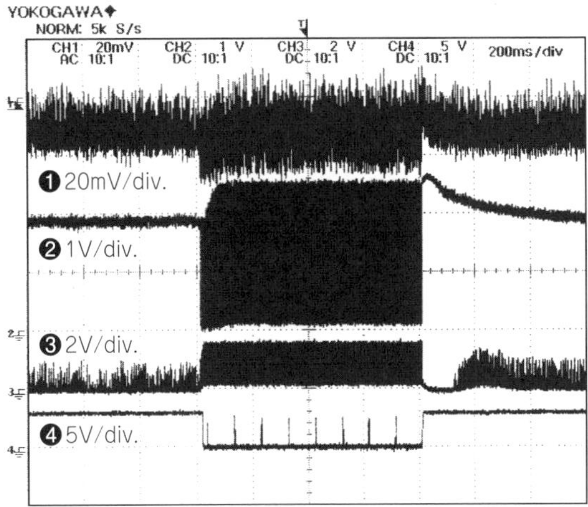

〈図14〉OOK方式のキー信号を受信した時の各部波形
(200 ms/div.)(ダイハツ，ムーブ・カスタム，平成18年式)

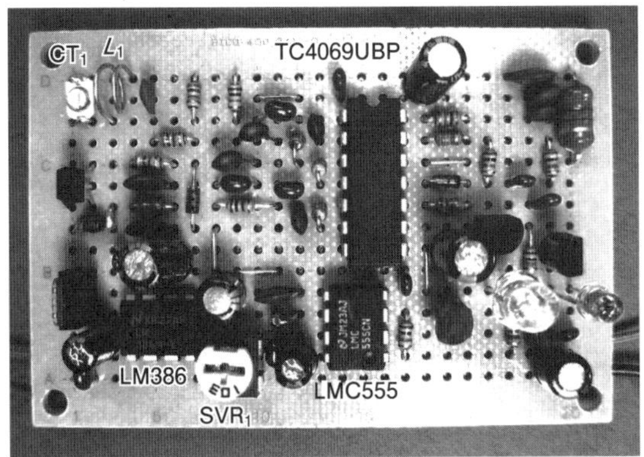

〈写真2〉スマート・キー・チェッカの回路基板(部品面)

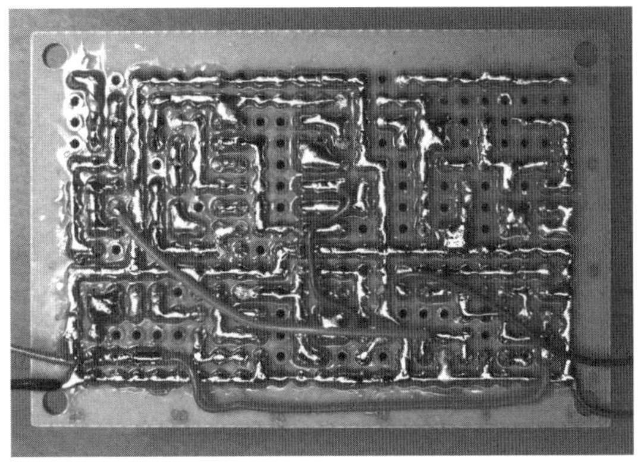

〈写真3〉スマート・キー・チェッカの回路基板(半田面)

します．**写真3**に半田面を，**図15**に部品面から透視したパターン図をそれぞれ示します．

■ 組み立て

回路基板が小さいので，単4電池(3個)ケースとともに，タカチのプラスチック・ケースSW-120(W60×H24×D120)にうまく収まりました．スピーカは直径2～3 cmの薄型ダイナミック・タイプを選びます．

スピーカの配置には注意が必要です．基板と重ねる場合，IC_2(TC4069UBP)周辺は発振します．また，IC_5(UTC7642)周辺は，LF受信機の感度の低下を引き起こします．超再生UHF受信部の近くは干渉が少ないものの，UHFアンテナ(L_1)を遮(さえぎ)ってしまいます．結局，**写真4**のように電池上部に落ち着きました．

調整

テスタで電源系(4.5 Vと3 V)とGND間の導通を確認してショートが無ければ，スイッチをONします．音量調整のSVR_1を中央付近に設定すればスピーカからザーという雑音が聞こえるはずです．LED_1(青色)は，電源ON直後に一瞬点灯して消灯します．LED_2(赤色)は電源ON時に常時点灯します．青色LEDが頻繁にONする場合は，受信機の感度が高すぎる可能性があるので，C_2の値を減らしてください．

次はトリマ・コンデンサCT_1の調整です．UHF帯の信号発生器があれば，315 MHz帯の規格(312～315.05 MHz)の中央である313.525 MHzに合わせます．適当な信号源がない場合は，手持ちのキーの施錠ボタンを押しながら，CT_1を回してスピーカから復調音が聞こえる点，またはノイズが消えて無音となる点，あるいはLED_1が点灯する点で止めます．SVR_1は適当な音量となるよう設定します．

最後に，チェッカをキーレス・エントリ装備の自動車の車体に近づけて，スピーカから周期的なクリック音が聞こえることを確認します．

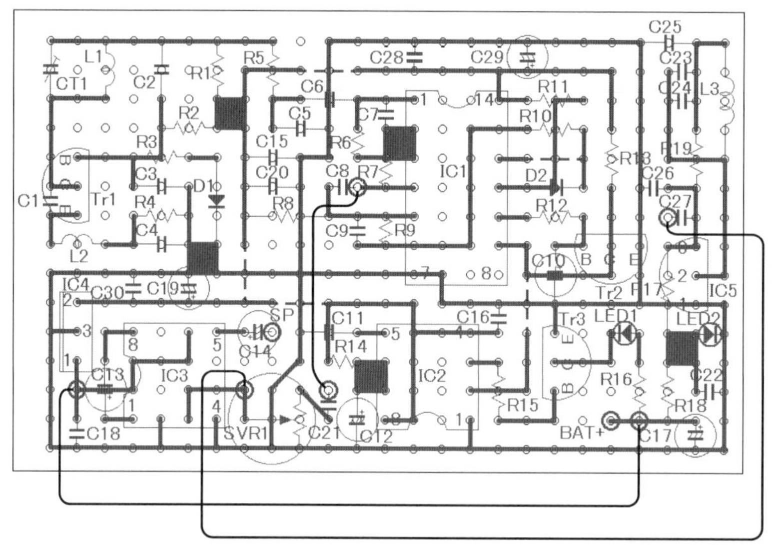

〈図15〉スマート・キー・チェッカの基板パターン（部品面からの透視図，黒線はジャンパ線）

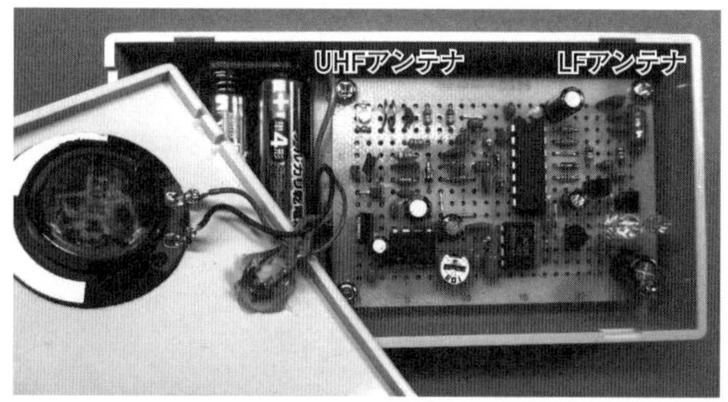

〈写真4〉ケース内のようす（スピーカは回路基板から離したほうがよい）

使い方

従来のキーレス・エントリの場合は，チェッカの近く（10～50 cm程度）でキーのボタンを押せば，スピーカから復調音が聞こえるか，ザーというノイズが抑圧されます．同時にLED_1（青色）が1秒間点灯します．

スマート・エントリの場合は，キーと一緒にチェッカを持って自動車の周囲に近づきます．すると，キーが自動的に電波を発信するので，チェッカのLEDが点灯します．スピーカからは復調音が聞こえるか，ノイズ音が小さくなります．

自動車の近くでは，車両側のLF電波をチェッカが受信するので，スピーカからクリック音が聞こえます．

おわりに

自動車でもRFは重要な技術となりました．RF技術を応用したスマート・エントリ・システムは，今後タイヤの空気圧や燃料の量などをキー側で表示/警告し，乗車前にクルマの状態を把握できる，多機能化の方向に進むものと思われます．タイヤ～車体間の通信にもRF伝送が使われています．

今回製作したスマート・キー・チェッカはシンプルですが，FSKを復調してコードを表示したり，周波数や電界強度の表示などができれば，より魅力的なものとなるでしょう．

この機会に，スマート・エントリ・システムや一般の無線キー・システムについて興味を持っていただければ幸いです．

◆ 参考文献 ◆

(1) 特定小電力無線局315 MHz帯テレメータ用，テレコントロール用およびデータ伝送用無線設備標準規格，ARIB STD-T93 1.1版，社団法人電波産業会，2007年9月．
http://www.arib.or.jp/english/html/overview/doc/1-STD-T93v1_1.pdf

(2)「リモートキーレス・エントリ（RKE）システムの要件」，Maximアプリケーション・ノート3395，Maxim Corp.
http://www.maximintegrated.com/jp/app-notes/index.mvp/id/3395

(3) リモート・コントロール用RF送受信IC，TC32306FTG仕様書，東芝㈱．
http://toshiba.semicon-storage.com/info/docget.jsp?did=13604&prodName=TC32306FTG

(4) スマート・キーシステム・アイシンもの作りスピリッツ，
http://www.aisin.co.jp/pickup/spirits/html/204.html

(5) AM Radio Receiver ZN414Z Datasheet，GEC Plessey.

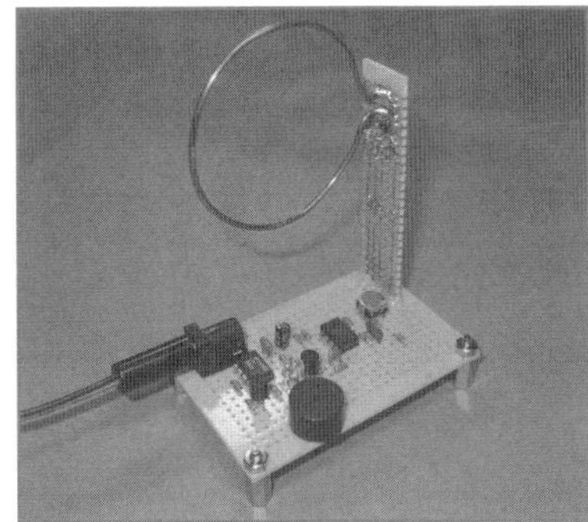

第28章　光と音で電波の発射を警告する！

携帯電話の電波ディテクタの実験

3G携帯電話の発信を検知したい

携帯電話の普及とともに，サービス・エリアが拡がり，どこでも通話ができるようになりました．便利になった反面，教室や病院などの携帯電話を使ってはならない場所で，無意識に使ってしまう恐れがあります．

医療機器や心臓ペース・メーカは，微弱な電波でも誤動作が起こる可能性があります．これは人命にかかわることですから，十分な配慮が必要です．また，入試会場で携帯メールを使った不正行為も発覚しています．

このような背景から，携帯電話の電波を検知し，警報する装置が市販されています．しかし業務用だけに，かなり高価です．簡単に製作できれば応用範囲も拡がると思います．

第2世代携帯電話が主流だった頃，携帯電話のアンテナに電線を巻き付けて，電波が出たときにLEDを点灯させる実験がありました．しかし，携帯電話が進歩して第3世代(3G)になり，送信出力が基地局からの制御によって必要最小限に絞られるようになったことで，この実験も最近は難しくなってきました．簡単な回路で同じような実験はできないものでしょうか？

昔から，盗聴器を発見するための「バグ・ディテクタ」と呼ばれる非同調の広帯域受信機がありますが，このようなタイプの受信機なら，3G/4G携帯電話の電波を検知できるかもしれません．そこで，高周波と通信の勉強を兼ねて，簡単な構成の電波検出器(**写真1**)を製作してみました．

携帯電話で使われている周波数帯は？

現在の携帯電話の音声はディジタル方式なので，通話内容を傍受することはできません．しかし，電波を使っていることは間違いないので，電波の有無を検出することは可能です．

では，携帯電話はどのような周波数帯域を使っているのでしょうか．**表1**を見てください．

3G/4Gでは800 MHz～3.5 GHzが使われている

第1世代(1G)は初期の携帯電話で，アナログ変調方式であり，800 MHz帯を使っていました．第2世代(2G)はPDCとも呼ばれ，ディジタル方式(TDMA)となり，低速ながらインターネット接続も可能になりました．

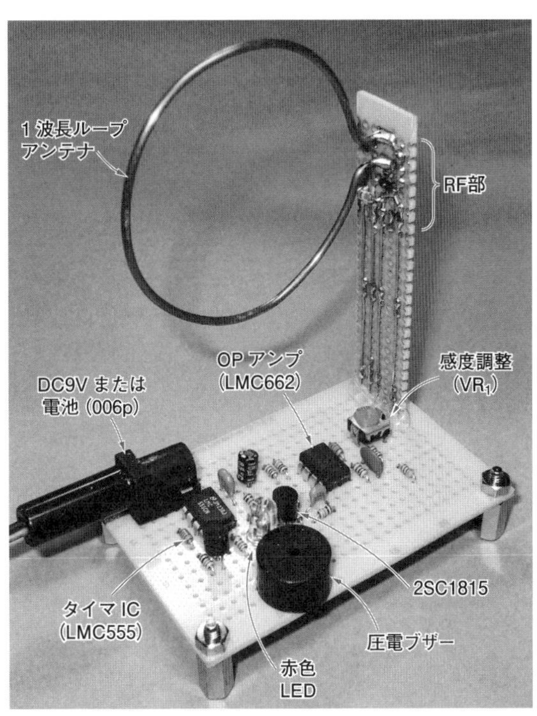

〈写真1〉製作した携帯電話の電波ディテクタ

〈表1〉携帯電話などで使われている主な周波数

周波数帯	主な携帯電話事業者
800 MHz帯	NTTドコモ，au
1.5 GHz帯	NTTドコモ，au，ソフトバンク
1.7 GHz帯	NTTドコモ，au，ソフトバンク，楽天モバイル
2.0 GHz帯	NTTドコモ，au，ソフトバンク
3.5 GHz帯	NTTドコモ，au，ソフトバンク

周波数帯域は800 MHzか1.5 GHzでした.第3世代(3G)では,高速インターネット接続(2 Mbps以上)が可能になりました.第4世代(4G)では,無線LANなどの固定通信網とシームレスに利用できるようになり,800 MHz帯とともに,3.5 GHz帯が使われています.さらに第5世代(5G)では,より高速通信に対応するために,4.8 GHz帯も使われています.

このように携帯電話はさまざまな周波数が使われており,上述のように3G以降では,マルチバンド化されています.つまり,すべての携帯電話の電波を検出するには,一つの周波数だけを受信していても不十分だということです.

したがって,携帯電話の電波検出器(ディテクタ)を作る場合,上に述べただけでも,少なくとも800 MHz～3.5 GHzをカバーしなければなりません.

■ 1～5 GHz帯なら,面実装部品を使えばV/UHF帯のノウハウで回路を組み立てることができる

携帯電話の周波数帯は,いわゆる「マイクロ波」に該当します.マイクロ波というのは古い用語で,その周波数範囲はおよそ数百MHz～数GHzです.

周波数が1～5 GHzだと,馴染みの深いラジオやテレビの高周波回路の知識がまだ役に立ちます.1～5 GHz帯ならば,集中定数を使って回路を組み立てることができ,面実装部品を使えばV/UHF帯のノウハウで回路を組み立てることができます.

写真2は,スペクトラム・アナライザで観測した3G携帯電話(NTTドコモのFOMA)の2 GHz帯の電波です.ディジタル変調なので,やや広い帯域(5 MHz程度)に拡がった平らなスペクトルが観測できました.

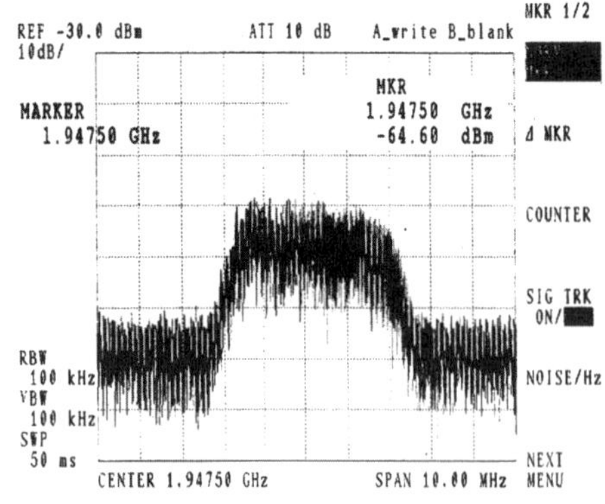

〈写真2〉スペクトラム・アナライザで観測した3G携帯電話(NTTドコモのFOMA)**の2 GHz帯電波**(中心周波数1.95 GHz,スパン10 MHz,10 dB/div.)

■ 3～5G携帯電話の電波を検出するのが難しい理由

NTTドコモやソフトバンクの3G携帯電話はW-CDMA方式,KDDI(au)の3G携帯電話はCDMA2000方式を採用しています.少しの違いはありますが,どちらも基本的にはCDMA方式であり,単一の搬送波を直接拡散変調した信号を使って,基地局と複数の端末が同時に通信します.送信と受信の周波数は分かれていますが,基地局側では同一周波数で送信される複数の端末からの信号を同時に受信し,それぞれの内容を復調しなければなりません.

聖徳太子は同時に10人が発した会話を聞き分けることができたといわれます.一方,3G携帯電話の基地局は同時に数百の端末が発信する内容を聞き分ける能力が求められます.それを可能にするのは拡散符号と相関処理なのですが,基地局側での受信信号強度に大きなレベル差があると,たとえ相関処理しても聞き分けることが困難になってしまいます.そこで,基地局はすべての端末からの受信信号強度の差が,たとえば1 dB以内に収まるように,各端末へ数kHz周期で細やかに指示を出し,端末の送信電力を必要最小限かつ,強度差1 dB以内に制御しています.

3～5G携帯電話端末の最大送信出力は,2G携帯電話と同様に百数十～数百mWなのですが,多くの場合は送信電力を低下させた状態で動作するため,検出するのが難しいのです.

製作した回路について

■ 高周波増幅用トランジスタ

3G携帯電話端末の電波は弱いですから,ダイオードで直接検波するだけでは感度が不十分です.

そこでトランジスタによる高周波増幅を1段入れます.このトランジスタはトランジション周波数f_Tが5 GHz以上のものが必要です.

現在,ネット通販で入手可能なものは,BFR93やBFR182など海外製がほとんどです.**表2**に電気的特性の抜粋を示します.

本機のようなマイクロ波の増幅用ではf_Tが高いことのほかに,使用周波数において電力利得が高いことが重要です.実験の結果,BFR93Aに対して,BFR182は検出距離が1.5倍になりましたので,これを裏付けています.本機は高周波増幅トランジスタとして,BFR182を選びました.

■ 回路と動作

図1が今回製作する回路で,**図2**は使用したデバイ

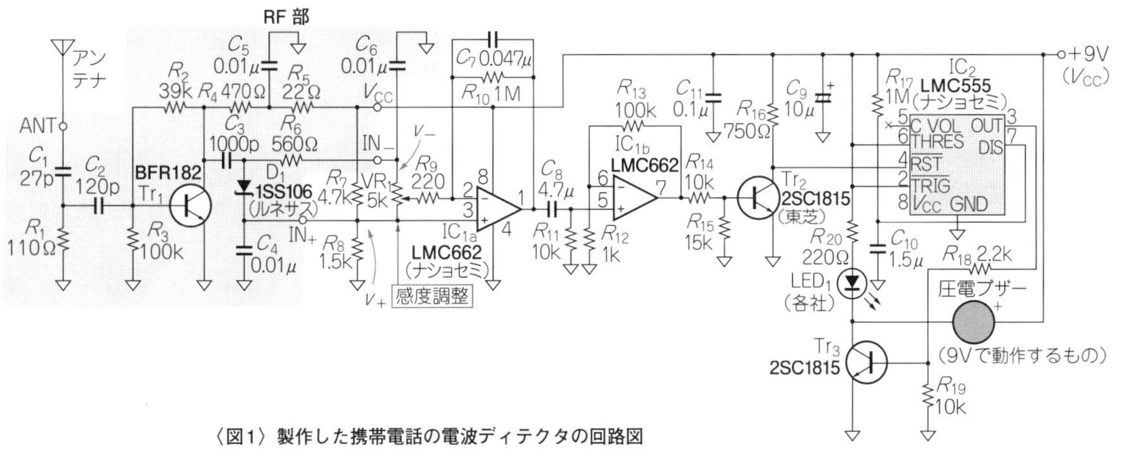

〈図1〉製作した携帯電話の電波ディテクタの回路図

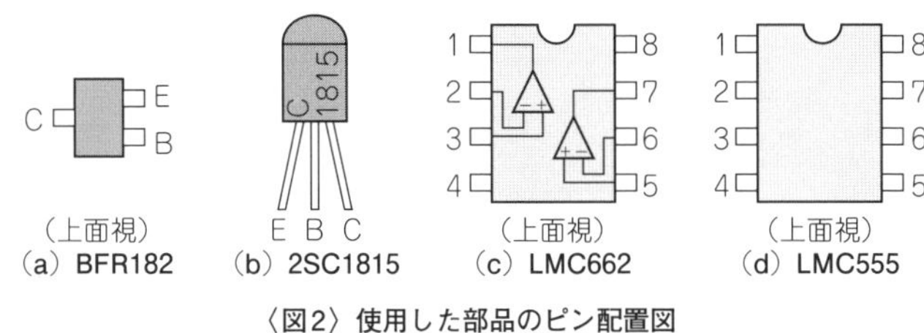

(a) BFR182　(b) 2SC1815　(c) LMC662　(d) LMC555

〈図2〉使用した部品のピン配置図

〈表2〉トランジション周波数f_Tが5 GHz以上のトランジスタの例

項目	記号	BFR93A	BFR182
メーカ	−	NXPセミコンダクターズ	インフィニオンテクノロジーズ
遮断周波数	f_T	6 GHz@30 mA	8 GHz@15 mA
コレクタ容量	C_{cb}	0.7 pF	0.32 pF
雑音指数	F	3 dB@2 GHz，8 V，5 mA	1.3 dB@1.75 GHz，8 V，3 mA
電力利得	G_{ms}	7 dB@2 GHz，8 V，30 mA	12 dB@1.75 GHz，8 V，12 mA

スのピン配置図です．ICが2個，トランジスタが3個，ダイオードが1個，それに表示用のLEDと警報用の電子ブザーからなります．

アンテナは後述するように1波長ループがお勧めです．コンデンサC_1，C_2と抵抗R_1は簡易なハイパス・フィルタを構成しており，数MHz以下の低域雑音とAC電源周波数の信号を除去します．

Tr_1は高周波増幅回路です．増幅したマイクロ波はダイオードD_1で検波します．コンデンサC_4は高周波成分を平滑します．この電圧をv_+とします．

一方，R_6とC_6によって，検波前の平均DCレベルv_-を取り出しています．マイクロ波のキャリアが入ると，$v_+ > v_-$となり，OPアンプIC_{1a}の出力(ピン1)がプラス側に振れます．この出力を**写真3**に示します．積分コンデンサC_7が入っているために，パルスはなまった波形となりますが，雑音成分は十分に除去できます．

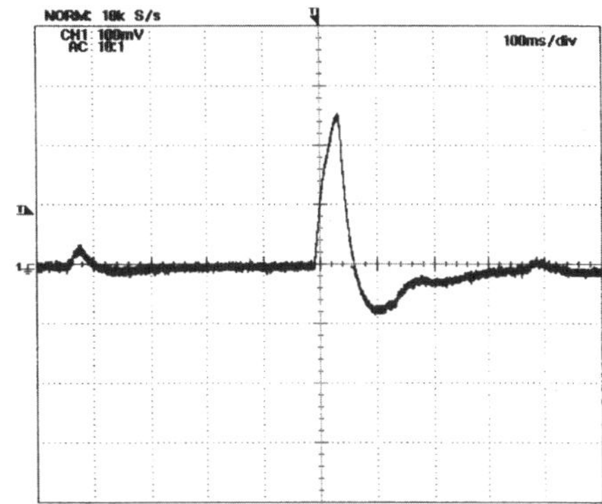

〈写真3〉電波を検出したときの出力パルス(IC_{1a}のピン1で観測．100 ms/div.，100 mV/div.)

DCオフセット電圧を除去するために，C_8でAC成分だけ取り出し，IC_{1b}でトランジスタTr_2が駆動できるレベルまで増幅します．Tr_2のコレクタからは負エッジのパルスが出るので，これでタイマIC(LMC555)をトリガします．IC_2の出力(ピン3)からは，約1秒間継続するパルスが出てきます．このパルスでTr_3を駆動し，LEDと電子ブザーを動作させています．

■ 使用部品の互換性と選び方

Tr_1については前に述べたとおりですが，f_Tが5〜10 GHz程度であれば，これ以外のトランジスタでも構いません．D_1は5 GHz程度を検波可能な検波用ダイオードを選ぶ必要があります．ポイントは，順方向電圧ができるだけ小さい高速ショットキー・バリア・ダイオードを選ぶことはもちろんですが，とくに逆回復時間t_{rr}が小さいことが必要です．GaAsタイプの1SS105も使えます．

OPアンプIC_1は，消費電流節減のためCMOSタイプを使いましたが，汎用のLM358でも構いません．IC_2も同様です．

圧電ブザーは発振回路を内蔵したもので，DC9 Vで動作するものを選びます．

製作

■ RF部の実装方法

写真4に実装例を示します．この回路の製作にあたっては，2～5 GHz帯のマイクロ波を扱う部分と，それ以外の部分を明確に分ける必要があります．回路図でダイオードD_1はマイクロ波を検波する部分ですから，このダイオードより前が高周波，後が低周波回路となります．したがって，R_6，C_6，C_4までをRF部と考えて，面実装部品を使って最短距離で配線します．D_1のリードは短くカットします．

■ 低周波部の実装方法

RF部以外は，リード部品を使いました．**図3**に配線パターン例を示します．

アンテナ

■ 4分の1波長モノポール・アンテナ

携帯電話の電波は垂直偏波なので，導線を垂直に立てたモノポール・アンテナがまず考えられます．給電点がアンテナ下部にあるので，取り付けは容易です．

写真5は実験途上の基板ですが，この写真のように，太めの銅線を基板に垂直に立てます．アンテナの長さは2 GHzの場合は，4分の1波長である3.75 cmです．この場合の検出距離は約1 mでした．

■ 1波長ループ・アンテナ

このアンテナ(**写真6**)はモノポールより利得が少し高い(＋1～2 dB)，周波数特性がブロードといった特徴があります．

特性インピーダンスは約110 Ωです．**図4**に導体径と半径比に応じた特性インピーダンスの変化を示します．

なお，給電点を下にすると水平偏波，給電点を横にすると垂直偏波を捕らえることができます．

形状的には，矩形よりは写真のような円形の方が製作容易でしょう．**図5(c)**のように円周上に電流の節が2か所あり，ダイポール・アンテナ二つを少しずらして重ねたのと等価な動作をします．指向性はループ面に直角方向が最大です．このアンテナにより検出距離は2 m程度に伸びました．

前述のモノポール・アンテナの裏側には金属板があって，給電点インピーダンスは約40 Ωぐらいと考えられます．それにくらべて1波長ループは約110 Ωなので，Tr_1とのマッチングがやや改善されて感度が向上したとも考えられます．

調整と使用方法

ループ面内に8の字指向性のヌル点がありますが，実使用上はヌル点に入ることはほとんどありません．ループ面に垂直な方向に指向性があることを考慮に入れておけば，実使用上はほとんど問題ないと思います．

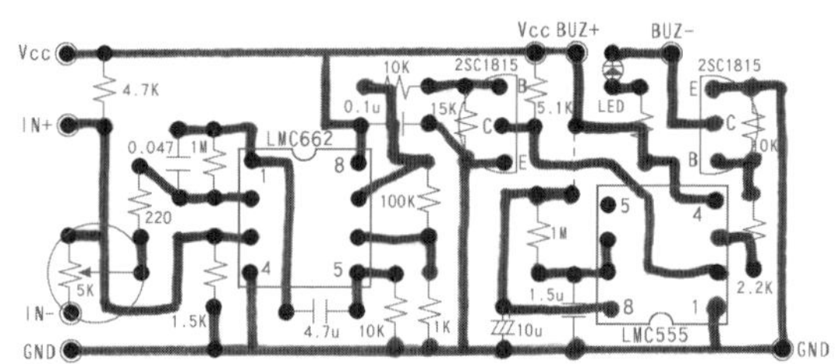

〈図3〉低周波部の配線パターン例

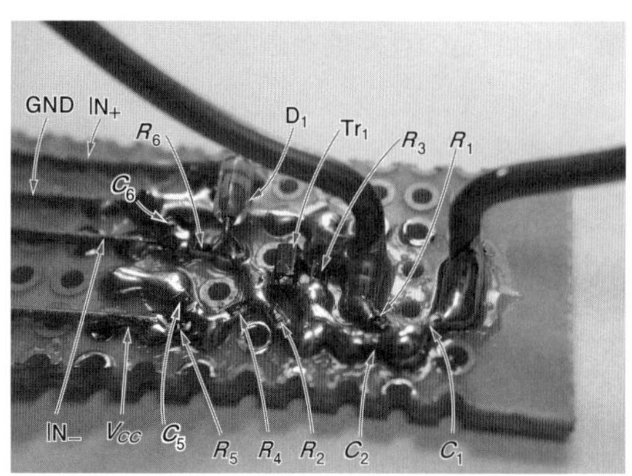

〈写真4〉RF部の実装例(リード線を使わずに最短距離で配線する)

〈写真5〉4分の1波長モノポール・アンテナと実験中の基板

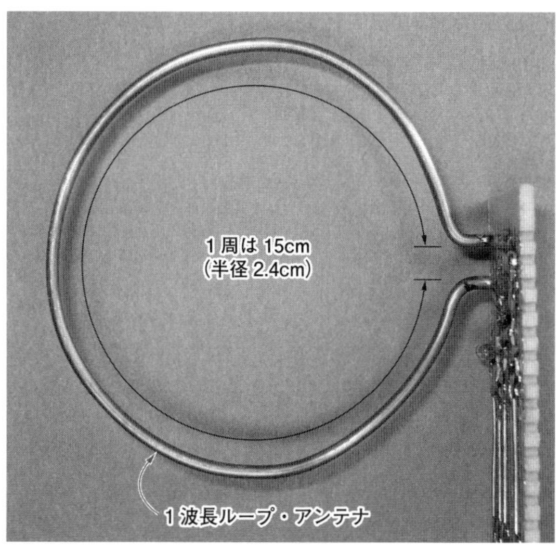

〈写真6〉1波長ループ・アンテナ

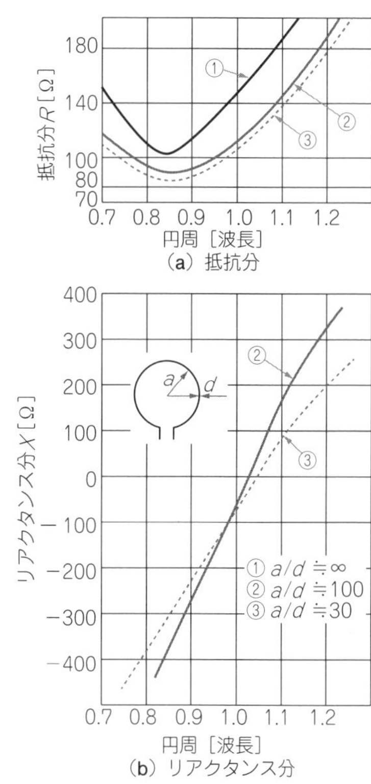

〈図4〉(2)(3)1波長ループ・アンテナの導体径と半径比に応じた特性インピーダンスの変化

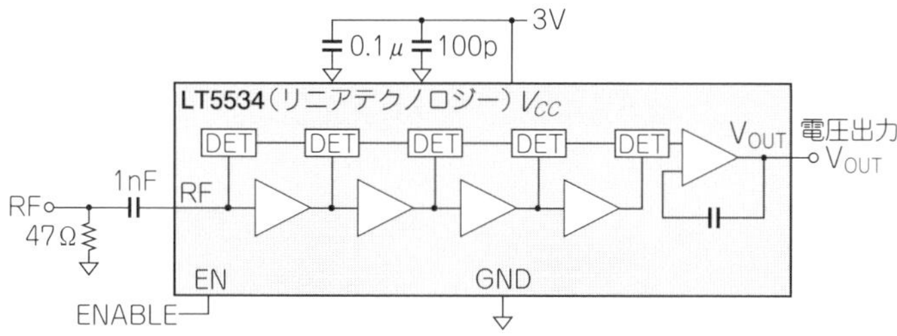

〈図6〉パワー・センサIC LT5534による50 M〜3 GHzのRFパワー・ディテクタ

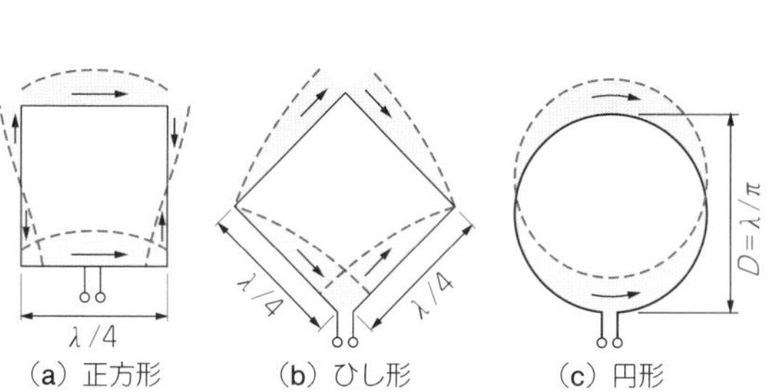

〈図5〉(2)(3)1波長ループ・アンテナの形状と電流分布

感度はVR_1で調整します．感度を上げすぎる(D_1のアノード，R_6側一杯に回す)と，雑音で誤動作することがあるので，この場合は，誤動作が無くなるまでD_1のカソード側に回します．

もっと高感度な回路

入手性があまり良くないので，ここでは具体例を紹介しませんが，ゲイン60 dBのRFパワー検出器LT5534(リニアテクノロジー社)を使うと，検出距離3 m程度を確保できました．参考までにLT5534の内部構成と基本的な回路を図6に示します．

さいごに

最近，試験会場でメールにより回答を返してもらうという不正行為が報道されていました．本器の検知範囲は狭いので，教室の中に数mごとに設置すれば不正行為をした者の場所が特定できると思います．

また，携帯電話で発信すると検知器が動作しますが，携帯電話を電源OFFにするときにも電波を発射するので，OFFしたかどうかのチェックもできます．

本器は，携帯電話以外の電波にも反応します．例えば小電力コードレス電話の電波にも反応します．

本機の製作により，身の回りにある携帯電話の電波について少しでも理解を深めていただければ幸いです．

◆参考・引用*文献◆

(1) Rudolf F. Graf and William Sheets; "Bug Detector", 1992 PE Hobbyist Handbook, TAB Books.

(2)* 岡本次雄;「アマチュアのアンテナ設計」, p.130, CQ出版社, 1974.

(3)*「アンテナ・ハンドブック」, p.335, CQ出版社, 1970.

(4) ダイナミックハムシリーズ;「アンテナ・ハンドブック」, pp.354〜356, CQ出版社, 1985.

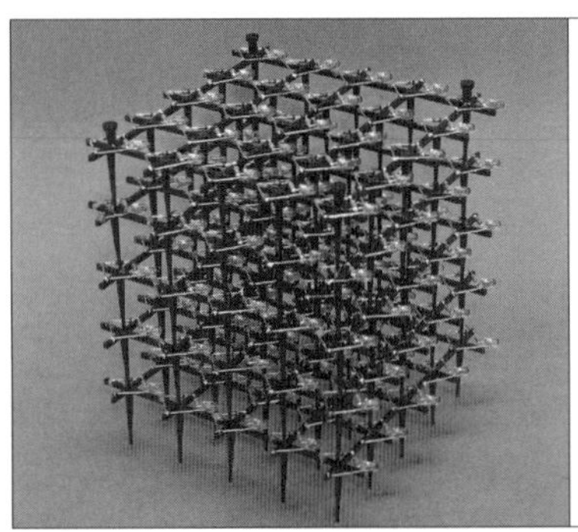

第29章　電子レンジ内の電界分布をLEDの光でリアルタイムに観察できる！

光る立体型電磁界モニタの製作と実験

はじめに

電磁波を使った製品の中で，電子レンジは私たちの生活にとても身近なものです．冷めた料理や食品を温める，牛乳を温める，お酒の燗(かん)をするなどはお手のもの，今では冷凍食品の解凍やインスタント食品の調理などに必須のアイテムとなりました．

電子レンジは食品を外部から温めるのではなく，波長の短い電磁波を照射して，分子どうしの摩擦を起こして，内部から温めることが特徴です．この特性を活かして，電子レンジ(マイクロ波オーブン)は，家庭用以外に，食品や木材，繊維などの乾燥，接着作業などの工業用，さらに医療，研究用に広く使われています．

さて，電子レンジの中で，電磁波はどのようにふるまっているのでしょうか？　電波の強度は一定なのでしょうか？　電波は常に出ているのでしょうか？　それとも時々出るのでしょうか？　電波の強さは場所によって変わるのでしょうか？　電波は目に見えないので，こういうことは皆目見当が付きません．

そこで，ダイオード検波器，抵抗，LEDをループ状にしたもの(レクテナ素子)を平面や立体に多数並べて，電子レンジの中の電磁界のようすを調べてみたのが**写真1**と**写真2**に示す電磁界モニタです．各LEDの明るさは，電波の強度に応じて変化します．各々のレクテナ素子は，安価な汎用部品で構成したので，素子1個でも実験できますし，手間暇を惜しまなければ，ロー・コストで多素子からなる電磁界モニタを作ることができます．

なお，「レクテナ(rectenna)」とは整流器(rectifier)とアンテナ(antenna)を組み合わせた造語で，マイクロ波電力伝送ではおなじみの用語です．

電子レンジの発明と動作原理

● 電子レンジによる加熱の原理

1945年，米国レイセオン社のパーシー・スペンサー(Percy Spencer)らは，マグネトロンを使ったレーダー装置の組み立て中に，動作中のレーダーの前に立っていたらポケットに入れていたチョコレートが柔らかく溶け始めることに気づきました．マイクロ波により食品が加熱されることが発見されたのです．その後，レイセオン社はこの現象を利用して電子レンジを商品化しました．(編注；文献(2))

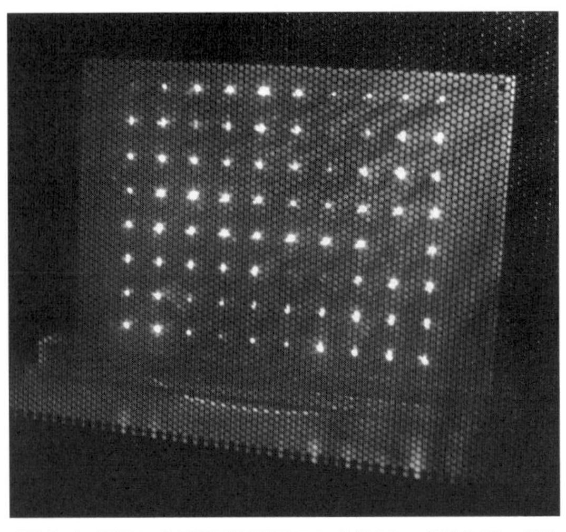

〈写真1〉 製作した平面型電磁界センサ(明るい部分と暗い部分が時間的に変化する)

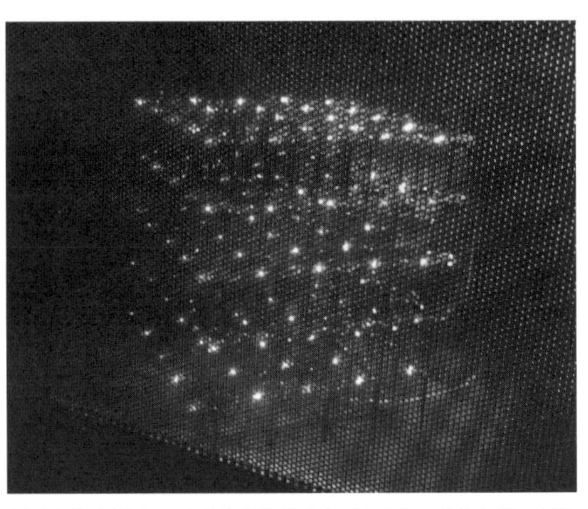

〈写真2〉 製作した立体型電磁界センサ(明るい部分と暗い部分が時間とともに空間的に変化する)

わが国では1961年，東芝が国産第1号の電子レンジを発売し，1964年には新幹線のビュッフェに採用されました．その後2～3年で，家電各社が家庭用電子レンジを発売することになりますが，冷凍食品がまだ一般的でなく，作り置きの料理を冷蔵保存する習慣もなく，永らく普及率が低迷しました．ところが，核家族化，一人住まい，共稼ぎなど生活習慣が急激に変化して，スピーディな調理が求められるようになり，現在では9割以上の家庭に電子レンジが普及し，厨房の必須アイテムとなりました．

マイクロ波による加熱原理は，マイクロ波分光学などの分野で前述の発見以前からよく知られていたことでした．例えば，マイクロ波のエネルギー測定には，キャビティ内部の水の温度上昇が利用されていました．しかし，この原理を電子レンジとして商品化する着想と実現力は，前述のように技術者の力を借りなければ出てこなかったのです．

● 電子レンジの構造と原理

図1は電子レンジの構造例です．右上のマグネトロン（磁電管）で2450 MHzを発振し，その電波は導波管で調理室の真上に導かれて電磁反射板で下方に向けられます．電波はスターラ（金属製プロペラによる電界かくはん器）によって，調理室内にまんべんなく照射されます．同時に通風用のブロワ・ファンによって空気が図のように流れてマグネトロンを冷却するとともに，料理から出る湯気を多数の通風孔から外部へ排出します．1個の通風孔の直径は3 mm程度なので，電波は通しません．

電子レンジの動作原理は，食品の分子どうしがマイクロ波と同じ周波数で振動し，その摩擦熱で食品が発熱するというものです．食品自体が発熱体となるので，芯から加熱されます．火を使う場合のように，表面が焦げたり，中身が生のままだったりという失敗がありません．また，加熱時間も数十秒から数分と短くてすみます．

電子レンジの欠点としては，電磁波を通さないアルミ・ホイルなどの金属で食品を包むことができないこと，焼き魚のような焼き料理に向かないことなどです．

■ 予備実験と回路などの検討

● マイクロ波でLED1個を点灯させる回路の検討

前置きはこれくらいにして，さっそく検討に入りましょう．**図1**のような電子レンジの調理室は金属で囲まれているので，いわば6面シールド・ルームです．その天頂部から最大数百Wのマイクロ波が降り注がれるわけです．マイクロ波の輻射点から受電点までの距離は数cm～十数cmでしょう．マイクロ波の一部は食品に当たって吸収されて熱エネルギーとなり，食品を温めます．金属壁で反射したマイクロ波は，減衰せずに再び調理室内を飛び交い，その一部は食品を温め，残りはまた反射を繰り返します．

電波をとらえるにはアンテナが必要です．LED1個を十分点灯するのに必要な電力は，LEDの順方向電圧が1.6 V，順方向電流10 mAと仮定すれば16 mWほど，最近の高輝度LEDだと1 mAでも明るく光るので1.6 mWほどです．

図2を見てください．マイクロ波源が点波源だと仮定し，それを一辺10 mmほどの小さな正方形ループ・アンテナで受電することを考えます．簡略化のため，調理室内の壁面からの反射波は無視し，ループ・アンテナの開口効率をη = 100 %とし，整合損失も無視します．このループ・アンテナの開口面積A_ℓは0.0001 m^{2}です．

点波源へP_0 Wを与えるとき，中心点OからR m離れた球面の電力密度D_R W/m^{2}は，

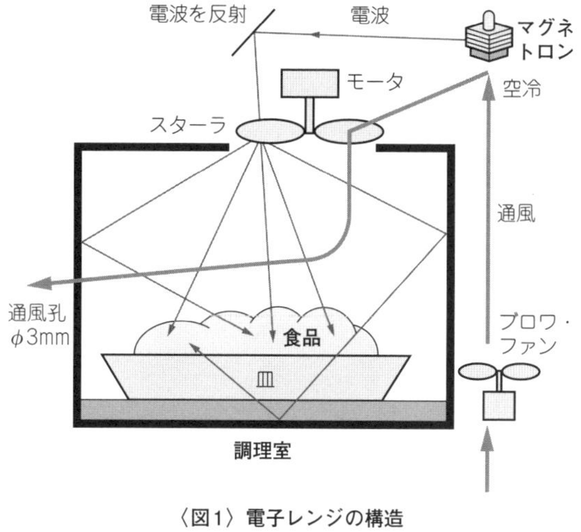

電波を反射
電波
マグネトロン
モータ
空冷
スターラ
通風
通風孔 φ3mm
食品
皿
ブロワ・ファン
調理室

〈図1〉電子レンジの構造

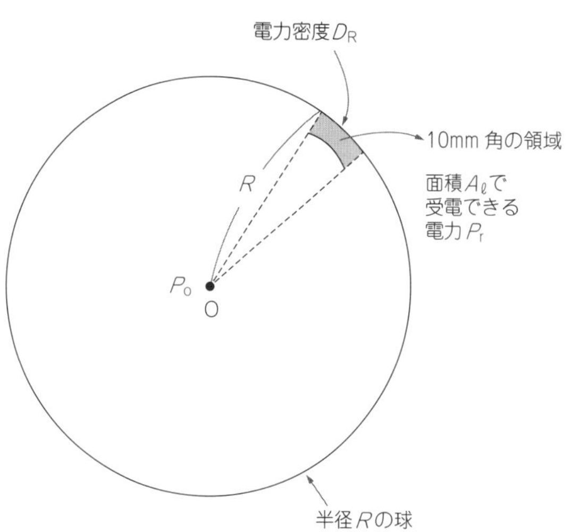

〈図2〉小さな正方形の領域（A_ℓ）で受電できる電力を考える

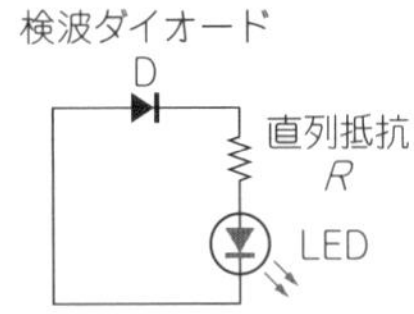

〈図3〉LED1個によるレクテナ素子の回路
（一辺を1cmぐらいに組み立てる）

$$D_R = \frac{P_o}{4\pi R^2} \cdots\cdots (1)$$

と表せます．この球面上に開口面積A_ℓのアンテナを置いたときの受電電力P_rは次式で表せます．

$$P_r = D_R A_\ell \cdots\cdots (2)$$

波源に$P_o = 100$ Wを供給するものとします．すると，10 cm離れた地点での受電電力は，

$$P_r = \frac{A_\ell}{4\pi R^2} P_o = \frac{0.0001}{4\pi \times 0.1^2} \times 100$$
$$\fallingdotseq 79.6 \times 10^{-3} \cdots\cdots (3)$$

となり約80 mWです．同様に20 cm離れた地点では約20 mWが得られます．仮に開口効率が50 %，整合損失が50 %だとしても，高輝度LEDなら一辺10 mmのループ・アンテナで十分に光るだけの受電電力が得られるはずです．

波源からアンテナまでの距離が2.5 cmだと受電電力は距離の2乗に反比例しますから，最大で約1.27 Wとなり，波源に近いときに過電流が流れないよう注意が必要です．

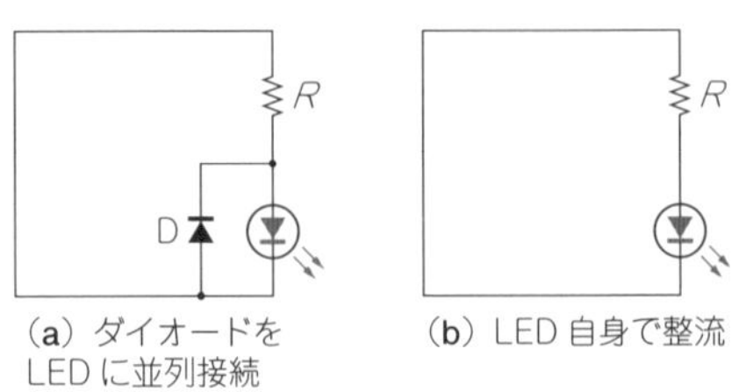

〈図4〉レクテナ素子の他の回路例

以上から**図2**のように，ダイオード，抵抗，LEDを含めて一辺1 cm程度のループにして，電磁界の強さを光で見ることができるレクテナ素子を作ることにします．

● LED1個による最初のレクテナ実験

写真3は試しにユニバーサル基板上へ**図3**の回路を取り付けたもので，部品配置の都合でループ形状は楕円になっています．検波ダイオードは検波用ショットキーバリア・ダイオードの1SS106（ルネサスエレクトロニクス），LEDは赤色で面実装高輝度品のSM-010LT（ローム），抵抗器は普通の1/6 Wカーボン抵抗です．当初1608サイズ（1.6 × 0.8 mm）の角形チップ抵抗を使いましたが，許容電力が1/10 Wと小さいせいか，すぐに焼損して使えませんでした．

この回路を家庭用電子レンジ（**写真4**）に入れて実験しました．なお，空焚き（からだき）防止と回路保護のため，調理室内に「コップ1杯の水を入れておく」のを忘れないようにしてください．電子レンジの出力を（設定可能ならば）最小の100 W，タイマは最短の10秒に設定します．スタートして間もなく**写真5**のように，LEDが明るく点灯しました．この電子レンジの場合，10秒のうち，ほんの1～2秒だけしか点灯しませんでした．

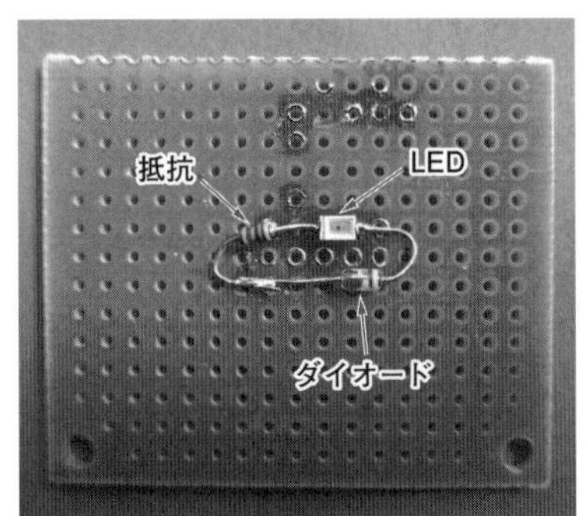

〈写真3〉試しに作ってみたレクテナ素子の回路

〈写真4〉実験に使用した家庭用電子レンジ（オーブンレンジ MRO-GF6，日立製作所）

〈写真5〉レクテナ素子1個による最初の実験（レクテナは**写真3**，負荷としてコップ1杯の水を忘れずに入れること）

〈写真6〉3種類のレクテナ回路の輝度比較

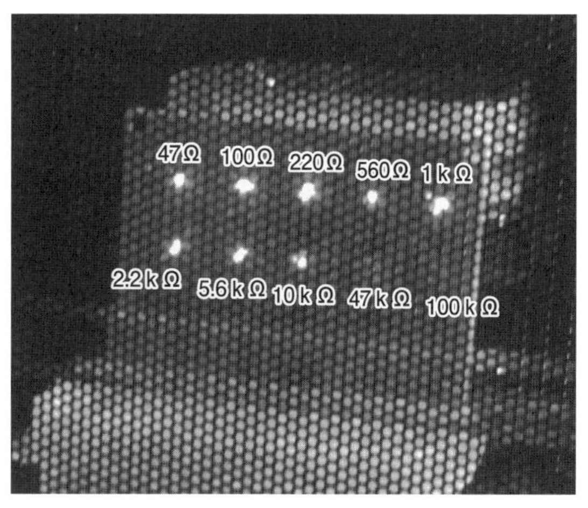

〈写真7〉直列抵抗の値による輝度の違い

電子レンジの調理電力を定格より下げる場合は，マグネトロンの通電時間を短縮するようです．LED1個だけですから，これが時間的変動か空間的変動かは判断がつきませんが，少なくとも電磁界が一定ということはないようです．

● レクテナ素子の回路構成を検討する

回路構成は**図3**が唯一でもベストでもありません．このほかにも，**図4**のような構成が考えられます．

図4(a)はLEDと並列に検波ダイオードを接続することで，LEDの逆耐圧保護を兼ねています．**図**(b)は検波ダイオードを使わず，LEDの整流作用を利用するものです．

写真6は，各々の回路の輝度を比較したものです．

図4(a)が最も明るく，**図3**も明るいのですが，**図4**(b)はかなり暗いです．**図4**の検波ダイオードはUHF用の1SS239(東芝)です．この三つの比較だけだと，**図4**(a)の回路に軍配が上がります．ところが検波ダイオードを高速スイッチング用の1N4148にすると，**図3**と**図4**(a)の輝度の差がほとんど無くなります．原因はよくわかりませんが，この結果からループを作りやすい**図3**の回路を採用しました．

● 直列抵抗の影響を調べる

直列抵抗Rは，おおざっぱに560Ωとしましたが，これが最適かどうかはわかりません．そこで，直列抵抗の値をいろいろと変えた実験が**写真7**です．回路は**図3**です．LEDには汎用で安価なϕ3(直径3mm)で赤色のOSDR3133A(Optosupply社)を使いました．ダイオードは高速スイッチング用で安価な1N4148です．

写真7で下段中央の10kΩがやや暗く，10kΩ以上ではほとんど光りません．一方，5.6kΩ以下(下段左2個と上段)ではほとんど輝度の変化がありません．この結果から，10kΩを境として，これ以下では定電流特性を示すことがわかります．電磁波の強度とLEDの明るさをはっきりと対応させたい場合は，Rの値は10kΩ前後が適当です．しかし，今回は弱い電磁界でも確実に発光させたかったため$R = 560$Ωとしました．

● LEDの種類による発光の違いを調べる

使用するLEDによっても輝度が変わるでしょうから，手元にあるいくつかのLEDで実験してみました．**写真8**の各LEDは**表1**に示すとおりで，いずれも$R =$ 560Ω，ダイオードは1N4148です．

左上がこれまでの実験で使った赤色LED(OSDR3133A)です．これに対して，上段の緑や黄色の通常品はやや暗く見えます．下段は高輝度LEDです．いずれも非常に明るく，青や白はまぶしいほどです．しかし左上の赤色LEDも十分な輝度であり，単価の安いOSDR3133Aを使うことにしました．

直列抵抗Rを小さくすると緑や黄のLEDも明るくできるように思えますが，この回路では前述のように定電流特性を示すので，輝度向上は期待できません．

〈表1〉写真8に示すLEDの色/形や型名など

	左上			右上
上段(標準品)	赤色ϕ3 OSDR3133A	黄緑色ϕ3 OSG8HA5E34B	黄色ϕ3 LN48YCP	黄色ϕ3 OSYL3133
下段(高輝度品)	赤色高輝度ϕ5 OSR5CA5B61P	緑色高輝度ϕ5 OSPG5161A	白色高輝度ϕ5 OSPW5161P	青色高輝度ϕ5 OSUB5161P

注▶LN48YCPはパナソニック製，これ以外はOptosupply製

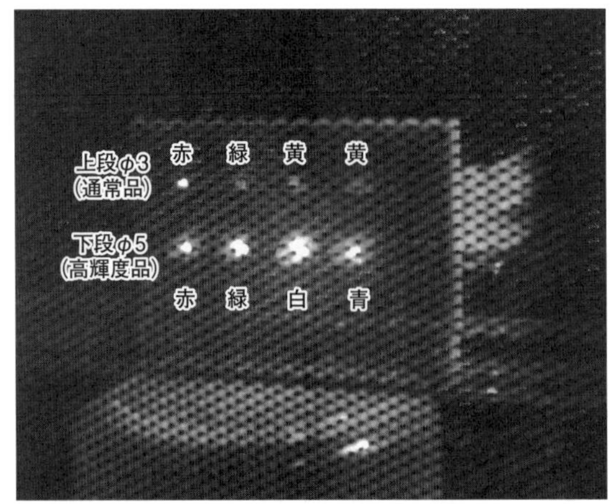

〈写真8〉LEDの種類による輝度の違い

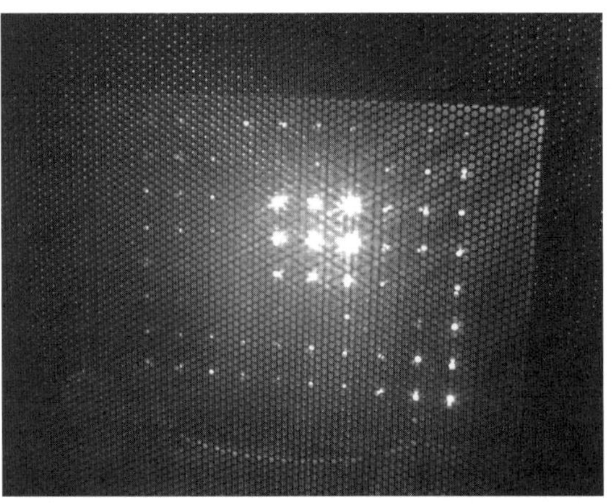

〈写真9〉検波ダイオードの品種による輝度の違い(中央の3×3ブロックはUHF検波用で，他は汎用高速スイッチング・ダイオード)

● 検波ダイオードの影響を調べる

電子レンジの周波数は2.45 GHzですから，検波ダイオードもUHF帯用のものが適しているはずです．

写真9は3×3＝9個のブロックごとに検波ダイオードの種類を変えて実験したものです．中央で明るく光っているブロックは，1SS239(東芝)を使用したものです．これはVHF/UHF/CATV周波数変換用で接合容量C_j＝0.8 pF@1 MHzというものです．そのほかは手持ちの高速スイッチング・ダイオードで，明るさは大差ありません．

UHF用ダイオードが効率が良いことはわかりましたが，多数使用する場合はできるだけ安価な普及品を使いたいものです．**写真9**を見ると，必ずしもUHF用でなくてもある程度の輝度が得られるので，今回は汎用品の1N4148(フェアチャイルド)を使うことにします．1N4148は端子間容量$C_{t(max)}$＝4 pF，逆回復時間$t_{rr(max)}$＝4 nsなので，RF検波用としても効率が良いようです．なお，当然ながら商用交流の整流用ダイオードは効率が悪くて適しません．

● 円形ランドの影響を調べる

ユニバーサル基板は全面にドーナッツ状の銅箔ランドがあります．未使用の銅箔ランドもリング・アンテナを構成しているので，電流が流れるはずです．この電流は正方形に形成したループ・アンテナの内側を通過する磁力線の変化を妨げる向きに流れます．したがって，リングの内側の銅箔ランドを除去したほうが，検波能率は高まるかもしれません．

図5は2.4 GHzの自由空間波長λとプリント基板の誘電体内での波長λ_gが，ユニバーサル基板のランド・パターンと比較してどれくらいになるかを描いたものです．プリント基板の比誘電率ε_r＝4.5としています．実際には，ほとんどの磁力線が空気中を通過している

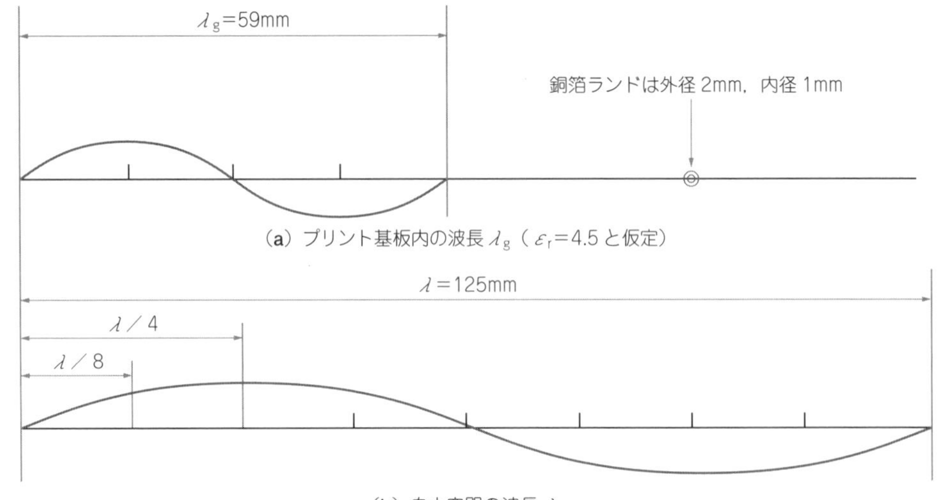

〈図5〉ユニバーサル基板の銅箔ランドと電磁波の波長の比較(実寸)

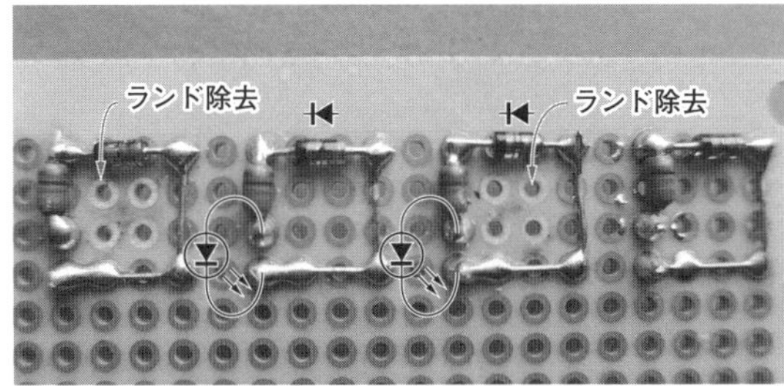

〈写真10〉レクテナのループ内にある銅箔ランドの影響を調べる

ので，実効比誘電率は1に近く，λ = 125 mmと考えたほうが現実に近いだろうと思われます．

銅箔ランドで形成されるリング・アンテナは，磁力線が通過する穴の直径が1 mmだとすると，λ_gの1/60，λの1/125にしかなりません．したがって，このランドによる効率低下は無視できるレベルかもしれません．

確認のため，**写真10**のように四角形のループ内のランドを一つおきに除去して，LEDの明るさに差がでるかどうかを調べました．**写真11**が実験結果で，はっきりとした輝度の差は認められませんでした．したがって，ループ内の銅箔は除去しないこととしました．

● 基板の発熱について

銅箔ランドのもう一つの影響は基板の発熱です．電磁波エネルギーは，損失がなければリアクトするので，発熱はしないのですが，現実には銅箔の電気抵抗(銅損)とプリント基板の誘電損失による発熱があるはずです．

ガラス・エポキシと紙エポキシのユニバーサル基板をそれぞれ800 Wで1分間，電子レンジの高周波にさらしたところ，ガラス・エポキシで9 ℃，紙エポキシで30 ℃の温度上昇が認められました．温度測定には，放射温度計73014(シンワ製，放射率可変タイプ)を使いました．

なお，**写真1**の完成基板(ガラス・エポキシ)では，30秒もすると10 ℃くらいの温度上昇があります．これはLED電流による直列抵抗の発熱が加わっていると考えられます．したがって，実験は長くても連続1分以下にしておくのが安全でしょう．

■ 電磁界モニタの製作と実験

● 8×10＝80個構成の平面型電磁界モニタ

電磁界モニタを構成するレクテナ素子は**図3**の回路です．LEDにOSDR3133A(赤色ϕ3)を使い，検波ダイオードは1N4148，直列抵抗R = 560 Ω(炭素皮膜1/6 W)としました．

ループは一辺10 mm弱の四角形とし，ユニバーサル基板の4×4個のランドを使用しました．縦8個×横10個の合計80個のループからなっています．完成基板の表面を**写真12**に，裏面を**写真13**に掲げます．

〈写真11〉ユニバーサル基板の銅箔ランドの影響(差異はほとんど認められない)

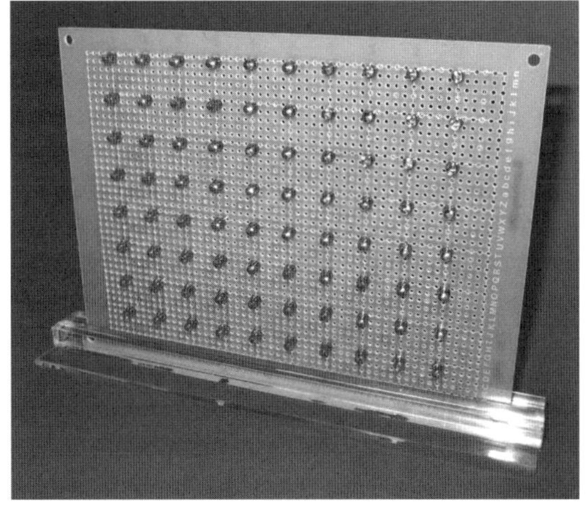

〈写真12〉8×10＝80個のレクテナ素子からなる平面型電磁界モニタの完成基板(外形160×115 mm)

この基板を電子レンジに入れてマイクロ波を照射すると**写真1**のように，上下左右に明るい部分が移動するようすが手に取るようにわかります．実験に使用した電子レンジは回転テーブルがないので，念入りに電磁界を攪拌(かくはん)しているようです．

● 5×5×5＝125個の立体型電磁界モニタ

前述の平面型電磁界モニタはユニバーサル基板上のレクテナ・アレイであり，2次元のセンサです．これを3次元アレイにして奥行き方向の電磁界分布も知りたくなりました．そこで，**写真14**のような格子を作り，各格子点にレクテナ素子を取り付けました．

写真15は，この立体モニタを電子レンジに入れたところです．電磁界の強度が3次元で動くようすがビジュアル化されます．例えば，斜めに強度が強い部分が現れたときは，この方向に電波が進行していると推察できます．

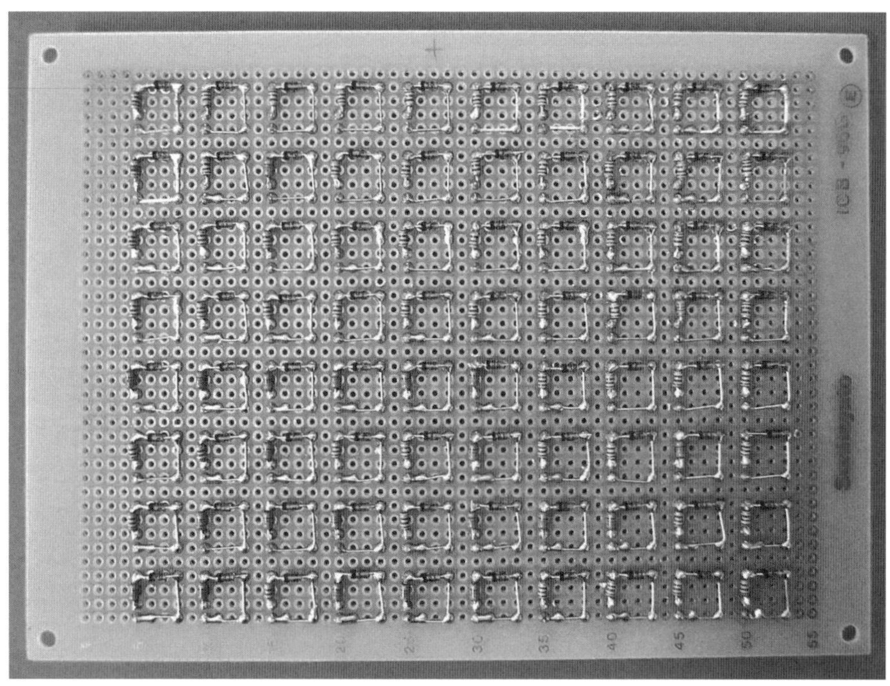

〈写真13〉 写真12の基板の裏側（レクテナ素子は一辺1 cmの正方形）

〈写真14〉 5×5×5＝125個のレクテナ素子で構成した立体型電磁界モニタ

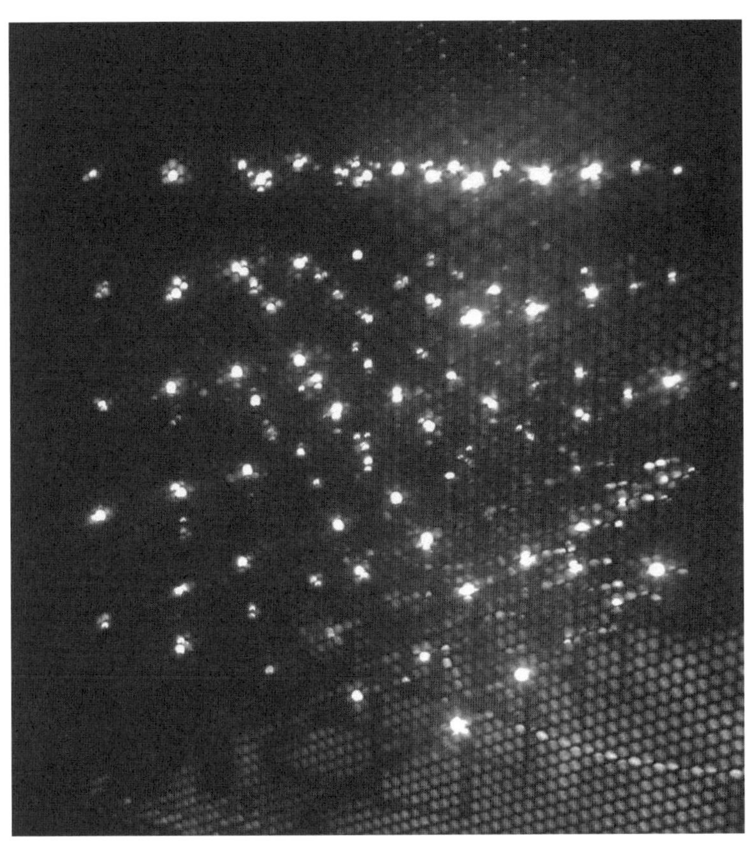

〈写真15〉
動作中の立体型電磁界モニタ(縦，横，斜めに電磁界の山が移動するようすがわかる)

〈写真16〉立体格子の骨組みの材料例

立体の骨組みとなる格子は100円ショップで入手したもの(**写真16**)で，花壇などに動物が入るのを防ぐためのプラスチック製品を利用しました．格子状の商品は，これ以外にもプラスチック製のかごなどいくつかあります．レクテナ素子は基板を使わず立体配線しました．格子点を半田ごてで加熱するだけで簡単に接着できますが，念のため1点だけ接着剤を付けています．格子どうしの接着も基本は半田ごてによる熱融着です．

■ まとめ

マイクロ波というと，高価な機材なしには実験できないと思われがちです．出力の大きい電波は電波法の規制があり，発射自体が制限されます．一方，電子レンジは身近な製品でありながら，無免許で使えて，大きな出力が得られるので，マイクロ波の実験には好適かもしれません．

家庭用だと出力を100 Wくらいまで絞ることができる製品があり，タイマと併用すれば実験回路を破壊することなく，アンテナ，検波，LED表示などを組み合わせて，ある程度の電磁波の実験ができます．

本稿で紹介したように，微小ループ・アンテナを使った電磁波センサを平面や立体に並べて配置すれば，電子レンジ内部の電磁界の変化や分布を調べることができます．

この実験によりマイクロ波エネルギーの世界を体感していただければ幸いです．

◆参考文献◆

(1)「家庭電化機器の常識技術」，三洋電機㈱，非売品，1972年9月．
(2) 尾上守夫；「チョコ・バーとステーキ」，RFワールドNo.27，pp.134～137，CQ出版社．
(3) 東芝未来科学館；「日本初の業務用電子レンジ」 http://toshiba-mirai-kagakukan.jp/learn/history/ichigoki/1959microwave/index_j.htm

第30章　電界＆磁界アンテナによって水平偏波のFM放送波の到来方向を探る！

電波方向探知器の実験

はじめに

電波の到来方向を探知するのに，ホイップ・アンテナとループ・アンテナを組み合わせた方法があります．GPSナビがなかった当時，船舶や航空機の電波航法の一つとして，中波ラジオ放送局や中波ラジオ・ビーコン局の位置を頼りにする方法がありました．港に行くと，現在でも直径数十cmのループとホイップを組み合わせた方探アンテナを装備した船舶を見かけます．また，1960年代に入ると米陸軍などの兵士が前線から基地へ帰投するために，携帯型方向探知用アンテナを使うようになりました．これはVHF帯を使ったもので，中波帯と同様に垂直偏波の発信源の位置を探るものでした．

本稿では，動作原理を学ぶため，方向探知器を試作・実験していただきました．この方式の対象としては中波ラジオ送信所が一般的ですが，ここではFM放送局の方向探知に挑戦していただきました．当初，FM局の多くが水平偏波であることを失念していて，筆者の漆谷さんにはお手数をおかけしてしまいました．しかし，本稿でご紹介いただくように，この方式によって水平偏波でも電波の到来方向を探知することができることがわかりました．　**〈編集子〉**

＊

本稿では，電波の性質を利用した簡単な方向探知器を製作します．FM送信所やTV局を探して，フォックス・ハンティング(電波の発信源を狐に見立てて探す遊び)をして見るのも面白いでしょう．

なお，今回の製作は当初想定していたほど簡単ではなく，種々の検討・変更・改善が必要でした．そこで失敗談を交えつつ，検討経過に沿って紹介しましょう．

電波に関する予備知識

■ 水平偏波と垂直偏波

最初に，本製作に必要な最小限の予備知識について触れます．電磁波は，前々世紀にマックスウェルが明らかにしたように，電界と磁界が互いに直交して光の速度で伝搬して行く横波です．**図1**にこのようすを模式的に示します．

図(a)のように電界が地面に平行に伝搬するものを「水平偏波」，**図(b)**のように電界が地面に垂直に伝搬するものを「垂直偏波」と呼んでいます．この二つが回転しながら伝搬する「円偏波」や「楕円偏波」もあります．

さて，FM放送の周波数は76～90 MHzのVHF帯です．そして大半のFM送信所のアンテナは水平偏波です．

■ 電界アンテナと磁界アンテナ

アンテナには，電波の電界成分を検出する「電界アンテナ」と，磁界成分を検出する「磁界アンテナ」があります．前者の代表例がダイポール・アンテナで，ロッド・アンテナもこの仲間です．後者の代表例がループ・アンテナであり，AMラジオに使われているバー・アンテナがこの仲間です．

ダイポールのような電界アンテナは，たいていの教科書に載っており，種々のアンテナの原型でもあります．一方，磁界アンテナはAMラジオのバー・アンテナ以外に見かけることはほとんどありませんし，解説記事も多くはありません．

電界アンテナの原理は，**図2**のように，電界方向に電線(ロッド)を張ると，電荷が誘起され，高周波の交流電圧として取り出すことができるというものです．また，ループ面に垂直に磁界の変化があると電磁誘導によりループに電流が流れます．これが磁界アンテナの原理です．ループ面を貫く磁束が多いほど誘起され

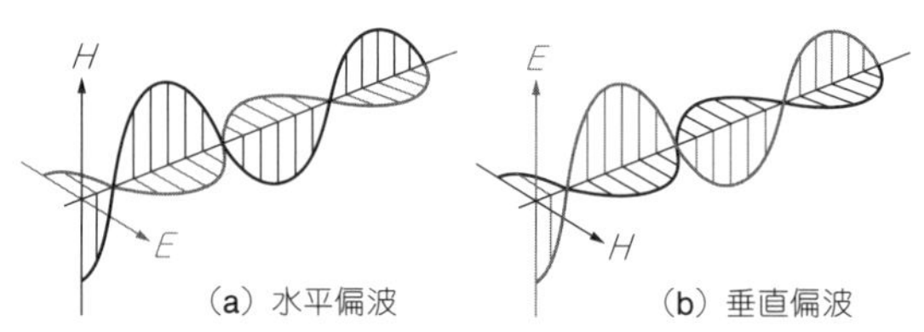

〈図1〉水平偏波と垂直偏波

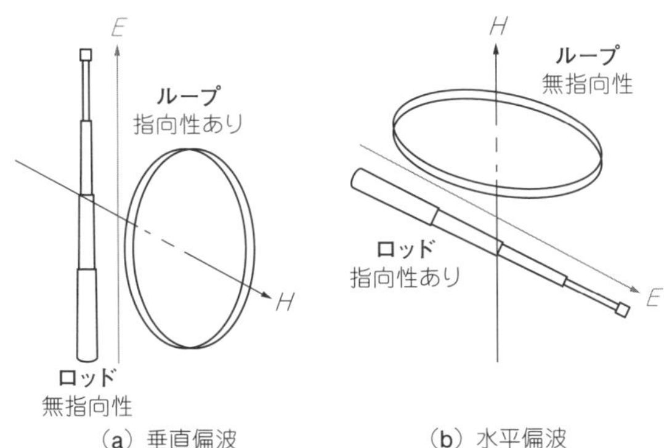

〈図2〉 電界アンテナと磁界アンテナ

る電圧は大きくなります.

このように垂直偏波と水平偏波では，各々のアンテナの指向性パターンが入れ替わります.

製作した方向探知器の動作原理

電界アンテナと磁界アンテナの特性を組み合わせてカージオイド特性を得る

図2(a)において，ロッド・アンテナは無指向性で，ループ・アンテナに指向性があります．このようすを図3に示します．今，指向性のある方をA，無指向性の方をBとします．アンテナAの指向性は「8の字」のように，電波の到来方向(0°)とその逆方向(180°)で最大，直角方向(90°と270°)で最小となります．一方，

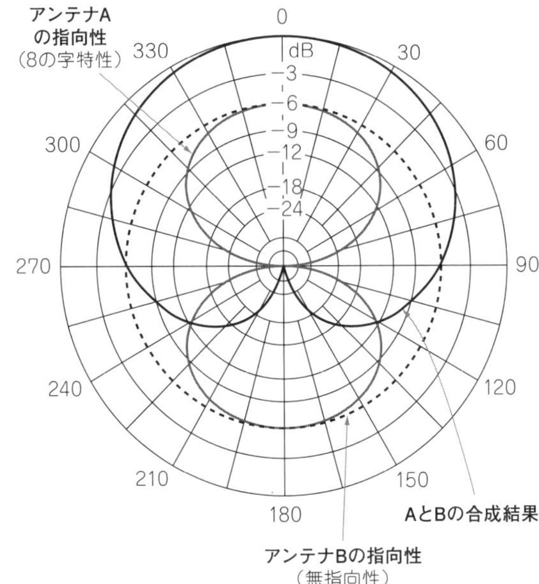

〈図3〉 電界アンテナと磁界アンテナの出力を加算したときの指向性

アンテナBは指向性がないので，どの方向でも同じ値となります.

アンテナAの8の字特性は，上と下で重要な違いがあります．それは，アンテナ出力の位相がお互いに180°異なるということです．これは図2において，ループまたはロッドを180°回すと磁束の方向，または電界の方向が逆になるからです.

そこで，アンテナAとアンテナBの出力を加算すると，電波の到来方向で最大，逆方向で最小になるようなハート形(カージオイド曲線)の指向性となります.

この関係は，図2の(a)と(b)で本質的に同じです．違うのは，電界アンテナと磁界アンテナの役割が入れ替わることだけです.

水平偏波に対応したアンテナ構成にする

前に述べたとおり，FM放送のほとんどが水平偏波で送信されています．そこで図2(b)のようなスタイルで二つのアンテナを組み合わせることになります．つまり，ロッド・アンテナとループ・アンテナを地面に水平に配置します．写真1が製作したアンテナです.

図4は，電界アンテナと磁界アンテナの結合方法の一例です.

まず，磁界を検出するループ・アンテナは，電界成分が入って来ないように，全体を静電シールドする必要があります．「ファラデー・シールド」とも呼ばれます．図(a)は1次側にコンデンサを入れて同調させています．図(b)は2次側で同調を取っています.

磁界アンテナとは別にロッド・アンテナを設けて電界成分を検出します.センス・アンテナともいいます．この二つの成分を混合するわけですが，ここで二つのアンテナ信号の位相を一致させる必要があります.

ここで注意することは，磁気ループ・アンテナの信号位相は，電磁誘導の原理から，電界アンテナと90°

〈写真1〉 水平偏波に対応した方向探知アンテナの実験(ロッド・アンテナでは期待した指向性が得られなかった)

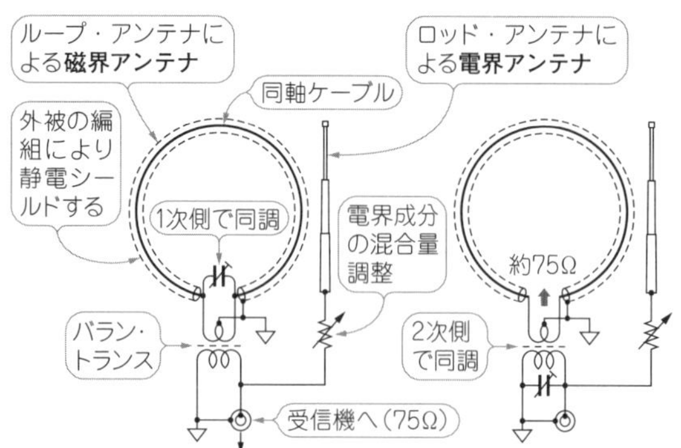

(a) 1次側で同調させる方法　(b) 2次側で同調させる方法

〈図4〉電界アンテナと磁界アンテナの出力を結合する方法

位相がずれていることです．また，トランスの1次側と2次側でも同じ原理により位相が90°ずれます．したがって，図のようにアンテナを結合すれば，90°+90°＝180°となり，両者の位相は180°ずれとなり，加算または減算で振幅が相殺できるようになります．

■ FMチューナのSメータを利用する

指向性を調べるためには，受信信号の強度を何らかの方法で知る必要があります．私はSメータ付きのFMチューナ(ビクター，FX-600)を利用しました．**図5**は，このチューナで採用されているFM-IF用IC(LA1235)のIF段以降のブロック図です．

IF段は多段構成で，後段は信号が飽和しているので，前段から信号レベルを取り出しています．この信号は対数出力となっています．チューナ本体でも信号強度をdB(0～99 dB)で表示できるようになっています．しかし，ディジタル表示なのでアンテナを動かしたときの変化がわかりにくいため，**図5**のように100 μAのアナログ電流計を接続し，フルスケール100 dBになるように可変抵抗器を調整しました．

ほかの方法としては，FM帯対応の電界強度計があればベストです．市販のラジオの場合は，そのままではリミッタが効いて電界強度を判断するのが難しいので，ミキサ回路のIF出力を取り出して検波し，メータに接続する必要があります．

実験と失敗

■ 最初の実験回路―垂直偏波用を流用した

図6が最初の回路です．電界アンテナにロッド・アンテナを使用した垂直偏波用の回路そのものです．**写真2**に外観を示します．

この回路は，**図4(b)**の方式ですが，このままではレベルが低いので，Tr_1によって1段増幅しました．同調は80 MHzあたりに取っておけば，局ごとに調整する必要はありません．

■ 指向性がずれる?!
――ロッド・アンテナが問題

さて，装置一式をFM送信アンテナのある山頂が見

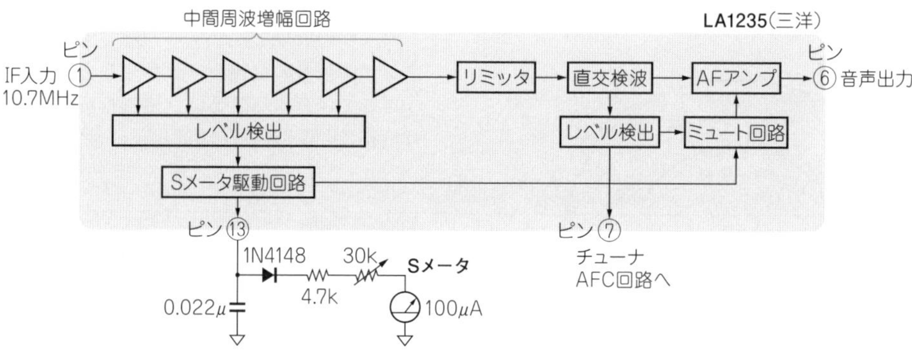

〈図5〉Sメータ出力の取り出し方法(LA1235ではRF入力レベルの対数に比例した電圧が得られる)

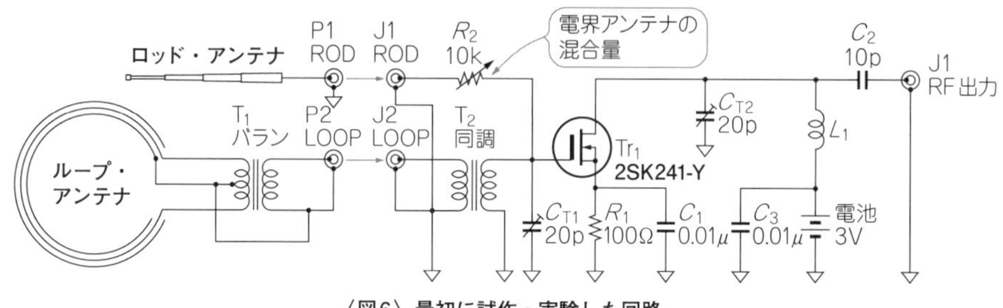

〈図6〉最初に試作・実験した回路

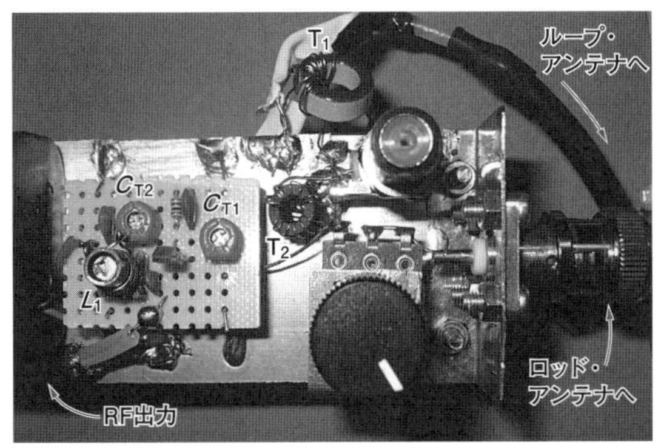

〈写真2〉 最初に試作・実験した回路の外観

える高台(**写真3**)に設置して実験を行いました．まず，ロッド・アンテナだけの指向性を調べると，局の方向から40°くらいずれています．これでは実用になりません．とはいえ，このまま帰るに忍びないので，試しに磁界アンテナを接続してみると，*FB*(Front to Back ratio)比(前後比)ははっきりと変化しています．したがって，電界アンテナの指向性を局の方向に一致させれば方向探知はできるとの感触を得ました．

アンテナと回路の改良

■ 電界アンテナをダイポールに変更する

上記の指向性のずれは，どうして起こるのでしょうか．よく知られているように，垂直アンテナは大地の鏡像がもう一方のアンテナとなって，全体としてダイポール・アンテナと見なすことができます．しかし，ロッド・アンテナを水平にすると，ロッド軸方向の大地反射が無くなるので，一方のエレメントがないモノポールとなってしまいます．この場合，指向性は対称でなくなり，両方向に40°程度ずれた双峰特性になります．

したがって，指向性を局の方向に一致させるには，エレメントをもう1本付けてダイポールにしなければならないことは明らかです．

このほか磁界アンテナも電界成分除去のために，全長λ/8程度に小型化した方がよく，これに合わせてダイポールも全長の短い微小ダイポールにすべきです．小型化によって，相対的に地面の影響も緩和されるはずです．

■ 微小ダイポール・アンテナの指向性を調べる

微小ダイポールの指向性を調べる実験(**写真3**)が，また難関でした．指向性がなかなか8の字特性となりません．原因は，アンテナとチューナを接続する約2mのフィーダ(同軸ケーブル)です．これがアンテナの一部になっていると思われます．

(a) 全景

(b) 電源部のクローズアップ

〈写真3〉 微小ダイポール・アンテナの指向性測定風景(送信所は正面の大坂山山頂にある)

そこで，三つの対策を施しました．

① 同軸ケーブルのチューナ側にクランプ型の同相ノイズ除去フィルタを入れる

② 同軸ケーブルの外被をアルミ・テープで覆う

③ ダイポールの給電点にバランを入れる

実は使用したチューナはAC100V動作だったので，野外実験のためにインバータやバッテリなどを外付けしました．これらの接続コードもアンテナの一部となっているようなので，インバータなど周辺回路を金網の中に入れてシールドしました．この対策は非常に効果があり，ほぼ対称の8の字が得られました．

図7に測定結果を示します．サイドの切れは良いのですが，*F/B*(Front to Back)方向の対称性は，ややくずれています．これには上記の対策に加えて，

④ 同軸ケーブルを編組線(へんそ)の密度が大きい高品質品に交換する

⑤ 上記①の同相ノイズ除去フィルタの特性を放送帯域にぴったり合わせる

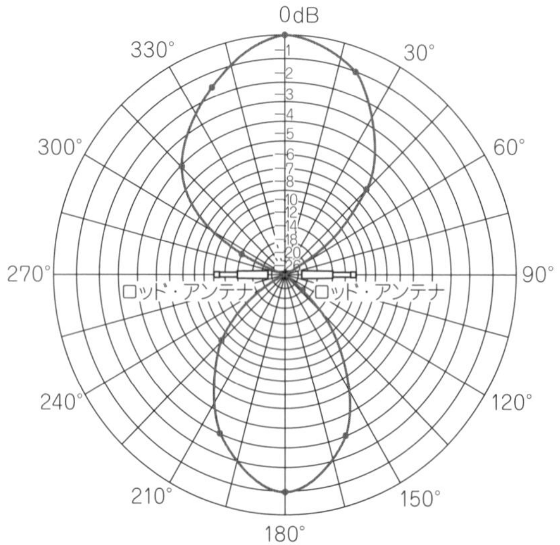

〈図7〉微小ダイポール・アンテナの指向性測定結果(ロッド長は各9 cm)

〈写真4〉完成した水平偏波用方向探知アンテナ(ロッド2本とお盆の周囲に巻いたループおよびバランからなる)

などの対策が必要だと思われます.

ちなみに，アンテナの長さを変えても，ダイポールの指向性は**図7**とまったく同じでした．電界アンテナの利得は十分あるので，最終的なダイポールの寸法はエレメントあたり9 cmとしました．

■ 磁界アンテナとの結合

磁界ループ・アンテナは，前回よりかなり小さくして，直径24 cmとしました．**写真4**はダイポール・アンテナと組み合わせたところです．

直径23 cmのお盆の回りに同軸ケーブルを巻き付けただけの簡単な構造です．同相ノイズ除去のために，どちらのアンテナにもバランを挿入しました．

図8が最終的な回路図で，**写真5**は混合およびRF増幅回路の外観です．各アンテナのレベル調整が独立にできるようにしました．

調整方法と使い方など

■ 調整

RF増幅回路のC_{T1}，C_{T2}はディップ・メータを使ってFM帯の中央80 MHzに同調させました．C_{T1}は無くても大差ありません．

まず，可変抵抗器R_3を最大にして磁界の混合量を最小に絞り，可変抵抗器R_2を最小にして電界の混合量を最大にします．この状態で指向性は**図7**のようになるはずです．

次に，ダイポール・アンテナのロッドに直角の方向が，FM局の方向(**図7**の上部方向)を向くようにして，R_3を減らして磁界の混合量を増加させます．ヌル点のディップが無ければ，R_2を大きくして電界の混合

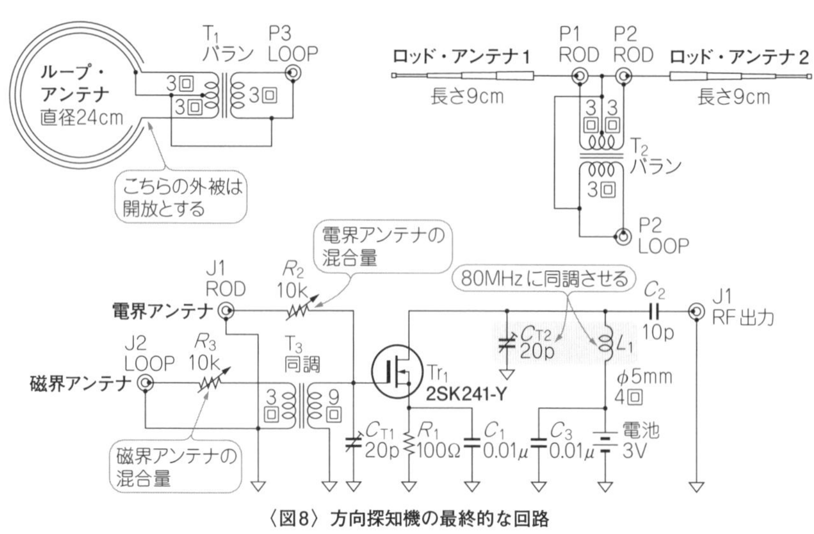

〈図8〉方向探知機の最終的な回路

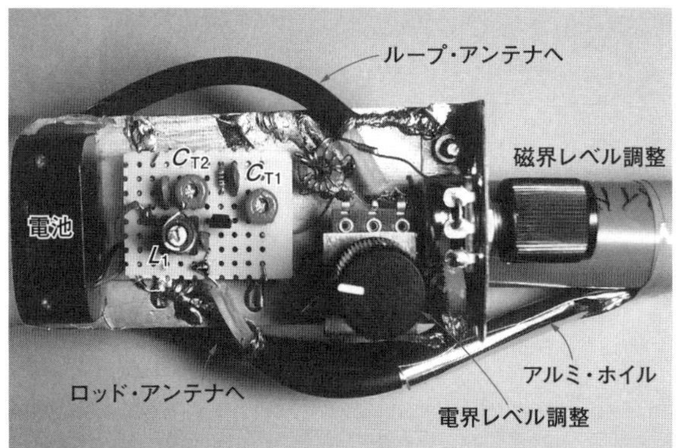

〈写真5〉完成した方向探知器の回路部

量を絞ります．それでも変化が無ければダイポール・アンテナを180°回転させて同じ操作を行います．ヌル点が見つかったら，レベルが最小になるところにR_3を固定します．**図9**に測定結果の一例を示します．

ヌル点が浅いのですが，*FB*比は10 dB取れており，方向を特定可能です．

■ 使い方など

方向が確定した後は，R_3を最大にして磁界混合量を最小に絞ってダイポール・アンテナだけを動作させ，**図7**のサイドの鋭い切れを利用して正確な方角を知ることができます．

なお，ヌル点が浅い原因は，各アンテナのフィーダ電気長の違いやアンテナ，バランの相対的位置など位相がずれる要因がほかにも存在しているためだと思います．

この装置はアンテナの取り付け角度を90°変えることで，そのまま垂直偏波にも使用できます．また，FM放送のほかに，TV放送の垂直偏波や水平偏波にも対応できます．

■ ヌル点と発信源の位置関係

なお，ヌル点は必ず発信源と反対の方向を向くわけではありません．二つのアンテナの混合回路には，バランと同調コイルの合計三つのトランスが入っています．この結線が逆になれば，位相が反転してヌル点の方向は逆になります．ピークよりヌル点のほうがシャープなので，ヌル点を発信源に向けた方が方角を特定しやすくなります．

今後の課題――フィーダを無くす

図9の曲線が得られたものの，アンテナを2周させるとケーブルがよじれ，カーブが変わってきます．また，人間の有無でも多少の変化が見られます．これは，症状から見てフィーダの問題であると考えられます．

電界/磁界強度計とアンテナを直結して，一体型でハンディな形状にすれば，このようなフィーダの問題は無くなるでしょう．

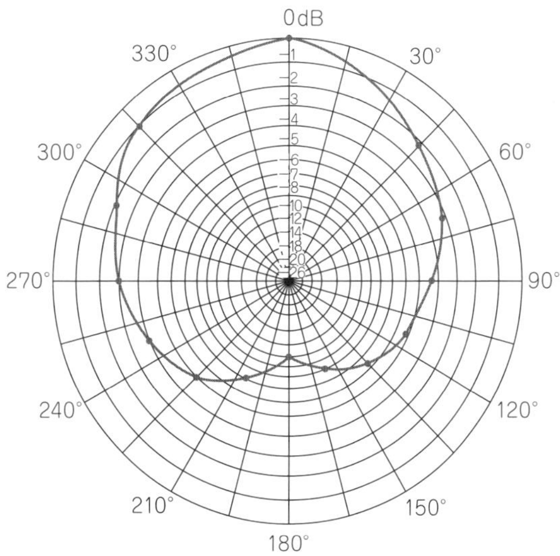

〈図9〉最終的に得られたカージオイド曲線(81.8 MHz，水平偏波FM放送)

さいごに――電界と磁界の相補性はゆるぎない

VHF帯における水平偏波の方向探知に，電界＆磁界アンテナを応用した例は，私の知る範囲では見あたりません．垂直偏波のみならず，水平偏波でも同じ原理が適用できることは，電界と磁界の相補性をさらに確かなものとします．あらためて電磁気理論の美しさを再確認できました．

この実験は，室内や建物の近くでは反射があって，うまく行きません．ちょうど2～3月上旬の寒い時期で，雪や雨にも見舞われ，戸外での測定は悪天候を縫って行いました．当初，データの再現性が悪く，何度も実験を放棄しようとしましたが，その都度，ご教示・激励頂いた編集担当者に感謝します．

◆参考文献◆

(1) Radio Direction Finding, The ARRL Antenna Book 20th Edition, pp.13～17, The American Radio Relay League, 2003.

(2) 渡辺明禎；「ポケット・ラジオを改造した方向探知機の製作」作りながら学ぶ初めての高周波回路，p.96～103, CQ出版㈱.

(3) U. S. department of the Army; Technical manual, Antenna, Loop AT-784/PRC, TM 11-5985-284-15, Feb. 1967.

第６部
測定器の製作

6

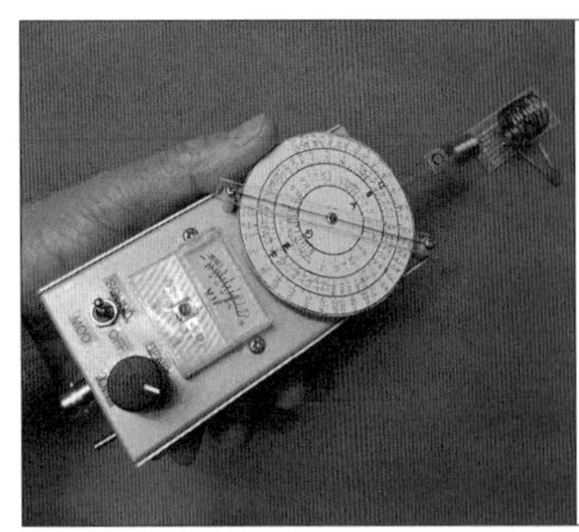

第31章 650 kHz～250 MHzをカバー！ 音でディップ点を見つけられる

多機能ディップ・メータの製作

ディップ・メータは，アマチュア無線家や無線愛好家の間で最も親しまれ，最もよく使われた定番中の定番ともいえる測定機です．回路が簡単なことから，自作する人も多く，CQハムラジオなど，昔の無線雑誌には製作事例がたくさん紹介されていました．半導体時代になってからは，トランジスタやFETを使ったものに変わりましたが，使い方や原理は同じです．

ディップ・メータは，おもに共振回路やアンテナの共振周波数を測るために使われます．*LC*共振回路の*L*か*C*のどちらかの値が既知であれば，共振周波数がわかれば*L*や*C*の値を計算で求めることができます．しかも，共振回路が送信機や受信機に組み込まれた状態で，通電されているかどうかを問わず，それぞれの共振周波数を測ることができるので，調整やチェックに役立ちます．

ディップ・メータの基本的な測定方法は，測定コイルを相手のコイルに近づけて結合させるだけです．非接触なので，被測定回路への影響を最小限に抑えられます．

本稿では，音でディップ点を聞くことができ，変調

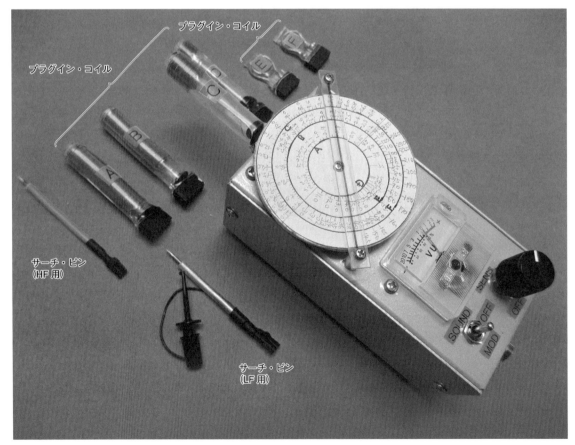

〈写真1〉製作したディップ・メータ

/復調機能や，周波数カウンタやオシロスコープに接続するための発振出力端子が付いた，多機能なディップ・メータ(**写真1**)を製作します．

ディップ・メータの動作原理

ディップ・メータの動作原理を**図1**を使って説明します．まず，トランジスタTr_1で構成したコルピッツ発振回路のコイルL_1を被測定物の共振回路に近づけて結合し，発振回路の周波数を変化させていきます．すると共振周波数が一致したところで，発振のエネルギーが被測定物の共振回路に奪われて，発振レベルが低下します．このときゲート電極などに接続した電流計の指示が共振点で鋭く低下します．この低下を「ディップ」と呼びます．真空管時代にはグリッド電流の変化を表示していたので当時は「グリッド・ディップ・メータ」と呼ばれていました．

原理的に，理想的な共振回路ならばエネルギーを消費しません．しかし現実の共振回路には，コイルなどに抵抗成分が存在するために，損失が発生し，熱エネルギーとして消費されます．

製作するディップ・メータの仕様

周波数範囲の上限は250 MHzとします．アナログ時代のテレビの12チャネルが222 MHzで，これを含む周波数という意味合いです．また，ハム・バンドの145 MHz帯も含みます．下限はハムバンド1.9 MHzを含み，AM放送帯域もできるだけカバーできるように，0.65 MHzとしました．

目盛を読み取りやすくするために，AM2連-FM2連の4連バリコンを使って，Fバンド以上はFMセクション，Eバンド以下はAMセクションがつながるようにします．同時に，プラグイン・コイルの数をできるだけ少なくするために，AMセクションの容量が290 pFと大きいバリコンを選びました．

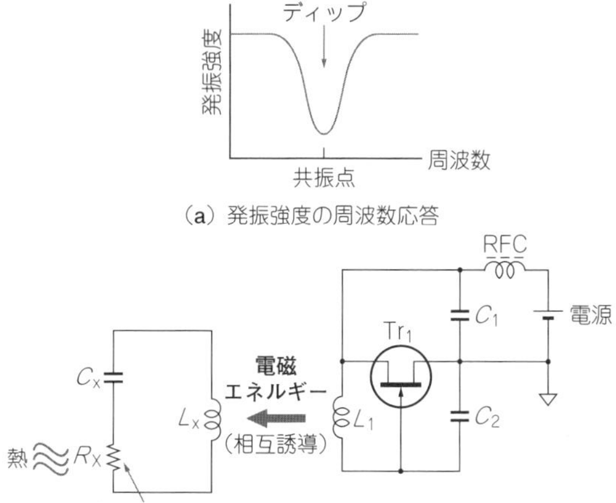

〈図1〉ディップ・メータの動作原理

次のような付加機能を搭載することにします．

● **AM検波機能**

検波出力はクリスタル・イヤホンで聞くのではなく，内蔵スピーカから音を出します．

● **AM変調機能**

RF信号発生器として使ったときに無変調だけでなく，約1 kHzの正弦波でAM変調した信号を発生することができます．

● **サーチ・ピン**

容量結合による周波数測定やAM復調などができるように用意しました．IFTなど被測定回路のコイルが隠れている場合でも，容量結合によって測定可能になります．

● **サウンド機能**

ディップ点前後のようすが音で聞こえるので，メータを凝視しなくともディップ点を見つけることができます．また，メータのレスポンスに合わせて，ダイヤルをゆっくり回す必要もなくなります．

● **周波数カウンタ出力**

最近は完成品の周波数カウンタ(基板ユニット)が数千円で入手できるので，このための発振出力端子を設けました．これにより，信号発生器としても使うときに便利だと思います．

● **その他**

金属製ケースに収めました．プラスチック・ケースだとボディ・エフェクトがあって使いづらいので，アルミ・ケースに収納しました．ボディ・エフェクトとは，人体との静電結合などにより，筐体に手を近づけると発振周波数などが変化することをいいます．

発振回路とその周辺回路

図2が，ディップ・メータの発振回路と，信号出力回路です．

● **発振回路**

発振回路は**図1**の原理図通りのコルピッツ型です．コイルに2次巻き線や中点が不要なので，バンドごとのコイル交換が容易です．ゲート回路にはサーチ針が接続できるように，端子を外部に出しました．

● **バリコン**

使用したバリコン(443BE)は**図3**のような端子配置です．AM/FMラジオ用で，AM2連とFM2連からなる4連バリコンです．中波放送受信用として一般的なトラッキングレス型と違って，AMセクションが等容

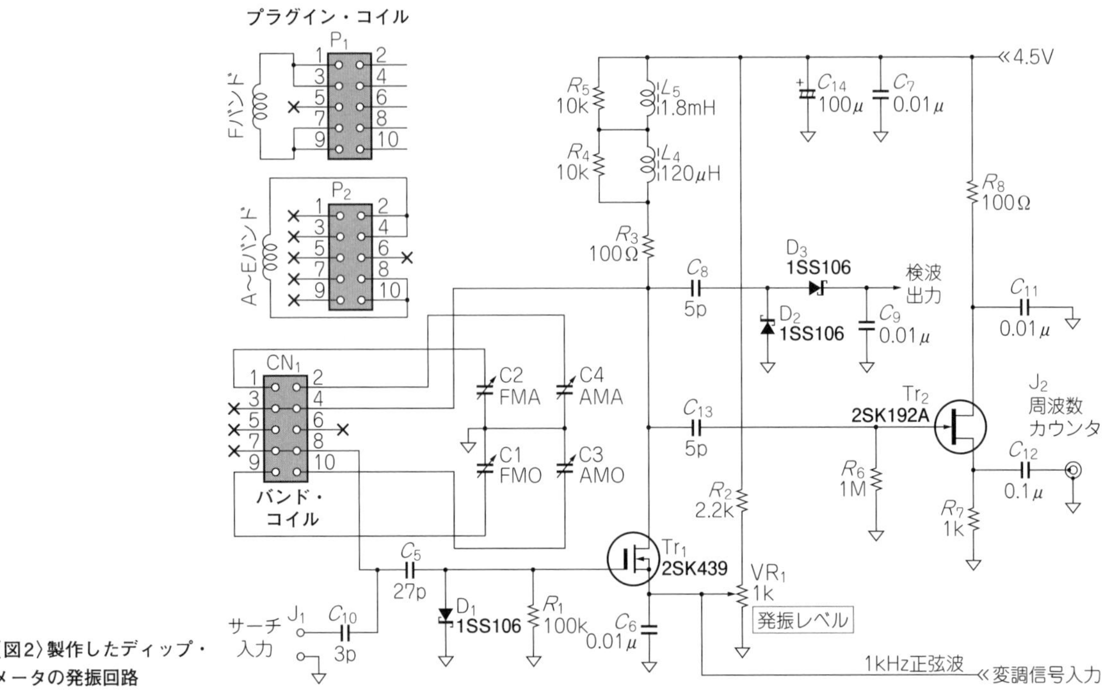

〈図2〉製作したディップ・メータの発振回路

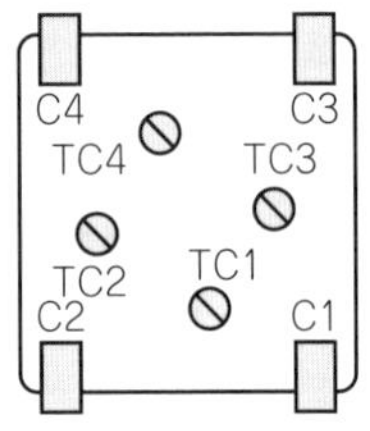

(a) 端子配置(背面)

記号	用途	容量
C1	FM OSC	60pF
C2	FM ANT	55pF
C3	AM OSC	290pF
C4	AM ANT	290pF

(b) 各セクションの容量

〈図3〉使用したポリバリコン(443BE)の端子配置

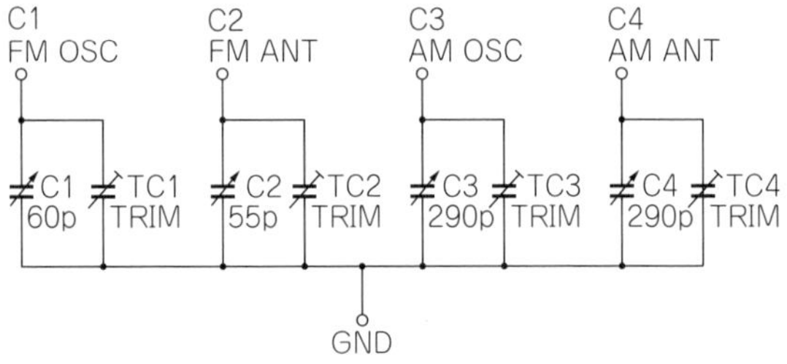

C1 FM OSC　C2 FM ANT　C3 AM OSC　C4 AM ANT
C1 60p　TC1 TRIM　C2 55p　TC2 TRIM　C3 290p　TC3 TRIM　C4 290p　TC4 TRIM
GND

〈図4〉使用したバリコン(443BE)の内部接続(トリマ・コンデンサTCは容量最小にセットする)

〈表1〉プラグイン・コイルの仕様

バンド	周波数範囲 [MHz]	インダクタンス [μH]	直径 [mm]	長さ [mm]	線径 [mm]	巻き数
A	0.65 〜 2.6	477	10	40	0.2	145
B	2.2 〜 9.0	37.3	10	36	0.26	120
C	5.15 〜 20	7.04	10	13	0.56	33
D	11.1 〜 45	1.45	10	8.5	0.6	12
E	30.5 〜 145	0.154	10	4	1	2.5
F	140 〜 250	0.055	10	2	2	1

注▶Aバンドはフェライト・コア入り．FバンドはFMバリコンに接続する．

量かつ290 pFと大きく，FMセクションも55 pF/65 pFと大きめのタイプです．aitendoの通販で入手しました．ポリバリコンは，いまや量産レベルでは製造されていないと思われるので，流通在庫に頼るしかありません．入手できたポリバリコンをうまく使いこなしていただきたいと思います．

図4は443BEの内部接続です．すべてのトリマ・コンデンサ(TC)は，あらかじめ容量最小に調整しておきます．

■ プラグイン・コイル

バンドごとのコイル仕様を**表1**に示します．

A 〜 Eバンドは，AMバリコン(C3とC4)に接続し，FバンドのみFMバリコン(C1とC2)に接続します．各コイルは180°反転させて取り付けると，AM/FMバリコンが逆転し，異なる周波数範囲をカバーできま

〈写真2〉製作したプラグイン・コイルの外観

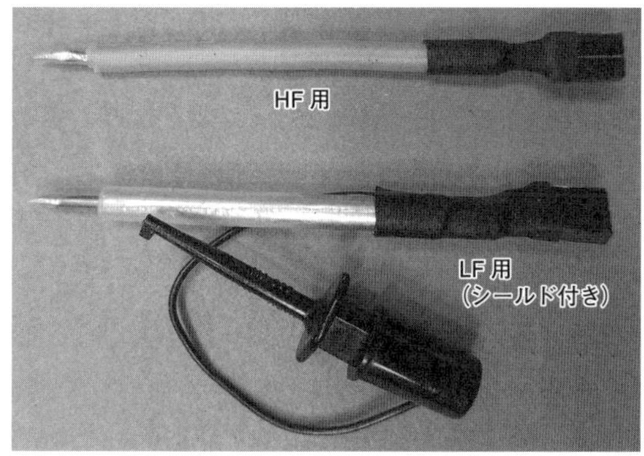

〈写真3〉サーチ・ピンの外観

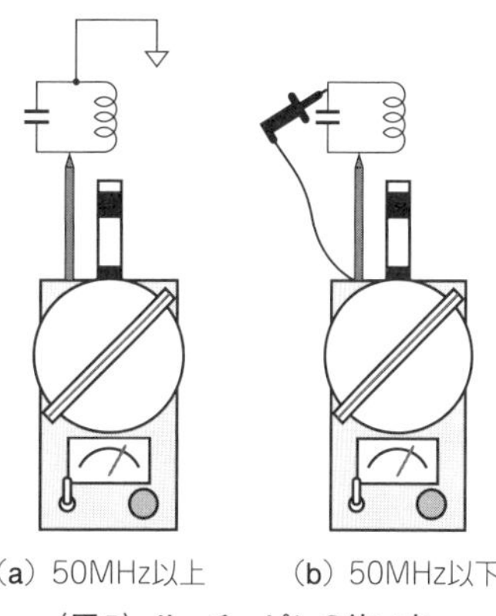

〈図5〉サーチ・ピンの使い方

す．しかし，煩雑になるため，取り付けは一方向に統一しました．

写真2に各バンドのコイルの外観を示します．ABS樹脂製で直径10 mmの丸パイプに巻きました．

● サーチ・ピン

写真3は，サーチ・ピンの外観です．HF用(上)はホット側だけをピンに接続しています．LF用(下)は，外部からのノイズ流入を防止するために，針先端だけ露出させて，周囲を銅箔でシールドし，グラウンドに接続しました．黒いクリップはグラウンド側の接続線です．

図5のように，サーチ・ピンは50 MHz近辺より高い周波数では，HF用サーチ・ピンを共振回路のホット側に当てます．グラウンド側はとくに接続しなくても大丈夫です．測定周波数が50 MHz以下の場合は，LF用サーチ・ピンを共振回路のホット側に当て，グラウンド側クリップを共振回路のコールド側に接続します．

追加機能の回路

ディップ・メータの基本回路は**図2**のとおりですが，追加機能のほとんどは，発振回路とは別の基板に実装しました．追加機能は，すべて低周波回路(**図6**)であり，配線を伸ばしても性能劣化がないこと，発振回路に輻射などの影響を与えたくないこと，筐体が小さいことなどを考慮し，発振回路から基板を分離しました．

● サウンド機能

ディップ・メータを使うときは，

- 被測定コイルとの結合を確かめる
- ダイヤルをゆっくり回す
- メータの振れを監視する

という一連の作業を目と手を使って同時に進めなければなりません．ですから，ディップ点を音で聞くことができれば，この作業は格段にやりやすくなります．

サウンド機能回路は，メータの振れに相当する電圧に比例したオーディオ信号を発生させて，スピーカで出力するようにしたものです．この回路は，マルチバ

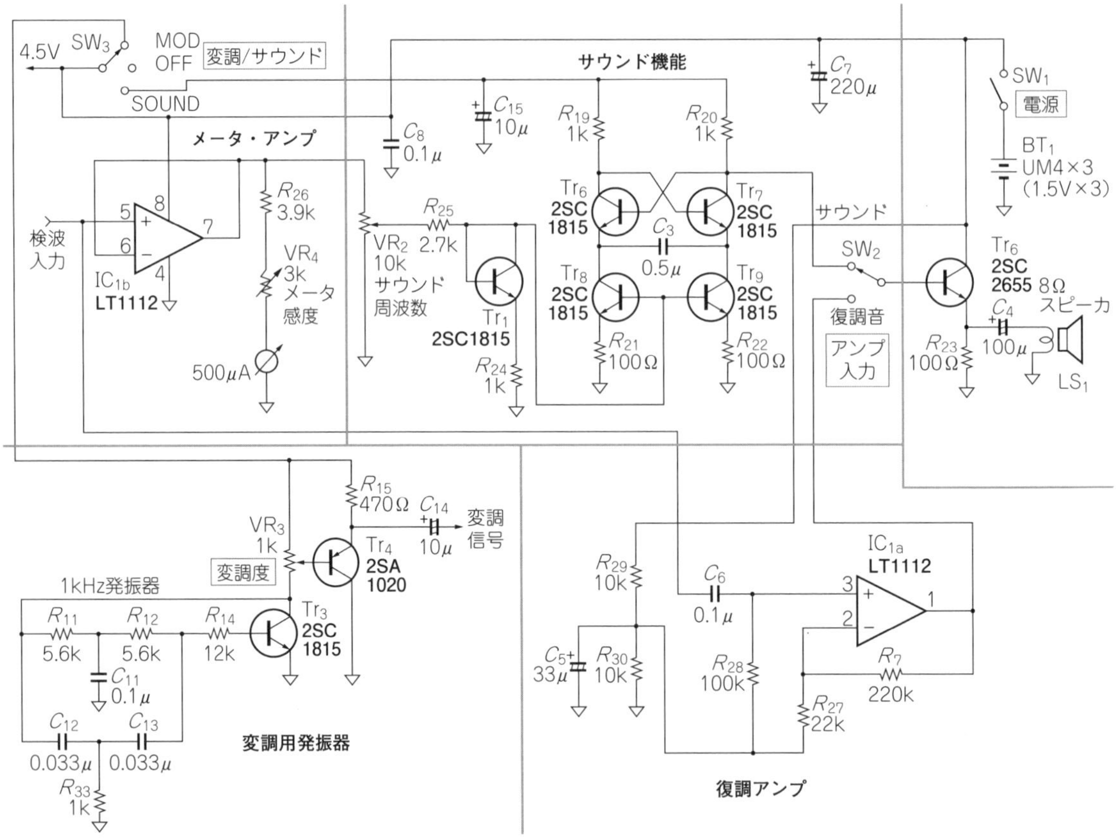

〈図6〉ディップ・メータの付加機能回路(メータ・アンプ，サウンド機能，変調用発振器，復調アンプなど)

イブレータのエミッタ電流を可変にすることで，*V*-*F*変換を実現しています．サウンド機能については，第32章Appendixに詳しく説明しています．

● **スピーカ・アンプ**

せっかくスピーカを備えているのですから，復調出力もクリスタル・イヤホンではなく，スピーカから出力できるように，アンプと切り替えスイッチを設けました．

● **メータ**

メータは，フルスケール50～100 μAのものが発振回路への負荷が少なく理想的ですが，形状が大きく高価です．ディップ点の確認程度なので，市販のVUメータやバッテリ・チェッカのメータで十分です．しかし，駆動電流が500 μA以上であり，直列抵抗を小さくする必要があります．いきおい結合コンデンサの容量を大きくすることになり，発振回路に影響を与えます．そこで，メータを駆動するための直流アンプ(IC_{1b})を付加しました．

● **その他**

変調回路は，1 kHzの正弦波発振器(Tr_3)と，電力アンプ(Tr_4)です．変調をかけたときのRF出力波形を**図7**に示します．

電池はケース容積の都合から小さめの単4サイズを使いましたが，消費電流が数十mA程度なので，実験中に電池寿命となることは一度もありませんでした．

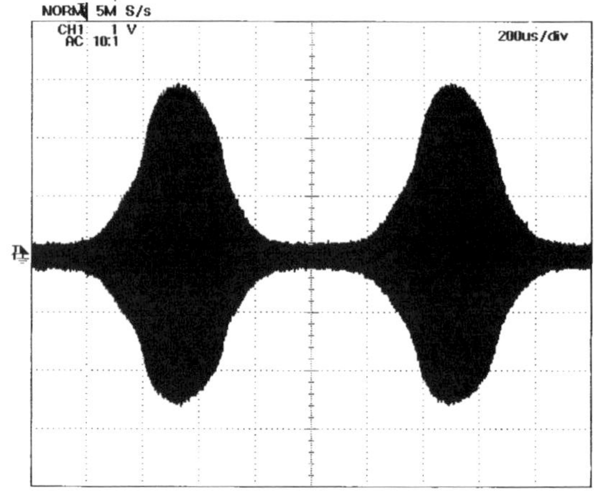

〈図7〉変調をかけたときのRF出力波形(200 μs/div.，1 V/div.)

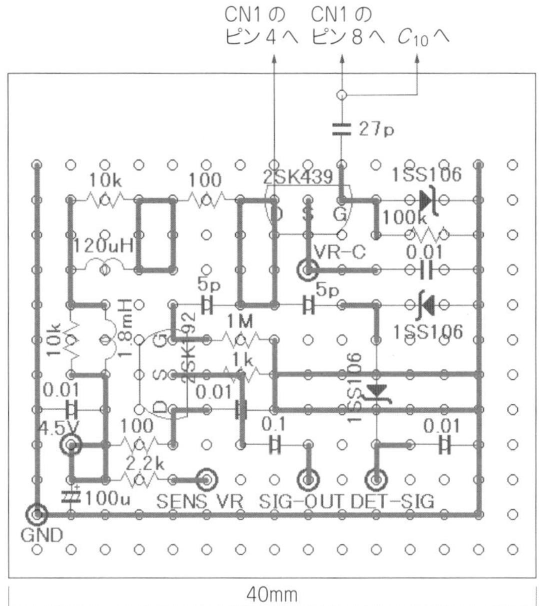

〈図8〉 発振回路基板の配線パターン(部品面から透視)

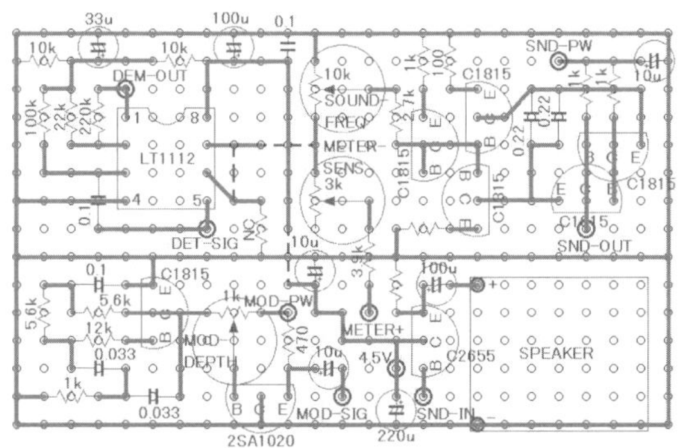

〈図9〉 付加機能回路基板の配線パターン(部品面から透視)

回路基板の組み立てと配線など

発振回路(**図2**)と,付加機能回路(**図6**)を各々72×47 mmのユニバーサル基板に組み込みました.

図8は発振回路(バリコン部分を除く),**図9**は付加機能回路のパターン図です.製作される方は参考にしてください.いずれも部品面から見た透視図です.

図2のFET(Tr_1)をどこに置くかがポイントです.コイル端子やバリコンに近いことがベストですが,バリコンの形状が大きく,うまく配線できません.端子によるバリコンの切り替え機構も高域の特性を悪化させます.

最短距離で配線するには,FET回路を別基板に組んでコネクタ部分に取り付けるのが良さそうです.実際にやってみましたが,思ったより性能改善効果が無かったことから,作りやすさを優先して,**写真4**のようにバリコンの後方にFETを配置しました.デメリットは,高周波数側で発振が不安定になることです.**写真1**のダイヤルを見ると,Fバンドの半分に目盛が記載してありません.これは,バリコンが入り込んだところ(140 MHz以下)で発振が停止するからです.この部分の性能を改善したい場合は,前述の方法(FET回路を別基板にする)をトライして見てください.

回路基板の実装

実装後の基板の外観を**写真4**～**写真7**に掲げます.RF部のグラウンド・パターンは銅箔を貼って太くしてあります.

バリコンは,市販の延長シャフトを使って,ダイヤル板に連結しました.ダイヤルは薄いアルミを貼ったスチロール板(厚さ3 mm)を円形(直径62 mm)に切ったものです.丈夫な割にハサミでも切れます.

付加機能回路のOPアンプに,ソケットが付いているのは,電池消耗時の低電圧動作に対応できるタイプに交換できるように考慮したからです.普及品のLM358も使えますが,電池が3 V程度まで消耗しても大丈夫なように,ここではLT1112を使っています.

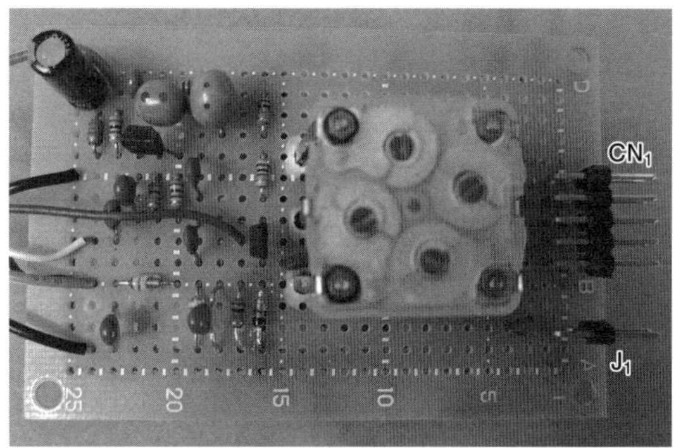

〈写真4〉 ユニバーサル基板に実装した発振回路(部品面)

〈写真5〉 写真4の半田面

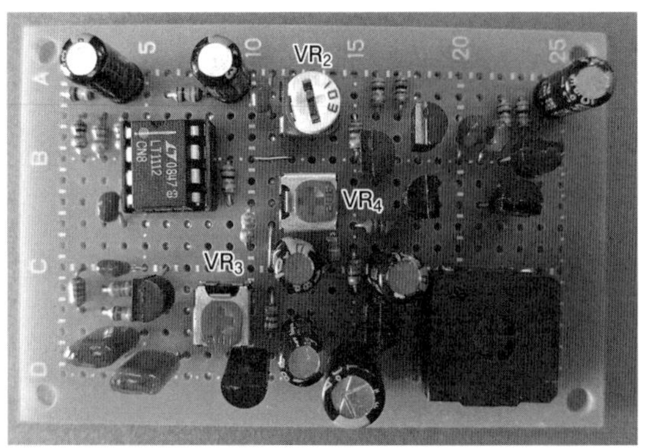

〈写真6〉 ユニバーサル基板に実装した付加機能回路(部品面)

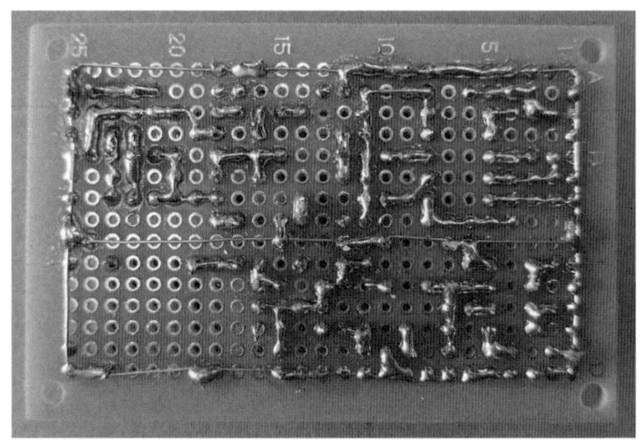

〈写真7〉 写真6の半田面

〈写真8〉 各基板をケースに組み込んだようす

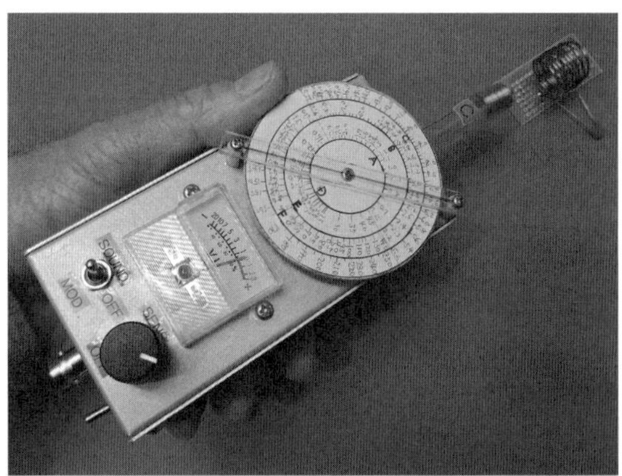

〈写真9〉 空芯コイルとコンデンサによる*LC*共振回路を測定中

ただし，LM358より少々高価です．

写真6の右下は面実装タイプのダイナミック・スピーカ(インピーダンス8 Ω)です．基板上の半固定抵抗器は，ケース裏面の穴から調整できるようにしてあります．

ディップ・メータ基板のケースへの収納

アルミ・ケースは，MB-11S(60×50×120 mm，タカチ電機工業)を使いました．**写真8**は筐体に基板やスイッチなどを組み込んだところです．

変調度やサウンド周波数の設定は，蓋(ふた)(左側)に穴を開けて外部から調整ドライバが入るようにしました．

面実装スピーカは，このままでは外部に音が出にくいので，蓋に丸穴を開けています．この穴とスピーカの間に丸パイプを切った音響ダクトを設けることで，音量アップを図っています．

おわりに

かねてから欲しいと思っていた，ディップ・サウンド付きのゲート・ディップ・メータを製作しました．**写真9**のように片手に納まり，音声機能とあいまってダイヤルと結合度の調整作業がとても楽です．

サウンド機能については第32章Appendixで紹介しましたが，市販ディップ・メータを改造する方法だったので，実際にテストされる方は少ないと思います．

今回は一からの製作ですから，ディップ・サウンドの便利さを体感していただけると思います．

◆参考文献◆

(1) 渡辺明禎；「ゲート・ディップ・メータの製作」，トランジスタ技術2002年5月号，pp.107～112，CQ出版㈱.

(2) 渡辺明禎；「ゲート・ディップ・メータの改良と使い方」，トラ技Beginners No.5，pp.178～184，CQ出版㈱

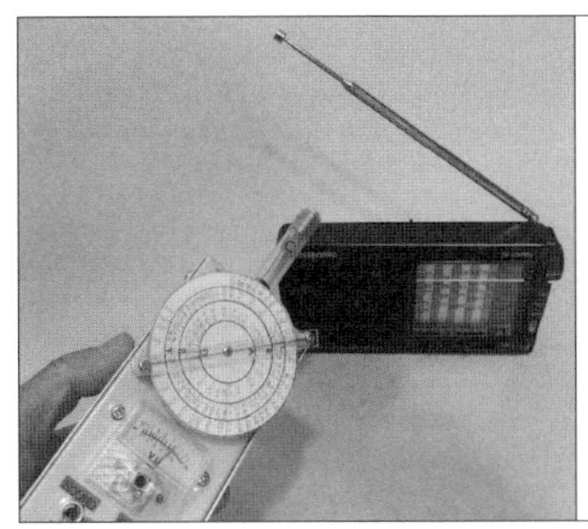

第32章　ラジオや無線機の調整や設計に便利な万能測定器

ディップ・メータの使い方

■ はじめに

● 忘れられた便利な測定器

スペクトラム・アナライザやネットワーク・アナライザなど，一般にRFの測定機器は高価なものです．素人やアマチュアにとって高嶺の花というのは，基本的には今も昔も変わりないように思います．

最近はデバイスの進歩と集積化により，測定機は価格が1桁下がっています．それでもオシロスコープは数十万円，スペアナはそれよりやや高く，アマチュアや学生が個人で購入するにはまだ手を出しにくいでしょう．

個人でも購入できる価格帯の測定器としてディップ・メータ(**写真1**)があります．ディップ・メータは，昭和の時代によく使われた測定機で，テスタの次に欲しいものでした．しかし，無線機を自作する人が激減したこともあり，現在は市販されていないようです．とはいえ中古品が流通していますし，手作りするにしても比較的ハードルが低いアイテムです．

● ディップ・メータは素人が使うものか？

職場で簡単な測定をするだけなのに，ディップ・メータがないばかりに高価なディジタルSGやスペアナ，またはRFインピーダンス・アナライザを買ったり借りたりするのは経費の無駄遣いかもしれません．

無線機器を扱う現場でも，ディップ・メータのない職場は多いことでしょう．ディップ・メータは，アマチュア無線家がアンテナや無線機の調整に使うものという印象が強いですし，アナログ表示で精度が悪そう

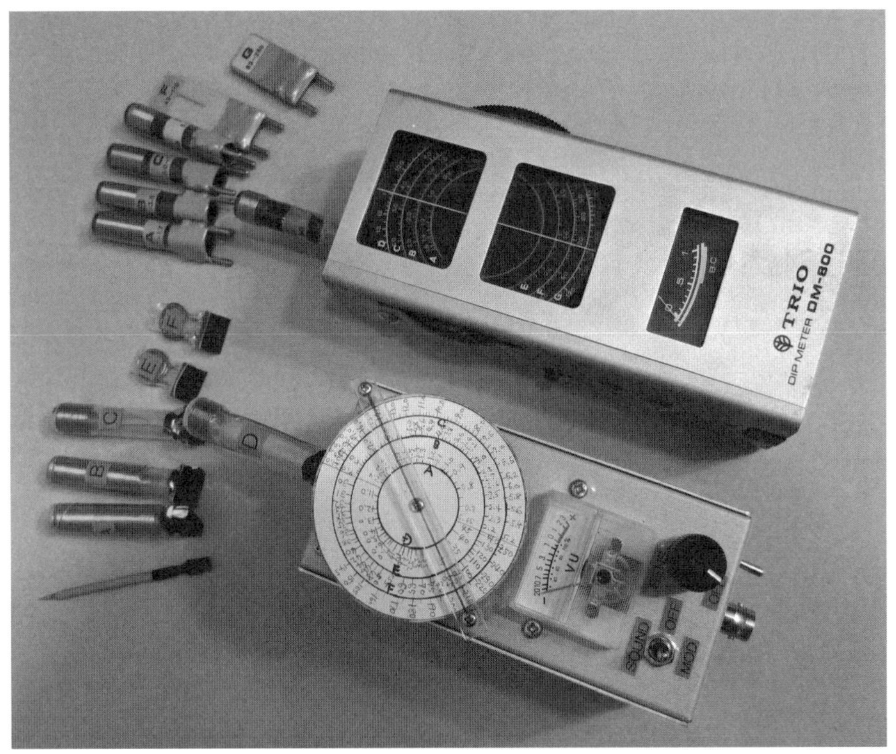

〈写真1〉第31章で製作したディップ・メータ(下)とかつて販売されていた市販品(上)

な印象があるかもしれません．また，使い方が今一つわからないということもあるでしょう．ディップ・メータは，かつて「万能測定器」といわれたこともありますが，共振周波数の測定以外の使い方があることはあまり知られていないように思います．

ちょっとしたLC同調回路の共振周波数を測るのに，わざわざ高価なRFインピーダンス・アナライザを持ち出すのも大げさです．近年はハンディ・サイズのLCRメータが安価に売られていますが，その測定周波数はせいぜい100 kHzであり，ディップ・メータのように実使用周波数付近で測るわけではないので，ディジタル表示といえども必ずしも正確ではありません．

精度や確度を別にすれば，ディップ・メータは今の時代でも十分通用する測定機だと思います．以下，第31章で製作したディップ・メータの使い方を紹介いたします．

1 *LC*共振回路の測定

1.1 基本

● 疎結合で測る

まずは基本です．被測定回路のコイルの磁束を拾うことができるように，つまり誘導結合になるように，ディップ・メータの発振コイルの軸と，被測定回路のコイルの軸を一致させます．

測定のこつは**図1**のようにできるだけ疎結合で測ることです．さもないと同調点の幅が広がり，実周波数と目盛がずれてしまいます．ただし，疎結合だとディップ(針がピクッと下がること)がわかりにくいので，最初は1 cmくらいまで近づけてディップ点を見つけてから，徐々に遠ざけて測るのが良いでしょう．

また，被測定共振回路がトランジスタの負荷になっているなど，負荷が重くてディップが見つからない場合もあります．こんなときは，出力トランジスタを切り離すか，被測定回路の電源をONして負荷を軽くします．

共振回路のQはディップのようすからある程度わかります．Qが高いとディップが深くなります．上に述べたように，負荷が重いときにはQが著しく低く落ちてしまいディップが浅くなるのです．

● 共振周波数を調べて，*L*や*C*の値を求める

さて，共振周波数をf Hzとすると，次式が成り立ちます．

$$f=\frac{1}{2\pi\sqrt{LC}} \quad \cdots\cdots (1)$$

Lはインダクタンス［H］，Cは静電容量［F］です．

RF帯ではμHまたは nH，μFまたは pFと，どちらも小さな値です．そこで単位にμH，pFをそれぞれ使うなら，周波数f MHzは，

$$f=\frac{1000}{2\pi\sqrt{LC}} \quad \cdots\cdots (2)$$

で計算できます．この式は，共振周波数fが分かったら，LとCのどちらかの値が既知ならば，他方が求まることを意味します．Qが高く精度の良い既知の値の標準Lや標準Cを準備しておけば，ディップ・メータをインダクタンス計やキャパシタンス計として使うことができるわけです．

被測定回路との結合方法は，**図1**のような磁界結合のほかに，ディップ・メータの共振回路から小さな値のコンデンサで被測定回路につなぐ容量結合があります．

● 通電状態でも無通電状態でも測定可能

磁界結合か容量結合かにかかわらず，また被測定回路を通電/非通電の区別なく測定できます．試作段階では実動作させることなく測定できますから，無用なトラブルを回避できます．動作(通電)していない，または発振していない回路でも測れる測定器は多くはありません．

1.2 磁界結合による測定法

● 空芯コイル

図1のようにコイルの軸を互いに一致させて，磁束が被測定コイルを通過するように磁界結合させて測定します．

被測定コイルにコンデンサをつながずに共振周波数を測定すれば，自己共振周波数を測定できます．バイファイラ巻きなどの浮遊容量の小さくなる巻き方をする場合は，試行錯誤の回数を減らすことができます．

● シールド・ケースに入ったコイル

IFTなど金属製ケースに入ったコイルを測定するには，共振用コンデンサが外付けならば，**図2(a)**のよ

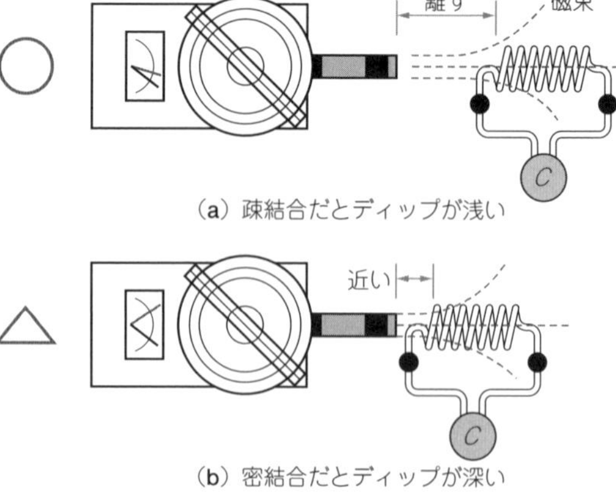

(a) 疎結合だとディップが浅い

(b) 密結合だとディップが深い

〈図1〉被測定回路と疎結合することが望ましい

うに共振コンデンサのリード線をワンターン・コイルとして使い，磁界結合します．共振用コンデンサが内蔵されている場合は**図2**(b)のように測定用リンク・コイルを新たに巻く方法があります．

● **トロイダル・コイル**

IFTと同様に，共振コンデンサのリード線をワンターン・コイルに見立てて**写真2**のように磁界結合して測ります．ただしコンデンサのリード線がもつインダクタンスのぶん発振周波数が低めに測定されることに留意します．

ディップ・メータ側で，共振回路と直列になるようピックアップ・コイルを設ける方法もあります．**図3**のようなアダプタを作り，**写真3**のように測定します．ピックアップ・ループのぶん発振周波数がやや低い方

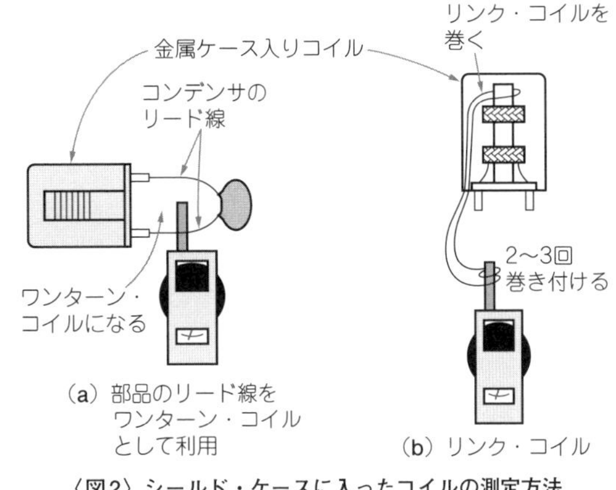

〈図2〉シールド・ケースに入ったコイルの測定方法

〈写真2〉共振用コンデンサのリード線でできたループと結合させる

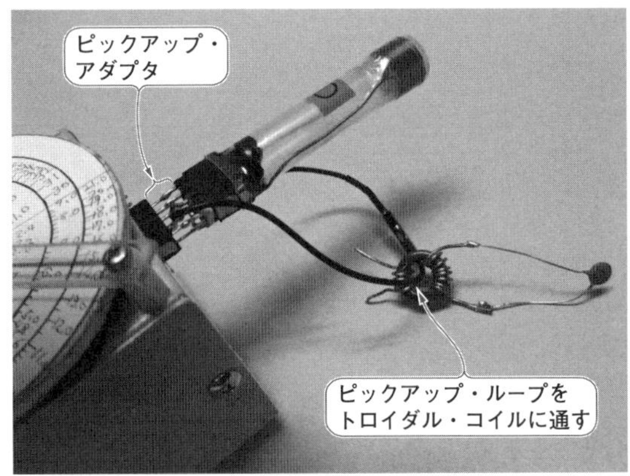

〈写真3〉ピックアップ・ループを使ったトロイダル・コイルのインダクタンス測定例

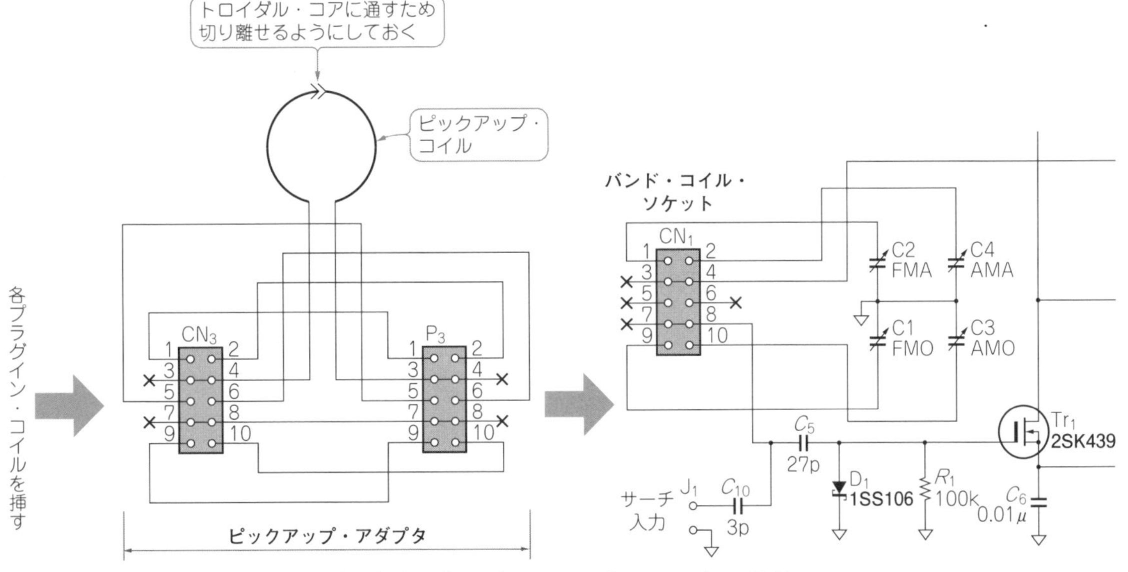

〈図3〉自作ディップ・メータ用ピックアップ・アダプタ

にずれて測定されることに注意します．

トロイダル・コイルなどに使われるフェライトの透磁率は，非線形な性質を持つので要注意です．一般に，透磁率が高いほど，高い周波数でインダクタンスが低下します．これは「スネークの限界」(Snoek)といわれます．VHF帯以上でディップ点が出ない場合は，使われているフェライトの周波数特性も疑ってみましょう．

フェライトには，永久磁石に使われるハード・フェライトと，磁界を与えたときだけ磁石になるソフトフェライトがあります．ソフト・フェライトには，中波帯以上でLC共振回路に使われるNi-Zn系と，電源トランスやEMCフィルタに使われるMn-Znフェライトがあります．後者は，透磁率が高いのですが，数百kHzで減衰し，1 MHz以上ではインダクタンス成分が無くなりインダクタとしては使えません．

なお，Mn-Znフェライトは導電性があるため，既製品のトランスならコアを絶縁してあるので見た目ですぐわかります．

1.3 容量結合による測定法

● シールド・ケースに入ったコイル

IFTなどの測定で応用できる方法です．共振コンデンサが内蔵されているものも測定可能です．**図4**のようにサーチ・ピンを直結するか適当なコンデンサを直列接続して容量結合します．

● トロイダル・コイル

サーチ・ピンを直結するか適当なコンデンサを直列接続して容量結合します．

2 誘電率や透磁率の測定

2.1 誘電率の測定

平行平板コンデンサの静電容量Cは誘電率εを使って下記の式で表すことができます．

$$C = \varepsilon \frac{S}{d} \cdots\cdots (3)$$

ただし，C：静電容量［F］，S：電極面積［m^2］，d：電極間距離［m］

たとえばプリント基板の比誘電率を測定する場合，両面銅張基板を使って**図5**のような平行平板コンデンサを構成し，それにコイルを並列接続してLC共振周波数fを測定します．

Lの値が既知であれば共振周波数から，Cの値を知ることができますから，式(3)に代入すれば誘電率εを求めることができます．

2.2 透磁率の測定

素性が不明なトロイダル・コアの透磁率を求めることができます．

例えば**図6**のように測定したいトロイダル・コアに線を6回巻いて，Cを並列接続して共振周波数fを測ります．Cの値が既知であれば共振周波数からインダクタンス値L_1を計算で求めることができます．

次に同じ巻き線を使って，同じ回数巻いたソレノイド・コイルに先と同じコンデンサCを並列接続して共振周波数fを測ります．Cの値が既知であれば同様に

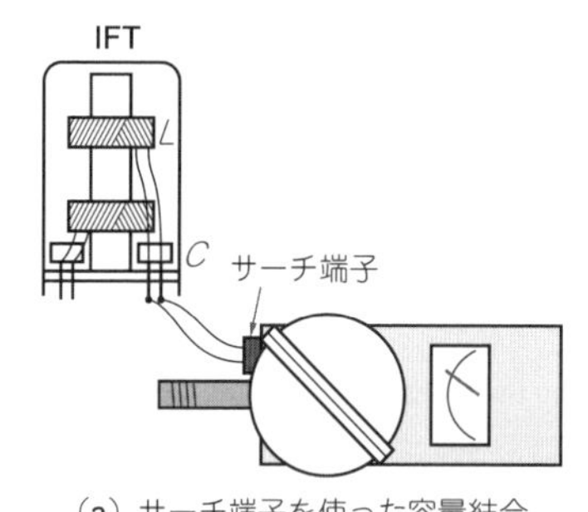

(a) サーチ端子を使った容量結合

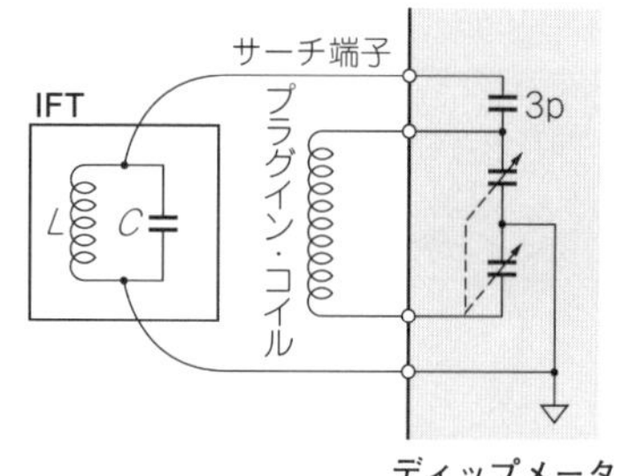

(b) 容量結合の等価的な回路

〈図4〉容量結合でIFTの共振周波数を調べる例

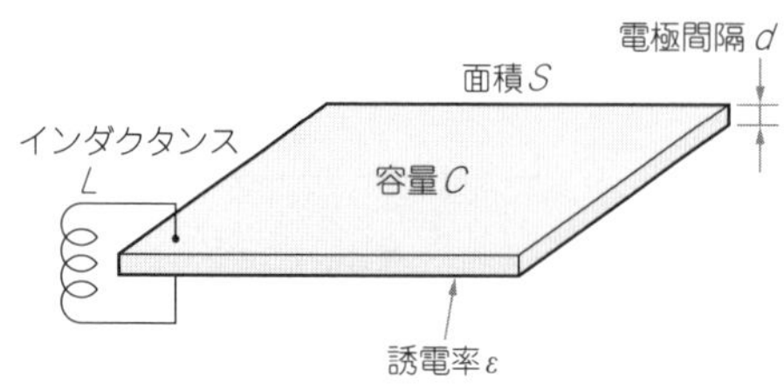

〈図5〉平行平板コンデンサによるLC共振回路

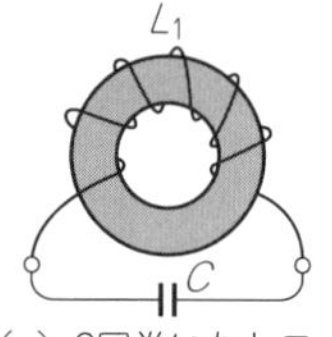

(a) 6回巻いたトロイダル・コア

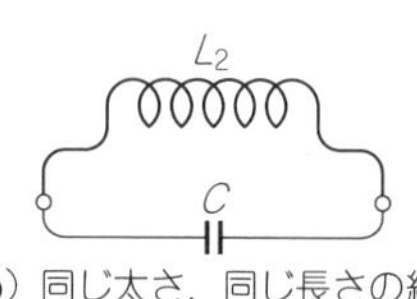

(b) 同じ太さ，同じ長さの線で同じ回数巻いたソレノイド・コイル

〈図6〉トロイダル・コイルの透磁率を求める

して共振周波数からインダクタンス値L_2を求めることができます．

このときL_2とL_1の関係は透磁率がμだとすると，下記の関係がありますから，μの値を知ることができます．

$$L_1 = \mu L_2 \cdots\cdots (4)$$

3 分布定数回路の測定

3.1 ダイポール・アンテナの共振周波数

アンテナは共振回路とみなせるので，**図7**のように給電部へワンターンや半ターンのコイルを接続して共振周波数を測定することができます．VHF帯以上だと，ワンターン・コイルのぶん共振周波数が低く測定されるのが無視できなくなるかもしれませんから注意しましょう．

リンク・コイルを挿入する給電部インピーダンスは，ロー・インピーダンスでなくてはなりません．なお，1本の長い導線(両端は開放)の中央にディップ・メータのコイルを近づけるだけでも，この導線の共振周波数がわかります．

ハイ・インピーダンス点で測定する場合は，**図8**のようにサーチ端子を使って容量結合します．容量結合端子がない場合は，ディップ・メータのコイルの側面を近づけるか，コイルに1～2回巻きつけた導線の他端を接続します．

測定した結果，アンテナの共振周波数が所定の周波数より低ければアンテナの長さを短くし，逆に高いときは長くします．逆L型アンテナや，垂直アンテナも同様に測定できます．

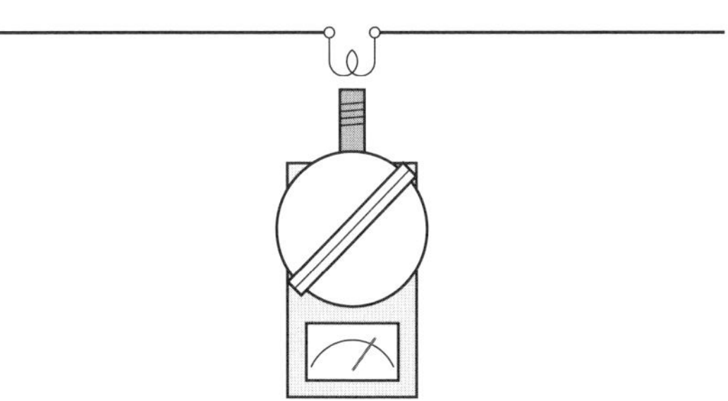

〈図7〉ダイポール・アンテナの共振周波数を測る

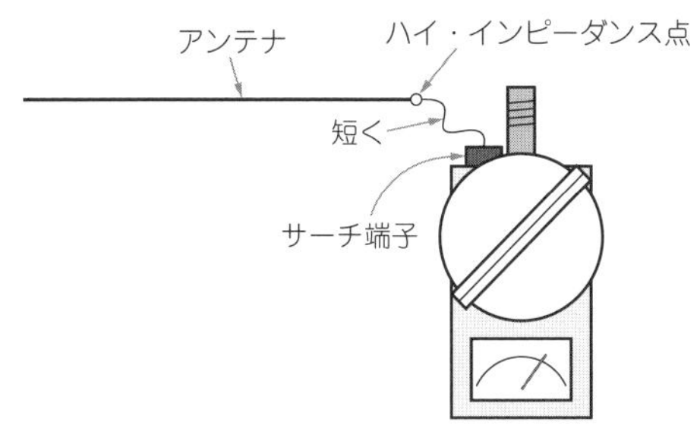

〈図8〉ハイ・インピーダンス点で測る方法

3.2 同軸ケーブルによるλ/4線路

電波が真空中を伝わる早さはよく知られているように光と同じ毎秒約30万kmです．大気中を伝わる早さも真空中とほぼ同じです．しかし，同軸ケーブルの中を電気信号が伝わる速度は，誘電体の影響によって大気中より遅くなります．

この遅くなる割合を速度係数といいv_fで表します．速度係数は誘電率の値εを使って次式で表されます．

$$v_f = \frac{1}{\sqrt{\varepsilon}} \cdots\cdots (5)$$

5D-2VとかRG-58-A/Uなどのポリエチレン絶縁の同軸ケーブルだと，ポリエチレンの$\varepsilon \fallingdotseq 2.3$なので，$v_f \fallingdotseq 0.67$になります．

同軸ケーブル中を電気信号が伝わる速度が遅くなるということは，進む距離がそれだけ短くなるということです．このため速度係数の値を(波長)短縮率と呼ぶこともあります．

$\lambda/4$のQマッチ・セクションや，$\lambda/2$のバランといったものを作る場合，速度係数がわからないと寸法を割り出せません．こんなとき，ディップ・メータを使えば，ケーブルを切り出すことができます．**図9**のように，同軸ケーブルの一端を開放し，他端をワンターンのリンク・コイルで短絡し，コイルにディップ・メータを結合させてディップ点から共振周波数fを求めます．このとき周波数fの電波の波長をλで表すと，同軸ケーブルの電気長は正確に$\lambda/4$になっています．

物理長ℓ_pと電気長ℓ_eの関係は，次式で表されます．

$$\ell_e = v_f \ell_p \cdots\cdots (6)$$

4 相互インダクタンスや結合係数の測定

4.1 相互インダクタンス

1次巻き線(L_1)と2次巻き線(L_2)をもつコイルの相

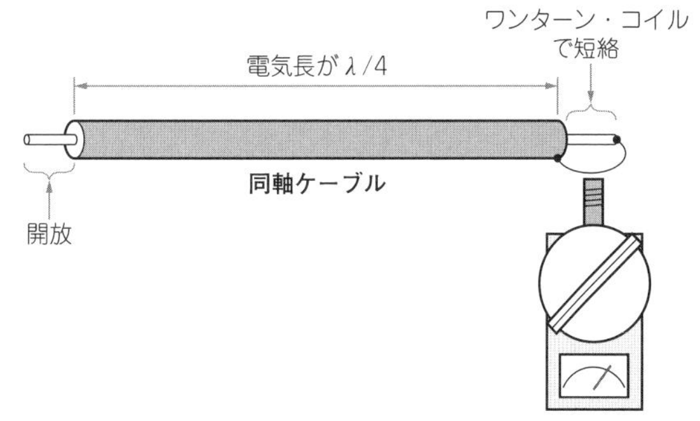

〈図9〉同軸ケーブルの電気長の測定

互インダクタンスMは，**図10**のようにして測定します．

まず**図10(a)**のように各コイルの巻き始め側(黒丸)に値が既知のコンデンサCをつなぎます．他端はそのまま接続します．これはL_1が発生する磁束とL_2が発生する磁界が打ち消しあう差動接続です．このときのインダクタンスL_dは相互インダクタンスMを使って，下記のように表せます．

$$L_d = L_1 + L_2 - 2M \cdots\cdots (7)$$

共振周波数fとCの値から，インダクタンスL_dを計算で求めます．

次に**図10(b)**のようにつなぎなおします．これはL_1が発生する磁束とL_2が発生する磁界が強めあう和動接続です．このときのインダクタンスL_aは相互インダクタンスMを使って，下記のように表せます．

$$L_a = L_1 + L_2 + 2M \cdots\cdots (8)$$

共振周波数fとCの値から，同様にインダクタンスL_aを計算で求めます．

相互インダクタンスMは，式(7)と式(8)から下記の式で求められます．

$$M = (L_a - L_d)/4 \cdots\cdots (9)$$

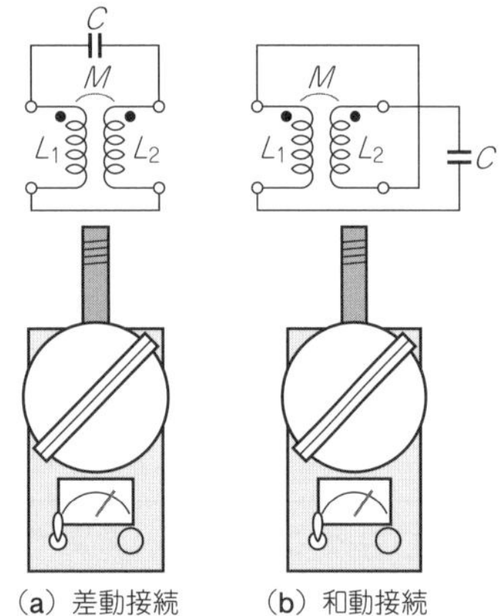

(a) 差動接続　(b) 和動接続

〈図10〉相互インダクタンスの測定方法

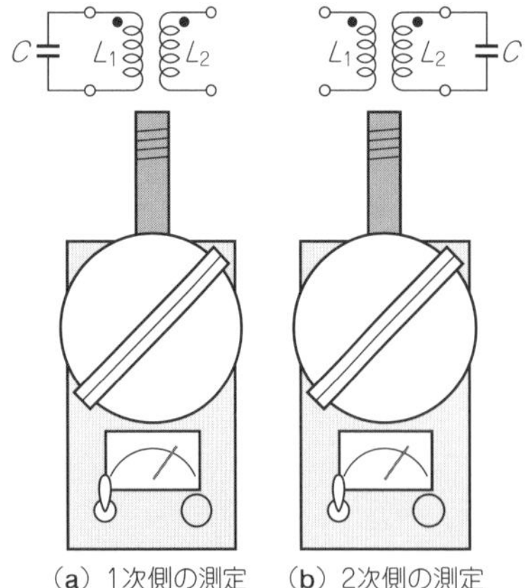

(a) 1次側の測定　(b) 2次側の測定

〈図11〉結合係数の測定方法

■ 4.2 結合係数

2次巻き線を持つコイルの1次-2次間の結合係数kは，次のようにして測定できます．

まず，被測定コイルの相互インダクタンスMを前述の方法で求めます．次にコイルの1次側へ値が既知のコンデンサCを**図11(a)**のようにつなぎます．

ディップ点からインダクタンスを計算し，これをL_1とします．次に**図11(b)**のようにCを2次側につなぎ，ディップ点から，同じくインダクタンスを求め，これをL_2とします．

次式から結合係数kが求まります．

$$k = \frac{M}{\sqrt{L_1 L_2}} \cdots\cdots (10)$$

5 信号源としての使い方

出力電圧を正確に知る必要がない用途なら，ディップ・メータを簡易テスト・オシレータ代わりに使うことができます．

■ 5.1 無変調信号源

SSBやCWの受信機をテストするには，変調をかけることなく，コイルを受信機のアンテナに近づけたりIFTに近づけるなどして，信号を注入できます．受信機のSメータ(信号強度表示)が最大になるように，各部を調整します．

● 基本波で測る方法

通常は基本波で測定します．

● 高調波で測る方法

ディップ・メータで直接発振できないような周波数を得たいときは高調波を使います．

● BFOとして使う

市販のAM受信機では，短波を受信できても，CW(電

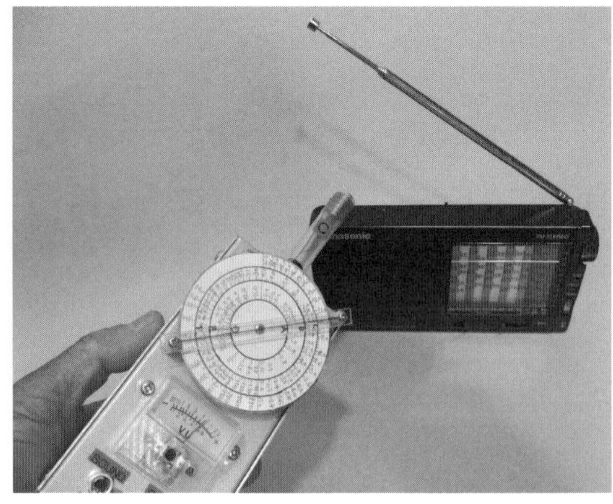

〈写真4〉簡易テスト・オシレータとして使う

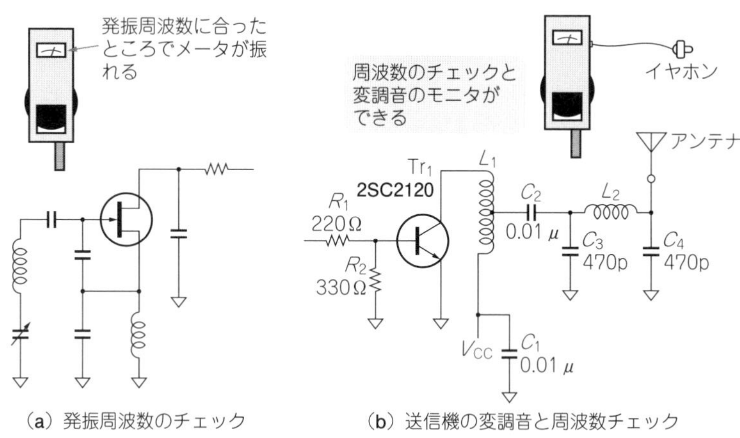

(a) 発振周波数のチェック　(b) 送信機の変調音と周波数チェック

〈図12〉吸収型波長計としての使い方

信)やSSBは復調できません．**写真4**のように，アンテナ端子の近くにディップ・メータを持ってきて，受信周波数とほぼ同じ周波数にセットすると，ビートにより電信音やSSB音声を聞き取ることができます．

5.2 AM/FM変調信号源

AM変調がかかるので，受信機の調整に便利です．ディップ・メータの内蔵変調回路は，簡易な回路なので，AMと同時にFMもかかっていることに注意してください．その代わりにFM受信機でも変調音を聞き取れます．

6 吸収型波長計としての使い方

送信機などの他の発振器からのパワーを拾って，その発振周波数を知ることができます．

「吸収型波長計」という名称は，時代錯誤感がありますが，外部からの電波を受信し，電波の強さに応じてメータを振らせるという，単なる簡易AM受信機としての使い方です．受信機の局発や，送信機の各ステージが正常な周波数で動作しているかどうかを見るのに便利です．

静電結合端子(サーチ端子)に短いアンテナを接続し，レベル・ボリュームを最小にして発振を止めれば，メータの振れ具合いから相対的な電界強度を知ることもできます．イヤホンをつなげば，信号波をモニタできます．電界強度とメータの振れは必ずしも比例しないので，定量的な測定には向きません．

なお，吸収型として使うときは，発振レベル設定用つまみを最小にして，ディップ・メータの発振を止めておきます．発振レベルをやや上げると，再生がかかって感度が上がるという裏技もあります．発振レベルをさらに上げて受信すると，ヘテロダイン周波数計となり，イヤホンから聞こえるゼロ・ビートにより同調できます．

6.1 発振のチェック

図12(a)のように*LC*発振回路などに小容量で結合し，発振周波数付近をサーチすると，発振していればメータがピップすなわち，増加方向に振れます．

6.2 AM送信機などの変調モニタ

送信機の変調音を耳で確かめることができます．イヤホン端子をオシロスコープにつなげば復調波形も観測できます．

ディップ・メータのコイルを送信機のタンク回路に近づけるときは，最初は距離を離しておき，徐々に近づけていき，メータが振り切れない範囲で測定します．大出力の送信機にいきなり近づけると，ディップ・メータが焼損するので，最初は十分距離を取って測定します．

7 水晶発振子のチェックや水晶発振器として

7.1 水晶発振子などの簡易チェック

水晶発振子やセラミック振動子の簡易な良否判定ができます．プラグイン・コイルの代わりに水晶発振子子を接続し，レベル・ボリュームを上げて行くと，良品であれば発振してレベル・メータが振れます．発振しない場合は，ダイヤル(バリコン)を回して並列容量を調整します．それでも発振しなければ不良品の疑い大です．

このときの発振周波数は基本波です．オーバートーン発振用の水晶発振子の場合，銘板周波数ではなく，基本波で発振しますから，その値を周波数カウンタなどで確認すれば，およそ正常かどうかを判定できます．

■ 7.2 水晶発振器として

5 MHzの水晶発振子を使えば，基本波5 MHzのほかに，高調波である10，15，…MHzの信号を受信できるので，マーカ発振器の代用になります．水晶振動子を接続し，一方の端子に10 cm程度の短いアンテナ線を接続すれば，5，10，15，…MHzの信号を受信できますから，アナログ受信機のダイヤル目盛の校正に使えます．

8 まとめ

VNAやスペアナの性能向上と価格ダウンによって，今では，ディップ・メータの存在理由が無くなった感があるかもしれません．本稿では，まだ出番のありそうな事例とともに，ディップ・メータの基本的な使い方と，種々の回路に適用できるような使い方を紹介しました．ディップ・メータの参考文献は，真空管時代のものが多いので，現代風に書き換えております．

これを機に，ディップ・メータの隠れた魅力をより引き出していただければ幸いです．

◆参考文献◆

(1) 茨木 悟；「グリッドディップ・メータの使い方」（改訂版），CQ出版社，第9版1965年10月．（絶版）
(2) 山村英穂；「トロイダル・コア活用百科」，CQ出版社，1983年．
(3) 伊藤信一郎；「ノイズ対策用フェライトの基礎」，TDK EMC Technology，TDK㈱．https://product.tdk.com/ja/products/emc/guidebook/jemc_basic_06.pdf
(4) 角居洋司ほか；「アンテナ・ハンドブック」，CQ出版社，1970年．

Appendix

ディップ点を目で確かめる作業から解放される！

ディップ・メータ用サウンド・アダプタの製作

■ サウンド・アダプタとは？

● 一工夫でさらに使いやすく！

ディップ・メータは，安価で万能なRF測定器として半世紀にわたって使われてきました．ディップ・メータを使う最大の目的は，*LC*回路の共振点を探すことです．その使い方は，コイルとの結合(距離)を確かめながら，共振によるディップ点がないかどうか，メータをにらみながらダイヤルを回して探すというものです．このときに，

- コイルとの結合は深すぎても，浅すぎても駄目．
- メータのレスポンスが遅いので，ダイヤルはゆっくり回す．
- ディップはわずかな振れの場合もある．

など，少し使いづらい面があります．

もし，メータの振れを音で聞くことができれば，

- コイルとの結合に神経を集中できる．
- ダイヤルを速く回してもディップ点がわかる．
- 人間の耳はわずかな周波数変化にも敏感であり，浅いディップも検出できる．

などのメリットがありそうです．そこで，既製品ディップ・メータのアクセサリとして，ディップを音で聞くためのアダプタ(**写真1**)を作ってみましょう．

● 人間の耳は周波数差に敏感

再生式ラジオや，SSB受信機のBFOのように，同調するとゼロ・ビートになる機器を昔はよく見かけました．ヘテロダイン受信機になってビート音がなくなり，同調が取りにくくなったため，マジック・アイが付いたことも思い出します．

このように，人間の耳は音の周波数に極めて敏感であり，とくに直前の音に対する周波数差にセンシティブです．この点で，ゼロ･ビートで同調を取る方法は，人間の感性に合ったものだといえます．

● ディップ・メータにゼロ・ビートを追加する

ディップ・メータの原理は，発振回路のエネルギーの一部が被測定*LC*回路に吸い取られることによります．したがって，音声化する場合，発振回路の発振レベルから周波数に変換する必要があります．これはつまりレベル・メータの出力をV-F変換することにほかなりません．

そこで，RF回路の製作とはいい難いのですが，ディップ・メータのレベル・メータ出力を取り出して，これをV-F変換することにします．

■ 回路の検討

● メータの駆動回路は2通りある

ディップ・メータのメータ(インジケータ)は100～300 μA程度の電流計を**図1**のような回路で駆動しています．**図(a)**は発振レベルをピーク検波した後，そのままメータを駆動するので，メータの片方はGNDです．**図(b)**はトランジスタのコレクタに直列に挿入されており，メータの両端子ともGNDから浮いています．

どちらの回路にも対応するためには，アダプタの入力回路は，差動アンプとしなければなりません．

メータの内部抵抗は1 kΩ程度です．私の場合は，200 μA計で，内部抵抗1.2 kΩでした．

● 差動アンプとV-Fコンバータを組み合わせる

図2が製作した回路です．IC_{1a}とIC_{1b}は，単電源で動作する差動アンプです．ゲインは約20倍としました．OPアンプは計測アンプほどの精度は必要ないので，単電源で0 Vから動作するLM358を使いました．CMRRはあまりよくなく，入力端子の直流電位は，＋6 Vくらいが限界です．

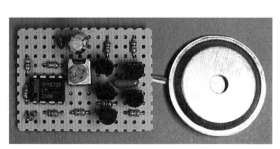

〈写真1〉ディップ・メータ用サウンド・アダプタ

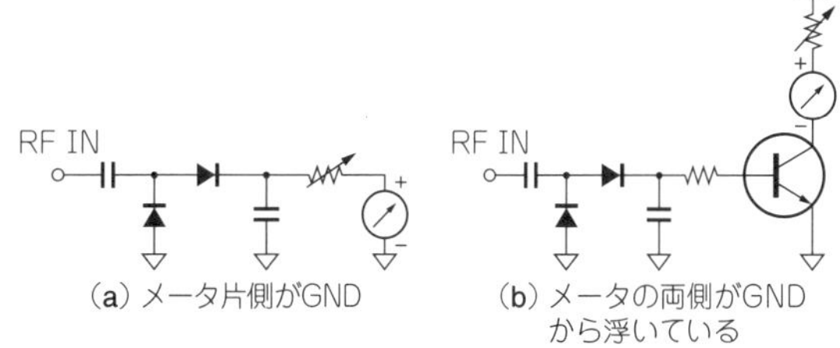

〈図1〉市販ディップ・メータのメータ駆動回路の例

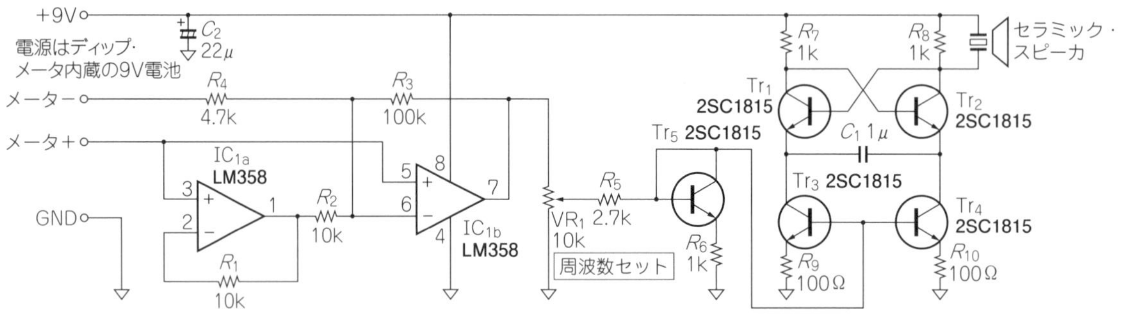

〈図2〉ディップ・メータ用サウンド・アダプタの回路

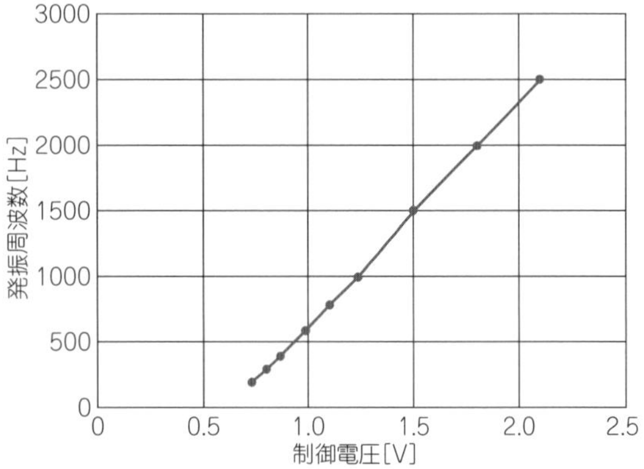

〈図3〉エミッタ結合マルチバイブレータの発振周波数特性

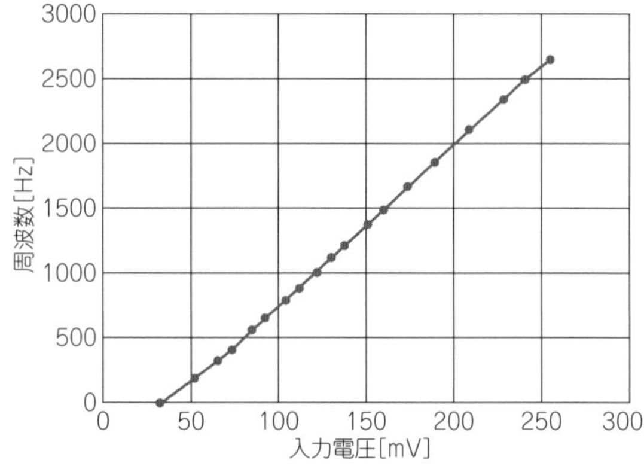

〈図4〉サウンド・アダプタの入力電圧−発振周波数特性

V-F コンバータは，マルチバイブレータのコンデンサ C_1 の充放電電流を制御するタイプです．**図3**に VR_1 中点から見た変換特性を示します．

写真2は，ディップ・メータに組み込んだようすです．セラミック・スピーカは基板裏面に隠れています．

■ 使用感など

図4に総合特性を示します．発振周波数は，メータのフルスケール時に VR_1 で調整します．1～3kHz で聞きやすい周波数を選びます．セラミック・スピーカには共振周波数があるので，これを最高周波数に選ぶと良いでしょう．音質や音量の点で，できれば小型のダイナミック・スピーカを使いたいところです．

ディップ・メータのダイヤルをかなり速く回してもディップ点を検出でき，測定への集中，測定時間の短縮ができて，便利なアイテムだと実感しています．

〈写真2〉ディップ・メータ内に組み込んだようす

第33章　RFブリッジとパルス印加による ディジタル・インダクタンス・メータ

インダクタンスを測る測定器の製作

コイル(インダクタ)は，キャパシタとともに電源回路，オーディオ回路，高周波回路など，おもにアナログ回路で使われます．最近はあらゆる分野へのディジタル回路の進出が著しく，IC化しにくいインダクタを使った回路が敬遠されるようになりました．

これに対して，インダクタが必要な新しい分野も出てきました．例えばスイッチング・レギュレータには，インダクタが至る所に使われています．また，ディジタル機器の高速化とともに，EMC対策用のインダクタが必要になっています．

テスタを使って抵抗を測定することは，エレクトロニクスに携わるエンジニアにとっては日常茶飯事です．しかし，インダクタとなると，測定することはめったにありません．これは相手が交流であり，インピーダンスの概念が入って来て直流のようにわかりやすくないこともありますが，手元にテスタのような使いやすい測定器がないことも一因でしょう．

今回は，**写真1**に示すようなハンディ・タイプのインダクタンス・メータを2種類作って，精度や使いやすさを比較して見ます．手巻きコイルや，表示のないインダクタのインダクタンスを調べるのに好適です．

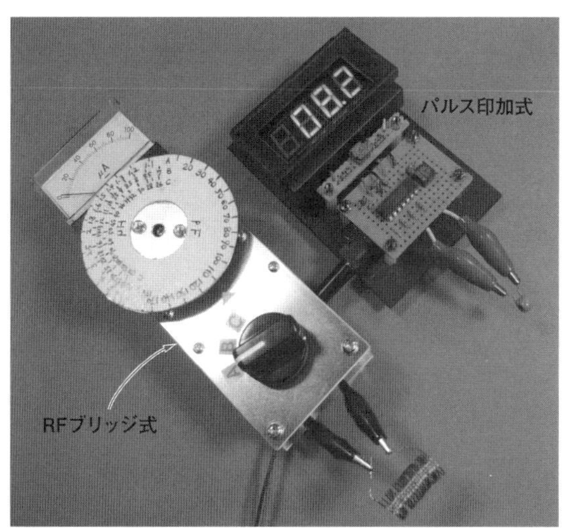

〈写真1〉製作した2種類のインダクタンス・メータ

インダクタンスの測定方法

代表的な方法としては，例えば次のような測定方法があります．

■ ブリッジ法

● 交流ブリッジ(LFブリッジ)

直流回路のブリッジは，よく知られたホイートストン・ブリッジです．交流回路のブリッジは，**図1**のようになります．交流ブリッジは，信号源の周波数や波形に依存せず，零位法で測定できます．零位法は歴史ある高精度測定法であり，キュリー夫妻らが新しい放射性元素ラジウムを発見したときにも使われました．「RFワールド」No.12に紹介されています．

零位法は，最新の測定器でも使われている基本的な原理です．

交流ブリッジは，低周波(Low Frequency)ブリッジともいい，実使用周波数より低い周波数で平衡させることが特徴です．インダクタの磁芯に使われるフェライトなどの，磁性体の周波数特性の影響を受けやすいという欠点があります．

● RFブリッジ

LFブリッジに対して，実使用周波数に近い無線周波数(Radio Frequency)で平衡点を求めるものです．高周波回路に使うインダクタは，この方法で測定します．

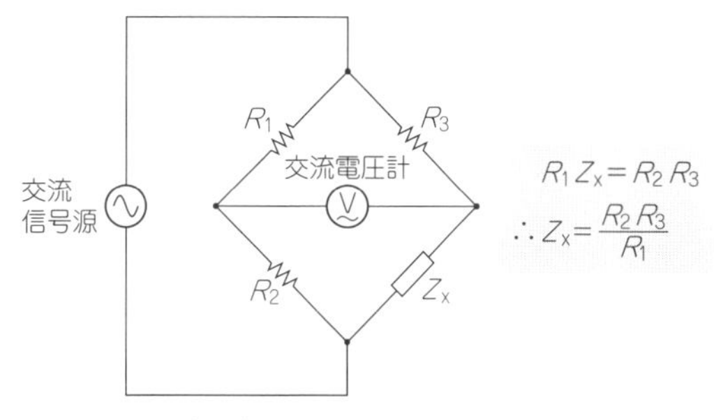

〈図1〉交流ブリッジの回路構成

■ 共振法

● その1：実使用周波数より低い周波数で共振させる方法

実使用周波数より低い周波数で共振させるもので，ブリッジではありません．**図2**のように，信号源(SG)とオシロスコープ，またはSG＋検波器＋電圧計の形で測定します．並列共振回路のコイルL_xがDUT(供試素子，Device Under Test)となります．

信号源を単一周波数の正弦波とし，その周波数を可変すると，共振点で振幅が最大となります．キャパシタCの容量が既知ならば，共振周波数fから次式でL_xの値を求めることができます．

$$f=\frac{1}{(2\pi\sqrt{L_x C})} \quad \cdots\cdots (1)$$

ここにf：共振周波数［Hz］，L_x：未知インダクタンス［H］，既知キャパシタンス［F］

なお，信号源の内部抵抗R_gが50Ωなどと低い場合，並列共振回路がQダンプされて共振点がわかりづらくなるので，直列抵抗R_sとして数百～数kΩぐらいを入れてダンプを防ぎます．ただし，R_sが大きすぎると観測する信号が小さくなってしまいます．

また，オシロスコープの入力インピーダンスの影響を受けるので，入力抵抗が高くて低入力容量なFETプローブを使うなど，少し工夫しないと真の値が得られません．

● その2：実使用周波数に近い周波数で共振させる

ディップ・メータなどは，これに該当します．既知のキャパシタCと未知のインダクタL_xで共振回路を構成して，ディップ・メータで共振周波数fを測定し，先の式(1)からL_xの値を求めます．

■ *Q*メータ

共振法と似ていますが，Lと直列に接続したC両端の電圧を測る点が異なります．C両端の電圧が入力電圧のQ倍になることを利用しています．操作が煩雑なので，現在ではほとんど使われません．

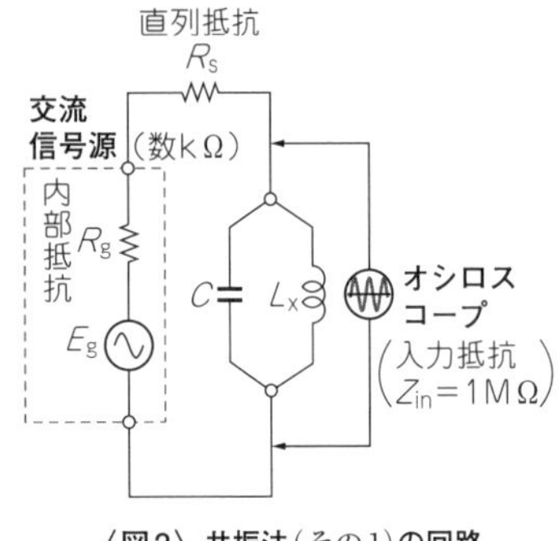

〈図2〉共振法(その1)の回路

■ LFインピーダンス・メータ

抵抗分とリアクタンスを同期検波によって分離して測ります．実際より低い周波数，例えば1 kHz，10 kHz，100 kHz，1 MHzで測定します．だいたい数万～数十万円クラスの製品があります．

■ RFインピーダンス・メータ

これはLFインピーダンスと同じ方式や，SWRブリッジなどが使われます．いずれも実使用周波数で測定します．精度が良いのですが高価なのが難点です．

■ パルス印加法

インダクタにパルス電流を一瞬流すと，電流OFFと同時にその両端にはパルス電圧が生じ，対数カーブを描いて減少します．その電圧が一定値以上である時間の幅からインダクタの値を求めます．回路がシンプルで安価に作れるため，実売1万円前後のポケット*LCR*メータに使われています．ただし，実使用周波数とかけ離れた周波数で測定するので，誤差が大きいという欠点があります．

MP3プレーヤを使った交流ブリッジの実験

■ 動作原理

ブリッジの良さは，高感度で精度がよく，回路が簡単であることです．重量を測る天秤(てんびん)と同じ原理の零位法を使うので，基準インダクタの精度が，ほぼそのまま測定値の精度になるという利点があります．

信号源は周波数や波形を考慮しなくて良いので，MP3などの音楽でも構いません．零位の検出はインピーダンスの高いセラミック・イヤホンが最適です．このイヤホンは一般のイヤホン(マグネチック・イヤホン)とは異なり，圧電セラミックス製の発音体を内蔵しています．歴史的な経緯から「クリスタル・イヤホン」の名称で売られていることが多いようです．マグネチック・イヤホンはインピーダンスが低い(8～32Ωぐらい)ので，この実験には適していません

図3は，実験した交流ブリッジの回路です．L_sは基準インダクタ，L_xは測定対象の試料，R_1は固定抵抗，R_2は可変抵抗です．ブリッジが平衡した場合には，イヤホンからは音楽がほとんど聴こえなくなるので，零位(平衡点)を容易かつ正確に見つけることができます．ブリッジが平衡したときには，

$$\frac{R_1}{R_2}=\frac{j\omega L_s}{j\omega L_x} \quad \cdots\cdots (2)$$

ただし，R_1とR_2：抵抗器の値［Ω］，L_sとL_x：インダクタの値［H］，$\omega=2\pi f$

が成り立ちます．jωは通分すると消えますから，周波数fには無関係です．L_xについて解くと，

$$L_x = \frac{R_2}{R_1} L_s \quad \cdots\cdots (3)$$

となります．

■ 実験

写真2は実験のようすです．素子値の選び方として，試料辺と基準辺のリアクタンスが著しく違わないようにすれば，零位を鋭くできます．今回は，

$R_1 = 470\ \Omega$，$R_2 = 500\ \Omega$（Bカーブ），$L_s = 22\ \mathrm{mH}$

としました．ヌル点（零位）の範囲がかなり狭いので，R_2はできれば多回転ヘリポットを使いたいところです．

$L_x = 10\ \mathrm{mH}$を接続したときの，R_2の変化に対するイヤホン出力波形を**図4**に示します．零位でのR_2の値は206 Ωでしたから，式(3)から，

$L_x = (206/470) \times 22 \fallingdotseq 9.64\ \mathrm{mH}$

と求められました．素子の誤差（測定器の誤差ではない）は－3.6 %であり，仕様の±5 %以内に入っていました．

もちろん音楽ではなく，正弦波信号で実験したいという人もおられるでしょう．現代はノート・パソコンが身近にある時代です．信号源にはパソコン内蔵のサウンド機能を使った正弦波発振器を使うのがスマートです．例えば下記のようなフリーウェアがあります：

多機能・高精度テスト信号発生ソフト“WaveGene”
http://web.archive.org/web/20171105052121/http://efu.jp.net/

RFブリッジによるインダクタンス・メータの製作

上記の交流ブリッジで測れるインダクタンスは，せいぜいオーディオ帯域までです．これより高い周波数のインダクタンス測定には，RFブリッジが適当です．

写真3が製作したRFブリッジの外観です．レンジ切り替え（A，B，C）を設けて1 μH～150 μHをカバーします．

写真4は裏面のシールド板を外したところです．ブリッジ回路はロータリ・スイッチの余ったピンを使って空中配線で仕上げています．基板を使うとストレー（stray）容量やリード線のインダクタンスが増えるからです．

■ 回路

図5がRFブリッジの回路です．テスト周波数は4 MHzとしましたが，これは手持ちの水晶の関係で

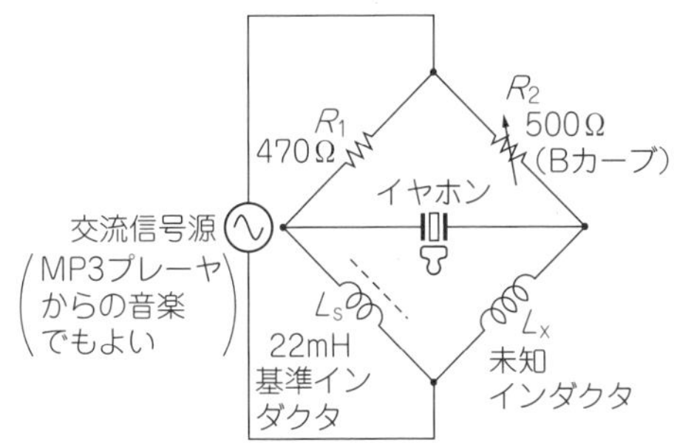

〈図3〉MP3プレーヤと交流ブリッジを使ってインダクタンスを測る回路

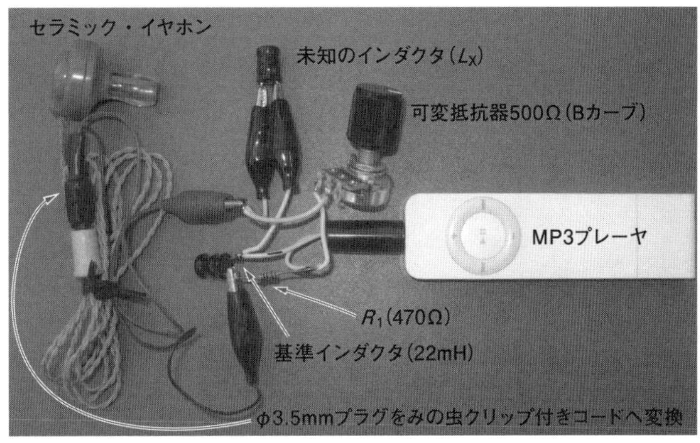

〈写真2〉MP3プレーヤと交流ブリッジを使ってインダクタンスを測る実験のようす

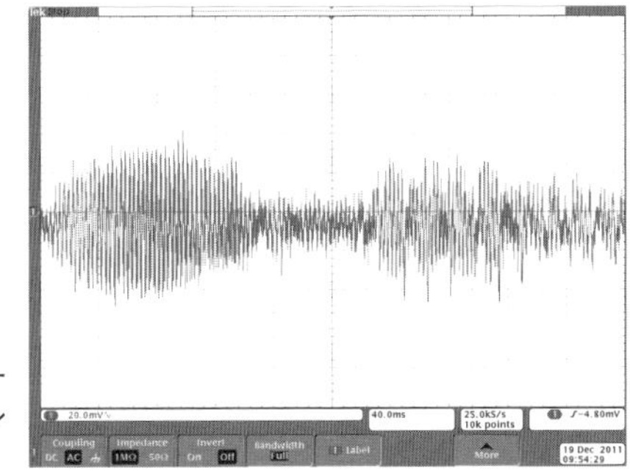
(a) 零位から外れたときの波形

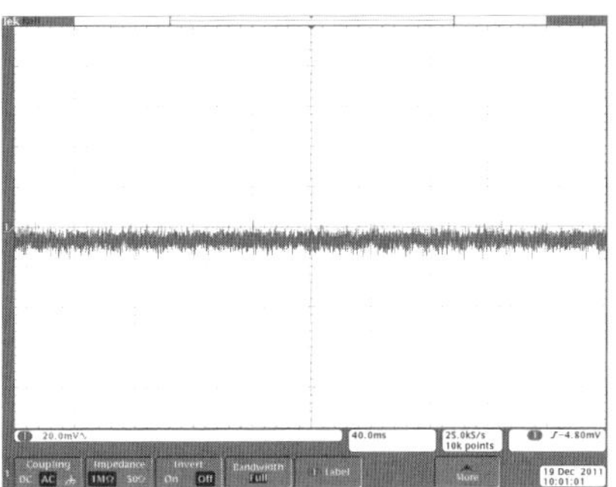
(b) 零位(ヌル点)での波形

〈図4〉信号源としてMP3プレーヤを使ったときのイヤホンの電圧波形(40 ms/div., 20 mV/div.)

あって，発振周波数が4～6 MHzであれば何でも使えます．可変素子として可変範囲が20～150 pFのポリバリコンを使いました．容量可変範囲は大きい方が，レンジあたりの測定範囲が拡がります．**写真3**のように，できるだけ直径の大きいダイヤルを付けると指示値が読みやすくなります．

回路部品は金属製の筐体に入れると，人体の影響を受けて指示値が変化するようなことを防げます．筐体は必ず回路のGND(0 V)に接続します．

零位法では通常，センターが0 Vの検流計を使いますが，高価で入手も困難なので，通常の100 μAの電流計を使用しました．ブリッジ回路で検波しているので，ヌル点は左端の0 Vの近くになり，これより＋になっても－になっても右方向に振れます．メータには過入力電圧を制限するために両方向にダイオードを入れているので，仮にメータが振り切れても破損することはありません．

■ 校正方法

本機は精度や確度を求める本格的な測定器ではないので，校正といっても目盛りを記入する作業です．大別すると2通りの方法があります．

一つは既知のインダクタを多種類用意して，目盛りを記入する方法です．

もう一つはバリコンの回転角と容量を測定して，容量値からL_xの値を計算して目盛りを記入する方法です．今回は後者の方法によりました．計算式は，ブリ

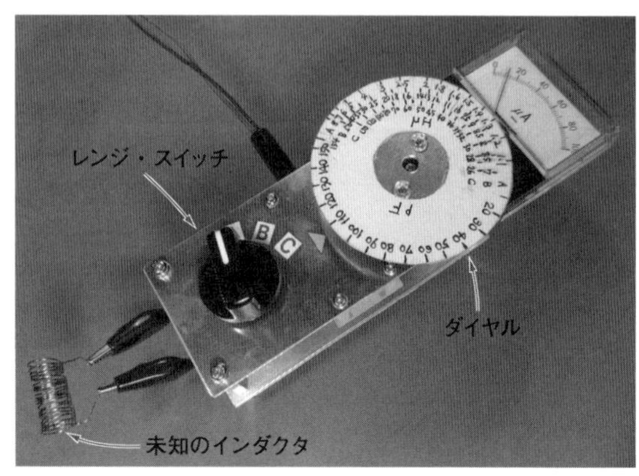

〈写真3〉製作したRFブリッジ式インダクタンス・メータ(1～150 μHを測れる)

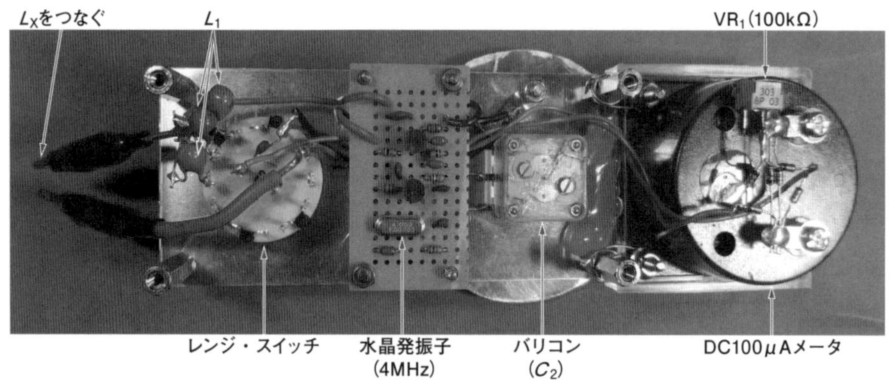

〈写真4〉RFブリッジ式インダクタンス・メータの内部(裏面のシールド板を外したところ)

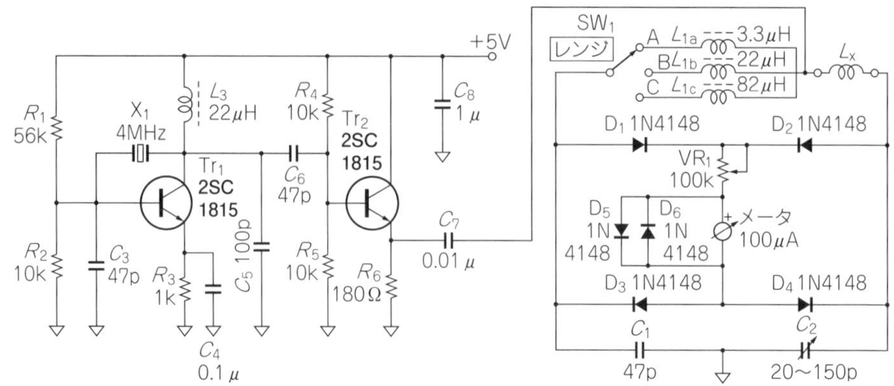

〈図5〉製作したRFブリッジ式インダクタンス・メータの回路

ッジの平衡状態において，**図5**の部品番号を使って，

$$L_x = \frac{C_1 L_1}{C_2} \cdots\cdots (4)$$

と表されます．式(4)を使って計算した各レンジのL_2の範囲を**表1**に掲げます．

パルス印加法による インダクタンス・メータの製作

市販の安価なディジタルLCRメータは，この方式がほとんどです．次に述べるように，インダクタにパルスを加えたときの過渡応答波形の幅がインダクタンスに比例することを利用しています．

過渡応答波形をパルスに変換し，このパルスをRC積分回路に通せば，インダクタンスに比例したDC電圧が得られます．これをテスタや市販のDVM(ディジタル・ボルト・メータ)で表示すれば，簡単なインダクタンス・メータを製作できます．**写真5**は，製作したRFインダクタンス・メータの外観です．

〈表1〉RFブリッジ式インダクタンス・メータの測定レンジ

測定レンジ	L_1 [μH]	C_1 [pF]	L_xの測定範囲 [μH]	
			C_2 = 20pF	C_2 = 150pF
A	3.3	47	7.8	1.0
B	22	47	51.7	6.9
C	82	47	192.7	25.7

■ パルス印加法の原理

今，**図6**のように，インダクタLに直流電圧VをスイッチSWと直列抵抗Rを介して接続したとします．

インダクタL両端の電圧をV_Lとすると，V_LはSW投入後には次式のように変化します．

$$V_L = V e^{(-R/L)t} \cdots\cdots (5)$$

図7はV_Lの変化のようすです．

CMOSロジックICの入力LレベルをV_{CC}の20％とすると，パルス幅は図のtで表されます．(ON時の遅れは無視)

式(4)において，V_L = 0.2 Vとすると，

$$0.2\ \mathrm{V} = V e^{(-R/L)t} \cdots\cdots (6)$$

これを解くと，

$$t = -\frac{L}{R}\ln 0.2 \fallingdotseq 1.6\frac{L}{R} \cdots\cdots (7)$$

となります．したがって，幅tを測定すれば，インダ

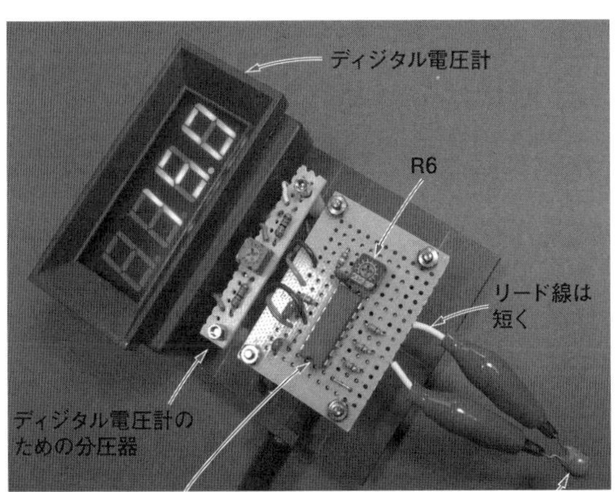

〈写真5〉製作したパルス印加式インダクタンス・メータ(0.5～40 μHを測れる．写真の試料は15 μHであり，このとき出力電圧は150 mVである)

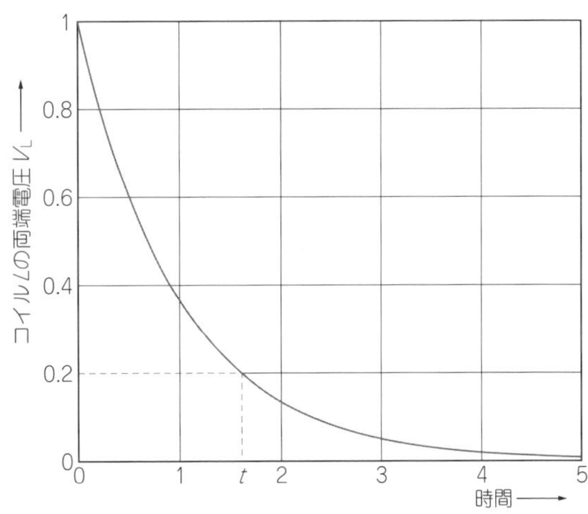

〈図7〉パルスを印加した直後のインダクタL両端の電圧変化

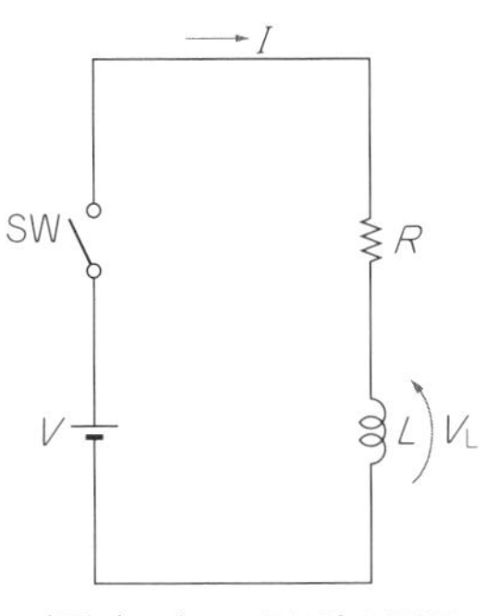

〈図6〉パルス印加法の原理

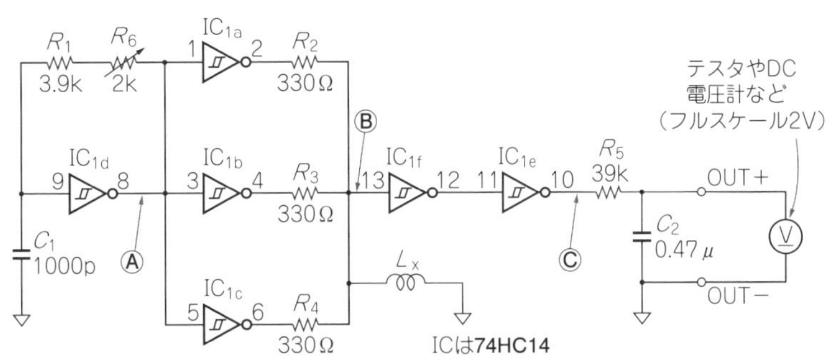

〈図8〉製作したパルス印加式インダクタンス・メータの回路

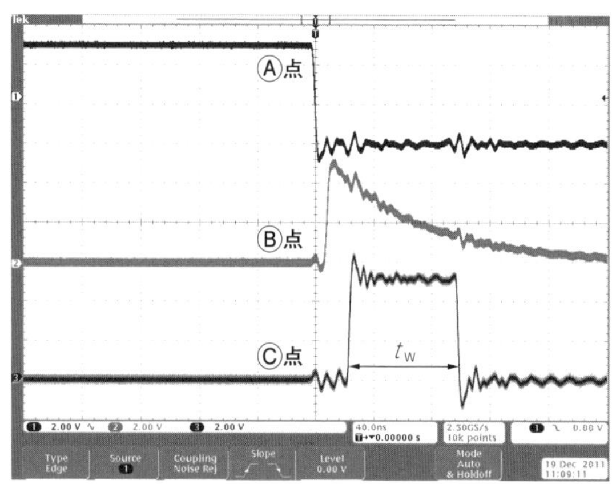

〈図9〉 図8の回路の各部波形(40 ns/div., 2 V/div.)

クタンスLに比例した値となります.

■ パルス印加法による インダクタンス・メータの回路

図8に製作する回路を示します. ディジタル電圧計はフルスケール2 Vのものを接続してください. 私はフルスケール200 mVのものを使ったので外付けの分圧器で1/10にしました. 分圧器は写真5に写っている細長い基板ですが, 図8には示していません.

この回路は立ち上がり10 nsオーダのパルスを扱うので, GNDを含めた配線はできるだけ短くすべきです. また, 供試インダクタとの接続部分のインダクタンスは測定値に上乗せされるので, 写真5のようにクリップの配線を短くします.

この回路のDC出力電圧V_{out}は, 次式で表されます.

$$V_{out} = t_W V_t f_p \quad \cdots\cdots (8)$$

ただし, t_W：パルス幅, V_t：パルス振幅, f_p：パルス周波数

パルス周波数は可変抵抗R_6と抵抗R_1, 1000 pFのコンデンサからなるシュミット・トリガIC_{1d}で作っています. シュミット・トリガのヒステリシスがあるために, このような簡単なフィードバック回路でも安定した発振が得られます.

図9は各部の波形です. ⒶはIC_{1d}の8ピンの波形です. このパルスをIC_{1abc}で反転して330 Ωの抵抗を通して並列駆動し, 低インピーダンスで未知インダクタL_xに加えます. L_x両端からは, Ⓑの鋸歯状波が得られ, これが図7で示した過渡応答波形です.

この鋸歯状波をシュミット・トリガIC_{1f}に入力すると, シュミット・トリガ動作によりパルス波形(図7のt)が得られます. IC_{1e}は正のパルスを得るための反転回路です. Ⓒのパルス幅t_Wは式(7)のように, インダクタンスLに比例し, 抵抗Rに反比例します.

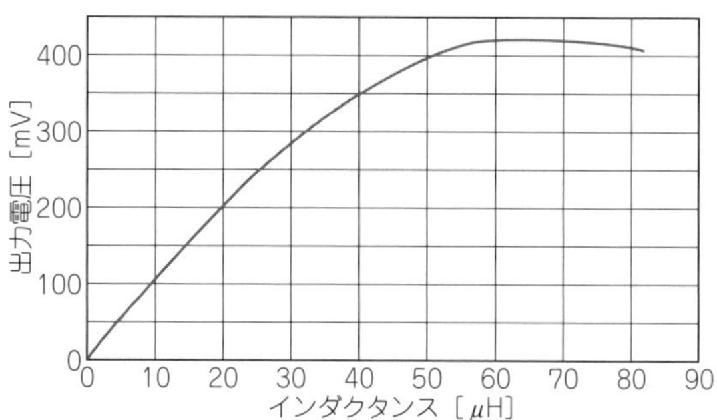

〈図10〉 パルス印加法のリニアリティ

■ パルス印加法のリニアリティ

図9Ⓒのパルス幅t_Wは, シュミット・トリガの立ち上がり時間と立ち下がり時間に比べて十分大きくする必要があります. このためには, L_xはできるだけ低インピーダンスで駆動すべきで, 図6のR(すなわち330 Ω + ICの出力インピーダンスを3並列した値)はできるだけ小さい方が好ましいです. これはパルス幅対インダクタンスのリニアリティに影響します. 図10は, E-12系列のインダクタを実測した結果です. この回路で測定可能なのはリニアリティの限界から40 μHぐらいまでであることがわかります.

この回路は, Qの大きなインダクタや, フェライト・コアの入ったインダクタ, 並列容量の大きなインダクタを測ると誤差が大きくなります.

■ 校正方法

まず, 既知のインダクタ(例えば10 μH)をL_xとして接続します. 次に可変抵抗R_6を調整して, DVMの読みが既知のインダクタンスの値になるようにします. 例えば10 μHの場合, DVMの読みが100 mVとなるように調整します. 場合によっては, 可変抵抗の調整範囲に入らない場合もあるかも知れません. これはIC_1のスレッショルド電圧のばらつきが原因なので, R_6を中央にして, C_1かR_1の値を変更します. 私の場合, 発振周波数の可変範囲は170 kHz ～ 253 kHzでした. なお, 当然ながらL_xをショートするとDVMの読みは0となるはずです. いくらかの値を表示するようなら, DVMの誤差か, みの虫クリップへの配線部分のインダクタンスが原因と考えられます.

◆参考文献◆

(1) Inductance Bridge, 73 Amateur Radio, April 1991, pp.11 ～ 12.
(2) Dick Cappels; "RF Inductance Meter" http://www.cappels.org/dproj/Lmeter/lmet.htm
(3) 尾上守夫；「高周波水晶振動子の始まりと発展」, RFワールドNo.12, pp.129～143, CQ出版社, 2010年11月.

第34章　コイルの性能を手軽にチェックできる！
簡易Qメータの製作

はじめに

コイルやインダクタを使うときには，インダクタンスや自己共振周波数などとともにQの値が重要になります．“Q”はQuality factor（品質係数）を意味し，共振回路の損失の少なさを表す指標です．また，共振回路のシャープさを表す指標でもあり，とくにコイルの性能（損失）の良し悪しが影響します．

しかし，実際にコイルのQを測定するとなると，Qメータが手元にあることはめったになく，かわりにインピーダンス・アナライザのような高価な多機能測定器とかQ測定機能の付いたLCRメータを使います．コイルを自分で巻く機会の少ない現在，Qの測定は専門メーカの実験室や，学校の実習を除けばあまり一般的ではなくなりました．

コイルのQは，信号源さえあればオシロスコープまたは電子電圧計を使って測定することもできます．とはいえQを直読できるわけではなく，予備知識も必要で結構手間がかかります．

とくに巻き数や寸法を変えながらコイルを作るときは，Qの測定を省いて回路に組み込んでから性能を調べることが多いのです．しかし，周波数特性を調べたり，特性のわからないフェライト・コアやリッツ線などを使う場合は手探りでは効率が上がりません．

そこで，一般に入手可能な部品を使って，簡易的なQメータ（**写真1**）を製作してみました．このQメータはRF発振回路と電子電圧計を備えており，小型軽量であり，乾電池で動作します．手元に1台あれば，手軽に“Q”を体感でき，RF回路の製作が一層楽しいものとなるでしょう．

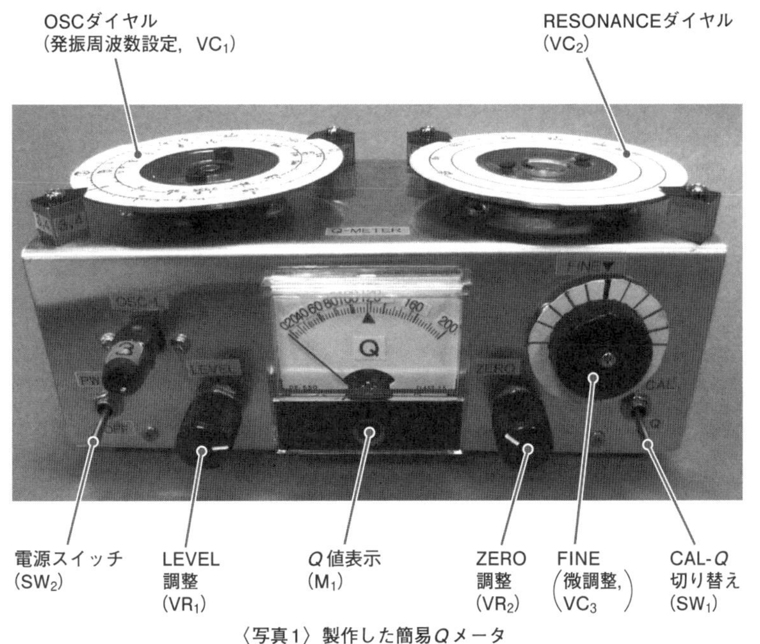

〈写真1〉製作した簡易Qメータ

Qについてのおさらい

■ LCR直列回路とQ

はじめに少しおさらいをしておきましょう．コンデンサC，コイルL，抵抗Rが直列に接続された**図1**の回路を思い出してください．

信号源Gの電圧をV_G，回路に流れる電流をI，コンデンサCの電圧をV_C，コイルLの電圧をV_L，抵抗Rの電圧をV_Rとすれば，以下の各式が成り立ちます．

$$V_G = V_C + V_L + V_R \quad \cdots\cdots (1)$$

$$I = \frac{V_G}{R + j\left(\omega L - \dfrac{1}{\omega C}\right)} \quad \cdots\cdots (2)$$

$$V_C = -j\frac{1}{\omega C}I \quad \cdots\cdots (3)$$

$$V_L = j\omega LI \quad \cdots\cdots (4)$$

$$V_R = RI \quad \cdots\cdots (5)$$

Qは，交流の1周期中に蓄えられるエネルギーW_Xと熱エネルギーによる損失W_Rの比で定義されます．

$$W_X = LI^2 = CV_C{}^2 = \left(\frac{1}{\omega^2 C}\right)I^2 \quad \cdots\cdots (6)$$

$$W_R = \frac{RI^2}{f} \quad \cdots\cdots (7)$$

ですから，Qは次式で表されます．

$$Q = 2\pi\left(\frac{W_X}{W_R}\right) = \frac{\omega L}{R} = \frac{1}{\omega CR} \quad \cdots\cdots (8)$$

上式から，Qはリアクタンスと抵抗の比となり，周波数によってその値が変わることがわかります．Qメータを使えば，実際の使用周波数におけるQの値を知ることができます．

■ 直列共振時の各素子の電圧

式(2)において，

$$\omega L = \frac{1}{\omega C} \quad \cdots\cdots (9)$$

であれば，

$$I = \frac{V_G}{R} \quad \cdots\cdots (10)$$

$$V_C = -j\left(\frac{1}{\omega C}\right)\left(\frac{V_G}{R}\right) \quad \cdots\cdots (11)$$

$$V_L = \frac{j\omega LV_G}{R} \quad \cdots\cdots (12)$$

$$V_R = V_G \quad \cdots\cdots (13)$$

となり，式(13)のように，信号源電圧V_Gは抵抗Rだけにかかります．したがって式(9) (11) (12)から，$V_C + V_L = 0$となります．この状態は「直列共振」と呼ばれます．

式(9)から，共振周波数fは，

$$f = \frac{\omega}{2\pi} = \frac{1}{2\pi\sqrt{LC}} \quad \cdots\cdots (14)$$

と表せます．

■ 共振時はLCの電圧がQ倍になる

さて，式(11)と式(12)に，式(8)を代入すると，

$$V_C = -jQV_G \quad \cdots\cdots (15)$$

$$V_L = jQV_G \quad \cdots\cdots (16)$$

となり，直列共振時には，コンデンサとコイルには信号源電圧V_GをQ倍した電圧が発生します．このように，コイルとコンデンサには電圧増幅作用があります．

■ 選択度とQの関係

共振回路には周波数の選択性があります．**図2**を見てください．その帯域幅(バンド)Bは，電圧(または電流)のピーク値の$1/\sqrt{2} \fallingdotseq 0.707$倍すなわち$-3$ dB(電力では1/2)になる上下の周波数差$|f_1 - f_2|$で定義されます．

式(2)から電流の絶対値$|I|$を求め，$|I|$が共振ピークの$1/\sqrt{2}$になるときの$\omega_1 = 2\pi f_1$と$\omega_2 = 2\pi f_2$を計算すると次式が得られます．(このとき二つの2次方程式が得られるので，正の根二つを選ぶ．)

$$B = \left|\frac{\omega_1 - \omega_2}{2\pi}\right| = |f_1 - f_2| = \left(\frac{1}{2\pi}\right)\frac{R}{L} \quad \cdots\cdots (17)$$

この式に式(8)を代入すると，

$$Q = f/B \quad \cdots\cdots (18)$$

となり，帯域幅を使ったQの定義が得られます．帯域幅が狭いほど，共振ピークの幅が狭く，Q値が大きいことがわかります．

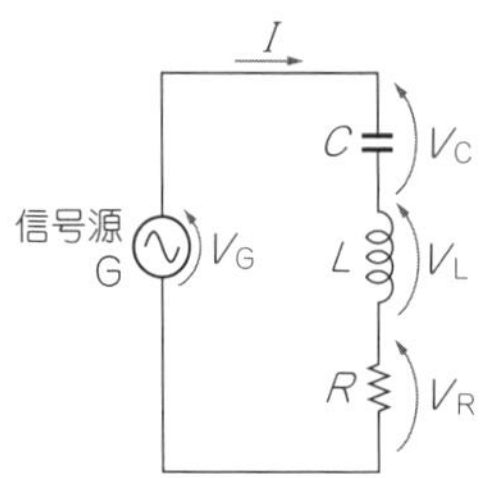

〈図1〉 C，L，R直列回路

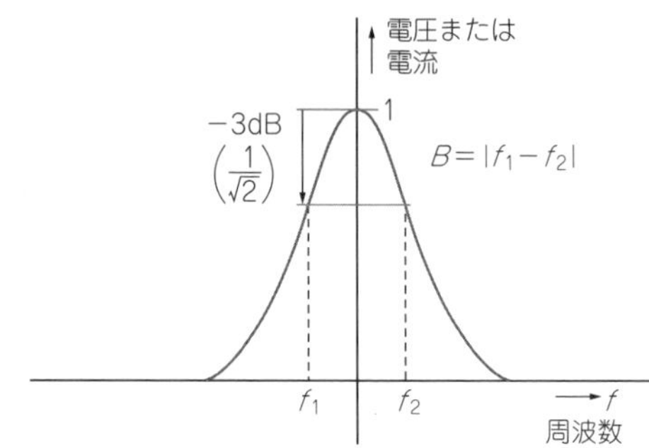

〈図2〉 共振回路がもつ周波数選択性カーブ

Qの測定方法

■ 2通りの測定法

上に述べたQの二つの定義に対応して，Qの測定には2通りの方法が考えられます．

①Qが電圧上昇比であることを利用する

②Qが選択度であることを利用する

①は式(15)または式(16)によるもので，V_CとV_Gを同時に測定すればQがわかります．

②は式(18)を利用するもので，周波数またはコンデンサCを変化させて選択度からQを求める方法です．正確な値が得られるのですが，測定にやや手間がかかるのが欠点です．

今回製作するQメータは①の方法を使い，校正用基準コイルの製作と，Qメータの確度チェックには②の方法を使います．

■ 直列共振を利用したQ測定の実際

今回のQメータに採用した上記①の方法について，実験を交えながら説明します．この方式のQメータはかつて「Boonton型」と呼ばれていたもので，アナログ・メータを挟んで両側にバリコンのダイヤルを配したスタイルは，以後 幾多のメーカに踏襲されました．今回参考にしたHeath社のキットQM-1(**写真2**)もこのスタイルです．本機の外観もこれに習っています．

Boonton社の製品は，0.04 Ωの標準抵抗に500 mA流してV_G=20 mV一定とし，V_Cを真空管電圧計で測り，これをV_Gで割った数値つまりQをアナログ・メータで直読するものでした．この標準抵抗の値は小さいほど精度が良くなりますが，電圧計で読み取り可能な電圧を得るためには，大きな電流を流す必要があり，信号源のパワーを大きくしなければなりません．**図3**は，この方式の一例です．

〈写真2〉真空管時代に販売されていたHeathkitのQメータ"QM-1"

図3の回路では，標準抵抗R_2を0.5 Ωとしているので，b点の電圧V_Gはa点の1/100となります．C_1を変化させてL_Xと共振させると，コンデンサの電圧V_Cはb点の電圧より高くなります．このときV_Cがa点の電圧と同じになったとすれば，c点の電圧はb点の電圧の100倍で，Q=100となります．

■ 選択度を利用したQ測定の例

図3の回路を使い，今度は選択度を使ってQの値を測ってみましょう．図の抵抗値を実現するために，R_1は51 Ωと1.8 kΩ並列，R_2は1 Ω 2個を並列接続しました．C_1には可変範囲が11～532 pFのポリバリコンを使いました．

b-c間にインダクタンスとQ値が既知のインダクタL_Xを接続しました．具体的にはTDK製で270 μH(Q=45@796 kHz，自己共振周波数3.6 MHz)のものです．c点にFETプローブとしてP6202A(テクトロニクス)を介してスペクトラム・アナライザ(スペアナ)をつなぎ，スペアナのトラッキング・ジェネレータ出力をa点に接続して観測した結果が**写真3**です．

このカーブからQを求めても良いのですが，より正確に測定するために，a点にRF信号源，c点にFETプローブを介して自動測定機能付きのオシロスコープに接続しました．f_1とf_2を求めると，f=1 MHzに対し，

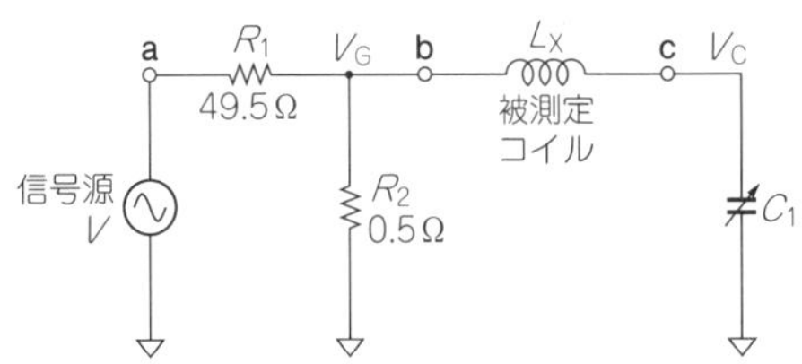

〈図3〉直列共振を利用したQ測定回路(抵抗分割の例．R_2の値が小さいほど測定精度が良い)

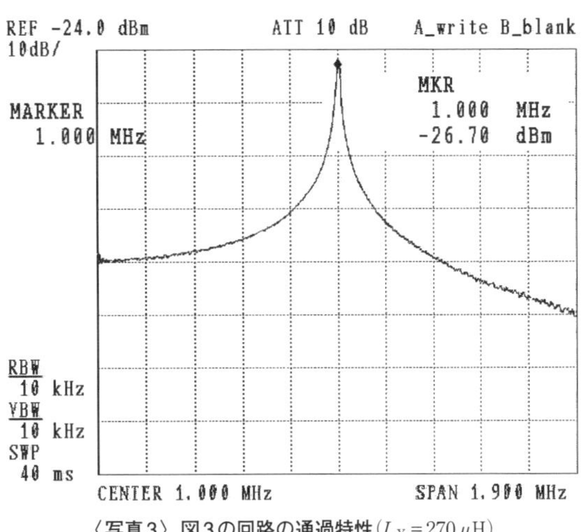

〈写真3〉図3の回路の通過特性(L_X=270 μH)

$f_1 = 1006$ kHz，$f_2 = 992$ kHzとなりました．したがって，

$$Q = f/B = 1000/(1006 - 992) \fallingdotseq 71.4 \quad \cdots\cdots(19)$$

となります．

電圧上昇比を利用したQ測定の例

図3の回路において，Vの値と共振時のV_Cの値がわかれば，Qを求めることができます．この測定結果は，$V = 592.5\ \mathrm{mV_{RMS}}$，$V_C = 421.5\ \mathrm{mV_{RMS}}$でした．したがって$Q$は，

$$Q = 421.5/(592.5/100) \fallingdotseq 71.1 \quad \cdots\cdots(20)$$

となり，選択度による方法とほぼ同じ値を得ることができました．

抵抗分割法の限界……高域が通過する

図3の測定回路は，どの程度の周波数まで使えるのでしょうか？　b点の周波数特性を測定したものが**写真4**です．3 MHzくらいまでは計算値どおりの－40 dBですが，これ以上ではR_1の容量成分によって信号が通過してしまいます．30 MHzで＋15 dBの偏差があります．これはQ指示値の誤差になります．したがって，高周波特性の良い抵抗を選ぶなどの対策が必要です．この方法は，信号源にパワーが必要なことを含め，今回の製作にはやや不向きです．

抵抗分割法の難点を克服できる容量分割法

抵抗分割法に対して，**図4**のような容量分割法でも同じ機能を実現できます．C_2の値が大きいほど測定精度が良くなります．

この方法はコイルL_Xと直列に抵抗成分が入らないので，Qの測定精度の向上が期待できそうです．また，大きな電流を流す必要もないので設計が楽です．

図4のb点の周波数特性を**写真5**に示します．定数は$C_1 = 27$ pF，$C_2 = 4700$ pFです．今度は逆に高域が減衰しますが，30 MHzで－3.45 dBの偏差であり，今回の製作(最大周波数25 MHz)には何とか使えそうです．高域を平坦にするには，C_2のリード線を短くカットするか，できればチップ部品の使用が望ましいです．

Qメータの動作原理

図4の回路では$Q = 100V_C/V$となりますが，Vを一定にすれば，V_Cを電圧計に表示するだけでこれがQの値となります．Q値を校正するためには，**図4**のC_0をトリマに代えて倍率をわずかに変更できるようにします．さらに，VのレベルとQ指示を同じメータで表示できるようにしたものが**図5**です．

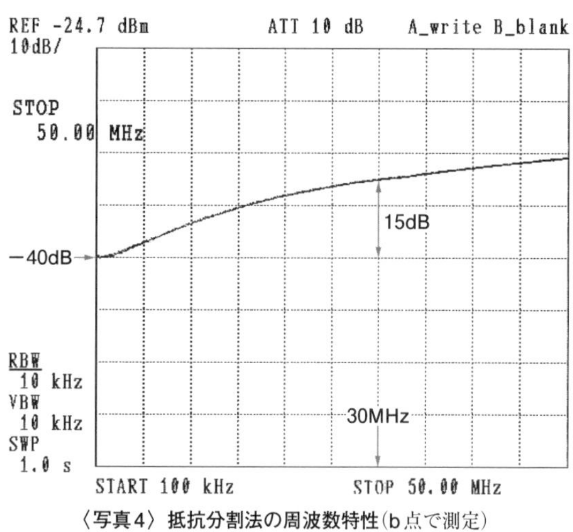

〈写真4〉 抵抗分割法の周波数特性(b点で測定)

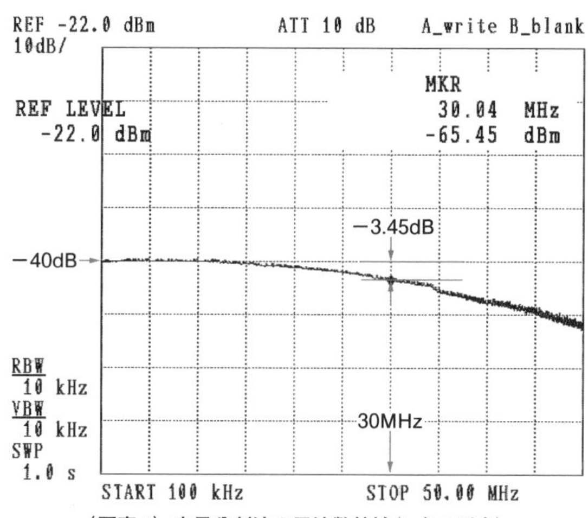

〈写真5〉 容量分割法の周波数特性(b点で測定)

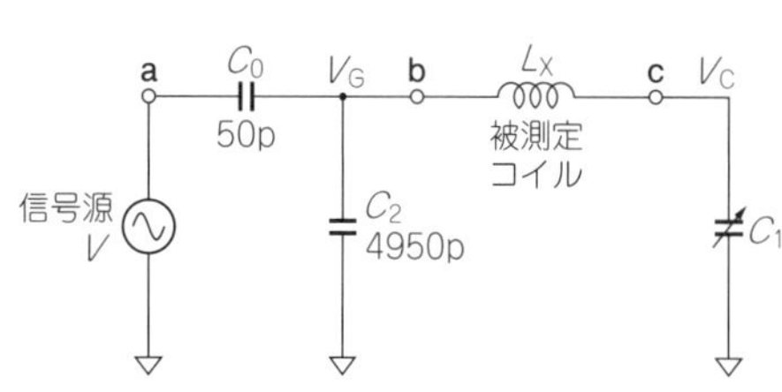

〈図4〉 直列共振を利用したQ測定回路(容量分割の例．C_2の値が小さいほど測定精度が良い)

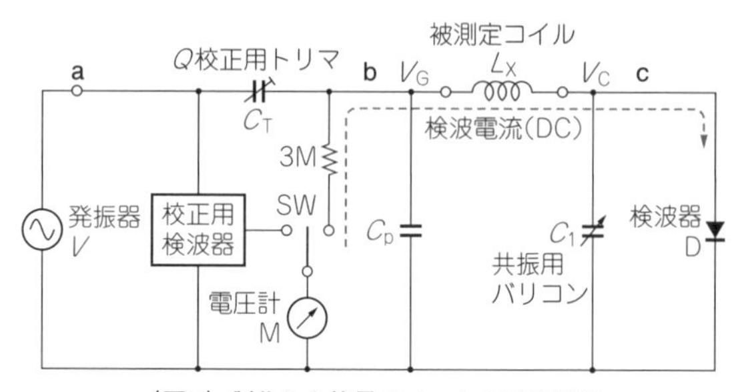

〈図5〉 製作した簡易Qメータの動作原理

共振用バリコンCの両端電圧を測定しようとすると，Cに測定回路の入力容量が加わり共振周波数がずれます．そこで，検波器Dを図のように接続して，検波電圧(直流)をL_Xを通して影響のないb点で検出するというのがミソです．

トリマ・コンデンサC_Tは，一つの周波数で調整しておけば，ほかの周波数では調整不要ですが，これは**写真5**の特性が平坦であることが前提です．

Qメータの製作

■ 製作するQメータの仕様

測定範囲等は**表1**のように定めます．Heathkitの QM-1と同等以上を目安としました．

〈表1〉製作した簡易Qメータの仕様

項目	値など
周波数範囲	100 k～25 MHz(4バンド)
測定対象のインダクタンス範囲	0.5 μH～10 mH
Qの測定範囲	10～200
電源	単3×4本(±3 V)

■ 製作するQメータの回路

図6が製作するQメータの回路です．**図5**の原理図に対応して，左上のTr_1周辺が発振器，Tr_2のエミッタに接続されたD_1周辺の回路が校正用検波器，Tr_4とTr_5周辺が電子電圧計です．発振器の出力はバッファを経てJ_1から取り出すことができます．周波数カウンタに接続することを念頭に置いています．D_1は検波用ゲルマニウム・ダイオード1N60でも代用できます．

● 発振器

発振回路はエミッタ帰還ハートレー型です．HeathkitのQM-1と同等です．

発振器のバンド切り換えは，当初はロータリ・スイッチでコイルを選択していましたが，スイッチ端子間のストレー容量や，コイル相互間の結合により不要なディップが見られたため，コイル交換式に変更しました．ロータリ・スイッチを使う場合は，使用していないコイルを短絡するショート・バーが必須です．

● 発振コイルについて

写真6が製作した発振コイルです．発振コイルの中点(FB端子)は，作りやすさから巻き数の中央とし，帰還量はコイルに内蔵した抵抗R_{FB}で調整しました．

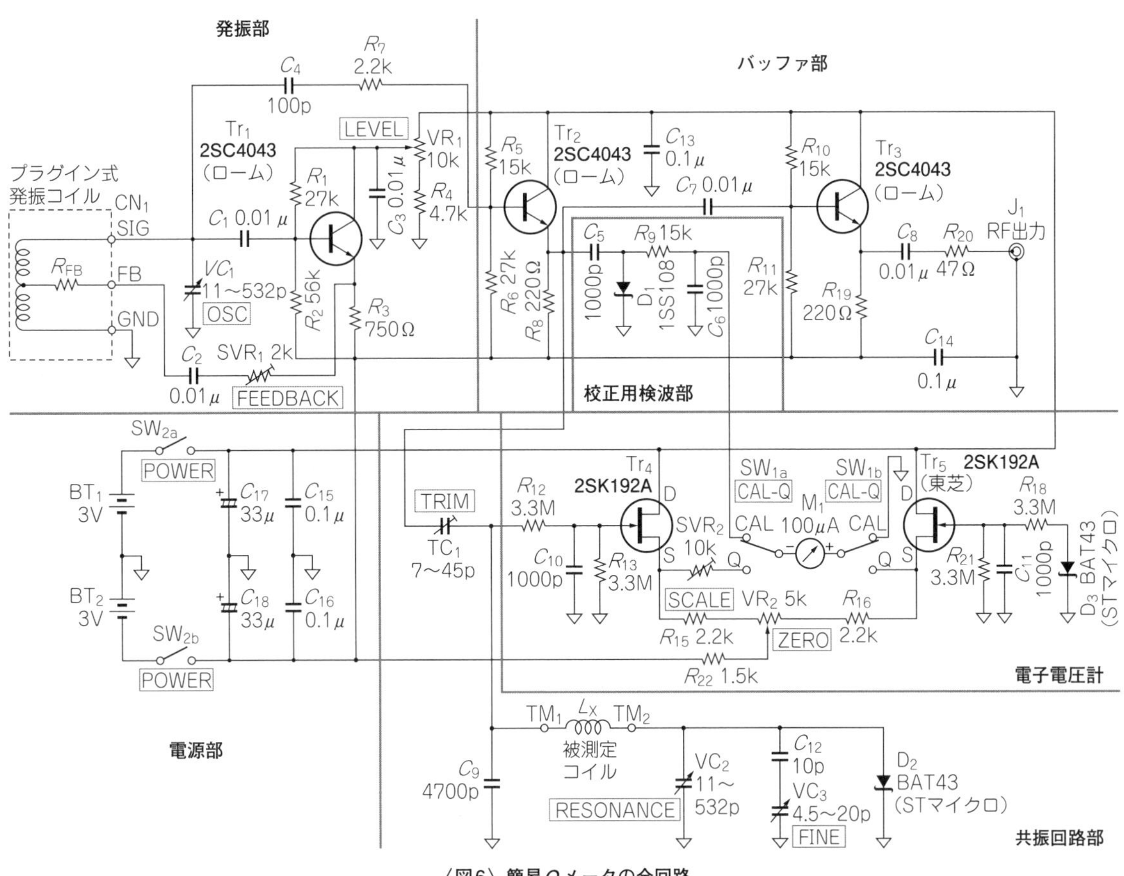

〈図6〉簡易Qメータの全回路

発振コイルの仕様を**表2**に掲げます．No.1とNo.2はドラム形のフェライト・コアに，No.3は古いモノコイルのボビンに巻きました．No.4は市販のハムバンド用コイルを流用しました．線材はいずれもポリウレタン被覆の銅線です．

使用したコアやボビンなどの外観を**写真7**に示します．**写真**(a)のドラム・コアの寸法は，外径14 mm，芯径5 mm，巻き幅9 mm，高さ13 mm，つば厚さ2 mmです．100～330 μHクラスの巻き線の太いインダクタをほどいて，コアだけを使いました．FCZコイルは中点タップのある方を使い，2次巻き線は開放にしておきます．コアはほぼ中央です．FCZコイルはすでに製造中止ですが，代替品としてAMZ7S-14 MHz(アイコー電子)，ALハムバンド・コイル7 mm角14 MHz AL14(アイテック電子研究所)などがあります．

手持ちのコイルやフェライト・コアを使いましたが，本機の発振コイルとしてはインダクタンスが**表2**の値ならば良く，どんな形状のコイルでも構いません．

● 電子電圧計

QM-1の真空管をFETに置き換えたものです．検波用のダイオードは，順電圧の低いショットキー・バリア・ダイオードを使いました．ダイオードの温度特性が気になりますが，差動アンプの固定端にも同じダイオードを入れることで補償しています．D_2とD_3は検波用ゲルマニウム・ダイオード1N60でも代用できます．

● 電源

単3電池4本で±3 Vを得て，これをそのまま使用しています．上記発振器の発振周波数は，電源電圧の変化で大きくは変わらないこと，測定の都度，調整をするので，発振回路の安定度はあまり重要でないことから電源の安定化はしていません．

■ メイン基板の製作

回路の主要部分は72×47 mmのユニバーサル基板を**写真8**のように切り出して実装しました．**図7**は部品面から透視した配線パターンです．

基板実装上の注意点は，以下のとおりです．

①発振回路のベース側は最短距離配線とする．

②トリマ・コンデンサとコンデンサ(4700 pF)の接続は最短距離配線とし，できれば面実装品をはんだ面に取り付ける．

③±電源ラインの随所でバイパス・コンデンサを使ってGNDへデカップリングし，電源ラインのインピーダンスを下げる．

■ 筐体の製作と回路の実装

写真9のように厚さ1 mmのアルミ板をコの字形に加工してシャーシと底板一対を作りました．外形は，幅180 mm，高さ60 mm，奥行き80 mmです．アルミ板の折り曲げは，木材の角を利用して手とハンマーで曲げました．電池ケースは底板に取り付けました．

可変コンデンサは市販のAM/FM用2連ポリバリコンを使いました．OSC(VC_1)とRESONANCE(VC_2)はAMセクションの2連を並列接続します．同調のFINE(VC_3)はFMセクションの片側を使います．

バリコンのダイヤルは8 cmのCDを流用しました．ポリバリコンには別売品として延長シャフトやダイヤルがあるので，それらを組み合わせてダイヤルを作ります．

〈表2〉発振コイルの仕様

コイル	発振周波数範囲	インダクタンス	直径	巻き数	長さ	線径	帰還抵抗 (R_{FB})	備　考
No.1	96 k～346 kHz	4.7 mH	φ14 mm	120	9 mm重ね巻き	0.26 mm	1.2 kΩ	**写真7**(a)のドラム・コアに巻く
No.2	334 k～1.40 MHz	411 μH	φ14 mm	80	9 mm重ね巻き	0.4 mm	820 Ω	**写真7**(a)のドラム・コアに巻く
No.3	1.34 M～5.65 MHz	24 μH	φ8 mm	40	10 mm	0.4 mm	510 Ω	**写真7**(b)のフェライト入りコイル・ボビンに巻く
No.4	5.57 M～26.7 MHz	1.63 μH	φ5 mm	12	7 mm	0.26 mm	0 Ω (ショート)	**写真7**(c)の7 mm角市販コイル(14 MHz帯用)

注▶帰還用のFB端子は巻き数の半分から引き出す(センタ・タップ)

〈写真6〉製作した発振コイル

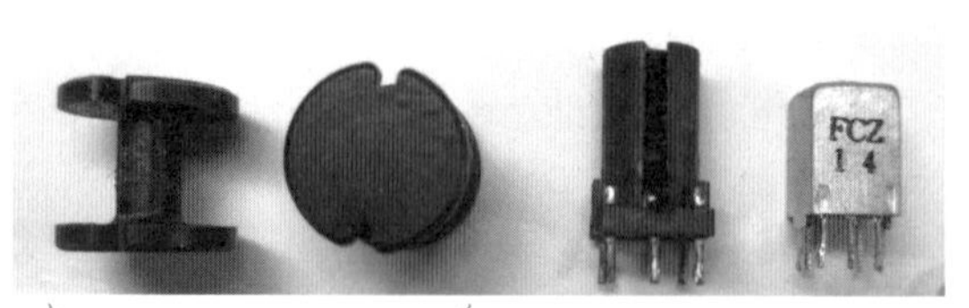

〈写真7〉発振コイルの材料

■ 基準コイルの製作

次項で述べる調整作業には，あらかじめQ値がわかっている基準コイルが必要です．調整精度を上げるために，$Q=100$程度が好ましいので，大きめのボビンに太めの銅線を巻いて作ります．**表3**に仕様の一例，**写真10**に外観をそれぞれ示します．実測インダクタンスは共振周波数から求めた値です．

コイルを巻いたら，**図3**の回路を使い，前に述べた選択度を利用した測定方法でQを測定します．

■ ダイヤル目盛りの記入

出力端子J_1に周波数カウンタを接続して，対応する周波数を左のOSCダイヤルに**写真11**のように記入します．

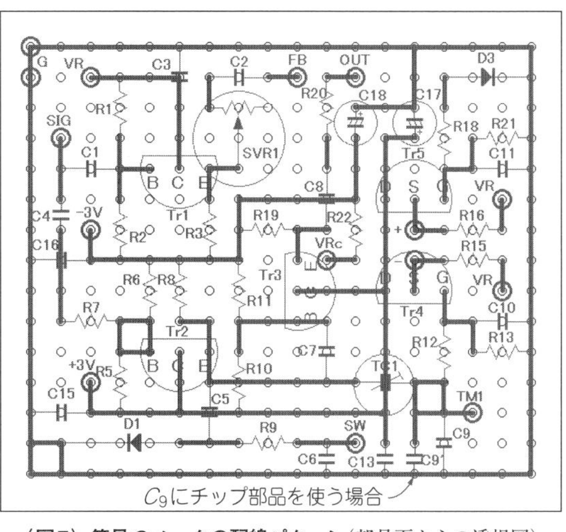

〈図7〉 簡易Qメータの配線パターン（部品面からの透視図）

（a）部品面（この写真ではD_1とD_3に1N60を使っている）

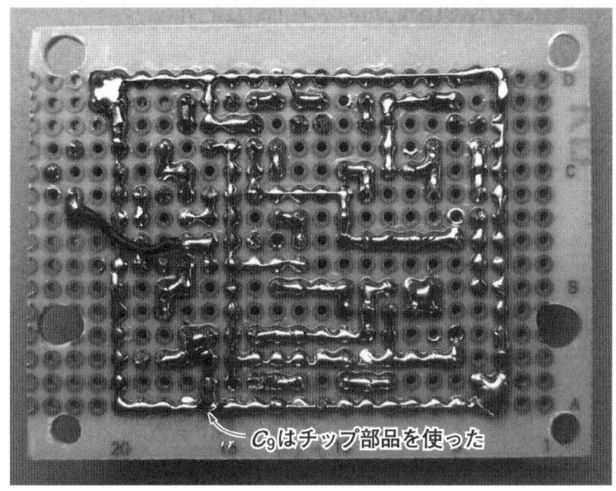

（b）はんだ面

〈写真8〉 簡易Qメータのメイン基板

〈写真9〉 簡易Qメータの筐体内部

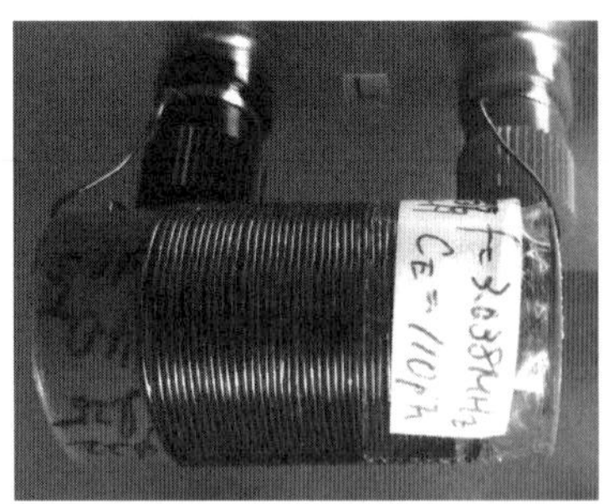

〈写真10〉製作した基準コイル

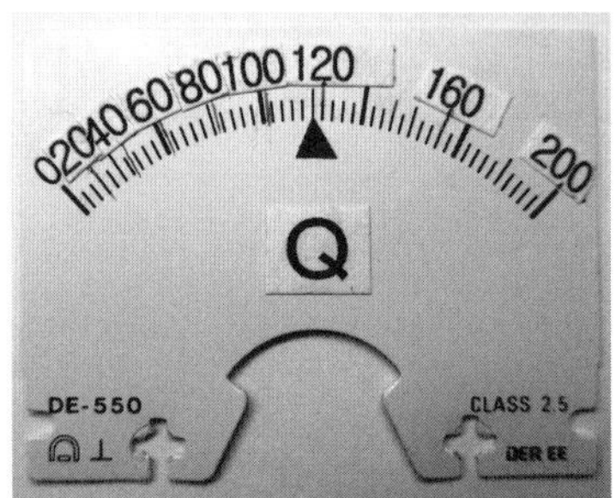

〈写真12〉Qメータの目盛板の修正（値が小さいほど目盛が詰まる）

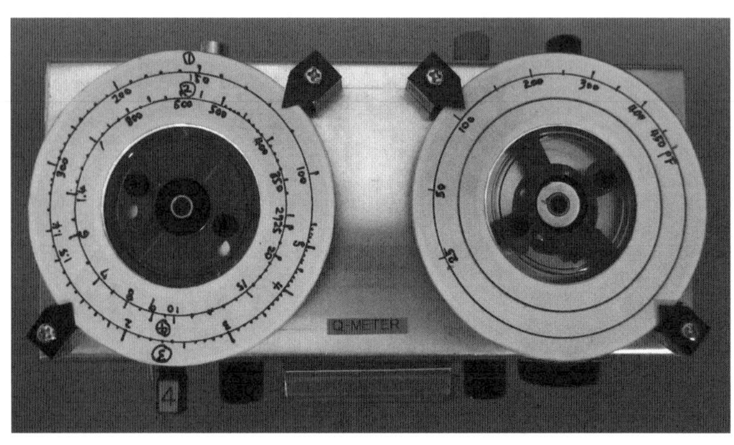

〈写真11〉Qメータのダイヤル目盛の記入例

〈表3〉基準コイルの仕様

項　目	値など
周波数	3 MHz
ボビン径	ϕ22 mm
巻き長	25 mm
線径	0.5 mm
実測インダクタンス	25 μH
実測Q	136

右のRESONANCEダイヤルは，次項の調整がすべて終わってから，基準コイルをセットして，OSCダイヤルの周波数値を使って容量を計算し，切りの良い値を目盛ります．

組み立て後の調整

セットの内部にある調整箇所は次の3か所です．

①発振回路の帰還抵抗（FEEDBACK）
②メータの感度設定（SCALE）
③トリマ・コンデンサ（TRIM）

①発振回路の帰還抵抗（FEEDBACK）の調整

出力端子J_1にオシロスコープをつなぎ，すべての発振コイルについて，波形が飽和する直前の振幅にSVR_1をセットします．この振幅が小さすぎると発振が停止することがあります．また，測定時のレベル設定が所望値にならないことがあります．

②メータの感度設定（SCALE）

L_X端子を導線でショートし，ここに直流電圧−2 Vを加え，メータ（100 μA）がフルスケールになるようSVR_2を調整します．

次にメータの目盛り板を修正します．同様にして直流電圧を1.6 V，1.4 V，1.2 V，…と変化させ，このときの指針の指示値を鉛筆でマークします．0.2 Vまで印を付けたら，**写真12**のようにQの値を記入します．

最後に指示値の1/2（50 μA）のところに，基準レベルのマーク“▲”を入れます．“μA”表示は“Q”に変更します．

③トリマ・コンデンサ（TRIM）の調整

TRIM（TC_1）は次のように調整します．

(**a**)CAL-QスイッチをCAL側にして，LEVELつまみにより，メータの▲を針が指すように調整する．

(**b**)L_X端子に基準コイルを取り付ける．CAL-QスイッチをQ側にして，ZEROつまみにより，メータの指針が0を指すように調整する．

(**c**)No.3の発振コイルを取り付ける．OSCのダイヤルを3 MHzに合わせる．CAL-QスイッチをCAL側にして，▲マークに合っていることを確認する．ずれていればLEVELつまみを再調整する．

(**d**)CAL-QスイッチをQ側にして，RESONANCEダイヤルを回してメータの振れが最大になる点を探す．FINEダイヤルは中央に固定しておく．このときの読みが，基準コイルのQの値（**表3**の場合は136）になるように，トリマ・コンデンサ（TC_1）を調整する．

製作したQメータの使用方法と実測例

Qの測定手順

次の手順で測定します．

①測定するコイルをL_X端子に接続する．

〈表4〉簡易Qメータによる実測例

名　称	仕様など	実測インダクタンス［μH］	測定周波数［MHz］	実測Q（Qメータ）	実測Q（選択度法）
バー・アンテナ	フェライト・バー	330	1	165	177
並四コイル	空芯（ベーク・ボビン）	250	1	95	93
タンク・コイル	空芯（ϕ32 mm）	11.5	7	176	185
発振コイル	空芯（巻き枠ϕ9 mm）	1.5	25.6	62	85
発振コイル	空芯（巻き枠ϕ12 mm）	28.9	2.5	92	94
小型インダクタ	EL-0606（TDKマイクロインダクタ）	270	1	68	71
小型インダクタ		27	2.5	82	74
トロイダル・コイル	フェライト（ϕ12 mm）	3.9	5	62	83

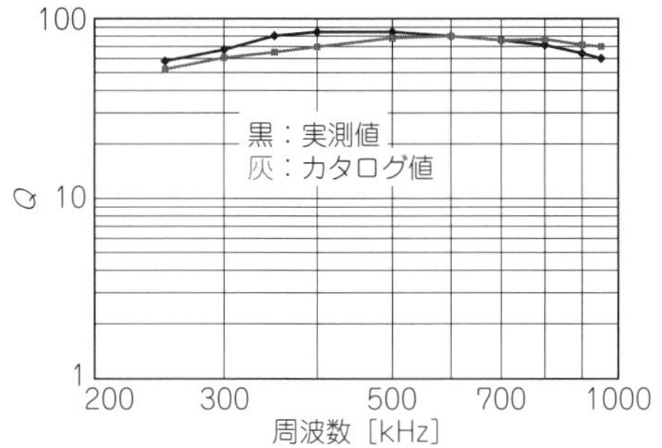

〈図8〉市販コイルのQの実測周波数特性とカタログ値の比較［TDK㈱製，EL0606，820 μH］

②発振周波数を測定する周波数に合わせる．

③CAL-QスイッチをCALにして，レベルを▲点に合わせる．

④CAL-QスイッチをQ側にして，ZEROつまみにより，メータの指針を0に合わせる．

⑤RESONANCEつまみを回して，メータが最大になる点を探す．FINEで微調整し，最大値になったときの値が所望のQとなる．

■ 種々のコイルやインダクタを測定してみる

製作したQメータを使って，いくつかのコイルを測定した結果を**表4**に掲げます．

同じコイルを前に述べた選択度を利用した方法で測定した値を右端に載せています．トロイダル・コイルや測定周波数の上限に近いものは誤差がやや大きいですが，おおむね妥当な値となりました．大きな誤差には必ず原因があります．例えば，被測定コイルの周囲の物体なども測定値に影響します．

図8は820 μHのインダクタ（TDK製EL0606）のQの周波数特性を測定した例です．メーカのカタログ値と大体同じです．この範囲では，スペック値$Q_{min}=45$に対して，倍くらい実力があります．Qの周波数特性は，式(8)通りではなく，おおむね平坦でゆるやかなピークがあることがわかります．

おわりに

Qメータの製作例は，あまり見かけません．受信機を自作する人も少なくなり，フィルタ設計はメーカまかせとなれば仕方のないことかも知れません．

しかしRFの世界では，コイルはコンデンサとならんで基本素子であり，その性能指数であるQにはもう少し親しみたいものです．

この記事と製作を通じて，コイル（インダクタ）のQという物理量に，あらたに目を向けていただければ幸いです．

◆ 参考文献 ◆

(1) "Assembly and operation of the HEATHKIT Model QM-1 Q-meter", Heath Company, 1953.
http://www.rsp-italy.it/Electronics/Kits/_contents/Heathkit/Kits/Heathkit% 20QM-1%20Q%20meter.pdf

(2) 武田 堰；「ヒース・キットのQメータ組立て記」，無線と実験，1954年12月号，誠文堂新光社．
http://fomalhautpsa.sakura.ne.jp/Radio/MJ/1954-12/Q-meter.pdf

(3) 川上正光；「電子回路Ⅰ」，共立出版㈱，1967年．

(4) 大久保 忠；「超再生受信機のこと(1)」，CirQ No.004，2004年7月，㈲FCZ研究所．
http://www.fcz-lab.com/CIRQ-004.pdf

(5) 一般信号用ラジアルリードインダクタ ELシリーズ，EL0606タイプ，TDK㈱ 電子部品事業本部 インダクティブデバイス事業部．

第35章 無調整で低電圧動作する安定な回路を探る

各種水晶発振回路の実験

1 無調整で，低電圧でも確実に動く水晶発振回路

水晶発振の良いところは，周波数精度が良いこと，温度や電源電圧の変動に対して周波数が安定であることです．

最近は，水晶発振回路を自作するケースが，ずいぶん減ったように感じます．マイコン用クロック発振回路なら，マイコンに発振子(とコンデンサ)を外付けするだけで済みます．また，既製のクロック発振モジュールを使えば，水晶発振回路を作る必要もありません．

しかし，RF回路では，しばしば任意の周波数で，しかも周波数安定度や信号純度(*C/N*)が期待できる発振回路が求められます．

今回は，部品箱にある，またはすぐ入手できる水晶発振子を使って，無調整で低電圧でも確実に動く発振回路を選んで実験してみましょう．

水晶発振回路の発振周波数は，基本的には水晶発振子の銘板に記載されている周波数ですが，オーバートーン発振や逓倍回路を使えば高調波関係にある周波数を得ることができます．また，VXO回路を使えば少しだけ周波数をずらすことができます．これらも手掛けて見ましょう．

ところで水晶発振子は「水晶振動子」とも呼ばれますが，本稿では発振素子として使っているので「水晶発振子」で統一しました．

2 水晶発振回路の種類

水晶発振回路は，通信やコンピュータで欠かせない技術であり，その歴史は古く，多くの実験がなされ，定番回路も確立しています．そして，今日の主流はコイルや同調回路を含まない無調整回路に絞られてきました．以下の事例は，基本的に無調整で低電圧でも動作する回路を取り上げます．

水晶発振回路は，水晶発振子の基本波を出力するものと，高調波の一つを出力するものに分けることができます．また，水晶を回路に挿入する位置によって，トランジスタのB-E間(ベース-エミッタ間)に入れるものと，B-C間(ベース-コレクタ間)に入れるものがあります．

増幅素子に何を使うかによって，トランジスタやFETを使ったものと，ロジックICや専用ICを使ったものなどがあります．

2.1 ピアース水晶発振回路

水晶発振回路の原形となったピアース発振回路や，コルピッツ発振回路のLを水晶発振子に置き換えた回路は，いずれもLC同調回路を含んでおり，水晶発振子が誘導性に見える周波数領域でしか発振しないので，調整が必要です．

また，トランジスタのコレクタとベース間に水晶発振子を接続する通称ピアースC-B回路は水晶発振子の両端がホット・エンド(高周波信号がかかっている)なので，周波数を微調整したりVXO化するのに不利です．水晶発振子の電極のどちらかに指や調整用ドライバの先などが触れると周波数が変動してしまいます．

実際の商品ではIC化の流れに伴い，後述する無調整回路が主流です．

2.2 無調整回路

● 基本的な無調整回路

無調整回路とは，可変素子により動作点を合わせる必要のない発振回路で，このための共振回路がないのが特徴です．コルピッツ回路やクラップ回路，ロジック・インバータによるコルピッツ回路などがあります．

無調整回路は，同じ回路定数で広範囲の発振子が利用できるので，水晶を切り替えて使うときに便利です．共振回路がないので簡単に作れますが，波形ひずみがやや大きくなります．

図1は，コルピッツ型の無調整回路の例です．C_1とC_2の値はX_1の周波数が高ければ小さく，低ければ大きく選びます．この回路は＋5V～＋12Vで動作します．

写真1は無調整回路の実験基板です．

● 低電圧動作が可能な無調整回路

電子回路の低電圧化に伴い，発振回路も低電圧で動作することが求められるようになりました．**図1**の回路を1.2 Vでも動作するようにしたのが**図2**です．設計の目安として，コレクタ電流を**図1**とほぼ同じ3 mAに設定しました．

図2の回路は，電源電圧が低いため，**図1**に比べて発振の余裕度が小さくなると考えられます．ニッケル水素(Ni-MH)電池の放電終止電圧0.9 Vでも動作するでしょうか？

発振の余裕度を調べるために，水晶発振子X_1と直列に抵抗R_sを入れ，次のような条件でのR_sの値を求めてみます．R_sが大きいほど発振回路の負性抵抗が大きく，余裕度が大きいといえます．

①電源電圧V_{CC}において，直列抵抗R_sを0 Ωから徐々に大きくしていき，発振が停止する点の値R_{s1}を求める．

②続いてR_sを徐々に小さくしていき，発振がスタートする点で止め，このときの値R_{s2}を調べる．

電源電圧V_{CC}が1.2 Vと0.9 Vのときの，R_{s1}とR_{s2}の組を比較すれば，発振余裕度の目安となります．R_{s2}が大きく，$R_{s1}-R_{s2}$が小さいほど安定です．

上の値を**図1**と**図2**の回路について調べた結果を各々**表1**と**表2**に掲げます．

表1から**図1**の回路は，3.3 V以下の動作は厳しいことがわかります．**表2**から，**図2**の回路は**図1**に比べれば余裕度は小さいですが，0.9 Vでも「動作する」といって良いでしょう．なお，評価基準は，定格電圧で$R_s \geqq 100\ \Omega$，下限電圧で$R_s \geqq 50\ \Omega$としました．

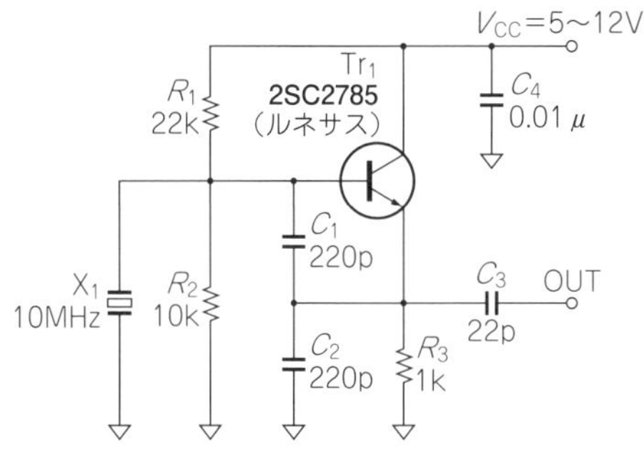

〈図1〉無調整水晶発振回路の実験回路

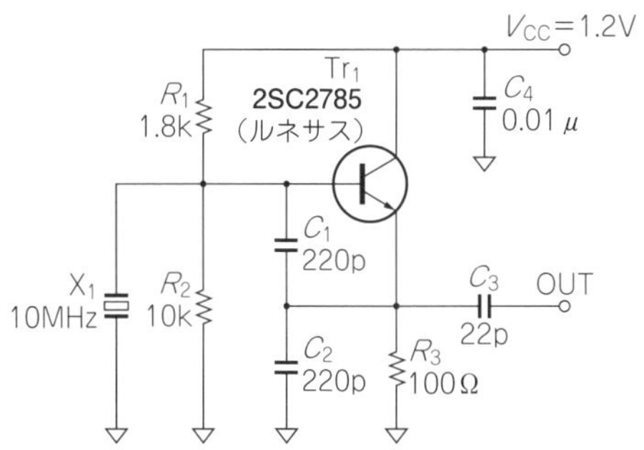

〈図2〉1.2Vで動作する無調整水晶発振回路

3 オーバートーン水晶発振回路

ここでは確実に任意の倍調波でオーバートーン発振させる回路を紹介します．

入門書や製作記事では「オーバートーン発振回路」と「基本波発振と逓倍を1段で行う回路」を混同して解説しているものをときどき見受けます．真のオーバートーン発振は，目的周波数だけのスペクトルが得られ，基本波成分はありません．

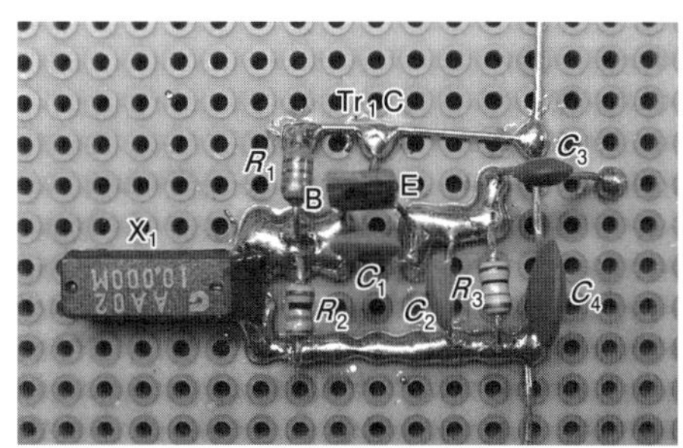

〈写真1〉図1の実験基板

〈表1〉図1に示す回路の発振余裕度

電源電圧 V_{CC} [V]	発振が停止したときの直列抵抗値R_{s1} [Ω]	発振が再開したときの直列抵抗値R_{s2} [Ω]	発振余裕度 $R_{s1}-R_{s2}$[Ω]
2.5	8	3.6	4.4
3.3	48.2	39.1	9.1
5	120	115	5.0
12	366	361	5.0

〈表2〉図2に示す回路の発振余裕度

電源電圧 V_{CC} [V]	発振が停止したときの直列抵抗値R_{s1} [Ω]	発振が再開したときの直列抵抗値R_{s2} [Ω]	発振余裕度 $R_{s1}-R_{s2}$[Ω]
0.9	58.2	52	6.2
1.2	182	168	14

今日では，特別な周波数特性を持たせたオーバートーン専用水晶によって，無調整回路でオーバートーンを実現しています．ここではこのような専用水晶を使わなくてもオーバートーン発振が実現できる，共振回路付きの回路を紹介します．

3.1 3次オーバートーン発振回路の低電圧化

オーバートーン回路は，基本発振よりやや難しい点があり，低電圧化には注意が必要です．

図3は，無調整の3次オーバートーン回路です．X_1には3次オーバートーン専用品を選びました．この水晶は，**図2**のような基本波回路では銘板周波数の1/3で発振するので区別が付きます．R_1とR_2は，バイアス電圧の設定だけでなく，X_1に対してインピーダンスが高くなるようにしました．

L_1とC_2は共振回路を形成しており，その共振周波数f_Tは，3次オーバートーン周波数ではなく，

$$f_0 < f_T < 3f_0 \quad \cdots\cdots (1)$$

の範囲に設定します．ここでf_0は基本波周波数です．こうするとf_0に対しては誘導性，$3f_0$に対しては容量性に見えるので，基本波発振を防ぐことができます．共振点$3f_0$の近辺では，振幅が大きく取れますから，$3f_0$より少し低く設定すれば良いでしょう．**図3**ではディップ・メータによる実測でf_Tは約22 MHzでした．

写真2は，3次オーバートーン水晶発振回路の実験基板です．共振回路は，固定インダクタを使いましたが，これは部品の入手性を配慮したものです．市販の小型インダクタが入手できないときは，次のように手巻きでも作れます．

写真2では直径6 mmの巻き枠(ストローなど)に，直径0.2 mmのウレタン線を15回巻きます．コイルの全長は3.4 mmです．第34章で紹介した自作Qメータによる測定では$Q = 42$，インダクタンスは約1.83 μHでした．

発振余裕度の測定結果を**表3**にまとめました．

発振出力のスペクトルを**図4**に掲げます．基本波成分がなく，いきなり3倍で発振していることがわかります．

3.2 5次オーバートーン水晶発振回路

3次オーバートーン用水晶を使って，5次のオーバートーン発振をさせてみます．**図5**では，3次オーバートーンの銘板周波数が48 MHzの水晶を使います．基本波は16 MHzなので，5次は$16 \times 5 = 80$ MHzです．

コイルT_1の仕様は，台座が7 mm角で，巻き径5 mmのフェライト・コア入りボビンに，線径0.2 mmのウレタン線を1次側5回，2次側2回巻いています．共振点は，

$$3f_0 < f_T < 5f_0 \quad \cdots\cdots (2)$$

の範囲で，$5f_0$に近い値にしています．出力信号の取り出しは，負荷容量の影響を避けるために，コイルの2次側から取っています．**写真3**は5次オーバートーン水晶発振回路の実験基板です．

発振出力の周波数スペクトルを**図6**に掲げます．基本波成分と3倍波成分を含まず，いきなり5倍で発振していることがわかります．

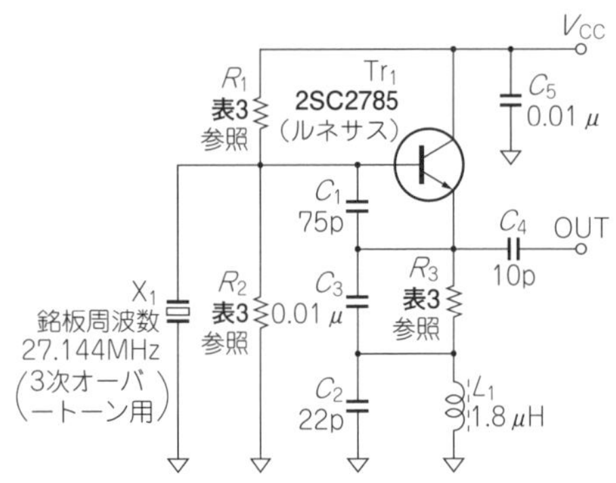

〈図3〉低電圧でも動作する無調整3次オーバートーン発振回路

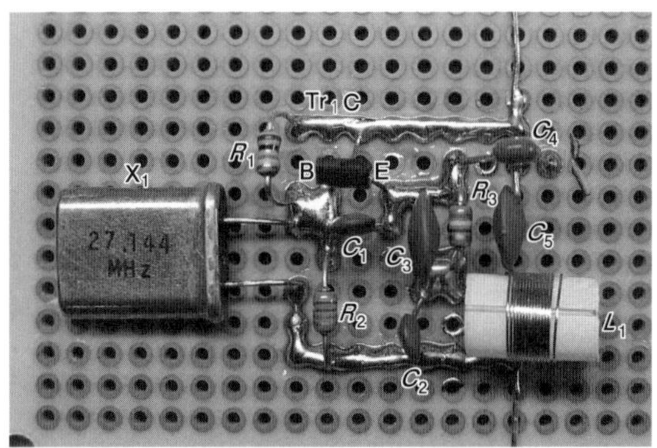

〈写真2〉図3の実験基板

〈表3〉図3に示す回路の発振余裕度

電源電圧 V_{CC} [V]	R_1 [Ω]	R_2 [Ω]	R_3 [Ω]	発振が停止したときの直列抵抗値R_{s1} [Ω]	発振が再開したときの直列抵抗値R_{s2} [Ω]	発振余裕度 $R_{s1} - R_{s2}$ [Ω]
12	33k	22k	1k	546	536	10
5	15k	22k	560	416	401	15
3.3	10k	22k	390	340	328	12
1.2	5.6k	33k	100	225	215	10
0.9	5.6k	33k	100	90	76	14

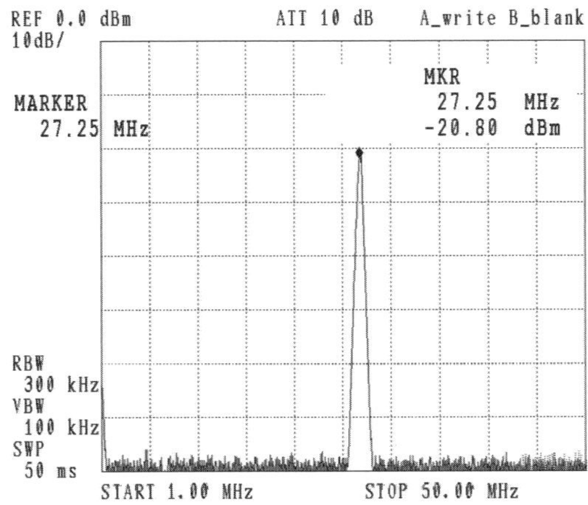

〈図4〉3次オーバートーン発振回路のスペクトル(V_{CC} = 1.2V, 1 ～ 50 MHz, 10 dB/div.)

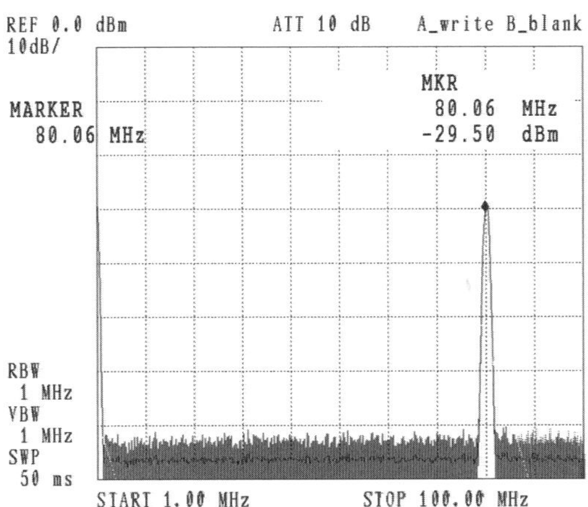

〈図6〉5次オーバートーン発振回路のスペクトル(1 ～ 100MHZ, 10 dB/div.)

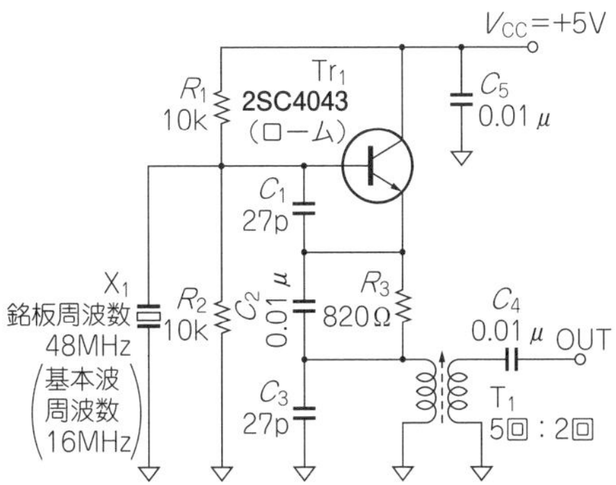

〈図5〉3次オーバートーン用水晶発振子を使った5次オーバートーン水晶発振回路

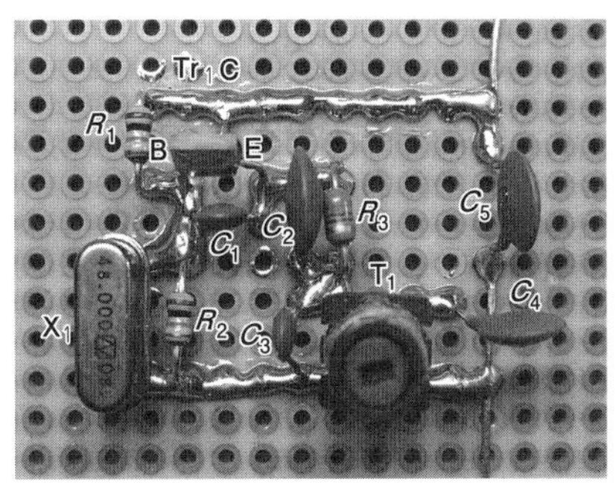

〈写真3〉図5の実験基板

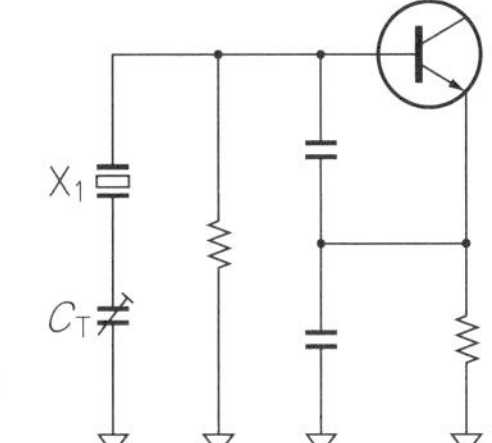

〈図7〉周波数微調整用にトリマ・コンデンサを直列に挿入する

4 発振周波数を可変する方法

4.1 水晶発振回路の発振周波数を微調整する

図7のように水晶発振子と直列にコンデンサを入れると，水晶発振子(の等価回路)との合成容量を減らすことになるので発振周波数が上がります．この方法は，周波数の微調整によく使われます．トリマ・コンデンサC_Tの値としては，最大値10 pF ～数十pF ぐらいがよく使われます．ただし，この方法で可変できるのは，せいぜい数十～数百Hz程度です．

4.2 周波数可変型水晶発振回路(VXO)

VXOは，水晶発振子の発振周波数を下げる方向へ可変する回路をいいます．

図8は水晶X_1と直列に入れたインダクタンスを可変して発振周波数を変化させます．実際はインダクタと直列に入っているバリコンVC_1により，インダクタンスを打ち消すことで実効的にL_1のインダクタンスを変えています．

インダクタL_1は，下記の二つの効果があると考えられています．

①見かけの誘導性範囲を広げる

②X_1とL_1を含めたQが下がる

L_1の最適値は，X_1の周波数に応じて変わります．水晶発振子がHC-18/Uタイプだと，図9がよく当てはまります．ほかのタイプ(より小型のもの)は，この曲線を左に並行移動した傾向になります．

写真4はVXOの実験基板です．

図8に示した回路の周波数可変範囲の実測値は，13.0677 ～ 12.8443 MHzの約223 kHzで，銘板周波数の約1.7 %に相当します．このように，VXOは銘板周波数より発振周波数を下げることしかできません．も

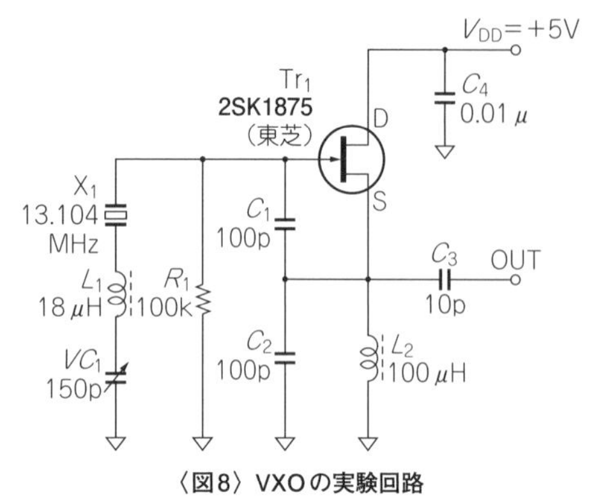

〈図8〉VXOの実験回路

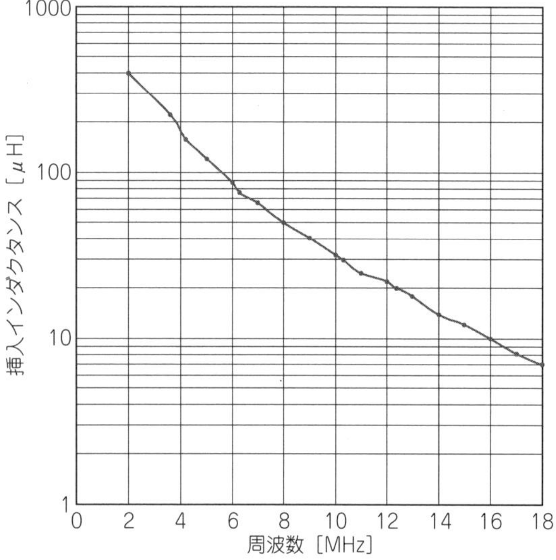

〈図9〉[6]挿入インダクタンス（直列L）の選び方

しも上に動いたら，もはや水晶発振ではなく自励発振と化しています．

直列Lを最適化すると銘板周波数から－0.5％ぐらいまでは，SSBで周波数安定度が気にならない程度ですが，それ以上引っ張ると不安定さが増してきます．

直列Lと並列に抵抗を入れると，直列LのQをダンピングする上で効果がありますが，低すぎると逆効果になります．直列Lと並列にCを入れることで周波数を可変することもできますが，基本は直列Lと直列C（Cはバリコン）です．

4.3 電圧制御型VXO（VCXO）

VXOのバリコンを可変容量ダイオードにした回路（**図10**）がPLLなどに使われ，VCXO（Voltage Controlled Xtal Oscillator）と呼ばれています．**図10**において，水晶に直列にインダクタL_1を入れるのは，前述のVXOと同じく周波数可変幅を広げるためです．

図10の回路では，可変範囲はV_c＝0～9Vの範囲で＋60kHz（0.3％）でした．

〈写真4〉図8の実験基板

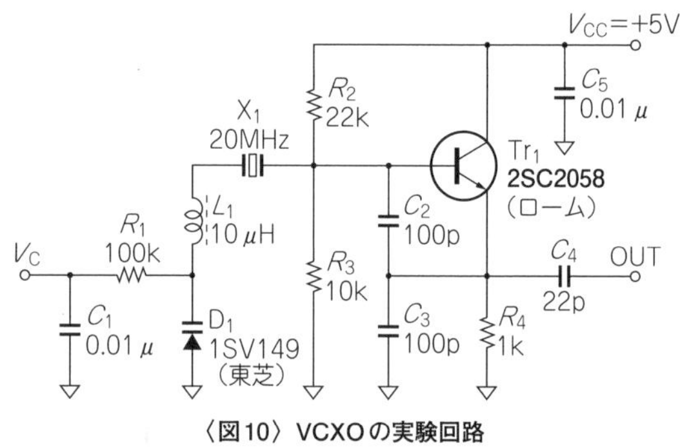

〈図10〉VCXOの実験回路

5 その他の水晶発振回路

5.1 FETによる水晶発振回路

FETは入力インピーダンスが高いので，Qが高くなり，水晶に負荷をかけにくい回路です．**図11**は無調整回路で，電源電圧3.3V以上で動作します．

バイポーラ・トランジスタに比べ，定数の変更だけでは低電圧化することは難しいようです．

5.2 フランクリン水晶発振回路

図12は，2段のA級動作高利得増幅回路を小容量のコンデンサで水晶発振子を介してフィードバックするもので，フランクリン発振回路と呼ばれています．

簡単な構成の割りには高い周波数安定度が得られるのが特徴です．疎結合なので水晶発振子の負荷インピーダンスの影響が少ないため高いQを実現でき，低ひずみとなります．

図12のソース結合タイプは比較的低電圧（4V）でも動作します．

5.3 CMOSロジックICを使った水晶発振回路

74HCU04（6回路入り）やTC7SU04F（1回路）などの，

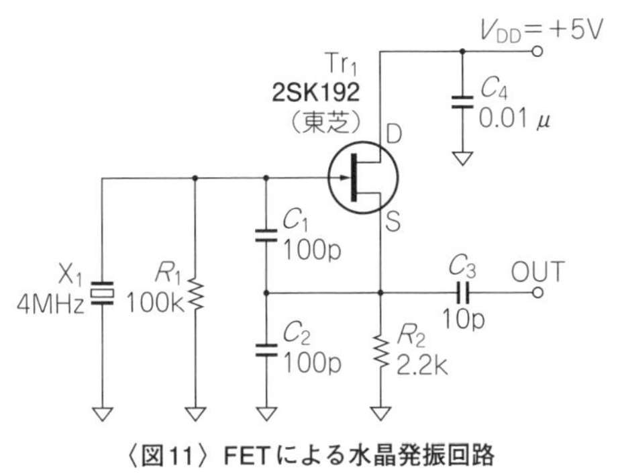

〈図11〉FETによる水晶発振回路

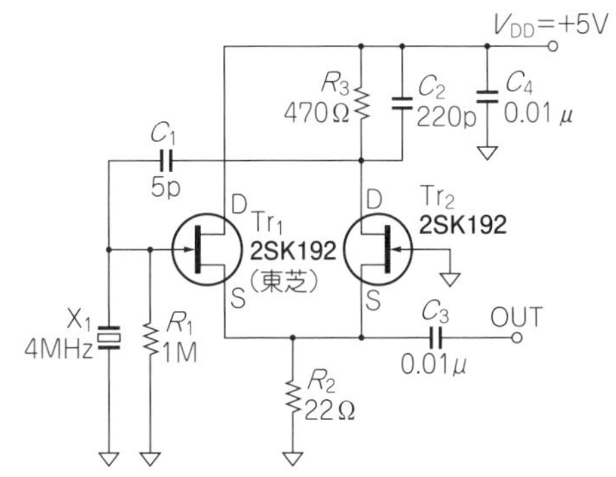

〈図12〉フランクリン水晶発振回路

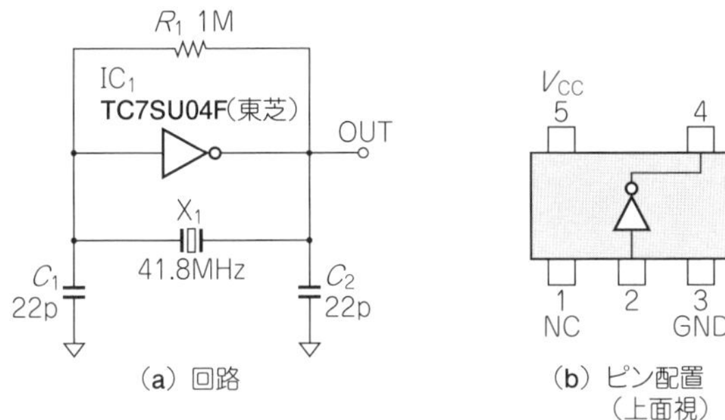

〈図13〉CMOSインバータICによる水晶発振回路

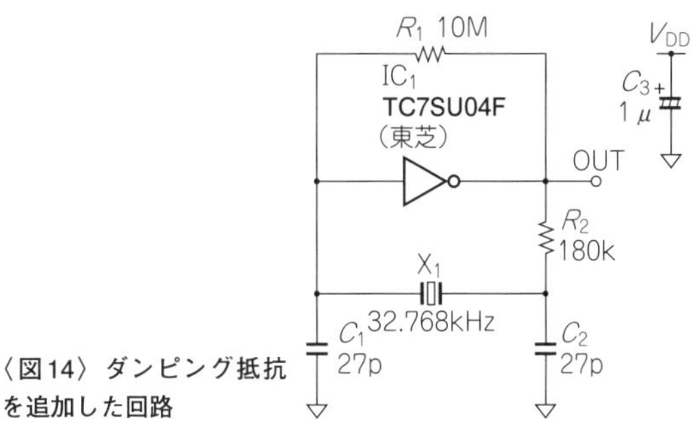

〈図14〉ダンピング抵抗を追加した回路

アンバッファ・タイプのCMOSインバータICを使います．型名に“U”が付かない通常のCMOSインバータは，増幅度が非常に大きく，ノイズにより異常発振を起こすことが多いのでお勧めできません．

図13において，抵抗R_1によって帰還することでアナログ反転増幅回路の特性を示します．帰還回路に水晶発振子X_1を入れると，コルピッツ相当の回路となります．

X_1の負荷容量C_Lは次式で定義されます．

$$C_L = C_1 // C_2 + C_Z \cdots\cdots (3)$$

ここで，C_ZはIC_1の入力容量と基板の浮遊容量を加えたものです．C_Lは水晶発振子のスペックの一つとしてメーカから指定されています．//は直列合成容量を意味します．

X_1は基本波で発振させています．この水晶は，銘板周波数以外にレスポンスはありません．

図13の回路は，電源電圧＋2Vから動作します．出力波形は方形波に近いものです．確実に発振し，安定な動作が期待できるので，マイコンのクロック発振回路などによく使われます．

■ 5.4 時計用クロック発振回路

時計を内蔵するマイコンは，昔から基準周波数として32768 Hzを使うケースが多いようです．32768 Hzを2^{15}で割る，つまり15段のバイナリ・カウンタで分周すると1 Hz(周期1秒)が得られるからです．この水晶は音叉型といわれるU字形の構造で，過励振に弱いのでトランジスタ回路は適さず，図14のようにダンピング抵抗R_2を入れたタイプがよく使われます．

〈写真5〉図14の実験基板

上の回路は，電源電圧1.5 Vから動作します．時計の精度が求められる場合は，C_1と並列にトリマを入れて，正確に32768 Hzに合わせます．写真5は，時計用クロック発振回路の実験基板です．

6 おわりに

今回の実験は，基本的に下記の点を心がけました．

- 特別仕様の水晶は使わず汎用品を選ぶ．
- 無調整回路とする．
- 水晶の両端をホット・サイドにしない．
- 低電圧動作とする．

低電圧にすれば増幅度が下がり，発振が不安定になりますが，低電圧でも使えそうなタイプを選び，定数

■ コラム　ジョージ・ピアース

ピアース発振回路の考案で知られるピアース(George Washington Pierce, 1872年1月11日～1956年8月25日)は，ハーバード大学の物理学の教授でした．

20世紀の初頭，無線を通信に応用するにあたって発振周波数の不安定さがネックでした．彼は水晶を使えば発振周波数を安定化できることを見い出し，当時3本の3極管を必要としていた水晶発振回路をたった1本の3極管だけで構成できる回路を1924年2月に考案し，1928年1月に特許を出願しました．当時の回路は，**図A**のようにプレートとグリッド間に水晶発振子を接続していたので，いわゆるピアースP-G回路です．この回路は水晶発振子の両電極に高周波電流が流れる，いわば両極ともRFホットなので少々使いにくく，後にグリッドとカソード間に接続する改良回路が主流となります．

ところでピアースは，1909年にハーバード無線クラブ(The Harvard Wireless Club)(コールサイン：1AF，後にW1AF)を設立し，初代会長に就任しています．その当時だいたい25名の会員がおり，名誉会員としてニコラ・テスラ，トーマス・エジソン，グリエルモ・マルコーニ，グリーンリーフ・ピカード，R. A.フェッセンデンなどが名を連ねています．1AFの設備は5kW瞬滅火花式であったようです．現在，W1AFはハーバード大学アマチュア無線クラブのコールサインです．

1940年にリタイヤしたピアースは，コウモリや虫の声を研究して1943年に1冊の書籍“Songs of insects”を上梓しました．自然を研究する科学者としても名を残したのです．

◆参考文献◆

(1) Pierce, George W. ;"Piezoelectric crystal resonators and crystal oscillators applied to the precision calibration of wavemeters", Proceedings of the American Academy of Arts and Sciences, vol.59, No.4, pp.81 ～ 106, October 1923.DOI: 10.2307/20026061

(2) U. S. patent No. 1624537, Colpitts, Edwin H., “Oscillation generator”, filed 1 February 1918, issued 12 April 1927.

〈編集子〉

◀〈写真A〉
George Washington Pierce
(1872年1月11日～1956年8月25日)

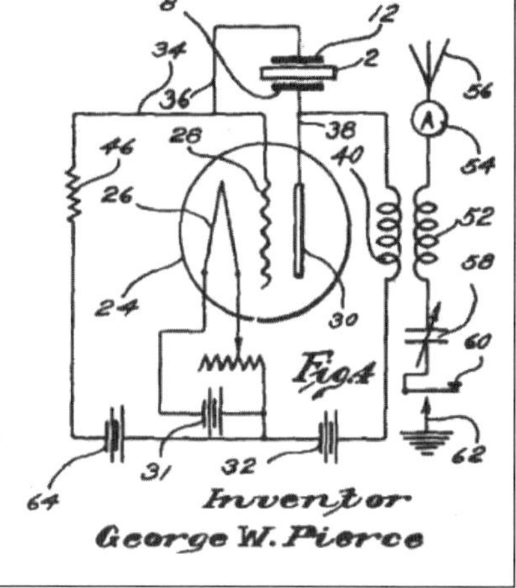

〈図A〉▶
特許申請書に描かれた図
(U.S.Pat. 1789496)

を吟味しました．実使用にあたっては，ほとんどの回路は後段にバッファ回路が必要だと思います．

手作りの発振回路が必要になったときなどに，本稿を取り出していただければ幸いです．

◆参考・引用*文献◆

(1) 加藤茂樹；「水晶振動子とは」，電子回路部品活用ハンドブック，p.62，トランジスタ技術編集部編，CQ出版社，1988年．

(2) 鈴木憲次；「無線機の設計と製作入門」，p.172，CQ出版社，2004年．

(3) 加藤大典；「FETによるフランクリン回路の実験」，トランジスタ技術1968年11月号，pp.197～207，CQ出版社．

(4) 加藤大典；「続＊FETによるフランクリン回路の実験」，トランジスタ技術1968年12月号，pp.203～209，CQ出版社．

(5) *岩上篤行；「VXO製作のポイント」，SSBハンドブック，pp.212～216，CQ出版社，1977年．

(6) 細田悦資；「発振回路と変換技術」，産報出版，1978年．

(7) トランジスタ技術SPECIAL，No.58.「基本・CMOS標準ロジックIC活用マスタ，CQ出版社，1997年．

(8) 「周波数ジャンプ現象とその対策」，NDKテクニカルノート，T-X-9X-002，日本電波工業㈱．

Appendix

スペアナとトラッキング・ジェネレータで伝達アドミッタンスを測れば一目瞭然

オーバートーン水晶の見分け方

■ オーバートーンする発振子と オーバートーンしない発振子がある

水晶の銘板周波数は，基本波のこともあれば，オーバートーンのこともあります．オーバートーンの場合は，基本波(またはほかの倍調波)での発振を防止する必要があります．また，オーバートーン専用水晶でなくても，倍調波で使えることもあります．

本文では「無調整回路の発振周波数は，基本波である」という前提でしたが，同調回路がないので，オーバートーンで発振することが皆無ではありません．

以下に紹介する方法は，水晶発振子の副振動を測定するために使われるものの一つ[1]ですが，オーバートーンの検出にも便利で確実な方法です．

水晶発振子のリアクタンスは，**図1**上のように，周波数の変化に対して，容量性(−j)と誘導性(+j)の双方の性質を示します．f_sが直列共振周波数，f_pが並列共振周波数です．

このリアクタンスを測定するには，ネットワーク・アナライザを使って，しかもQが非常に高い水晶に影響を与えることなく測定しなければならず，容易ではありません．これに対して，インピーダンス(その虚数部がリアクタンス)の逆数であるアドミッタンス(**図1**下)であれば，**図2**の回路で簡単に測定できます．

スペクトラム・アナライザ(スペアナ)のトラッキング・ジェネレータ機能を使い，終端をきっちり行って，水晶Xを図のように信号経路と直列に接続してアドミッタンスを測定します．TGのレベルは，−5～−10 dBmとしましたが，この範囲ではレベル依存性は見られませんでした．

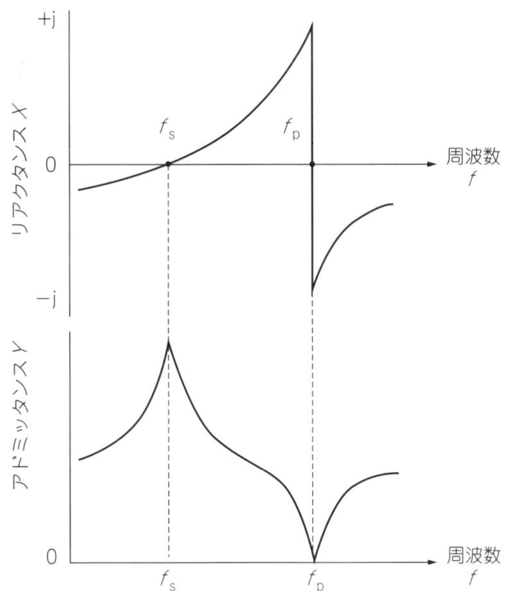

〈図1〉 水晶発振子のリアクタンスとアドミッタンス(f_s：直列共振周波数，f_p：並列共振周波数)

■ オーバートーン発振可能な発振子の 伝達アドミッタンスの例

図3は，CMOSインバータIC水晶発振回路(本文の**図13**)の実験に使った41.8 MHzの水晶発振子の銘板周波数における伝達アドミッタンスをこの方法で測定した結果です．銘板周波数の約300 kHz上方に副共振が見られます．

オーバートーン用水晶発振子の場合は，周波数範囲を一気に広く取れば，**図4**のように，オーバートーン振動のようすが手に取るようにわかります．

図4は，3次オーバートーン水晶発振回路の実験で使った水晶で，銘板周波数は27.144 MHzとなっています．9 MHzのところに基本波f_0のレスポンスがあるので，3次オーバートーン用であることがわかります．この他，5次，7次，9次，…にもレスポンスがあります．

図5は，5次オーバートーン水晶発振回路の実験で

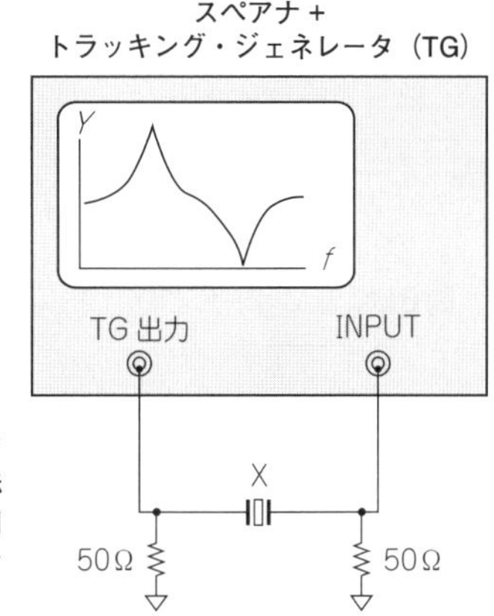

〈図2〉 水晶のオーバートーン共振の検出方法(本来は水晶発振子の副共振の検出に使われている)

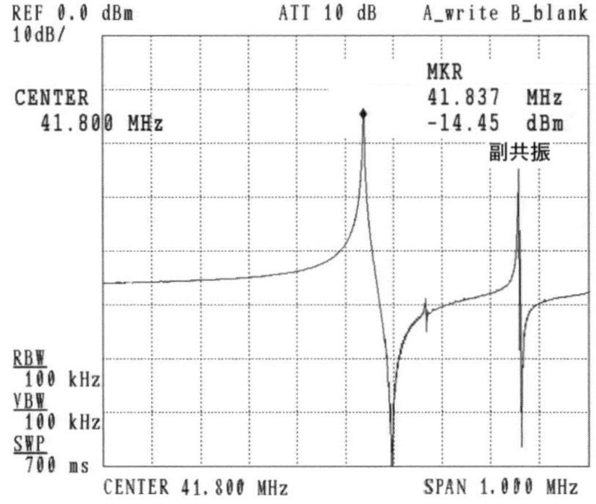

〈図3〉**銘板周波数41.8 MHzの水晶発振子のアドミッタンス**（TGレベル－5 dBm；銘板周波数付近の拡大；中心周波数41.8 MHz，スパン1 MHz，10 dB/div.）

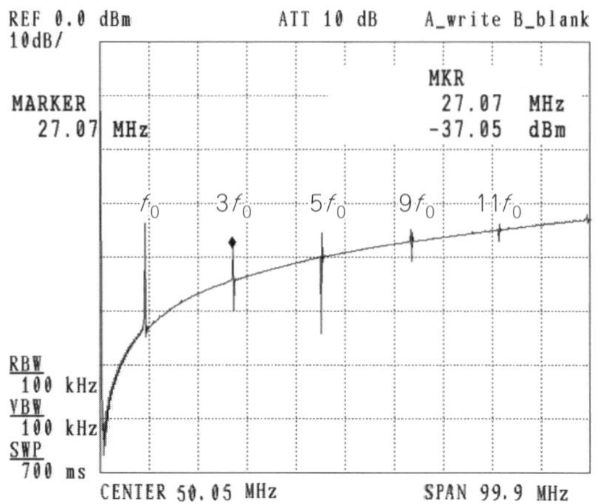

〈図4〉**銘板周波数27.144 MHzの水晶発振子のアドミッタンス**（TGレベル－5 dBm；中心周波数50.05 MHz，スパン約100 MHz，10 dB/div.）

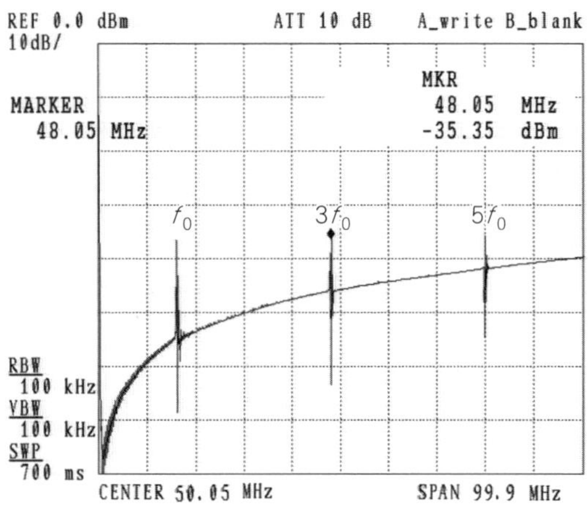

〈図5〉**銘板周波数48 MHzの水晶発振子のアドミッタンス**（TGレベル－10 dBm；中心周波数50.05 MHz，スパン約100 MHz，10 dB/div.）

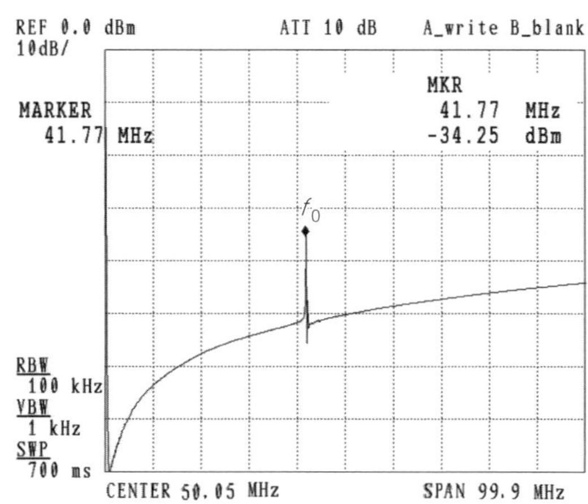

〈図6〉**銘板周波数41.8 MHzの水晶発振子のアドミッタンス**（TGレベル－10 dBm；中心周波数50.05 MHz，スパン約100 MHz，10 dB/div.）

使った銘板周波数48.000 MHzの水晶の測定結果です．この水晶は，基本波16 MHzの3次オーバートーン水晶だとわかります．実験で使った5次の振動（80 MHz）が，銘板周波数48 MHzの右にあります．

■ オーバートーン発振しない発振子の伝達アドミッタンスの例

図6は，CMOSインバータIC水晶発振回路の実験で使った，銘板周波数41.8 MHzの水晶の測定結果です．銘板周波数以外にはレスポンスが無く，この水晶は基本波で使うものだとわかります．

◆参考文献◆

(1)「周波数ジャンプ現象とその対策」，NDKテクニカルノート，T-X-9X-002，日本電波工業㈱．

第36章　高周波信号のレベル調整や受信機の感度測定など汎用的に使える

簡易ステップ・アッテネータの製作

シンプルながら役に立つアッテネータ

アンプやミキサなどの電子回路は，加える入力が大きすぎると，ひずみが発生して期待する性能が得られません．また，スペクトラム・アナライザなどの測定器には最大入力レベルが規定されており，これを越えると高価な機器を破損することがあります．

微小レベルの信号が必要な場合もあります．例えば，受信機の感度を測定する際に，自作の簡易型信号源からの，数Vレベルの高周波信号をμVレベルまで減衰させなければなりません．

こんなときに活躍するのがアッテネータ(attenuator)(減衰器)です．感度などの測定には，段階的に減衰量を変化できるステップ・アッテネータを直列接続して使うと便利です．ブロック図などでは“ATT”とか“PAD”と書いてあります．アッテネータは信号を減衰させるだけでなく，インピーダンス不整合による反射を減らすのにも使われ，この場合は当て物の意味でパッド(pad)と呼ばれます．余談ですが，英語の発音に近い名称は「アテニュエイター」だろうと思います．

一般に計測用アッテネータは，所望の周波数帯域内で減衰量とインピーダンスが正確であること，VSWR(電圧定在波比)が1に近いことなどが求められ，回路が簡単な割には，製作は楽ではありません．とくにステップ・アッテネータは，機械的なスイッチが高周波特性劣化の要因となります．

今回は，これらの難点を克服しながら，500 MHz程度まで使えて，かつ入手容易で安価な部品を使って構成したステップ・アッテネータ(**写真1**)を製作します．

三つのアッテネータを直列接続すれば，最大135 dBまで1 dBきざみの減衰を得られます．

構想

■ 周波数特性の良いπ型アッテネータを選ぶ

アッテネータは単に抵抗を組みあわせた減衰器にすぎません．ところが1 GHzに近い周波数では，抵抗器の寄生容量とか寄生インダクタンスなどにより，抵抗器が純粋な抵抗器として働いてくれません．また，プリント基板の静電容量や誘導成分もあります．これにより，高域の減衰や強調(信号の漏れ)，共振などが発生し，減衰量の偏差となってしまいます．

高周波回路で使われる減衰器の定番としては，π型またはT型がよく使われます．今回は文献(1)で実証済みの「π型の方が周波数特性が良好」という結果を参考にして，π型を選びました．

■ ステップ・アッテネータの回路構成

受信機の感度測定用の簡易信号源を製作し，この出力を0 dBmとし，－120 dBm程度まで減衰させる場

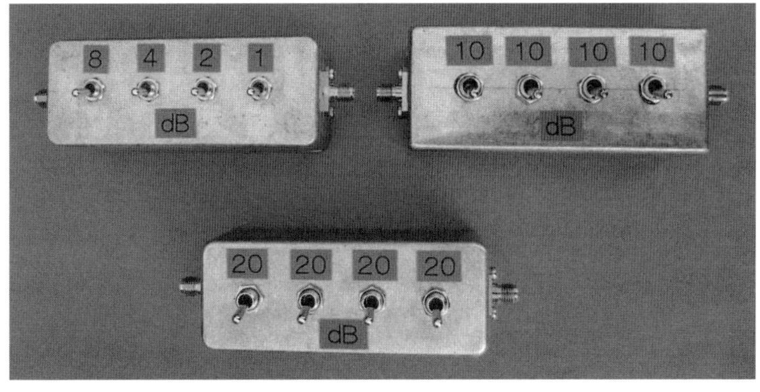

〈写真1〉製作したステップ・アッテネータ
(3台を直列接続することで最大135 dBまで1 dBきざみで設定可能)

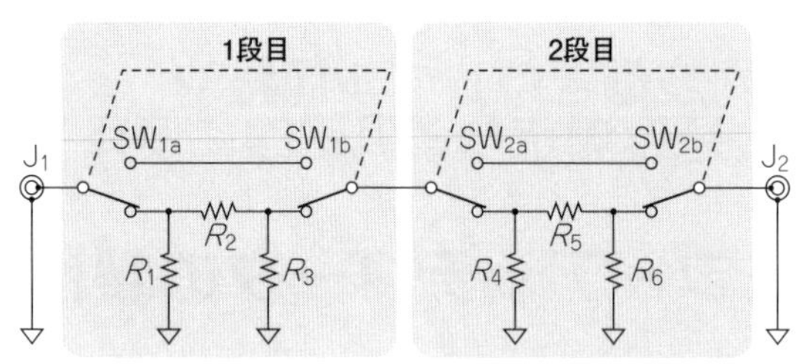

〈図1〉ステップ・アッテネータの基本回路例(破線は連動を表す)

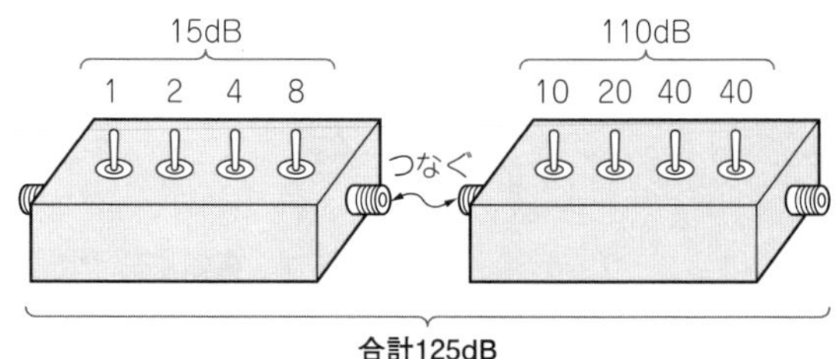

〈図2〉120 dB以上の減衰量を得る例

〈表1〉π型アッテネータの減衰量と抵抗値(入出力インピーダンス50 Ω)

減衰量 [dB]	計算値		E-24系列の抵抗を使用したとき			
	R_h [Ω]	R_v [Ω]	R_h [Ω]	R_v [Ω]	減衰量 [dB]	VSWR
1	5.8	869.6	5.6	820	0.97	1.01
2	11.6	436.2	12	430	2.06	1.00
4	23.9	221.0	24	220	4.02	1.00
8	52.8	116.1	51	110	7.9	1.04
10	71.2	96.3	75	100	10.24	1.04
15	136.1	71.6	130	68	14.8	1.05
20	247.5	61.1	240	62	19.7	1.01
40	2500	51.0	2400	51	39.65	1.00

(a) 減衰量と抵抗値

R_h R_V R_V

(b) 回路図

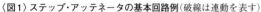

合を想定すると，120 dB以上の減衰量が必要です．

ステップ・アッテネータの内部回路は**図1**のようなものです．1段あたりの減衰器はR_1～R_3やR_4～R_6で構成されるπ型アッテネータです．これを2回路2接点つまり6P(6極)のトグル・スイッチSW_1やSW_2で切り替えます．図ではスイッチ接点の上側がスルー(通過)で減衰なし，下側が減衰ありです．

図1のステップ・アッテネータを複数組みあわせる方法としては，**図2**のようなものが考えられます．このように構成すれば，1 dBステップで最大125 dBの減衰量を得ることができます．例えば，

43 dBなら40 + 2 + 1 dB

77 dBなら40 + 20 + 10 + 4 + 2 + 1 dB

などと設定します．

■ π型アッテネータの抵抗値の計算

π型アッテネータの減衰量と抵抗値の計算は，文献(1)をご参照ください．ここでは結果だけ掲げます．

表1は所望する減衰量をE-24系列の抵抗値で構成した場合の，減衰量とVSWRの値です．入出力インピーダンスは50 Ωです．

製作と実験

■ 1，2，4，8 dBアッテネータの製作

図3に回路を示します．高周波用アッテネータでは設計通りの減衰量を得るために，1段あたり20 dBを目安として段間シールドが必要になってきます．ただし，1 + 2 + 4 + 8 dBの場合は各段の減衰量が小さいので，段間シールドを省略しました．

写真2は**図3**の回路をアルミ・ダイキャスト・ケースに組み込んだものです．ガラス・エポキシのユニバーサル基板にチップ抵抗を半田付けして，銅箔テープでグラウンド面を形成しました．裏面も銅箔グラウンドになっています．スイッチ間の接続は，細手の50 Ω同軸ケーブル(RG-316/U)の芯線を使い，銅箔で囲みグラウンドに接続しています．**図4**はスイッチを順にONしていったときの1，3，7，15 dBの測定値で，偏差は500 MHzまで± 1 dB以内でした．

ノウハウとしては，**写真2**において回路基板の表面に，更に絶縁した銅箔を張り，クッションを挟んで裏

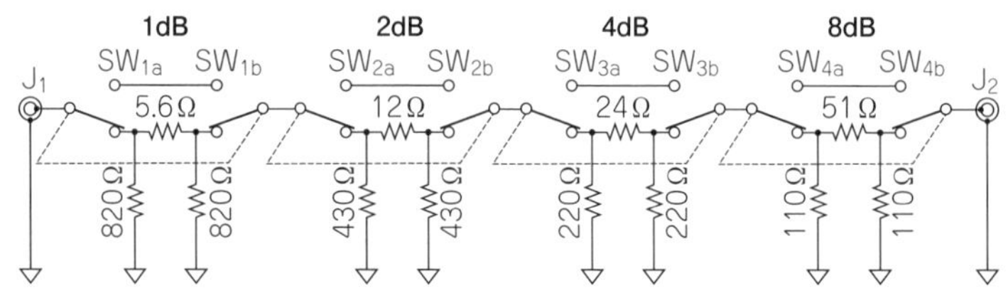

〈図3〉1，2，4，8 dBステップ・アッテネータの回路

〈写真2〉1, 2, 4, 8 dBのステップ・アッテネータ内部(銅板とクッションをはさんで裏蓋で閉じる)

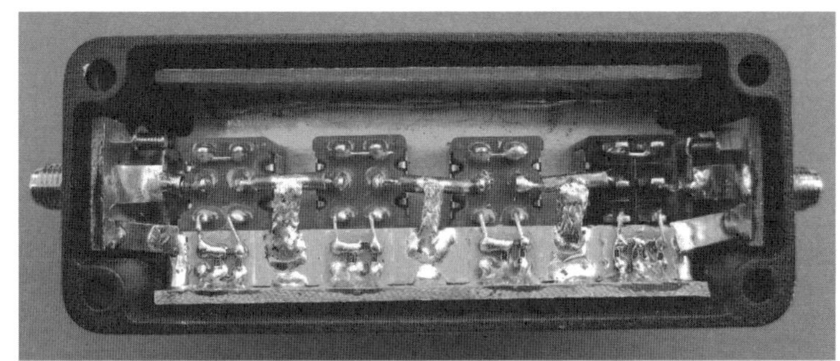

〈写真3〉グラウンドを強化した1, 2, 4, 8 dBステップ・アッテネータの構造(右端にある8 dBは4 + 4 dBの2段構成)

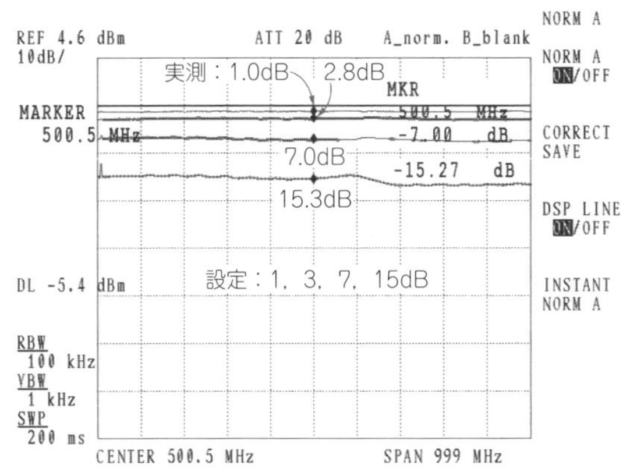

〈図4〉1, 2, 4, 8 dBステップ・アッテネータの周波数特性(中心周波数：約500 MHz, スパン：約1 GHz, 10 dB/div.)

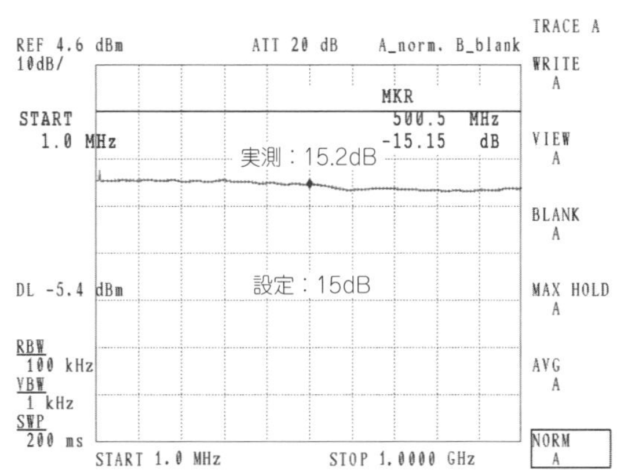

〈図5〉写真3の構造による周波数特性(中心周波数：約500 MHz, スパン：約1 GHz, 10 dB/div.)

蓋をしています．**図4**の600 MHzを越えたあたりで不自然な落ち込みが見られるのは，この絶縁銅箔の影響で，意図的に周波数特性の補正を期待したものです．この対策を行わず，**写真2**のままだと200 MHzあたりからなだらかに減衰し，500 MHzで－2 dB程度の減衰となります．この場合，±1 dBの偏差で400 MHzくらいまでの性能に留まります．

上に述べたように，500 MHz以上の特性は回路基板やシールド構造により，かなり変化します．これは後述する減衰量の大きいアッテネータでは顕著です．

写真2の回路実装に問題がある可能性もあるので，試みに，銅張基板で作った内箱によりグラウンドを強化した**写真3**のような構造でも製作してみました．念のため，8 dBの減衰器は4 + 4 dBの2段にしています．**図5**は減衰量15 dBのデータです．データを見ると，**写真2**の構造と性能的には大差なく，構造的な配慮を行っても高域の減衰傾向は改善されません．以上から，トグル・スイッチ自体の不整合や減衰などが，周波数

〈**写真4**〉**10，10，10，10 dBのステップ・アッテネータ内部**(段間接続は50Ω同軸ケーブル)

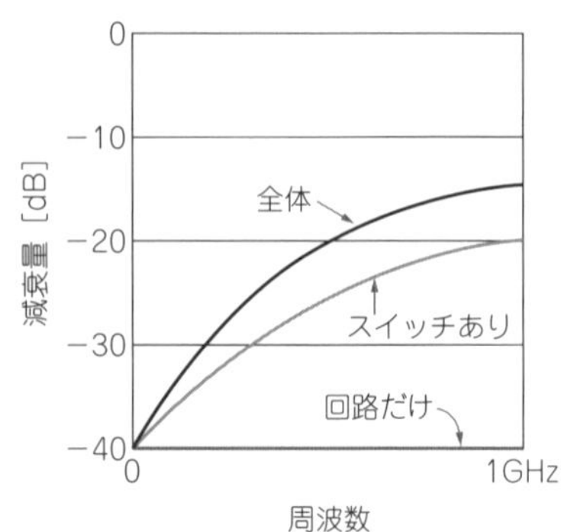

〈**図6**〉**40 dBのπ型アッテネータの実測周波数特性の概略グラフ**

〈**写真5**〉**15，15，15，15 dBのステップ・アッテネータ内部**(回路基板の裏面に銅板によるグラウンド板を挿入した．四つの矢印は銅板を曲げて作ったばね)

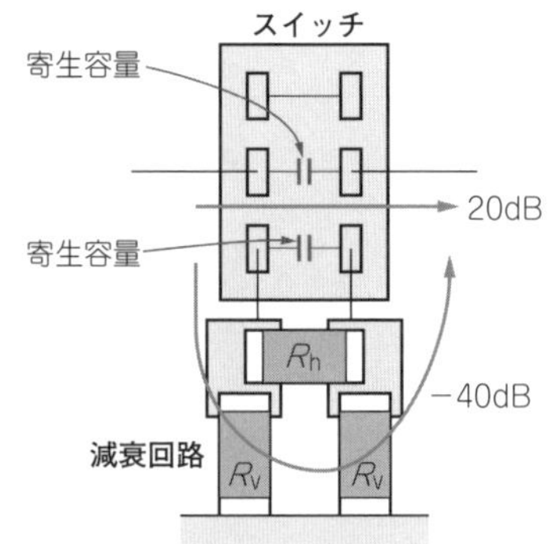

〈**図7**〉**スイッチ電極を通して信号がリークする**(1 GHzで約20 dBがリークする)

特性劣化の主な原因であろうと推定しました．

10，20，40，40 dBアッテネータの試行錯誤

● スイッチが原因の特性劣化

当初の計画(**図2**)のとおり，10＋20＋40＋40＝110 dBのステップ・アッテネータを**写真4**と**写真5**のような構造で試作しました．ところが予想に反し，満足すべき周波数特性がまったく得られません．悪戦苦闘したため，ラフな手書きのデータしか残っていませんが，おおよその傾向を説明します．

まず，出来上がったアッテネータは，全体として110 dBの減衰量が得られないばかりか，10 dBと20 dBはまだしも，40 dBがひどい周波数特性(**図6**)となってしまいました．かなり低い周波数(数MHz)から減衰量の低下(つまり信号の漏れ)が始まり，1 GHzで15 dBの減衰量しか得られません．高域の信号が減衰するのならわかりますが，逆に信号が通過してしまうのです．

原因を探るため，まず40 dB減衰器のスイッチ部分から直接信号を入出力してみました．これが**図6**の「スイッチあり」です．少しの改善がみられますが，スイッチ前後の回路の影響は少ないようです．

次にスイッチを取り去り，40 dB減衰器の回路基板に直接信号を入出力すると，この現象は見られなくなりました．つまり**図7**のように，スイッチの端子間容量により，信号がリークしているわけです．

3種類のスイッチについて調べて見ましたが，どれも同じ結果となりました．したがって**図6**から，このスイッチを使う限り，20 dB以上@1 GHzの減衰量を得ることは難しいということになります．

ちなみにスイッチなしで基板だけの場合，どれくらいの減衰量が期待できるでしょうか？　私の実験(後述の20 dB×4)では80 dB@1 GHzが限界でした．

● 次善の策

当初計画した10＋20＋40＋40＝110 dB(@1 GHz)案は，仮にスイッチの問題が無くても，よほど万全にシールドしない限り，一つの筐体で実現するのは至難の技と思われます．そこで今回はこれをあきらめ，次善の策として次の構成を取ることにします．

1＋2＋4＋8に加えて，

①案：10＋10＋10＋10および15＋15＋15＋15

②案：10＋10＋10＋10および20＋20＋20＋20

①案は実現しやすい反面，設定(加算)が面倒なので使いにくく，②案は数値の切りが良いのですが，合計80 dBの特性が出るかどうかが心配です．したがって，以下のように両案とも製作してみました．

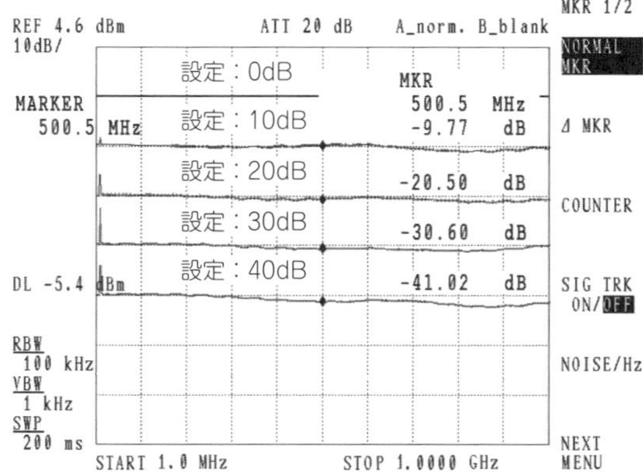

〈図8〉 10, 10, 10, 10 dBステップ・アッテネータの周波数特性(中心周波数：約500 MHz, スパン：約1 GHz, 10 dB/div.)

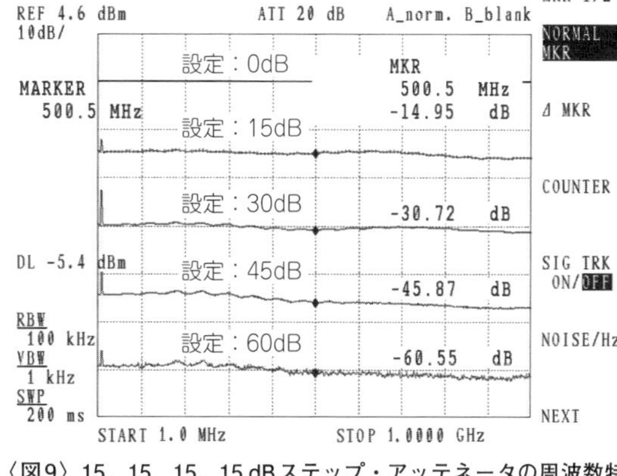

〈図9〉 15, 15, 15, 15 dBステップ・アッテネータの周波数特性(中心周波数：約500 MHz, スパン：約1 GHz, 10 dB/div.)

■ 10, 10, 10, 10 dBアッテネータの製作

10＋10＋10＋10 dBはすべて同じ抵抗値(R_h＝75 Ω, R_v＝100 Ω)のπ型減衰器です. **写真4**のように10 dBのブロックごとにシールド板で囲んでいます. 段間は50 Ωの同軸ケーブルで接続しています.

測定データを**図8**に掲げます. 500 MHzにおいて, ±1 dBの偏差に納まっています.

■ 15, 15, 15, 15 dBアッテネータの製作

15＋15＋15＋15 dBの各ブロックは抵抗値R_h＝130 Ω, R_v＝68 Ωのπ型減衰器です. **写真5**に裏面を示します. 10 dB×4と同じ構造ですが, 次の2点が異なります.

(a) π型アッテネータ基板の裏面にグラウンド基板を追加した.

(b) ケースと内箱の間に銅板のばねを入れた.

(a)は上下の隙間により, 500 MHz以上の帯域で共振によるピークが発生したため対策として挿入したものです. つまりこのような隙間(すきま)は, できればないほうが良いわけです. 周波数特性は**図9**のようになりました. 500 MHzでの特性は±1 dBに納まっています.

■ 20, 20, 20, 20 dBアッテネータの製作

20＋20＋20＋20 dBは一番難しいと予想されるため, これまでに得られたノウハウを生かして製作します. 以下, 製作方法を写真と図で順を追って紹介します. これまで紹介したアッテネータもすべて以下の方法で製作すれば, 所望の性能を得ることができるはずです.

20 dBのブロックは, 高域の周波数特性を改善するため, **図10**のように10＋10 dBの2段構成とします.

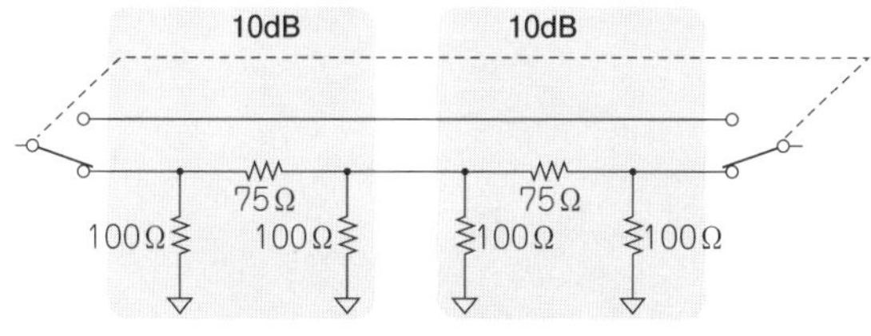

〈図10〉 10＋10 dBの2段で構成した20 dBアッテネータ(分割することで周波数特性を改善できる)

〈写真6〉アルミ・ダイキャスト・ケース(Hammond社製, 1550A)**の加工**

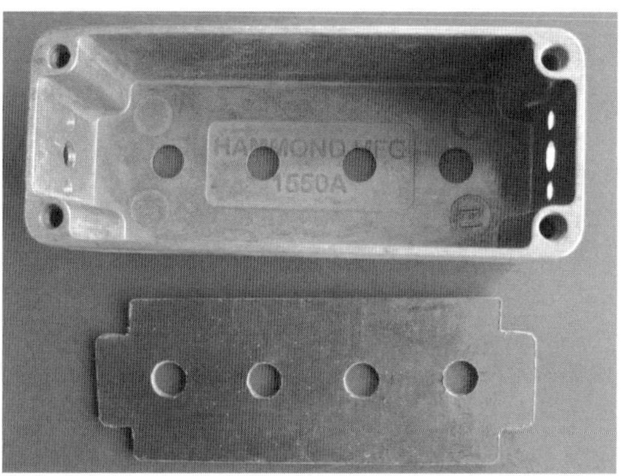

〈写真7〉 スイッチ取り付け板(両面銅張ガラス・エポキシ基板)**の加工**

〈写真8〉 両面銅張ガラス·エポキシ基板から内箱の材料を切り出す

〈写真10〉 コネクタ取り付け板をねじ留めして半田付け(順序を逆にすると,ねじ留めの際に基板が破損する)

● ケース加工と内部シールドの工作

では,製作に入りましょう.まずアルミ・ダイキャストのケース(87×33×30 mm)を**写真6**のように加工します.スイッチの取り付け穴4か所(φ6.5 mm)と,SMAコネクタの取り付け穴2か所をドリルであけます.

次に両面銅張板(ガラス・エポキシの両面プリント基板)を筐体内部の寸法に合わせて切り出します.そして,**写真7**のように4か所のスイッチ取り付け穴をあけます.

両面プリント基板からは,**写真8**のように側板2枚,SMAコネクタ取り付け板2枚,仕切り板3枚,裏蓋1枚を切り出します.なお,左端の裏蓋は厚さ0.5 mmの銅板で作ります.

アルミ・ダイキャストのケースは半田付けできないので,銅箔のシールドを内部に張り巡らせた内箱を作ります.まず,**写真9**のように側板を組み立てます.後から仕切り板を差し込めるよう,半田付けは仮留め程度とします.

次に**写真10**のようにコネクタ部の側板を取り付けます.2.6 mmのビスで外箱にしっかりと固定し,その後,半田付けします.こうすれば,ねじ留めの際に内箱が割れたり,接着部が外れたりすることがなくなります.

コネクタ板を半田付けしたら,**写真11**のように仕切り板を付けます.ケースから出して中央の板から取り付けた方が,半田付けがしやすいです.

続いて**写真12**のように,残り2枚の仕切り板を半田付けします.仕切り板には**写真8**のように同軸ケーブルが通るφ3 mmの穴をあけておくことを忘れない

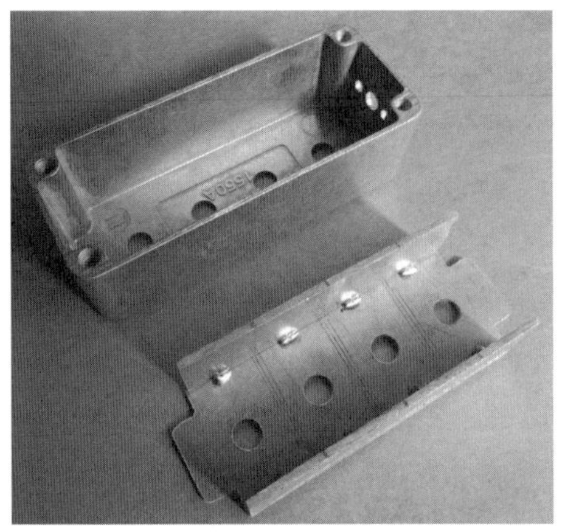

〈写真9〉 内箱の材料を仮留めする

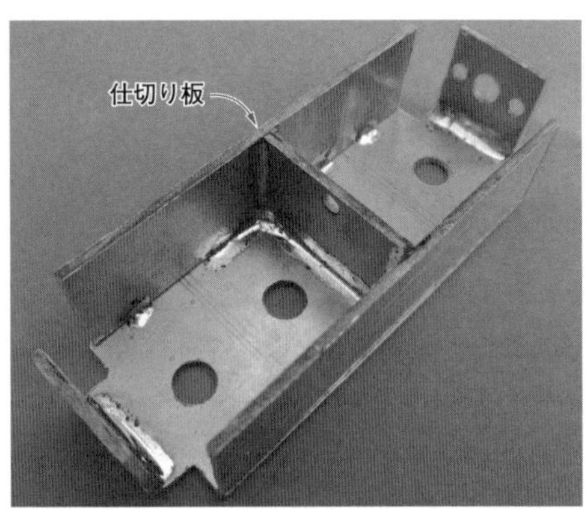

〈写真11〉 中央の仕切り板を取り付ける

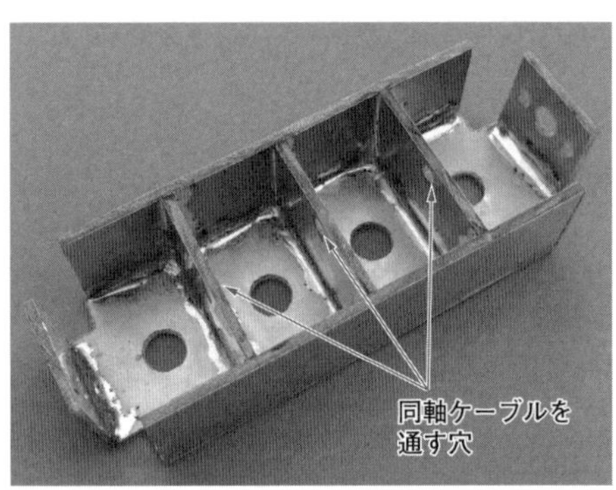

〈写真12〉 残りの仕切り板を取り付ける

〈写真13〉SMAコネクタとトグル・スイッチを取り付ける

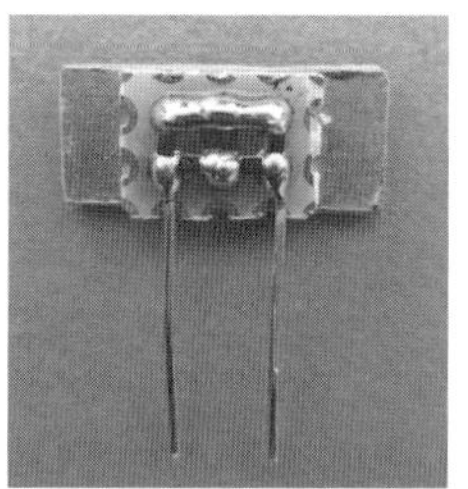

〈写真15〉π型アッテネータの基板工作例

〈写真17〉銅板で内箱をふさぎ，アルミ板をねじ留めする

でください．半田ごてには先端温度が400 ℃程度になる60 W以上のものを使うと，半田が馴染みやすくなります．これで内箱ができあがりました．

● 回路部品の取り付け

いよいよ回路部品の取り付けです．**写真13**のように，SMAコネクタを2.6 mmのビス・ナットで取り付け，さらに，トグル・スイッチ4個を取り付けます．

スイッチは**写真14**のように上部の二つの端子をめっき線で接続します．スイッチ中央の端子は，SMAコネクタまたは隣のスイッチ中央の端子と同軸ケーブルで接続します．同軸ケーブルは直径2 ～ 2.5 mmぐらいの細い50 Ω同軸ケーブル(RG-316/Uなど)を使います．ただし，いずれも長さ1 cm程度なので，編組線の加工が困難です．そこで**図11**のように，同軸ケーブルの編組線を除去し，外側を銅箔テープで巻き

〈写真14〉スイッチやSMAコネクタを配線する

〈写真16〉アッテネータ基板を取り付ける

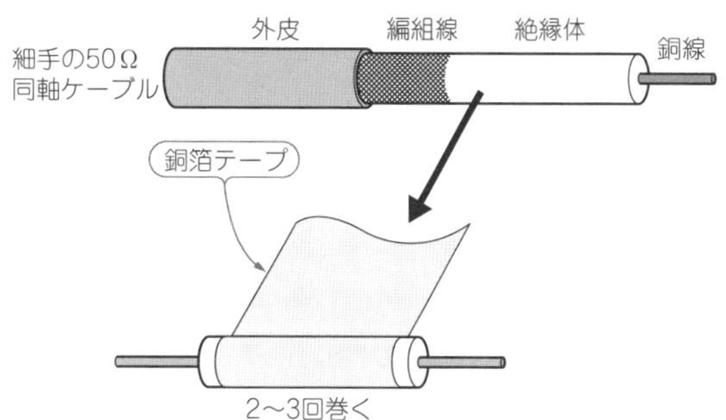

〈図11〉同軸ケーブルの加工方法

ます．これで特性インピーダンス約50 Ωを維持できます．もちろん銅箔は回路のグラウンドに接続します．

π型アッテネータは**図10**で示した10 dB + 10 dBの2段構成です．アッテネータの基板は**写真15**のようにチップ抵抗(1608または2025タイプ)を使って組み立てます．両面プリント基板の基台(グラウンド面を形成)上に，ガラス・エポキシ・ユニバーサル基板を貼り付けます．基台にスルーホール穴をあけて，グラウンド線を2か所程度基台に貫通させ，基台底面で半田付けします．

このアッテネータ基板を**写真16**のように，スイッチのすぐそばに取り付けます．SMAコネクタのグラウンド側は，薄い銅板でアッテネータ基板に半田付けします．写真ではSMAコネクタのグラウンドをもう1か所編組線で仕切り板につないでいますが，必須ではありません．できるなら，周波数特性を調べながら要不要を決めてください．

● 仕上げ

最後に樹脂製のクッションを挟んで裏蓋をねじ留めします．その際，内箱にも銅板の蓋(**写真17**)をします．

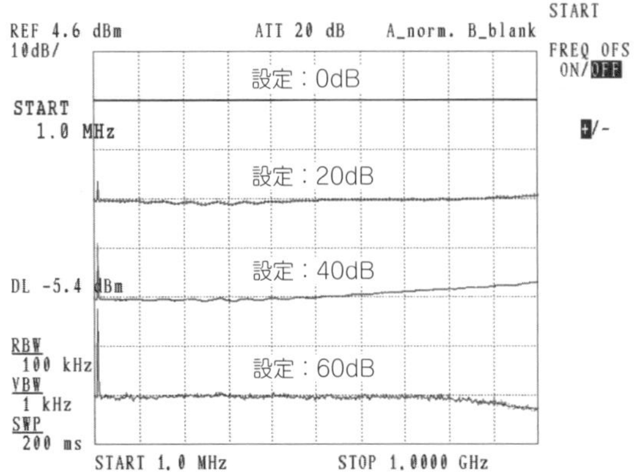

〈図12〉 **20，20，20，20 dBアッテネータの周波数特性**（中心周波数：約500 MHz，スパン：約1 GHz，10 dB/div.）

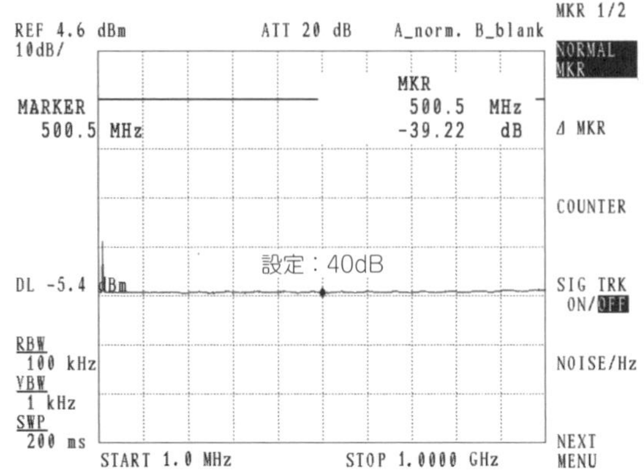

〈図13〉 **固定型40 dBアッテネータの周波数特性**（中心周波数：約500 MHz，スパン：約1 GHz，10 dB/div.）

〈写真18〉 **自作した固定型40 dBアッテネータ**

〈写真19〉 **固定型40 dBアッテネータの内部**

蓋のグラウンドを確実に取るため，SMAコネクタ基板と仕切り板の端部にも銅箔を貼っています．銅板の蓋は，プリント基板を切り出したものよりは，厚さ0.5 mm程度の銅板の方が効果がありました．

仕上げに**写真1**のような減衰量を表示したテープを貼って完成です．

周波数特性は，**図12**のようになりました．500 MHzにおいて，±1 dB以内の偏差に納まっています．

■ 40 dB固定アッテネータの製作

固定タイプのアッテネータも一つ作っておくと便利です．ステップ・アッテネータの偏差は，それぞれ加算されていくので，高い周波数で使うときには，精度の良い固定アッテネータのほうが頼もしいでしょう．**写真18**は自作した固定型40 dBアッテネータです．

内部は**写真19**のようになっています．両面銅張板の上にガラス・エポキシ・ユニバーサル基板をグラウンド貫通で貼り付け，これをケース底面にねじ留めします．回路は20 dB + 20 dBの2段構成です．SMAコネクタとの結線は同軸ケーブルの編組線を使い最短距離で簡易に仕上げてみました．**図13**は周波数特性です．スイッチがないので，ラフな配線ながらも1 GHzまでにわたり高域での減衰は見られません．

まとめ

500 MHz程度まで使えるステップ・アッテネータを目指して，当初は10 + 20 + 40 + 40 dBのボックスを作る予定でしたが，これは叶(かな)いませんでした．原因はスイッチの寄生容量でした．代わりに20 dB以下の減衰器を組み合わせて目的を達しました．

製作を通じて，市販の安いスイッチを使っても，500 MHzまで使えるアッテネータを作ることができることがわかりました．

今後，このアッテネータと手作りの簡易信号源を組みあわせて，USBワンセグ・チューナー・ドングルなどを使ったSDR受信機の感度を測定してみたいと考えています．

◆参考文献◆

(1) 小宮 浩；「アッテネータの製作とその効用」，RFワールド，No.8，pp.44～52，CQ出版社，2009年10月．

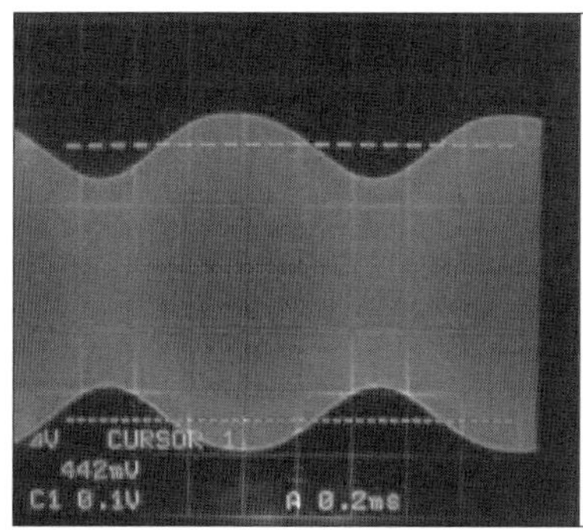

第37章 AM受信機の感度測定やRF機器の調整に使える 1M～100 MHzの簡易RF信号源の製作

手軽に作れる簡易なRF信号源

AM受信機の感度測定には，周波数変動が少なく，微小な信号を出力できる信号源が必要です．本格的には標準信号発生機(SSG; Standard Signal Generator)とか単にSG(Signal Generator)と呼ばれるものがあります．手元に専用の信号源があればよいのですが，高価であり使用頻度も少ないので，個人宅に常備している人は少ないと思います．マイコンやアナログ回路の試験に使う信号源は，たとえRF帯域までの信号が発生可能でも，受信機の感度測定に必要な周波数安定度，周波数帯域，減衰量をカバーしていません．

任意の周波数を得られるRF信号源の定番はPLL周波数シンセサイザ方式でしょう．しかし，回路構成が複雑な割には，うまく設計しないと特有の雑音スペクトラムを伴う難点があります．

受信機の感度測定が目的なら，いくつかの固定周波数源を準備すれば，ある程度の測定は可能です．

そこで水晶発振器の出力を分周して，1 MHzから100 MHzにわたる，いくつかの周波数を作り出し，さらにAM変調回路を追加した簡易なRF信号源(**写真1**)を作ってみました．前章で紹介したステップ・アッテネータを組み合わせれば，AM受信機の感度を測定することができます．また手軽なRF信号源として，無線機や測定器などの調整やチェックなどにも使えます．

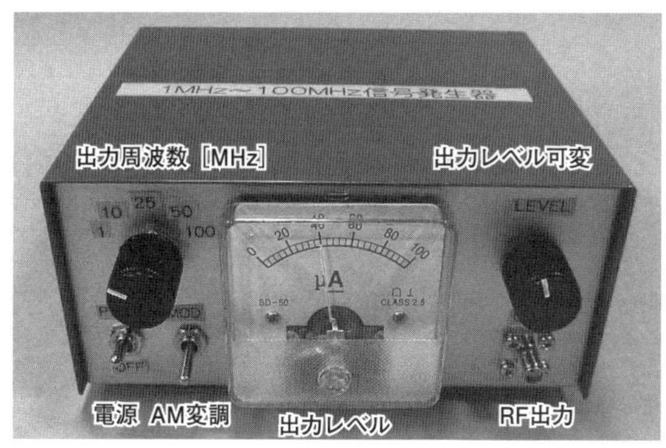

〈写真1〉 製作した1 M～100 MHz簡易RF信号源(AM変調と出力レベル調整ができる)

製作する簡易RF信号源の仕様と構成

■ 設計仕様

表1が設計仕様です．原発振に100 MHzの水晶発振器を使い，これを2，4，10，100分周して，100，50，25，10，1 MHzを作ります．AM変調信号は1 kHz正弦波とし，変調率mは30％固定とします．出力レベルは無負荷時800 mV_{RMS}，50 Ω負荷時400 mV_{RMS}とします．これにより100 μAの電流計の目盛りをmV_{RMS}と読み替えることで，レベルを直読できます．

■ 簡易RF信号源の回路構成

図1は製作する簡易RF信号源のブロック図です．

水晶発振器(100 MHz)の出力を分周して，所望の周波数を作り，この電圧で電力増幅回路(C級アンプ)を駆動します．そして50 Ωドライバ回路を通して信号を出力します．電力増幅回路では，変調器からの1 kHz正弦波で搬送波を振幅変調します．

〈表1〉 製作した1 M～100 MHz簡易RF信号源の設計仕様

項　目	値など
出力周波数	1，10，25，50，100 MHz
出力レベル	無負荷：800 mV_{RMS}(118 $dB\mu V_{EMF}$) 50 Ω負荷：400 mV_{RMS}(112 $dB\mu V_{PD}$)
変調周波数	1 kHz正弦波
変調度	0.3(変調率30％)
出力インピーダンス	50 Ω
電源電圧	DC 9 V(内蔵電池または外部)
消費電流	220 mA(定格負荷時)

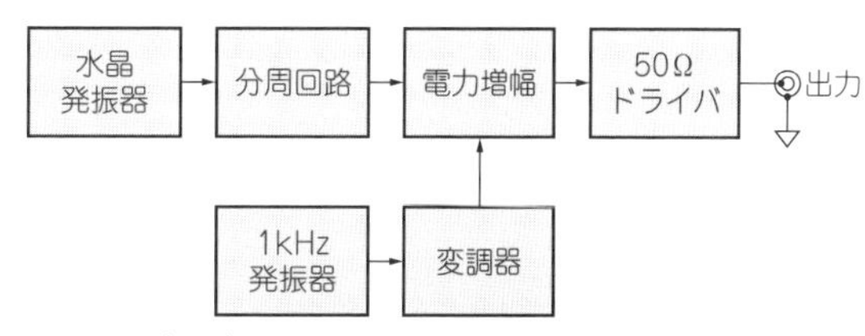

〈図1〉 製作した簡易RF信号源のブロック図

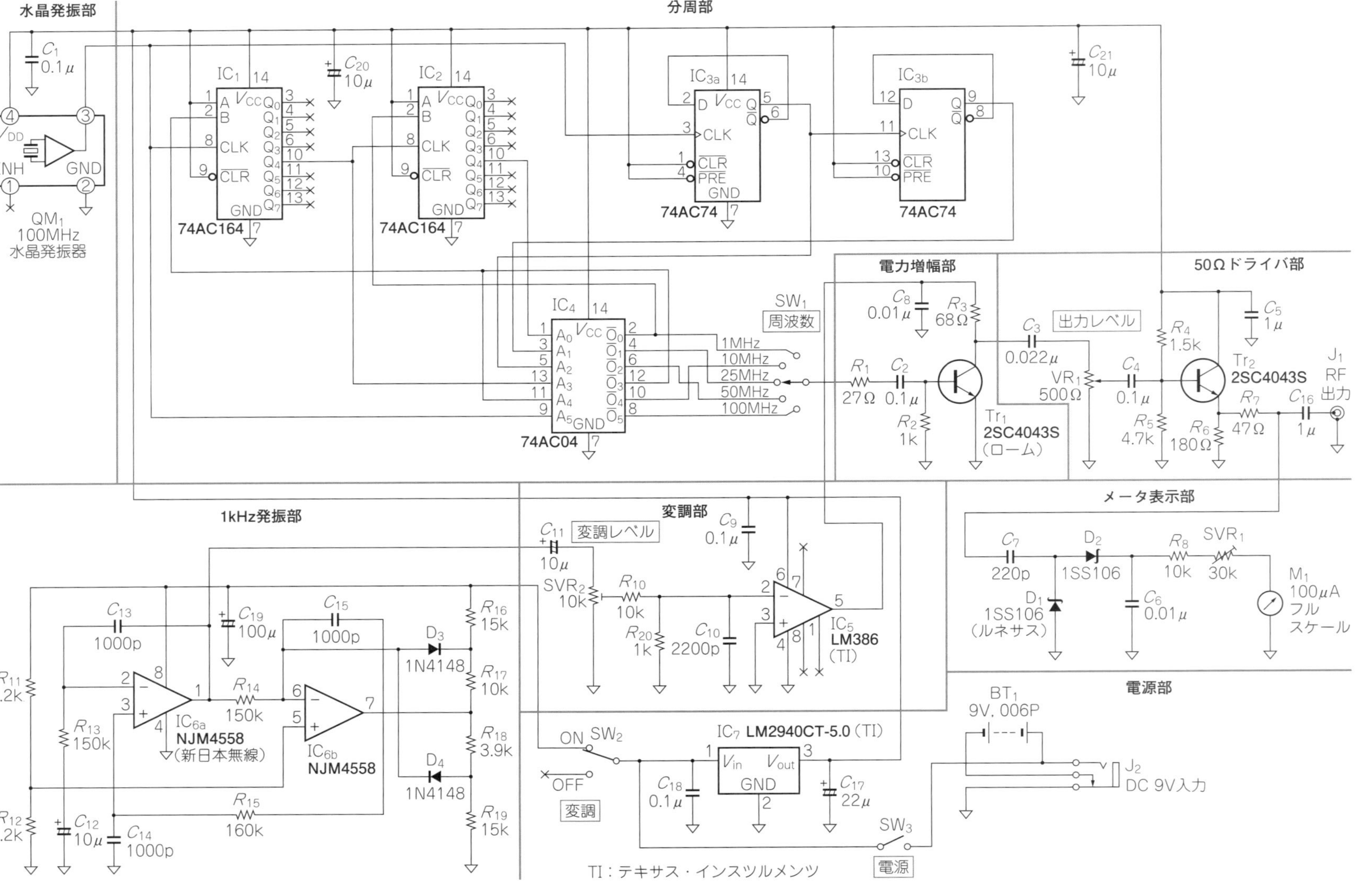

〈図2〉1 M～100 MHz簡易RF信号源の全回路

全体として，AM送信機の回路に似た構成となっています．これはAM受信機の試験信号源としては当たり前かもしれません．しかし，搬送波周波数が1M～100MHzと広範囲にわたっているので，電力増幅回路の設計には一般のAM送信機とは異なった配慮が必要でした．

実際の回路

簡易RF信号源の回路

図2は全体の回路です．**図1**のブロック図と合わせて見ていただければ，わかりやすいと思います．以下，ブロックごとに説明します．

100MHz水晶発振器

電源電圧5Vで動作する金属ケース入りの100MHz水晶発振器を使用しました．出力はTTLコンパチブルです．最近はDIP14ピン型の金属ケース・タイプは入手性がよくないので，面実装タイプを使うこともできます．この場合は，**写真2**のように実装すればユニバーサル基板にも取り付けられます．

なお，面実装タイプは3V動作の製品が多いので**図2**の5V電源に3Vレギュレータを追加する必要があります．面実装タイプのピン配置は，どの製品も型名表示のある面から見て**図2**左上に示す配置になっているようです．

100MHz分周回路

カウンタによる分周回路は標準ロジックICを使用すれば容易に実現できます．動作周波数が100MHzと高いので，高速かつ入手性の良い74ACシリーズを使いました．なお，カウンタ出力のデューティ比は50%でなければなりません．このため1/10カウンタは，シフトレジスタを使ったジョンソン・カウンタとしました．**図3**が分周カウンタの構成です．

AM変調波と変調度，変調率

AMの変調度mは，次式のように搬送波電圧E_cと信号電圧E_aの比で表せます．

$$m=\frac{E_a}{E_c} \quad \cdots\cdots (1)$$

mを百分率で表したのが変調率です．変調度mは通常1以下の値です．1より大きくすると信号波が歪(ひず)んでしまい，この状態を過変調といいます．

AM変調波をオシロスコープで観測すると**図4(c)**のような波形が見えます．このとき次の関係があります．

$$A=2(E_c+E_a),\ B=2(E_c-E_a) \quad \cdots\cdots (2)$$

これらから次の式が得られます．

$$A+B=4E_c,\ A-B=4E_a \quad \cdots\cdots (3)$$

変調度mはE_aとE_cの比ですから，

$$\frac{A-B}{A+B}=\frac{4E_a}{4E_c}=m \quad \cdots\cdots (4)$$

となって，観測画面から変調度mを求められます．

AM変調方式

搬送波にAM変調をかける方法は，大別して次のようなものが考えられます．

(a) 表向きで実装

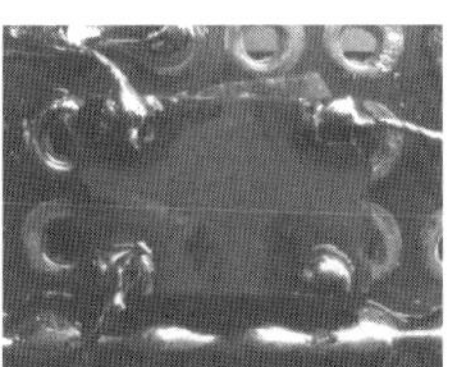
(b) 裏向きで実装

〈写真2〉面実装タイプの水晶発振器を実装する方法

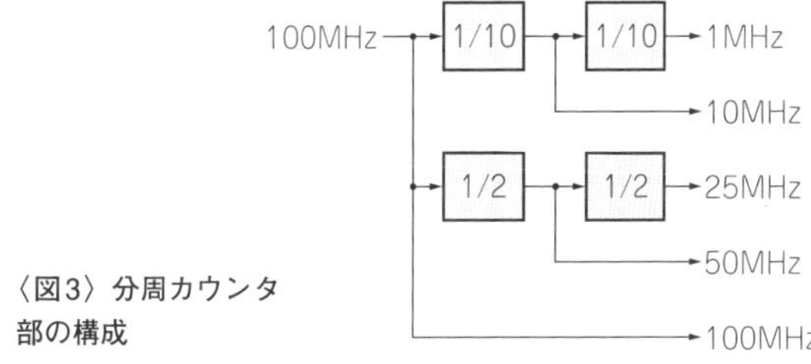

〈図3〉分周カウンタ部の構成

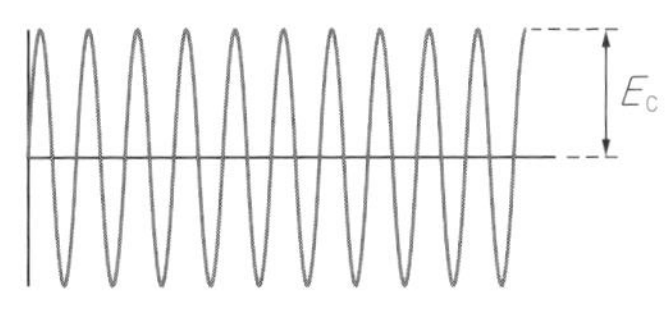

(a) 搬送波

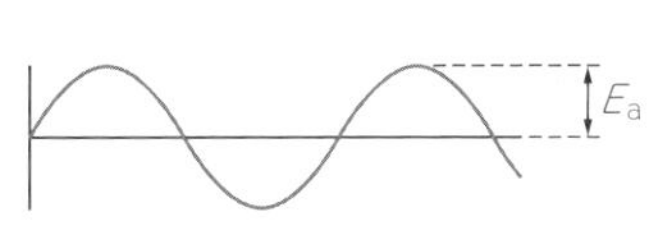

(b) 信号波

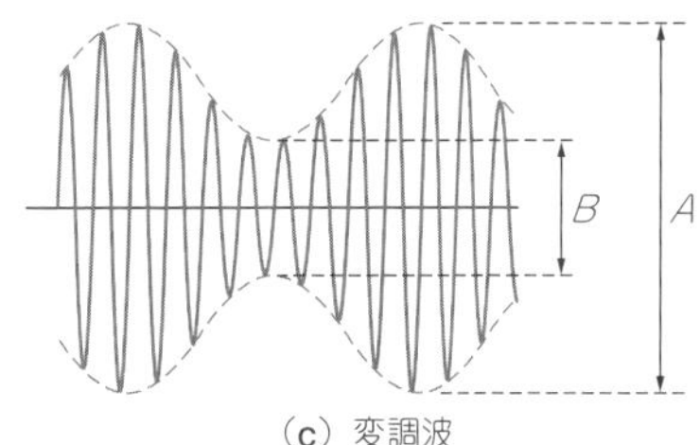

(c) 変調波

〈図4〉搬送波，信号波，変調波の関係

①C級アンプのコレクタ電圧を変化させる方法
②DBM(Double Balanced Mixer)のバランスを崩してDSB波を得る方法
③PINダイオードによりRF減衰量を変調する方法
④変調信号を搬送波でスイッチングする方法

①で使うRF帯のC級アンプは，コレクタに同調回路があるのが普通です．ところが本機では1M～100MHzの広帯域にわたる搬送波を変調すること，シンプルな構成にしたいので出力周波数ごとにQの高い同調回路を用意したくありません．

②の方法は広帯域なので好適ですが，適当なDBMが見つからなかったので見送りました．IC化DBMは100MHzでの減衰が大きく，またダイオードとRFトランスを使ったDBMは，1kHzと1MHzの双方を扱えるものが見当たりませんでした．

③は1M～100MHzにわたって正確な減衰量を保持するのが難しいと思われます．

④はアナログ・スイッチICを使うので，上限は数十MHz止まりでしょう．

結局，①の方法が最も可能性がありそうなので，これにいくつかの対策を加えることにしました．

非同調C級アンプによるAM変調

C級アンプのコレクタを抵抗負荷だけにすると，コレクタ波形は**図5**のようになるはずです．これはAM変調波形の上側半分であり，受信機のAM検波波形と似ています．

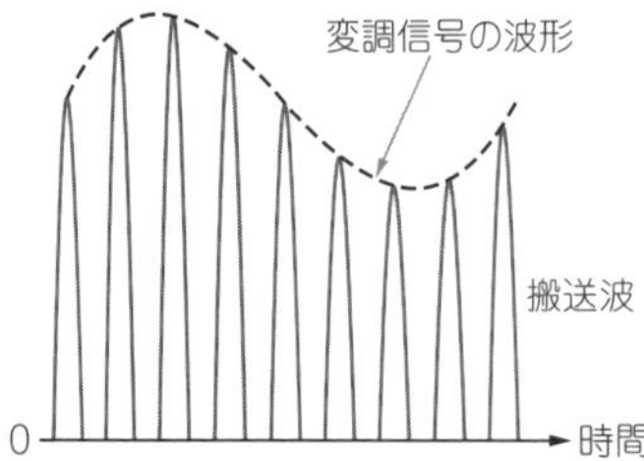

〈図5〉抵抗負荷の場合のコレクタ波形

写真3はTr_1の実測コレクタ波形です．**図5**の波形に近く，目的とする振幅変調波形ではありません．この信号をTr_2のベースで観測すると**写真4**のAM変調波形が得られます．

写真4は，搬送波周波数100MHzを1kHzでAM変調した波形(m = 30%)です．

50Ωドライバ回路

ドライバ回路は，エミッタ・フォロアとしました．コレクタ電流はできるだけ大きく取る必要があり，最大定格30mAの半分，15mAに設定しました．エミッタ・フォロアの出力インピーダンスは，トランジスタ内部のr_e(3Ω程度)にR_7(47Ω)を加えた約50Ωです．出力端子は通常，負荷(50Ω)により終端されるので，出力電圧E_oは半分になります．**表1**のように50Ω負荷時の電圧は400mV_{RMS}です．出力電力P_o Wは，

$$P_o = \frac{E_o{}^2}{R} = \frac{0.4^2}{50} \fallingdotseq 3.2\,\text{mW} \quad \cdots\cdots (1)$$

これを単位dBmで表すと，

$$P_o = 10\log 3.2 \fallingdotseq 5.1\,\text{dBm} \quad \cdots\cdots (2)$$

このときの出力電圧E_oは0.4mV = $400 \times 10^3 \mu$Vですから，単位dBμVで表すと，

$$E_o = 20\log(400 \times 10^3) \fallingdotseq 112\,\text{dB}\mu\text{V} \quad \cdots\cdots (3)$$

です．ちょっと切りの悪い数字ですが，後述するレベル・メータ表示の関係からこの値としました．この値から，外付けアッテネータのdB値を減算すれば，受信機入力でのレベルが割り出せます．

なお，受信感度を単位"μV"や"dBμV"で表す場合には，開放端(起電力(Electro Motive Force))の値か，終端値(電位差(Potential Difference))かに注

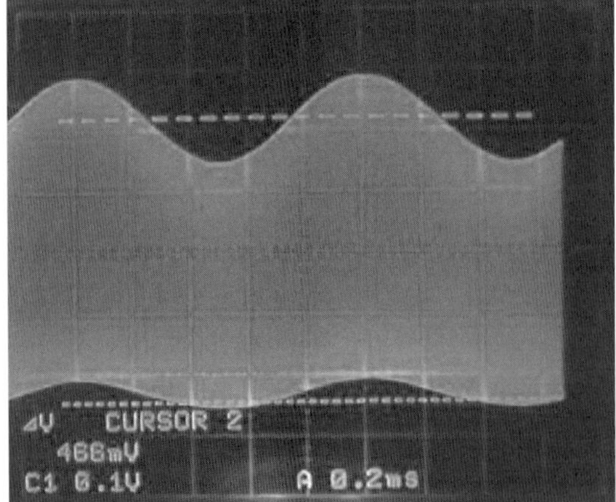

〈写真3〉抵抗負荷にした場合のTr_1コレクタ波形(0.2ms/div.，0.1V/div.)

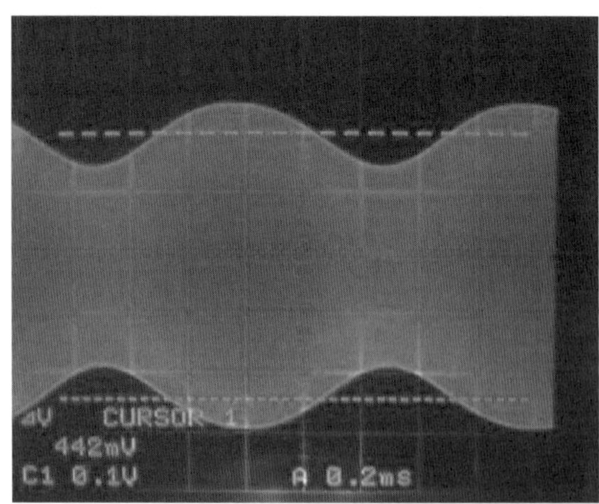

〈写真4〉AM変調波形(1kHz，変調率30%；0.2ms/div.，0.1V/div.)

意が要ります．古い文献や古い測定機では，開放端すなわち起電力で値や目盛りを記したものがあります．現在でも国や業務によっては開放端の値で規格を定めているものがあります．そこで今日では，それらを明示的に区別できるよう“0.8 mV_{EMF}”とか“112 $dB\mu V_{PD}$”などと表します．これらの例を**表2**にまとめました．受信電力の値(dBm)で表示すれば，開放か終端かにまつわる紛らわしさはありません．

■ 1 kHz正弦波発振回路

OPアンプを二つ使ったクワドラチャ発振器により，1 kHzの正弦波を作っています．二つのOPアンプは積分器として動作し，間にダイオードによるリミッタが入っています．出力振幅はこのリミッタで決まります．したがって温度依存性がやや大きいのが難点です．

変調度はSVR_2で変化でき，オシロスコープを使って観測しながら$m = 0.3$(変調率30%)に設定します．先の**写真4**がその波形です．

この発振回路は±15 V電源なら全高調波歪み(THD, Total Harmonic Distortion)が0.3%ですが，単電源化したので1.3%まで劣化しています．しかし，AM受信機の感度測定にひずみ率を使うことは少ないので，問題はないと思います．

■ レベル・メータ回路

出力をダイオードで検波して，100 μAの電流計で出力レベルを表示しています．出力端子を50 Ωで終端すれば表示レベルは半分になり，実際の出力レベルを知ることができます．

レベルの校正方法は次のとおりです．出力端子を終端せずに(開放したまま)オシロスコープにつなぎ，値を読み取り，400 mV_{RMS}(約1.31 $V_{p\text{-}p}$)となるようにVR_1を可変してレベルを調整します．次にメータと直列の半固定抵抗器(SVR_1)を調整して，メータ指針が目盛りの40(μV)を示すようにします．この結果，目盛りの10が100 mV_{RMS}に対応することになります．レベル・メータ回路の1 M～100 MHzの周波数特性は，ほぼフラットでした．

製作と組み立て

■ 回路基板の製作

95×72 mmのガラス・エポキシ製ユニバーサル基板(サンハヤト，ICB-93SG)を使い，**写真5(a)**のように回路を実装しました．グラウンド強化のため，基板の周囲を銅箔テープで囲み，さらに半田めっきを施しました．裏面は**写真5(b)**のようにジャンパ・ワイヤのない半田パターンにしました．この基板の裏面パターンは，100 MHz信号に対してはアンテナの役割をするようなので，裏面をさらに絶縁シートと銅箔(グ

〈表2〉受信感度の値の表し方

項　目	電　圧		電　力	
	真数表示	対数表示	真数表示	対数表示
値	0.4 mV	112 dBμV	3.2 mW	5.1 dBm
実効値	0.4 mV_{RMS}	112 dBμV	3.2 mW	5.1 dBm
終端値(電位差)	0.4 mV_{PD}	112 $dB\mu V_{PD}$	3.2 mW	5.1 dBm
開放端値(起電力)	0.8 mV_{EMF}	118 $dB\mu V_{EMF}$	―	―

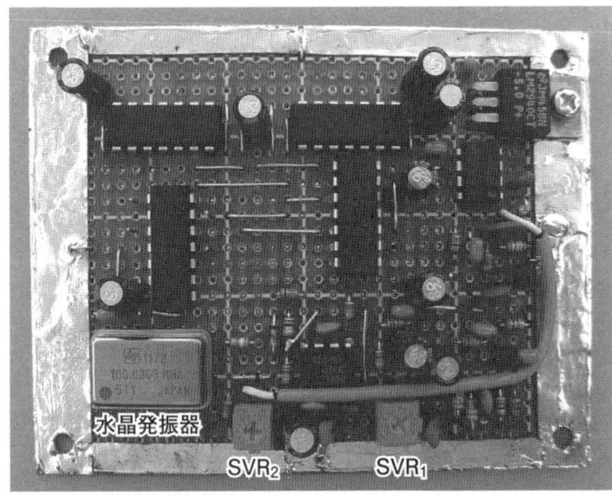

(a) 部品面

(b) 半田面

〈写真5〉簡易RF信号源の回路基板

ラウンドに接続)でシールドした方がベターです.

図6は部品面から透視したパターン図です.

■ 回路の実装

基板のほかに，電源スイッチ，変調ON/OFF，レベル・メータ，レベル調整用の可変抵抗器，出力端子があり，これらを筐体の前面パネルに取り付けます．電源(DC入力)端子は後面に配置します．さらに電池も内蔵しました．**写真6**に筐体内の配置を示します．

発生させた信号の確認

■ 周波数スペクトル測定

写真7は100 MHzの搬送波を1 kHz正弦波により，30% AM変調したスペクトルです．30% AMはキャリア電力P_cに対して，搬送波の上下にある変調波の電力がそれぞれ0.15P_cになるはずで，これは搬送波から－8.2 dBになります．

同じく10 MHzと1 MHzの搬送波を1 kHzで30% AM変調したスペクトルを**写真8**に掲げます．搬送波

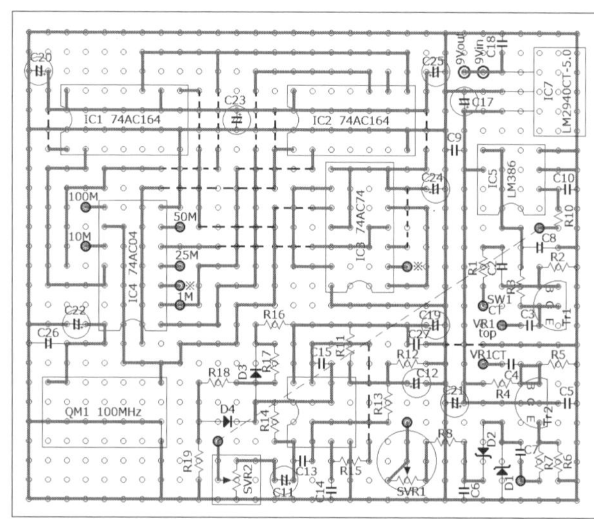

〈図6〉簡易RF信号源の回路基板の配線パターン
(部品面からの透視図．破線はジャンパ線や接続線を表す)

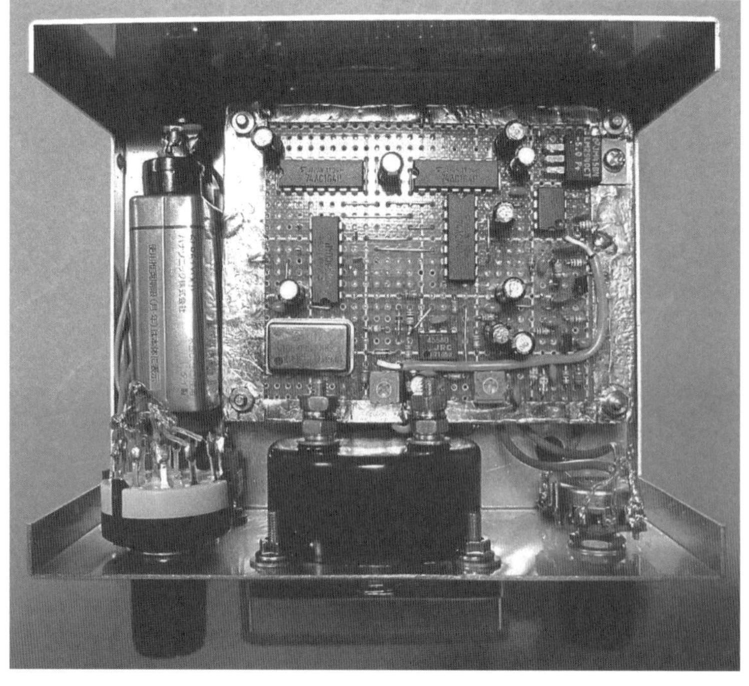

〈写真6〉ケースに収納して完成

周波数が低いほうは歪みが増えていることがわかります．

図7はUSBチューナ・ドングル＋HFコンバータ＋SDRソフトウェア“SDR#”による受信結果です．ドングルは欧州地デジ用のTV28T v2 DVB-Tです．スペアナよりノイズ・フロアは高いですが，搬送波と側波帯のレベル差が同じく8 dB程度であることが読み取れます．

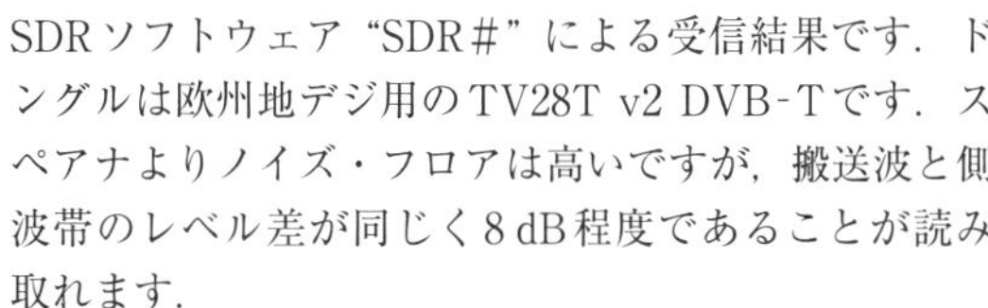

さて，この信号源の出力信号は，デューティ50％の矩形波ですから，基本波以外に，奇数次の高調波があらわれます．**写真9**は1MHz信号の出力スペクトルで，3，5，7，…MHzの奇数次高調波が現れています．このように簡易RF信号源の出力は方形波なので，奇数次の高調波を含みます．

一般に受信機の感度測定では，相互変調妨害や混変調を排除しなければなりません．幸いなことに，高調波レベルが基本波より10 dB以上低いことと，高調波どうしの和や差の成分が基本波の周波数に一致することはないなどの理由で，感度測定の妨害とはなりませんでした．

逆に，この特性を積極的に利用することもできます．一つは3，5，7，…MHzの受信感度の目安がわかること，もう一つは2 MHzおきのマーカ信号として受信

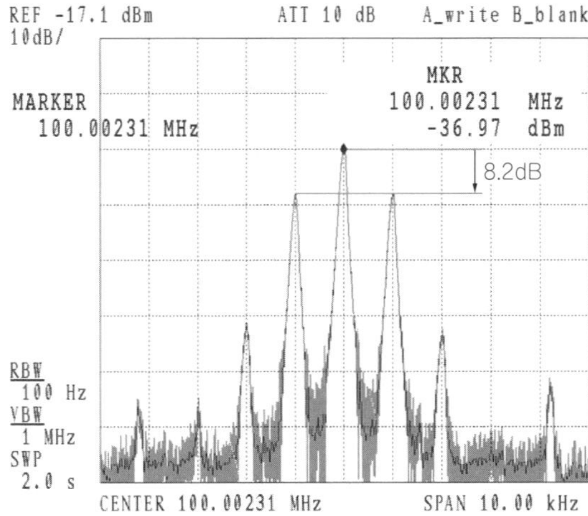

〈**写真7**〉**100 MHzの搬送波を1 kHz正弦波により30％ AM変調したスペクトル**(中心周波数約100 MHz，スパン10 kHz，10 dB/div.)

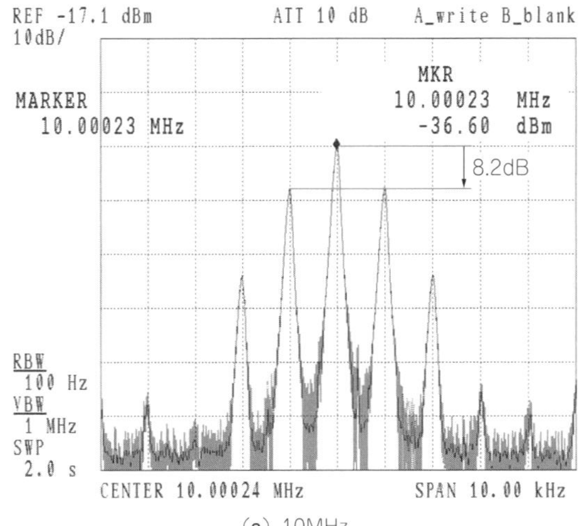

(a) 10MHz

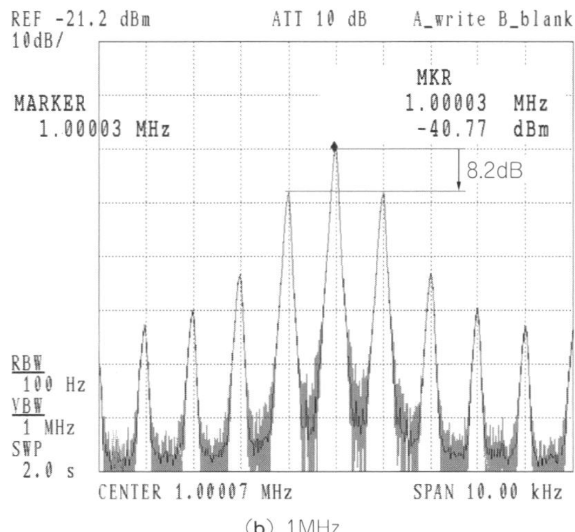

(b) 1MHz

〈**写真8**〉**10 MHzおよび1 MHzの搬送波を1 kHz正弦波により30％ AM変調したスペクトル**(スパン10 kHz，10 dB/div.)

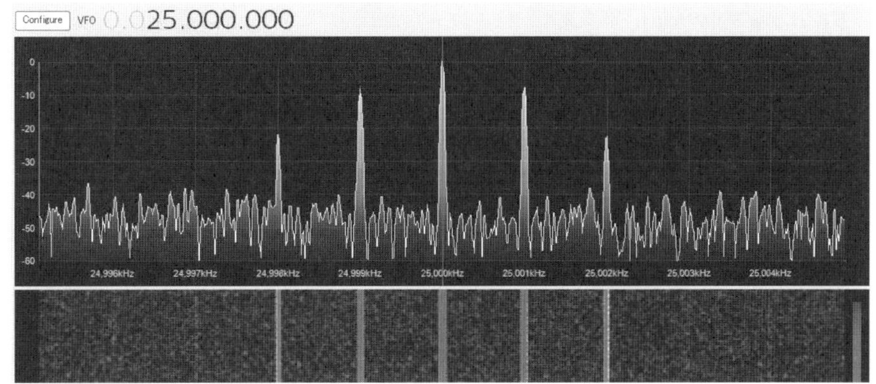

〈**図7**〉**チューナ・ドングル＋HFコンバータ＋SDR#による受信結果**(25 MHz，＋9 dBμV_{PD}，AM30％変調)

機の周波数目盛りの校正ができることです．前者の場合，高調波の減衰量を実測または計算で求めておき，アッテネータの減衰量に加算すればよいでしょう．

感度の測定

■ AM受信機の感度測定方法

AMが使われるのは，アマチュア無線機，通信型受信機，ポケット型の広帯域受信機，中波ラジオ，航空無線などです．市販受信機はカタログ値を見れば感度の検討はつきます．一方，このところ注目されているUSBチューナ・ドングルを使った簡易なSDR受信機は，コンバータを使えば上記のいずれの周波数も受信可能なものの，感度がどれくらいなのか数値としてわからない場合が多いと思います．

AM受信機の感度は無線機の場合「1 kHz 30%変調で*S/N* = 10 dBとなる入力レベル」と規定する場合が多いです．そこで以下では**図8**に基づき，測定手順を説明します．

①簡易RF信号源(SG)の周波数を設定する．
②受信機を同じ周波数に設定する．
③SGの変調をONする．(1 kHz，30% AM)

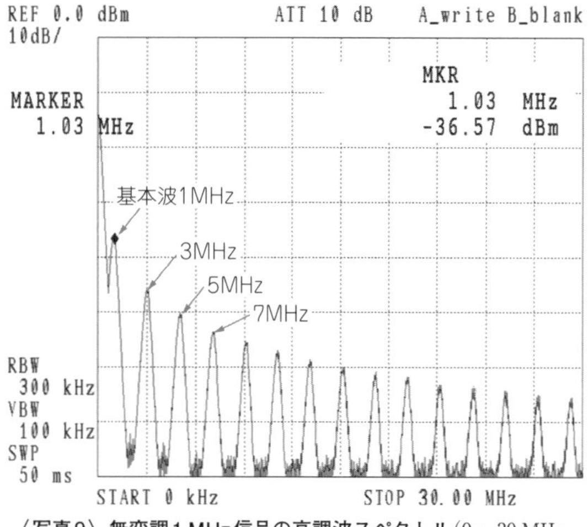

〈写真9〉無変調1 MHz信号の高調波スペクトル(0～30 MHz，10 dB/div.)

④ステップ・アッテネータ(ATT)を使い，変調音が歪まずにきれいに聞こえ，雑音がほとんど聞こえない程度のRF信号レベルに設定する．
⑤受信機の音量つまみを調整して，オーディオ・レベル計(またはオシロスコープ)で音量レベルを測り，これを0 dBとする．
⑥SGの変調をOFFする．
⑦ATTの減衰量を増やしていくと，雑音レベルが上昇していくので，これが⑤のレベルより10 dB低くなるようにATTを設定する．
⑧SGの変調をONにして，0 dBレベルが変わっているようならば再度ATTを加減して0 dBとし，⑥からやりなおす(こうなることが多い)．
⑨上記の⑦すなわち*S/N* = 10 dBとなるようATTを設定したときの受信機入力レベルが受信感度である．

■ AM受信機の感度測定例

手持ち受信機の感度を測定した結果が**表3**です．HFコンバータは第14章で製作したものを使いました．**写真10**はチューナ・ドングル＋HFコンバータ＋SDR#の感度を測定しているようすです．

■ AM受信機の2信号特性の測定

AM受信機の性能を表す指標には受信感度のほかに，2信号特性があります．2信号特性とは，受信帯域内にあって目的波と周波数が近い二つの信号を同時に受信機に入力したときに，歪むことなく目的の信号を受信する能力です．この能力が低いと妨害波が発生し，目的の信号を受信しづらくなります．

受信機の2信号特性の測定には，信号源が二つ必要

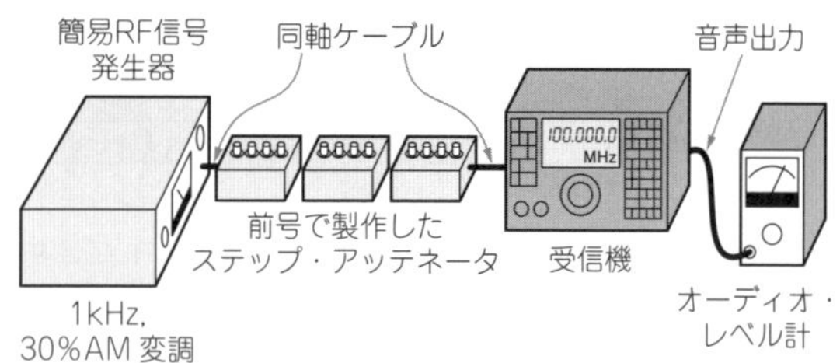

〈図8〉AM受信機の感度測定系統図

〈表3〉AM受信機の感度測定結果の一例

周波数 [MHz]	*S/N* = 10 dBの受信感度［dBμV$_{PD}$］(1 kHz，30% AM)			
	チューナ・ドングル＋HFコンバータ＋SDR#	チューナ・ドングル＋SDR#	HF受信機	アマチュア無線機
1	29	―	−5	―
10	18	―	−4	―
25	―	15	−2	−10
50	―	1	―	−15
100	―	3	―	1

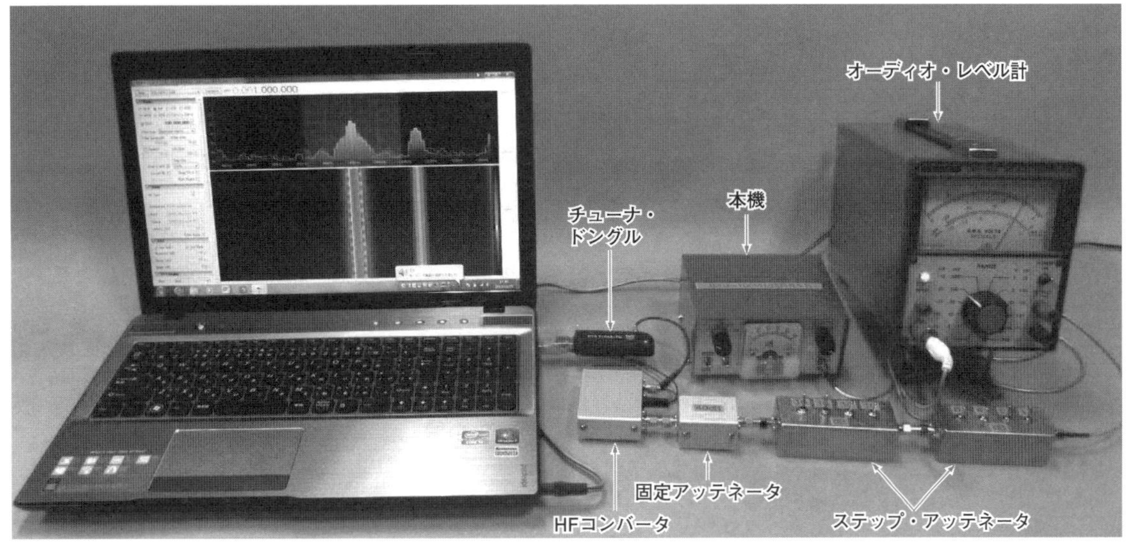

〈写真10〉USBチューナ・ドングルを使った簡易SDR受信機の感度測定系

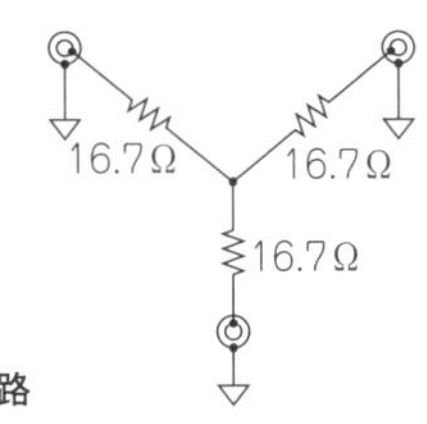

〈図9〉2信号混合器の回路

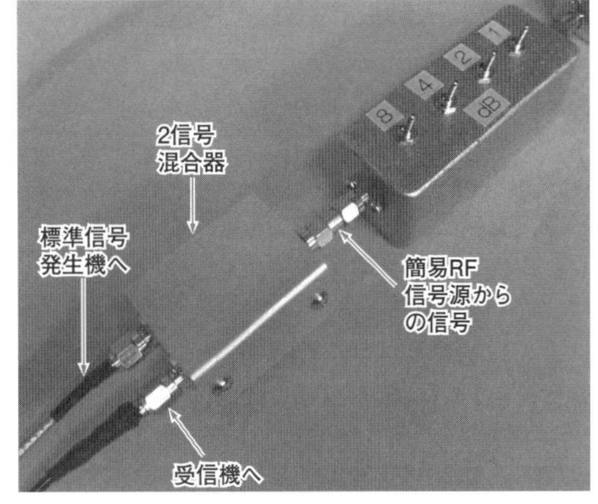

〈写真11〉製作した2信号混合器の外観

ですが，手元に周波数可変のRF信号源が1台あれば，この簡易RF信号源をもう一つの信号として利用できます．二つの信号を受信機へ入力するために**図9**の混合器を製作しました．**写真11**がその外観です．

図10(a)は簡易RF信号源から50 MHzの信号(無変調)を，メーカ製の標準信号発生機から50.02 MHzの信号(同じく無変調)を混合器を介して受信機(チューナ・ドングル＋SDR#)に入力した結果です．お互いの干渉は見られません．

次に一方の信号レベルを上げて行きます．あるレベル以上になると**図10(b)**のように，双方の周波数差だけ離れたところにイメージ信号が現れます．このときの入力レベルは47 dBμV_{PD}で，これが3次相互変調が発生する入力レベルです．このレベルが高いほど，相互変調に強い受信機といえます．

相互変調は2信号とも強力な場合に大きな妨害が発生します．**図11**は，二つの入力信号を47 dBμV_{PD}にした場合です．二つの信号の周波数差だけ離れた妨害信号が広い範囲で発生することがわかります．

使用上の注意など

高い周波数ではアッテネータの減衰量を変えても，受信レベルが落ちない症状が出ることがあります．この原因はディジタルICからの直接輻射です．チューナ・ドングルの場合，簡易RF信号源の電源コードがアンテナとなって，分周回路からの信号が，アッテネータを飛び越えて，直(じか)に受信機(ドングル)に入っていました．

この対策として本機は電池駆動できるようにしています．しかし，電池で駆動しても，50 MHzと100 MHzでは，本機を鉄板の上に乗せる，金属板で囲むなどの配慮が必要な場合があります．

今回使用した金属ケース(リード社のPS-2)は，50～100 MHz帯の電磁シールドはあまり期待できないようです．水晶発振器，ロジックIC，バッファ回路などのRF部分をアルミ・ダイキャストのケースで囲んでしまうのが根本対策だと思われます．

受信機側の対策としては，ドングルのアンテナ・ケ

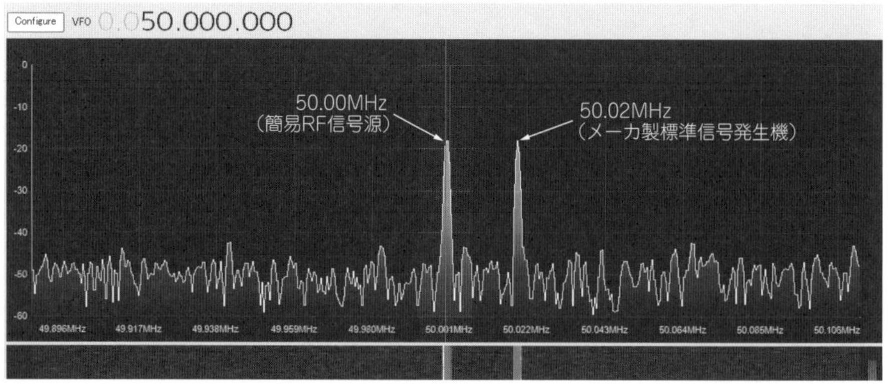

（a）入力信号は両方とも15dBμV_{PD}

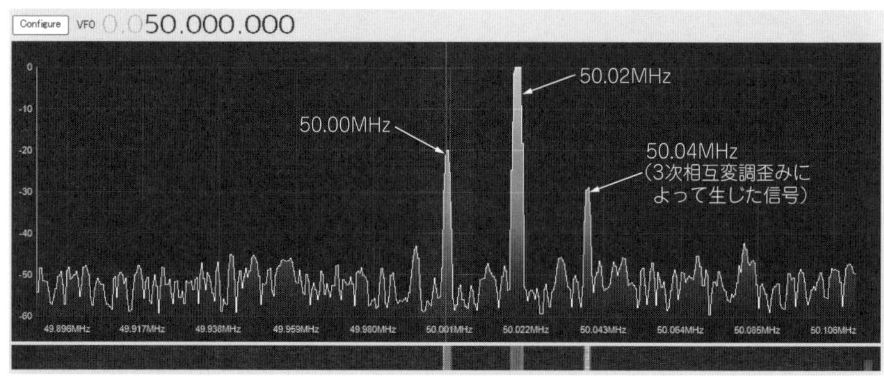

（b）入力信号の一方を47dBμV_{PD}にした

〈図10〉チューナ・ドングル＋SDR＃による2信号特性の評価

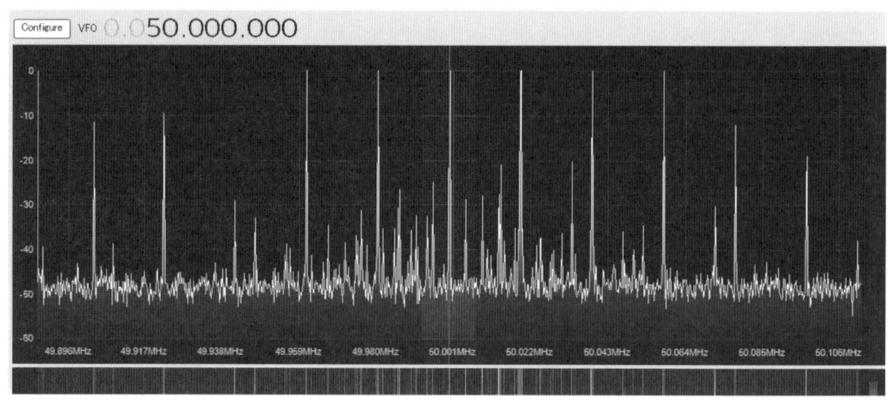

〈図11〉二つの入力信号を47 dBμV_{PD}にした場合

ーブルをフェライト・コアで挟むことも効果がありました．

おわりに

RF機器を自作するときには，いつも「簡単でいいから何か信号源があれば…」と思います．しかし，受信機の感度測定に使用するような微小信号は，そのレベルをオシロスコープや電子電圧計で確認できないので悩んでしまいます．こんなときに，本機のような周波数精度が十分でレベルがはっきりした信号源と，ステップ・アッテネータがあれば，チェックや調整がはかどることでしょう．

◆ 参考文献 ◆

(1) 藤田 昇：「受信感度の測定Ⅱ―アナログ無線機，RFワールドNo.13，2011年2月，pp.60～62，CQ出版社．

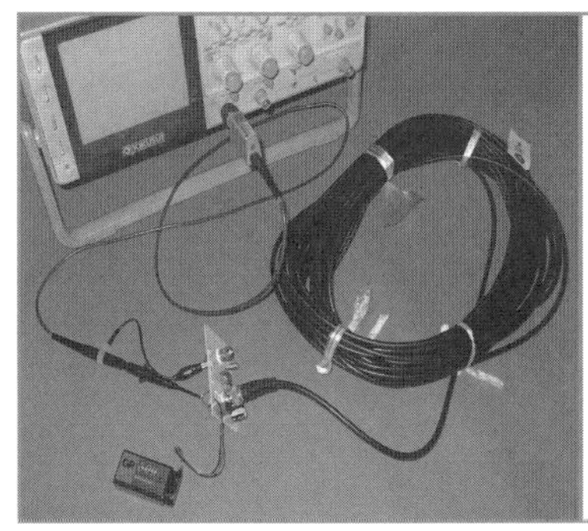

第38章　長い伝送路の故障診断や特性インピーダンスの簡易測定に役立つ

シンプルなTDR測定アダプタの製作

伝送路全体の状態を手元で測る

壁の中に敷設された長い配線とか，屋外アンテナに接続した同軸ケーブルの状態を，壁の中に敷設したまま，また屋根やタワーに登らずに，手元で調べるにはどうしたらよいでしょうか？

■ TDR計を使うと何ができるか？

このようなときに，時間領域反射測定器(Time-Domain Reflectometer，略してTDR計)が役に立ちます．**写真1**のような簡単な矩形波発生器(TDR測定アダプタ)を製作して，オシロスコープと組み合わせることで，伝送路を調べるのに打って付けの測定器ができあがります．市販のTDR計は数万～数十万円と高価ですが，ここで紹介するものは，ほんの数時間で製作できて，費用も千円以下で済みます．使用するオシロスコープも，帯域20～100 MHzの廉価なもので構いません．

TDR計を使うと，接触不良や断線が生じているときに，ケーブル端から何mの位置に不良があるかを調べたり，ケーブルの長さを調べたりすることができます．

また，配線や同軸ケーブルなどの伝送路の特性インピーダンスを簡易的に調べることができます．

〈イラスト〉TDR計でできること

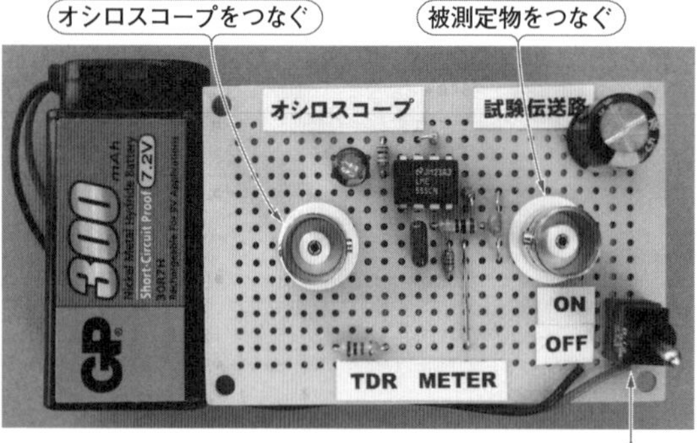

〈写真1〉製作したTDR測定アダプタ

TDRは伝送路の反射を測定するもの

TDR計は，伝送路でのインピーダンスの「乱れ」つまり，線路の開放，短絡，よじれなどを検出するための測定器です．最近ではプリント基板の特性インピーダンスの測定にも応用されています．

その原理は，パルス信号を伝送路に加えて，その反射波を測定することで，線路のインピーダンスを知るというものです．一般に，反射は線路におけるインピーダンスの不整合部分(上記の乱れ)で発生します．したがって，観測結果の縦軸はインピーダンス，横軸は時間軸となります．

簡易TDR計の構成と表示波形

ここで紹介する簡易型のTDR計は，TDR測定アダプタ(矩形波発生器)とオシロスコープで構成されます．矩形波発生器は，パルス列を伝送線に送り込み，オシロスコープは，元の波形と反射波形の合成波形を観測します．そして，観測波形から，伝送線途上のインピーダンス変化の原因と変化点の位置を知ることができます．**図1**に，表示される応答波形とその等価回路を示します．

このようなインピーダンスの変化部分からの反射波は，元の波形の大きさと，その変化部分の反射係数ρ(ロー)によって決まります．なお，この図では各種損失は無視しています．

インピーダンス変化箇所の位置を計算する

図1のインピーダンス変化箇所すなわち負荷までの距離は，次のようにして求めることができます．この変化箇所との往復時間tはオシロスコープの読みから測定できます．この時間tを読み取り，これに電磁波の速度を掛けます．線路中の電磁波の速度は真空中よりも遅く，線路の材質から決まる波長短縮率F_Vを掛けたものになります．波長短縮率は速度係数(Velocity Factor)とも呼ばれ，0～1.0の範囲で材質によって決まる値です．

終　端	応答波形	等価回路
A 開放	E_{in}, E_{in}, t	IN→ Z_0 オープン
B 短絡	E_{in}, t	IN→ Z_0 ショート
C $R>Z_0$	$E_{in}\rho$, E_{in}, t	IN→ Z_0 R $R=Z_0\left(\frac{\rho+1}{\rho-1}\right)$
D $R<Z_0$	E_{in}, $E_{in}\rho$, t	IN→ Z_0 R $R=Z_0\left(\frac{\rho+1}{\rho-1}\right)$
E 直列リアクタンス(誘導性)	E_{in}, t	IN→ Z_0 R X_L
F 直列リアクタンス(容量性)	E_{in}, t	IN→ Z_0 R X_C
G 並列リアクタンス(誘導性)	E_{in}, E_{in}, t	IN→ Z_0 R X_L
H 並列リアクタンス(容量性)	E_{in}, E_{in}, t	IN→ Z_0 R X_C

〈図1〉矩形波に対する応答波形と等価回路

経路は往復ですから，この結果を2で割ります．したがって，信号源からインピーダンス変化箇所までの距離Lは次式で表されます．

$$L=\frac{cF_V t}{2}=\frac{299.8\times10^6\times F_V t}{2}\quad\cdots\cdots(1)$$

ここで，L：距離［m］，c：光速(2.998×10^8)［m/s］，F_V：線路の波長短縮率(速度係数)，t：遅延時間［s］

回路はタイマICとトランジスタ各1個だけ

TDR測定アダプタの回路は，**図2**のように定番のCMOSタイマICと，ドライブ用トランジスタが各々1個だけという簡単な構成です．

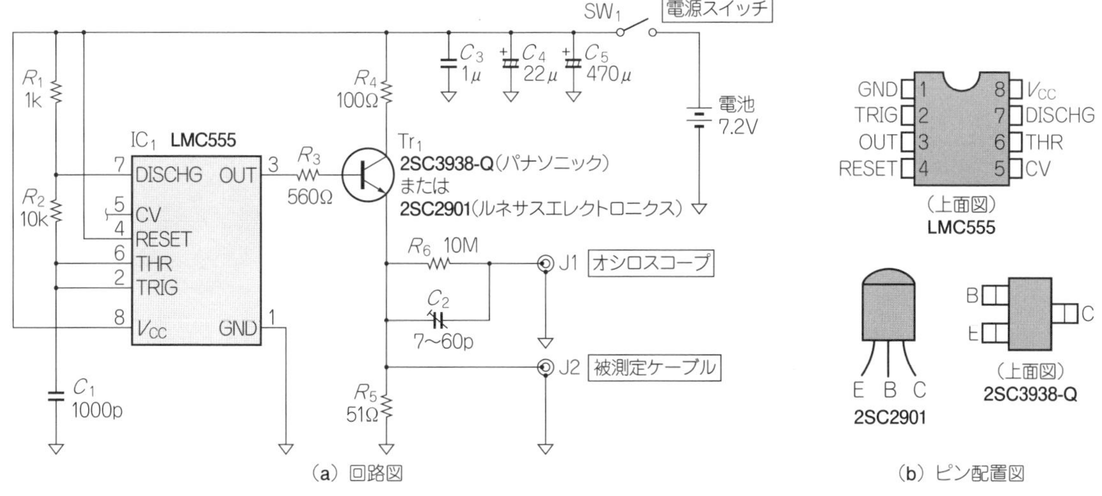

〈図2〉製作したTDR測定アダプタの回路

タイマIC(LMC555)は，非安定マルチバイブレータとして動作させており，この発振出力をトランジスタTr_1に供給しています．出力は60〜70 kHzの矩形波です．Tr_1の選択には注意が必要で，立ち上がり時間が15 ns程度のスイッチング・トランジスタを使用します．私は手持ちの関係から2SC3938-Q(パナソニック)を使いましたが，新たに購入するなら2SC2901(ルネサスエレクトロニクス，t_{ON} = 12 ns$_{(max)}$)が適当です．

Tr_1はエミッタ・フォロワとして動作し，コネクタJ2を通じて被測定ケーブルを駆動します．J1にはオシロスコープを接続します．

回路基板の製作方法と注意事項

基板の表面は**写真1**を参考にしてください．裏面のはんだパターンを**写真2**に示します．

注意事項が2点あります．一つは，スイッチング・トランジスタTr_1の選定です．これは前に述べました．

もう一つは，オシロスコープを接続するためのケーブルです．J1の出力インピーダンスが非常に高いので，通常の75 Ωの同軸ケーブルを接続するとインピーダンス・ミスマッチによってリンギングなどの波形ひずみが発生します．ケーブルとしては，オシロスコープ用のプローブに使われているものがベストです．このケーブルの両端にBNCコネクタを接続します．なければ，オシロのプローブ(10：1)をTr_1のエミッタに直接接続します．

R_6とC_2はケーブルの影響を軽減する役割があり，オシロスコープのプローブ内にある位相補償回路と同様の働きをします．オシロスコープのプローブを使用するときは不要です．

電源電圧は3〜9 Vが適当です．1.5 Vの電池2個でも動作しますが，**図2**では7.2 Vのニッケル水素電池を使いました．消費電流は30 mA程度です．

このTDR計を50 Ω以外の特性インピーダンス(Z_0)を持った伝送線に接続する場合は，R_5の値をZ_0に等しく選びます．しかし，以下の実測例のようにこのまま75 Ω系を測定することも可能です．

TDR計の校正方法

短い(約10 m以下の)伝送線まで測定したい場合，オシロスコープの帯域は50 MHz以上必要です．

TDR計の校正方法は以下のとおりです．まず，J2を50または51 Ωで終端します．J1にオシロスコープを接続し，矩形波の一山が表示されるように時間軸を調整します．トリマC_2を調整して，振幅が最大になり，

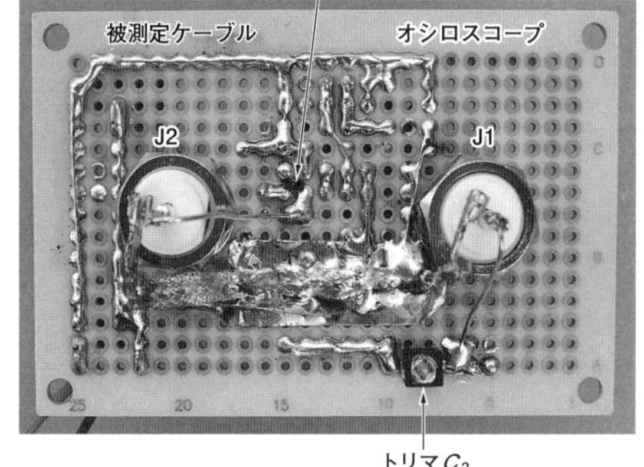

〈写真2〉TDR測定アダプタの基板裏面

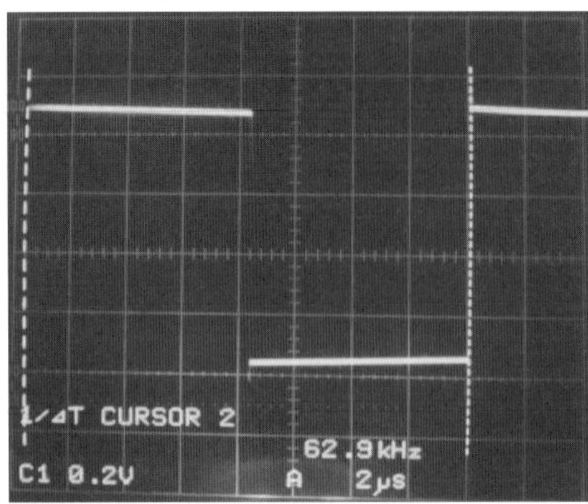

〈**写真3**〉**TDR計を校正する時の観測波形**(振幅が最大になり，かつ矩形波の四隅が鋭く直角になるようにトリマC_2を調整する；2 μs/div.，0.2 V/div.)

かつ矩形波の四隅が鋭く直角になるようにします．**写真3**に校正後の波形を示します．

TDR計の使用方法

テストしたい伝送線をJ2に接続し，J1をオシロスコープの垂直軸入力に接続します．前述の校正波形(**写真3**)と波形が異なる場合は，この伝送線のどこかにインピーダンスの変化部分があることを意味します．

写真5は，長さ20 mの同軸ケーブル(特性インピーダンス75 Ω)を終端せずに(つまりオープンのままで)J2に接続した場合です．

波形の立ち上がり部分に段差ができて，段差は中央よりやや上にあります．これは**図1**の**C**に相当します．$R = 75\ \Omega > Z_0 = 50\ \Omega$であることが原因です．

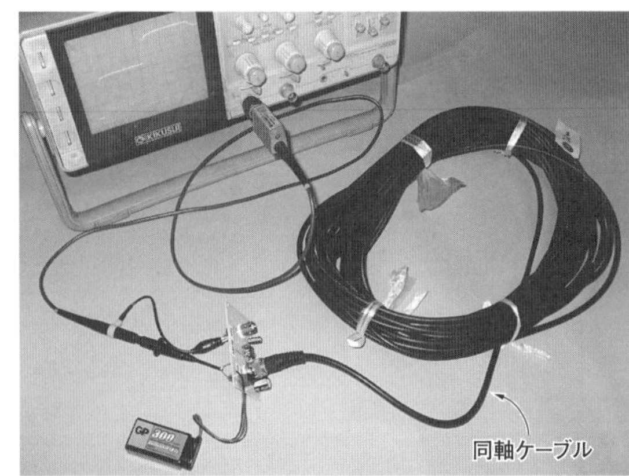

〈**写真4**〉**同軸ケーブルの長さを測定しているようす**

実測例

■ ケーブル長の測定

写真4は特性インピーダンス75 Ωの同軸ケーブルの長さを測定しているようすです．オシロスコープの帯域は100 MHzで，10：1のプローブで入力しました．

このケーブルの長さを計算して見ましょう．**写真5**の段差部分の時間は，203 nsと読み取れます．この同軸ケーブルは内導体と外導体との絶縁に$F_V ≒ 0.67$のポリエチレンが使われているので，式(1)から，

$$L = \frac{299.8 \times 10^6 \times 0.67 \times 203 \times 10^{-9}}{2} ≒ 20.4\ \mathrm{m}$$

と求められ，実際の値20 mに近い値が得られました．

写真6は，同じケーブルの終端を短絡した場合の波形です．これは**図1**の**D**に相当します．50 Ωのケーブ

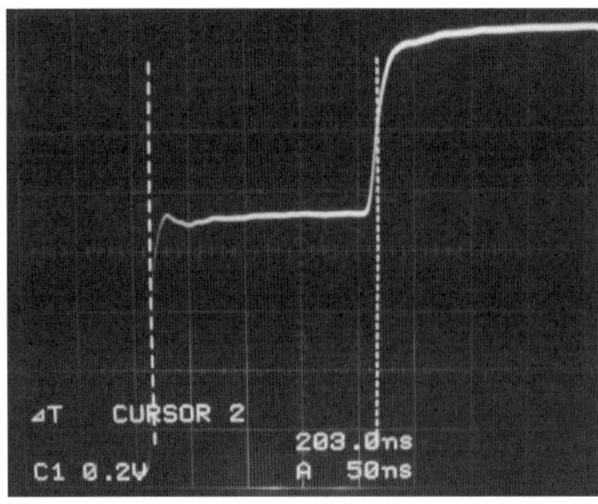

〈**写真5**〉**終端を開放した75 Ω同軸ケーブルの応答波形**(50 ns/div.，0.2 V/div.)

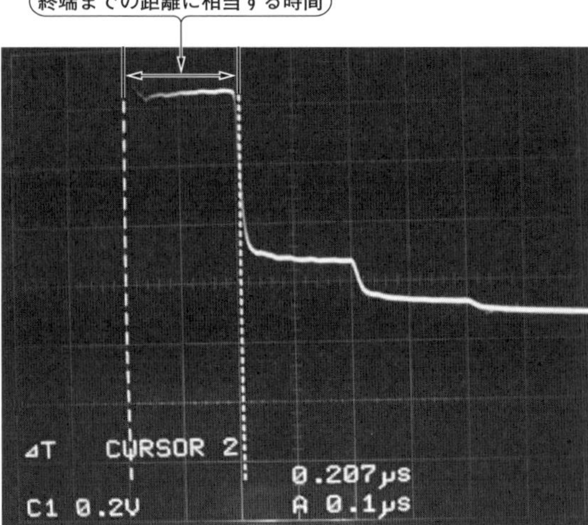

〈**写真6**〉**終端を短絡した75 Ω同軸ケーブルの応答波形**(0.1 μs/div.，0.2 V/div.)

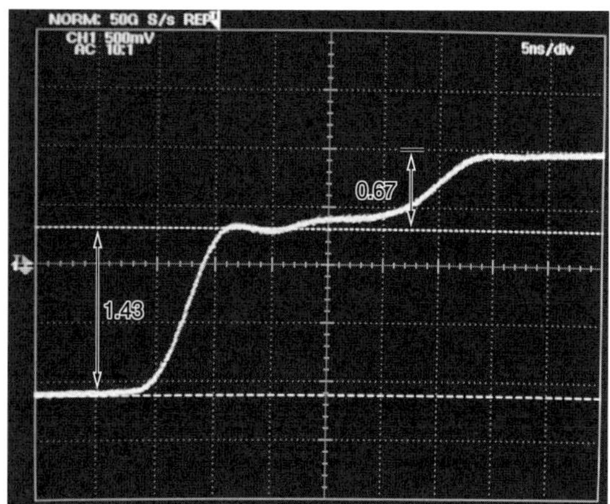

〈写真7〉 先端を150 Ωで終端した長さ2 mの50 Ω同軸ケーブルRG-58-A/Uの応答波形(5 ns/div., 500 mV/div.)

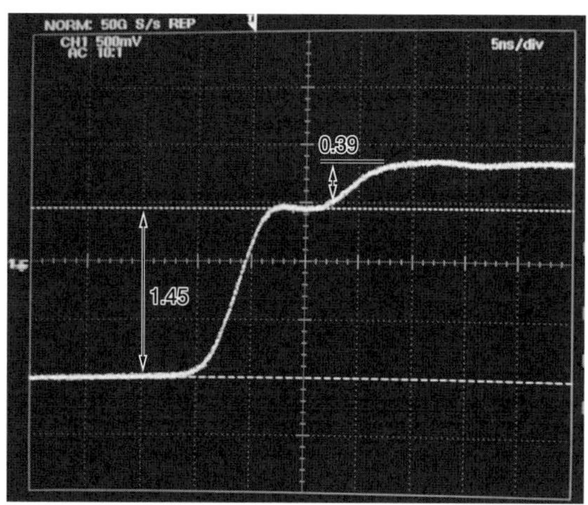

〈写真8〉 先端を150 Ωで終端した長さ1 mの75 Ω同軸ケーブル3C-2Vの応答波形(5 ns/div., 500 mV/div.)

ルを使えば，この波形はBのような単一パルスになるはずですが，ミスマッチによる何回かの反射が見られます．遅延時間tの値は0.207 μsで，ケーブルの長さに相当し，当然ながら**写真5**とほぼ同じ値となっています．

終端がアンテナの場合もこれとほぼ同じで，インピーダンスが整合していれば，理想的にはBのような単一パルスになるはずです．パルスの右端(立ち下がりエッジ)は，同軸ケーブルとアンテナの接続点の位置を意味しています．

■ ケーブルの特性インピーダンス測定

TDR計を使うと，ケーブルの特性インピーダンスを測ることもできます．

● 特性インピーダンスを求める式

一般に，負荷Z_Lがケーブルの特性インピーダンスZ_0と異なる場合には，負荷において反射が発生し，反射波はケーブルを伝って信号源に戻ってきます．反射波E_{ref}と，信号源で発生した入射波E_{in}の比は電圧反射係数ρと呼ばれ，次式で表されます．

$$\rho = \frac{E_{ref}}{E_{in}} = \frac{Z_L - Z_0}{Z_L + Z_0} \cdots\cdots (2)$$

上式を変形し，Z_Lを純抵抗Rに置き換えると，

$$Z_0 = \frac{1-\rho}{1+\rho} Z_L = \frac{1-\rho}{1+\rho} R \cdots\cdots (3)$$

と表せます．この式から，ケーブルを既知の抵抗Rで終端してρを測定すれば，特性インピーダンスZ_0を知ることができます．

因みに電圧定在波比(VSWR)Sも，ρを使って次式から求めることができます．

$$S = \frac{1+\rho}{1-\rho} \cdots\cdots (4)$$

● 同軸ケーブルの特性インピーダンス測定

特性インピーダンスを測定する場合は，ケーブルの長さが短い方が精度よく測定できます．これは損失の影響を小さくできるからです．

写真7は，長さ2 mの50 Ω同軸ケーブルRG-58-A/Uの先端を150 Ωで終端した場合です．波形から，

$$\rho = 0.67/1.43 \fallingdotseq 0.47$$

です．これを式(1)に代入すると，

$$Z_0 = \frac{1-0.47}{1+0.47} \times 150 \fallingdotseq 54\ \Omega$$

となります．値がやや大きく出るのは，虚数部(損失)があるためだと思われます．同じく50 Ωの1.5D-2V(長さ2 m)で測定しても55 Ωとなりました．

写真8は，長さ1 mの75 Ω同軸ケーブル3C-2Vの先端を150 Ωで終端した場合です．波形から，

$$\rho = 0.39/1.45 \fallingdotseq 0.27$$

です．これを式(1)に代入すると，

$$Z_0 = \frac{1-0.27}{1+0.27} \times 150 \fallingdotseq 86\ \Omega$$

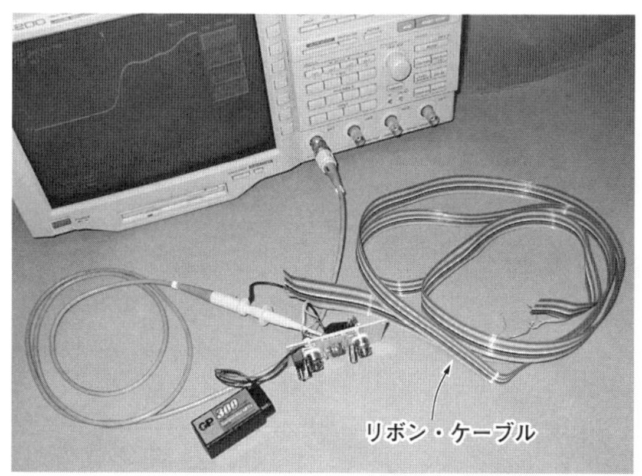

〈写真9〉 リボン・ケーブルの特性インピーダンスを測定しているようす

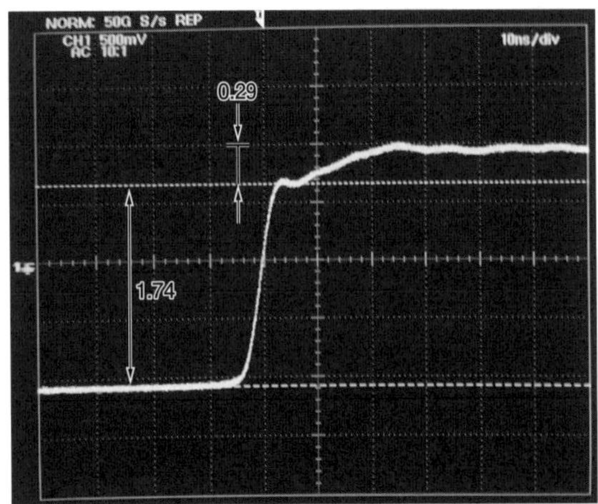

〈写真10〉 長さ2mの15芯リボン・ケーブルの端の2本を測定した応答波形(10 ns/div., 500 mV/div.)

となります．これも大きめに出ています．

● リボン・ケーブルの特性インピーダンスの測定

写真9はリボン・ケーブルKFCHR-28-15C(昭和電線ケーブルシステム，公称特性インピーダンス100 Ω，長さ2 m，15芯)の特性インピーダンスを測定しているようすです．オシロスコープの帯域は300 MHzです．リボン・ケーブルはTDR測定アダプタのJ2端子に直付けしました．

写真10は，長さ2 mの15芯リボン・ケーブルの端の2本を測定したものです．$\rho = 0.29/1.74 \fallingdotseq 0.17$で，$Z_0 \fallingdotseq 106\ \Omega$となります．公称100 Ωですから，ほぼ正しい値だといえます．

試みに，隣接する電線をGNDに落とすと，ほんのわずかにZ_0が低下するのがわかります．また，隣接ラインを終端した場合の影響は見られません．このように，TDR計を使えば，周囲のケーブル電線の状態を変えながら，特性インピーダンスの変化を調べることができます．

おわりに

ここで紹介したTDR計は，実際に使用する周波数で測定しているわけではありません．したがって，アンテナのインピーダンスや特定周波数でのケーブル損失は知ることができません．しかし，伝送線のどの場所に異常があるかなどのケーブルの敷設に関する問題，コネクタの耐候性劣化など接触不良の問題の簡易調査には役立つでしょう．

また，実験室にころがっている正体不明のケーブルの特性インピーダンスを測定したり，ディジタル回路において，フラット・ケーブルのインピーダンス整合を実装状態で取ることも可能になります．

◆参考文献◆

(1) T. King; “A Practical Time - Domain Reflectometer”, ch. 27, Transmission - Line and Antenna Measurements, pp.31～33, Antenna Handbook 18th edition, The American Radio Relay League, 1997.

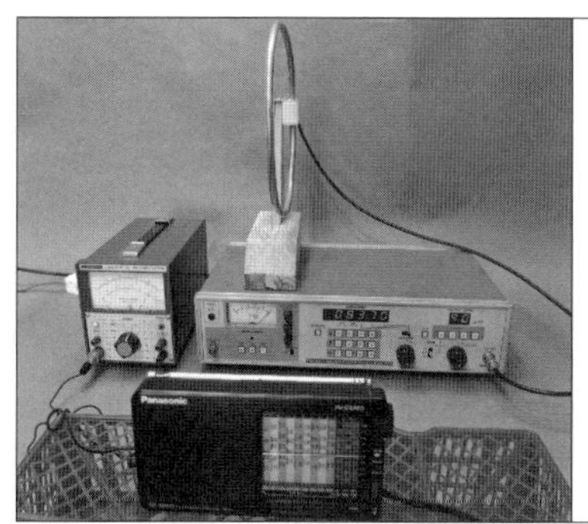

第39章　アンテナ端子のないラジオの調整や感度測定に役立つ

受信機試験用 標準ループ・アンテナの製作

小型ラジオのほとんどは，フェライト・バー・アンテナ(以下，バー・アンテナ)を内蔵した，外部アンテナ端子がないタイプです．

一般にラジオの調整や感度測定には，ラジオ周波数のRF信号発生器を使います．このときRF信号を受信機のアンテナ端子に入力するのですが，アンテナ入力端子がない場合は，なんらかの方法で外部から試験信号を注入する必要があります．

バー・アンテナは磁界に感応します．信号発生器に，RF磁界を発生させるループ・アンテナをつないで微弱な電波を発射し，一定の距離に置いた受信機でこの電波(磁界)を受信するのが妥当な方法です．

測定用の送信アンテナは「標準ループ・アンテナ」と呼ばれ，幸いなことにJIS規格化[(1)]されていて，仕様が公表されています．

ここではAMラジオの調整や，相対的な感度の測定を目的として，日曜大工のレベルで標準ループ・アンテナ(**写真1**)を製作します．そして，これを使って市販AMラジオの感度をいくつか測定してみます．

標準ループ・アンテナとは

JIS規格の標準ループ・アンテナ

JISで規定する標準ループ・アンテナは，**図1**のような構造です．

線径0.8 mmの銅線を円形に3回巻いたものを銅のパイプなどで静電シールドしています．コイルの直径は25 cmです．銅パイプは，ショート・リングとならないように円の上部に切り欠きがあります．インダクタンスは約7.5 μHです．

コイル銅線の端部は，一方はシールド導体(銅管)に接続し，他方は直列抵抗Rを介して，同軸ケーブル(長さ1.2 m)により信号発生器に接続します．同軸ケーブルの並列容量は120pFと規定されています．

受信機がバー・アンテナの場合は標準ループ・アンテナの面方向に距離d_2 m離したところで受信します．

また，空芯ループ・アンテナの場合は，標準ループ・アンテナの軸方向に距離d_1 m離したところに受信ループ・アンテナを置きます．

標準ループ・アンテナによって発生する電界の強度

バー・アンテナの場合は，距離d_2 mでの電界強度E_2は次式[(1)]で与えられます．

$$E_2 = \frac{30AU_0N}{{d_2}^3(R_i+R_s)} \cdots\cdots (1)$$

また，空芯ループ・アンテナの場合は，次式のように求められます．

$$E_1 = \frac{60AU_0N}{{d_1}^3(R_i+R_s)} \cdots\cdots (2)$$

ここで，E_1とE_2：電界強度［μV/m］，A：ループ面積［m^2］，U_0：信号発生器の出力電圧(開放端電圧)［μV］，N：標準ループ・アンテナのコイル巻き数，d_1とd_2：標準ループ・アンテナと受信アンテナの距離［m］，R_i：信号発生器の出

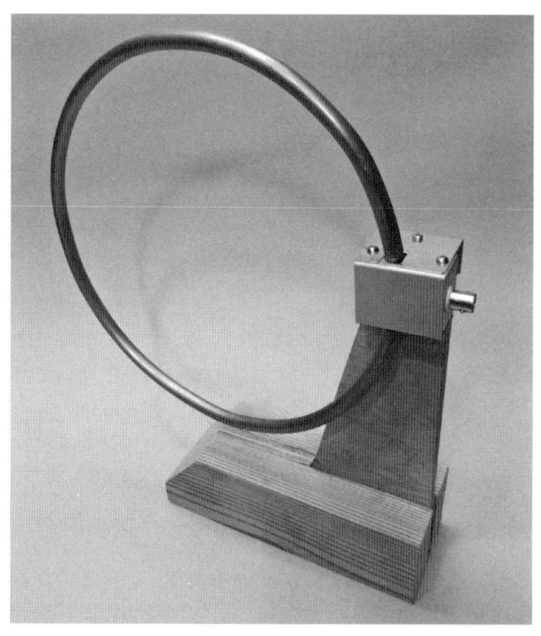

〈写真1〉製作した標準ループ・アンテナ

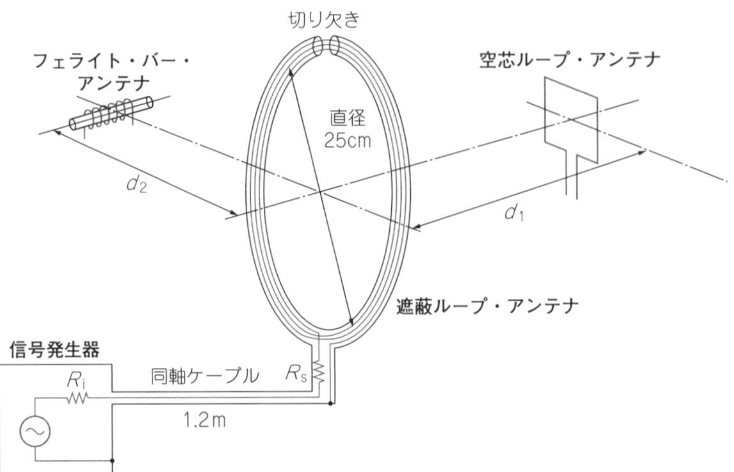

〈図1〉[(1)]標準ループ・アンテナの構造と使い方

力インピーダンス［Ω］，R_s：標準ループ・アンテナに直列に入れた抵抗［Ω］

$R_i + R_s = 409\,\Omega$とすると，$d_1 = d_2 = 0.6$ mに取れば，下記のように，式が簡単になります．

$$E_2 = 0.05U_0 \quad \cdots\cdots (3)$$

$$E_1 = 0.1U_0 \quad \cdots\cdots (4)$$

標準ループ・アンテナの製作

■ 製作する標準ループ・アンテナの仕様

磁界アンテナは，電界が発生しないようにしっかり静電シールドすることが肝要です．一番簡単なのは同軸ケーブル外被の編組線をシールドに使う方法です．同軸ケーブルを3回巻いて，巻き終わりの外被をオープン（開放）にすればできあがりです．

シールドが不十分だと電界が発生して，ラジオ受信機のアンテナ以外の部分が電波を拾う可能性があり，正確な測定ができません．

シールドには，JISにならって銅管を使うことにしました．打ってつけの銅パイプをDIYショップで入手できたからです．これはエアコンの冷媒配管に使う銅パイプで，直径6.35 mm（2分），9.52 mm（3分），12.7 mm（4分）があったので，中ほどの3分を選びました．「分（ぶ）」は1/8インチに相当します．

都合の良いことに，店頭ではすでに円形に巻いてあり直径も25 cm弱なので，手で少し広げて所望の寸法にすることができました．真っ直ぐなパイプの場合は土管などに巻き付けて円形に整形すればよいでしょう．

■ 銅パイプの加工と接続ボックスの製作

銅パイプを直径が25 cmになるように，円形のお盆などを型にして**図2**のように曲げます．端部を2 cmほど切断して，長さ85 cm（25π＋配線余裕）のビニール線（AWGの20番線）を3本通します．1本目の端を2本目に，2本目の端を3本目に図のように接続し，3回巻きのコイルに仕上げます．

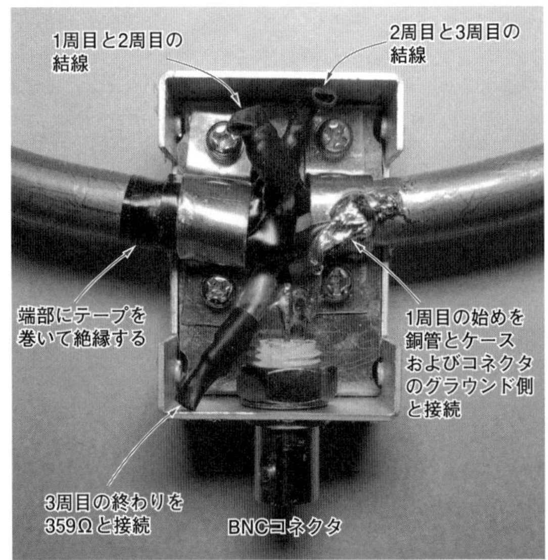

〈写真2〉コネクタ部の内部構造と配線

写真2はコネクタ部分の構造と配線のようすです．1本目の端部（巻き始め）は銅パイプ，ケースとBNCコネクタのGND側に接続します．3本目の端部（巻き終わり）をコネクタの芯側に接続します．銅パイプの内径が6.7 mmなので，ビニール線を3回通すのは難しく，3本に分けてコネクタ部で接続しました．

エナメル（ポリウレタン）線でも良いのですが，銅管端部で傷が入ると，銅管内部で内壁と接触する恐れがあるので，ビニール被覆線を使いました．

芯線側には抵抗$R_s = 359\,\Omega$を入れています．信号源の内部抵抗$R_i = 50\,\Omega$ならば，式(3)(4)により電界強度を簡単に計算できます．このときは0.6 m離れたところで測定します．

中波ラジオの受信感度測定

■ 測定機器の準備

図1の信号発生器(SG)は，ラジオ放送局の送信電波と同等の精度で，放送帯域の周波数と既定の変調度，減衰率が設定でき，出力レベル表示ができるものが望ましいことはいうまでもありません．このような測定器は「標準信号発生器」と呼ばれます．

標準信号発生器とACミリボルト・メータを使った測定系統の例を**写真3**に示します．市販の標準信号発生器は高価なので，ラジオの製造や修理を専門に行うのでなければ，簡易型のRF信号発生器を自作するのが良いと思います．

写真4は第37章で紹介したRF信号発生器です．周波数は1 MHz固定ですが，30 %のAM変調がかかり，減衰器も付いているので，AM受信機の感度測定に使えます．**写真5**は第36章で紹介したステップ・アッテネータです．スイッチ切り替えにより，1 dBステップで80 dB以上の減衰率が得られます．帯域はDC～500 MHzです．測定の都度，レベルを測定する必要がなくなり，効率よく感度を測定できます．

■ 放送電波が少ない昼間に測定する

外来電波のないシールド・ルーム内で測定するのが本来の測定方法です．無線機器の感度や，不要輻射の

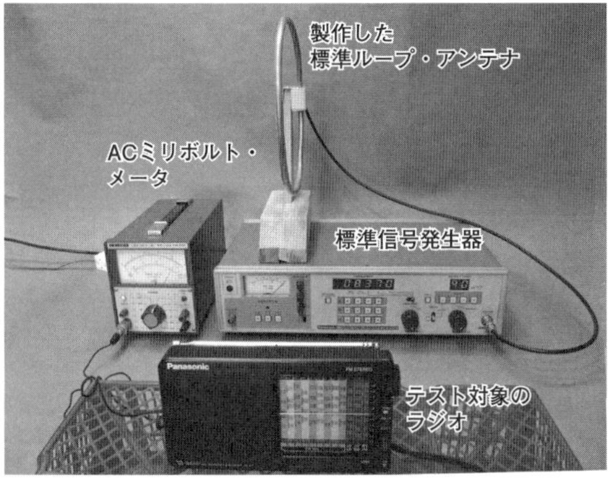

〈写真3〉 標準信号発生器とACミリボルト・メータを使った測定系統の例

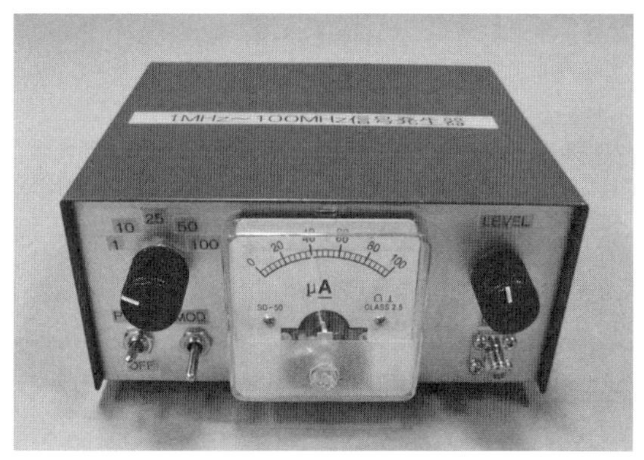

〈写真4〉 簡易RF信号源

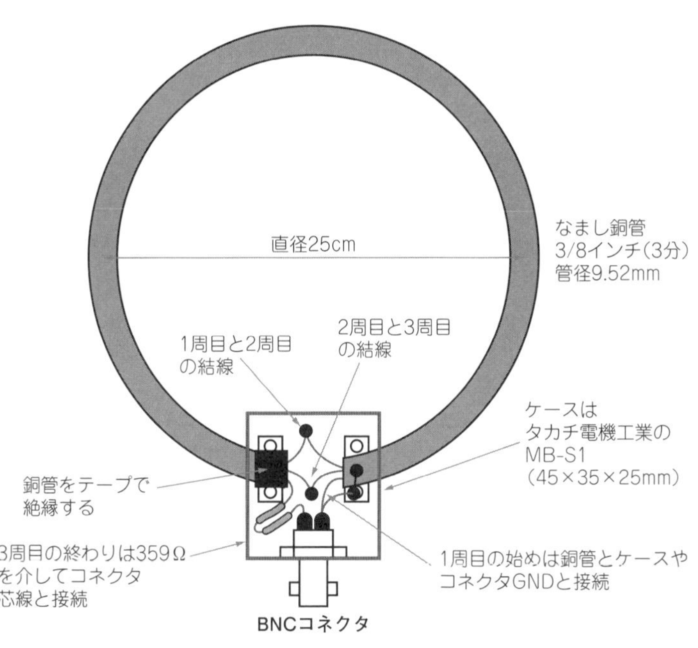

〈図2〉 製作する標準ループ・アンテナの構造

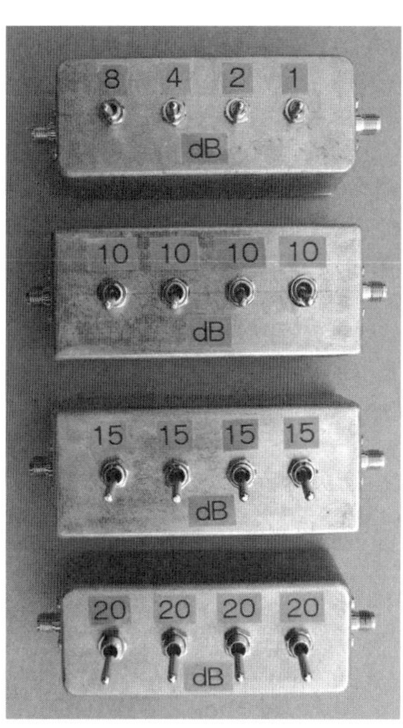

〈写真5〉 簡易ステップ・アッテネータ

測定はシールド・ルーム，発射電波の測定は電波暗室とお決まりですが，レンタルでも高価なので，ここは工夫が必要です．

まず，放送電波のない周波数を選びます．もし放送電波がないのに外来雑音レベルが高い場合は，その原因を調べます．とくに，インバータ蛍光灯には要注意です．照明をOFFして雑音の有無を確かめます．

中波ラジオの感度測定は電離層が活発な昼間に行うのがおすすめです．昼間は遠方局の電波が到達しないので，放送電波のない周波数を見つけやすいからです．

中波帯(300 kHz ～ 3 MHz)の電波伝搬は，直接波と地表波と空間波に大別できます．昼間は電波がD層を突き抜ける際やE層反射において空間波が大きく減衰して微弱となります．このため受信できるのは直接波と地表波がほとんどになります．直接波は送信アンテナが見通せるような場合に直接到来する電波です．地表波は地表に沿って回折する電波で，周波数が低いほど遠方まで到達します．

夜間にはD層が消滅し，E層の電子密度も大きく低下します．その結果，昼間の直接波と地表波に加えて，遠距離局の電波が電離層で反射して空間波として届きます．このため夜間は放送電波が混雑するのです．

■ 測定系の動作テスト

簡易信号源の周波数を1 MHzに設定し，内部変調(1 kHz)をONにし，出力レベルを100 mV_{RMS}(100 dBμV)くらいに合わせます．製作した標準ループ・アンテナと信号源を長さ約1 mの同軸ケーブルで接続します．

測定するラジオを標準ループ・アンテナから60 cmの距離に置いて，1000 kHzに同調させ，ラジオ内部のバー・アンテナの方向を**図1**の方向にセットします．1 kHzの音が聞こえたらOKです．銅パイプの開放端を短い線でショートすると，ショート・リングを形成して，銅パイプが電磁シールドとして機能するので，発生磁界がほぼ0となって受信できなくなるはずです．

開放端をショートしていないのに信号音が聞こえず，受信できない場合は，端子接続部の配線をチェックします．銅管の一方が絶縁不良だと，銅パイプがショート・リングを形成して電磁シールドされ，電波はループのごく近傍でしか受信できなくなります．

■ 受信感度の測定基準と測定系

AM受信機の感度測定には，いくつかの基準が存在します．

①1 kHz80 %変調でS/N = 20 dBとなる電界強度

②1 kHz30 %変調でS/N = 10 dBとなる電界強度

JIS規格では①と②が併記されていますが，一般には②が使われるようです．アマチュア無線機器でも②が採用されています．

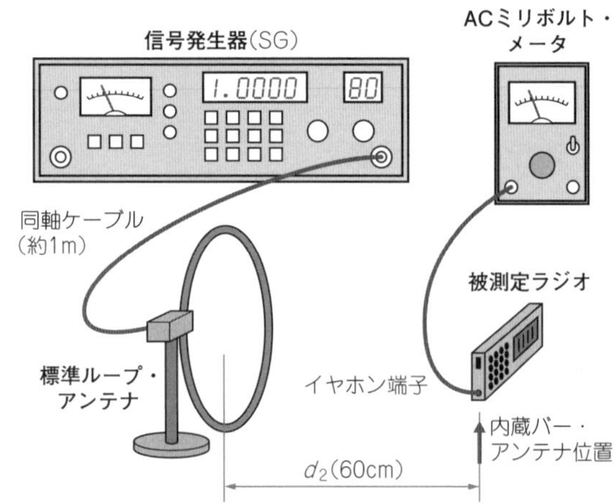

〈図3〉ラジオ受信機の感度測定系統図

測定系統は**図3**のとおりです．SGの出力は，同軸ケーブルで標準ループ・アンテナに接続します．

テストする受信機のイヤホン端子から，シールド線でACミリボルト・メータに接続します．

■ ラジオ感度の測定方法

図3のようにセットしたら，ラジオの電源をONし，受信周波数を合わせます．例えば1 MHzとします．SGの周波数を受信周波数に合わせ，変調周波数を1 kHz，変調率30 %に設定します．

SGのアッテネータを調節して，ラジオのAGCが効く範囲の中央(86 ～ 106 dBμVくらい)に設定します．ここでは90 dBμVに設定しました．AGC範囲の効く範囲は，受信機の入力電界強度が40 ～ 100 dBμV/m程度なら，その中央付近とは60 ～ 80 dBμV/mです．これはSG出力では式(3)の0.05が26 dBに相当するので，86 ～ 106 dBμVとなります．

イヤホン端子のプラグを外し，スピーカ音が歪まず，しかも耳にうるさくない程度に音量調節し，レベル・メータに接続します．このレベルを0 dBとします．

SGの変調を切り，レベル・メータで雑音出力を測定します．信号レベルとの差がS/N値になります．

次にSG出力を減衰させてゆき，雑音レベルが－10 dB(0.316倍)になったときのSGの出力を測定します．これが「受信感度」(雑音制限感度)となります．

■ ラジオやラジカセの受信感度を測定した結果

表1は**写真6**に示すラジオやラジカセの受信感度の測定結果です．測定周波数は837 kHzです．一般にAMラジオの受信感度は30 dBμV/m程度といわれますので，結果は少々悪く出ている可能性があります．

〈表1〉ラジオ受信機の感度測定結果(測定周波数は837 kHz)

型名	形態	チューナ	メーカ	実測感度 [dBμV/m]	受信アンテナ
RF-B11	ワールド・バンド・ラジオ	LW/MW/SW/FM	パナソニック	42	バー・アンテナ
ORD-01BK	ポケット・ラジオ	MW/FM/ワンセグ音声	TMY	57	バー・アンテナ
RD-4WH	ポケット・ラジオ	MW/FM/ワンセグ音声	ヤザワコーポレーション	59	バー・アンテナ
RX-MDX80	CD/MDラジカセ	MW/FM	パナソニック	57	ループ・アンテナ
注▶感度は1 kHz正弦波による30%変調波をS/N=10 dBで受信できる電界強度を測定した.					

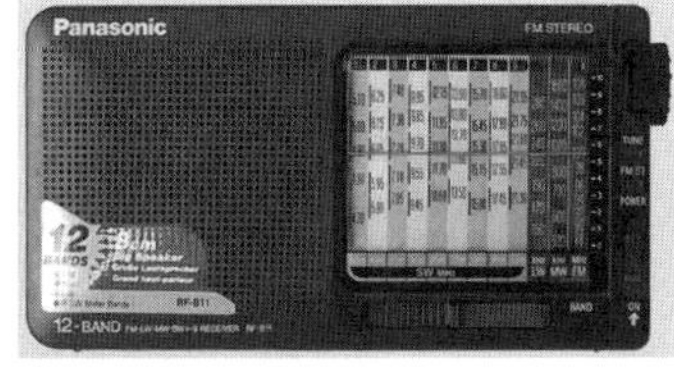

(a)RF-B11

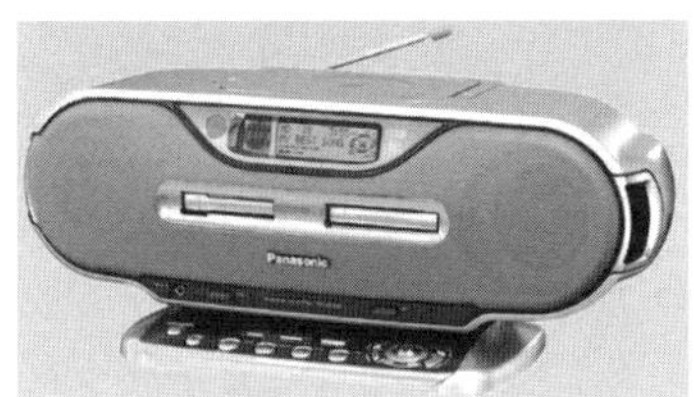

(b)RX-MDX80

(c)ORD-01BK

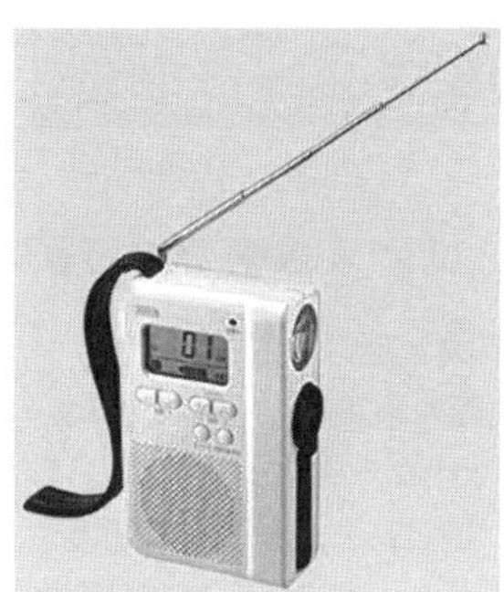
(d)RD-4WH

〈写真6〉受信感度を測定したラジオやラジカセ

私の実験室は，昼間は工事やディジタル機器の雑音が多く，夜間は国内に加え大陸のDXの電波が到来するので，試験環境としては最悪です．しかし，相対的な感度比較は可能です．

RF-B11はオール・バンドのやや本格的なラジオなので，感度も一番良い結果でした．これに対してワンセグ・ポケット・ラジオは感度が低いようです．CD/MDラジカセのループ・アンテナは，1辺12 cmと大型なので，バー・アンテナ並みの感度が得られることもわかりました．

なお，ディジタル・チューニング式のラジオは，531 kHz～1602 kHzを9 kHz間隔で，9の倍数の周波数しか受信できません．ステップ送りが無く，オート・チューニングだけの機種の場合は，SGで上記周波数のどれかに設定し，オート・チューニングで同調させるとうまくいきます．

おわりに

中波ラジオは，身のまわりに1台はある超普及品です．通信網が途絶した災害などの非常環境下で強い味方となります．

アンテナ端子のない，バー・アンテナやループ・アンテナを内蔵したラジオの受信感度測定には，標準ループ・アンテナが必須です．これをDIYで簡単に作る方法と測定方法をご紹介しました．

測定には，信号源とアッテネータも必要ですが，いずれも製作例を本誌で紹介しています．本格的な試験環境が無くても，相対的な感度比較や，受信機の調整は可能です．

標準ループ・アンテナは，ラジオ受信機の調整のほか，バー・アンテナの性能比較にも使えます．また，指向性が鋭く，発生電界強度が簡単にわかるので，電波の教育や実験用にも有用だと思います．

◆参考文献◆

(1) JIS C 6102-1:「AM/FM放送受信機試験方法，第1部：一般的事項および可聴周波測定を含む試験」，日本規格協会，1998年.

(2) JIS C 6102-2:「AM/FM放送受信機試験方法，第2部：AM放送受信機」，日本規格協会，1998年.

(3) 藤田昇:「受信感度の測定Ⅱ──アナログ無線機」，RFワールド，No.13，pp.56～64，CQ出版㈱，2011年2月.

(4) 前田憲一，後藤三男:「電波傳搬」，248p.，岩波書店，1953年10月.

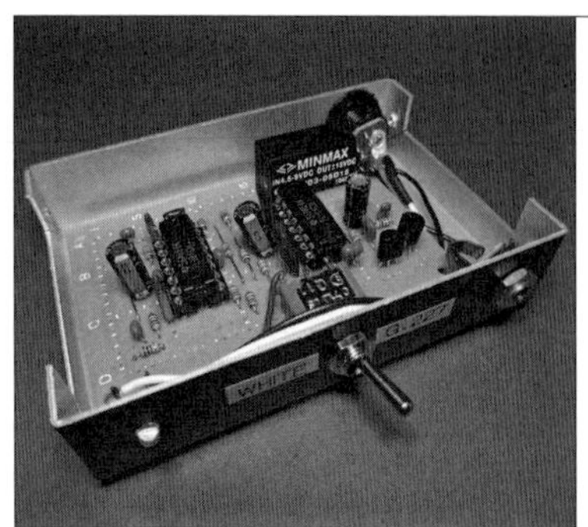

第40章　無線機の新スプリアス測定法に対応！ITU-T G.227勧告準拠！

擬似音声発生器の製作

■ 新スプリアス規制では変調状態で測る

● 再免許申請と新スプリアス規制

無線送信機の電波の質(周波数偏差，帯域幅，高調波の強度など)は，総務省令で定められた規制に適合していなければなりません．このうち，不要輻射については，平成17年(2005年)に許容値の見直しが行われ，いわゆる「新スプリアス規制」が，平成34年(2022年)12月から例外なく適用されることになりました．なお，平成19年(2007年)以降に発売された無線機であれば，新スプリアス規制に対応した技適(技術基準適合証明)を取得しているので問題はありません．

しかし，古い無線機を使っている場合は，気を付ける必要があります．まだ施行まで時間があるように思えますが，再免許期間(最長で5年間)に「2017年12月1日以降」が含まれる場合は，再免許にあたって，現用機器が新スプリアス規制をクリアしていることを証明しなければなりません．この規制は業務用無線機もアマチュア無線機も適用を受けます．

新スプリアス規制では，高調波のほかに，搬送波の近傍およびその外側(帯域外)まで規制されます．このとき，従来は無変調波で測定していたのを変調波で測定するよう改められました．AM(電波型式A3E)やFM(同F3E)などの音声を伝送するトランシーバでは，擬似音声を使って変調し，その変調波の不要輻射を測定することになります．このための擬似音声発生器も市販されています．

● 擬似音声発生器とは？

これは人間の音声エネルギーの周波数分布を模した信号発生器です．その構成は，白色雑音発生器の出力に，ITU-T勧告G.227[1]で定められた特性のフィルタを通したものです．

この勧告が策定されたのは1968年と古いので，フィルタ回路はインダクタを含む受動部品で提示してあります．しかし，インダクタは相互誘導で結合しないように配置したり，シールドする必要があって扱いにくいものです．このため現在ではアクティブ・フィルタの普及により，低周波回路からは，かさばるインダクタが駆逐されました．

〈**写真1**〉 **製作した擬似音声発生器**(白色雑音とG.227勧告の擬似音声を発生できる)

そこで，この回路をOPアンプからなるアクティブ・フィルタで構成し，ホワイト・ノイズ発生器とあわせて，新規に設計/製作してみたのが**写真1**に示す擬似音声発生器です．

なお，本製作の目的は，正式な測定ではありません．正式な測定に先立ち，手元でおおざっぱにスプリアス特性を確認する程度の用途を想定しています．

本機は，音声のエネルギー分布に対応した信号発生器ですから，無線機の測定以外に，音声を取り扱う機器の一般的なテスト信号発生器としても使えます．例えば，音声伝送路のチャネル間クロストークの測定などは，この信号の本来の用途にマッチしたものです．

■ 音声エネルギーの周波数分布を模したITU-T G.227勧告のフィルタ

● G.227勧告フィルタを設計する上での三つの出発点

さて，文献(1)に示す勧告書には，

(a)伝達関数

(b)レスポンス・カーブ

(c)*LCR*による回路例

の三つが記載されています．(b)と(c)は，(a)から導かれるものですから，(a)がこの勧告の肝といえます．

〈図1〉G.227勧告フィルタの入出力回路

設計の出発点としては，どれを使っても良いのですが，(c)はインダクタを含むので部品入手に難があります．

そこで，今回は(a)から出発する方法と，(b)から出発する方法の2通りを試してみることにしました．

● G.227伝達関数のレスポンス・カーブを計算する

G.227勧告の伝達関数は，次式で与えられています．

$$\frac{E}{2V}=\frac{18400+91238p^2+11638p^4+p(67280+54050p^2)}{400+4001p^2+p^4+p(36040+130p^2)} \quad \cdots\cdots(1)$$

ただし，$p=\mathrm{j}\dfrac{f}{1000}$，$f$：周波数［Hz］

電圧入力Eと出力電圧Vは，**図1**のように定義しています．この式は，入力/出力となっているので，正確には「反伝達関数」です．計算の際には注意が必要です．$E/(2V)$の2は，R_0による挿入損失を含まない式ということです．以下，勧告と同様に，すべて「伝達関数」と表現します．挿入損失も無しとします．

レスポンス・カーブは，勧告書に図が掲載されていますが，周波数範囲が20 Hz～10 kHzと狭いので，カーブの傾向が今一つわかりません．また，試作機との特性比較のため，周波数対利得(dB)の数値テーブルも必要です．

式(1)から周波数レスポンスを計算してみましょう．まずpを馴染み深いラプラス変数$s=\mathrm{j}\omega$に置き換えます．

$$p=\mathrm{j}\frac{f}{1000}=\frac{\mathrm{j}}{1000}\frac{\omega}{2\pi}=\frac{1}{6283}\mathrm{j}\omega=\frac{s}{6283} \quad \cdots\cdots(2)$$

これを(1)に代入して，次のように変形します．

$$\frac{E}{2V}=\frac{ms^4+ns^3+ps^2+qs+r}{s^4+as^3+bs^2+cs+d} \quad \cdots\cdots(3)$$

係数の値は以下のとおりです．

$m=11638$，$n=3.396\times10^8$，$p=3.602\times10^{12}$，
$q=1.669\times10^{16}$，$r=2.867\times10^{19}$，
$a=8.168\times10^5$，$b=1.579\times10^{11}$，
$c=8.939\times10^{15}$，$d=6.233\times10^{17}$

式(3)に$s=\mathrm{j}\omega$を代入すると，

$$\frac{E}{2V}=\frac{m\omega^4-n\mathrm{j}\omega^3-p\omega^2+q\mathrm{j}\omega+r}{\omega^4-a\mathrm{j}\omega^3-b\omega^2+c\mathrm{j}\omega+d}$$
$$=\frac{(q\omega-n\omega^3)\mathrm{j}+(m\omega^4-p\omega^2+r)}{(c\omega-a\omega^3)\mathrm{j}+(\omega^4-b\omega^2+d)}$$
$$=\frac{g+h\mathrm{j}}{k+\ell\mathrm{j}} \quad \cdots\cdots(4)$$

したがって，周波数レスポンスは，

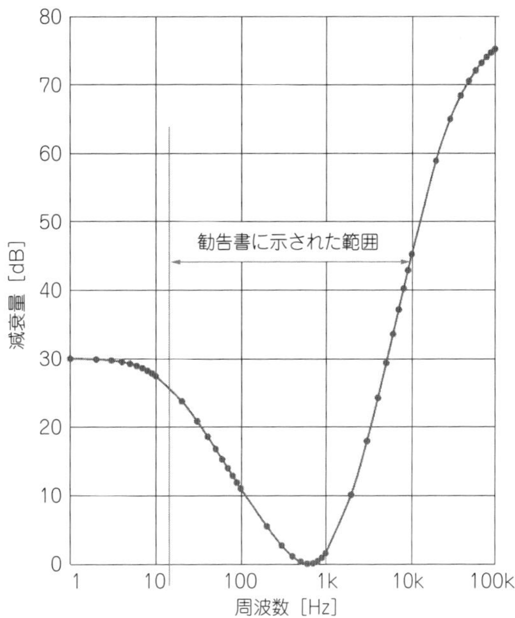

〈図2〉G.227勧告に示された伝達関数の周波数レスポンス

$$\left|\frac{E}{2V}\right|=\sqrt{\frac{g^2+h^2}{k^2+\ell^2}} \quad \cdots\cdots(5)$$

となります．Excelにこれらの数値を入れると，**図2**のようなレスポンス・カーブが得られます．

このカーブには，次のような特徴があります．

① 600 Hz近辺をピークとするBPF特性
② 低域の減衰は－20 dB/dec.と緩やか
③ 高域の減衰は－40 dB/dec.と急峻
④ 10 Hz以下では減衰が－30 dBと一定になる

勧告書のカーブは20 Hz以上しかプロットしていないので，④の特徴すなわち低域がシェルフ(棚状)になっていることを見逃しがちです．10 Hz以下DCまで，ある程度のレベルを保持したいという意図が感じられます．これに対して1 kHz以上の高域側の減衰はかなり急です．そして，20 kHz以上は，やや緩やかになっています．次に設計する回路は，この特徴をすべて含んでいます．

■ 方法1：伝達関数から出発してアクティブ・フィルタを設計する

勧告書の回路例は，式(1)を次のように，三つの項の積に変形して実現しています．

$$\frac{E}{2V}=\frac{46+90p+46p^2}{1+90p+p^2}\,\frac{20+11p}{20+p}\,\frac{20+23p}{20+p} \quad \cdots\cdots(6)$$

勧告書では，式(6)の第1段を2次，第2段と第3段を1次のブリッジT型回路網で実現しています．これを直列につなぐと，合計4次のフィルタとなります．式(6)は，そのままアクティブ・フィルタの設計に使えます．

● **1段目はバイクワッド・フィルタで実現する**

式(6)の1段目の項の逆数を取って，通常の伝達関数の形にします．これに(2)を代入して以下のように変形します．

$$\frac{p^2 + 90p + 1}{46p^2 + 90p + 46} = \frac{ms^2 + cs + d}{s^2 + as + b} \quad \cdots\cdots (7)$$

係数の値は以下のとおりです．

$m = 0.0217$，$c = 12293$，$d = 858176$，

$a = 12293$，$b = 39476089$

式(7)は2次の伝達関数の一般形です．これをアクティブ・フィルタで実現するには，状態変数回路やバイクワッド(bi-quad)回路が適しています．この回路はOPアンプが3～4個と多いのが難点です．しかし，CR素子のばらつきや，OPアンプの特性に対する感度依存性が小さいという一大長所があります．したがって，CR素子も標準系列の5％精度のもので間に合います．

回路設計は，文献(2)の手順で行いました．ここでは，紙幅の都合から結果だけを紹介します．**図3**の回路図のブロック**Ⓐ**，すなわち第1段をバイクワッド・フィルタで実現したものです．

● **2段目と3段目は単帰還型で実現する**

式(6)の2段目の項の逆数を取り，式(2)を代入して以下のように変形します．

$$\frac{p + 20}{11p + 20} = \frac{a_1 s + a_0}{s + \omega_0} \quad \cdots\cdots (8)$$

係数の値は以下のとおりです．

$a_1 = 0.909$，$a_0 = 11429$，$\omega_0 = 11429$

式(8)は，1次の伝達関数の一般形です．OPアンプを使わずにRとCだけで実現できますが，入出力にバッファを入れないと特性が変化してしまいます．OPアンプを使った回路は**図4**のようになります．

コーナー周波数は各々，

$$\frac{\omega_0}{2\pi} = \frac{11429}{2\pi} = 1819 \text{ Hz} \quad \cdots\cdots (9)$$

$$\frac{a_0}{a_1}\frac{1}{2\pi} = \frac{11429}{0.0909}\frac{1}{2\pi} = 20011 \text{ Hz} \quad \cdots\cdots (10)$$

と計算できます．

回路定数と，上記の係数の関係は次のとおりです．

$$C_2R_2 = 1/\omega_0 \quad \cdots\cdots (11)$$

$$C_1R_1 = a_1/a_0 \quad \cdots\cdots (12)$$

直流ゲインはR_2/R_1，高域ゲインはC_1/C_2となります．R_1を10 kΩとすると，R_2，C_1，C_2の値が式(11)と式(12)から求まります．これに近い標準系列の値を選んだものが，**図3**の**Ⓑ**です．

式(6)の3段目も同様です．

$$\frac{p + 20}{23p + 20} = \frac{a_1 s + a_0}{s + \omega_0} \quad \cdots\cdots (13)$$

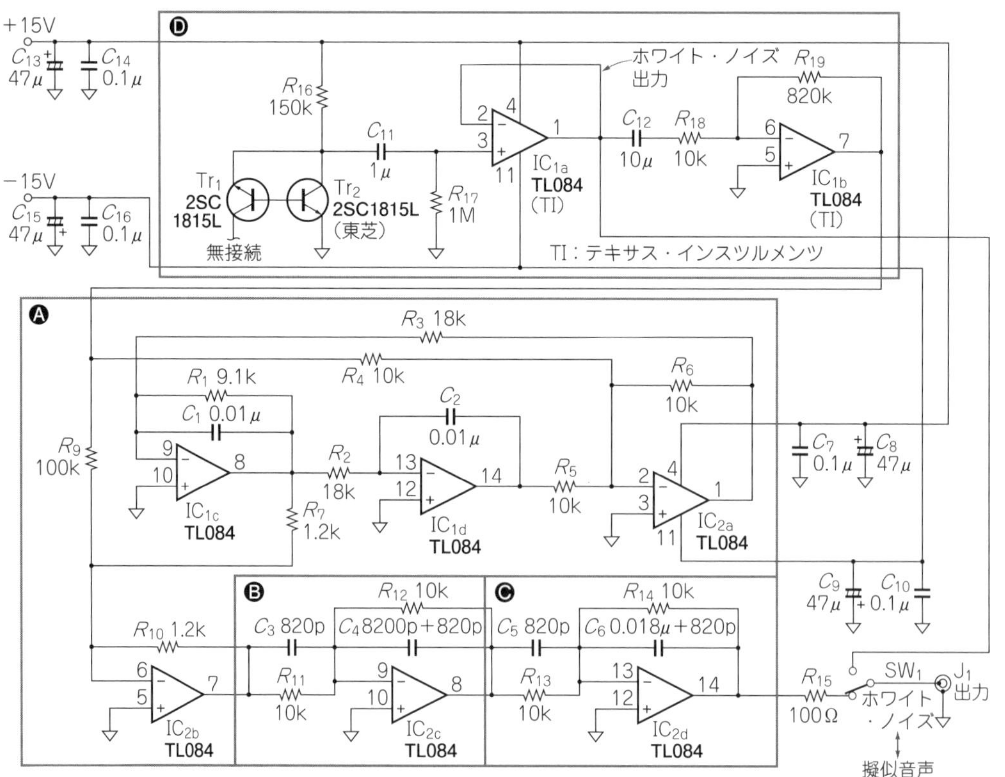

〈図3〉伝達関数から設計した擬似音声発生器(タイプⅠ)の回路

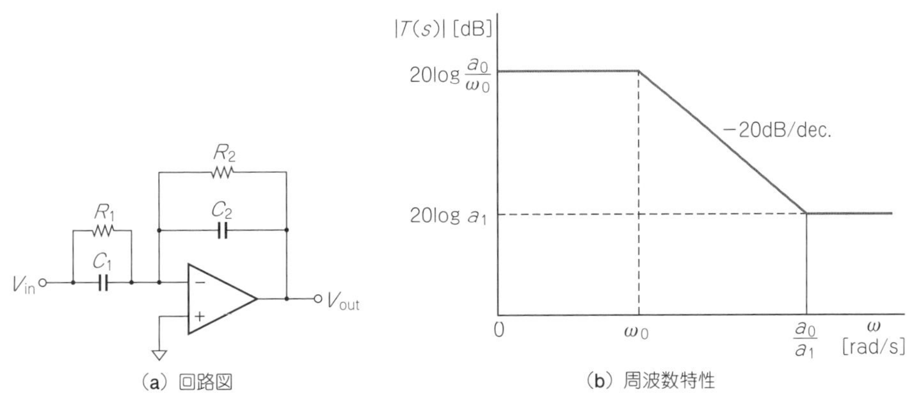

〈図4〉 単帰還型1次フィルタの回路と周波数特性

係数の値は以下のとおりです.

$a_1 = 0.0434$, $a_0 = 5464$, $\omega_0 = 5464$

回路定数を計算して, これに近い標準系列の値を当てはめたものが**図3**の❸です. コーナー周波数は各々,

$$\frac{\omega_0}{2\pi} = \frac{5464}{2\pi} = 870\ \text{Hz} \quad\cdots\cdots(14)$$

$$\frac{a_0}{a_1}\frac{1}{2\pi} = \frac{5464}{0.0434}\frac{1}{2\pi} = 20037\ \text{Hz} \quad\cdots\cdots(15)$$

となります.

図3のように❶-❷-❸を直列に接続すると, 式(6)すなわち式(1)を実現できます.

● 実測周波数特性

図5は擬似音声発生器の実測周波数特性です. 20 kHz以上はノイズ・レベルに近いため, 正確な測定ができないので省きました. 精度の良いRCを使わず, トリミングなしでも, 1 Hz ~ 10 kHzにおいて1 dB以内の誤差に収まっています. 10 Hz以下の平坦部も実現できています. 以後, G.227の伝達関数から設計した**図3**の回路を後述する簡易型と区別して「タイプⅠ」と呼ぶことにします.

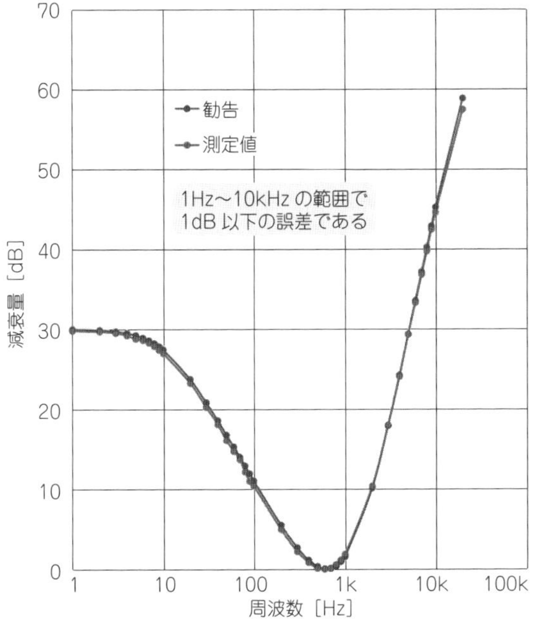

〈図5〉 擬似音声発生器(タイプⅠ)の周波数特性

● タイプⅠの製作

写真2は, **図3**の回路をユニバーサル基板に組んだところです. OPアンプは, FET入力で低雑音のTL084を選びました. 因みに汎用のLM324やLM2904では, 雑音, ひずみ, スルー・レートなどの点で難が多く, 所望の結果が得られませんでした. **写真3**は半田面から見たところです. **図6**に部品面から透視したパターン図を示します.

写真4は, アルミ・ケースYM-90(タカチ製YM-90, 幅90×高さ20×奥行60 mm)に組み込んだところです. ホワイト・ノイズとG.227擬似音声の切り替えスイッチがあります. 電源には, 入力5 Vで出力±15 V 100 mAが得られるDC-DCコンバータ(台湾Minmax Technology, MCW03-05D15, 秋月電子通商扱い)を使ったので, USBから給電することもできます.

本機の出力振幅は200 $\text{mV}_{\text{p-p}}$程度と小さいので, レ

〈写真2〉 擬似音声発生器(タイプⅠ)の回路基板

〈写真3〉**写真2の配線面**(2本のジャンパ線は±15V電源ライン)

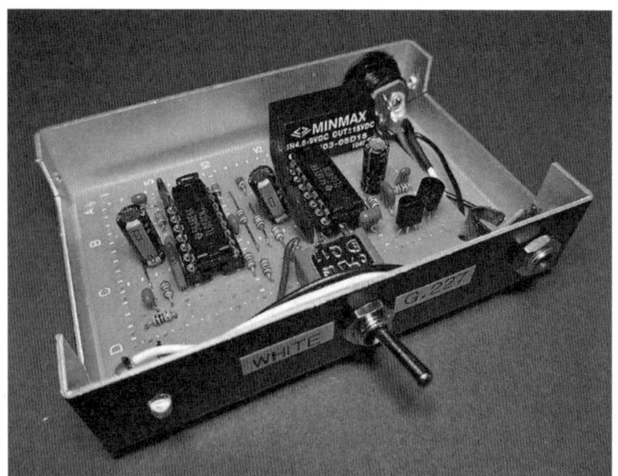

〈写真4〉**ケースに組み込んだ擬似音声発生器**(タイプI)

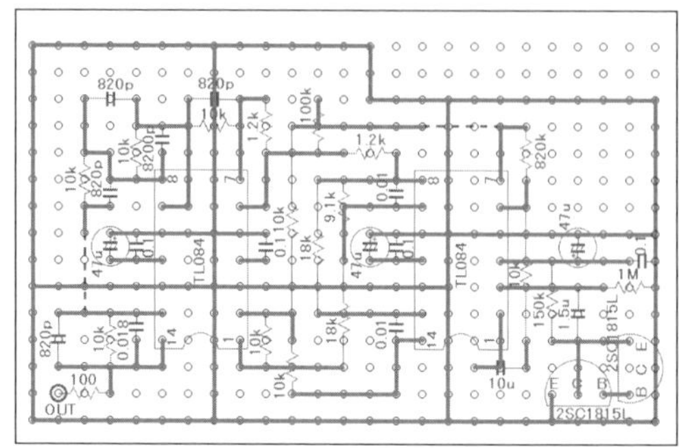

〈図6〉**擬似音声発生器**(タイプI)**の配線パターン**(部品面からの透視図)

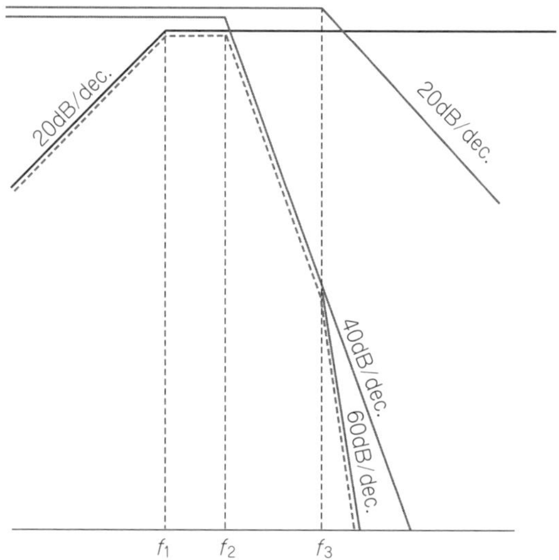

〈図7〉**G.227カーブを再現するフィルタの組み合わせ**(HPF1段とLPF2段で破線の特性を得る)

ベル調整ボリュームは設けていません.

■ 方法2：G.227レスポンス・カーブの近似曲線から出発する

前にも述べましたが，G.227勧告書のレスポンス・カーブは20 Hz～10 kHzが示されています．この範囲が勧告の主要部分という意味だと思います．この範囲だけを勧告に合わせるならば，10 Hz以下の平坦部が無視できるので回路が簡単になります．無視といっても，人間の声のエネルギー分布の大半は，これより狭い領域にあるので，十分現実的です．多くの通信用音声回路のf特は，20 Hz～10 kHz以内であり，測定精度にも影響を与えません．

● HPF 1段とLPF 2段で構成する

図2を見ると，ピークから低域の傾きは20 dB/dec.であり，高域側は2 kHzまでは40 dB/dec.ですが，2 kHz～10 kHzは約55 dB/dec.と急峻になっています．20 kHzからはやや緩やかになります．

したがって，**図7**のように，低域をHPF，高域をLPF 2段で構成すれば，所望のBPF特性が実現できそうです．ただし，10 Hz以下の低域のシェルフ(棚)は無く，一様に減衰して行きます．また20 kHz以上が緩やかになることもありません．

二つのLPFは40 dB/dec.と60 dB/dec.として，図のように遮断周波数f_cを設定することで，全体として破線のようなカーブとします．

各フィルタのf_cは，G.227のカーブを参考にして，

f_1 = 600 Hz，f_2 = 770 Hz，f_3 = 1570 Hz

と設定しました．

● 三つのフィルタの設計

20 dB/dec.のHPFとLPFは，RとC各1個からなる1次フィルタで実現できます．カットオフ周波数はいずれも，

$$f_c = 2\pi CR \quad \cdots\cdots (16)$$

で計算できます．

40 dB/dec.のLPFは，2次の多重帰還型としました．設計方法は，よく知られているので割愛します．カットオフ周波数f_cは770 Hzとしています．**図8**は実測結果です．20 Hz～10 kHzの範囲内で，1 dB未満の誤差となっています．

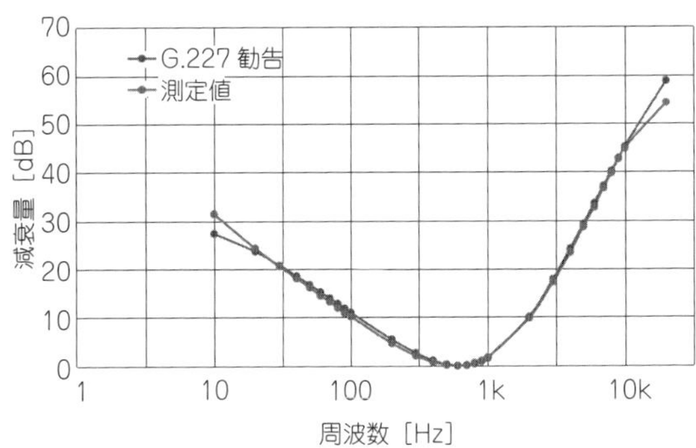

〈図8〉 擬似音声発生器(タイプⅡ)の周波数特性

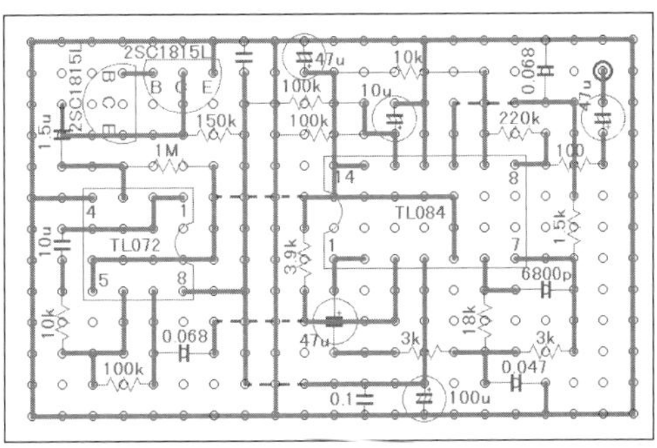

〈図10〉 擬似音声発生器(タイプⅡ)の配線パターン(部品面からの透視図；C_{13}は基板外へ配置する)

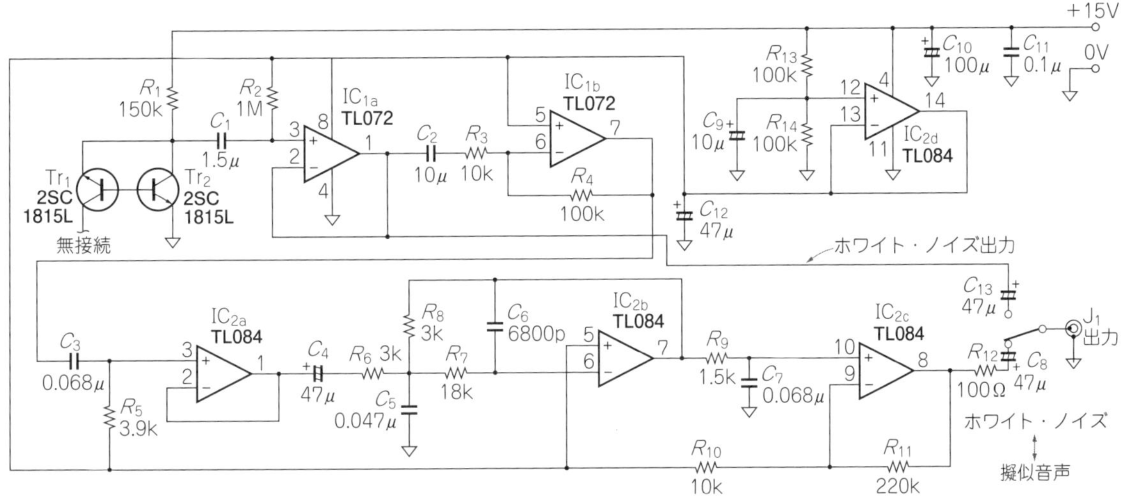

〈図9〉 擬似音声発生器(タイプⅡ)の回路図

〈写真5〉 擬似音声発生器の回路基板(タイプⅡ)

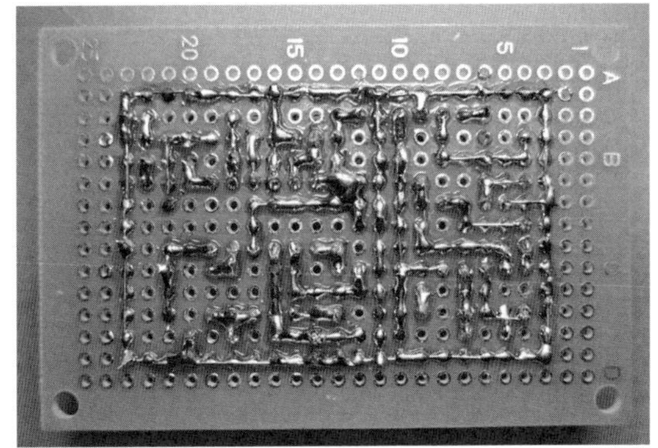

〈写真6〉 写真5の配線面

● 簡易型(タイプⅡ)の回路

上に述べた，G.227勧告のレスポンス・カーブから設計した擬似音声発生器の回路を**図9**に掲げます．

市販のACアダプタが使えるように，＋15V単電源としました．**写真5**は回路基板の外観，**写真6**はその半田面，**図10**はパターン図です．

■ 白色雑音発生回路の設計

白色雑音はホワイト・ノイズともいわれ，周波数特性をもたない雑音です．その発生源としては，ノイズ・ダイオードを使うもの，M系列符号を使うものなどがありますが，ここではツェナ・ダイオードのアバランシェ降伏によって生じる雑音を使うものを試してみ

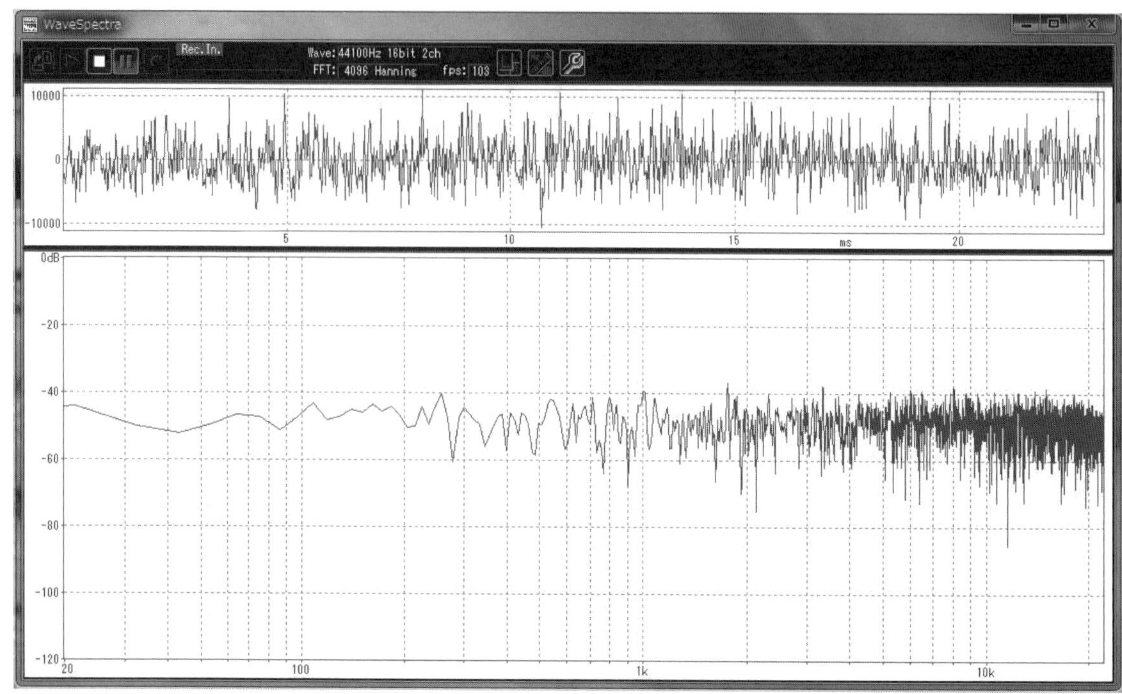

〈図11〉白色雑音発生回路の波形(上)と周波数スペクトル(下：20 Hz ～ 22 kHz，20 dB/div.)

ました．

● 上下対称なノイズ電圧を得るための工夫

ノイズ・スペクトル分布の平坦性と，ノイズ波形の上下対称性の点で，ツェナ・ダイオードと同じ原理である，トランジスタのエミッタ-ベース間のアバランシェ降伏を使うと良い結果が得られました．ノイズ波形のクリッピングが起こると，波形の上下のうち一方が(飽和して)歪み，上下対称性が崩れてしまいます．

図3において，0 Vを中心に上下対称なノイズ波形を得るためには，Tr_1の逆電流を50 nA程度に低く設定する必要があります．Tr_1のエミッタ-ベース間逆方向ブレークダウン電圧が約10 Vですから，Tr_2が無い場合は，R_1の値は100 MΩとなり，アンプの入力インピーダンス1 MΩが大きな負荷となって，ノイズ電圧が低下してしまいます．Tr_2を入れることで，信号源インピーダンスを150 kΩ程度に下げることができます．下記文献(5)を参考にしました．

● 出力レベルについて

さて，ホワイト・ノイズの振幅は，帯域幅の平方根に反比例して減衰します．雑音発生回路は100 kHzほどの帯域幅がありますが，G.227フィルタの帯域幅は，約1 kHzです．減衰率は$\sqrt{1}/\sqrt{100} = 1/10$となり，20 dBも減衰します．このため，ノイズ発生器の出力をあらかじめ増幅してから，G.227フィルタに通しました．本機の出力は数百$mV_{p\text{-}p}$程度です．

無線機のマイク入力端子に接続するのでレベルはこの程度で十分でしょう．出力振幅を大きくしたいときには，出力端子の後でさらに増幅すれば良いでしょう．

● ノイズ発生器の出力波形と周波数スペクトル

図11は，ノイズ発生器の出力波形と周波数スペクトルです．波形のクリップも無く，スペクトルも平坦です．測定には，パソコン上で動作するFFT解析ソフトウェア“WaveSpectra”を使いました．

■ 擬似音声発生器の出力スペクトル

図12に，擬似音声発生器(タイプⅠ)の出力端子で測定した波形と，スペクトル分布を示します．波形(上段)を見ると，600 Hz程度の中域が大勢です．クリップもありません．スペクトル分布(下段)は，平坦なホワイト・ノイズ(**図11**)をG.227カーブにしたがって減衰させた曲線となっています．

■ 送信機を使った使用例

SSB送信機は，無変調では出力が出ませんし，800 Hzなどの単一正弦波で変調をかけただけでは，出力も単一周波数の正弦波にしかなりません．結局，変調波を得るには，マイクに向かって肉声でしゃべることになります．

こんなとき，擬似音声発生器を使えば，がんばって声を出す必要も無く，正確で定量的なチェックができます．**図13**は，製作した擬似音声発生器で変調した7 MHz帯SSB波のスペクトルです．LSBですから，

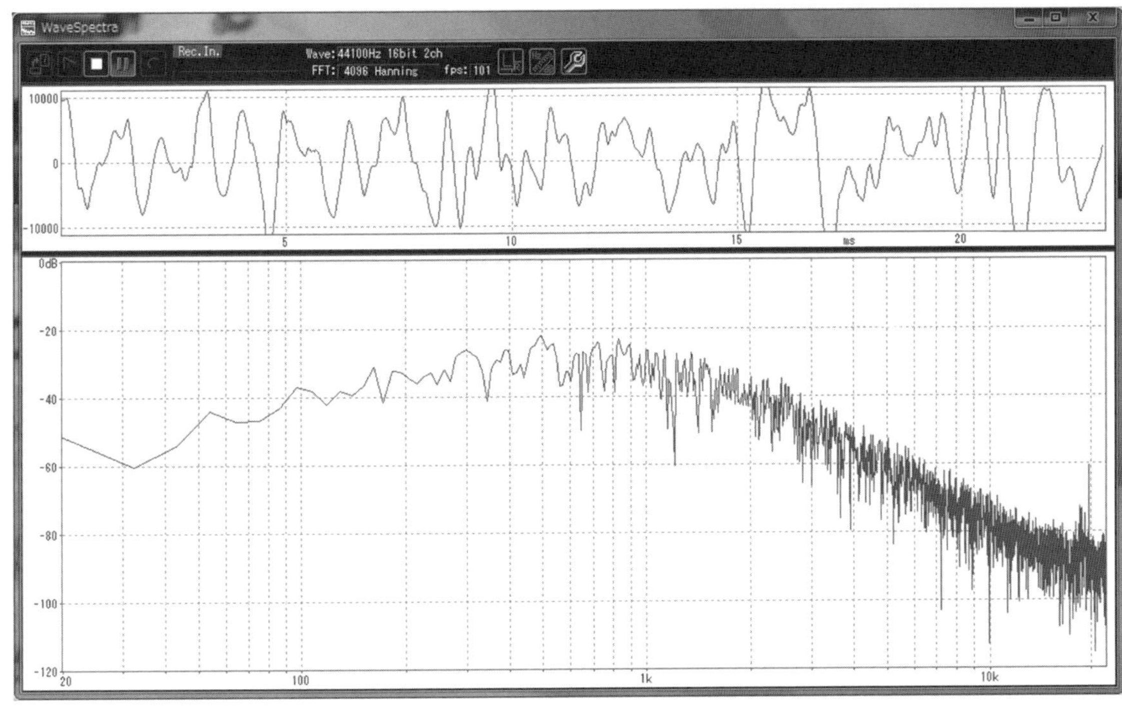

〈図12〉擬似音声発生器(タイプⅠ)の出力波形(上)と周波数スペクトル(下：20 Hz ～ 22 kHz，20 dB/div.)

キャリア中心(中央)から下側3 kHzの範囲に，帯域が制限されています．擬似音声に対応して，ピークが中央から約600 Hz下側にあります．

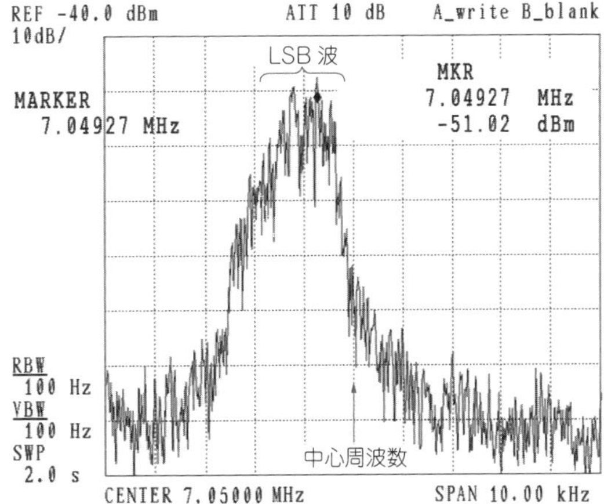

〈図13〉擬似音声によって変調したSSBスペクトル(中心周波数7050 kHz，スパン10 kHz，10 dB/div.)

■ おわりに

本機の製作動機は，新スプリアス規制で擬似音声によって変調した状態で測定することが条件になったことです．G.227勧告書に記載された回路をそのまま使うと，数m～数十mHのインダクタがいくつか必要になります．インダクタは一般に入手が難しめですが，勧告を満たす特別な値となると，既製品は手に入りません．

本機はアクティブ・フィルタで設計したので，手元にある部品を使い簡単に製作できました．本機が無線機や音声機器のテストに少しでも役立てば幸いです．

◆参考文献◆

(1) ITU - T Recommendation G.227, "Conventional Telephone Signal", International Telecommunication Union - Telecommunications Sector.
https://www.itu.int/rec/T-REC-G.227-198811-I/en

(2) 柳沢 健，金光 磐；「アクティブ・フィルタの設計」，pp.141～163，産報出版，1982年9月．(絶版)

(3) Tobey, Graeme, Huelsman, BURR - BROWN; "Operational Amplifier - Design and Applications", McGRAW - HILL Kogakusha, Ltd., pp.288～290, 1973.

(4) アナログ・デバイセズ；「OPアンプによるフィルタ回路の設計」，OPアンプ大全 第3巻，p.119，CQ出版㈱，2014年．
http://www.analog.com/jp/education/landing-pages/003/opamp-application-handbook.html

(5) G. Vazzana; "Random Sequence Generator based on Avalache Noise", 2012.
http://holdenc.altervista.org/avalanche/

(6) 高速リアルタイム スペクトラムアナライザー "WaveSpectra"
https://web.archive.org/web/20171105052121/http://efu.jp.net/

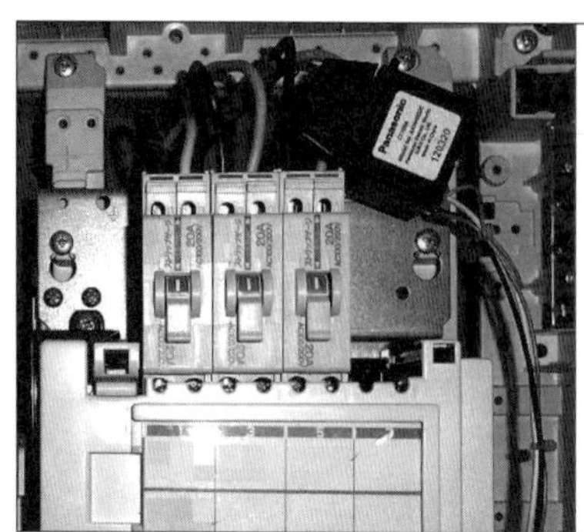

第41章　電源不要で回路も超簡単！ラジオで受信する簡易型！
パワー・ビート方式 ワイヤレス消費電力モニタの製作

手軽に家庭の消費電力を測って省エネを楽しもう！

ここ十数年，化石燃料消費による地球温暖化に対する対策として「省エネルギー」が提唱されるようになりました．さらに，2011年3月に発生した東日本大震災で，福島第1原子力発電所が被災/損壊した結果，原子力発電への国民の目も厳しくなり，電力の需給バランスが崩れ，電気を湯水のごとく使うことがさらに憚(はばか)られるようになりました．

このような背景から，ふだん目立たない待機電力にも目が向けられるようになりました．消費電力を測定するための測定器も手軽なものが開発され，安く手に入るようになりました．

電力測定器は大きく分けて2種類あります．(**図1**)

(1)電線の一方を切断して電流を測るタイプ

(2)電線の一方を電流トランスで挟むタイプ

前者は，コンセントと一体にすれば実現が容易ですが，配電盤に取り付ける場合は電気工事士の資格が必要で，工事も面倒です．後者は電線の一方に分割コイル型の電流センサを挟むだけなので，電気工事が不要で安全です．ただし，ディジタル表示や記録などができるようにまとめあげるとなると，高価になりますし，なかなか気軽に設置してみようという気になりません．

そこで，後者の方式を採用しつつ，電流センサのわずかな出力電力をエネルギー源として利用し，消費電力の大小を電波の間隔で伝えるワイヤレス・モニタ(**写真1**)を作ってみました．本機の近くにラジオを置くと，消費電力に応じた周期のクリック音が聞こえます．一定時間内のクリック数を数えることで消費電力を知ることができます．

エネルギーと情報を含む「パワー・ビート」

この製作のきっかけとなったのは，電気通信大学先端ワイヤレス通信センター(AWCC)の石橋研究室による「パワー・ビート」に関する研究です．[(1)]

図2において，AC100 Vラインの片側に電流トランスを入れて，負荷電流に応じた電流を2次側に取り出

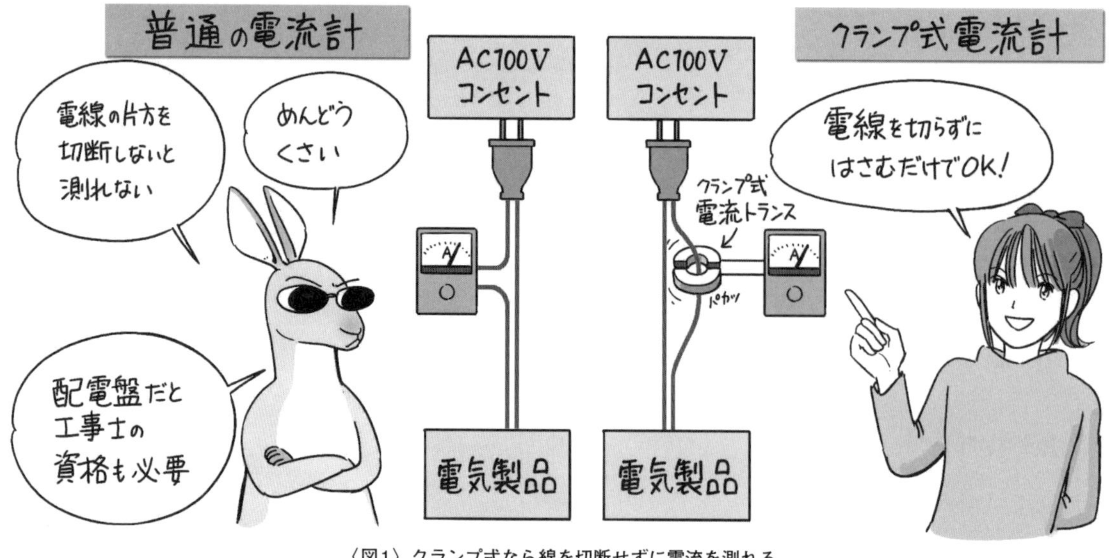

〈図1〉クランプ式なら線を切断せずに電流を測れる

します．

2次側では整流してコンデンサC_2を充電します．コンデンサの電圧が一定値に達すると，電圧検出ICの働きで，LDO(Low DropOut)レギュレータのイネーブル(EN)ピンがONになって，LDOレギュレータの出力に接続されたRFモジュールとマイコンに電圧が供給されます．RFモジュールは市販の2.4 GHz無線モジュールです．マイコンはRFモジュールを変調してID信号を送信するためのものです．ID＝0～3の4種類によりセンサを特定します．

RFモジュールとマイコンは電力を消費するので，コンデンサC_2の電圧$V_{(C_2)}$がすぐに下降します．このようすを**図3**に示します．

したがって，RFモジュールからの無線信号は，AC100 Vラインの負荷電流(つまり消費電力)に応じて，ピコッ，ピコッと脈打つように発信されます．消費電力が少ないときは遅い周期で，消費電力が増大するにつれて速い周期で発信します．同研究室では，これを「パワー・ビート(Power Beat)」と名付けています．

このパワー・ビートの周期から，消費電力に換算してパソコン画面に表示するというのがコンセプトです．その際にIDを使って最大4個までの無線電力センサを識別して表示できます．とてもシンプルな動作原理ですが，電力測定精度は4％程度が得られるそうです．

「エネルギー・ハーベスティング」と銘打っているのは，この電力センサの電源をAC負荷電流の一部から電流トランスを使って取り出しているからです．また，石橋教授の談によると，当時この用語が流行っていたので，こう名付けたそうです．

パワー・ビートをラジオで受信する

さて，ここから製作アイテムのお話です．手軽に試せるようにマイコンは使わないことにします．同じく，パソコンで表示することもやめます．代わりに市販のAM/FMラジオを使って，電力の大小をパルス音で聞けるようにします．つまり，キャパシタC_2の電圧が一定値になったら，ピッ(またはカリッ)という単発音が,消費電力に応じた周期で聞こえれば良いとします．精度も，おおざっぱに消費電流の大小がわかればよいという程度の目標にしましょう．

そこで，第1章で紹介した「トランジスタ1石だけ

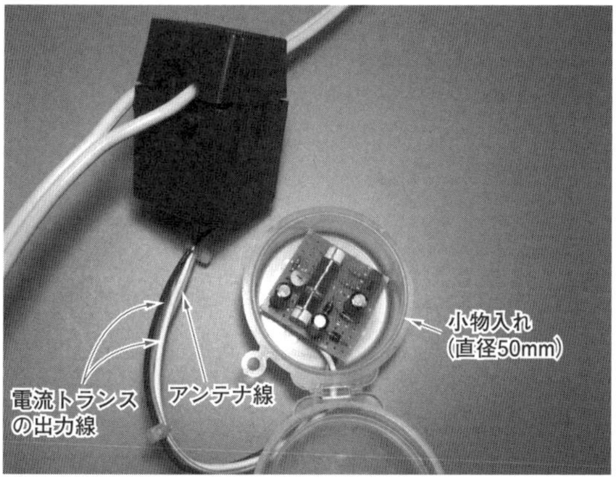

〈写真1〉製作したワイヤレス消費電力モニタ

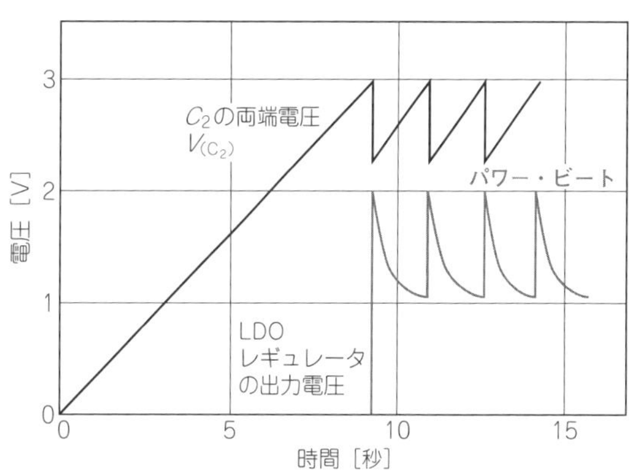

〈図3〉コンデンサC_2の両端電圧とLDOレギュレータICの出力電圧

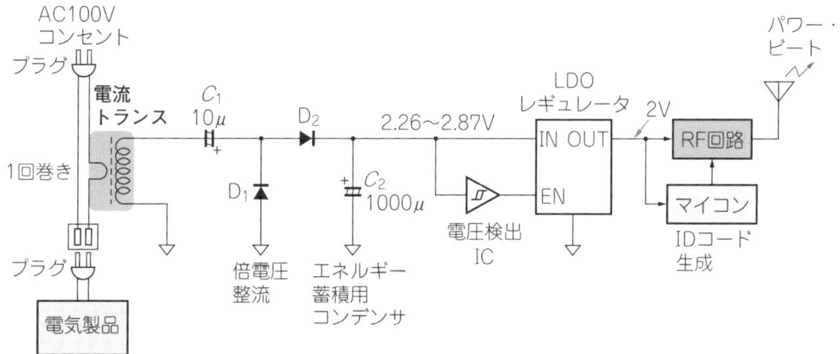

〈図2〉[(1)] パワー・ビートによる無線式電力センサ

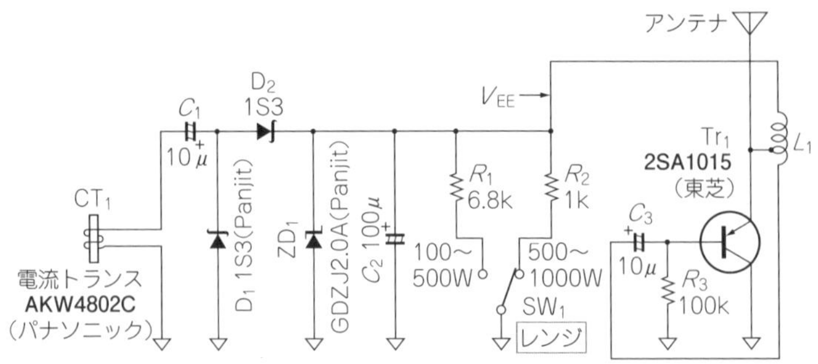

〈図4〉ワイヤレス消費電力モニタの回路

〈写真2〉実験に使ったオール・バンド・ラジオRF-B11（パナソニック）

で作れる簡易温度テレメータ」の回路を流用することにします．これは無変調のRFパルスによって発生するクリック音の周期で温度情報を伝えるものです．

製作するワイヤレス電力モニタの回路

図4は，製作するワイヤレス電力モニタの回路です．電流トランスは，入手性の良いAKW4802C(パナソニック製，秋月電子通商扱い)を選びました．倍電圧整流回路は**図2**と同じです．クリック音の周期を耳で判断しやすい1秒以上とするために，C_2の値は100 μFとしました．

電圧に応じてクリック周期が変わる回路として，簡易温度テレメータの回路[3]が使えるかどうか事前に実験してみました．電源電圧を変化させると，0.6～1.2 Vの範囲でクリック周期の変化がありました．しかし，1.2 V以上ではほとんど変化せず，2 Vを越えると発振そのものが停止してしまいます．これを考慮して倍電圧回路の出力(C_2両端)に2 Vのツェナ・ダイオードを入れました．

このようにノンリニアな特性のため，測定値のダイナミック・レンジは広くありません．したがって，AC負荷電流(消費電力)に応じて，0.6～1.2 Vになる

〈表1〉コイルL_1の仕様

項　目	値など	備　考
コイルの内径	6 mm	直径6 mmのストローに巻く
線径	0.2 mm	ポリウレタン線
V_{EE}～エミッタ間	50回	密着巻き
エミッタ～C_3間	25回	密着巻き

ように，抵抗R_1とR_2を負荷として入れます．**図4**では，1 kΩで500～1000 W，6.8 kΩで100～500 Wに対応させています．抵抗値を変えることでこれ以外の電力にも対応できます．

RF回路は第1章と同じですが，コイルの巻き数を増やして中波帯にもクリック音が入るようにしました．周波数分布の中心は短波帯の10～20 MHz付近なので，**写真2**のような短波ラジオを使えば，より強力に受信できます．

アンテナは，第1章ではコイルL_1のホット側から取っていましたが，本機はここが交流的にGNDなので，Tr_1のエミッタから取っています．

製作

■ 電力モニタ回路をユニバーサル基板に実装する

部品の実装には**写真3**のようにユニバーサル基板を使いました．3×3 cmにカットすれば，**写真1**のような錠剤などを入れる小物容器(100円ショップで入手)に収納できます．**図5**は部品面から見た部品配置と配線パターンです．錫(すず)めっき線や部品のリード線の切れ端で配線し，はんだを流してパターンを形成しています．

アンテナは，15 cm程度の長さのビニール線をモニタ出力線と一緒に束ねています．

コイルL_1の仕様を**表1**に示します．

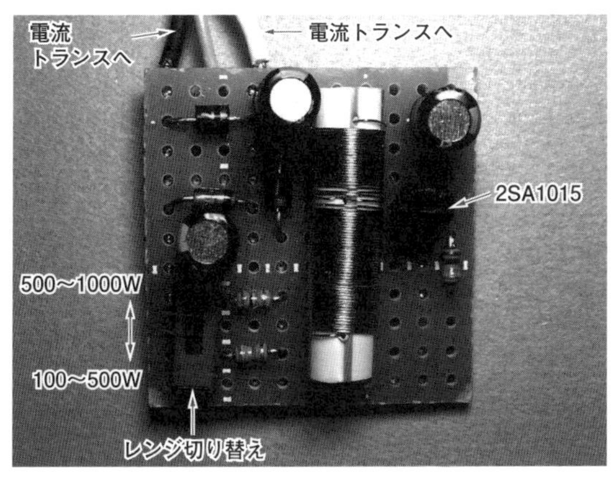

(a) 部品面

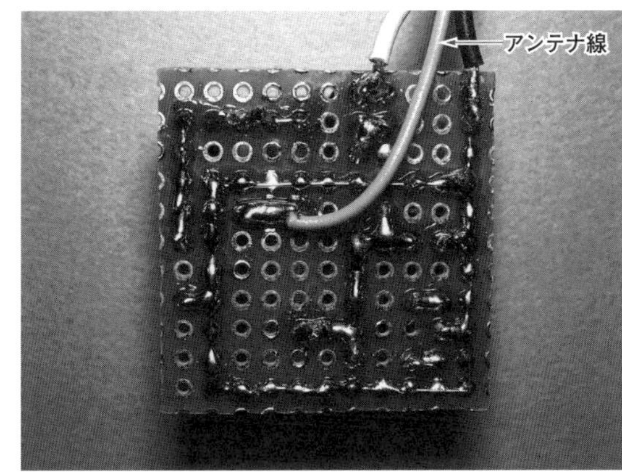

(b) 配線面

〈写真3〉 製作したワイヤレス消費電力モニタの基板(3 × 3 cm)

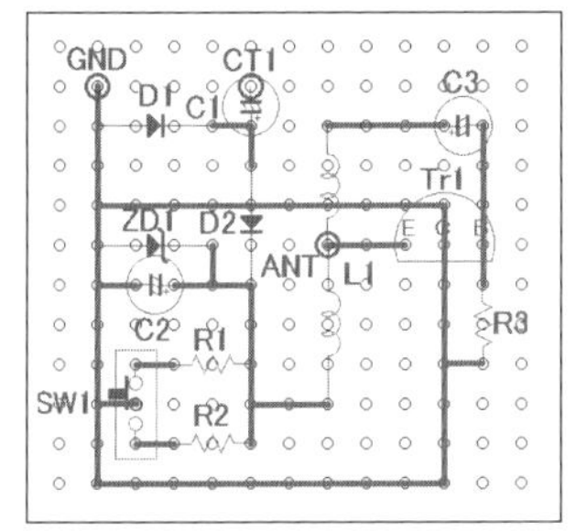

〈図5〉 部品面から見た部品配置と配線パターン

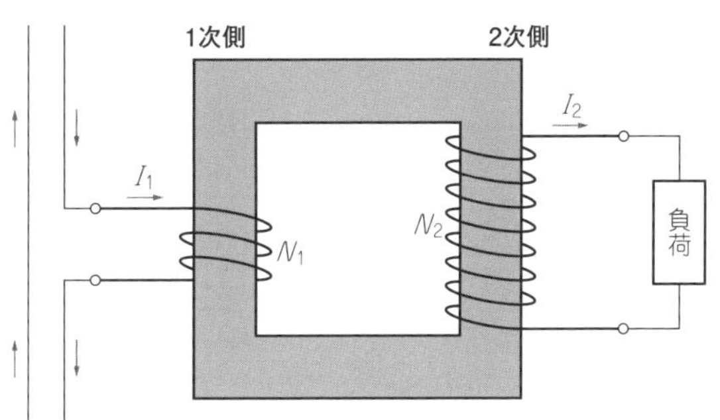

〈図6〉 角形コアを使った電流トランスの模式図

■ 電流トランスのはたらき

本機には電流トランス(CT)(Current Transformer)を使います．電流トランスは変流器ともいい，大きな電流を小さな電流に変換するもので，電圧を変換する変圧器と原理や構造が似ています．おもに微少電流で動作するリレーやアナログ・メータに所望の電流を供給するなどの目的で使われます．

図6は電流トランスの模式図です．図のように1次側の巻き数をN_1，電流をI_1，2次側の巻き数をN_2，電流をI_2とすれば，次式が成り立ちます．

$$\frac{I_1}{I_2} = \frac{N_2}{N_1} \quad \cdots\cdots (1)$$

これを変流比またはCT比と呼んでいます．

電流トランスは図のように回路と直列に入れるのが特徴です．したがって電流経路を切断する必要があります．しかし，1次側の巻き数$N = 1$の場合は**図7**のように電線をトランスのコアに通すだけでよく，トロイダル・コアの一部を分割すれば，電線を挟む(クランプする)だけで動作しますから，使い手が格段に向上します．

写真4に使用した電流トランスAKW4802Cの外観を示します．**表2**は仕様の抜粋です．

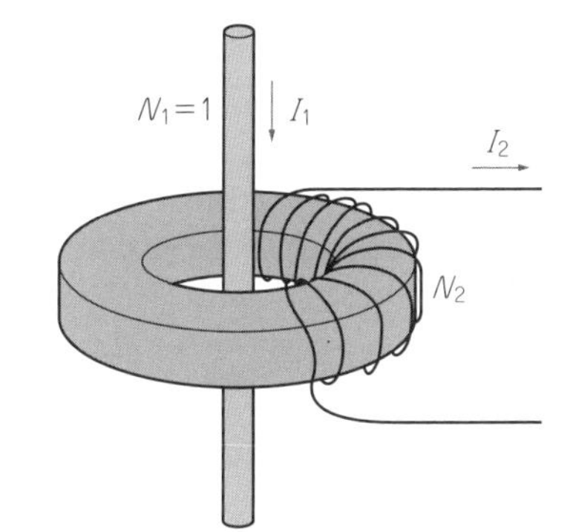

〈図7〉 トロイダル・コアを使った電流トランスの模式図

AKW4802Cは，出力保護として，±7.5 Vのクランプ素子が内蔵されているので，誤って2次側を開放した場合でも，高電圧が出力される心配はありません．

消費電力とクリック周期の測定

図8は消費電力とクリック音周期の実測結果，**図9**は消費電力とクリック数の実測結果です．また，周期と消費電力の関係はリニアではないので注意が必要です．

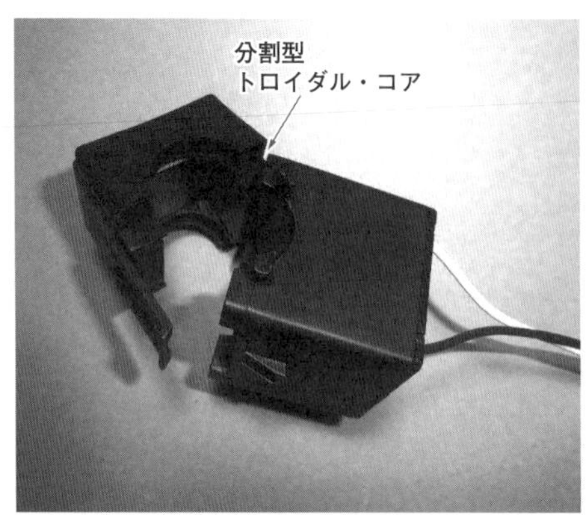

〈写真4〉電流トランスAKW4802C(パナソニック)

〈表2〉電流トランスAKW4802Cの主な仕様(パナソニック)

項　目	値など
1次側定格電流	100 A
2次側定格電流	33.3 mA
巻き数	3 000回
比誤差	±2%フルスケール
貫通穴	直径16 mm
耐電圧	AC 1 kV

写真5は配電盤に取り付けた例です．電力線の片方に電流トランスをクリップするだけなので，電線に触れることがなく，安全です．

おわりに

市販の電流トランスと簡単な回路の組み合わせで，エネルギー・ハーベストによるワイヤレス・データ通信の入り口程度を味わうことができました．

この製作では，安全を考慮してAC電源ラインに製作物を直接接続することを避けるため，電源もカレント・トランスの出力から取りました．

このようなエネルギー・ハーベスト機器では，たとえ連続的に取り出せる電力が少なくとも，コンデンサにチャージしておき，間欠動作させれば実用になると思います．マイコンを追加した場合は，短時間で処理を終了するように設計します．

今回はトランジスタ1石の超簡単な回路でしたが，読者のみなさんの更なるチャレンジを期待します．

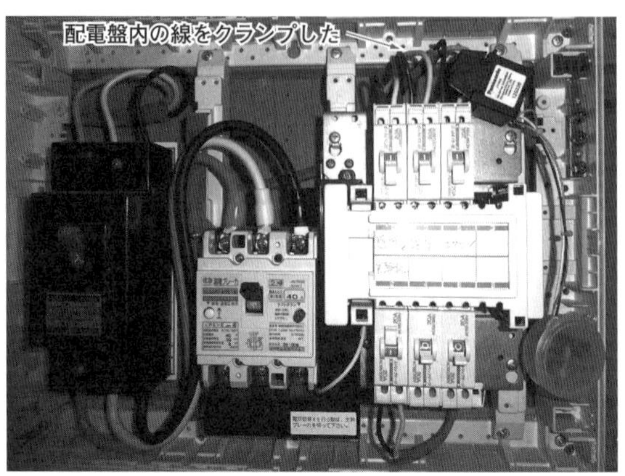

〈写真5〉配電盤に取り付けたワイヤレス消費電力センサ(単相電力線の1本をクランプする)

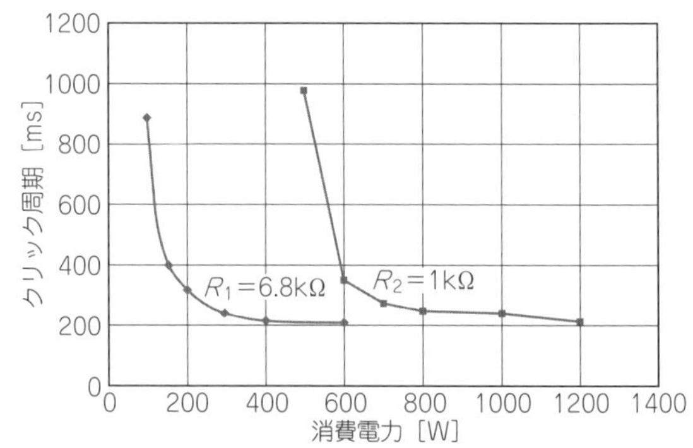

〈図8〉消費電力とクリック周期の関係

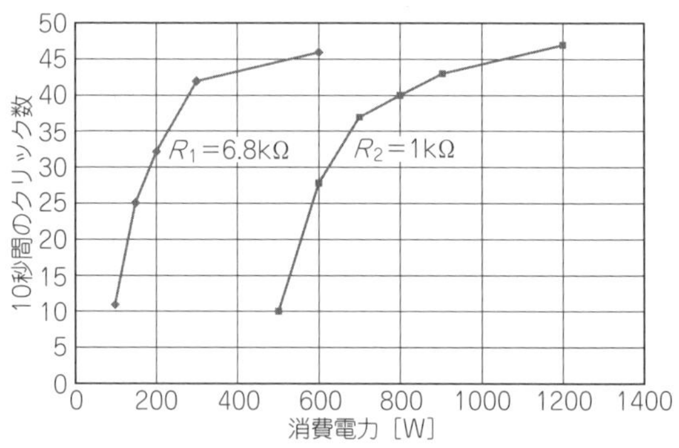

〈図9〉消費電力とクリック数の関係

◆ 参考文献 ◆

(1) K. Ishigaki and K. Ishibashi；"Power beat：A low-cost and energy harvesting wireless electric power sensing for BEMS", 2015 IEEE International Conference on Building Efficiency and Sustainable Technologies, Aug. 2015, Singapore. DOI：10.1109/ICBEST.2015.7435860

(2) Forrest M. Mims III；"RF Telemetry Transmitter", Engineer's Mini-Notebook-Science Projects, pp.42～43, Radio Shack, cat. No.276-5018, 1990.

索　引

【た・タ】

【な・ナ】

【は・ハ】

【ま・マ】

【や・ヤ】

【ら・ラ】

【わ・ワ】

資料集

RF回路でよく使う図記号一覧

名称	記号		備考
●アンテナ			
アンテナ(一般)			
ダイポール			
折り返しダイポール			フォールデッド
ループ			
ホーン			
パラボラ			右図は角形導波管フィード付き
フェライト・バー・アンテナ			アンテナ・マークは省略可能
●アース(大地アース)			
大地アース(一般)			
安全または保護アース(一般)			プロテクティブ・グラウンド
シャシまたは筐体接続			フレーム・グラウンド
●共通電位			
信号グラウンド			コモン・グラウンド
共通電位	−5V		
電源	+5V		
●配線			
配線	交差	接続	接続点は黒丸で表す
	無接続	無接続 N.C.	No Connection
バス	A_7~A_0	8	右図の8は本数を表す
同軸線やシールド線			
端子		同軸	

名称	記号		備考
●アッテネータ			
固定アッテネータ(一般)		3 dB	パッド(pad)
可変アッテネータ(一般)		40 dB	
方向性結合器			
ハイブリッド	HYB		
●アンプ			
アンプ(一般)			
アンプ(差動入出力)			
アンプ(可変利得)			VGA
●フィルタ			
ローパス			LPF
ハイパス			HPF
バンドパス			BPF
バンド・リジェクト			BPF, BRF, BSF, ノッチ
●機能ブロック			
汎用			枠内に機能名を入れる
発振器	正弦波	可変	
	パルス	矩形波	
乗算器			乗算型ミキサ
加算器			
フェーズ・シフタ	90°	ϕ	
変換器(汎用)			コンバータ, トランスレータ
周波数変換器		f_1 f_2	コンバータ, トランスレータ
周波数逓倍器	×3	f $3f$	マルチプライヤ
周波数分周器	1/10	f $\frac{f}{10}$	ディバイダ
A-Dコンバータ, D-Aコンバータ	ADC	DAC	左側が入力, 右側が出力
コンパレータ			

名称	記号		備考
●抵抗器			
固定抵抗器			右図はJIS/IEC記号
可変抵抗器	2端子	2端子	右図はJIS/IEC記号
	3端子	3端子	右図はJIS/IEC記号
半固定抵抗器	2端子	2端子	右図はJIS/IEC記号
	3端子	3端子	右図はJIS/IEC記号
サーミスタ	直熱型 $t°$	直熱型 θ	右図はJIS/IEC記号
●コンデンサ（キャパシタ）			
コンデンサ			右図はJIS/IEC記号
電解コンデンサ	+	+	右図はJIS/IEC記号
可変コンデンサ（バリコン）	2連	2連	右図はJIS/IEC記号
半固定コンデンサ（トリマ）			右図はJIS/IEC記号
貫通コンデンサ			右図はJIS/IEC記号
●コイル（インダクタ）			
空芯			右図はJIS/IEC記号
	タップ付き	タップ付き	右図はJIS/IEC記号
コア入り			右図はJIS/IEC記号
	可変	可変	右図はJIS/IEC記号
鉄心入り			右図はJIS/IEC記号
フェライト・ビーズ			右図はJIS/IEC記号
●高周波トランス			
空芯			右図はシールド付き
コア入り			右図はシールド付き
コア入り（可変インダクタンス）			右図はJIS/IEC記号
コア入り（可変相互インダクタンス）			

名称	記号		備考
●ダイオード			
ダイオード	A K	A K	右図はJIS/IEC記号
可変容量（バラクタ，バリキャップ）	単素子	単素子	右図はJIS/IEC記号
ショットキー・バリア	カソードがS字	カソードがS字	右図はJIS/IEC記号
ツェナ・ダイオード	カソードがZ字	カソードがΓ字	右図はJIS/IEC記号
定電流ダイオード			
PINダイオード			右図はJIS/IEC記号
発光ダイオード（LED）			右図はJIS/IEC記号
●トランジスタ			
PNPトランジスタ（個別素子）	Tr_1 B C E	B C E	右図はJIS/IEC記号
PNPトランジスタ（IC内）	Q_1		右図はJIS/IEC記号
NPNトランジスタ（個別素子）	Tr_1 B C E	B C E	右図はJIS/IEC記号
NPNトランジスタ（IC内）	Q_1		右図はJIS/IEC記号
JFET（Pch,単ゲート）	Tr_1 G D S	G D S	右図はJIS/IEC記号
JFET（Nch,単ゲート）	Tr_1 G D S	G D S	右図はJIS/IEC記号
MOSFET（Pch,単ゲート）	Tr_1 G D S	G D S	エンハンスメント・モード
MOSFET（Nch,単ゲート）	Tr_1 G D S	G D S	エンハンスメント・モード
MOSFET（Nch,単ゲート）	Tr_1 G D S	G D S	ディプリーション・モード
MOSFET（Nch,複ゲート）	Tr_1 D S	G_2 G_1 D S	エンハンスメント・モード
MOSFET（簡略表示）			

本表はANSI/IEEE std. 315-1975および315A-1986 Graphic Symbols for Electrical and Electronics Diagrams, JIS C 0617-1999電気用図記号などをもとに作成しました．〈**編集部**〉

無線と高周波の便利メモ

● レーダ・バンド名

IEEEバンド	
バンド名	周波数［GHz］
L	1～2
S	2～4
C	4～8
X	8～12
Ku	12～18
K	18～27
Ka	27～40
V	40～75
W	75～110
mm	110～300

IEEE std 521-2002に基づくバンド名．ITUレーダ・バンド名(Rec. ITU-R V.431-7)も同じ．ただしV，W，mmバンドはITUレーダ・バンド名にない．

TRIサービス・バンド	
バンド名	周波数［GHz］
A	0～0.25
B	0.25～0.5
C	0.5～1
D	1～2
E	2～3
F	3～4
G	4～6
H	6～8
I	8～10
J	10～20
K	20～40
L	40～60
M	60～100

米国3軍サービス・バンド．IEEE波長バンド名．NATOバンドも同じ．

● SI組み立て単位

量	量記号	単位記号	読み	他のSI単位による表示
周波数	f，ν	Hz	ヘルツ	1 Hz = 1/sec
電位	V	V	ボルト	1 V = 1 W/ A
電圧	U，V			
起電力	E			
静電容量	C	F	ファラド	1 F = 1 C/V
電気抵抗	R	Ω	オーム	1 Ω = 1 V/A
コンダクタンス	G	S	ジーメンス	1 S = 1 A/V
電流	I	A	アンペア	1 A = 1 C/s
電荷，電気量	C	C	クーロン	1 C = 1 As (1 Ah = 3.6 kC)
電束	D			
磁束	Φ	Wb	ウェーバー	1 Wb = 1 V・s
磁束密度	B	T	テスラ	1 T = 1 Wb/m^2 = 1 N/ (A・m) = 1 V・s/m^2
自己インダクタンス	L	H	ヘンリー	1 H = 1 Wb/A = 1 V・s/A
相互インダクタンス	M			
電界強度	E，K	V/m	－	1 V/m = 1 N/C
電束密度	D	C/m^2	－	－
誘電率	ε	F/m	－	－
透磁率	μ	H/m	－	－
電流密度	J，S	A/m^2	－	－
磁界強度	H	A/m	－	－
抵抗率	ρ	Ω・m	－	－
力	F	N	ニュートン	1 N = 1 kg・m/s^2 (重力単位系では，1 N ≒ 0.102 kgf)
エネルギー	W，A	J	ジュール	1 J = 1 N・m
仕事率，電力	P	W	ワット	1 W = 1 J・s

● 単位の接頭語

たとえば周波数を50235000 Hzなどと書くのは煩わしく，位取りを間違えやすいので，工学では3桁ごとに区切って50.235 MHzなどのように表記します．Mは10^6を表すので大文字，Hzは人名に基づく単位記号なので，Hを大文字で表記します．50235 kHzと表すこともできます．ただし，50,235 kHzのように位取りを表す記号(radix)を使いません．灰色で網掛けした接頭語は，工学表記ではあまり使いません．

倍数	記号	英語	
		スペル	読み方
10^{24}	Y	yotta	ヨタ
10^{21}	Z	zetta	ゼタ
10^{18}	E	exa	エクサ
10^{15}	P	peta	ペタ
10^{12}	T	tera	テラ
10^9	G	giga	ギガ
10^6	M	mega	メガ
10^3	k	kilo	キロ
10^2	h	hecto	ヘクト
10^1	da	deca	デカ
10^{-1}	d	deci	デシ
10^{-2}	c	centi	センチ
10^{-3}	m	milli	ミリ
10^{-6}	μ	micro	マイクロ
10^{-9}	n	nano	ナノ
10^{-12}	p	pico	ピコ
10^{-15}	f	femto	フェムト
10^{-18}	a	atto	アト
10^{-21}	z	zepto	ゼプト
10^{-24}	y	yocto	ヨクト

倍数	記号	パソコン機器での数値（10進値）
2^{80}	Y	桁数が多いので省略
2^{70}	Z	
2^{60}	E	
2^{50}	P	
2^{40}	T	1099511627776
2^{30}	G	1073741824
2^{20}	M	1048576
2^{10}	K	1024

● 物理基本定数や普遍定数など

名称	記号	定数	単位
真空中の光の速度	c (小文字)	2.9979250×10^8 $\fallingdotseq 1/\sqrt{\varepsilon_0 \ \mu_0}$	m/sec
円周率	π	3.141592654	なし
ネイピアの数	e	2.718281828	なし
真空の誘電率	ε_0	8.85419×10^{-12} $\fallingdotseq 1/(36\pi) \times 10^{-9}$	F/m
真空の透磁率	μ_0	1.25664×10^{-6} $\fallingdotseq 4\pi \times 10^{-7}$	H/m
自由空間インピーダンス（電波インピーダンス）	Z	$376.6 \fallingdotseq 120\pi$	Ω
氷点の絶対温度	－	273.15	K
プランク定数	h	6.626196×10^{-34}	J・sec
ファラデー定数	F	9.64846×10^4	C/mol
ボルツマン定数	K	1.380622×10^{-23}	J/K
電気素量（電子の電荷）	e	1.6021917×10^{-9}	C

参考資料▶ ANSI/IEEE std 280 - 1985；IEEE Standard Letter Symbols for Quantities Used in Electrical Science and Electrical Engineering.

アルファベット変数と主な用途など

大文字	主な用途	小文字	主な用途
A	増幅度，面積	a	変換比
B	サセプタンス，帯域幅，磁束	b	サセプタンス，帯域幅
C	キャパシタンス	c	光速
D	電束，デューティ比	d	直径，距離，歪率
E	電界，起電力，電圧	e	電荷，電圧
F	雑音指数	f	周波数
G	利得，コンダクタンス	g	コンダクタンス
H	磁界	h	パラメータ，高度
I	電流，輝度，放射輝度	i	電流
J	電流密度	j	虚数単位
K	定数または係数	k	定数または係数
L	インダクタンス，自己インダクタンス	l	長さ
M	相互インダクタンス，変調度	m	変調指数
N	数，雑音電力	n	数
O	−	o	−
P	電力，パーミアンス，圧力	p	電力，圧力
Q	品質係数，電荷量	q	電荷量
R	抵抗，比，リラクタンス	r	抵抗，半径
S	定在波比，信号電力，面積	s	パラメータ
T	温度，周期	t	温度，時間
U	内部エネルギー，電位	u	−
V	電圧，電位，起電力，体積	v	電圧，電位，起電力
W	仕事量，エネルギー	w	エネルギー，体積密度
X	リアクタンス	x	−
Y	アドミッタンス	y	アドミッタンス
Z	インピーダンス	z	インピーダンス

ギリシア文字変数の読みと主な用途など

主な用途	大文字	読み	小文字	主な用途
−	A	アルファ	α	角度，係数，温度係数，減衰率
−	B	ベータ	β	角度，係数，位相定数，帰還率
電圧反射係数	Γ	ガンマ	γ	角度，係数
微小変化	Δ	デルタ	δ	微小変化，密度，損失角
−	E	イプシロン	ε	誘電率
−	Z	ゼータ（ツェータ）	ζ	減衰定数
−	H	イータ	η	効率
絶対温度	Θ	シータ	θ	角度，位相，熱抵抗
−	I	イオタ	ι	−
−	K	カッパ	κ	磁化率
鎖交磁束	Λ	ラムダ	λ	波長
−	M	ミュー	μ	透磁率
−	N	ニュー	ν	周波数
−	Ξ	クサイ	ξ	変数
−	O	オミクロン	o	−
−	Π	パイ	π	円周率
−	P	ロー	ρ	抵抗率，体積電荷密度
−	Σ	シグマ	σ	導電率，表面電荷密度
−	T	タウ	τ	時定数，時間，トルク
−	Y	ウプシロン	υ	−
電位	Φ	ファイ	ϕ	磁束，位相，角度
−	X	カイ	χ	−
電束	Ψ	プサイ	ψ	位相，角度，電束
電気抵抗，立体角	Ω	オメガ	ω	角速度，角周波数

覚えておくと役に立つかもしれない電波伝搬関係の式

(1) 受信局の受信電力 P_r W

$$P_r = \frac{P_t G_t G_r A_r}{4\pi d^2}$$

ただし，P_t：送信電力［W］，G_t と G_r：送信および受信アンテナの絶対利得，d：送受間の距離［m］，A_r：受信アンテナの実効面積［m^2］

(2) 受信アンテナ利得 G_r と受信アンテナ実効面積 A_r の関係

$$A_r = \frac{G_r \lambda^2}{4\pi}$$

ただし，λ：波長［m］

(3) 自由空間伝搬損失 L

$$L = \left(\frac{4\pi d}{\lambda}\right)^2$$

(4) 受信電力 P_r と電界強度 E_o の関係

$$E_o = \sqrt{\frac{Z_0 P_t G_t}{4\pi d^2}}$$

ただし，Z_0：自由空間インピーダンス（120π）［Ω］

(5) アンテナの実効長 l_e

電界強度が E_o V/m の場所で実効長 l_e m のアンテナを使って受信した場合の受信電圧 V_o V

$V_o = E_o l_e$

ただし，V_o は開放端電圧．

(6) 各種アンテナの実効長 l_e

半波長ダイポール：λ / π
$\lambda/4$ モノポール：$\lambda / (2\pi)$
折り返しダイポール：$2\lambda / \pi$
微小ダイポール：$L/2$

(7) 各種アンテナから距離 d m 離れた地点の電界強度 E V/m

	半波長 DP	微小 DP	等方性アンテナ
$E=$	$\dfrac{\sqrt{49P_t}}{d}$	$\dfrac{\sqrt{45P_t}}{d}$	$\dfrac{\sqrt{30P_t}}{d}$

(8) 代表的なアンテナの絶対利得

	半波長 DP	微小 DP	等方性アンテナ
dB 表示	2.15dB	1.76dB	0dB
真数表示	1.64 倍	1.5 倍	1.0 倍

(9) 大地反射を考慮した場合の電界強度 E

$$E = 2E_o \sin\frac{2\pi h_1 h_2}{\lambda d}$$

ただし，E_o：大地反射がない場合の電界強度［V/m］，h_1 と h_2：送信と受信側アンテナ高［m］，d：送受間の距離［m］

(10) 基本レーダ方程式

$$R_{max} = \sqrt[4]{\frac{P_t G_t A_e \sigma}{(4\pi)^2 P_s}}$$

R_{max}：最大探知距離［m］，P_t：送信電力［W］，G_t：アンテナ利得，A_e：アンテナの実効開口面積［m^2］，σ：レーダ断面積［m^2］，P_s：目標検出感度［W］

よく使う dB 値と真数値（太字はよく使う値）

正の dB	電力利得	電圧利得	負の dB	電力利得	電圧利得
0 dB	**1**	**1**	**0 dB**	**1**	**1**
1 dB	1.3	1.1	− 1 dB	0.8	0.9
2 dB	1.6	1.3	− 2 dB	0.6	0.8
3 dB	**2**	**1.4**	**− 3 dB**	**0.5**	**0.7**
4 dB	2.5	1.6	− 4 dB	0.4	0.6
5 dB	3	1.8	− 5 dB	0.3	0.56
6 dB	**4**	**2**	**− 6 dB**	**0.25**	**0.5**
7 dB	5	2.2	− 7 dB	0.2	0.45
10 dB	**10**	**3**	**− 10 dB**	**0.1**	**0.3**
20 dB	100	10	− 20 dB	0.01	0.1

初出一覧

第1部　送信/発振回路編

RFW08：第1章 トランジスタ1石だけで作れる簡易温度テレメータ
RFW08：第2章 トランジスタ1石で作れるリモコン・ファインダ
RFW08：第3章 UHF微弱電波を利用した置き忘れ防止アラームの製作
RFW10：第4章 CMOSロジックIC1個で作れるFMワイヤレス・マイク
RFW11：第5章 ワイヤレス雨降りアラームの製作
RFW34：第6章 ベクトル合成AMワイヤレス・マイクの製作
RFW34：Appendix アンプリフェーズ放送機の来歴と移相回路
RFW54：第7章 なんちゃって5G！ FMトランシーバの製作

第2部　送受信回路編

RFW36：第8章 微弱電力型FM補完放送コンバータの製作
RFW09：第9章 電灯線で音楽を送るキャリアホンの製作
RFW08：第10章 マイクロ波FMワイヤレス・マイクの製作
RFW01：第11章 ヘルツの実験を史実に近い装置で再現する
RFW01：Appendix ヘルツ送波器の波長と放射電磁界の強度について
RFW44：第12章 火花放電式無線電信機の実験
RFW20：第13章 TYK火花放電式無線電話機の実験

第3部　受信回路編

RFW23：第14章 USBワンセグ・チューナ用HFコンバータの製作
RFW24：第15章 SDR受信機用プリアンプとBPFの製作
RFW19：第16章 ノート・パソコンを使った長波標準電波JJYの受信実験

第4部　走行/運動編

RFW29：第17章 誘導無線トレース・カーの製作
RFW43：第18章 IHモジュールを転用したWPTプラレール走行実験
RFW51：第19章 IH電源モジュールを使ったWPTミニ四駆同時走行の実験
RFW41：第20章 ATAC方式ワイヤレス電力伝送の実験 前編：最大6 MHzで動作するATAC-RF電源の製作
RFW41：Appendix ミックスド・ドメイン・オシロスコープMDO3054，電流プローブおよび高電圧差動プローブ試用記
RFW42：第21章 ATAC方式ワイヤレス電力伝送の実験 後編：ミニ四駆のワイヤレス駆動実験
RFW48：第22章 水中ワイヤレス電力伝送で泳ぐWPTロボフィッシュの実験

第5部　センサ/ディテクタ編

RFW05：第23章 ドップラー・センサを使ったスピード・ガンの製作
RFW15：第24章 金属探知器の製作
RFW18：第25章 UHF帯ドップラー動体センサの製作
RFW27：第26章 雷ディテクタの製作
RFW31：第27章 簡易スマート・キー・チェッカの製作
RFW16：第28章 携帯電話の電波ディテクタの実験
RFW28：第29章 光る立体型電磁界モニタの製作と実験
RFW14：第30章 電波方向探知器の実験

第6部　測定器編

RFW45：第31章 多機能ディップ・メータの製作
RFW47：第32章 ディップ・メータの使い方
RFW08：Appendix ディップ・メータ用サウンド・アダプタの製作
RFW17：第33章 インダクタンスを測る測定器の製作
RFW30：第34章 簡易 Q メータの製作
RFW37：第35章 各種水晶発振回路の実験
RFW37：Appendix オーバートーン水晶の見分け方
RFW25：第36章 簡易ステップ・アッテネータの製作
RFW26：第37章 1M～100 MHz簡易RF信号源の製作
RFW13：第38章 シンプルなTDR測定アダプタの製作
RFW46：第39章 受信機試験用標準ループ・アンテナの製作
RFW39：第40章 擬似音声発生器の製作
RFW37：第41章 パワー・ビート方式ワイヤレス消費電力モニタの製作

※RFW*xx*は季刊誌「RFワールド」のNo.*xx*を表します.

関連ビデオやダウンロード・サービスのご案内

本書に収録した製作物が動作するようすをYoutubeなどで閲覧することができます．また，ユニバーサル基板の部品配置と基板パターンなどをカラーで収録したファイルをダウンロードできます．

詳細は下記サイトをご参照ください．
https://cc.cqpub.co.jp/system/jump/1213/
https://www.rf-world.jp/go/9901/

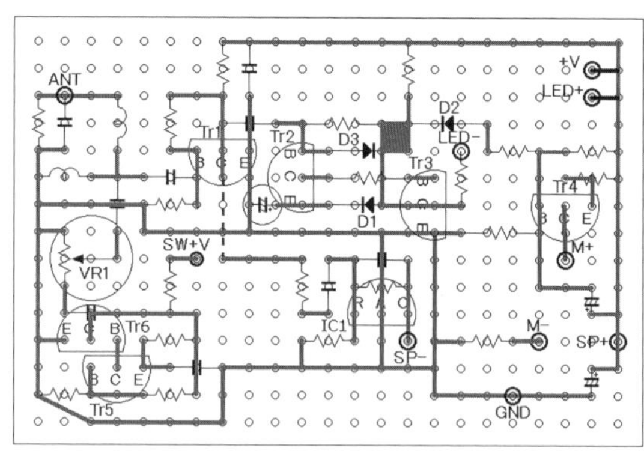

著者略歴

漆谷 正義（うるしだに・まさよし）

1945年　神奈川県生まれ.
1971年　神戸大学大学院 理学研究科修了.
1971年　三洋電機株式会社入社. レーザー研究, レーザー応用機器開発に従事. その後, ベータ, VHSビデオ開発, ディジタル・ビデオ・カメラ開発に従事
2002年　電子機器の受託設計や著述など「何でも屋」開業.
2009年　大分県立工科短期大学 非常勤講師
2012年　西日本工業大学 非常勤講師
2017年　大分大学工学部 非常勤講師

月刊誌「トランジスタ技術」, インターフェース」, 季刊誌「トランジスタ技術SPECIAL」,「RFワールド」などに寄稿多数.

著書：
「ディジタル・オシロスコープ活用ノート」, CQ出版社, 2007年.
「作る自然エレクトロニクス」, CQ出版社, 2011年.

共著：
「ラズベリー・パイで作るAIスピーカ」, CQ出版社, 2020年など多数.

できる無線回路の製作全集

2024年5月1日　初版発行

著　者　漆　谷　正　義
発行人　櫻　田　洋　一
発行所　CQ出版株式会社
〒112-8619　東京都文京区千石4-29-14
電話　編集　03-5395-2123
販売　03-5395-2141

定価は裏表紙に表示してあります
無断転載を禁じます
乱丁，落丁本はお取り替えします
ISBN978-4-7898-4139-9
Printed in Japan

編集担当　小串 伸一
DTP　株式会社啓文堂
印刷・製本　三共グラフィック株式会社
本文イラスト　神崎 真理子